地基处理
理论与实践新进展

——第十三届全国地基处理学术讨论会论文集

主编◎龚晓南　谢永利　杨晓华　俞建霖

人民交通出版社股份有限公司
China Communications Press Co.,Ltd.

内 容 提 要

本书主要包括：基础理论，试验研究和检测，排水固结、振密与挤密，灌入固化物和置换，低强度桩复合地基和刚性桩复合地基，其他处理方法，六部分内容。可供地基处理方面相关人员学习和参考。

图书在版编目(CIP)数据

地基处理理论与实践新进展：第十三届全国地基处理学术讨论会论文集／龚晓南 等主编. —北京：人民交通出版社股份有限公司，2014.10

ISBN 978-7-114-11687-2

Ⅰ. ①地… Ⅱ. ①龚… Ⅲ. ①地基处理—学术会议—中国—文集 Ⅳ. ①TU472-53

中国版本图书馆 CIP 数据核字(2014)第 209805 号

书　　名：地基处理理论与实践新进展——第十三届全国地基处理学术讨论会论文集
著 作 者：龚晓南 等
责任编辑：韩亚楠　崔　建
出版发行：人民交通出版社股份有限公司
地　　址：(100011)北京市朝阳区安定门外外馆斜街 3 号
网　　址：http://www.ccpress.com.cn
销售电话：(010)59757973
总 经 销：人民交通出版社股份有限公司发行部
经　　销：各地新华书店、交通书店
印　　刷：北京市密东印刷有限公司
开　　本：880×1230　1/16
印　　张：28
字　　数：848 千
版　　次：2014 年 10 月　第 1 版
印　　次：2014 年 10 月　第 1 次印刷
书　　号：ISBN 978-7-114-11687-2
定　　价：98.00 元
(有印刷、装订质量问题，由本公司负责调换)

第十三届全国地基处理学术讨论会

（西安　2014 年）

主办单位:中国土木工程学会土力学及岩土工程分会地基处理学术委员会

承办单位:长安大学

协办单位:机械工业勘察设计研究院

西北综合勘察设计研究院

中交第一公路勘察设计研究院有限公司

陕西省交通规划设计研究院

西安公路研究院

山西省交通科学研究院

中北工程设计咨询有限公司

西安市地下铁道有限责任公司

中铁第一勘察设计院集团有限公司

西安交通大学

西安理工大学

西安建筑科技大学

西北农林科技大学

西安铁路局科学技术研究所

组织委员会

论文集编辑委员会

前言

第十三届全国地基处理学术讨论会于2014年10月22日至24日在陕西西安召开。会议由中国土木工程学会土力学及岩土工程分会地基处理学术委员会主办，长安大学承办；机械工业勘察设计研究院、西北综合勘察设计研究院、中交第一公路勘察设计研究院有限公司、陕西省交通规划设计研究院、西安公路研究院、山西省交通科学研究院、中北工程设计咨询有限公司、西安市地下铁道有限责任公司、中铁第一勘察设计院集团有限公司、西安交通大学、西安理工大学、西安建筑科技大学、西北农林科技大学、西安铁路局科学技术研究所共同协办。

本届会议是继第一届（上海宝钢，1986年）、第二届（山东烟台，1989年）、第三届（河北秦皇岛，1992年）、第四届（广东肇庆，1995年）、第五届（福建武夷山，1997年）、第六届（浙江温州，2000年）、第七届（甘肃兰州，2002年）、第八届（湖南长沙，2004年）、第九届（山西太原，2006年）、第十届（江苏南京，2008年）、第十一届（海南海口，2010年）、第十二届（云南昆明，2012年）全国地基处理学术讨论会之后的又一次盛会。来自全国各行业的地基处理专家、学者、工程师、工程技术人员和有关厂家的代表会聚一堂，交流地基处理工程勘察、设计计算、施工技术、施工机械和现场测试等方面的理论和经验，介绍新材料、新产品和新工艺的开发和应用，讨论如何进一步发展和提高我国地基处理水平，更好地为国家经济建设服务。

会议共收到论文73篇，经审查后录用64篇，内容包括基础理论，试验研究和检测，排水固结、振密与挤密，灌入固化物和置换，低强度桩复合地基和刚性桩复合地基，其他处理方法共6个专题。论文集的内容反映了当前我国地基处理领域的主要成就和发展水平，可供同行们参考。限于我们的能力和水平，缺点和错误在所难免，希望作者和读者批评指正。

编　者

2014年8月

目　录

第一部分　基础理论

第二部分　试验研究和检测

第三部分　排水固结、振密与挤密

第四部分　灌入固化物和置换

第五部分　低强度桩复合地基和刚性桩复合地基

第六部分　其他处理方法

第一部分　基 础 理 论

加芯水泥土桩受力与变形特性数值分析

叶观宝[1,2,3] 蔡永生[1,2,3] 邓亚光[4]

(1. 同济大学岩土及地下工程教育部重点实验室 上海 200092;2. 同济大学地下建筑与工程系 上海 200092;3. 地质灾害防控协同创新中心 四川 成都 610059;4. 江苏省如东县水利电力建筑工程有限责任公司 南通 江苏 226400)

摘 要:加芯水泥土搅拌桩是一种新型组合桩,其由预制混凝土芯桩与外部水泥土桩组成。加芯水泥土搅拌桩具有承载力高、沉降小以及工程造价低等优点而日益受到关注。在前人研究的基础上,结合静载试验的相关资料,以 ABAQUS 为工具,建立较为合理的有限元模型,对加芯水泥土搅拌桩在竖向荷载下的一些特性进行分析研究。结果表明芯桩轴向应力最大值出现在桩顶以下一定深度;芯桩轴向力的变化在桩身绝大部位远远大于水泥土外芯轴向力的变化;芯桩以下水泥土段对减小沉降有明显的作用。

关键词:加芯水泥土搅拌桩 数值分析 应力分布 沉降

作者简介:叶观宝(1964—),男,教授,博士生导师,主要从事岩土加固与原位测试技术研究工作。E-mail:ygb1030@126.com。

Numerical Analysis on Mechanical Behavior and Deformation Properties of Stiffened Deep Mixed Columns

YE Guan-bao[1,2,3], CAI Yong-sheng[1,2,3], DENG Ya-guang[4]

(1. Key Laboratory of Geotechnical and Underground Engineering of Ministry of Education, Tongji University, Shanghai 200092, China; 2. Department of Geotechnical Engineering, Tongji University, Shanghai 200092, China; 3. Collaborative Innovation Center of Geohazard Prevention(CICGP), Chengdu, Sichuan 610059, China; 4. Jiangsu Rudong Water Conservancy & Electric Power Construction Engineering Co., Ltd. Nantong 226400, China)

Abstract: Stiffened Deep Mixed (SDM) column is a composite pile, consists of Deep Cement Mixing (DCM) column and precast concrete pile in center. As its advantages of high bearing capacity, small settlement and low cost etc, the composite pile attracts increasing attention. Based on previous studies and static load test, a reasonable finite element model is built by ABAQUS to analyze the composite pile's behavior under vertical load. The results indicate that: the maximum axial stress of core pile appears at the place a depth from pile top; the axial force variation of concrete inner core is far greater than that of soil-cement outer core for the vast majority of the pile, the soil-cement segment (or uncovered segment) below the core pile has significant effects on settlement reduction.

Key words: SDM column, numerical analysis, stress distribution, settlement.

0 引言

水泥土搅拌桩是一种较为经济的地基处理手段,广泛应用于软土地基的加固与处理[1],但是对于承载力及沉降要求较高的工程项目却不适用。此类工程通常采用刚性桩,如管桩、钻孔桩和薄壁筒桩等,以满足工

基金项目:国家自然科学基金项目(51078271)。

程要求。在软土地区,刚性桩作为摩擦桩,其桩身材料强度不能得到充分发挥,在一定程度上提高了造价。综合考虑水泥土桩与刚性桩各自的优缺点,一种新的组合桩应运而生,即加芯水泥土搅拌桩。其是在水泥土桩成桩后,再沉入混凝土芯桩,形成一种混凝土芯与水泥土共同工作、承受荷载的新桩型,按芯桩与水泥土桩的长度关系可分为短芯桩、等长桩和长芯桩,其中短芯桩较为常用。

自 1994 年该桩型初次在我国使用以来[2],不少学者对其受力机理进行了一系列研究。根据荷载试验 Q-s 曲线,加芯水泥土搅拌桩的破坏模式可分为急进破坏与渐进破坏[3]。在受力上,具有较高强度与刚度的混凝土芯桩承担了大量的荷载,并通过接触面传递给水泥土外芯再传递给桩周土[4-6]。混凝土芯桩与水泥土外芯之间接触面的剪切强度与水泥土的无侧限抗压强度基本上呈线性增长的关系,其通常具有足够的强度以保证荷载能够在芯桩与外芯之间有效传递[7,8]。由于芯桩插入过程存在挤土效应,使得桩侧摩阻力与水泥土搅拌桩相比有明显的提高,从而使其承载力也有大幅度的提升,同时由于芯桩的存在,产生的沉降大大降低,在承载力特征值下约为其直径的 1%[9,10]。由于加芯水泥土桩承载力高,沉降小以及造价较低等优点而日益受到关注。

上述研究较多的将重心放在芯桩上,而很少关注水泥土外芯及芯桩以下水泥土段的作用。本文借助有限元软件 ABAQUS 对该方面内容进行了探究。

1 工程概况

拟建住宅小区位于江苏省淮安市。场地土层分布较复杂,上部存在大量的杂填土及素填土,均匀性差,其下为黄泛冲积土层,自然地面下深度 14~30m 为古河道沉积的黏土,场地土层分布情况见表 1。由于天然地基不能满足上部结构对强度和变形的要求,原设计拟采用预制管桩。由于浅层没有较好的持力层,管桩需要打入较深的持力层,所需工程费用巨大,且在施工过程中对附近建筑物有较大影响,经分析比较,决定采用混凝土芯水泥土桩。复合桩基进入第③-3 层粉质黏土,按正方形布置,桩间距为 1.1m,水泥土桩桩径 600mm,桩长 11.5m,水泥掺入比为 15%;混凝土芯桩桩径 220mm,强度等级为 C20,桩长 7m。

表 1 材料参数

Table. 1 Material properties

层号	名称	厚度(m)	模量(MPa)	泊松比	摩擦角(°)	黏聚力(kPa)
①-1	杂填土	0.5	2	0.4	8	12
②-1	黏土	1.5	5	0.4	23.5	12.8
②-2	粉土	4.0	13	0.4	8.8	18.6
③-1	黏土	2.8	5	0.4	28.9	14.2
③-2	粉土	3.4	16	0.4	13.2	17.4
③-3	粉质黏土	3.0	6	0.4	37	14.4
④-1	黏土	17.3	4	0.4	17.0	14.5
	混凝土桩		25 500	0.2		
	水泥土		300	0.3		
	承载板		210 000	0.3		

2 模型建立

参照前人建模方法[11,12],本文采用 ABAQUS 软件进行模拟分析,混凝土芯桩、水泥土桩及刚性承载板采用弹性模型,土体采用摩尔-库仑模型,材料参数见表 1。

根据对称性,选取复合桩桩心为对称轴建立二维轴对称模型。模型尺寸为水平方向 12m,深度方向 23m,即选择复合桩桩周向外 19.5D(组合桩直径),桩端向下 1 倍桩长的土层为影响区域。

接触面设置：在水泥土桩与土体的界面上设置接触面，以水泥土为主控面，摩擦系数取 0.4。混凝土芯桩与水泥土桩之间并未设置接触面。

边界条件：模型左右边界限制水平方向位移，底部限制水平与竖向位移，表面为自由边界。

荷载条件：根据现场荷载试验加载情况，本文将竖向荷载分为 9 级，每级 70kN，最高荷载 630kN。荷载以均布力的方式施加在承载板上，由承载板传递给混凝土芯桩与水泥土外芯。

3　模型建立

3.1　荷载-沉降曲线

根据现场荷载试验与数值模拟结果绘制 *Q-s* 曲线见图 1。除最后一级荷载外，数值模拟结果在沉降上较荷载试验略偏小，最大误差 2.63mm，发生在 560kN 荷载下。从总体上看，两条曲线较为吻合，可见所建立的模型具有一定的合理性。根据荷载试验结果，并为了便于数值计算的分析，取 280kN 为其单桩承载力特征值，对应沉降 8.94mm，数值计算结果 8.06mm。

3.2　芯桩桩身应力分布

图 2 为 280kN 荷载作用下混凝土芯桩桩身应力沿深度的变化曲线。从图 2 中可以看出，芯桩桩身应力分布基本上可分为三段。第一段，桩身应力在桩顶以下一定深度内有所增大，这一现象与文献[12]相同，主要是因为芯桩的弹性模量远大于水泥土外芯，在荷载作用下，应力在芯桩上集中，而荷载通过承载板传递到桩顶时，并没有完全完成应力集中这一过程，因此在桩顶以下一定深度仍有部分荷载传递到芯桩上。第二段，当桩身应力在达到最大值后，随深度几乎呈直线减小。第三段，当接近桩端时，桩身应力急剧减小。由于在桩端附近，芯桩的应力水平较水泥土外芯高，桩端的变形相对较大，相对位移的趋势明显，因此荷载由芯桩向水泥土外芯的传递效果增大，芯桩桩身应力急剧减小，最后桩端应力约为芯桩桩顶应力的 10%。

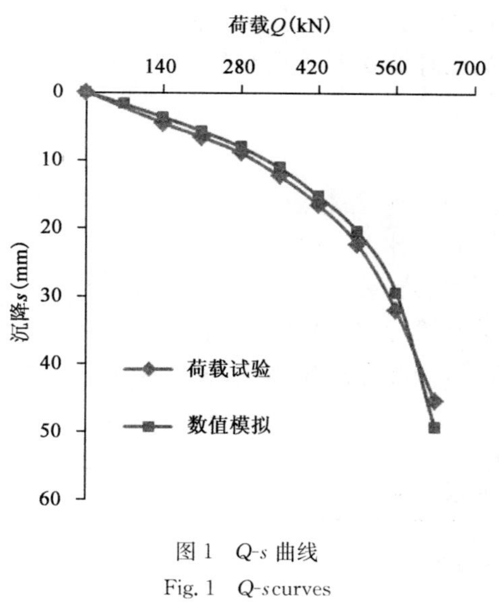

图 1　*Q-s* 曲线

Fig. 1　*Q-s* curves

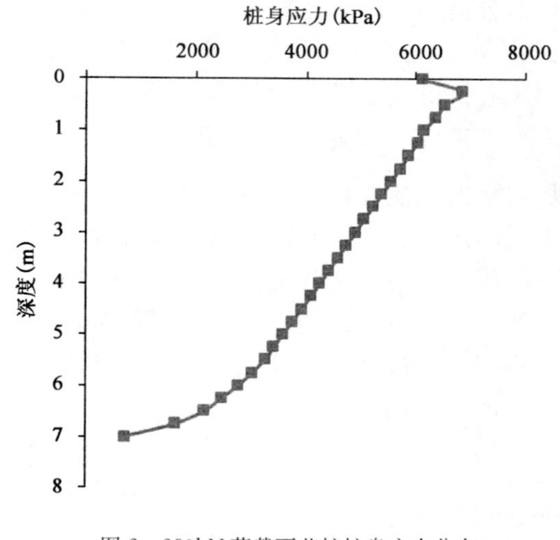

图 2　280kN 荷载下芯桩桩身应力分布

Fig. 2　Stress distribution of the inner core at load of 280kN

3.3　水泥土外芯应力分布

水泥土外芯的受力状态较芯桩略为复杂，其处于芯桩与地基土的中间位置，与芯桩和地基土均有荷载的传递。图 3 为水泥土外芯在圆环中心线处的应力分布，基本上也可分为三段，与芯桩应力分布有一定的对应关系。在桩顶一下范围内(约 1m)，桩身应力有所波动，总体趋势为沿深度减小，且减小量较大，这是由于在桩顶附件应力向芯桩集中而使水泥土外芯荷载较多地向芯桩传递；其后水泥土外芯沿深度基本上呈直线增大；在芯桩桩端附近增大较为明显，主要由于芯桩应力在该范围内急剧减小。总体来说，水泥土外芯的轴向应力变化规律基本上与芯桩相反。

3.4 芯桩与水泥土外芯轴力变化对比

假设应力分别在芯桩与水泥土外芯横截面上均匀分布，则轴向应力与横截面积的乘积即为相应的轴向力。将芯桩与水泥土外芯分成若干小段，计算各段芯桩与水泥土外芯轴向力的变化量之比(取绝对值)，并以每段中点位置深度代表该段，则可得如图 4 所示的轴向力变化量之比随深度变化情况。

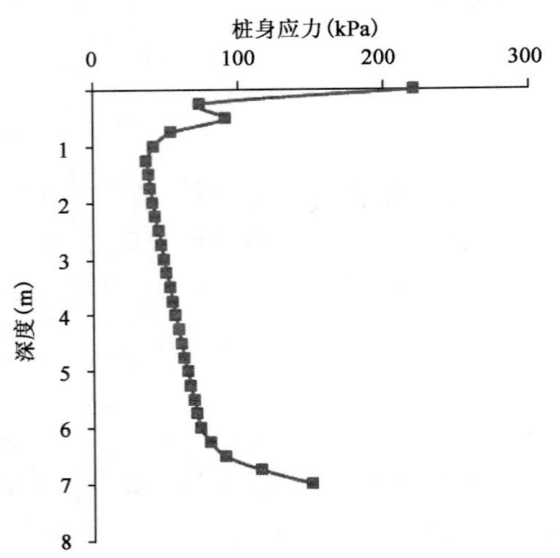

图 3　280kN 荷载下水泥土外芯桩身应力分布

Fig. 3　Stress distribution of the soil-cement outer core at load of 280kN

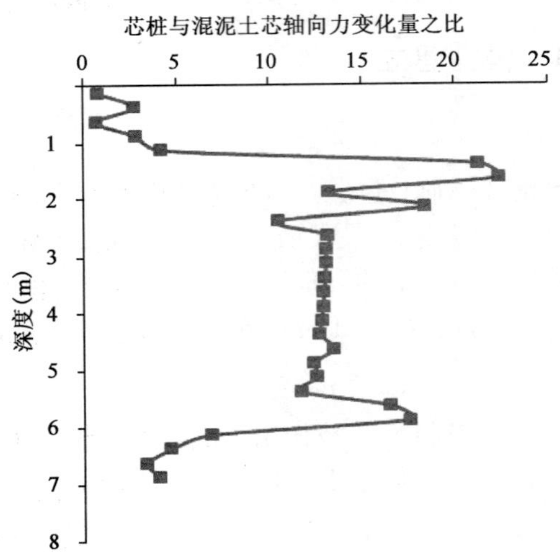

图 4　280kN 荷载下芯桩与水泥土外芯轴向力变化量之比分布

Fig. 4　Distribution of inner core and outer coreaxial force variation ratio at load of 280kN

图 4 表明，芯桩轴向力的变化在大部分桩身范围内是水泥土外芯轴向力 10 倍以上，而仅在桩顶及芯桩桩端小部分范围内两者比值较小。因此，在分析加芯搅拌桩轴力变化时，基本上可用芯桩的轴力代替以达到简化目的，可认为芯桩轴力的减小量即为该段侧摩阻力，而水泥土外芯仅起到荷载传递的作用，但应当注意在桩顶及芯桩桩端小部分范围内可能有较大误差存在。

3.5 加芯段、水泥土段及下卧土层压缩量

加芯水泥土搅拌桩的沉降主要由三部分组成，即加芯水泥土搅拌桩加芯段的压缩，水泥土段的压缩以及下卧土层的压缩、表 2 为各级荷载下，各部分压缩量及其占总沉降的比例。比较表 2 中的各项数据可得，下卧土层的压缩量占总沉降的比例最大，为 40%～50%；水泥土段次之，占 40%左右；加芯段压缩量最小，占 10%～20%。随着荷载增大，加芯段压缩量所占比例减小，水泥土段所占比例略有增大，而下卧土层所占比例基本不变。在最后一级荷载下，由于土体发生较大的塑性变形，下卧土层所占沉降比例明显增大，因而其他部分所占比例均减小。

表 2　各段压缩

Table 2　Compression of each segment

荷载(kN)	沉降(mm)	加芯段		水泥土段		下卧土层	
		压缩量(mm)	比例(%)	压缩量(mm)	比例(%)	压缩量(mm)	比例(%)
70	1.84	0.32	0.18	0.70	0.38	0.81	0.44
140	3.71	0.66	0.18	1.41	0.38	1.64	0.44
210	5.74	1.02	0.18	2.19	0.38	2.52	0.44
280	8.06	1.42	0.18	3.12	0.39	3.52	0.44
350	11.11	1.86	0.17	4.44	0.40	4.81	0.43
420	15.29	2.31	0.15	6.43	0.42	6.55	0.43

续上表

荷载 (kN)	沉降 (mm)	加芯段		水泥土段		下卧土层	
		压缩量(mm)	比例(%)	压缩量(mm)	比例(%)	压缩量(mm)	比例(%)
490	20.48	2.76	0.13	8.93	0.44	8.80	0.43
560	29.41	3.21	0.11	12.07	0.41	14.13	0.48
630	49.24	3.66	0.07	15.69	0.32	29.88	0.61

3.6 芯桩与水泥土外芯轴力变化对比

加芯水泥土桩的承载力主要来自于加芯段，而水泥土段对承载力的贡献不大。工程中，除承载力外，沉降也是一个非常重要的技术指标。笔者认为，虽然水泥土段对承载力的贡献并不大，但其在沉降控制方面却发挥着重要的作用。为此，进行了不同水泥土段长度的沉降分析。

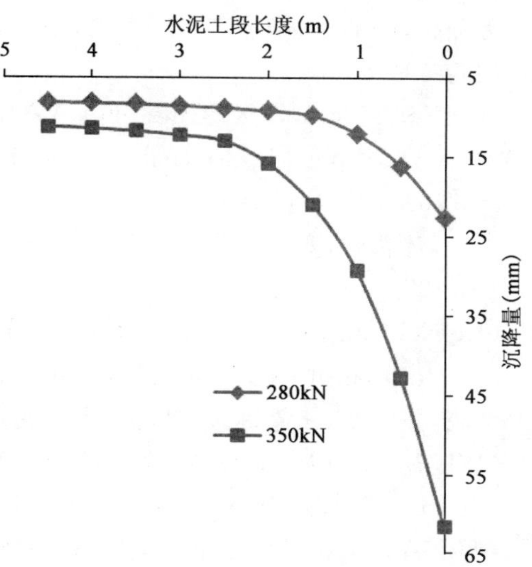

图5 水泥土段长度对沉降的影响

Fig. 5 SDM column settlement with different length of uncored segment

图5为280kN与350kN荷载作用下，单桩沉降与水泥土段长度的变化关系。如图5所示，两条曲线的走势与部分载荷试验的 *Q-s* 曲线较为相似，存在明显的直线段与陡降。借鉴荷载试验 *Q-s* 曲线，将图5曲线分为两段，即直线段与曲线段，并定义两段交界处的水泥土段长度为“界限长度”。280kN荷载下，界限长度约为1.5m；350kN荷载下，界限长度约为2.5m。表明界限长度随着荷载增大而增长。

在曲线段，水泥土段长度从0m（即等长桩）开始逐渐增长，单桩沉降明显减小。水泥土段增长到界限长度以后进入直线段，单桩沉降仍有减小，但效果已经不如刚开始的明显。以280kN为例，水泥土段长度从0m增长到1.5m，沉降减小12.99mm，降低了57.3%；从1.5m增长到4.5m，沉降仅减小1.62mm，降低16.7%。在曲线段，水泥土段长度较短，由于土层的模量要远远低于水泥土和混凝土芯桩，传递到下卧土层的应力水平相对较高，因此下卧土层的压缩量较大，而且破坏模式通常是刺入破坏。在直线段，水泥土段长度较长，模量居中的水泥土起到了应力调整扩散的作用，传递到下卧层的应力水平相对较低，压缩量较小，且不易出现刺入破坏。因此，建议工程应用中水泥土段长度大于设计荷载下界限长度。

4 结语

本文基于实际工程中加芯水泥土搅拌桩现场载荷试验的数据及其他相关资料，建立了较为合理的有限元模型。通过分析有限元计算结果，得到以下结论。

(1)在桩顶一定深度内，芯桩的轴向应力沿深度增大，其后逐渐减小，接近芯桩桩端时，减小得较快；而水泥土外芯的轴向应力变化规律基本上与芯桩相反。

(2)除芯桩桩顶与桩端小部分范围外，芯桩的轴向力变化达到水泥土外芯轴向力变化的10倍以上。因此，可将芯桩的轴向力变化代替加芯水泥土搅拌桩加芯段的轴力变化，而水泥土外芯仅起到荷载传递的作用，以达到简化分析的目的，但应注意两端的误差。

(3)加芯水泥土搅拌桩单桩沉降主要来自于水泥土段与下卧土层的压缩。水泥土段虽然对承载力贡献较小，但在沉降控制方面发挥重要作用，并存在界限长度，其随荷载增大。水泥土段在界限长度以前，其长度变化对沉降影响非常明显。因此，可按沉降控制要求确定水泥土段长度。建议在工程条件允许的情况下，水泥土段长度要大于设计荷载下界限长度。

参考文献

[1] 叶观宝. 地基处理[M]. 北京：中国建筑工业出版社，2009.
(YE Guan-bao. Ground treatment[M]. Beijing：China Building Industry Press，2009.)

[2] 凌光荣，安海玉，谢岱宗，等. 劲性搅拌桩的试验研究[J]. 建筑结构学报，2001，22(2)：92-96.
(LING Guang-rong，AN Hai-yu，XIE Dai-zong. Experimental study on concrete core mixing pile [J]. Journal of Building Structures，2001，22(2)：92-96.)

[3] 陈颖辉，许晶菁，杨坤华，等. 加芯搅拌桩单桩承载力的分析[J]. 昆明理工大学学报：理工版，2006，31(4)：58-64.
(CHEN Ying-hui，XU Jing-jing，YANG Kun-hua，et al. Analysis on the load capacity of the concrete-cored DCM pile [J]. Journal of Ktmming University of Science and Technology：Science and Technology，2006，31(4)：58-64.)

[4] 董平，陈征宙，秦然. 混凝土芯水泥土搅拌桩在软土地基中的应用[J]. 岩土工程学报，2002，24(2)：204-207.
(DONG Ping，CHEN Zheng-zhou，QIN Ran. Use of concrete-cored DCM pile in soft ground [J]. Chinese Journal of Geotechnical Engineering，2002，24(2)：204-207.)

[5] 吴迈，窦远明，王恩远. 水泥土组合桩荷载传递试验研究[J]. 岩土工程学报，2004，26(3)：432-434.
(WU Mai，DOU Yuan-ming，WANG En-yuan. A Study on load transfer mechanism of stiffened DCM pile [J]. Chinese Journal of Geotechnical Engineering，2004，26(3)：432-434.)

[6] JAMSAWANG PITTAYA，BERGADO DENNES T，VOOTTIPRUEX PANICH. Field behaviour of stiffened deep cement mixing piles [J]. Proceedings of the Institution of Civil Engineers：Ground Improvement，2011，164(1)：33-49.

[7] TANCHAISAWAT T，SURIYAVANAGUL P，JAMSAWANG P. Stiffened deep cement mixing (SDCM) pile：laboratory investigation[C]. International Conference on Concrete Construction，London，2008.

[8] 吴迈，赵欣，窦远明，等. 水泥土组合桩室内试验研究[J]. 工业建筑，2004，34(11)：45-48.
(WU Mai，ZHAO Xin，DOU Yuan-ming，et al. Experimental study on stiffened DCM pile in laboratory [J]. Industrial Construction，2004，34(11)：45-48.)

[9] 丁永军，李进军，刘峨，等. 劲性搅拌桩的荷载传递规律[J]. 天津大学学报，2010，43(6)：530-536.
(DING Yong-jun，LI Jin-jun，Liu E，et al. Load transfer mechanism of reinforced mixing pile [J]. Journal of Tianjin University，2010，43(6)：530-536.)

[10] PANICH VOOTTIPRUEX，TAWEEPHONG SUKSAWAT，D. T. BERGADO，PITTHAYA JAMSAWANG. Numerical simulations and parametric study of SDCM and DCM piles under full scale axial and lateral loads [J]. Computers and Geotechnics，2011，38(3)：318-329.

[11] 董平，秦然宙，陈征. 混凝土芯水泥土搅拌桩的有限元研究[J]. 岩土力学，2003，24(3)：344-348.
(DONG Ping，QIN Ran-zhou，CHEN Zheng. FEM study of concrete-cored DCM pile [J]. Rock and Soil Mechanics，2003，24(3)：344-348.)

[12] 鲍鹏，姜忻良，盛桂琳. 劲性搅拌桩复合地基承载性能静动力分析[J]. 岩土力学，2007，28(1)：63-68.
(BAO Peng，JIANG Xin-liang，SHENG Gui-lin. Static and dynamic analysis of bearing capacity of composite foundation of concrete core mixing piles [J]. Rock and Soil Mechanics，2007，28(1)：63-68.)

埋入式无限长路基桩板结构合理桩长埋深研究

冯忠居[1]　门小雄[2]　朱　莹[3]　王应铭[3]　高　璇[4]

（1. 长安大学　陕西　西安　710064；2. 港珠澳大桥管理局　广东　珠海　519000；
3. 中铁第一勘察设计院集团有限公司　陕西　西安　710043；
4. 中交通力建设股份有限公司　陕西　西安　710075）

摘　要：客运专线对结构沉降差要求很高，本文针对郑西客运专线新华山车站建设工程采用的埋入式路基桩板结构，基于数值计算方法研究了不同填土高度下桩板结构桩基础的承载特性及其负摩阻力的产生范围。研究结果表明：桩基承载力随着填土高度的增加而降低，填土高度从 3m 增加到 9m，桩的承载力降低 7.9%～26.9%，降低值受桩长影响很小；不同填土高度下合理桩长差异较大，与无填土情况相比，填土高度 3～9m 下的合理桩长由 33m 增至 50m，增幅达 51.5%；根据分析结果，建议工程中通过地基处理或增加桩长的方法减少负摩阻力。郑西客运专线新华山车站建成至今的使用结果表明：数值计算成果可科学指导客运专线桩板结构的设计与施工，研究成果对相关工程沉降问题的解决具有重要的借鉴价值。

关键词：桩板结构　桩基承载特性　负摩阻力　合理桩长

作者简介：冯忠居(1965—)，男，山西万荣人，教授，博士生导师，主要公路岩土工程方面的教学和科研工作。E-mail：ysf@gl. chd. edu. cn。

Study on Reasonablelength of the Embedded Infinite Roadbed Pile-Plate Structure

FENG Zhong-ju[1], MEN Xiao-xiong[2], ZHU Ying[3], WANG Ying-ming[3], GAO Xuan[4]

(1. Chang'an University, Xi'an 710064, China ; 2. Hong Kong-Zhuhai-Macao Bridge Authority, Zhuhai 519000;
3. China railway first survey and design institute group, Xi'an710043, China; 4. Zhongjiaotongli construction Co. , Ltd. Xi'an 710075, China)

Abstract: The passenger special line requires small structure differential settlement. for the Zhengzhou-Xi'an Passenger Special Line , the construction of new Huashan station used submerged roadbed pile plate structure, based on the numerical calculation method, this thesis study on the load-bearing characteristics of the pile foundation under the different filling height and range of negative friction resistance . the results show that: the pile bearing capacity reduces along with the depth of fill increase. the depth of fill increases from 3m to 9m, the pile bearing capacity reduces 7.9%～26.9% . the pile length influence reduces very small; with no filling, under the depth of fill from 3m to 9m reasonable pile length increases from 33m to 50m, the increased range reaches 51.5%; According to the results of analysis in engineering, this research suggested reduces the negative friction through foundation treatment or increases pile length . According to the use case of the new Huashan station of Zhengzhou-Xi'an passenger special line, the numerical calculation results can be used to guide passenger special line pile structure's design and construction, and this research results has important reference value for solving the relevant problem of engineering settlement.

Key words: pile plate structure, pile load-bearing characteristics, negative friction, the reasonable length of pile.

基金项目：铁道部科技研究开发计划重点项目(2006G004-B，2008G031-C)

0 引言

郑西客运专线新华山车站对沉降要求很高,但受路堤高度较大、地基条件较差、工后沉降控制困难、涵洞密集、施工工期等因素的影响,选用了埋入式无限长路基桩板结构。路基填土对桩板结构的桩基产生负摩阻力,进而影响桩基承载力特性,且容易造成桩板结构桩基的沉降过大或不均匀沉降,严重者甚至会影响到整体结构的稳定和安全。受当前理论研究和设计施工水平的影响,路基填土作用对桩基承载力特性的影响在设计和施工中经常被错误估计甚至忽视,由此产生许多工程病害。本文结合郑西客运专线新华山车站建设工程,系统分析填土作用对桩基承载特性的影响,对不同的填土高度下的合理长度进行研究。

1 工程概况

1.1 埋入式无限长桩板结构

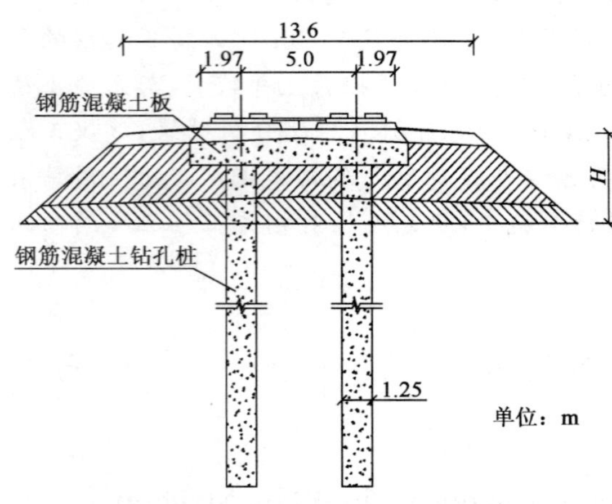

图1 埋入式无限长桩板结构横断面

Fig. 1 Cross section of submerged indefinitely long pile-slab structure

新华山车站无砟轨道正线范围采用埋入式无限长桩板结构,桩板结构长2330.15m。即板顶位于基床表层底面,桩板结构除在大跨度箱形桥处必须断开外,其余均采用连续结构。上部板厚0.6~0.8m,宽10.5m(除道岔区);基础采用ϕ1.25m钻孔灌注桩,桩长40~52m,横向两根(板结构端部3根),间距5.0m,纵向间距9.0m。板采用C40钢筋混凝土,桩采用C30钢筋混凝土。路基均为路堤,填土高度5~9m,如图1所示。

1.2 地质情况

所处地貌单元为渭河一级阶地,地形相对较为平坦、开阔。涉及地层主要为:第四系全新统冲积砂质黄土、第四系上更新统冲积粉质黏土、细砂、中砂及圆砾土等。

砂质黄土(Q_4^{al3}):分布于阶地上部,层厚6~16m,硬塑为主,地下水附近软塑,Ⅱ级普通土,σ_0=100~120kPa。具Ⅰ级非自重湿陷,湿陷厚度5~7m。

粉质黏土(Q_3^{al1}):呈层状或透镜体状分布于粉、细砂层中,厚为3~35mm,局部夹有砂薄层,坚硬—硬塑,地下水位附近软塑。Ⅱ级普通土,16m以内σ_0=100kPa,16m以下σ_0=150kPa。

细砂(Q_3^{al4}):广泛分布于粉质黏土之下,厚度大于10m,一般夹粉质黏土透镜体,棕黄色、灰黄色,砂质较均匀、纯净,饱和为主,密实,稍有胶结。Ⅰ级松土,σ_0=180kPa。

中砂(Q_3^{al5}):呈层状或透镜体状分布,厚度大于10m,饱和,密实,Ⅰ级松土,σ_0=200kPa。

圆砾土(Q_3^{al6}):呈透镜体状分布于黄土层中,厚度0~3m,圆砾成分以砂砾岩为主,中密,潮湿—饱和,Ⅱ级普通土,σ_0=400kPa。

地下水位埋深4~10m,主要为第四系孔隙潜水,位于粉质黏土层顶面附近,主要受大气降水补给。

2 模型建立与计算参数

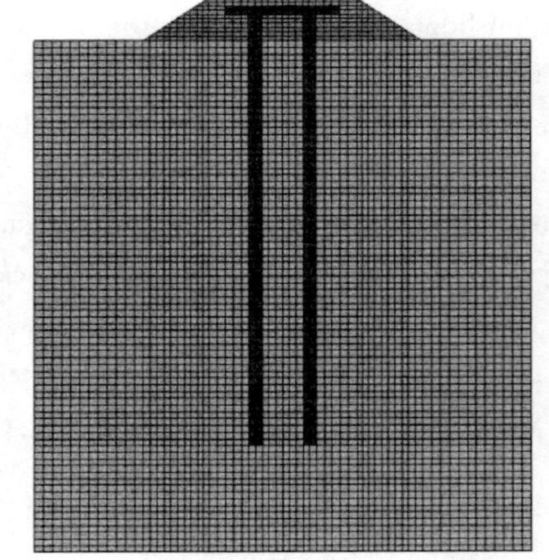

图2 几何模型及单元网格划分

Fig. 2 Geometric models and unit meshes

计算对桩采用弹性模型、桩周土采用弹塑性模型,见文献[1]、[6],几何模型及单元划分如图2所示。计算参数见表1。

表 1　计算参数表

Table 1　Calculation parameters

板	弹性模量 E=3.2×10^4 MPa　泊松比 μ=0.18
桩	弹性模量 E=3.4×10^4 MkPa　泊松比 μ=0.18
桩周土	改良土:弹性模量 E=45MPa　泊松比 μ=0.2 黏聚力 C=200kPa　内摩擦角 φ=25° 地基土:弹性模量 E=20MPa　泊松比 μ=0.25 黏聚力 C=30kPa　内摩擦角 φ=21°
静载	板、级配碎石和轨道结构每延米总重 244.50kN/m
路基填土高度 H(m)	0、3、5、7、9
桩长与桩径(m)	桩长:30、34、38、40、42、46、50、54;桩径:1.25

3　计算结果与分析

从图 3～图 7 可以看出,在无填土情况下,桩的荷载—沉降曲线比较平滑,随着填土的出现及填土高度的增加,荷载—沉降曲线出现陡降,说明在填土作用下,地面各点处的土体沉降均增大,由此形成对桩基的下拉荷载(即负摩阻力)也急剧增加,因而桩的沉降迅速增加。由于计算中假设填土造成桩基的沉降和荷载作用下桩的沉降同时发生,有填土作用时,桩在荷载作用下初期的沉降变化比较明显。

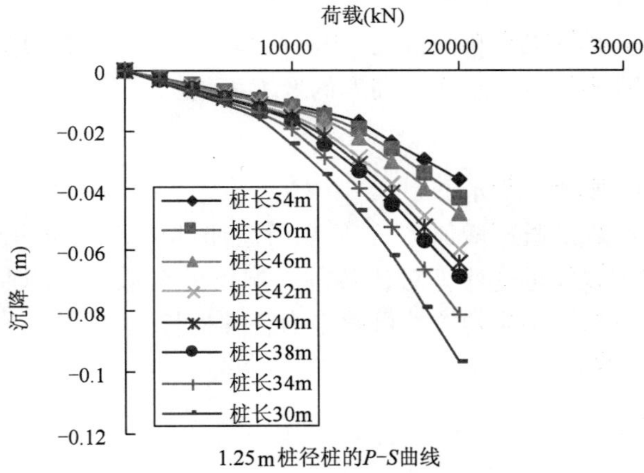

图 3　无填土时不同桩长的 P—S 曲线

Fig. 3　Curve of P—S of different pile length without filling

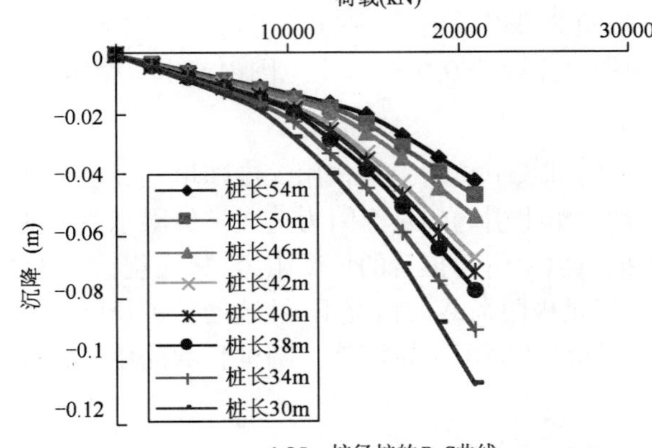

图 4　填土 3m 时不同桩长的 P—S 曲线

Fig. 4　Curve of P—S of different pile length with 3m filling

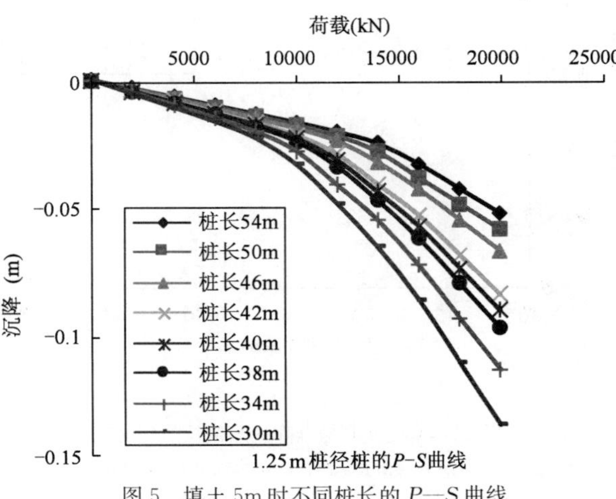

图 5　填土 5m 时不同桩长的 P—S 曲线

Fig. 5　Curve of P—S of different pile length with 5m filling

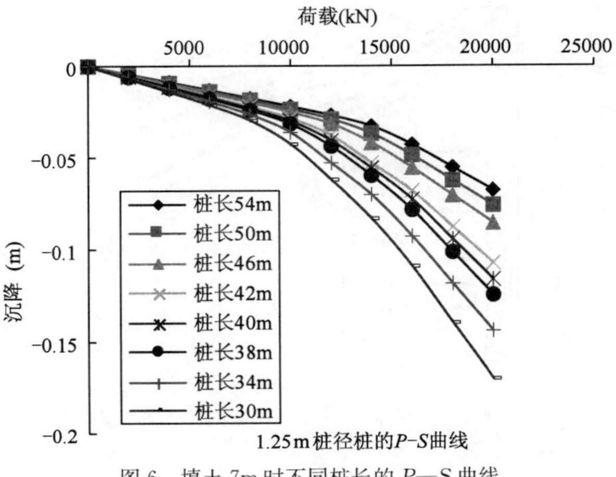

图 6　填土 7m 时不同桩长的 P—S 曲线

Fig. 6　Curve of P—S of different pile length with 7m filling

3.1 极限承载力的确定

实际工程控制沉降量不大于1.5cm，因此承载力确定以此对应的桩顶荷载为极限荷载，如图8所示。

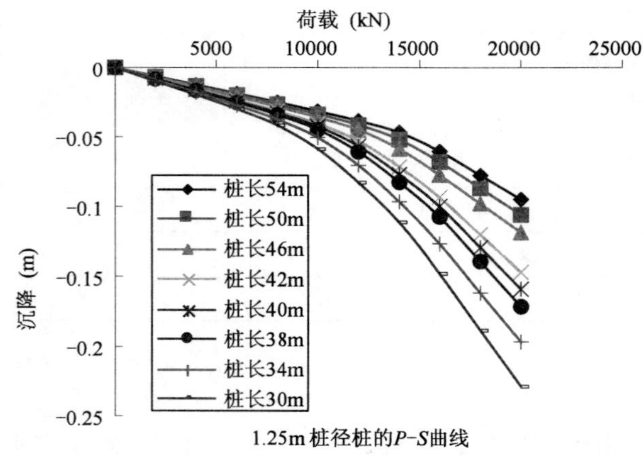

图7 填土9m时不同桩长的P—S曲线

Fig. 7 Curve of P—S of different pile length with 9m filling

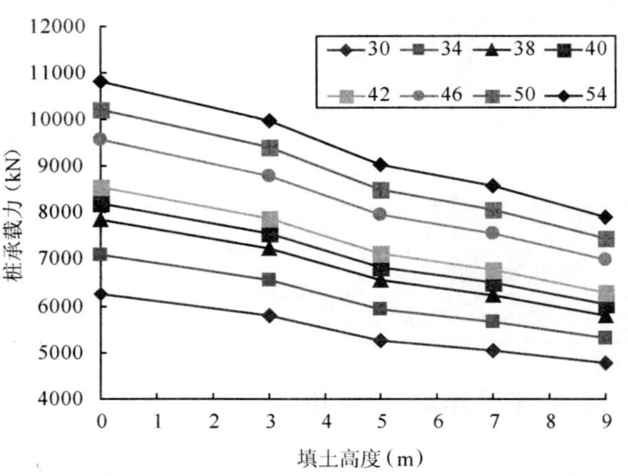

图8 不同桩长时桩承载力随填土高度的变化规律

Fig. 8 Curve of pile bearing capacity in different length with the filling height variation

从图8可以看出，桩基在填土荷载作用下，随着填土高度的增加，相同桩长、相同桩径桩的极限承载力降低，说明填土荷载在桩侧一定范围内产生负摩阻力。负摩阻力的范围随填土高度的增大而增大。

3.2 合理桩长的确定

不同桩长下负摩阻力作用深度随填土高度的变化规律，如图9所示。

针对填土引起的负摩阻力造成桩极限承载力的降低，一般是通过增加桩长，依靠所增加桩长部分的侧阻力来抵消填土引起桩身的负摩阻力，从而提高桩的极限承载力，通过计算对比各种工况下的荷载—沉降曲线，在满足极限荷载的情况下，继续增加桩长已显得不经济，此时对应的桩长可确定为合理桩长。

不同填土高度下桩沉降量随桩长的变化规律，如图10所示。

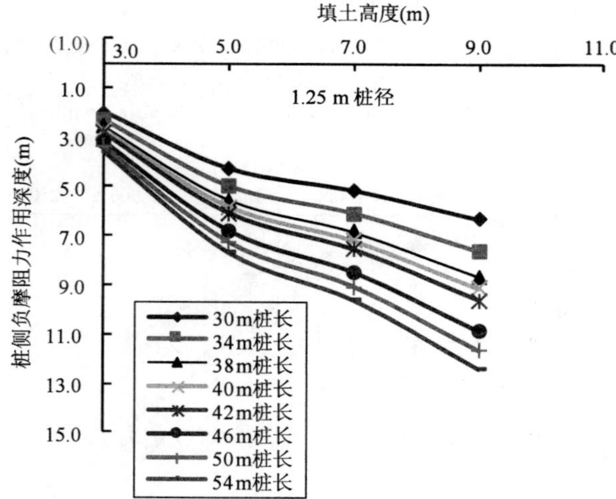

图9 不同桩长时负摩阻力作用深度随填土高度的变化规律

Fig. 9 Curve of pile negative friction in different length with the filling height variation

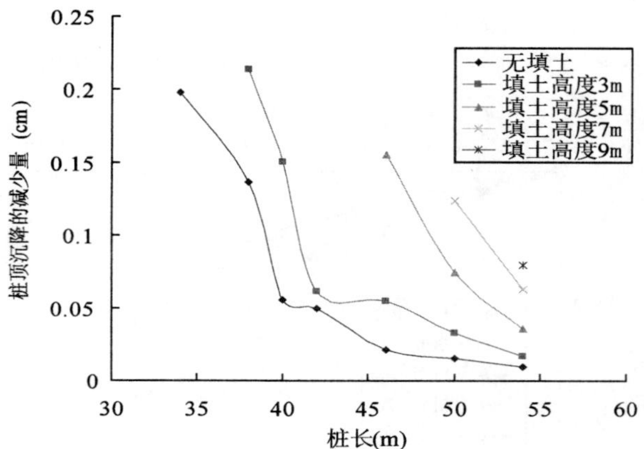

图10 不同填土高度下桩沉降量随桩长的变化规律

Fig. 10 Curve of pile settlement in different filling height with the lengtht variation

通过综合分析，不同填土高度下对应的合理桩长分别见表2。

表2 不同填土高度下的合理桩长(m)

Table 2 Reasonable length in different filling height (m)

桩径(m)	填土高度(m)				
	0	3	5	7	9
1.25	33	35	40	45	50

4 工程建议与效果评价

郑西客运专线新华山站采用埋入式路堤桩板结构，针对路堤填土对桩板结构桩基础产生负摩阻力和增加结构整体沉降变形的问题，在与德国旭普林、DEC公司反复沟通并多次组织专家论证后，结合上述理论分析成果，建议对高路基填筑3%水泥土，增加桩长承担负摩阻力，该方案实施后，经过现场实时观测，结果表明最高填方9.0m区段的沉降量不足5mm，说明理论计算成果解决了克服变形的工程问题，科学指导了实际工程。

5 结语

埋入式长路基连续桩板结构的设计与施工技术在我国首次使用，可借鉴的工程经验尚属空白，特别是客运专线对控制沉降要求很高的情况下，选用该技术更值得从理论和实践上进行综合探讨并积累更多成熟的设计与施工技术及其理论支持，对国内相关客运专线特殊岩土区域选用该技术十分重要。本文理论分析提出的合理桩长埋深是综合考虑了岩土体的工程特性、地形条件、设计荷载、填土高度、沉降控制标准等因素后得到的，对郑西客运专线新华山站的建设具有重要的理论指导价值和实用价值，相关工程中借鉴时应特别注意多指标的选用；工程建设方面提出的技术建议值得借鉴。

参 考 文 献

[1] 冯忠居，谢永利，上官兴. 桥梁桩基新技术——大直径钻埋空心桩新技术[M]. 北京：人民交通出版社，2005.
(FENG Zhong-ju. XIE Yong-li, SHANGGUAN—xing. Technique of Bridge Pile Foundation—Large Diameter Bored Hollow Pile of Prestressing Force Concrete[M]. Beijing: China Communications Press,2005. (in Chinese))

[2] 冯忠居. 特殊地区基础工程[M]. 北京：人民交通出版社，2008.
(FENG Zhong-ju. Foundation Engineering in Special Areas[M]. Beijing: China Communications Press,2008. (in Chinese))

[3] 冯忠居. 基础工程[M]. 北京：人民交通出版社，2001.
(FENG Zhong-ju. Foundation Engineering [M]. Beijing: China Communications Press,2001. (in Chinese))

[4] 冯忠居，张永清，李晋. 堆载引起桥梁墩台与基础的偏移与防治技术研究[J]. 中国公路学报，2004，17(3)：74-77.
(FENG Zhong-ju, ZHANG Yong-qing, LI Jin. Study of Displacement of Bridge and Abutment Foundation Caused by Earth Piling load and its Prevention Technique[J]. China Journal of Highway and Transport[J], 2004,17(3):74-77. (in Chinese))

[5] 冯忠居，等. 大直径超长钻孔灌注桩承载性状，交通工程运输学报[J]，2005，5(1)：24-27.
(FENG Zhong-ju,et al. Bearing property of large-diameter over-length nonpacment[J]Journal of Traf-

fic and Transportation Engineering,2005,5(1):24-27.(in Chinese))

[6] 李晋,冯忠居,谢永利.大直径桩承载性状的数值仿真[J].长安大学学报(自然科学版),2004,24(4):36-39.
(LI Jin,FENG Zhong-ju,XIE Yong-li. Numerical Simulation of Large Diameter Hollow Pile Bearing Performance[J],Journal of Chang'an University(Natural Science Edition),2004,24(4):36-39.(in Chinese))

[7] 冯忠居,等.地面水对黄土地区桥梁桩基承载力影响试验研究[J].岩石力学与工程学报,2004,23(15):2659-2664.
(FENG Zhong-ju et al. Experimental study on effect of surface water on bearing capacity of pile foundation in loess area [J]. Chinese Journal of Rock Mechanics and Engineering, 2004,23(15):2659-2664.(in Chinese))

[8] 冯忠居,等."滇西红层"区大直径桥梁桩基承载力影响因素综合研究 [J].岩土工程学报,2005,27(5):540-544.
(FENG Zhong-ju,XIE Yong-li et al. Comprehensive analysis on influencing factors of bearing capacity of large diameter pile foundation for red bed in West Yunnan[J], Chinese Journal of Geotechnical Engineering,2005,27(5):540-544.(in Chinese))

场地形成工程处理效果及真空度传递研究

丁天锐[1]　叶观宝[2,3,4]　许　言[2,3,4]　唐海峰[5]　康景文[5]

(1. 淮安市铁路建设办公室　淮安　223001；2. 同济大学岩土及地下工程教育部重点实验室　上海　200092；3. 同济大学地下建筑与工程系　上海 200092；4. 地质灾害防控协同创新中心　四川　成都　610059；5. 中国建筑西南勘察设计研究院有限公司　四川　成都　610081)

摘　要：场地形成是近年来与国外建筑单位进行大型工业及旅游园区开发、填海造地等项目合作时提出的新概念，国内外在这方面的工程经验相对不足。依托上海某场地形成项目地基处理工程，结合其中某区块进行大面积真空预压现场试验，分别对大面积真空预压过程中的地表沉降、分层沉降和孔隙水压力等指标进行跟踪监测，并在施工前后进行静力触探试验，对超大面积真空预压法在场地形成工程中真空度的传递规律及加固效果进行了研究。试验结果表明，真空度向下传递分为 4 个阶段，真空预压法在上海地区超大面积场地形成工程中取得了良好的效果，值得在工程建设中进一步推广。

关键词：场地形成　真空预压　现场试验　真空度传递

作者简介：丁天锐，男，高级工程师，淮安市铁路建设办公室工作。E-mail：dtrhao@163.com。

Study on Effect of Site Formation by Vacuum Preloading and Vacuity Transmission

DING Tian-rui[1], YE Guan-bao[2,3,4], XU Yan[2,3,4], Tang Hai-feng[5], Kang Jing-wen[5]

(1. Huaian Railway Construction Office, Huaian 223001, China; 2. Key Laboratory of Geotechnical and Underground Engineering of Ministry of Education, Tongji University, Shanghai 200092, China; 3. Department of Geotechnical Engineering, Tongji University, Shanghai 200092, China; 4. Collaborative Innovation Center of Geohazard Prevention(CICGP), Chengdu, Sichuan 610059, China; 5. China Southwest Geotechnical Investigation & Design Institute Co., Ltd, Chengdu 610081, China)

Abstract: For large area ground treatment works, the more effective method is conducting comprehensive treatment according to functional requirements of the site, which is relative lack of engineering experience in this area in China. Among the ground treatment methods, vacuum preloading is more appropriate for site formation projects, but its applicability and effectiveness should be studied. Relying on a project of site formation in Shanghai, conduct large area vacuum preloading field test in one pot. Track and monitor foundation settlement, layered settlement, pore water pressure and other indicators respectively, to analysis the vacuity transmission and study the effect of vacuum preloading on deep and soft ground over large areas site formation project. Experimental results show that there are 4 stages for vacuity transmission along depth. The vacuum preloading method has achieved good results in Shanghai large areas site formation project, and it is worth further promotion in the other similar construction.

Key words: site formation, vacuum preloading, field test, vacuity transmission.

0　引言

我国的大面积或超大面积的工程项目越来越多，如大型工业区的开发、填海造地等。对于这些大面积的工程项目，特别是在软土地区，其沉降和承载力往往无法满足要求，需要进行地基处理。而较为经济有效的

基金项目：国家自然科学基金项目(41272294，51078271)。

方法是在场地形成过程中针对其功能、要求，对场地进行一次性处理，使场地在高程、地基强度、沉降控制等方面达到一定水平，以满足拟建建(构)筑物及场地其余部分对于沉降和变形的要求。场地形成地基处理就是在这样的背景下提出的。目前，对于场地形成地基处理的处理目标、设计方法、评价体系等方面仍处在探索阶段，亟待深入研究。

适用于大面积及超大面积场地处理的方法有堆载预压、真空预压、真空预压联合堆载预压。真空预压法具有工艺简单、造价低和环境影响小等优点，且由于在真空预压下地基土不会发生剪切破坏，这对于软土地基的处理是有利的。因此，在我国沿海软土地区得到了广泛的应用。自 20 世纪 80 年代以来，真空预压工法取得了较大的发展，通过现场试验所得到的研究成果层出不穷：朱建才[6]结合现场监测结果，探讨了地下水位线等因素对真空度分布的影响，结果表明地下水位线对真空度的分布起阻挡作用；周波[8]通过现场取样和室内试验的方法对加固前后的土体物理力学性能指标进行对比，发现加固后地基土的力学性能得到较大的提高；董江平[9]通过对真空预压场地出水量的分析，结合温州吹填地基处理工程现场试验进行研究，结果表明，无砂垫层真空预压法在提高超软地基承载力方面可行且行之有效。

然而，真空预压对于大面积及超大面积的场地形成地基处理工程的适用性和有效性还有待于研究，对于其沉降发展及沉降预测方法的探讨还需不断完善。基于此，依托上海某场地形成工程，结合其中某区块进行大面积真空预压地基处理现场试验，分别对真空预压加固过程中的地表沉降、分层沉降和孔隙水压力等指标进行跟踪监测，并在施工前后进行了静力触探试验，对超大面积真空预压法在场地形成工程中真空度的传递规律及加固效果进行了研究，对今后超大面积深厚软土地基场地形成工程有重要的指导意义。

1 现场试验方案

1.1 工程地质条件

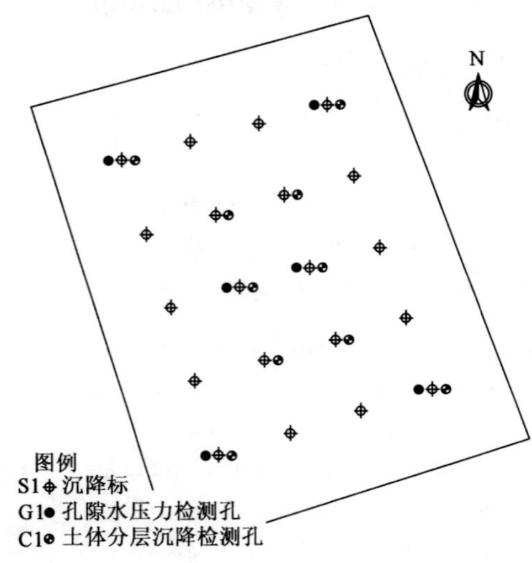

图 1 监测点平面布置

Figure 1 Monitoring points floor plan

本工程场地范围内地层为第四纪全新世至上更新世长江三角洲滨海平原型沉积土层，主要由黏性土、粉性土及砂土组成。场地地表一般分布有厚度 0.5～1.5m 的填土，以素填土为主，地下水埋深为 0.30～2.40m；场地浅部填土以下沉积有俗称“硬壳层”的第②层褐黄～灰黄色粉质黏土；其下为第③层灰色淤泥质粉质黏土、第③夹层灰色黏质粉土夹淤泥质粉质黏土及第④层灰色淤泥质黏土；第⑤层灰色黏性土埋深为 16.50～19.00m。本文研究分析的试验区块的主要软土层物理力学性质见表 1。

1.2 地基处理设计方案

工程总面积 1.74km^2，根据使用功能不同，整个工程的场地分为高等级、中等级(Ⅰ)、中等级(Ⅱ)和低等级处理区，其中本文选取地块为中等级处理区，场地面积 38926m^2，兼有古河道与正常沉积区，场地形成的目标是在工后的 50 年内，场地内任何地方的工后沉降将不超过 30cm，根据设计计算，地基处理目标沉降定为 550mm；采用真空预压地基处理方法，地表真空度大于 80kPa；密封墙采用双轴水泥黏土搅拌桩(掺 0.8%膨润土)，搭接 200mm，直径 700mm，长 10m；排水设计采用 SPB-C 型塑料排水板，板宽 100mm，插入深度 16.5m，间距 1.3m；真空预压完整周期为 12 个月。

表 1 试验区主要软土层物理力学性质

Table 1 Physical-mechanical properties of soft soils in main area

土层编号	土层名称	层厚 (m)	状态	重度(kN/m^3)	孔隙比	压缩模量(MPa)
①$_1$	填土	0.20～6.00	—	—	—	—
①$_2$	淤泥	1.00～2.20	流塑	—	—	—

续上表

土层编号	土层名称	层厚（m）	状态	重度（kN/m^3）	孔隙比	压缩模量（MPa）
②	粉质黏土	0.70～3.20	可塑～软塑	18.5	0.900	4.81
③	淤泥质粉质黏土	0.30～6.40	流塑	17.4	1.143	3.26
$③_{夹}$	黏质粉土夹淤泥质粉质黏土	0.40～4.20	—	18.1	0.984	7.45
④	淤泥质黏土	6.40～10.00	流塑	16.7	1.440	2.25
$⑤_1$	黏土	6.00～11.00	软塑	17.5	1.167	3.15
⑥	粉质黏土	1.10～4.00	可塑	19.3	0.756	7.10
$⑦_{1-1}$	黏质粉土夹粉质黏土	0.80～6.70	—	18.6	0.805	8.69
$⑦_{1-2}$	砂质粉土	0.70～6.50	—	18.7	0.780	10.58

1.3 试验监测方案

监测内容包括预压区内地表沉降监测、土体分层沉降监测、孔隙水压力监测。处理区块内地表沉降监测点、分层沉降监测点、孔压监测点布置数量见图1，分层沉降环及孔隙水压力探头沿深度的埋设位置见图2，各监测项目的监测频率见表2。

表2 真空预压法监测频率

Table 2 Monitor frequency table of vacuum preloading

项　目	监 测 频 率		
	预压期第1个月	预压期第2个月	预压第3个月及其以后
分层沉降	1点·次/d	1点·次/(2d)	1点·次/(3d)
沉降标	1点·次/d	1点·次/(2d)	1点·次/(3d)
孔隙水压力	1点·次/d	1点·次/(2d)	1点·次/(3d)
真空度	真空度达到设计要求前：1点·次/(4h)，真空度稳定后，1点·次/d		

注：沉降趋于稳定时，监测频率调整为1点·次/1d。

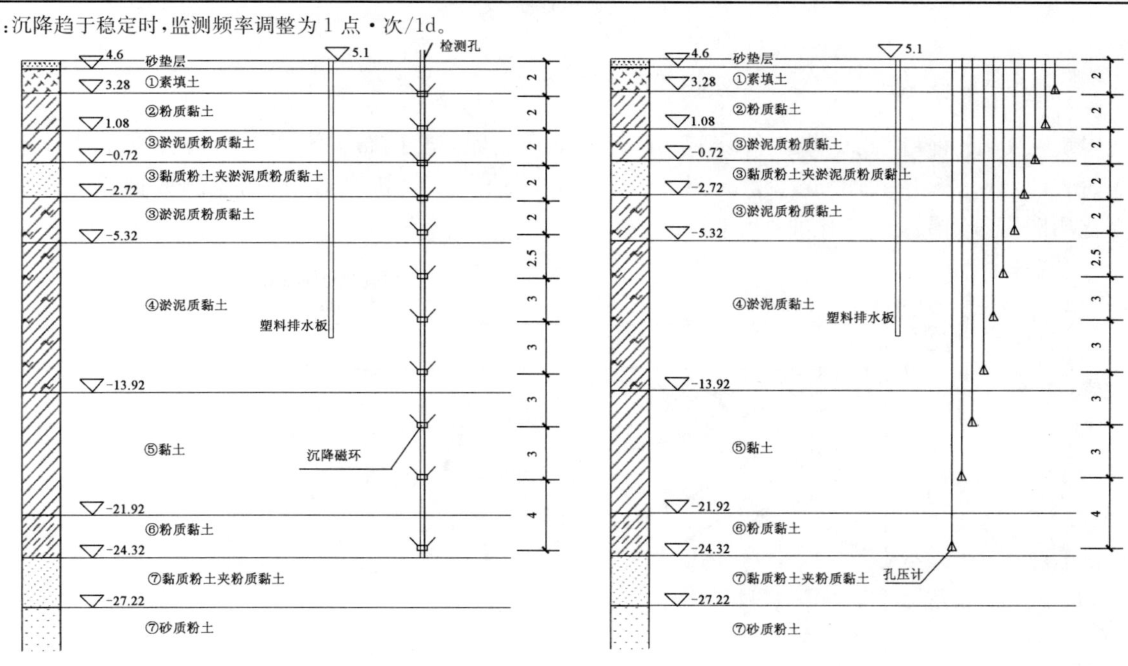

a）分层沉降磁环埋设　　b）孔隙水压力探头埋设

图2 监测仪器埋设剖面（单位：m）

Figure 2 Sectional view of monitoring instruments laying

2 试验结果分析

2.1 地表沉降分析

地表沉降是深厚软基分析的基础，其变化规律是控制施工进度和安排后期施工最重要的指标，也是理论研究结果是否正确的最直接检验标准和加固效果最直接的反映。从地表沉降来看，大面积真空预压能在该场地产生较大的沉降速率，尤其是在抽真空的初始阶段，加固作用效果明显。

本试验区块的真空预压加载施工期共计 63d。至第 57d，该试验地块最大沉降量为 671mm，最小沉降量为 481mm，平均沉降量为 575mm，平均沉降量大于设计目标沉降 550mm，满足设计停泵标准。至第 63d 实际停泵，此时该试验地块最大沉降量为 686mm，最小沉降量为 492mm，平均沉降量为 588mm，大面积真空预压对于消除该软土地基的沉降效果明显。地表沉降曲线见图 3。

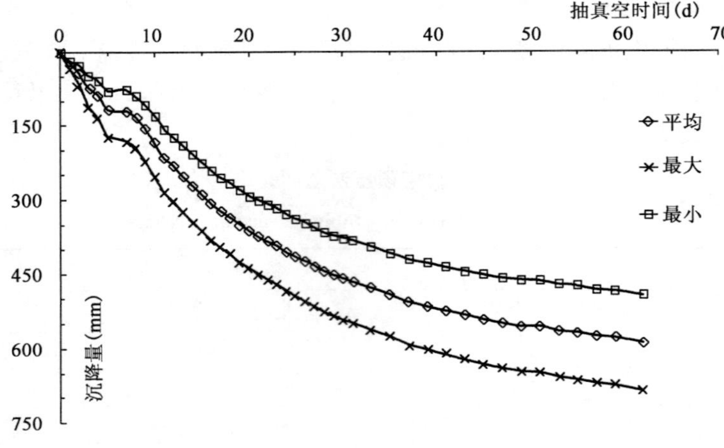

图 3 地表沉降曲线

Figure 3 Surface subsidence curves

2.2 分层沉降分析

本试验地块分层沉降监测点共计布设 16 组，分层沉降磁环的竖向布置深度为砂垫层顶部以下 2m、4m、6m、8m、10m、12.5m、15.5m、18.5m、22m、28m，如图 2a)所示。选取其中 C3 管的监测数据进行分析，其分层沉降变化历时曲线、沿深度变化曲线见图 4。

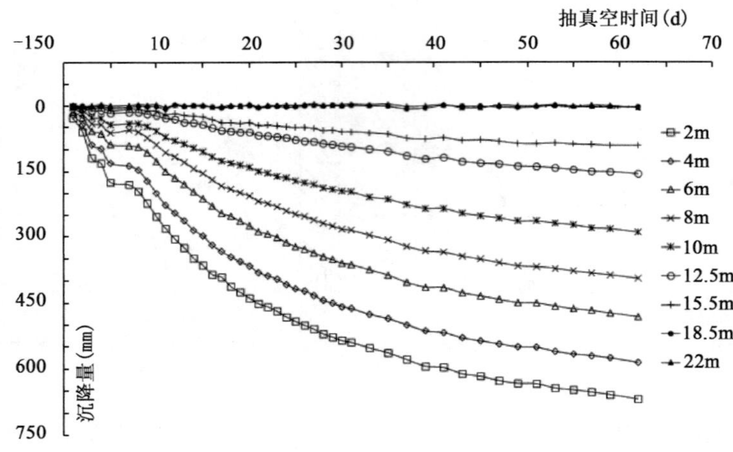

图 4 C3 管分层沉降曲线

Figure 4 C3 pipe stratified settlement curve

从图4可以看到，分层沉降最上面的磁环反映土体的变化规律与地表沉降基本相似，随真空度逐渐的上升，分层沉降逐渐发展。不同深度的分层沉降曲线形态基本相似，但斜率不同。从不同孔位的分层沉降曲线上可以发现，在浅层部分层沉降较大，真空预压在12.5m深度范围内影响较大，12.5m以下则影响较小，22m处影响最小。这也反映了在真空预压施工中，由于排水板的插打深度有限，以及真空度沿深度的传递效果和底部土层土性等多方面的因素，使得最底部的土体沉降很小。

根据分层沉降磁环位置与土层的对应关系，可以由分层沉降数据分析得到各土层的压缩量。可以看到，该场地真空预压主要沉降发生在15m以上的土层，其中第③层淤泥质粉质黏土层的压缩量占总沉降量的50%，第④层淤泥质黏土层的压缩量占总沉降量的36%，第①层素填土和第②层粉质黏土层的压缩量占14%，说明针对上海地区超大面积深厚软基地块，大面积真空预压处理的主要固结土层为③淤泥质粉质黏土层（包括夹淤泥质层）和④淤泥质黏土层，而⑤黏土层及粉质黏土层基本没有发生较大沉降变形，加固影响深度在20m左右。

2.3 真空度传递规律分析

真空度沿深度方向的分布规律一直是真空预压工法研究的重点。通过不同深度孔压的实测资料，可以判断土体中真空度的大小，即某一时刻负的超静孔隙水压力值即为该点该时刻的真空度。由于真空预压加固地基的地下水位变化、曼德尔效应以及测量孔压容易串气等因素的影响，孔压数据的规律往往波动较大，因此真空度的分析可被作为判断加固效果的辅助手段。

本试验地块孔压监测点共计布设8组，孔压计的竖向布置深度为砂垫层顶部以下2m、4m、6m、8m、10m、12.5m、15.5m、18.5m、22m、26m，如图2b）所示。以监测点1为代表进行分析，探讨真空度沿深度方向的传递效果及其随时间的发展规律。

2.3.1 真空度沿深度方向传递效果

真空度沿深度方向的传递效果通过3个不同时段的监测结果进行研究：抽真空第1d、达到设计真空度时、真空度稳定时。该地块在抽真空后第12d达到设计真空度，在第41d时真空度趋于稳定状态，达到最大值（图5）。

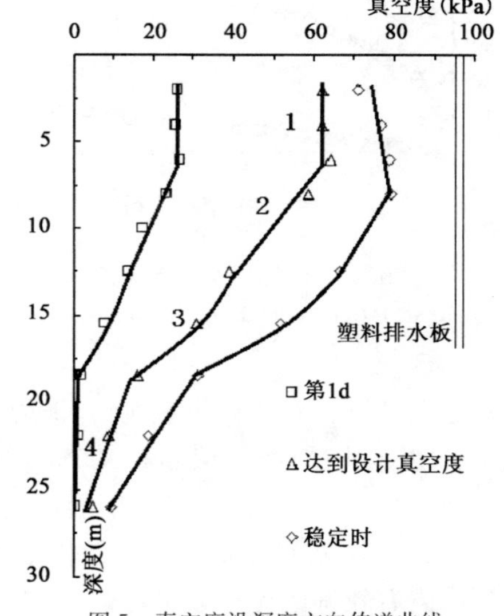

图5 真空度沿深度方向传递曲线

Figure 5 Transfer curve of vacuum degree along depth

由图5可以看出，真空度表现出由地表向下传递并逐渐衰减的规律，但并非线性衰减。真空度沿深度方向传递大致分为4个阶段：

（1）在0～6m地表填土、粉质黏土层内基本保持稳定，呈垂线分布，该土层范围内加固效果良好；

（2）在6～12m区域，当真空度传递至6m以下的淤泥质黏土层时，由于土层渗透性降低，真空度向下传递出现直线衰减的现象；

（3）在12～16.5m区域，当真空度传递至12m以下的深度时，随着深度的增加，排水板可能出现淤堵、扭曲与弯折现象，真空度出现加速消散趋势；

（4）当真空度传递至16.5m排水板插打深度以下时，由于缺少竖向排水通道，真空度迅速线性衰减至0。

真空度沿深度方向的传递规律与真空预压对土体加固效果直接相关，在真空度传递的前两个阶段，由于真空度的损失较小，土体加固效果良好；在真空度传递的后两个阶段，由于真空度损失殆尽，土体加固效果不尽理想，这与分层沉降的监测结果相吻合（图6）。

2.3.2 不同深度处真空度随时间发展规律

从图6可以看到，真空预压施工开始后，各深度处增加明显，且速率明显增大，随着时间的推移，真空度增加速率逐渐降低，一般在7d后明显降低并趋向稳定，并且埋深6m以内土体真空度基本与地表施加的真空压力接近，说明该范围真空度传递较好，真空预压加固效果明显。当深度超过12.5m时，真空度明显降低，在26m以下真空度基本为0，说明该试验地块大面积真空预压地基处理的影响随深度在26m以内，这与分层沉降呈现的规律基本一致。各深度处的真空度发展呈现出一定的同步性，传递滞后效果并不明显。

3　真空预压加固效果分析

本次现场试验利用静力触探试验检验地基加固效果，主要采用单桥探头液压贯入，探头面积15cm^2，数据采集间距为10cm，试验时贯入速度为(1.2±0.3)m/min，试验归零误差不超过1%，深度记录误差不超过±1%。

根据静力触探结果推求地基承载力的公式很多，根据上海市工程建设规范《岩土工程勘察规范》(DGJ 08-37—2002)中提供的淤泥质土地基承载力计算公式 $f_0=32+0.070P_s$，《铁路工程地质原位测试规程》(TB 100018—2003)中提供的粉土地基承载力计算公式 $f_0=1.78P_s^{0.63}+29$，比贯入阻力 $P_s=1.1q_c$，计算换算后的地基承载力，评价加固效果。根据静力触探试验结果推求的本试验区块地基承载力评价结果对比见图7。

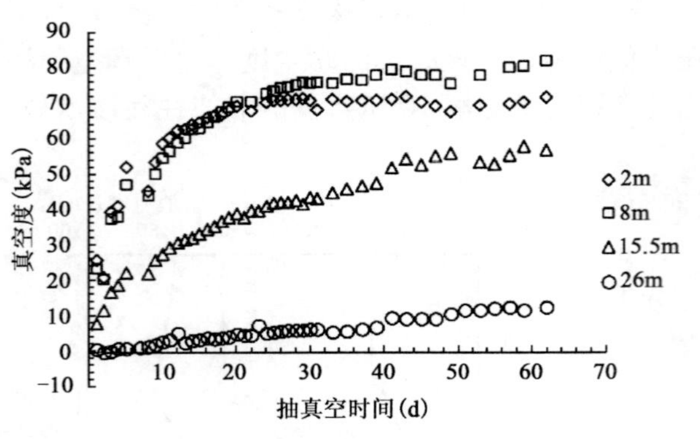

图6　不同深度处真空度发展曲线

Figure 6　Different depths of vacuum development curve

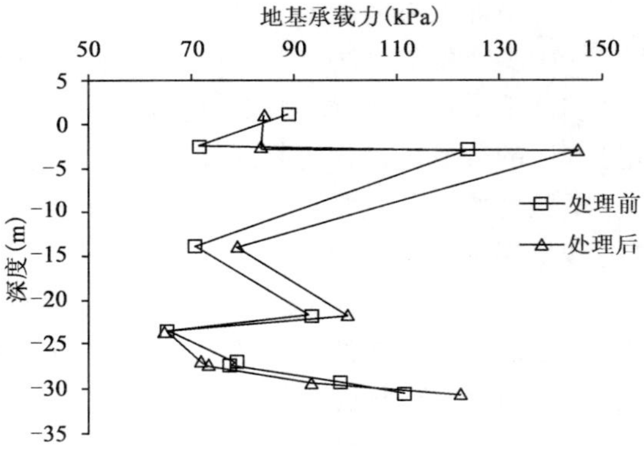

图7　试验地块加固前后地基承载力对比

Figure 7　Comparison of foundation bearing capacity plots before and after treatment

根据图7进行对比分析表明，经采用大面积真空预压+PVD塑料排水板方法进行地基处理后，试验场地在10m以上土层(第③层和③夹层)，其地基承载力提高约17.44%，第④层提高了约11.41%，第⑤$_1$层提高了约7.85%，以下土层影响不明显。由此可见试验地块经地基处理后，第③、④层淤泥质黏性土的强度提高明显，第⑤$_1$层略有提高，第⑤$_1$层以下土层变化较小，该地块真空预压的影响深度在22m左右，在排水板插打深度内有较好的处理效果，这与分层沉降以及真空度传递分析结果所呈现的规律基本一致。

4　结语

通过本次现场试验研究，可得到以下结论。

(1)实践证明了真空预压应用于超大面积深厚软基处理的可行性，真空预压法在上海地区超大面积场地形成工程中取得了良好的效果，值得在工程建设中进一步推广。

(2)分层沉降随时间的变化规律与地表沉降类似。从监测统计结果来看，超大面积真空预压处理上海深厚软基的影响深度为20～26m。

(3)真空度的传递分为4个阶段：①在0～6m地表填土、粉质黏土层内基本保持稳定，呈垂线分布；②在6～12m淤泥质黏土层内，真空度向下直线衰减；③在12～16.5m深度内，真空度加速消散；④在16.5m以下，由于缺少竖向排水体，真空度迅速线性衰减至0。

(4)大面积真空预压对拟建场地地基承载力在第③、④土层均较处理前有较明显的提高，在10m以上土(第③层)中提高10%～30%，第④层与第⑤$_1$层提高了5%～10%。

参 考 文 献

[1] 叶观宝，高彦斌.[M].北京：中国建筑工业出版社.2009.
(Ye Guan-bao, Gao Yan-bin. Ground treatment[M]. Beijing: China Building Industry Press, 1998.)

[2] 中华人民共和国行业标准. JGJ 79—2012　建筑地基处理技术规范[S].北京：中国建筑工业出版社，2002.
(JGJ 79—2002, Technical code for ground treatment of buildings [S]. Beijing: China Building Industry Press, 2002.)

[3] MALEK ABDELKRIM, PATRICK DE BUHAN. An elastoplastic homogenization procedure for predicting the settlement of a foundation on a soil reinforced by columns[J]. European Journal of Mechanics A/Solids, 2007, 26: 736-757.

[4] SHUI-LONG SHENA, JIN-CHUN CHAIB, ZHEN-SHUN HONG. Analysis of field performance of embankments on soft clay deposit with and without PVD-improvement[J]. Geotextile and Geomembrane, 2005, 23: 463-485.

[5] 龚晓南.地基处理技术及其发展[J].土木工程学报，1997，30(6)：3-11.
(Gong Xiao-nan. Ground treatment technology and its development[J]. China Civil Engineering Journal, 1997, 30(6): 3-11.)

[6] 朱建才，温晓贵，龚晓南，等.真空排水预压法中真空度分布的影响因素分析[J].哈尔滨工业大学学报，2003，35(11)：1400-1404.
(Zhu Jian-cai, Wen Xiao-gui, Gong Xiao-nan. Analysis of factors having effect on distribution of vacuum degrees during soft ground by vacuum drainage preloading[J]. Journal of Harbin Institute of Technology, 2003, 35(11): 1400-1404.)

[7] 温晓贵，朱建才，龚晓南.真空堆载联合预压加固软基机理的试验研究[J].工业建筑，2004，4(5)：40-43.
(WEN Xiao-gui, ZHU Jian-cai, GONG Xiao-nan. Experimental study of mechanism of reinforcing soft foundation of bridge head by vacuum combined with surcharge preloading[J]. Industrial Construction, 2004, 4(5): 40-43.)

[8] 董江平，张雄壮，洪雷，等.超软海底淤泥吹填地基无砂垫层真空预压处理效果研究[J].江苏科技大学学报：自然科学版，2010，24(4)：335-340.
(DONG Jiang-Ping, ZHANG Xiong-zhuang, HONG Lei, et al. Effect of no-sand cushion vacuum preloading on ultra-soft seabed silt hydraulic fill foundation[J]. Journal of Jiangsu University of Science and Technology, 2010, 24(4): 335-340.)

[9] 夏玉斌，王剑平，唐元松.椒江污水处理工程超深软基真空预压加固效果综合分析[J].工程地质学报，2004，12(1)：411-417.
(XIA Yu-bin, WANG Jian-ping, TANG Yuan-song. Soft treatment effect analysis of vacuum preloading in the project of jiaojiang polluted water-treatment Factory[J]. Journal of Engineering Geology, 2004, 12(1): 411-417.)

[10] 周波，张可能，杨庆光，等.南沙深厚软土真空预压法的现场试验与应用研究[J].湖南科技大学学报：自然科学版，2008，23(1)：60-65.
(ZHOU Bo, ZHANG Ke-neng, YANG Qing-guang, et al. Test in-situ and application of vacuum preloading in deep soft-soil of nansha[J]. Journal of Hunan University of Science and Technology, 2008, 23(1): 60-65.)

板块状盐渍土地基处治技术研究

冯忠居[1]　刘小飞[2]　王廷武[3]　张尚昆[3]

(1.长安大学　陕西　西安　710064;2.广东省南粤交通投资建设有限公司　广东　广州　510507;3.新疆自治区交通运输厅　新疆　乌鲁木齐　830000)

摘　要:本文结合红鄯高速公路板块状盐渍土的处治技术,通过室内试验和现场调查分析,对比分析了不同处治技术的优缺点,并对其进行综合评价。研究结果表明:板块状盐渍土是一种强度高、板结好的特殊盐渍土,公路穿越极度干旱板块状盐渍土区域时,可以充分利用板块状盐渍土作为地基,但需在路基合理位置布设两布一膜土工布,以防止水的浸入。对板块状盐渍土的充分利用,一方面补充和完善了盐渍土地区公路设计规范,另一方面具有显著的经济社会效益。

关键词:道路工程　板块状盐渍土　处治技术　隔断层　效益分析

作者简介:冯忠居(1965—),男,山西万荣人,教授,博士生导师,主要公路岩土工程方面的教学和科研工作。E-mail:ysf@gl.chd.edu.cn。

Research on the Treatment Technology of the Plate-Like Saline Soil

FENG Zhong-ju[1], LIU Xiao-fei[2], WANG Ting-wu[3], ZHANG Shang-kun[3]

(1. Chang'an University, Shaanxi Xi'an 710064, China; 2. Guangdong Province Nan Yue Transport Investment and Construction Co., Ltd., Guangdong Guangzhou 510507, China; 3. Xinjiang Uygur Autonomous Region Communications Department, Xinjiang Urumchi 830000, China)

Abstract: By the Hongshan highway plate-like saline soil technology, through laboratory test and on-site analysis, comparate the advantages and disadvantages of different treatment technologies. and get a comprehensive evaluation. The results show that: plate-like saline soil is a high intensity, good special saline soil compaction, the road through the extremely arid saline soil slabby areas, it can take full advantage of plate-like saline soil as foundation, but it must be arranged the two cloth and one membrane geotextile in the reasonable location of roadbed, it can prevent water immerse. By the full utilization of salt crusts, on the one hand it will get significant economic and social benefits, on the other hand it will give a supplement and perfection for the highway designing standard.

Key words: road engineering, plate-like saline soil, treatment technology, fencing fechnique, benefit analysis.

0　引言

盐渍土地基处理的目的,主要在于改善土的力学性质,消除或减少地基的溶陷或盐胀等。现行规范主要是针对常规盐渍土而言,对于板块状盐渍土,因其特有的工程特性(板结好、高强度高),这些技术的适用性如何,值得进一步研究。本文在对现行盐渍土地基处理的基础上,结合红鄯高速公路穿越的板块状盐渍土进行研究。

红山口—红鄯高速公路是一条穿越板块状盐渍土区域的公路,而板块状盐渍土作为一种特殊盐渍土。在环境条件变化过程中,因土体中盐分迁移和聚集、反复结晶与溶解,表现出盐胀、盐溶和腐蚀等工程特性,若处治不当,将产生诸多病害,不仅极大地增加公路养护维修费用,而且严重影响着公路的耐久性和实用性,

---

基金项目:新疆维吾尔自治区交通运输厅科技项目(编号200609251)

制约着该条一级公路的建设质量及运营服务水平[1]~[10]。因此，有效合理的对板块状盐渍土地基进行处治是红山口—红郝高速公路亟待解决的关键技术问题。本文主要通过对板块状盐渍土的室内试验和现场调查分析，在保证公路使用功能的原则下，提出充分利用原有板块状盐渍土，在路基中合理布设土工膜，而不将板块状盐渍土全部换填，从而大大地减少成本。

1 板块状盐渍土的工程特性

对红郝高速公路沿线试验段路表面板块状盐渍土试样进行 CBR 试验、无侧限抗压强度试验，其结果见表 1～表 3。

表 1 板块状盐渍土与非板块状盐渍土 CBR 对比

Table1 Comparison the CBR of plate-like saline soil and non plate-like saline soil

盐渍土类型	CBR(%)
板块状盐渍土	120
非板块状盐渍土	28.6

表 2 板块状盐渍土抗压强度试验成果汇总

Table2 Summary of the plate-like saline soil compressive strength test results

编号	天然抗压强度(MPa)						平均(MPa)
3 号	2.8	3.0	3.5	4.0	4.4	5.2	3.8
5 号	11.7	20.0	20.2	20.4	21.2	27.6	20.2
6 号	4.2	5.1	5.3	6.3	9.6	28.6	9.85

表 3 单轴抗压强度与相当岩石对比

Table3 Comparison the uniaxial compressive strength and quite rock

岩 石 名 称	单轴抗压强度(MPa)	备 注
3 号板块状盐渍土	2.8～5.2	盐渍土试验成果
5 号板块状盐渍土	11.7～27.6	
6 号板块状盐渍土	4.2～28.6	
泥灰岩	3.5～18.0	见文献《工程地质实验手册》
砂岩	4.5～10.0	
带状页岩	6.0～8.0	

从表 1～表 3 中可看出：板块状盐渍土 CBR 值高达 120%，远远大于非板块状盐渍土的 CBR 值；板块状盐渍土的天然无侧限抗压强度值很高，具有泥灰岩、砂岩、带状页岩等岩石的强度特性。所以，若能控制水的浸入，由于其高强度性，板块状盐渍土是较好的天然持力层。

2 板块状盐渍土地基处治技术

2.1 不同隔断层结构适应性研究

隔断层按其材料的透水性能可分为透水性隔断层与不透水性隔断层两大类。透水性隔断层材料有砾(碎)石、砂、风积沙等；不透水隔断层材料有复合土工膜、土工膜、沥青砂等。隔断层类型的选用，应根据公路等级、材料来源、盐渍化程度和气象、地质、水文等条件结合路线纵坡设计，经过技术经济比选后确定。

2.1.1 砾(碎)石隔断层

砾(碎)石隔断层，适用于地下水位较高或降水较多的强盐渍土地区新建的二级以上公路。隔断层厚度 30～40cm，上下设反滤层，两侧用砾类土包边。砾(碎)石最大粒径为 50mm，小于 0.5mm 的土含量不大于 5%。反滤层宜采用具有渗透功能的土工织物；也可以采用中、粗砂，含泥量应不大于 3%，厚度 10～15cm。

2.1.2 风积沙或河沙隔断层

风积沙或河沙隔断层适用于缺乏砾石材料而沙材丰富的沙漠边缘、河道下游地段的新建、改建公路。隔断层厚度视路基土质、水文、地质等条件和隔断层材料颗粒组成，根据毛细水上升高度计算而定，最小厚度不宜小于 60cm，砂中粉黏粒含量应小于 5%。

2.1.3 复合土工膜隔断层

在中、强或过盐渍土地区，修建次高级路面以上的公路，宜采用复合土工膜隔断层。复合土工膜应具备抗渗、耐腐蚀、抗老化和耐冻性能以及相当的强度。复合土工膜品种很多，用作隔断层的一般可为二布一膜、一布一膜。二布一膜隔断层一般可不设上下保护层；一布一膜隔断层可只在有膜的一面设保护层。但铺设在细粒土内的复台土工膜隔断层，其上、下应各设厚度不小于 20cm 的砂或砂砾排水层。排水层最大粒径 60mm，粉黏粒含量不超过 15%。下排水层底埋置深度应大于当地最大冻深。

2.1.4 土工膜隔断层

土工膜隔断层适用于强、过盐渍土地段新建或改建公路，其中聚乙烯防渗薄膜、聚丙烯淋膜编织布只宜在二、四级公路上使用。土工膜隔断层应设上、下保护层，保护层材料为砂或含细粒土砂，其粉黏粒含量应小于 15%。隔断层如设在粗粒土内，保护层厚度可为 8～10cm；如设在细粒土内，保护层兼起排水作用，厚度应不小于 20cm。

2.2 隔断层的选择

板块状盐渍土地基隔断层，应根据其含盐类型、含盐量、分布状态、盐渍土的物理和力学性质、溶陷等级、盐胀特性等来选定。依据上文对不同隔断层结构适应性的分析，结合沿线板块状盐渍土的特性，板块状盐渍土地基隔断层采用两布一膜复合土工布。两布一膜复合土工布，应符合中华人民共和国交通行业标准《公路工程土工合成材料有纺土工织物》(JT/T 514—2004)的要求，布的纵、横向拉伸强度≥35kN/m，伸长率≤30%，撕破强度≥0.5kN，CBR 顶破度≥2kN，土工布幅宽不小于 4.0m。

2.3 板块状盐渍土地基处治技术比选

板块状盐渍土地基处治技术，主要采用全换填和布设土工布相结合，针对红鄯高速公路沿线的地质水文条件，结合理论分析成果，对板块状盐渍土地基的处治提出以下方案，见图 1～图 4。

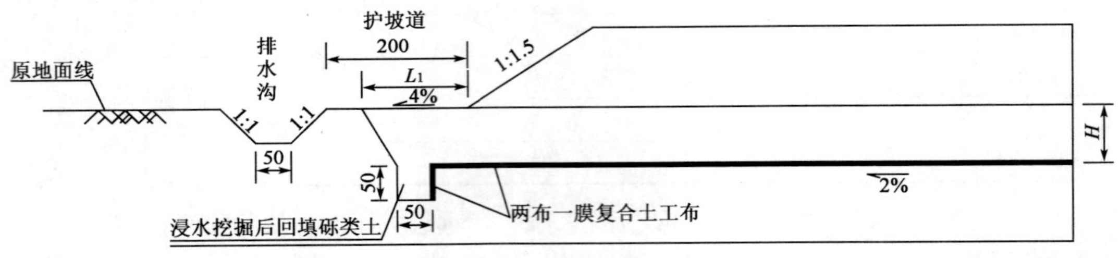

图 1 方案 1(尺寸单位：cm)

Fig. 1 Scheme 1

方案 1 中，对板块状盐渍土全部挖除，在底部铺设两布一膜隔断层，然后换填砾类土，此方法适用于板块状盐渍土厚度较小，且易开挖的地方；方案 2 和方案 3 中，板块状盐渍土地基的处治范围因地基含盐类型的变化而变化。先清表 30cm，再根据板块状盐渍土地基的合理处治范围进行换填，换填土采用砾类土，以保持地基的流通。土工布的布设应紧贴下层硬厚盐壳，横坡控制在 2%，边坡坡度为 1∶1.5，并于坡脚外横向和垂直深度方向均延伸铺设 0.5m。其中方案 2 适用于地下水位较浅，板块状盐渍土厚度较大的区域，而方案 3 适用于地下水位较深，板块状盐渍土较厚，属极度干旱地区；方案 4 中，先清表 30cm，再在底部铺设两布一膜隔断层，然后换填砾类土，此方法适用于板块状盐渍土较厚且不易开挖，属极度干旱地区。

2.4 处治技术的综合评价

结合图 1～图 4，板块状盐渍土地基处治技术对比见表 4。

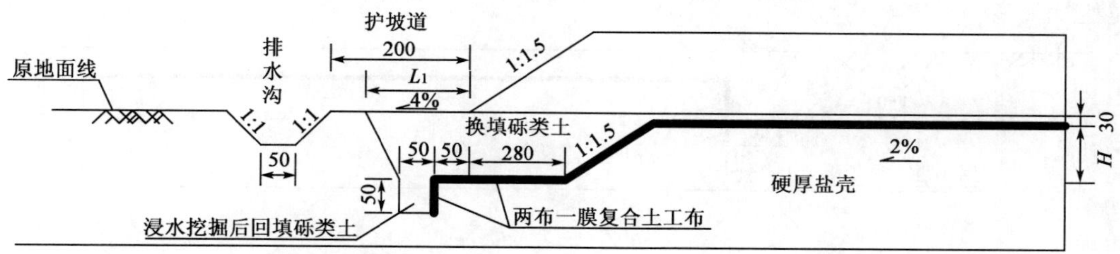

a)硫酸盐板块状盐渍土

a)Sulfate plate – like saline soil

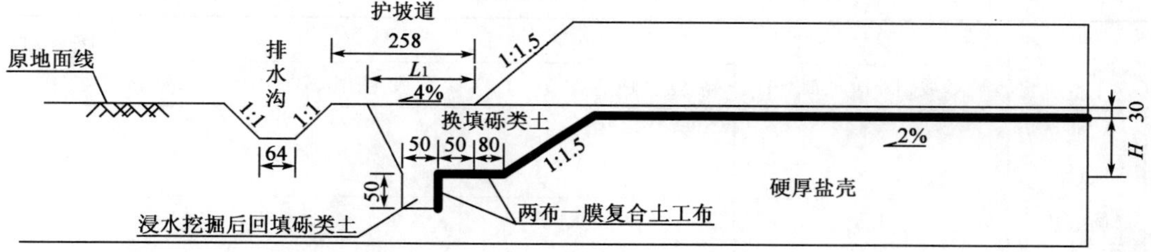

b)氯盐板块状盐渍土

b)Chloride plate – like saline soil

图 2 方案 2(尺寸单位:cm)

Fig. 2 Scheme 2

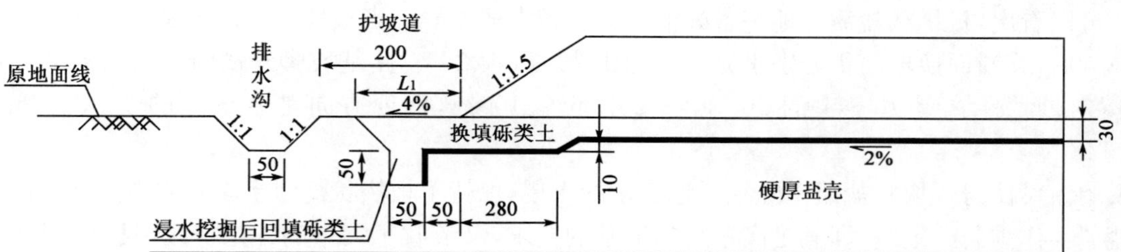

a)硫酸盐板块状盐渍土

a)Sulfate plate – like saline soil

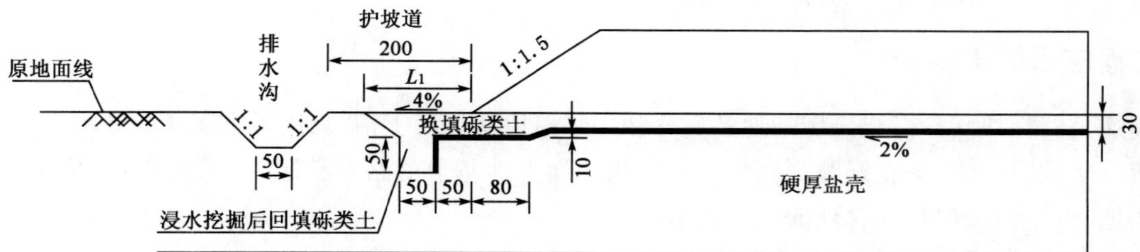

b)氯盐板块状盐渍土

b)Chloride plate – like saline soil

图 3 方案 3(尺寸单位:cm)

Fig. 3 Scheme 3

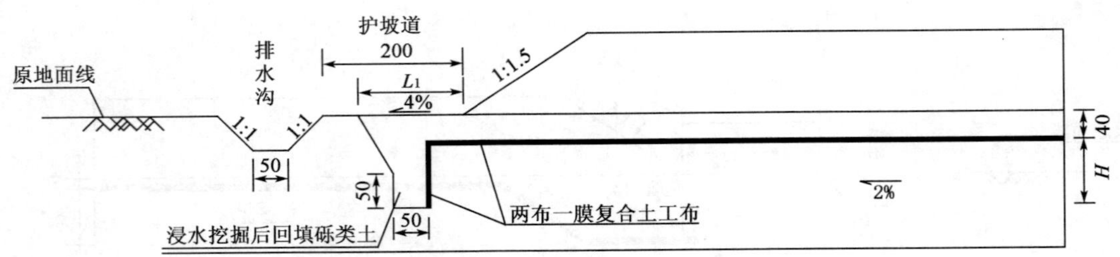

图4 方案4(尺寸单位:cm)

Fig. 4 Scheme 4

表4 处治技术对比表

Table 4 Comparison the treatment technologies

处治技术		处治范围			断面换填面积(m^2)
		路基坡脚外横向 L_1(m)	路基坡脚垂直深度 H(m)	路基坡脚内横向 L_2(m)	
方案1	硫酸盐	1.5	1.5	13.75	22.75
	氯盐				
方案2	硫酸盐	1.5	1.5	2.8	10.71
	氯盐	1.5	0.8	0.8	5.07
方案3	硫酸盐	1.5	0.4	2.8	5.16
	氯盐	1.5	0.4	0.8	4.96
方案4	硫酸盐	1.5	0.4	13.75	6.05
	氯盐				

从表4可以看出,板块状盐渍土地基各处治方案有较大的差异。当板块状盐渍土是硫酸盐盐渍土时,采用方案2、3、4后,其断面换填面积分别是方案1的47%、23%、27%,路基坡脚外横向的处治范围一致,而优化后的内横向处治距离是方案1的20.36%、20.36%、100%,深度方向是方案1的100%、26.67%和26.67%。

土工膜的布设使得板块状盐渍土隔绝了地表水的入侵,保持了板块状盐渍土原有的高强度特性,充分利用板块状盐渍土作为公路地基,即满足高速公路地基的要求,又节省了大量的开挖费用,具有显著的社会经济效益。由于红鄯高速公路地处极度干旱地区且地下水位较深,结合理论分析成果,红鄯高速公路板块状盐渍土地基处治技术可选用方案3和4,尽管方案3较方案4挖方较少,但考虑便于施工,建议选用方案4作为红鄯高速公路板块状盐渍土地基的合理处治方案。

3 工程应用效果评价

红鄯高速公路板块状盐渍土区域的地基充分利用了板块状盐渍土,并采用了方案4的处治技术,在该工程路基完成一年的时间里,一直跟踪观测位于板块状盐渍土地基上的路基状况,结果表明,板块状盐渍土可用于公路的地基,但需采取科学合理的处治技术。

4 结语

(1)板块状盐渍土是一种特殊的盐渍土,其CBR值高达120%,远远大于常规盐渍土;板块状盐渍土的天然无侧限抗压强度很高,具有泥灰岩、砂岩、带状页岩等岩石的强度特性,是一种较好的天然地基持力层。

(2)板块状盐渍土具有强度高、板结好等特性,如果在工程实际中能够有效利用土工布隔断水的浸入,板块状盐渍土本身就是很好的地基基础,在土工布用量相差不大、不影响工程结构安全的情况下,尽量减少板块状盐渍土的挖除,充分利用板块状盐渍土,能达到较好的经济效益。

参考文献

[1] 交通部公路科学研究院. JTG E40—2007,公路土工试验规程[S]. 北京:人民交通出版社,2007.
(JTG E40—2007 The methods of soils for highway engineering. [S]. Beijing:China Communications Press, 2007. (in Chinese).)

[2] 新疆公路学会. 盐渍土地区公路设计与施工指南[M]. 北京:人民交通出版社,2006.
(The road team of xinjiang. Technial Guidelines for Highway Design and Construction in the Saline Soil Regions[M]. Beijing:China Communications Press,2006. (in Chinese))

[3] 中交第一公路工程局. JTG F10—2006,公路路基施工技术规范[S]. 北京:人民交通出版社,2006.
(JTJ 033—2006 Technical Specification for Construction of Highway Subgrades[S]. Beijing:China Communications Press,2006. (in Chinese))

[4] 冯忠居. 特殊地区基础工程[M]. 北京:人民交通出版社,2008.
(FENG Zhong-ju. Foundation Engineering in Special Areas[M]. Beijing:China Communications Press, 2008. (in Chinese))

[5] 中交第二公路勘察设计研究院. JTG D30—2004,公路路基设计规范[S]. 北京:人民交通出版社,2004.
(JTJD 30—2004 Specification for Design of Hignway Subgrades[S]. Beijing:China Communications Press,2004.)

[6] 冯忠居. 土质学与土力学[M]. 北京:人民交通出版社,2006.
(FENG Zhong-ju. Soil Properties and Soil Mechanics[M]. Beijing:China Communications Press,2006. (in Chinese))

[7] 徐攸在. 盐渍土地基[M]. 北京:中国建筑工业出版社,1993.
(XU You-zai. Saline soil ground[M]. Beijing:China Architecture and Building Press,1993. (in Chinese))

[8] 罗伟甫. 盐渍土地区公路工程[M]. 北京:人民交通出版社,1980.
(LUO Wei-pu. The road Engineering in the Saline Soil Regions[M]. Beijing:China Communications Press,1980. (in Chinese))

[9] I. Szabolcs,prediction of Secondary Salinization and Alkalization soils in:Non—arid Condition,1989.

[10] Adorjan,A. S. Insulated well casings for the arctic[J]. ASME Paper No. 1976,76-pet-87.

湿陷性黄土区桥梁桩基承载特性与设计技术研究

冯忠居[1]　谢永利[1]　冯瑞玲[2]　赵占厂[3]

（1.长安大学　陕西　西安　710064；2.北京交通大学　北京　100044；
3.中交桥梁技术有限公司　北京　100016）

摘　要：为合理设计湿陷性黄土区桥梁桩基，弄清黄土湿陷性对桥梁桩基承载特性的影响是关键。本文基于现场试验，对比分析了黄土湿陷前、后桩基的承载特性变化规律，结果表明：黄土湿陷性对桥梁桩基承载特性影响明显；基于理论分析，研究了不同湿陷等级对公路桥梁桩基的影响度；通过调研并结合理论分析和试验成果，提出了适于湿陷性黄土区桥梁桩基的设计技术和工程技术建议，研究成果对公路桥梁的设计与施工具有重要的理论意义和工程实用价值。

关键词：桥梁工程　湿陷性黄土　桩基承载特性　负摩阻力　设计技术

作者简介：冯忠居（1965—），男，山西万荣人，教授，博士生导师，主要公路岩土工程方面的教学和科研工作。E-mail：ysf@gl. chd. edu. cn。

Study on the Load-Bearing Characteristics of the Bridge Pile Foundation and Design Technology in Collapsible Loess Area

FENG Zhong-ju[1], XIE Yong-li[1], FENG Rui-ling[2], ZHAO Zhan-chang[3]

(1. Chang'an University, Shaanxi Xi'an 710064, China; 2. Beijing Jiaotong University, Beijing 100044, China; 3. CCCC Highway and Bridge Consultants Co. Ltd., Beijing 100016, China)

Abstract: For the rational design of bridges foundation in collapsible loess area, the key is to ascertain the impact of loess collapsibility on load-bearing characteristics of the bridge pile foundation . Based on field test on pre and post saturation of pile foundation, the change of load-bearing characteristics is compared and analyzed. The results show that the collapsibility of loess affected load-bearing characteristics of the bridge pile foundation significantly. Based on theoretical analysis, the impact of degree of the highway bridge foundation on the different levels of collapsibility is studied. Through the combination of research and theoretical analysis and experimental results, the paper poses the design technology and engineering recommendations of the bridge foundation for the collapsible loess area. The results will provide a basic reference and great theoretical value for the design and construction of pile foundation in collapsible loess area.

Key words: bridge engineering, collapsible loess, load-bearing characteristics of the bridge pile foundation, negative friction, design technology.

0　引言

黄土浸水湿陷变形使桩基周围自地面以下一定范围正摩阻力完全消失，且因湿陷的过大沉降变形产生负摩阻力，该负摩阻力相当于增加了桩基承受的外荷载，从而使桩的设计桩长或桩径增大，明显加大了施工难度、降低了经济效益。国外各种桥梁建设规范中（包括 AASHTO 规范）都是简单提到黄土湿陷对桩承载力的影响，未见有深入细致研究；20 世纪 90 年代以来，国内许多学者针对黄土的湿陷变形对桩基承载力评

基金项目：云南省交通运输厅科技项目（编号 TST（2001）119A）

价、桩设计中负摩阻力的计算、桩基破坏模式的沉降特性等方面进行了研究，但都没有比较系统的综合性研究[1]~[8]。本文通过现场试验、理论分析及工程调研，研究黄土湿陷变形对桥梁桩基承载特性的影响，在此基础上，提出符合实际的湿陷性黄土区桥梁桩基础的设计方法和工程技术建议。

1 黄土湿陷负摩阻力的产生[3]

桩周湿陷性黄土遇水产生湿陷变形，该部分变形较桩受荷后的变形大时，桩侧土相对于桩向下位移，土对桩产生向下的负摩阻力，负摩阻力不但不能提供承载力，反使桩侧部分土的重量转嫁给桩，成为施加在桩上的外荷载。在地面以下某一位置，土对桩无相对位移，该位置称为中性点，中性点处既无正摩阻力，又无负摩阻力，如图 1 所示。

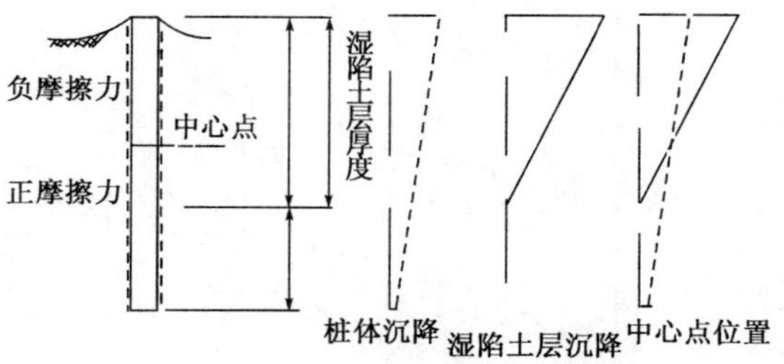

图 1 桩的负摩阻力及中性点位置

Fig. 1 position of negative friction and neutral point of pile

2 浸水前、后桥梁桩基承载特性对比分析

2.1 试桩技术信息

芝川河特大桥是国道主干线 GZ40 二连浩特—河口公路禹门口—阎良段高速公路上的一座特大型桥梁。桥址区地貌单元为黄土台塬和黄河、居河高漫滩。桥位区为上更新统黄土、中更新统黄土，均属湿陷性黄土范畴。根据地质资料确定位于黄土塬的场地，按 III 级自重湿陷性考虑，层厚约 18m。

现场试验试桩 2 根、锚桩 3 根，呈一字形布设，如图 2 所示。锚桩、试桩桩径均为 1.20m、桩长 35.0m。1 号试桩为浸水试桩；2 号为未浸水试桩，静载试验完成后再进行浸水试验。

浸水范围以试桩为中心，开挖一长 19.2m、宽 10.0m、深 0.8m 的基坑。浸水试验沉降测点共 32 个，其中 24 个测点布设沉降标，8 个布设在试桩桩顶，试验期间试坑稳定水位 30cm，试验浸水历时 61d，浸水量超过 6000m^3。浸水后桩周土的平均沉降量达 1.4cm，桩顶的平均沉降量 1 号桩 0.2mm。

2.2 浸水前、后桩的承载力对比分析[9]

2 号桩浸水前和 1 号桩浸水后的 $Q-S$ 分布曲线如图 3 所示，从图中可以看出，2 号桩浸水前的承载力与 1 号桩、2 号桩浸水后的承载力明显不同，前者(9.6MN)远大于后者(8.0MN)；尽管 1 号桩先浸水后加载，2 号桩先加载后浸水，但它们的承载力是相同的，沉降变形量亦基本相同，这说明湿陷性黄土地区的桩基无论是先加载后浸水还是先浸水后加载，黄土的湿陷性对桩承载力和沉降变形量的影响程度基本不变。

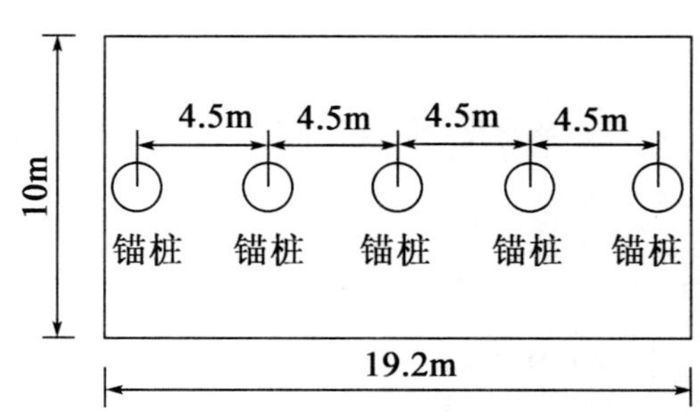

图 2 注水范围示意图

Fig. 2 Water injection range

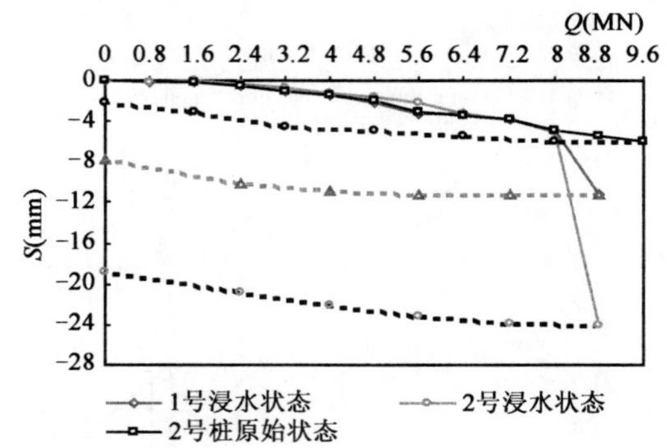

图 3 荷载沉降曲线

Fig. 3 Load-settlement curve

2.3 浸水前、后桩轴力与端阻力的对比分析

图 4、图 5 桩的轴力分规律及图 6 桩端阻力分布规律表明：桩周土浸水前、后轴力的分布规律有较大的差异，在各级荷载作用下，前者是随着桩的入土深度的增加轴力减小，而后者则是随着桩的入土深度的增加，轴力不减反增，说明桩周黄土浸水后的湿陷变形产生负摩阻力。桩的端阻力均是随着加载等级的增大而增

大，当荷载较小时，浸水后桩端阻力较未浸水的桩端阻力小，但当荷载超过某一值时，浸水后的桩端阻力较未浸水时的大。

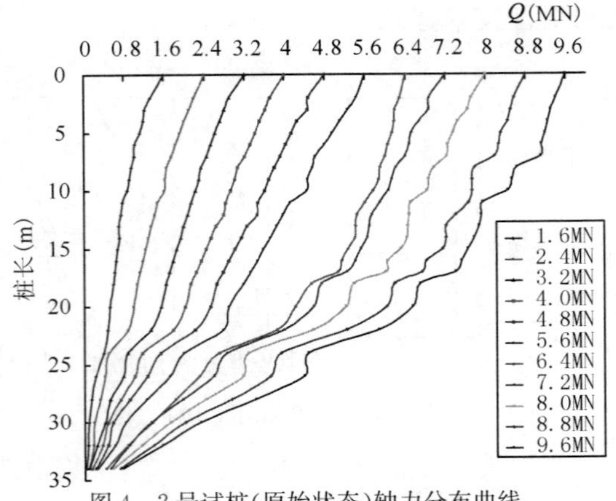

图4 2号试桩(原始状态)轴力分布曲线

Fig. 4 Arrangement curve of axial force of No. 2 test pile (original condition)

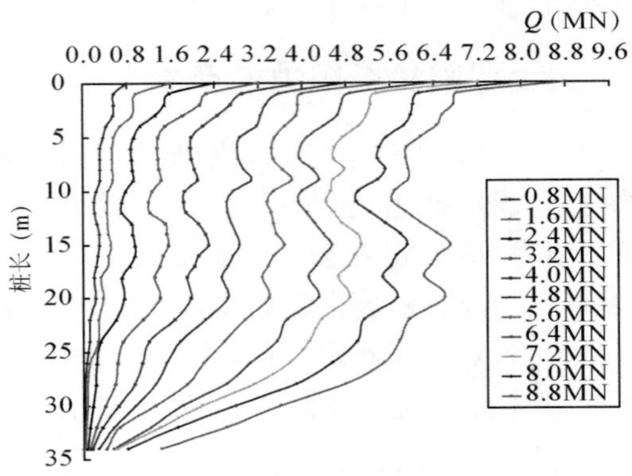

图5 1号试桩(浸水状态)轴力分布曲线

Fig. 5 Arrangement curve of axial force of No. 1 test pile (saturated condition)

2.4 浸水前、后桩侧阻力对比分析

从图7、图8的分布规律可以看出：桩在浸水前桩侧土层提供的都是正摩阻力，而浸水后桩侧在20.0m以上的大部分土层产生了负摩阻力，20.0m以下的土层都为正摩阻力；浸水前、后在20.0m以下桩侧达极限摩阻力的土层不同，且后者较前者的多，这是由负摩阻力引起的；浸水前、后桩侧极限摩阻力的范围差异不大，前者为29.75～99.87kPa，后者则为29.39～86.7kPa。

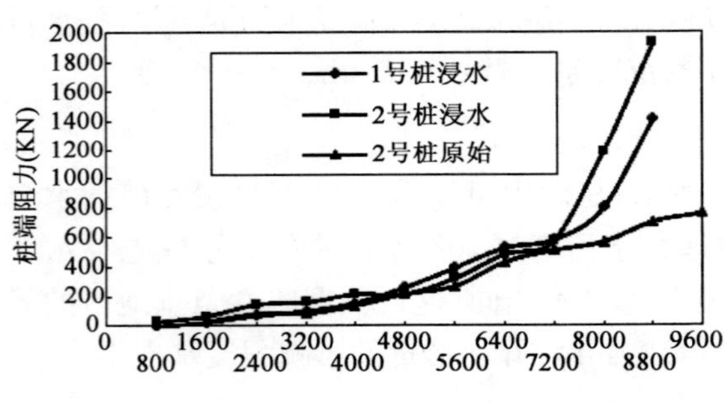

图6 桩端阻力分布图

Fig. 6 Arrangement of pile end resistance

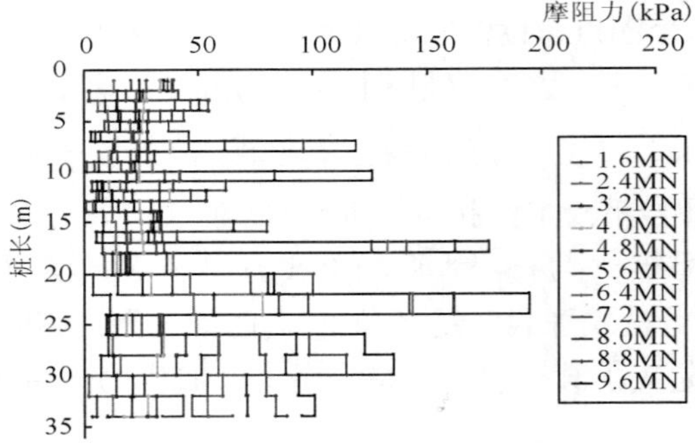

图7 2号试桩(未浸水)侧阻力分布曲线

Fig. 7 Arrangement curve of side resistance of No. 2 test pile (saturated condition)

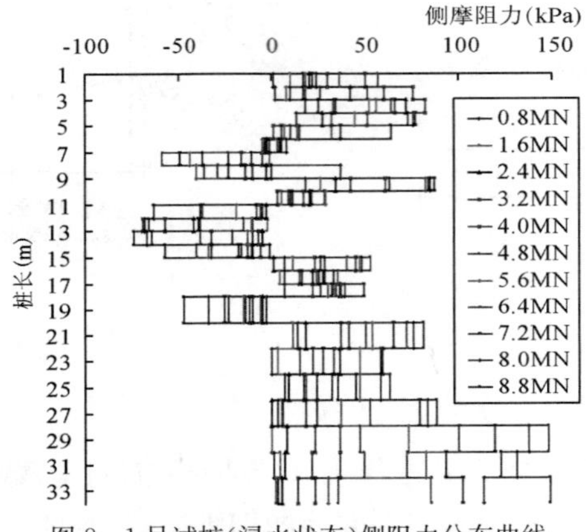

图8 1号试桩(浸水状态)侧阻力分布曲线

Fig. 8 Arrangement curve of side resistance of No. 1 test pile (saturated condition)

3 湿陷等级对桥梁桩基承载特性的影响分析

通过理论分别对不同的湿陷变形系数情况下的 G_s-P_z 分布规律、最大湿陷位置与 P_z 分布规律、δ_s-P_z 分布规律、$H-P_z$ 分布规律、中性点位置与 P_z 分布规律、$P-P_z$ 分布规律等组合情况进行了计算分析，如图 9～图 14 所示。

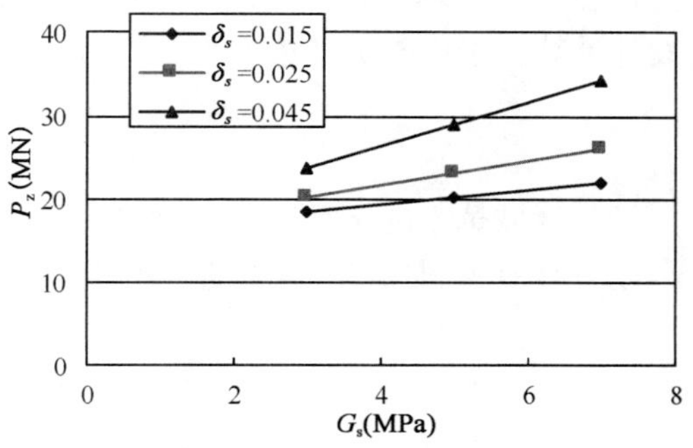

图 9 G_s—P_z 分布曲线

Fig. 9 Arrangement curres of G_s—P_z

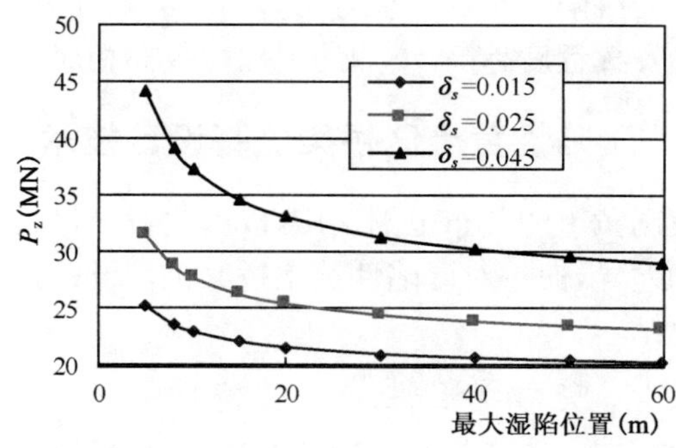

图 10 最大湿陷位置与 P_z 分布曲线

Fig. 10 Biggest saturated yielding location and P_z arrangement curves

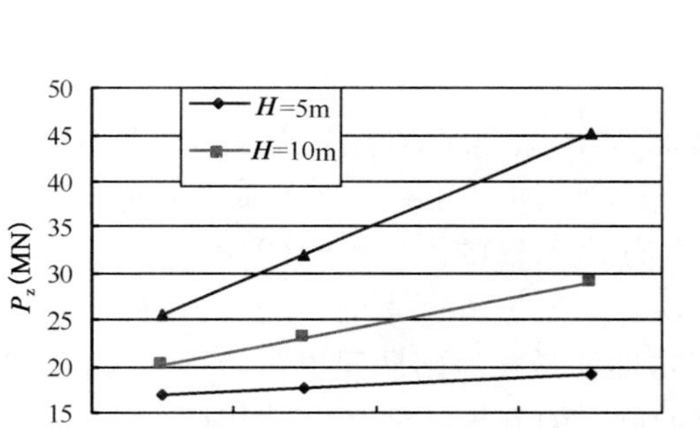

图 11 δ_s—P_z 分布曲线

Fig. 11 Arrangement curves of δ_s—P_z

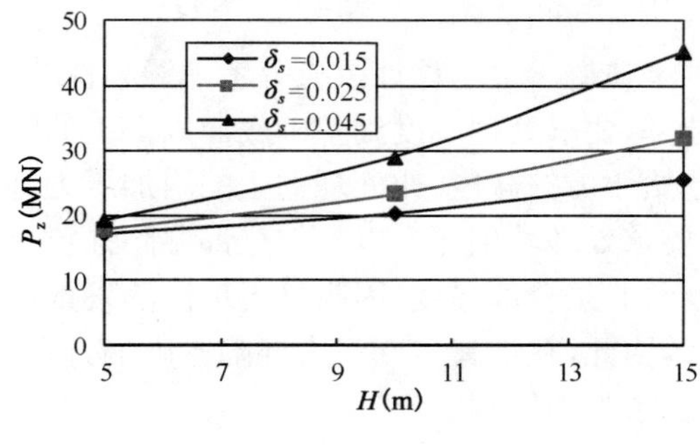

图 12 H—P_z 分布曲线

Fig. 12 Arrangement curves of H—P_z

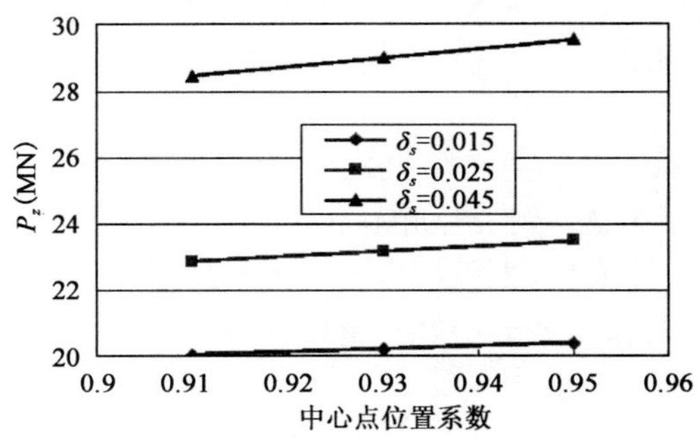

图 13 中性点位置系数与 P_z 分布曲线

Fig. 13 Coefficient of neutral point location and P_z arrangement curves

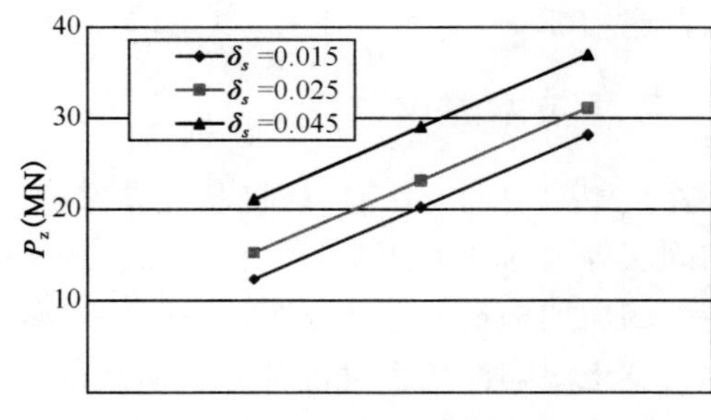

图 14 P—P_z 分布曲线

Fig. 14 Arrangement curves of P—P_z

从理论计算的各种分布规律中可以看出，同一湿陷系数，随着湿陷厚度的增加或剪切模量的增加，中性点处桩的轴力 P_z 都是递增的，即桩周的负摩阻力的值增加，如图 9、图 12 所示；不同的湿陷系数 δ_s-P_z，P_z 值随 δ_s 的增加明显增加，如图 11 所示；同一湿陷系数 δ_s 时，P_z 值随着桩顶施加荷载 P 的增加呈线性增加，且不同等级的湿陷其 P_z 的增长系数相同，如图 14 所示；随着中性点位置系数的增加，同一 δ_s 下的 P_z 呈线性增加，但强湿陷较弱湿陷情况下的 P_z 增长幅度大，即其增长系数不同，如图 13 所示。图 10～图 12 的计算成果表明，湿陷厚度较小(10m)时，湿陷性对桩承载力的影响显著，随着湿陷厚度的加大，湿陷性对桩承载力的影响明显降低。

以上分析说明，弱湿陷性黄土($\delta_s \leqslant 0.015$)，无论其他参数如何变化，其 P_z 的增长幅度均很小，设计中可不考虑弱湿陷性对桩承载力的影响。湿陷性黄土湿陷等级越高，其湿陷变形量越大，对桥梁桩基产生的负摩阻力的发挥程度越高，增加的附加荷载亦相应增加，桥梁桩基设计计算应予以充分考虑。

4 湿陷性黄土区桥梁桩基设计技术

我国黄土的分布范围很广，以西北黄土最具有代表性，但由于各区域黄土的工程特性、气候环境、设计理念等的差异，使得对湿陷性黄土桥梁桩基设计技术有较大差异，以下是对陕、甘、宁桥梁桩基的设计技术的调研与总结。

4.1 陕西湿陷性黄土区桥梁桩基设计

陕西湿陷性黄土区的桩基础设计时，按两种情况考虑。(1)对地下水位不可能上升到桩基础底面以上，且桩侧湿陷性土层不可能出现局部浸水，采取防水措施，不考虑负摩阻力对桩承载力的影响。(2)对桩侧湿陷性土层可能因地下水位上升或因偶然性原因出现桩侧一定深度完全浸水的情况，根据实际情况考虑桩侧地面以下 6m 范围为负摩阻力。

4.2 甘肃湿陷性黄土区桥梁桩基设计

甘肃在桥梁桩基设计中充分考虑湿陷性黄土的湿陷厚度，即要消除全部的湿陷量。(1)对非自重湿陷性黄土地基，要求处理厚度到基础底面以下土的附加压力与上覆土层的饱和自重压力之和等于或小于黄土的湿陷起始压力的深度，或处理到土的附加压力等于土的自重压力的 25%的深度处。(2)对自重湿陷性黄土地基，要求处理基础底面以下的全部湿陷性黄土层。但在考虑气象、水文等因素的影响后，往往需处理的湿陷厚度并非是全部厚度，因为甘肃地区蒸发量远远大于降雨量，即便是在暴雨期间也多为地表径流，渗入量也不大，因此，在计算负摩阻力湿陷厚度的选取上，不仅考虑了黄土的各种试验指标，同时应考虑当地的气象、水文条件的影响。

4.3 宁夏地区湿陷性黄土区桥梁桩基设计

宁夏在桥梁桩基设计时，对湿陷性黄土地区的桩长计算采取了桩长自地面 10m 以下以 30%的摩阻力计入负值；湿陷性黄土层不足 10m 的桥梁桩基，以黄土层实际厚度层的 30%摩阻力计入负摩阻力，在同等条件下桩长普遍增加 5～15m 以上。

5 工程技术建议

消除负摩阻力的方法有：在桩基外设保护桩(隔离桩)、涂层法、塑料膜滑动隔离法、套筒法、地基浸水法、地基加固法等。这些方法对公路桥梁而言或实施技术难度大或不实用，工程技术人员少有采用，设计时仍然采用传统的增加桩长的办法克服负摩阻力。事实上，工程设计与施工若能做好桥梁桩基周围的防排水工作，就可解决黄土湿陷性该桥梁桩基承载特性带来的负面影响。

负摩阻力试验成果主要在现场有针对性的专门浸水，其浸水时间长、浸水量大，但实际桥梁在建成后，降雨并不直接影响桥下桩基础周围的湿陷性黄土，而是地面径流水有可能流经桥下，但由于黄土塬地形，雨水在桥下汇集的可能性很小，也就是说桥下黄土深层湿陷性的可能性极小，所以采用浸水试验成果指导工程设计偏于安全，但很不经济。

对湿陷性黄土桥梁桩基侧负摩阻力取值混乱。自重湿陷性黄土桩侧负摩阻力的取值见表 1[2]，现行桥梁桩基设计中存在的问题是：不考虑是自重湿陷性黄土还是非自重湿陷性黄土，亦不考虑自重湿陷量大小，负摩阻力值一律取 15kPa。

表 1 桩侧负摩阻力值(kPa)

Table 1 Value of lateral pile negative－friction (kPa)

自重湿陷量 Δ_{zs}(cm)	挖、钻孔灌注桩	沉桩
7～20	10	15
＞20	15	20

6 结语

(1)自重湿陷性黄土对桥梁桩基负摩阻力的作用,是使桩的承载力大大降低,且增加的桩长使施工难度增大,工程费用增加。因此,工程设计与施工通过做好桥梁桩基周围的防排水工作解决黄土湿陷性给桥梁桩基承载特性带来的负面影响,具有显著的经济与社会效益。

(2)黄土湿陷性对桩基承载力的影响,必须考虑黄土的湿陷等级。对弱湿陷性黄土可不考虑负摩阻力对桩基承载力的影响,而对中等湿陷、强湿陷性黄土则必须考虑。同时,应在考虑降雨强度、气候条件等因素的基础上,进一步加强湿陷性黄土对桩基产生负摩阻力的实际土层厚度的研究工作。

参 考 文 献

[1] 公路桥涵地基与基础设计规范 JTG D63—2007[S]. 北京:人民交通出版社,2007.
(JTG D63—2007 Code of Design of Ground Base and Foundation of Highway Bridges and Culverts [S]. Beijing: China Communications Press,2007. (in Chinese))

[2] 冯忠居. 特殊地区基础工程[M]. 北京:人民交通出版社,2008.
(FENG Zhong-ju. Foundation Engineering in Special Areas[M]. Beijing: China Communications Press,2008. (in Chinese))

[3] 冯忠居. 基础工程[M]. 北京:人民交通出版社,2001.
(FENG Zhong-ju. Foundation Engineering [M]. Beijing: China Communications Press,2001. (in Chinese))

[4] 李涛. 黄土地区桥梁挖井基础设计方法研究[J]. 岩土工程学报,1997,03:47-54.
(LI Tao. Design Method of Dug Well Foundation of Bridge in Loess Area[J]. Chinese Journal of Geotechnical Engineering, 1997,03:47-54. (in Chinese))

[5] 王兰民,等. 黄土场地震陷时桩基负摩阻力的现场试验研究[J]. 岩土工程学报,2008,03:342-348.
(WANG lan-min,et al. Field tests on negative skin friction along piles caused by seismic settlement of loess[J]. Chinese Journal of Geotechnical Engineering,2008,03:342-348. (in Chinese))

[6] 齐静静,徐日庆,龚维明. 湿陷性黄土地区桩侧负摩阻力问题的试验研究[J]. 岩土力学,2006,S2:882-884.
(QI Jing-jing,XU Ri-qing, GONG Wei-ming. Experimental study on negative skin friction resistance on piles in collapsible loess area[J]. Rock and Soil Mechanics, 2006,S2:882-884. (in Chinese))

[7] 张展弢,冯志焱. 西安黄土地区静压桩荷载沉降特性与分析[J]. 岩石力学与工程学报,2005,14:2548-2553.
(ZHANG Zhan-tao, FENG Zhi-yan. Research on bearing capacity and settlement property of pressed-in pile in xi an loess area[J]. Chinese Journal of Rock Mechanics and Engineering,2005,14:2548-2553) (in Chinese))

[8] 冯忠居,等. 大直径超长钻孔灌注桩承载性状,交通工程运输学报[J],2005,5(1):24-27.
(FENG Zhong-ju,et al. Bearing property of large-diameter over-length nonpacment[J]Journal of Traf-

fic and Transportation Engineering,2005,5(1):24-27.(in Chinese))

[9] 冯忠居,等.地面水对黄土地区桥梁桩基承载力影响试验研究[J].岩石力学与工程学报,2004,23(15):2659-2664.

(FENG Zhong-ju,et al. Experimental study on effect of surface water on bearing capacity of pile foundation in loess area [J]. Chinese Journal of Rock Mechanics and Engineering, 2004,23(15):2659-2664.(in Chinese))

[10] 冯忠居,等."滇西红层"区大直径桥梁桩基承载力影响因素综合研究 [J].岩土工程学报,2005,27(5):540-544.

(FENG Zhong-ju,et al. Comprehensive analysis on influencing factors of bearing capacity of large diameter pile foundation for red bed in West Yunnan[J], Chinese Journal of Geotechnical Engineering, 2005,27(5):540-544.(in Chinese))

[11] 冯忠居,谢永利.大直径钻埋预应力混凝土空心桩承载力的试验[J].长安大学学报(自然科学版),2005,25(2):50-54.

(FENG Zhong-ju, XIE Yong-li. Simulation test of Large-diameter Bored Hollow Pile of Prestressing Force Concrete[J], Journal of Chang'an University(Natural Science Edition),2005,25(2):50-54.(in Chinese))

沟谷高填方地基沉降变形分析

石博溢 倪万魁 王衍汇 李征征 戴 磊

（长安大学 陕西 西安 710000）

摘 要：针对某填沟工程的实际情况，通过室内常规剪切和固结试验获取相应参数，然后分别采用分层总和法和有限元法对沟谷高填方地基沉降量进行了估算和对比分析，结果表明填土场地存在沉降不均匀现象，特别是场地填挖边界处沉降量偏差较大，场地总沉降量平均值约为146cm，整个填土区最终总沉降量分布情况大致为中间沉降量小且较均匀，两边沉降量大且不均匀。地下水位对地基沉降量影响较大，随着地下水位的逐渐上升，地基的总沉降量将随之增加，场地不同部位将产生不均匀沉降而且有逐渐增大趋势。通过分析计算结果可知，造成高填方地基沉降不均匀的原因主要是在填方区各处填土厚度和原始土层厚度存在差异以及地下水位不均匀上升使得各处的湿陷变形不同两方面。

关键词：地质工程 地基沉降 分层总和法和有限元法 沟谷 高填方

作者简介：石博溢(1991—)，男，长安大学硕士研究生。E-mail：1083609630@qq. com。

Valleys High Fill Subgrade Settlement Deformation Analysis

SHI Bo-yi, NI Wan-kui, WANG Yan-hui, LI Zheng-zheng, DAI Lei

(Chang'an University, Xi'an710000, China)

Abstract: According to the actual situation of a filling ditch project, through the indoor conventional shear and consolidation test to obtain the corresponding parameters, and then we adopt the layered summation method and the finite element method (fem) on the valleys of high fill foundation settlement estimation and comparative analysis. The results showed that the filled soil ground subsidence is uneven, especially on site border. The average total settlement of site is about 146 cm, and the filling area eventually total settlement distribution is small and relatively uniform in the middle, but large and uneven on both sides. The underground water level has a greater influence on the groundwater level of foundation settlement, and it will increases the total settlement, and uneven settlement will occur at different positions of the field and has increasing trend as the level rise gradually. By analyzing the calculation result shows that the causes of uneven high fill subgrade settlement are mainly the thickness difference between the filled soil layer and the original soil layer throughout the fill area, and uneven ground water level rise that makes everywhere the collapse deformation different two aspects.

Key words: Geological Engineering, foundation settlement, layered summation and finite element method, Valleys, high fill.

1 工程概况

工程位于延安市宝塔区百米大道西北侧桥沟内，地处黄土丘陵地区，场地内沟壑纵横，地形起伏大，地面高程955～1263m，高差308m。区内地层按其沉积顺序，由老到新依次为侏罗系、新近系和第四系。侏罗系出露中统延安组(J_2y)及下统富县组(J_1f)，岩性坚硬，裂隙较发育；新近系未出露，以泥岩为主，层理发育；第四系沉积厚度变化大，主要以中更新统风积黄土(Q_p^{2eol})和上更新统风积黄土(Q_p^{3eol})为主(图1)。

基金项目：陕西省科技统筹创新计划项目(2012KTDZD03-03)。

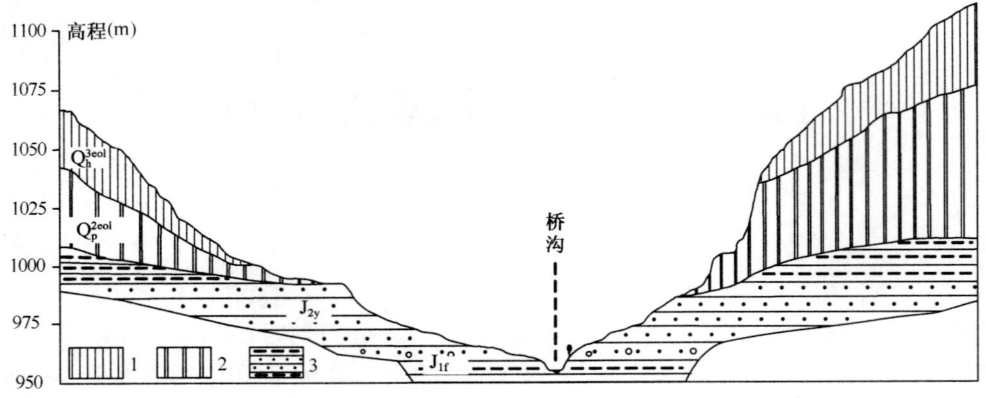

图 1　桥沟沟口横向地质剖面

1-马兰黄土；2-离石黄土；3-砂岩、泥岩

Fig. 1　Qiaogou mouth lateral geological profile

1-Malan loess; 2-Lishi loess; 3-Sandstone and mudstone

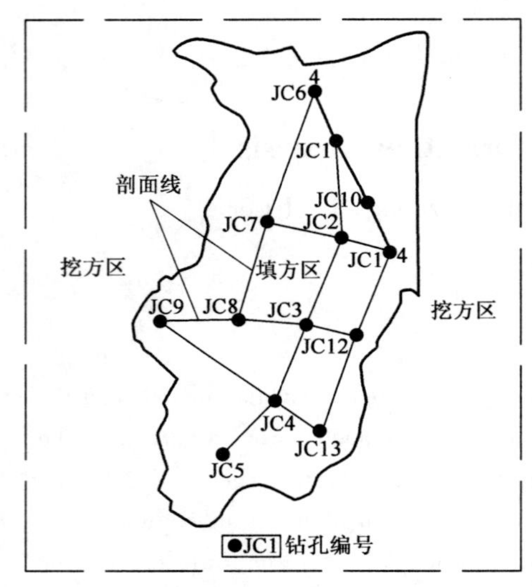

图 2　钻孔布设简图

Fig. 2　Borehole layout diagram

研究区总体上呈北、西、东三面高，中部桥沟沟谷低洼，向东南开口的谷状地形，并且地势由北向南逐渐降低。该区大小冲沟发育，地形破碎，地势起伏大，分水岭海拔 1 100～1 260m，沟底海拔 950～1 080m，相对高差一般 100～150m，最高点和最低点相对高差可达 324m。该区最终填方高程控制在 1 095m 左右，最大填方高度达 100m 左右。因此地基变形问题是高填方工程建设过程中的核心问题及技术难题。

2　地基沉降估算

2.1　地基土层参数

如何有效的控制地基不均匀沉降是工程关键和技术难点。因此，为了检验场区填土的密实度及沉降均匀程度，在场区布置了 14 个钻孔（图 2），每填 10m 左右取一次样，本次通过对场区中 10 个钻孔中的部分土样进行室内试验，获得相关参数，并分别使用分层总和法和有限元法计算各点的地基沉降量。表 1 为各取样钻孔的原始高程、原始土层厚度（即各孔原始土层顶面至基岩面的厚度）和最终填土厚度。

通过现场取样进行室内试验，分别获得相应参数。其中使用环刀法测定土的密度、酒精燃烧法测定土的含水率、杠杆式压缩仪法测定压缩指标、直接剪切试验法测定土的摩擦角和内聚力[1]（表 2）。

表 1　孔原始土层和填土厚度对比

Table 1　The original soil layer and filling thickness contrast

钻孔编号	JC1	JC2	JC3	JC4	JC5	JC6	JC8	JC9	JC12	JC13
原始高程(m)	996.7	1 019.9	1 027.3	1 034.3	1 043	1 024.3	1 033.7	1 054.2	1 064.3	1 046.8
原始土层厚度(m)	0	4.9	12.3	19.3	28	9.3	18.7	39.2	49.3	31.8
最终填土高度(m)	98.3	75.1	67.7	60.7	52	70.7	61.3	40.9	30.7	48.2

表 2　土层物理力学参数统计

Table 2　The soil physical and mechanical parameters

土层	项目	含水率 ω(%)	密度 ρ (kN/m³)	直剪指标		压缩指标(MPa)							
				黏聚力 c(kPa)	摩擦角 φ(°)	E_{s0-1}		E_{s1-2}		E_{s2-3}		E_{s3-4}	
填土层	最大	21.8	2.17	131.7	42.3	11.96	10.04	24.67	19.53	34.4	34.98	50.67	43.87
	最小	3.1	1.37	0.5	16.3	6.53	2.52	13.56	5.25	17.78	4.14	22.94	4.33
	平均	10.1	1.73	49.4	28.1	9.2	6.74	18.3	13.02	26.45	18.7	38.84	25.23
原始土层	最大	20.2	2	28	24.9	E_{s1-2}	E_{s2-3}	E_{s3-4}	E_{s4-5}	E_{s5-6}	E_{s6-7}	E_{s7-8}	E_{s8-9}
	最小	18.2	1.82	23	18.9								
	平均	19.3	1.92	25	22.3	8.2	11.5	13.1	12.4	16.5	20.8	23.1	28.7

2.2　地基沉降量估算

2.2.1　分层总和法估算

分层总和法[2]假定地基土为线弹性体，在外荷载作用下的变形只发生在有效厚度的范围内（即压缩层），将压缩层厚度内的地基土分层，分别求出各分层的应力，然后用土的应力-应变关系式求出各分层的变形量，再总和起来作为地基的最终沉降量。

在不考虑侧向变形，假设只发生一维竖向压缩变形的情况下，按分层总和法分别计算各孔（JC1～JC6、JC8、JC9、JC12、JC13）的沉降量。填方区地基沉降可以分为填土沉降和原始土层沉降两部分。

2.2.1.1　各孔填土沉降量

由该工程的施工过程可知，填土的沉降主要是由于上覆土层的堆积而产生的，因此每层土层的附加应力为其上覆所有土层的自重应力之和。分层厚度取 5m，压缩模量 E_S 按表 2 取值，对于附加应力大于 0.4MPa 的压缩模量 E_S 按 E_{S3-4} 取值。填土总沉降量 s 按下式计算：

$$s = \sum_{i=1}^{n} \frac{p_{zi}}{E_{si}} H_i \tag{1}$$

式中：p_{zi}、E_{si}、H_i——分别为每层土的附加应力、压缩模量和厚度。

2.2.1.2　原始土层沉降量计算

原始土层产生沉降主要是由于上覆填土的堆积，其初始附加应力为上覆填土的自重应力之和。本文将各孔处原始土层受到上覆填土的作用力简化成以该孔为中心一定正方形面积内（$B=L$）作用有竖直均布荷载 p_o，从而各孔原始土层中任意一点的附加应力使用角点法[3]计算，即

$$\sigma_{zi} = 4K_s p_o \tag{2}$$

各孔边长 B 的取值方法为：将剖面图上填土高度处测量的各孔至原始土层边界的较小值作为 $B/2$。各孔正方形均布荷载边长 B 如表 3 所示。

表 3　各孔边长 *B* 大小

Table 3　Each side length of size *B*

孔号	JC1	JC2	JC3	JC4	JC5	JC6	JC8	JC9	JC12	JC13
B(m)	20	400	270	350	210	120	240	100	80	140

随着深度增加，附加应力递减，自重应力递增，到一定深度后，附加应力相对于该处原有的自重应力已经很小，引起的压缩变形可以忽略不计，因此沉降计算到此深度便可。现取附加应力与自重应力的比值为 0.1 的深度处作为沉降计算深度，分层厚度暂取为 4m，原始土层压缩模量 E_s 取值见表 2。原始土层沉降量计算公式同填土。

2.2.1.3　总沉降量

总沉降量为填土沉降量与原始土层沉降量之和，即 $s=s_{填}+s_{原}$。各孔最终沉降量计算结果见表 4。

表 4　地 层 参 数

Table 4　Formation parameter

地层名称	天然重度(kN/m³)	饱和重度(kN/m³)	弹性模量 天然	$E_{S(kPa)}$ 饱和	泊松比 υ	黏聚力 c 天然	(kPa) 饱和	内摩擦角 φ(°)
填土	16.91	19.49	38 840	25 230	0.3	47.36	10	28.89
原始土层	18.82	19.56	28 700	15 500	0.3	30.2	10	20.2
基岩	22	22	30 000 000		0.3	27 200		38

2.2.2　有限元法沉降估算

Midas/GTS 是一款专业的岩土工程有限元分析软件,其功能较为强大,具有中文界面,直观快速的三维建模,可导入/导出 AutoCAD DXF 文件,齐全的岩土本构关系,丰富的岩土分析功能等特点。

本文使用 Midas/GTS 对 5 个典型剖面进行沉降计算,分别为 1—1、4—4、5—5、6—6 和 7—7 剖面,图 3 为 4—4 剖面(图 2)模型简图,剖面模型由填土、原始土层和基岩三部分组成,各地层参数见表 4,其中剖面长 608m,高 144m,各地层网格尺寸均为 5m×5m,该剖面共划分网格 3701 个,初始水位线为基岩面,各点处水位上升高度假设相同,如图 3 中水位上升 15m 预测线所示。

分别建立各剖面的模型,然后通过计算,得各孔地基沉降量,其结果见表 5。

2.2.3　两种方法比较

将使用分层总和法和有限元法计算的总沉降量、原始土层沉降量和填土沉降量分别进行对比,并计算有限元法计算的沉降量相对于分层总和法计算的沉降量的差值,如表 5 所示。

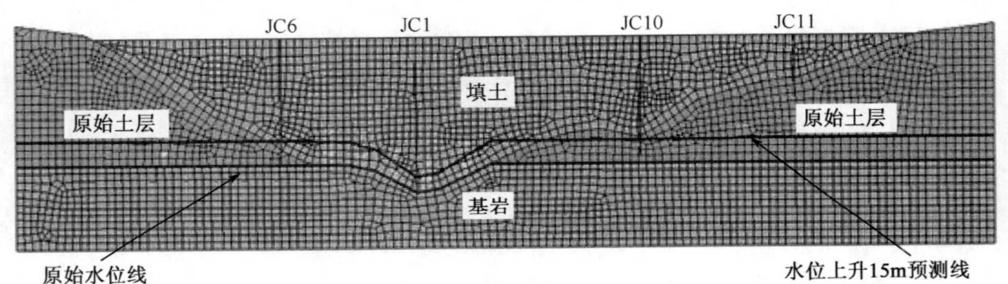

图 3　4—4 剖面模型简图

Fig. 3　4—4Section model diagram

表 5　两种计算方法地基沉降量计算结果及比较分析(单位:cm)

Table 5　Two kinds of method to calculate the foundation settlement calculation results and the comparative analysis

计算方法	孔号	JC1	JC2	JC3	JC4	JC5	JC6	JC8	JC9	JC12	JC13
分层总和法①	填土沉降量	206	120.5	98.8	79.9	59.6	107.4	81.5	38.3	23.5	51.7
	原始土层沉降量	0	21.7	48.2	67.5	86.1	37.5	65.4	126.1	138.5	97.5
	总沉降量	206	142.2	147	147.4	145.7	144.9	146.9	164.4	162	149.2
有限元法②	总沉降量	144.3	109.9	111.4	109.6	102.5	111.3	109	145.5	145.5	101.6
	原始土层沉降量	0	21.1	37.4	49.2	60.6	27.6	49.8	119.7	132.2	71
	填土沉降量	144.3	88.8	74	60.4	41.9	83.7	59.2	25.8	13.3	30.6
①-②	总沉降量	61.7	32.3	35.6	37.8	43.2	33.6	37.9	18.9	16.5	47.6
	填土沉降量	61.7	31.7	24.8	19.5	17.7	23.7	22.3	12.5	10.2	21.1
	原始土层沉降量	0	0.6	10.8	18.3	25.5	9.9	15.6	6.4	6.3	26.5

由表 5 可知:(1)使用两种方法计算的各孔沉降量之间存在一一对应的关系,即使用分层总和法计算沉降量较大的孔,使用有限元法计算其沉降量也较大。

(2)各孔使用分层总和法计算的沉降量比使用有限元法计算的值要大,其中总沉降量平均大 36.5cm,填土沉降量平均大 24.5cm，原始土层沉降量平均大 12cm，这主要是使用 Midas/GTS 软件计算沉降量时，将填土和原始土层分别作为一层进行计算所致，不过，对于精度要求不是特别高时，选取适当参数，使用有限元法预测或估算地基沉降量不失为一种简便实用的方法。

(3)综合表 1 和表 5，可以发现填土沉降量和原始土层沉降量随着其土层高度增加而增大，且原始土层沉降量受填土厚度的影响。

此外，结合图 1(钻孔布设简图)可得：填土场区各个钻孔沉降不均匀，存在差异，特别是场区边界处(JC9 和 JC12)及边坡附近(JC1)沉降量较均值大许多。若以分层总和法计算结果为准，则场区总沉降量平均值约为 146cm，而填土场区最终总沉降量的分布大致为中间小且沉降较均匀，边上大且沉降差异大。

3　水位对地基沉降影响

场区位于桥儿沟流域，仅东部及西南部跨入相邻沟谷。填沟工程实施后，桥儿沟地形地貌将完全改变，从而导致地下水补给、径流、排泄条件的改变。回填土经夯实后，渗透性大大降低，据渗透试验和击实试验资料，天然黄土渗透系数一般 0.02～0.3m/d，而压实后土层渗透系数一般为 $n\times10^{-4}$m/d，比天然黄土渗透系数低两个数量级[6]。虽然回填土渗透性低，降水渗入较困难，但其导水性也差，使进入土体中的水也不宜排出，土体由下而上逐渐饱和，日积月累，地下水位将逐渐抬升，并与桥儿沟沟谷两侧的黄土构成一个统一的含水层。最终，在场地内可能形成中部地下水位高、周边水位低的穹状水体，地下水呈放射状向外径流(图 4)。

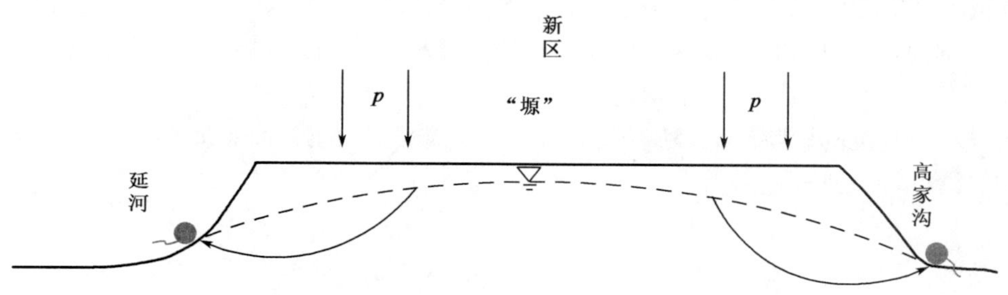

图 4　工程建设后地下水循环模式示意图

Fig. 4　After construction of groundwater circulation pattern sketch

为了研究水位上升对地基沉降的影响，本文研究 1—1 剖面(沿桥沟流向剖切)上各孔在地下水位分别上升 5m、10m、15m 三种情况下其地基沉降变化情况。表 6 为各钻孔处在不同水位时的沉降量。

表 6　四种水位情况下各孔沉降量统计

Table 6　Four water cases each settlement of statistics

	水位变化	JC1	JC2	JC3	JC4	JC5
总沉降量(cm)	原始水位	144.3	109.9	111.4	109.6	102.5
	上升 5m	155	126.5	126.3	121	111.7
	上升 10m	160.8	131	134.4	128.3	116.8
	上升 15m	169.4	138.6	145.6	142.7	127.1

从表 6 中不难发现，当水位从原始水位上升时，各孔总沉降量均增大，但是增加量不同，与各孔的土层分布有关，即填土和原始土层的分布情况。另外，水位上升过程中，各孔不同时刻的沉降增加情况也不同但趋势一样，如水位从原始水位上升至 15m 这一过程中，各孔沉降增加量均先较大后较小。此外，随着地下水位的上升，各孔之间的沉降量差值不断变化，且向着变大的方向发展，即场区各处沉降不均匀程度逐渐增大。

4　地基沉降分析

对于该工程，其场区地基沉降包括底部原始地层的沉降和上部填土的沉降两部分，其中底部地层的沉降变形由上部填土施加附加荷载产生。由于原始黄土层存在一定的结构，随着荷载增加，沉降一般变化较缓和[3-5]，在停止施加荷载一段时间后，沉降速率才逐渐降低。上部填土的沉降变形由填方工程施工特点决定，即分层碾压填筑，上部土层施压于下部土层，使其产生附加沉降。经过开挖搬运和反复碾压，黄土原始结构被扰动破坏，沉降快速，停止加荷后，沉降速率迅速减少。由于场区内冲沟发育及地形起伏大，因而不同区域填土高度和原始土层厚度相差较大，易产生不均匀沉降。此外，原始土层中存在湿陷性黄土，若施工完成后该黄土遇水，也易造成不均匀沉降。

因此，为了减少工后沉降及不均匀沉降，应增大对原始土层的扰动程度，增加其密实度，应对原始土层进行地基处理，如采用换填部分软弱层及强夯等方法。

由以上分析计算可知，工程场区沉降量较大，平均沉降约为146cm，场区中心区域各处沉降较均匀，沉降差基本上在5cm内，而场区边界处沉降不均匀，与中心处沉降相差较大，最大处可达60cm左右，不过这与原始土层的沉降计算的准确性关系密切。此外，水位变化对场区沉降影响十分显著，当水位上升时，场区地基沉降增大且不同地方增大情况不同，各处沉降不均匀程度有增大趋势。

5 结语

(1)用分层总和法和有限元法计算场区地基沉降量时，两种结果存在一一对应的关系，即使用分层总和法计算沉降量较大的孔，使用有限元法计算其沉降量也较大，只不过分层总和法计算值较大，其主要原因为，在Midas/GTS建模过程中，将填土和原始土层均看作一层。

(2)填土场区各个钻孔沉降不均匀，存在差异，特别是场区边界处(JC9和JC12)及边坡附近(JC1)沉降量较均值大许多。根据分层总和法计算结果，场区总沉降量平均值约为146cm，而填土场区最终总沉降量的分布大致为中间小且较均匀，边上大且不均匀。

(3)地下水位对地基沉降影响较大，随着地下水位的上升，地基的总沉降量将随之增加，场区不同部位将产生不均匀沉降且有增大趋势。

参考文献

[1] 中华人民共和国国家标准.GB/T 50123—1999 土工试验方法标准[S].北京：中国建筑工业出版社，1999.
(The National Standards Compilation Group of People's Republic of China. GB/T 50123—1999 Soil test method standard[S]. Beijing: China Building Industry Press, 1999.)

[2] 陈仲颐，周景星，王洪瑾.土力学[M].北京:清华大学出版社，1994：70-77，153-159.
(CHEN Zhong-yi, ZHOU Jing-xing, WANG Hong-jin. Soil mechanics[M]. Beijing: Tsinghua University Press, 1994:70-77, 13-159.)

[3] 梅源.黄土山区高填方沉降变形控制技术试验研究[D].西安:西安建筑科技大学，2010：8-9.
(MEI Yuan. Mountain loess high embankment settlement deformation control technology research[D] Xi'an:Xi'an Building University of Science and Technology, 2010: 8-9.)

[4] 王成锋.山区机场高填方体沉降变形控制与评价[D].贵阳:贵州大学，2008：7-8.
(WANG Cheng-feng. Mountain airport high fill settlement deformation control and evaluation[D]. Guiyang:Guizhou University, 2008: 7-8.)

[5] 刘宏.四川九寨黄龙机场高填方地基变形与稳定性系统研究[D].成都:成都理工大学，2003.
(LIU Hong. Sichuan jiuzhai huanglong airport high fill foundation deformation and stability of the system research[D]. Chengdu:Chengdu University of Technology, 2003.)

[6] 唐大雄，刘佑荣，张文殊，等.工程岩土学[M].北京：地质出版社，1999：153-188.
(TANG Da-xiong, LIU You-rong, ZHANG Wen-shu, et al. The geotechnical engineering learning [M]. Beijing: Geological Publishing House, 1999: 153-188.)

[7] 中华人民共和国国家标准.GB 5007—2001 建筑地基基础设计规范[S].北京:中国建筑工业出版社,2002.

(The National Standards Compilation Group of People's Republic of China. GB 5007—2002 Code for design of building foundation[S]. Beijing: China Architecture and Building Press, 2002.)

[8] 王世彪，隋耀华. 填方高度及填土土质对高填方路基沉降影响分析[J]. 西部探矿工程，2006，(8):262-265.
(WANG Shi-biao, SUI Yao-hua. Fill height and filling soil influence on high fill embankment settlement analysis[J]. Journal of Western Exploration Engineering, 2006, (8):262-265.)

[9] 徐实. 湿陷性黄土地基铁路路基工后沉降规律研究[J]. 兰州交通大学学报，2011，30(4)：58-62.
(XU Shi. Study on post-construction settlement discipline of railway subgrade on collapsible loess ground[J]. Journal of Lanzhou Jiaotong University, 2011,30(4): 58-62.)

[10] 刘萌成，黄晓明，陶向华. 桥台后高填方路堤工后沉降影响因素分析[J]. 交通运输工程学报，2005,5(3):36-40.
(LIU Meng-cheng, HUANG Xiao-ming, TAO Xiang-hua. After the abutment post-construction settlement of high embankment is impact factor analysis[J]. Journal of Transportation Engineering, 2005, 5(3):36-40.)

[11] 黄涛，刘辉. 强夯结合碾压控制高填方沉降的机理研究[J]. 西南交通大学学报，2007,42(2):158-162.
(HUANG Tao, LIU Hui. The mechanism of dynamic compaction combined with rolling control of high fill settlement study[J]. Journal of Southwest Jiaotong University, 2007,42(2):158-162.)

[12] 杨光华. 地基沉降计算的新方法[J]. 岩石力学与工程学报，2008，27(4)：679-686.
(YANG Guang-hua. New computation method for soil foundation settlements[J]. Chinese Journal of Rock Mechanics and Engineering, 2008, 27(4): 679-686.)

[13] 吕秀杰. 软土地基工后沉降预测模型的研究[J]. 岩土力学，2009，30(7)：2091-2095.
(LU Xiu-jie. Research on estimation modle of post construction settlement for soft ground[J]. Rock and Soil Mechanics, 2009, 30(7): 2091-2095.)

[14] 孔祥兴，王桂尧，肖世校. 高填方路基的沉降变化规律及其预测方法研究[J]. 公路交通技术，2006，(2)：1-4.
(KONG Xiang-xing WANG Gui-yao, XIAO Shi-xiao. High fill embankment settlement changing law and its forecasting method research[J]. Journal of Closed Roads in Technology, 2006, (2) : 1-4.)

[15] 朱秀媛，张力滨. 高填方路基沉降研究分析[J]. 黑龙江交通科技，2005(2)：18-19.
(ZHU Xiu-yuan ZHANG Li-bin. High fill embankment settlement analysis[J]. Journal of Heilongjiang Traffic Science and Technology, 2005, (2): 18-19.)

[16] 曹文贵，田小娟，刘海涛，等. 条形基础下地基非线性沉降的改进计算方法[J]. 岩石力学与工程学报，2009，28(11)：2266-2272.
(CAO Wen-gui, TIAN Xiao-juan, LIU Hai-tao, et al. Improved method for calculating nonlinear settlements of strip foundation[J]. Chinese Journal of Rock Mechanics and Engineering, 2009, 28(11): 2266-2272.)

[17] 李仁平. 基于原位试验成果的地基非线性沉降分析[J]. 岩土力学，2009，30(2)：345-351.
(LI Ren-ping. Analysis of nonlinear settlement of foundations based on in-situ tests[J]. Rock and Soil Mechanics, 2009, 30(2): 345-351.)

[18] 张崇磊，蒋关鲁，吴丽君，等. 非饱和中等压缩性土地基沉降预测的研究[J]. 水文地质工程地质，2012，39(6)：50-56.
(ZHANG Chong-lei, JIANG Guan-lu, WU Li-jun, et al. Investigation on unsaturated soil of medium-compression settlement prediction[J]. Hydrogeology & Engineering Geology, 2012, 39(6): 50-56.)

[19] 王广德，韩黎明，柴震林，等. 上海浦东机场一跑道地基沉降规律[J]. 工程地质学报，2012，20(1)：131-137.
(WANG Guang-de, HAN Li-ming, CHAI Zhen-lin, et al. Subgrade settlement rules of first runway of pudong airport in shanghai[J]. Journal of Engineering Geology, 2012, 20(1): 131-137.)

刚性桩复合地基变形规律分析

黄昌乾　刘情情　潘启辉

（中航勘察设计研究院有限公司　北京　100098）

摘　要：本文统计分析了几个典型工程的刚性桩复合地基变形特征，同时与理论计算结果进行了对比分析。指出了复合地基变形的控制因素为桩底端的软弱下卧层的变形。复合地基在结构封顶后期变形较大，初装修阶段的变形占地基总变形的比例约为50％，桩端位于非软弱下卧层中时，初装修完成后的沉降所占比重也相对小一些。实测结果表明，复合地基中心点变形稍大于边角点，而理论计算时，复合地基边角点计算结果仅占中心点的30％～40％，且远小于实测值，进而提出边角点变形计算采用的沉降修正系数应适当加大。

关键词：复合地基　变形规律　工程实例　刚性桩　下卧层

作者简介：黄昌乾(1972—)，男，河南潢川人，硕士，注册土木工程师(岩土)，教授级高工，主要从事岩土工程勘察与设计工作。E-mail：huang3262@163. com。

Analysis of the Deformation Law of the Rigid Pile Composite Foundation

HUANG Chang-qian, LIU Qing-qing, PAN Qi-hui

(AVIC Institute of Geotechnical Engineering Co. ,Ltd Beijing 100098, China)

Abstract: By summarizing the deformation characteristics of rigid pile composite foundation in several typical engineering projects, and comparing the field measurements with the theoretical calculated value, it is found that the settlement of composite foundation mainly comes from the deformation of soft substratum under the piles. Field measurements show that the settlement of composite foundation grows quickly after sealing the building's roof top, it accounts for 50% of the total deformation during the decoration stage, while the proportion is small when piles located on hard substratum . The measured results also show that the deformation of composite foundation in the center point is a little bigger than the marginal points, but in theoretical calculation, the settlements of marginal point is only 30% ~ 40% of the center point, which indicates the calculated value of the deformation of marginal point is far less than the measured values, so it is proposed that the correction coefficient of settlement should be appropriately increased in the calculation of marginal point of composite foundation.

Key words: composite foundation, deformation, typical engineering projects, rigid pile, underlying stratum.

0　引言

近20年来，刚性桩复合地基，特别是钻孔压灌水泥粉煤灰碎石(CFG)桩复合地基，由于其适用地质条件广泛、施工工艺成熟、施工速度快等优点，在华北区高层建筑地基处理中应用非常广泛，北京地区地上10～30层的民用建筑，普遍采用刚性桩复合地基，处理后的复合地基承载力特征值高达300～600kPa的项目比比皆是，部分项目要求的地基承载力甚至更高。同时，主楼周边常配套有低层裙房或纯地下车库，这时控制主楼的沉降和主楼与裙房等的沉降差常常成为地基方案设计计算的一大重点问题。北京东南边的河北省廊坊地区，由于基底高程以下黏性土、粉土层厚度很大，很多高层建筑地基处理设计时，已经明显地由承载力控制转变为沉降控制。

对于刚性桩复合地基的变形计算，国家行业标准《建筑地基处理技术规范》(JGJ 74—2012)[1]中推荐采用经验公式进行计算。实际工作中，发现以下几个方面的问题比较突出：

(1)理论计算结果与实际工程中实测的结果常常有一定差别，特别是边点和角点的变形计算结果偏差更大；

(2)实测结果表明，桩端持力层对复合地基变形控制意义重大；

(3)同种条件下，长桩复合地基的变形与短桩复合地基的变形并非想象或理论计算的那么大，但是长桩复合地基的变形稳定速率要好于短桩复合地基；

(4)高层剪力墙类住宅结构封顶时的沉降占工程总沉降的比例40%～60%，特别是桩端以下还有一定厚度的黏性土时，这种比重更大一些。本文将结合理论计算、工程实测沉降结果，就上述几个方面的问题进行对比分析。

1　复合地基变形的主要构成分析

理论和实际工程经验表明，复合地基的变形主要由褥垫层变形、桩土复合层变形以及桩端下卧层变形构成。

$$s = s_1 + s_2 + s_3 \tag{1}$$

式中：s_1——褥垫层变形；

s_2——复合土层变形；

s_3——桩端下卧层变形。

1.1　褥垫层变形 s_1

图1为某工程复合地基荷载试验 p-s 曲线图。试验过程中，褥垫层厚度200mm，同时监测了桩顶变形和桩间土变形，从图1中可见，复合地基变形过程中，桩顶变形明显小于桩间土的变形，桩顶明显向上刺入褥垫层中，桩顶褥垫层被压缩，并且荷载越大，变形越大。本工程试验过程中，在480kPa的设计地基承载力标准值条件下，褥垫层的压缩变形不会超过桩间土的沉降与桩顶沉降之差，实测两者的差异沉降约为8mm。

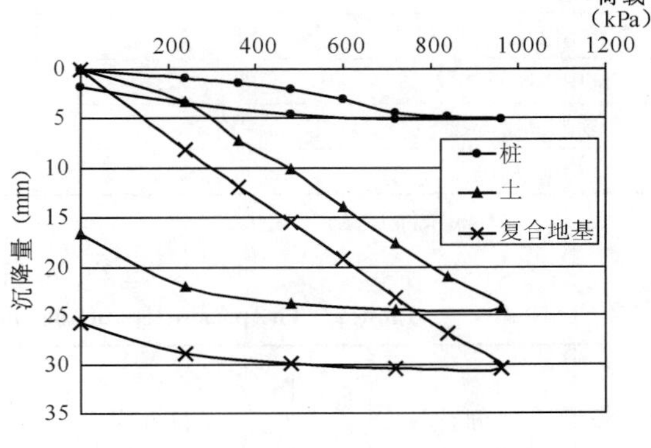

图1　复合地基载荷试验 p-s 曲线

Fig. 1　The load test p-s curve of the composite foundation

上述分析表明，褥垫层的变形 s_1 相对很小，不足以成为变形增加的主要因素。

1.2　桩土复合层变形 s_2

按照目前的复合地基变形计算原理，桩土复合层厚度越大，复合土层变形也越大，事实果真如此吗？下面通过两个工程实例来验证该问题。

1.2.1　实例一

北京北三环附近某住宅工程，6栋楼，均为地上24层，地下2层，剪力墙结构，筏板基础，基础埋深7m左右。基础下为7.0m厚度粉质黏土[$E_s(P_0-P_0+100)=6.7$MPa，$e=0.66$]，其下为厚度7.0m密实卵石层，再向下为3.5～6.5m厚度粉质黏土[$E_s(P_0-P_0+100)=13$MPa)和黏质粉土[$E_s(P_0-P_0+100))=15$MPa]，然后为较大厚度的密实卵石层。结构要求的复合地基承载力标准值为500kPa，复合地基设计采用刚性桩，桩长7.5m，桩直径500mm，桩间距1.4m见方，褥垫层厚度100mm。结构施工至地上3层顶板开始测量，结构封顶时的沉降仅15mm左右，其后一年内(含初装修)，所有测点总的沉降一般在20～30mm，理论计算的复合土层变形量为10.86mm(乘以沉降修正系数后)。另外，基础中心点实测沉降稍大于边角点沉降6mm左右，但是，也有一些边角点沉降稍大于中心点沉降2mm的情况出现。

1.2.2　实例二

北京西部某住宅工程，4栋楼，均为地上22层，地下2层，剪力墙结构，箱形基础，基础埋深7m左右。基础下为5.0～10.0m厚度填土(素填土为主，堆填年限约10年)，其下为厚度达数十米的中密～密实卵石层。

结构要求的复合地基承载力标准值为 420kPa，复合地基设计采用夯扩挤密素混凝土桩复合地基，桩长以桩底端见原状卵石层 0.5m 控制，桩直径 500mm，桩间距 1.5m 见方，四桩中心内插一个 500mm 直径的灰渣土挤密桩，桩长同上，褥垫层厚度 200mm。结构施工至±0.00 高程开始测量，结构封顶且初装修完成后的总沉降在 15mm 以内。

以上两个工程实例中，桩端下卧层压缩模量较高，厚度较大，实测沉降结果表明，这两个工程的最终沉降量均较小。根据式(1)可知，此时复合土层变形 s_2 是复合地基变形的主要部分，这说明复合土层本身的变形量并不大。另外，张东刚[2]通过实测结果表明，桩土复合层中，浅部的桩间土因附加压力较大，其变形较大，深部的桩土复合层中的桩间土变形相对较小。

1.3　桩端下卧层变形 s_3

某工程基底高程以下地层参数，见表 1；某工程结构与沉降等参数，见表 2。

表 1　某工程基底高程以下地层参数

Table 1　The parameters of the stratum under the foundation

地　层	厚度(m)	空隙比 e	E_s(MPa)	密实度
粉质黏土④层	4	0.72	6.1	
粉细砂⑤层	2～4			密实
粉质黏土、粉土⑥层	16	0.75	8.8	
细中砂卵石⑦层	6－7.5			密实
粉质黏土⑧层	4.5	0.92	12.5	
粉细砂⑨层	8			密实

注：E_s 为 P_0-P_{0+100} 条件下的压缩模量。

表 2　某工程结构与沉降等参数

Table 2　The parameters of the engineering project and the settlement features

楼号	层数	承载力标准值(kPa)	桩长(m)	桩端持力层	桩端下粉质黏土⑥层厚度(m)	结构封顶时边角点沉降(mm)	初装修完成时沉降 mm(结构封顶后 4 个月)	最后 100d 沉降速率(mm/100d)
A	32/2	550	16	粉质黏土⑥层	5～6	54.4～62.9		30.0
B	32/2	550	16	粉质黏土⑥层	5～6	43.0～50.5		20.8
C	32/2	550	19	粉质黏土⑥层	2～3	32.3－43.4	46.0～64.8	14.6
D	32/2	550	20	粉质黏土⑥层	1.7～2.3	46.3～50.8	65.2～73.0	17.6
E	32/2	450	4.8	粉细砂⑤层		25.0～34.3	34.8～45.7	4.01
F	32/2	450	4.8	粉细砂⑤层		32.1～45.2	43.4～58.5	12.9

注：1. A～D 为结构施工至 2 层顶板开始测量；E 为结构施工至±0.00 高程开始测量；F 为施工至 9 层顶板开始测量。
2. E 栋建筑初装修历时 90～120d，初装修完成后 90d 的沉降仅为 2.2～4.9mm。
3. 褥垫层厚度为 150mm。

一般来讲，复合地基设计时，都需要找到一个强度较高、可压缩性低的桩端持力层，一方面可以提高桩端阻力和单桩承载力，同时也为了控制单桩变形和复合地基变形。实践证明，上述观点是正确的，下面通过工程实例说明这一点。

1.3.1　实例三

北京北部某住宅工程，为 6 栋住宅楼，剪力墙结构，筏板基础，基础埋深 7m 左右。有关地质、结构、复合地基等参数见表 1 和表 2。

通过表 2 可以发现，本工程 A～D 等 4 栋地上 32 层的建筑沉降较大，且停止观测时的变形速率仍然较大，还远没有达到稳定状态。E 和 F 这 2 栋地上 32 层建筑的沉降也较大，但是桩长短于 A～D 栋建筑很多，且最后 100d 的沉降速率也相对较小，说明其变形稳定速度快一些。

本工程理论计算结果说明，A～D 等 4 栋建筑物中，桩端以下的相对软弱土粉质黏土⑥层，其变形量占总的变形量的16%～40%，相对密度较大，桩长越长，其比例越小。

1.3.2 实例四

北京望京地区某住宅工程，为12栋住宅楼，剪力墙结构，筏板基础，基础埋深7m左右[4]。地基处理设计施工中，选用了3种桩长和相应的桩端持力层，最终的复合地基变形也各有不同，这里选择3栋代表性的楼座进行对比分析。有关地质、结构、复合地基等参数见表3和表4。

表3 某工程基底高程以下地层参数

Table 3 The parameters of the stratum under the foundation

地层	厚度(m)	空隙比 e	E_s(MPa)	密实度
黏质粉土—粉质黏土④$_1$层	1.6	0.65	7.3	
黏粉—砂粉⑤层	2.3	0.65	13.5	
黏粉—粉黏⑥层	1.7	0.59	10.7	
粉质黏土—重粉质黏土⑦$_2$层	1.4	0.65	11.1	
粉土⑦$_1$层	2.4	0.56	26.2	
重粉质黏土—黏土⑧$_1$层	3	0.98	10.7	
粉质黏土—黏质粉土⑧层	7.6	0.66	14.9	
粉土⑨$_1$层	0.7	0.50	22.3	密实
细砂-粉砂⑨层	1.6		50～55	密实
卵石-圆砾⑩层	3		90～100	密实

注：E_s为P_0-P_{0+100}条件下的压缩模量。

表4 某工程结构与沉降等参数

Table 4 The parameters of the engineering project and the settlement features

楼号	层数	承载力标准值(kPa)	桩长(m)	桩端持力层	桩端下粉质黏土⑧层、⑧$_1$层厚度(m)	结构封顶时边角点沉降(mm)	初装修完成时沉降mm(结构封顶后315d)	最后100d沉降速率(mm/100d)
1号	25/2	400	16	粉黏—黏粉⑧层	2～3	17.9～21.7	39.6～46.8	3.9
2号	25/2	400	7	砂粉—黏粉⑦$_1$层	6～8	18.7～25.7	39.1～45.8	7.0

注：1.结构施工至4层顶板开始测量。

2.初装修完工后190d的沉降又增加10mm左右。

3.1号楼褥垫层厚度200mm，2号楼褥垫层厚度100mm。

通过表4可以发现，本工程1～2号等两栋建筑物高度和埋深基本相同，要求的地基承载力也相同，但是复合地基设计方案完全不同，即两种桩长和桩端持力层方案，但实测的建筑物沉降变形相差并不多。

本工程理论计算结果表明：1号楼桩端持力层为黏性土⑧层，且桩端以下还有2m左右黏性土，桩端以下相对软弱黏性土变形量约占总变形量的18%；2号楼，桩端持力层为砂土层，砂土层厚度为3.2m，其下为7m厚度的相对软弱层黏性土⑧层和⑧$_1$层，其变形量约占总变形量的65%。

上述多个工程实例表明，当桩端位于厚度较大的坚硬土层中时，下卧层沉降量s_3较小，因复合土层的沉降量s_2较小(1.2小节实例已证明)，故此时复合地基总体变形s就很小；当桩端位于相对软弱的粘性土层中时，下卧层沉降量s_3显著增大，此时复合地基变形s随之明显增加；上述分析表明桩端下卧层的变形是复合地基变形的控制性组成部分。

2 桩端为软弱层时变形较大原因分析

上述工程实例表明，当桩端位于相对软弱的黏性土中时，复合地基变形明显大幅度增加，桩端下软弱地层的变形成为复合地基变形的最主要组成部分。根据前面图 1 所示的结果，桩顶向上刺入褥垫层的变形相对很小，不足以成为变形增加的主要因素。另外，参考《建筑桩基技术规范》(JGJ 94—2008)[3]，对于普通的 CFG 桩，其桩身压缩变形如下：

$$s_e = \xi \frac{QL}{E_c A_p} \tag{2}$$

对于 400mm 直径 CFG 桩，C20 强度混凝土，其每 100kN/m 条件下的压缩变形仅 0.031 225mm，这里还没有乘以小于 1.0 的修正系数 ξ。所以桩体自身压缩变形很小，其也不是复合地基变形的主要因素。

基于上述分析，当桩底端位于软弱土层中时，随着基底压力的增加，单桩承载力逐步最大发挥至设计值，由于桩长相对较短(均在 20m 以内)，桩身混凝土刚度较大，荷载可以很快向下传递，桩端阻力可以得到充分发挥，桩端应力相对集中，会有明显的向下刺入变形，桩间土分担的应力随之增加，桩间土沉降跟着增加，从而进一步增加复合地基变形，直到两者达到平衡位置。

一般来讲，复合地基中，桩越长，单桩承载力越高，桩底端的应力相对集中，桩端向下刺入软弱持力层中的变形越大，单桩向下变形，进而复合地基沉降随之向下变形。反之，桩越短，单桩承载力越低，桩底端的应力相对集中度差，应力相对较小，桩端向下刺入软弱持力层中的变形也越小，进而复合地基变形也会小一些(抛开其他下卧层的压缩变形)。

反之，若桩底端持力层强度高，压缩性很低，桩端难以向下发生刺入变形，则单桩和复合地基变形均会减小。这可能是长桩复合地基的沉降并没有比有较好的桩端持力层的短桩复合地基的变形小很多的原因，这与常规理论计算的结果不太一致。

通过实例三和实例四分析可以发现，同等条件下，桩长若放置在相对软弱的黏性土中，桩长进入黏性土层中的深度与复合地基变形值无明确的对应关系，即在桩端持力层位于软弱土层的情况下，此范围内增加桩长，复合地基的变形不一定减小，这与目前的理论计算结果是不一致的。这有可能进一步证明桩端下卧层的特性是复合地基变形大小的控制性因素。

3 复合地基变形的时间特点分析

图 2～图 4 为实例一、实例三和实例四中几个典型的过程沉降历时曲线。

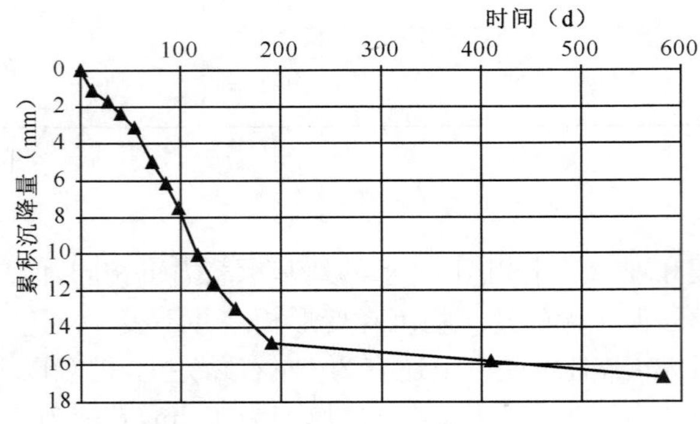

注：第 3 层完工后开始测量，第 150d 结构封顶，随后开始装修，第 410d 竣工。

图 2 实例一沉降历时曲线

Fig. 2 The settlement-time curve of the first example

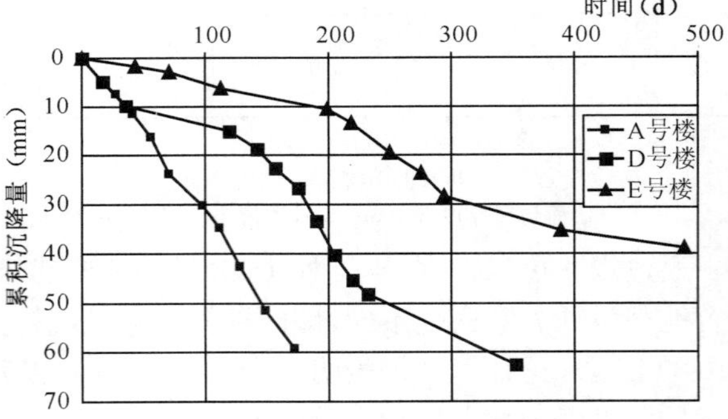

注：A 号楼第 2 层完工后开始测量，第 170d 结构封顶；D 号楼第 2 层完工后开始测量，第 232d 结构封顶；E 号楼施工至±0.0 后开始测量，第 294d 结构封顶。第 4 层完工后开始测量，第 145d 结构封顶，随后开始装修，第 650d 竣工。

图 3 实例三沉降历时曲线

Fig. 3 The settlement-time curve of the third example

通过上述四个项目工程实例的变形时间关系曲线可以看出一个共同的特点，那就是复合地基的变形主要发生在主体结构施工的中后期，以及初装修阶段。工程实例三和工程实例四表明，当桩端以下有一定厚度的黏性土时，初装修几个月阶段的地基变形基本上与结构封顶时总的地基变形相当，有时甚至还要多出10%～50%。也就是说，当桩端持力层为黏性土，或者桩端持力层较薄，且下面有厚度较大的黏性土层，结构封顶时的沉降不足总变形的50%，有时甚至更少。下卧层压缩模量越小，厚度越大，这种变形越大。这可能主要是装修阶段，主体结构荷载已经全部加载于地基上，装修的荷载也同时加上，结构自重荷载基本达到最大值，且随着时间的增加，地基土固结程度增加，变形也相应增加。

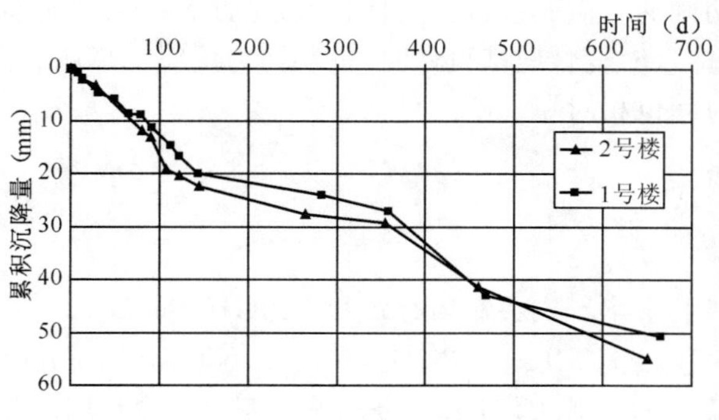

图4 实例四沉降历时曲线
Fig. 4 The settlement-time curve of the fourth example

而初步装修完成后的地基变形相对很小，一年之后基本达到稳定。

另外，当桩端位于坚硬土层中时，地基变形稳定的时间明显变短。还有就是长桩复合地基的变形稳定时间要短于短桩复合地基。

4 复合地基变形平面分布特点分析与边角点沉降修正系数调整建议

4.1 复合地基变形实测结果平面分布特点

实测结果表明，对于地基土均匀的建筑物，当基础近似于方形时，其边角点变形要稍小于中心点变形，边角点沉降为中心点变形的75%～95%；当基础近似于长方形时，其角点变形要稍小于长边中点变形，角点沉降为长边中心点变形的70%～90%。

4.2 理论计算中的复合地基变形平面分布特点

同等情况下，对于前述工程实例进行了理论计算。计算结果表明，方形基础的边角点部位地基变形为中心点变形的30%～40%。

由此可见，复合地基的边角点变形理论计算值明显偏小，理论计算值无论是绝对值和相对中心点变形的相对值均小很多，实测值为理论计算值的2.5～3.5倍。

4.3 复合地基边角点沉降计算修正系数调整建议

根据多个工程变形监测实例的统计分析，在利用规范推荐的方法进行复合地基边点和角点变形计算时，其沉降计算经验系数应与中心点变形计算的沉降计算修正系数不同。根据前述计算和实际监测结论，进行复合地基边点和角点变形计算时，其沉降计算修正系数可在《建筑地基处理技术规范》(JGJ 79—2012)建议值的基础上提高2.5～3.5倍。

5 结语

(1)复合地基的变形由褥垫层变形、桩土复合层变形和下卧层变形共同组成，褥垫层变形量很小，复合层变形量较小，当桩端存在软弱下卧层时，下卧层沉降居主要地位。

(2)当桩底端位于相对软弱地层中时，复合地基变形明显增加，变形增加量主要来源于软弱下卧层变形。复合地基变形一定要计算至桩端高程以下，同时满足沉降比的要求。

(3)采用复合地基的建筑物，初步装修阶段的沉降变形相对较大，约为结构封顶时前期总沉降的一倍。

(4)目前规范中的沉降计算经验系数仅适合于基础中心点变形计算，对于复合地基的角点和边点变形计算不适用，计算结果明显偏小，修正系数可在《建筑地基处理技术规范》(JGJ 79—2012)建议值的基础上提高2.5～3.5倍。

(5)同等条件下,桩长若放置在相对软弱的黏性土中,桩长进入黏性土层中的深度与复合地基变形值无明确的对应关系,这与目前的理论计算结果明显不符。同时,复合地基的变形实测值要大于理论计算值。

(6)复合地基设计时,桩端持力层应选择压缩性较低的坚硬地层,其可明显减小地基变形,同时变形稳定时间也相对短一些。

参考文献

[1] 中华人民共和国行业标准. JGJ 79—2012 建筑地基处理技术规范[S]. 北京:中国建筑出版社,2013. (JGJ 79—2012 Technical code for ground treatment of building[S].)

[2] 张东刚. CFG桩复合地基变形计算分析[J]. 建筑科学, 1993, 4(6):35-39. (ZHANG Dong-gang. Research on grey prediction of deformation laws in backfill based on phase space reconstruction[J]. Building Science, 1993,4(6):35-39.)

[3] 中华人民共和国行业标准. JGJ 94—2008 建筑桩基技术规范[S]. 北京:中国建筑工业出版社,2008. (JGJ 94—2008,Technical code for building pile foundation[S].)

[4] 闫明礼,张东刚. CFG桩复合地基技术及工程实践[M]. 北京:中国水利水电出版社,2001. (YAN Ming-li, ZHAGN Dong-gang. The technology and practice of the composite foundation of CFG pile [M]. Beijing , Chinese Water Conservancy and Hydropower Press ,2001.)

顶部门式加固对下卧盾构隧道抗隆起作用的数值分析

王瑞峰[1] 陈金友[2] 马少俊[3] 丁伯阳[1]

（1.浙江工业大学建筑工程学院 浙江 杭州 310014；2.杭州市城东新城建设投资有限公司 浙江 杭州 310016；3.浙江省建筑设计研究院 浙江 杭州 310006）

摘 要：以杭州火车东站西广场工程在盾构隧道上方大面积卸荷为背景，通过理论分析和数值模拟计算，研究了基坑开挖卸荷过程中地基土加固和工程抗拔桩形成的门式复合加固体系对控制下卧地铁盾构隧道变形的作用。结果表明，采用该加固体系可有效减小地铁盾构隧道的隆起量，其中抗拔桩桩长是加固效果的主要因素之一。

关键词：地基处理 门式加固 数值模拟 盾构隧道 隆起

作者简介：王瑞峰（1990—），男，浙江台州人，硕士生，从事基坑围护结构设计研究工作。E-mail：ytwang0411@163.com。

Numerical Analysis of the Effect of Gabled Reinforcement on Underlying Metro Tunnel

WANG Rui-feng[1], CHEN Jing-you[2], MA Shao-jun[3], DING Bo-yang[1]

(1. School of Civil Engineering, Zhejiang University of Technology, Hangzhou 310014, China; 2. Hangzhou New East Town Construction and Investment Co. Ltd, Hangzhou 310016, China; 3. Zhejiang Province Architectural Design and Research Institute, Hangzhou 310006, China)

Abstract: Based on the engineering background of Hangzhou East Railway Station West Plaza, the effect of gabled composite ground reinforcement on deformation control of underlying metro tunnel by large-scale unloading is researched using finite element method. The analysis results showed that the tunnel heave reduced significantly by using gabled reinforcement, and the length of uplift pile is one of the major factor in gabled reinforcement.

Key words: foundation treatment, gabled reinforcement, numerical simulation, shield tunnel, heave.

0 引言

随着我国城市地面交通拥堵日趋严重，为缓解地面交通压力，各大城市均大力发展地下轨道交通。因此，邻近已建地铁盾构隧道的地下空间开发项目与日俱增。地铁车辆对隧道的变形敏感，因此对地铁隧道变形控制要求严格。而邻近地铁的基坑开挖卸荷后，引起地应力重新分布，地铁隧道周围的应力场和位移场也随之改变，使其横截面进一步产生收敛变形。若盾构隧道变形过大，会导致隧道管片产生开裂渗漏等现象，影响隧道结构安全与地铁的正常运营。因此，分析和掌握基坑开挖过程中地铁盾构隧道的内力分布及变形特性，并采取相应的保护和预防措施，对保护盾构隧道有重大的工程意义。

近些年来，许多工程技术人员和学者已经做了很多关于基坑工程与邻近地铁隧道两者相互影响的研究，并得出了很多有意义的结论。曾远、李志高[1]等认为基坑内土体隆起造成的围护结构后土体移动是引起已有地铁车站产生变形的主要原因。魏纲[2]等分析了基坑开挖对临近既有地铁隧道变形的影响机理，首次提出了基坑开挖深度是隧道竖向产生隆起或沉降的关键因素。刘国斌[3]等对基坑开挖引起下卧隧道上抬变形的问题运用软土的时空效应理论以及软土基坑隆起变形的残余应力法进行了分析，指出时空效应法施工和

基金项目：浙江省建设科研项目：大型基坑工程与其底部已建、在建盾构隧道的相互影响机理及变形控制技术研究。

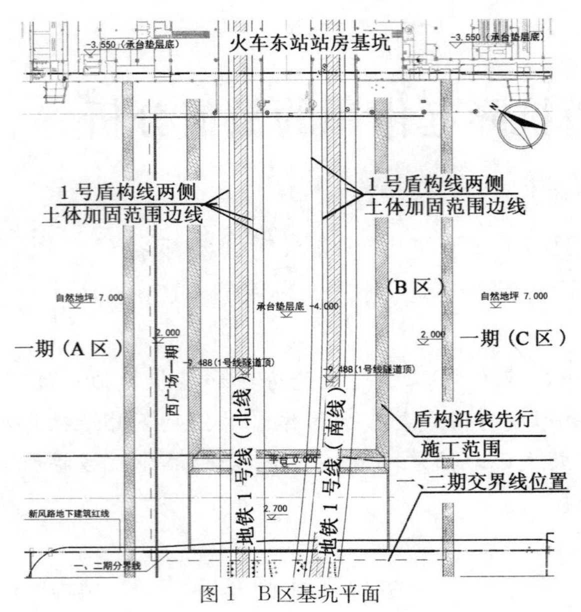

图1　B区基坑平面

Fig. 1　Layout of block B foundation pit

坑内加固可有效降低隧道隆起。李瑛等[4]通过建立三维有限元模型模拟施工过程的基坑施工全过程，提出分层分块开挖和及时浇筑底板垫层可有效提高隧道抗隆起能力。本文在已有研究的基础上，以杭州铁路东站枢纽工程西广场基坑工程项目为背景，采用二维有限元数值模拟基坑开挖，着重分析了地基门式加固、抗拔工程桩桩长对控制下卧盾构隧道变形的效果，可为类似工程提供借鉴。

1　工程概况

西广场项目位于杭州火车东站西侧，在盾构区域(B区)下设二层地下室，地铁1号线盾构区间在西广场B区自西向东从广场地下室下部通过，如图1所示。

为确保在盾构隧道铺轨之前完成地下室底板施工，先进行B区范围基坑开挖。B区基坑平面尺寸约为100m×200m，基坑底和隧道顶距离约为5m。基坑开挖深度约为11 m，采用大放坡支护，典型围护设计剖面见图2。一号线隧道外径为6.2m，管片厚度为350mm，每环由6块管片拼装而成。场地地层力学参数见表1。

表1　地层力学参数

Table 1　Mechanical parameters for soils

土　层	γ(kN/m^3)	μ	c(kPa)	φ(°)	E_s(MPa)
①	18.5	0.30	10.0	15.0	6.0
②	19.1	0.28	14.0	27.0	12.0
③－1	17.3	0.35	14.3	7.0	3.0
③－2	17.3	0.30	21.2	8.5	4.0
④	19.3	0.30	11.0	36.0	10.0
⑦	20.0	0.25	10.0	40.0	25.0
⑧－2	21.0	0.22	20.0	50.0	30.0
⑧－3	22.0	0.21	25.0	80.0	80.0
加固土	20.0	0.25	25.0	35.0	30.0

2　工程特点和变形控制技术措施

2.1　工程特点

该基坑工程在已建隧道顶部进行大面积开挖，具有以下特点：

(1)盾构区块范围大，约200m(长)×80m(宽)×10m(深)，一号线盾构隧道顶埋深为16.3m，坑底距离隧道顶面约为5m，卸荷比例达到60%～65%；

(2)开挖深度范围土层为粉土、粉砂，土体渗透系数大，降水后土体强度高；

(3)盾构隧道顶基本位于②砂质粉土层和③－1淤泥质粉质黏土层的交界面上，隧道基本位于③－1淤泥质粉质黏土层中。

2.2　变形控制技术措施

未铺轨前地铁盾构隧道的保护要求如下：隧道上浮≤20mm、下沉≤20mm，水平位移≤10mm；隧道管片横向变形≤5mm；施工引起的隧道附加曲率半径大于15 000m，相对弯曲≤1/2 500；施工过程中产生的振动

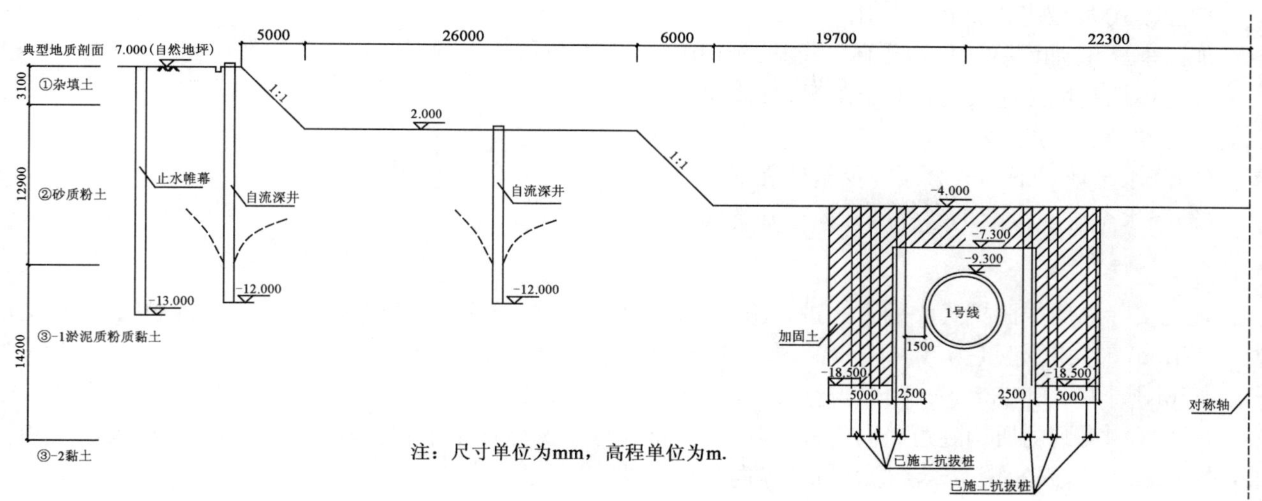

图 2　典型支护剖面(尺寸单位:mm,高程单位:m)

Fig. 2　Typical section of retaining structure

对隧道引起的峰值速度≤2.5m/s。

为最大限度减少基坑开挖施工对下方地铁隧道所产生的影响,采取了如下主要技术措施:

(1)基坑开挖前,基坑周边以及坑内采用自留深井预降水措施,降水深度控制在基坑底以下 1m。基坑降水可以进一步提高土体的 c、q 值,减小坑底卸荷影响深度范围内土体的回弹量。

(2)充分考虑大基坑的时空效应,在不影响隧道回弹的情况下,大面积分层卸土至地表下 5m。其次将 250m 长的基坑沿纵向划分为数十个宽度不大于 15m 的长条形小基坑,对小基坑分层分块施工,及时浇筑垫层和底板,减少基坑的暴露时间,控制坑底土体和隧道的回弹量。

(3)隧道结构顶部和两侧土体采用三轴水泥搅拌桩进行加固,加固范围见图 2,已施工工程桩局部采取高压旋喷桩进行加固,基坑垫层采用钢筋混凝土,使工程桩与改良后的土体及其顶部的垫层形成较强的门式加固结构,共同作用控制坑下隧道的卸荷回弹变形。

(4)一号线隧道管片内设置竖向位移、水平位移、竖向沉降、收敛变形等监测点,全程加强隧道监控量测,实时掌握隧道变形情况,并根据检测数据信息化指导现场施工。

3　有限元模拟

基坑工程下方,既有地铁盾构隧道的变形控制属于小变形问题范畴,因此运用小变形分析理论对基坑开挖过程进行数值模拟,得到隧道结构的变形情况,以分析卸荷对隧道结构产生的影响。

3.1　计算模型

本文采用通用岩土工程有限元软件 PLAXIS 模拟分析基坑开挖卸荷对地铁盾构隧道的影响。基坑平面关于隧道延伸纵向对称,因此可取基坑的一半进行分析。考虑基坑开挖的影响范围,模型尺寸取为 100m(宽)×80m(高),水平向为 x 向,竖直向为 y 向。对模型底部施加完全固定约束,两侧边界施加水平固定竖向滑动约束,单元网格划分见图 3。

开挖紧临地铁的基坑工程,盾构隧道有严格的变形控制要求,应在分析变形时考虑土体的小应变刚度特性。王卫东等[5]分析了 HS-Small 模型在基坑开挖数值分析中的实用性,并对数值计算中的参数选取提出了建议。本文在此基础上,结合本基坑工程的土质特点,采用 HS-Small 土体本构模型进行数值计算。抗拔工程桩和盾构隧道采用弹性本构模型。抗拔工程桩与土体之间设界面单元,模拟土与结构的相互作用。

数值分析通过 4 种加固模式,研究不同加固措施基坑开挖时对盾构隧道性状的影响。

加固模式 1:不考虑土体加固和抗拔桩作用;

加固模式 2:仅考虑加固隧道周边土体;

加固模式 3:仅考虑抗拔桩作用;

加固模式 4:加固隧道周边土体和抗拔桩作用。

数值模拟基坑开挖共设置 3 个工况,具体如下:

(1)初始地应力生成;

(2)降水至地表下 6m,分层开挖至地表下 5m;

(3)降水至坑底以下 1m,分层开挖至基坑底。

3.2 计算结果

现场实际采用加固模式 4 的方法进行施工。加固模式 4 下开挖至地表下 5m 时的盾构隧道最大总位移为 4.42mm,最大隆起量为 4.41mm。图 4 表示的是开挖至坑底的土体总位移,隧道最大总位移量为 14.74mm,竖向为 14.73mm。因此,隧道顶部大面积卸荷引起盾构隧道的变形以竖向隆起为主,水平变形很小。现场实测得到的盾构隧道竖向位移为隆起 12mm,与数值计算结果吻合较好。计算结果略大于实测结果,是由于二维有限元模型未考虑基坑的纵向分块开挖。

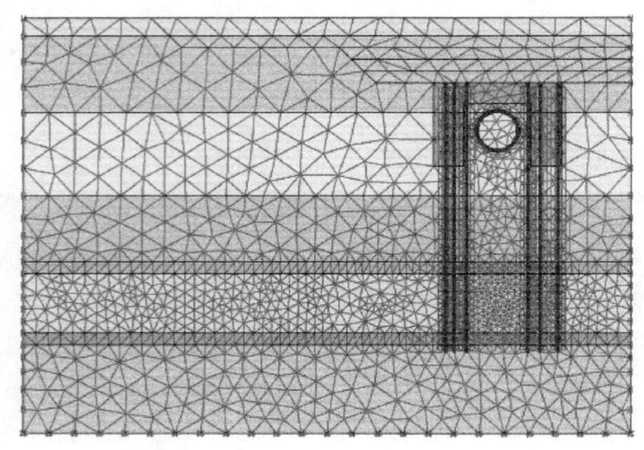

图 3 二维有限元模型

Fig. 3 2D FEM model

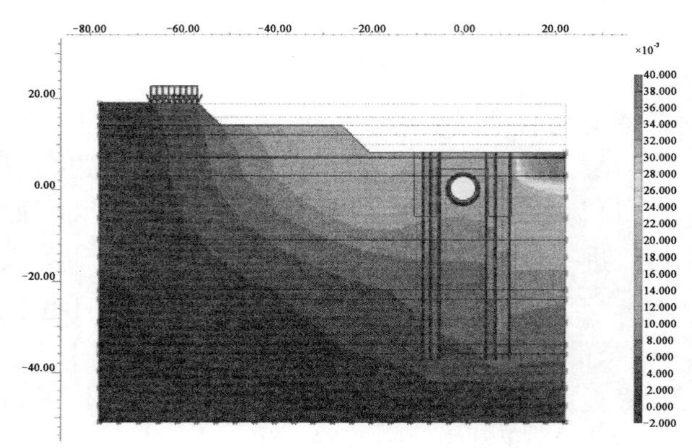

图 4 加固模式-最终总位移

Fig. 4 The final total deformation of reinforcement mode 1

不同加固模式下计算得到的盾构隧道隆起量列于表 2。通过对比加固模式 1 和加固模式 4 的计算结果,采用门式加固,即在盾构隧道结构顶部和两侧采用三轴水泥搅拌桩加固,坑底采用混凝土加筋垫层,使抗拔工程桩与加固体形成整体门式加固结构,对控制盾构隧道隆起变形效果显著,开挖至坑底的隆起变形由 35.83mm 减小至 14.73mm,满足盾构隧道的保护要求。经进一步分析,由于抗拔桩与土体间的摩擦性能,使得隧道上方土体加固的效果不只停留在加固区这一范围,其下方与抗拔桩相接触的土体也受到土体加固所带来的抑制回弹变形的作用[6],即形成门式加固效应。

表 2 主要工况隧道最大隆起量

Table 2 Maximum tunnel heave for important conditions

项 目	加固模式 1	加固模式 2	加固模式 3	加固模式 4
挖深 5m	10.94	9.88	10.25	4.41
挖深 11m	35.83	24.52	25.89	14.73

同时,对比加固模式 1 和加固模式 3,可以看出考虑抗拔桩作用后,计算隧道隆起量明显减小,由 35.83mm减小至 25.89mm。对比加固模式 1 和加固模式 2,可以看出隧道顶部和周围土体加固对控制隧道隆起有明显作用,隆起量由 35.83mm 减小至 24.52mm。从数值计算分析结果可以得出,加固隧道周边土体和抗拔桩作用均能有效抑制盾构隧道的隆起变形。

3.3 抗拔工程桩作用分析

经上述分析可以得出,抗拔工程桩和隧道周边土体加固通过加筋垫层形成较强的门式加固体,可明显降低下卧隧道的隆起变形。现进一步研究抗拔桩桩长对门式加固效果的影响。抗拔桩桩长和桩底与各土层间关系列于表3。图5表示的是隧道最大隆起量与抗拔桩桩长之间的关系曲线。从图5中可以看出，隧道最大隆起量随桩长的增加而减小。当桩底位于③－1层淤泥质粉质黏土和③－2层黏土时，桩长从15m增加至29m，隧道隆起量呈近似线性减小，从23.58mm减小至16.97mm。抗拔桩桩底进入⑦－圆砾、⑧－2层强风化凝灰岩后，桩长由31m增加至43m，隆起量由16.54mm减小至13.33mm，隧道隆起量的递减速率较桩底位于③－1层和③－2层时平缓。当抗拔桩桩底进入⑧－3层强风化凝灰岩后，桩长由43m增加至57m，隧道隆起量由13.33mm减小至11.39mm，递减速率更为平缓。因此，门式加固体的加固效果与抗拔工程桩桩长密切相关，通过增加桩长，加固效果显著提升，确保盾构隧道的隆起量安全可控。

表3 隧道最大隆起量与桩底土层关系

Table 3 The relationship between maximum tunnel and soil below pile

桩长(m)	桩底土层	隧道最大隆起量(mm)
15～19	③－1淤泥质粉质黏土	23.58～21.99
19～29	③－2黏土	21.99～16.97
29～31	④粉质黏土	16.97～16.54
31～41	⑦圆砾	16.54～13.65
41～43	⑧－2强风化凝灰岩	13.65～13.33
43～57	⑧－3中风化凝灰岩	13.33～11.39

4 结语

基于PLAXIS建立的二维有限元模型，分析基坑开挖中地基门式加固以及抗拔桩桩长对下卧既有地铁结构的影响，根据数值分析结果与现场实测数据比较，可以得到以下结论：

(1)大面积卸荷对下卧既有地铁盾构隧道结构的影响主要表现为盾构隧道的竖向隆起变形。

(2)采用门式复合地基加固，可有效提高盾构隧道的抗隆起能力，明显减小上部基坑开挖卸荷引起的盾构隧道隆起量，对保护地铁盾构隧道结构的安全起到了关键作用。

(3)门式复合地基加固中，上部土体加固和抗拔工程桩通过加筋垫层连接，形成门式加固效应。随着抗拔工程桩桩长的增加，其加固效果显著提升。

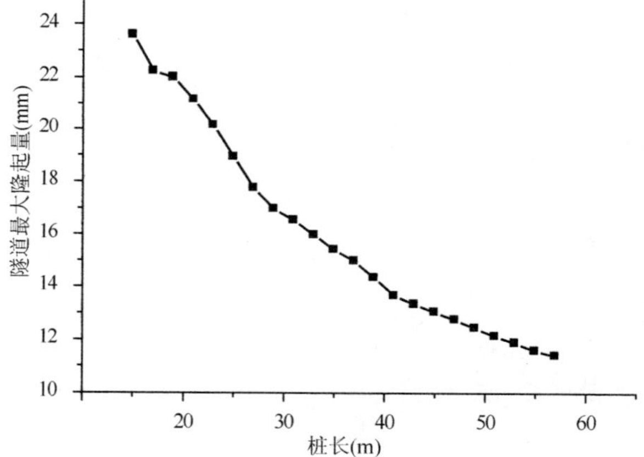

图5 隧道最大隆起量与抗拔桩桩长关系

Fig5 The relationship of maximum tunnel heave and the length of uplift pile

(4)盾构隧道隆起量随抗拔工程桩桩长的增加而减小。结合西广场基坑工程的土质条件、盾构保护标准以及主体结构抗浮要求等，经综合分析比较后，建议抗拔工程桩桩底进入⑧－3层中风化凝灰岩1～3m。

参考文献

[1] 曾远，李志高，王毅斌. 基坑开挖对邻近地铁车站影响因素研究[J]. 地下空间与工程学报，2005，4(1)：642-645.

(ZENG Yuan, LI Zhi-gao, WANG Yi-bin. Research on Influencing factors of deep excavation adjacent to subway station[J]. Chinese Journal of Underground Space and Engineering, 2005, 4(1): 642-645.)

[2] 魏纲，赵城丽，蔡吕路. 基坑开挖对临近既有隧道影响的机理研究[J]. 市政技术，2013，6(31)：141-146.

(WEI Gang, Zhao Cheng-li, CAI Lü-lu. Mechanism of foundation pit excavation impact on existing nearby shield tunnel[J]. Municipal Engineering Technology，2013，6(31)：141-146)

[3] 刘国彬，黄院雄，侯学渊. 基坑工程下已运行地铁区间隧道上抬变形的控制研究与实践[J]. 岩石力学与工程学报，2001，20(3)：202-207.
(LIU Guo-bin，HUANG Yuan-xiong，HOU Xue-yuan. The prediction and control of rebound deformation of the existed tunnels right under excavation[J]. Chinese Journal of Rock Mechanics and Engineering，2001，20(3)：202-207.)

[4] 李瑛，陈金友，黄锡刚，等. 大面积卸荷对下卧地铁隧道影响的数值分析[J]．岩土学报：增刊，2013，35(2)：643-646.
(LI Ying，CHEN Jin-you，HUANG Xi-gang，et al. Numerical analysis of effect of large-scale unloading on underlying shield tunnels[J]. Chinese Journal of Geotechnical Engineering，2013，35(2)：643-646.)

[5] 王卫东，王浩然，徐中华. 上海地区基坑开挖数值分析中土体 HS-Small 模型参数的研究[J]. 岩土力学，2013，34(6)：1766-1774.
(WANG Wei-dong，WANG Hao-ran，Xu Zhong-hua. Study of parameters of HS-small used in numerical analysis of excavations in shanghai area[J]. Rock and Soil Mechanics，2013，34(6)：1766-1774.)

[6] 彭敏. 基坑开挖引起下卧运营隧道变形的研究[J]. 中国市政工程，2010(10)：72-74.
(PENG Min. Research on operation tunnel deformation by foundation pit excavation[J]. China Municipal Engineering，2010(10)：72-74.

考虑指数渗流及应力历史影响的软土非线性固结分析

彭康平　李传勋

（江苏大学土木工程与力学学院　江苏　镇江　212013）

摘　要:将土中的指数形式渗流定律及应力历史对土变形的影响引至饱和土体一维非线性固结分析中,建立了变荷载作用下饱和土体一维非线性固结控制微分方程,并获得了该问题的数值解。在验证数值解可靠性的基础上,对不同参数下的一维非线性固结性状进行比较分析,结果表明:在土中渗流遵循指数形式渗流定律下,考虑应力历史影响时,土体固结速率加快;并且考虑应力历史影响的地基沉降要远远小于未考虑应力历史影响的沉降;固结速率随着先期固结压力增加而加快;土体回弹指数与压缩指数比值越大,固结速率越慢;此外,回弹指数与压缩指数比值对按孔压定义固结度的影响要远远大于其对按沉降定义固结度的影响。

关键词:土力学　固结理论　有限差分法　应力历史　指数形式渗流

作者简介:彭康平(1987—),男,硕士,主要从事软土地基处理方面的研究工作。E-mail:pengkangping625@163. com。

李传勋(1978—),男,吉林榆树人,博士,副教授,主要从事软黏土力学及地基处理方面的研究工作。E-mail:lichuanxun@yeah. net。

A Study on Nonlinear Consolidation of Soft Soil Considering Exponential Flow and the Effect of Stress History

PENG Kang-Ping, LI Chuan-Xun

(School of Civil Engineering and Mechanics, Jiangsu University, Zhenjiang, Jiangsu 212013, China)

Abstract: The exponential flow law in soil and the influence of stress history on soil deformation is introduced into the study on one-dimensional nonlinear consolidation of saturated soil, the governing equation of one-dimensional nonlinear consolidation was developed to consider time-dependent loading, and the numerical solutions for this problem were obtained. Base on the reliable numerical solution, one-dimensional non-linear consolidation behavior with different parameters was analyzed. The results shows that, when the water flow of soil obeys exponential flow law, the rate of consolidation with consideration of stress history is faster that with no consideration of is considered. The foundation settlement with the effect of stress history is far less than that with no consideration of stress history, and the consolidation rate increases with the increase of the preconsolidation pressure. The larger the ratio of expansion index to compression index is, the slower the consolidation rate is. In addition, the impact of the ratio of expansion index to compression index on the average consolidation degrees defined by excess pore water pressure will be much greater than that defined by the settlement.

Key words: soil mechanics, theory of consolidation, finite difference method, stress history, exponential flow law.

0　引言

土体固结理论的研究始于20世纪20年代,Terzaghi基于一系列基本假定开拓性地给出了均质地基土

基金项目:国家自然科学基金资助项目(51109092),中国博士后基金面上项目(2013M530237)。

体一维线性固结理论的解析解。此后经过几代岩土工程学者的不懈努力，土体固结理论取得了长足的进步。众所周知，土的应力历史对变形的影响很大，故在软土固结问题中有必要考虑应力历史的影响。谢康和等[1-4]基于半解析解法获得了考虑应力历史影响的土体固结分析的数值解，并编制相应的计算程序，对考虑应力历史影响的土体固结性状作了详细的分析。但是以上研究均假定土中渗流遵循达西定律，大量的室内试验及现场实测表明土中渗流会出现偏离达西定律的现象，故研究基于非达西渗流定律的固结理论也具有重要的理论和实际意义。刘忠玉、鄂健等[5-7]对考虑非达西渗流定律的一维固结性状进行了探讨；李传勋[8-12]基于有限差分法和半解析解法这两种数值解法对指数形式渗流下饱和土体一维固结理论进行了研究，并着重分析了指数形式渗流对固结性状的影响。

以上土体固结理论的研究中，综合考虑应力历史以及指数形式渗流的固结研究还很鲜见。本文在以上土体固结理论的研究基础上，考虑土中的指数形式渗流定律及应力历史对土体变形的影响，建立了饱和软土一维非线性固结问题的数学模型。运用有限差分法对模型进行数值求解，并分析同时考虑应力历史影响和指数形式渗流定律的软土一维非线性固结性状。

1 固结计算模型

1.1 固结模型的描述及基本假定

考虑指数形式渗流定律和应力历史影响的饱和软土地基一维非线性固结问题模型如图1所示。该饱和软土地基总厚度为 H，土体初始有效应力(σ_0')沿地基深度均匀分布，先期固结压力记为 σ_c'，并且 $\sigma_c'>\sigma_0'$；在地基表面作用随时间任意变化的连续均布荷载 $q(t)$，变荷载初始值记为 q_0，加荷历时记为 t_c，最终值记为 q_u，荷载随时间的变化关系如图2所示；天然地基土体的排水情况分为顶面排水、底面排水或不排水。

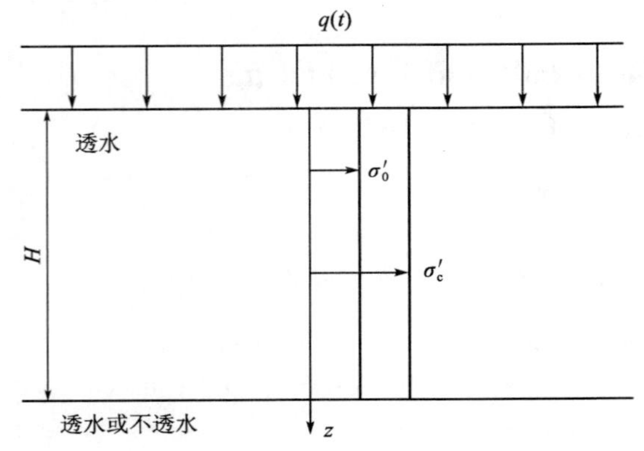

图1 地基固结问题示意图

Fig. 1 Consolidation problem of soil foundation

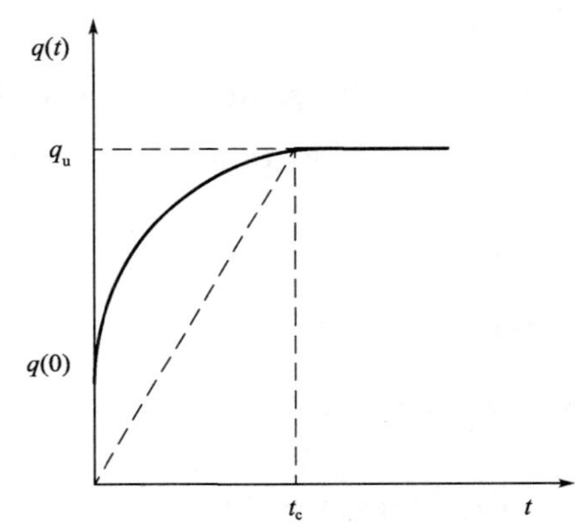

图2 荷载与时间变化曲线

Fig. 2 Curves of load versus time

1.2 固结控制微分方程的建立

在土体固结过程中考虑非线性压缩性和渗透特性以及应力历史影响，如图3和图4所示，用公式可以表示成以下形式：

$$\begin{cases} e=e_1-c_e\lg\left(\dfrac{\sigma'}{\sigma_1'}\right) & \sigma'\leqslant\sigma_c' \\ e=e_c-c_c\lg\left(\dfrac{\sigma'}{\sigma_c'}\right) & \sigma'>\sigma_c' \end{cases} \tag{1}$$

$$e=e_1+c_k\lg\left(\frac{k_v}{k_{v1}}\right) \tag{2}$$

式中：c_e 和 c_c——分别土体的回弹指数和压缩指数；

c_k——渗透指数；

k_v——土体的渗透系数；

e_1 和 k_{v1}——分别为压缩和渗透半对数曲线上相应于参考应力 σ_1' 处的孔隙比和渗透系数；

σ'——任意时刻任意深度处土体的有效应力。

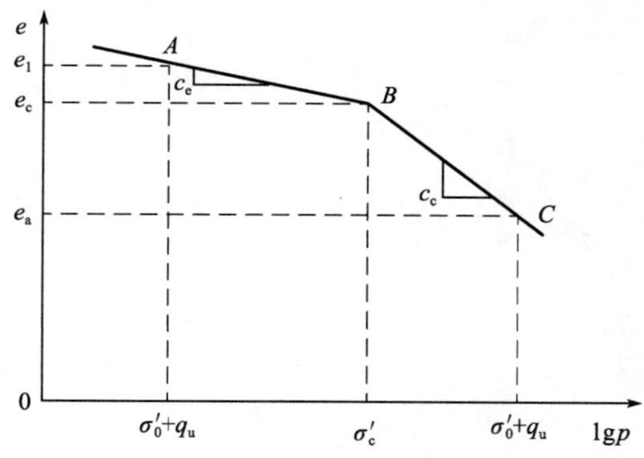

图 3 考虑应力历史影响的非线性土体的 e-lg p 曲线

Fig. 3 e-lg$p$ curves for nonlinear soil considering the effect of stress history

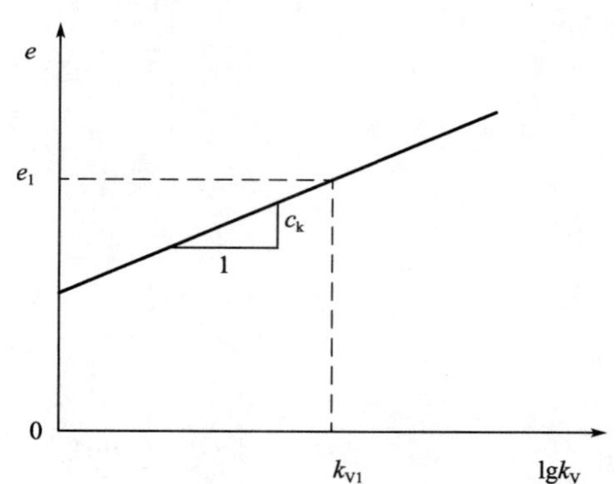

图 4 非线性土体的 e-lgk_v 曲线

Fig. 4 e-lgk_v curves for nonlinear soil

天然饱和软土地基土体中的渗流遵循指数形式渗流定律，用公式表示为：

$$v=k_v\left(\frac{1}{\gamma_w}\frac{\partial u}{\partial z}\right)^m \tag{3}$$

式中：v——渗流速度；

k_v——渗透系数；

γ_w——水的重度；

m——指数形式亨利定律中的指数大小，假定其值在固结过程中保持不变；

u——超静孔隙水压力；

z——地基深度。

式(2)－式(1)可得：

$$k_v=\begin{cases}k_{v1}\left(\dfrac{\sigma_1'}{\sigma'}\right)^{\frac{c_e}{c_k}}=k_{v0}\left(\dfrac{\sigma_0'}{\sigma'}\right)^{\frac{c_e}{c_k}} & (\sigma'\leqslant\sigma_c')\\ k_{v1}\left(\dfrac{\sigma_1'}{\sigma_c'}\right)^{\frac{c_e}{c_k}}\left(\dfrac{\sigma_c'}{\sigma'}\right)^{\frac{c_c}{c_k}}=k_{v0}\left(\dfrac{\sigma_0'}{\sigma_c'}\right)^{\frac{c_e}{c_k}}\left(\dfrac{\sigma_c'}{\sigma'}\right)^{\frac{c_c}{c_k}} & (\sigma'>\sigma_c')\end{cases} \tag{4}$$

指数形式渗流定律下，饱和软土地基一维线性固结控制微分方程为：

$$\frac{\partial}{\partial z}\left[k_v\left(\frac{1}{\gamma_w}\frac{\partial u}{\partial z}\right)^m\right]=\frac{1}{1+e_0}\frac{\partial e}{\partial t} \tag{5}$$

由式(1)可得：

$$\frac{\partial e}{\partial t}=\begin{cases}\dfrac{-c_e}{\sigma'\ln 10}\dfrac{\partial\sigma'}{\partial t} & (\sigma'\leqslant\sigma_c')\\ \dfrac{-c_c}{\sigma'\ln 10}\dfrac{\partial\sigma'}{\partial t} & (\sigma'>\sigma_c')\end{cases} \tag{6}$$

根据有效应力原理，在土体固结过程中任意时刻任意深度处的竖向有效应力可以如下公式来表示：

$$\sigma'=\sigma_0'+q(t)-u \tag{7}$$

$$\frac{\partial\sigma'}{\partial t}=\frac{\mathrm{d}q}{\mathrm{d}t}-\frac{\partial u}{\partial t} \tag{8}$$

将式(4)、式(6)和式(8)代入到式(5)中，可获得变荷载作用下基于指数形式渗流定律考虑应力历史影响的饱和软土地基一维非线性固结控制微分方程：

$$\begin{cases}\dfrac{\partial}{\partial z}\left[k_{v0}\left(\dfrac{\sigma_0'}{\sigma'}\right)^{\frac{c_e}{c_k}}\left(\dfrac{1}{\gamma_w}\dfrac{\partial u}{\partial z}\right)^m\right]= \\ \dfrac{1}{1+e_0}\dfrac{c_e}{\sigma'\ln 10}\left(\dfrac{\partial u}{\partial t}-\dfrac{dq}{dt}\right)\quad(\sigma'\leqslant\sigma_c') \\ \dfrac{\partial}{\partial z}\left[k_{v0}\left(\dfrac{\sigma_0'}{\sigma_c'}\right)^{\frac{c_e}{c_k}}\left(\dfrac{\sigma_c'}{\sigma'}\right)^{\frac{c_c}{c_k}}\left(\dfrac{1}{\gamma_w}\dfrac{\partial u}{\partial z}\right)^m\right]= \\ \dfrac{1}{1+e_0}\dfrac{c_c}{\sigma'\ln 10}\left(\dfrac{\partial u}{\partial t}-\dfrac{dq}{dt}\right)\quad(\sigma'>\sigma_c')\end{cases} \tag{9}$$

$$\begin{cases}c_{v0}\dfrac{c_c}{c_e}\dfrac{\sigma'}{\sigma_0'}\left(\dfrac{1}{\gamma_w}\right)^{m-1}\dfrac{\partial}{\partial z}\left[\left(\dfrac{\sigma_0'}{\sigma'}\right)^{\frac{c_e}{c_k}}\left(\dfrac{\partial u}{\partial z}\right)^m\right]= \\ \left(\dfrac{\partial u}{\partial t}-\dfrac{dq}{dt}\right)\quad(\sigma'\leqslant\sigma_c') \\ c_{v0}\dfrac{\sigma'}{\sigma_0'}\left(\dfrac{1}{\gamma_w}\right)^{m-1}\left(\dfrac{\sigma_c'}{\sigma_0'}\right)^{\frac{c_c}{c_k}-\frac{c_e}{c_k}}\dfrac{\partial}{\partial z}\left[\left(\dfrac{\sigma_0'}{\sigma'}\right)^{\frac{c_c}{c_k}}\left(\dfrac{\partial u}{\partial z}\right)^m\right]= \\ \left(\dfrac{\partial u}{\partial t}-\dfrac{dq}{dt}\right)\quad(\sigma'>\sigma_c')\end{cases} \tag{10}$$

$$c_{v0}=\frac{k_{v0}(1+e_0)\sigma_0'\ln 10}{\gamma_w c_c} \tag{11}$$

1.3 固结控制微分方程的定解条件

$$u(0,t)=0\text{（顶面透水）} \tag{12}$$

$$\frac{\partial u}{\partial z}\bigg|_{z=H}=0\text{（底面不透水）} \tag{13}$$

$$u(H,t)=0\text{（底面透水）} \tag{14}$$

$$u(z,0)=q(0) \tag{15}$$

2 固结控制微分方程的数值解

2.1 固结控制微分方程及其定解条件的无量纲

为获得固结控制方程的数值解，故定义以下无量纲变量：

$$\begin{cases}U=\dfrac{u}{\sigma_0'},Z=\dfrac{z}{H},T_v=\dfrac{c_{v0}t}{H^2},T_{vc}=\dfrac{c_{v0}t_c}{H^2},Q=\dfrac{q(t)}{\sigma_0'},f=\dfrac{\sigma_c'}{\sigma_0'} \\ Q(0)=\dfrac{q(0)}{\sigma_0'},F=\dfrac{q_u}{\sigma_0'},q_h=\dfrac{\sigma_0'}{\gamma_w H},c=\dfrac{c_c}{c_k},d=\dfrac{c_e}{c_k},b=\dfrac{\sigma_0'+q_u}{\sigma_c'}\end{cases} \tag{16}$$

应用以上所定义的无量纲变量，式(10)可以转化为以下形式：

$$\begin{cases}\dfrac{c}{d}(1+Q-U)\dfrac{\partial}{\partial Z}\left[(1+Q-U)^{-d}\left(q_h\dfrac{\partial U}{\partial Z}\right)^{m-1}\dfrac{\partial U}{\partial Z}\right] \\ =\left(\dfrac{\partial U}{\partial Z}-\dfrac{dQ}{dT_v}\right)\quad(\sigma'\leqslant\sigma_c') \\ (1+Q-U)f^{c-d}\dfrac{\partial}{\partial Z}\left[(1+Q-U)^{-c}\left(q_h\dfrac{\partial U}{\partial Z}\right)^{m-1}\dfrac{\partial U}{\partial Z}\right] \\ =\left(\dfrac{\partial U}{\partial Z}-\dfrac{dQ}{dT_v}\right)\quad(\sigma'>\sigma_c')\end{cases} \tag{17}$$

相应固结控制微分方程的定解条件应用无量纲变量可以表示为：

顶面透水： $$U(0,T_v)=0 \tag{18}$$

底面不透水：
$$\frac{\partial U_{\mathrm{n}}}{\partial Z}\Big|_{Z=1}=0 \tag{19}$$

底面透水：
$$U(H,T_{\mathrm{v}})=0 \tag{20}$$

$$U(Z,0)=Q(0) \tag{21}$$

2.2 超静孔隙水压力的有限差分解

在对固结控制微分方程时空离散时，采用等空间步长 ΔZ 将土层离散成 n 个小薄层，地基表面和底面空间节点分别记为0和 n，第 j 小薄层底面处记为 j；而对时间域的划分则采用变步长 ΔT_{vk}，并且记第 k 个步长终止时刻 $T_{\mathrm{vk}}=\sum_{y=1}^{k}\Delta T_{\mathrm{vy}}$，所以固结控制微分方程的差分格式可以表示为：

$$\begin{cases}U_{\mathrm{j}}^{k+1}-U_{\mathrm{j}}^{k}-(Q^{k+1}-Q^{k})=\lambda_{\mathrm{k}}(1+Q^{k}-U_{\mathrm{j}}^{k})\\ \left[\alpha_{\mathrm{j}+\frac{1}{2}}^{k}(U_{\mathrm{j}+1}^{k+1}-U_{\mathrm{j}}^{k+1})-\alpha_{\mathrm{j}-\frac{1}{2}}^{k}(U_{\mathrm{j}}^{k+1}-U_{\mathrm{j}-1}^{k+1})\right],1+Q^{k}-U_{\mathrm{j}}^{k}\leqslant f\\ U_{\mathrm{j}}^{k+1}-U_{\mathrm{j}}^{k}-(Q^{k+1}-Q^{k})=\lambda_{k}(1+Q^{k}-U_{\mathrm{j}}^{k})\\ \left[\beta_{\mathrm{j}+\frac{1}{2}}^{k}(U_{\mathrm{j}+1}^{k+1}-U_{\mathrm{j}}^{k+1})-\beta_{\mathrm{j}-\frac{1}{2}}^{k}(U_{\mathrm{j}}^{k+1}-U_{\mathrm{j}-1}^{k+1})\right],1+Q^{k}-U_{\mathrm{j}}^{k}>f\end{cases} \tag{22}$$

式中：U_{j}^{k}——在第 j 空间节点处、第 T_{vk}时刻孔隙水压力的无量纲值；

Q^{k}——在 T_{vk}时刻外荷载的无量纲值。

Q^{k} 可以表示为：

$$Q^{k}=\frac{q(T_{\mathrm{vk}})}{\sigma_{0}'} \tag{23}$$

$$Q^{0}=\frac{q(0)}{\sigma_{0}'} \tag{24}$$

$$\lambda_{\mathrm{k}}=\frac{\Delta T_{\mathrm{vk}}}{\Delta Z^{2}} \tag{25}$$

$$\begin{cases}\alpha_{\mathrm{j}+\frac{1}{2}}^{k}=\dfrac{c}{d}\left(1+Q^{k}-\dfrac{U_{\mathrm{j}+1}^{k}+U_{\mathrm{j}}^{k}}{2}\right)^{-d}\left(q_{\mathrm{h}}\dfrac{U_{\mathrm{j}+1}^{k}-U_{\mathrm{j}}^{k}}{\Delta Z}\right)^{m-1}\\ \alpha_{\mathrm{j}-\frac{1}{2}}^{k}=\dfrac{c}{d}\left(1+Q^{k}-\dfrac{U_{\mathrm{j}}^{k}+U_{\mathrm{j}-1}^{k}}{2}\right)^{-d}\left(q_{\mathrm{h}}\dfrac{U_{\mathrm{j}}^{k}-U_{\mathrm{j}-1}^{k}}{\Delta Z}\right)^{m-1}\end{cases} \tag{26}$$

$$\begin{cases}\beta_{\mathrm{j}+\frac{1}{2}}^{k}=f^{c-d}\left(1+Q^{k}-\dfrac{U_{\mathrm{j}+1}^{k}+U_{\mathrm{j}}^{k}}{2}\right)^{-c}\left(q_{\mathrm{h}}\dfrac{U_{\mathrm{j}+1}^{k}-U_{\mathrm{j}}^{k}}{\Delta Z}\right)^{m-1}\\ \beta_{\mathrm{j}-\frac{1}{2}}^{k}=f^{c-d}\left(1+Q^{k}-\dfrac{U_{\mathrm{j}}^{k}+U_{\mathrm{j}-1}^{k}}{2}\right)^{-c}\left(q_{\mathrm{h}}\dfrac{U_{\mathrm{j}}^{k}-U_{\mathrm{j}-1}^{k}}{\Delta Z}\right)^{m-1}\end{cases} \tag{27}$$

同样，固结控制微分方程的定解条件运用差分网格内散点可以表示为：

$$U_{0}^{k}=0\text{（顶面透水）} \tag{28}$$

$$U_{\mathrm{n}-1}^{k}=U_{\mathrm{n}+1}^{k}\text{（底面不透水）} \tag{29}$$

$$U_{\mathrm{n}}^{k}=0\text{（底面透水）} \tag{30}$$

$$U_{\mathrm{j}}^{0}=Q^{0} \tag{31}$$

通过以上分析，即将问题的非线性固结控制微分方程转化为其在时间域和空间域上的差分网格点，当时间步长和空间步长选取恰当时，运用差分格式所表示的定解条件即可得到关于土体中超静孔隙水压力的数值解，进而分析考虑指数渗流及应力历史影响的饱和软土一维非线性固结性状。

2.3 两种不同定义平均固结度的求解

$$U_{\mathrm{p}}=\frac{\int_{0}^{1}(Q-U)\mathrm{d}z}{\int_{0}^{1}F\mathrm{d}z}=\begin{cases}\dfrac{Q^{k}}{F}-\dfrac{1}{nF}\sum\limits_{j=1}^{n}\dfrac{U_{\mathrm{j}-1}^{k}+U_{\mathrm{j}}^{k}}{2} & (T_{\mathrm{v}}<T_{\mathrm{vc}})\\ 1-\dfrac{1}{nF}\sum\limits_{j=1}^{n}\dfrac{U_{\mathrm{j}-1}^{k}+U_{\mathrm{j}}^{k}}{2} & (T_{\mathrm{v}}\geqslant T_{\mathrm{vc}})\end{cases} \tag{32}$$

$$U_s = \frac{S_t}{S_\infty} \tag{33}$$

其中：

$$S_t = \sum_{j=1}^{n} S_j \tag{34}$$

$$S_j = \begin{cases} \dfrac{h_j}{1+e_{0j}} c_{ej} \lg\left[1 + Q^k - \dfrac{(U_{j-1}^k + U_j^k)}{2}\right] & (\sigma_j' \leqslant \sigma_c') \\ \dfrac{h_j}{1+e_{0j}} \left\{ c_{ej}\lg f + c_{cj}\left[\lg\left(1 + Q^k - \dfrac{U_{j-1}^k + U_j^k}{2}\right) - \lg f\right]\right\} & (\sigma_j' > \sigma_c') \end{cases} \tag{35}$$

$$S_\infty = \begin{cases} \sum\limits_{j=1}^{n} \dfrac{h_i}{1+e_{0j}} c_{ej} \lg(1+F) & (1+F \leqslant f) \\ \sum\limits_{j=1}^{n} \dfrac{h_j}{1+e_{0j}} (c_{ej}\lg f + c_{cj}\lg b) & (1+F > f) \end{cases} \tag{36}$$

2.4　计算程序的验证

李传勋等[10]获得了变荷载作用下基于指数渗流定律考虑土体初始有效应力非均匀分布的饱和软土一维非线性固结有限差分解。在本文的数值解中，当假定 $c_e = c_c$ 时，此时土体由超固结状态转化为正常固结状态，当外荷载为单级加载、土体初始有效应力均匀分布以及土体为单面排水时，分别就 $m=1$（达西渗流定律）和 $m=1.5$（指数形式渗流定律）这两种情形对比两种差分解的计算结果，对比结果如图 5 所示。温介邦[13]在其博士论文中运用半解析解法确定地基土体正常固结与超固结的分界面，分析了考虑应力历史影响的饱和土一维非线性固结特性。在本文中假定指数形式渗流定律的渗流指数 $m=1$ 时，即转化为文献[13]的问题，本文所采用的有限差分法和文献[13]的半解析解法的计算结果对比如图 6 所示，两种不同工况土体的土性参数如表 1 所示。通过两幅图形的对比结果可知，本文所采用的有限差分法与文献半解析解法的计算结果具有很高的吻合度，这说明本文的有限差分法及其相应的计算程序是可靠的。

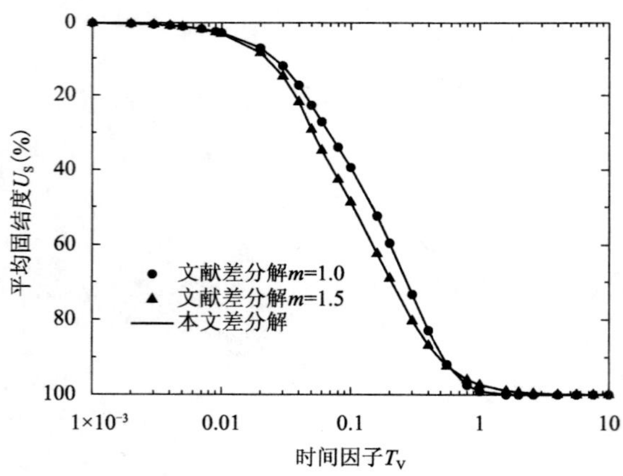

图 5　两种不同差分法结果的对比结果

Fig. 5　Comparison of the results obtained by two different semi—analytical solutions

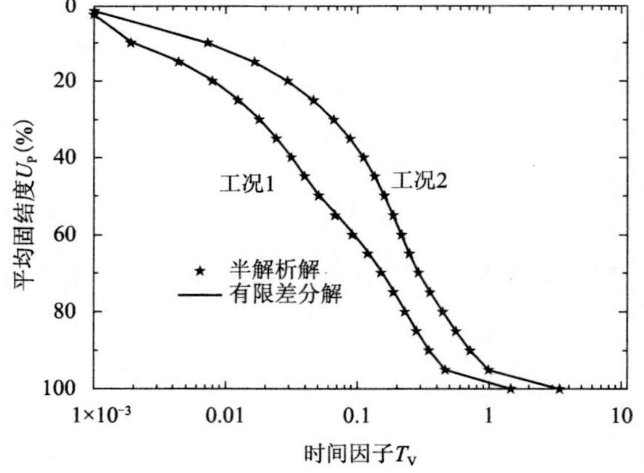

图 6　半解析解与有限差分解的对比结果

Fig. 6　Comparison of the results obtained by finite difference method and semi-analytical solution

表 1　不同工况下的土性参数

Table 1　Geotechnical parameters with different conditions

不 同 工 况	OCR	c_e/c_c	c_c/c_k	N_σ	T_{vc}
工 况 1	2	0.2	0.5	4	0
工 况 2	4	0.5	1.5	6	0

3　固结性状分析

现以表 2 所示天然地基土体参数为基础，外荷载为单级加载，且 $T_{vc}=0.01$，边界条件为单面排水。不考虑应力历史影响时取 $c_e=c_c=0.424$，对变荷载作用下基于指数形式渗流定律考虑应力历史影响的饱和软土地基一维非线性固结性状作详细的分析。

表 2　分析算例单层地基土体参数

Table 2　Geotechnical parameters of single－layer foundation for calculation example

c_e	c_c	c_k	m	σ_c'/kPa
0.084	0.424	0.848	1.2	200
γ_{sat}(kN/m^3)	H(m)	e_0	q_u(kPa)	T_{vc}
17.81	25	1.427	250	0.01

3.1　应力历史对固结性状的影响

图 7 为变荷载作用下应力历史对饱和软土地基一维非线性固结性状的影响。从图 7 中可以看出，由于土体的应力历史以及非线性压缩和渗透特性的影响，两种不同的固结度不再相等，此时会随着应力历史以及非线性的不同而呈现出复杂的变化关系，当考虑应力历史影响以及土体压缩指数与渗透指数的比值大于 1 时，两种不同的固结均呈现出增大的现象；从无量纲化后的固结控制微分方程组式(17)可知，当考虑应力历史影响时，固结方程组因子 c/d 以及$(1+Q-U)$均大于 1，并且当土体的压缩指数小于渗透指数时，$(1+Q-U)^{-d}$以及$(1+Q-U)^{-c}$都大于 1，所以考虑应力历史影响时，土体的固结速率加快。图 8 为变荷载作用时地基沉降随时间的变化曲线图($k_{v0}=5.294\times10^{-9}$m·s)。从图 8 中可以看出，当地基沉降稳定时考虑应力历史影响的地基沉降要远远小于不考虑应力历史影响时的地基沉降。由式(36)软土地基最终沉降量的计算公式可知，当不考虑土体应力历史影响时，地基沉降量的计算公式中的回弹模量即转化为压缩模量。又由于土体的压缩模量必然大于回弹模量，所以考虑应力历史影响时软土的地基沉降量会变小，故在实际工程中考虑土体应力历史影响就具有十分重要的意义。

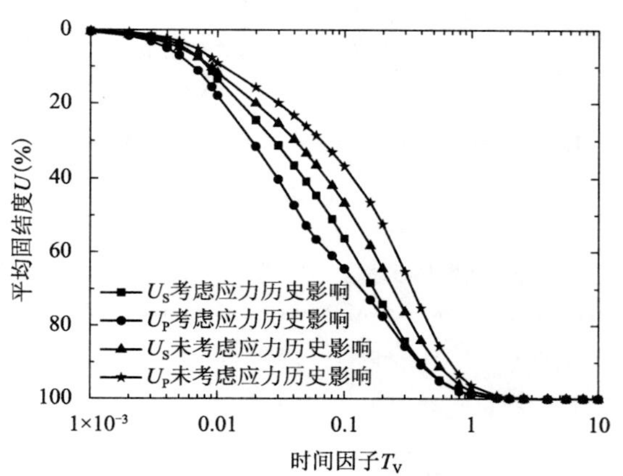

图 7　变荷载作用下应力历史对固结曲线的影响

Fig. 7　Influence of stress history on consolidation curves under time-dependent loading

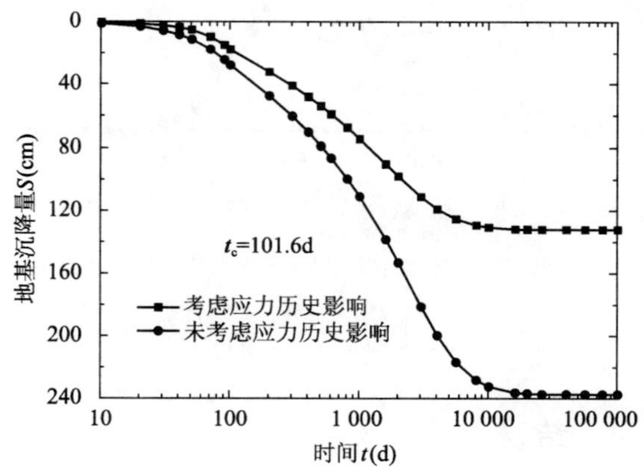

图 8　地基沉降变化曲线

Fig. 8　Relationship curves of settlement of the soil

3.2　先期固结压力对固结性状的影响

考虑应力历史影响时，指数形式渗流定律下土体初始有效应力沿深度均匀分布时，土体的先期固结压力对饱和软土固结性状具有重要的影响。如图 9 所示，土体先期固结压力由 150kPa 变化到 300kPa 时，在固结过程中土体会由固结前期的超固结状态逐渐转化为固结后期的正常固结状态，按沉降定义的平均固结度在整个固结过程中都随着土体先期固结压力的增加而增大。出现该种固结性状的原因在于，当土体由超固

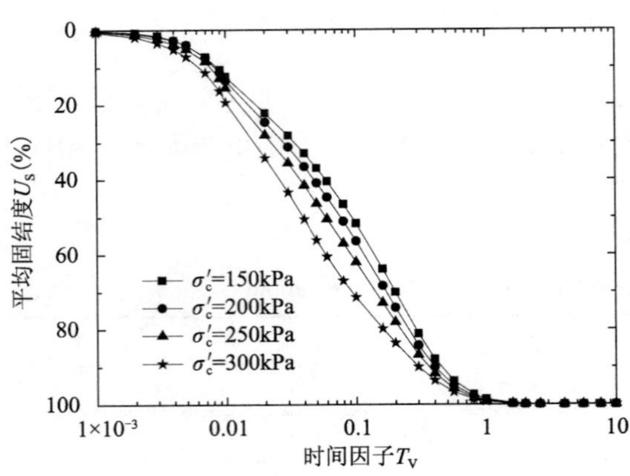

图 9 先期固结压力对固结曲线的影响

Fig. 9 Influence of preconsolidation pressure on consolidation curves

结状态逐渐变为正常固结状态时，随着先期固结压力的增大，此时 f 值会呈增大的趋势，由正常固结土无量纲化后的固结控制方程可知，由于土体的压缩指数必然大于回弹指数，即在本文中有 $c-d>0$ 成立，当 f 值大于 1 时，f^{c-d} 值会随着 f 增加而增大，由式(17)可知方程左边逐渐增大，所以土体固结速率会随之加快。

3.3 回弹指数与压缩指数比值对固结性状的影响

图 10 和图 11 为不同土性参数下，回弹指数与压缩指数比值对指数形式渗流定律下考虑应力历史影响饱和软土一维非线性固结性状的影响(保持 $c_c=0.424$ 不变)，从图 10、图 11 中可以看出，两种不同定义的固结速率均随着回弹指数与压缩指数比值的增加而减慢。出现该种固结性状的现象同样可以由土体固结控制微分方程来解释，当压缩指数保持不变而回弹指数逐渐增大时，c 值保持不变而 d 值会逐渐增大，由无量纲化后的固结控制方程(17)可知，由于 c 和 d 值肯定大于 0，f 和 $(1+Q-U)$ 值都大于 1，因子 c/d、f^{c-d}、$(1+Q-U)^{-d}$ 值都会随着 d 值的增加而减小，所以土体固结速率随着回弹指数与压缩指数比值增加而减慢。另外，通过对比各自情形下两种不同定义平均固结度变化曲线图形可以得到，回弹指数与压缩指数比值对按孔压定义平均固结度的影响要远远大于其对按沉降定义的平均固结度的影响。

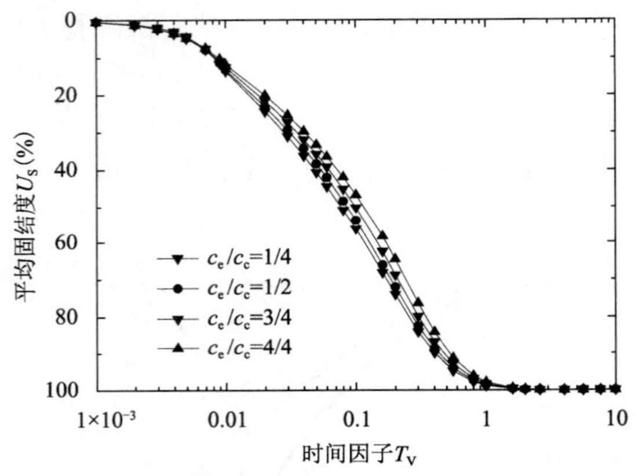

图 10 回弹指数与压缩指数的比值对固结曲线 U_s 的影响

Fig. 10 Influence of the ratio of expansion index to compression index on consolidation curves of U_s

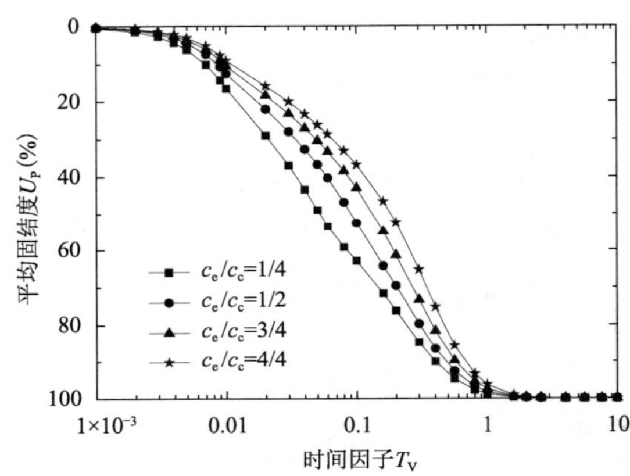

图 11 回弹指数与压缩指数的比值对固结曲线 U_p 的影响

Fig. 11 Influence of the ratio of expansion index to compression index on consolidation curves of U_p

4 结语

本文建立了考虑指数形式渗流定律及应力历史影响下的软土非线性固结数学模型，给出了其有限差分解，着重分析了指数形式渗流定律下应力历史对饱和软土一维非线性固结性状的影响，并得到以下结论：

(1)两种不同定义的固结度的变化关系与土体的应力历史以及非线性压缩特性密切相关；考虑应力历史影响时，固结速率加快；并且考虑应力历史影响的地基沉降要远远小于未考虑应力历史影响的沉降。

(2)考虑应力历史影响时，在固结过程中土体的固结速率会随着先期固结压力增加而加快。

(3)土体固结速率随着回弹指数与压缩指数比值增加而减慢，并且回弹指数与压缩指数比值对按孔压定义的平均固结度的影响要远远大于按沉降定义的平均固结度。

参 考 文 献

[1] 胡虹宇,谢康和,施宁宁.超固结饱和土的一维固结分析[J].科技通报,2005,21(1):23-29.
(Hu Hong-yu, Xie Kang-he, Shi Ning-ning. A study on one-dimensional consolidation of over-consolidated saturated soil[J]. Bulletin of Science and Technology, 2005,21(1):23-29.)

[2] 谢康和,温介邦,胡虹宇,等.考虑应力历史影响的饱和土一维非线性固结分析[J].科技通报,2006,22(1):68-76.
(XIE Kang-he, WEN Jie-bang, HU Hong-yu, et al. A Study on one-dimensional nonlinear consolidation behavior of saturated soil considering the effect of stress history[J]. Bulletin of Science and Technology, 2006,22(1):68-76.)

[3] 谢康和,温介邦,应宏伟,等.考虑应力历史的双层地基一维固结问题[J].浙江大学学报:工学版,2007,41(7):1126-1131.
(XIE Kang-he, WEN Jie-bang, YING Hong-wei, et al. One-dimensional consolidation theory of double-layered soil considering effects of stress history[J]. Journal of Zhejiang University Engineering Science ,2007,41(7):1126-1131.)

[4] 温介邦,谢康和,胡安峰.双层超固结软黏土地基一维非线性固结分析[J].水利学报,2007,38(2):226-232.
(WEN Jie-bang, XIE Kang-he, HU An-feng. Analysis on one-dimensional nonlinear double-layered over consolidation soil foundation[J]. Journal of Hydraulic, 2007,38(2):226-232.)

[5] 刘忠玉,孙丽云,乐金朝,等.基于非 Darcy 渗流的饱和黏土一维固结理论[J].岩石力学与工程学报,2009,28(5): 973-979.
(LIU Zhong-yu, SUN Li-yun, YUE Jin-chao, et al. One-dimensional consolidation theory of saturated clay based on non-Darcy flow[J]. Chinese Journal of Rock Mechanics and Engineering, 2009,28(5): 973-979.)

[6] 刘忠玉,纠永志,乐金朝,等.基于非 Darcy 渗流的饱和黏土一维非线性固结分析[J].岩石力学与工程学报,2010,29(11): 2348-2355.
(LIU Zhong-yu, JIU Yong-zhi, YUE Jin-chao, et al. One-dimensional nonlinear consolidation analysis of saturated clay based on non-darcy flow[J]. Chinese Journal of Rock Mechanics and Engineering, 2010,29(11): 2348-2355.)

[7] 鄂健,陈刚,孙爱荣.考虑低速非 Darcy 渗流的饱和黏性土一维固结分析[J].岩土工程学报,2009,3(17): 1115-1119.
(E Jian,CHEN Gang,SUN Ai-rong. One-dimensional nonlinear consolidation of saturated cohesive soil considering non-darcy flow [J]. Chinese Journal of Geotechnical Engineering, 2009, 31 (7): 1115-1119.)

[8] 李传勋,谢康和,王坤,等.基于指数形式渗流定律的软土一维固结分析[J].土木工程学报, 2011, 44(8): 111-117.
(LI Chuan-xun, XIE Kang-he, WANG Kun, et al. One- dimensional consolidation analysis considering exponential flow law for soft clays[J]. China Civil Engineering Journal,2011,44(8):111-117.)

[9] 李传勋,谢康和,卢萌盟,等.变荷载下基于指数形式渗流的一维固结分析[J].岩土力学, 2011, 32(2): 553-559.
(LI Chuan-xun, XIE Kang-he, LU Meng-meng, et al. One-dimensional consolidation analysis considering exponential flow law and time-depending loading[J]. Rock and Soil Mechanics , 2011, 32(2):

553-559.)

[10] 李传勋,谢康和,胡安峰,等.基于指数形式渗流定律考虑初始有效应力非均匀分布的软土一维非线性固结分析[J].岩石力学与工程学报,2012,31(s1):3270-3277.
(LI Chuan-xun, XIE Kang-he, HU An-feng, et al. Analysis of one-dimensional nonlinear consolidation of soft considering exponential flow law and non-uniform distribution of initial effective stress [J]. Chinese Journal of Rock Mechanics and Engineering, 2012, 31(s1): 3270-3277.)

[11] 李传勋,胡安峰,谢康和,等.变荷载下基于指数渗流一维固结半解析解[J].浙江大学学报:工学版,2012,46(1):27-32.
(LI Chuan-xun, HU An-feng, XIE Kang-he, et al. Semi-analytical solution of one-dimensional consolidation with exponential flow under time-depending loading[J]. Journal of Zhejiang University: Engineering Science, 2012, 46(1):27-32.)

[12] 李传勋,谢康和,胡安峰,等.基于指数形式渗流下的软土一维非线性固结分析[J].中南大学学报:自然科学版,2012,43(7):2789-2795.
(LI Chuan-xun, XIE Kang-he, HU An-feng, et al. Analysis of one-dimensional non-linear consolidation with exponential flow[J]. Journal of Central South University: Science and Technology, 2012, 43(7):2789-2795.)

[13] 温介邦.考虑应力历史影响的成层地基一维固结理论研究[D].杭州:浙江大学岩土工程研究所,2007:96-101.
(WEN Jie-bang. Studied on one-dimensional consolidation theory of layered soils considering the effect of stress history[D]. Hangzhou: Zhejiang University. Institute of Geotechnical Engineering, 2007:96-101.)

盐渍化软弱地基处理方法研究

王永威 杨晓华 张莎莎

（长安大学 公路学院 陕西 西安 710064）

摘 要：盐渍化软弱土具有软弱土和盐渍土的双重性质。本文为提出合理的地基处理措施，首先归纳软弱土和盐渍土的工程性质，总结软弱土地基和盐渍土地基的处理方法，从分析比较中得出可以考虑的盐渍化软弱地基处治常用措施有：换填法、强夯法和强夯置换法、桩基础和复合地基法等，然后依托嘉—安一级公路工程实例，通过荷载试验和地基沉降观测，对水泥粉喷桩法、强夯置换法、振动挤密砂石桩法处理盐渍化软基效果进行了评价。

关键词：地基处理 盐渍化软弱土 水泥粉喷桩 强夯置换 振动挤密砂石桩

作者简介：王永威（1987—），男，长安大学硕士研究生，主要从事特殊土及其地基处理研究。E-mail：mydteamwillgoon@126.com

Research on Salinized Soft Soil Foundation Treatment Methods

WANG Yong-wei, YANG Xiao-hua

(School of Highway, Chang'an University, Xi'an 710064, Shanxi, China)

Abstract: Salinized soft soil has a dual nature of soft soil and saline soil, in order to propose some reasonable foundation treatment measures, first we sum up the engineering properties of soft soil and saline soil, summarize the treatment measures of soft soil foundation and saline soil foundation, through analysis and comparison of results, the common measures to treat salinized soft soil are replacement, dynamic compaction and dynamic replacement method, pile foundation and composite foundation method etc. Based on Jia-An Superhighway, we evaluate cement DJM method, dynamic replacement method and vibrating sand-gravel compaction pile method through load test and foundation settlement observation.

Key words: foundation treatment, salinized soft soil, cement DJM, dynamic replacement, vibrating sand-gravel compaction pile.

0 引言

我国西部地区地质情况复杂，不仅是我国盐渍土的主要分布区域，而且盐渍化软基分布区域也很广泛，很多地区土体具有软弱土和盐渍土的双重特性。随着西部大开发以及国家高速公路网的规划完成，越来越多的高等级公路将在这些特殊土地基上修筑，所以科学合理、经济有效地解决特殊路段的地基问题成为西北地区修筑高速公路面临的一个重要问题。

1 盐渍化软弱土地基工程特点

盐渍化软弱土不但具有类似软土的特征，还具有盐渍土的特征。

1.1 软弱土地基特征

软弱土地基系指主要由淤泥、淤泥质土、冲填土、杂填土或其他高压缩性土层构成的地基。淤泥、淤泥质土在工程上统称为软土，其具有特殊的物理力学性质，从而导致了其特有的工程性质。软弱土的特性是天然含水率高、天然孔隙比大、抗剪强度低、压缩系数高、渗透系数小，具有明显的结构性和流变性。在外荷载作用下的地基承载力低、地基变形大，不均匀变形也大，且变形稳定历时较长。

1.2 盐渍土地基特征

盐渍化软弱土含盐性指标的变化特征及其对物理力学指标的影响是相关工程必须考虑的内容，是工程设计的基础。

(1)溶陷性。盐渍土地基浸水后，会产生较大的溶陷。当浸水时间不长、水量不多时，水使土中部分或全部盐结晶溶解，土的结构破坏，强度降低，土颗粒重新排列，孔隙减小，产生溶陷，溶陷量的大小取决于浸水量、土中盐的性质和含量以及土的原始结构状态等。

当浸水时间很长，浸水量很大而造成渗流的情况下，盐渍土中的部分固体颗粒将被水流带走，产生潜蚀。由于水的渗流而造成的盐渍土的潜蚀溶陷，是盐渍土地基与其他非盐渍土地基沉陷的本质差别，而且也是盐渍土溶陷的主要部分，对砂石类盐渍土尤其如此。

(2)盐胀性。盐渍土地基的盐胀一般可分为两类，即结晶膨胀与非结晶膨胀。结晶膨胀是指盐渍土因温度降低或失去水分后，溶于土空隙中的盐分浓缩并析出而结晶所产生的体积膨胀，具有代表性的是硫酸盐渍土；非结晶膨胀是指由于盐渍土中存在着大量的吸附性阳离子，具有较强的亲水性，遇水后很快地与胶体颗粒相互作用，在胶体颗粒与粘土颗粒的周围形成稳固的结合水薄膜，从而减小了颗粒的黏聚力，使之相互分离，引起土体膨胀，具有代表性的是碳酸盐渍土(碱土)。

(3)腐蚀性。盐渍土的主要特点是含有较多的盐，尤其是易溶盐，它使土具有明显的腐蚀性，对建筑物基础和地下设施，构成一种较为严酷的腐蚀环境。

以氯盐为主的盐渍土，主要对金属的腐蚀危害大，如罐、池、混凝土中的钢筋及地下管线等。氯盐类也通过结晶、晶变等胀缩作用对地基土的稳定性产生影响，对一般混凝土也有轻微影响。

以硫酸盐为主的盐渍土，主要是通过化学作用、结晶膨缩作用等，对水泥制品(砂浆、混凝土)和黏土砖类建筑材质发生膨胀腐蚀破坏，对钢结构、混凝土中钢筋、地下管道等也有一定腐蚀作用。

2 盐渍化软弱土地基处理常用方法

由于盐渍化软弱土地基具有软弱土和盐渍土的双重工程特性，所以在对这种地基进行处治时必须同时考虑软土的工程性质和盐渍土的工程性质。考虑地基处理技术的相对成熟性，盐渍化软弱土地基处治的基本原则是：在已有相对成熟的软土地基处理方法中，根据处理地区盐渍土的特性、参考该地区已出现的主要道路病害及以往的工程处治措施的实际效果、结合盐渍土地基处理方法，选择对盐渍土危害的适应性强、对环境的影响小、技术上可行、经济上合理的安全可靠的处治方案。

2.1 软弱土地基处理常用方法

软弱土地基处理方法种类很多，目前工程上软弱地基处理的最常用的方法有：换填(土)垫层法；排水固结法；碾压及夯实法；挤密法；振冲法；水泥土搅拌法；加筋法等。

(1)换填(土)垫层法。将基础地面以下一定范围内的软弱土层挖去，回填力学性能较好，强度较高、性能稳定、具有抗侵蚀性的砂、碎石、卵石、素土、灰土、煤渣、矿渣等材料分层充填，并同时以人工或机械方法分层压、夯、振动，使之达到要求的密实度，成为良好的人工地基。

(2)排水固结法。排水固结法又称预压法。它是在建筑物建造之前，先在天然地基中设置砂井等竖向排水体，然后加载预压，使土体中的孔隙水排出，逐渐固结，地基土发生沉降(压密)，同时强度得以逐步提高的方法。

(3)碾压及夯实法。重锤夯实、机械碾压、振动夯实：利用压实原理，通过夯实、碾压、振动，把地基表层压实，以提高其强度，减少其压缩特性和不均匀性，消除其湿陷性。

强夯法：反复将 100～200kN 的重锤提升至 10～20m 高处使其自由下落，给地基以冲击和振动能量，将其夯实，从而提高土的强度并降低其压缩性，消除土的液化及湿陷性。

(4)挤密法。挤密法是指在软弱土层中利用沉管以冲击或振动等方式(先将套管打入或振入地基)成孔，对软弱土层产生横向挤密作用，从侧向将土挤密，再将备好的碎石、灰土、石灰或炉渣等填料填充，成密实桩体。使土的压缩性减小，并与原地基(软弱土)形成复合型地基，共同承受建筑物荷载，从而改善地基的工程性能，提高抗剪强度，减小沉降量。

(5)振冲法。振冲挤密法与前述挤密法相似。振冲置换法是利用振冲器，在高压水流下边振边冲，在地基中成孔，然后向孔内分批填入碎石或卵石等材料置换原地基中部分软弱土体将其挤密，形成碎石桩。碎石桩体与原来的软弱土体构成复合地基，或在部分软弱土地基中掺入水泥、石灰或砂浆等形成加固体，与未加固部分的土体形成复合地基，从而提高地基承载力，减少沉降量，减小压缩性。

(6)水泥土搅拌法。水泥土搅拌法分为深层搅拌法（简称湿法)和粉体喷搅法(简称干法)。

水泥土搅拌法是利用水泥、石灰等建筑材料作为固化剂，运用特制的搅拌机械，就地将软土与固化剂(浆液或粉体，其中浆液适用于深层搅拌法、粉体适用于粉体喷搅法)进行搅拌且搅拌均匀，使软土硬结成具有一定整体性、水稳性和一定强度的水泥加固土，与天然地基形成复合地基，从而提高地基承载力和减小沉降量及其他特征变形，以及作为基坑的防渗帷幕、重力式挡土墙。

(7)加筋法。在地基中渗入水泥、石灰或砂浆等形成墙体，与未处理部分土体组成复合地基，从而提高地基的承载力，减少沉降量。

2.2 盐渍土地基处理方法

盐渍土地区常规地基处理方法有浸水预溶法、强夯法、换土垫层法、盐化处理方法、桩基及复合地基法。

(1)浸水预溶法、强夯法主要通过减少土体的空隙，增大土体密度，达到减少盐渍土地基溶陷变形处理效果。

(2)盐化处理方法，是在建筑物地基中注入饱和或过饱和盐溶液，形成一定厚度的盐饱和土层，使地基土结构发生变化，盐溶液浓缩后盐结晶起骨架作用，同时减小孔隙比和渗透系数，提高土体强度。

(3)换土垫层法主要用于盐渍土层较薄地区，加固原理与软弱土地基处理换填(土)垫层法相同。

(4)对于桩基方法，当盐渍土层较厚、含盐量较高时，采用桩基础，在多数情况下是比较合理的。以国外经验，在盐渍土地区采用灌注桩比预制桩更为适宜，这是由于预制桩法在打桩时易破坏桩周保护层，难以达到防腐要求。

(5)复合地基方法是盐渍土地区最常用的地基处理方法，工艺成熟，成本低且工期较短。

2.3 盐渍化软弱地基处理方法

盐渍化软弱地基处理方法，需要同时适用于处理软弱土和盐渍土。

(1)浸水预溶法适用于处理盐渍土但不适用处理软弱土，因为软弱土天然含水率高，渗透系数小等性质。

(2)换填法适用于浅层地基处理，根据建筑体型、结构特点、荷载性质和量级、场地工程地质资料及环境条件等进行综合分析，决定是否可应用于工程地基处理。

(3)强夯法和强夯置换法适用于软弱地基和盐渍土地基处理，但仍受工程地质条件限制，需做适用性分析。

(4)桩基和复合地基法，涉及不同地基处理方法和桩基类型，例如砾石桩、挤密砂石桩、水泥粉喷桩、钻孔灌注桩等，根据工程情况可应用于盐渍化软弱土地基处理。

综上所述，换填法、强夯法和强夯置换法、桩基和复合地基法适用于处理盐渍化软弱地基，但仍受工程地质、环境条件、机械设备、材料来源等实际因素限制，对比分析后最终选择经济合理、技术可行、安全可靠的处治方案。

3 公路盐渍化软弱土地基处理技术的工程实践及其评价

嘉峪关—安西一级公路，是我国连云港至霍尔果斯国道主干线在甘肃省境内的组成部分，也是西宁至库尔勒公路的组成部分。根据工程的具体情况，选定嘉安一级公路JA10标段K117＋000～K117＋300，K117＋900～K118＋200，K118＋200～K118＋405三处为盐渍土软基处理试验段，进行特殊地基处理技术的研究。

依据勘测资料，这三处试验段的地层根据土层的岩性特性及物理力学性质的差异可分为5层，按从上至下的顺序分别为：粉土、淤泥、淤泥质粉土、中砂、圆砾。主要的不良土层为表层盐渍土层、粉土层和淤泥质粉土层，统计厚度在7m左右。通过对原地基进行原位载荷试验，可知原地基最大允许承载力为100kPa，不能满足设计所需的承载力。

3.1 水泥粉喷桩法处理盐渍化软弱地基的效果评价

水泥粉喷桩试验段位于K117＋000～K117＋300段。设计参数为：

(1)平面布置：采用等边三角形布置，粉喷桩中心至中心的间距为1.25m，行距1.08m。

(2)桩长6.7m，桩径0.5m，置换率0.145，喷灰量50kg/m。

(3)水泥掺入比15％。

3.1.1 荷载试验

在粉喷桩施工结束后间隔一段时间，进行五组原位现场载荷试验，包括三桩复合地基的载荷试验、单桩载荷试验和桩间土载荷试验。

原地基承载力为40kPa，经粉喷桩处理后，其复合地基承载力可达124kPa，桩间土承载力为50kPa，即粉喷桩施工后土体的承载力提高约20％左右，按桩间土承载力推算复合地基承载力为120kPa，与载荷试验结果基本一致。

3.1.2 地基沉降观测

在K117＋150断面分别埋设了14个沉降杯进行沉降观测。

通过对沉降与时间曲线及累计沉降与时间曲线图进行分析，可知前期路基填筑过程中，路基沉降变化幅度比较大，沉降曲线随着时间先增大后减少，出现周期循环，分析这与盐渍土的盐胀性有必然的联系。另外，累计沉降量与时间曲线成线性关系，比较均一，最大累计沉降量11.7cm。

经过近一个月的观测结果表明，盐渍土试验段路基的沉降量很小，工后沉降满足规范要求，因此采用粉喷桩处理盐渍化软基是可行的。

3.2 强夯置换法处理盐渍化软弱地基的效果评价

强夯置换加固试验段位于K117＋900～K118＋200段。设计参数为：

(1)夯点布置：夯点按等边三角形布置，夯点间距3m，排距2.6m。

(2)强夯置换参数：夯击能2000kN·m，夯锤直径1.5m，夯锤重量140kN，落距13m，有效加固深度5.0m。

(3)施工参数：夯击遍数为4遍，采用平底夯锤，间隔跳打，最后一遍采用满夯，夯锤印迹重叠1/3，每遍夯控制标准以最后2击夯沉量小于5cm计。

(4)强夯置换后，采用砂石石填料回填。

3.2.1 荷载试验

在强夯置换施工结束后间隔一段时间，分别在试验段的夯间土和强夯置换置换墩处进行了两组载荷试验。

两组载荷试验最大加荷值均为320kPa，其中夯间土试验相应的沉降量为4.509cm，强夯置换置换墩试验相应的沉降量为3.332cm。根据深度控制法，夯后承压板直径1.5倍深度范围内强夯置换置换墩承载力可达190kPa，强夯置换夯间土承载力可达140kPa，满足了设计的要求，故本次强夯置换施工的效果是很好。

3.2.2 地基沉降观测

在K118＋040和K118＋140两个断面分别埋设11个沉降杯进行沉降观测。经过近一个月的观测结果表明，盐渍土试验段路基的沉降量很小，工后沉降满足规范要求，因此，采用强夯置换处理盐渍化软基是可行的。

3.3 振动挤密砂石桩法处理盐渍化软弱地基的效果评价

振动沉管挤密砂石桩试验段位于嘉安一级公路JA10标段K118＋200～K118＋400段。设计参数为：

(1)设计地基外缘扩大3排桩。

(2)砂石桩采用等腰三角形满堂布置，置换率为0.183。

(3)桩长设计为9.0m，使桩端进入圆砾层，以减少沉降变形。

(4)桩径为 0.5m。

(5)施工时由两路基边线向路中线同时施工,采用间隔跳打的施工方法。

(6)桩孔内的材料选用颗粒范围在 20～50mm 的砾石和级配良好的中粗砾组成混合料。

3.3.1　荷载试验

试验项目包括六组载荷试验,其中四组单桩试验,两组单桩复合试验。

试验区原地基承载力为 40～100kPa,处理后的复合地基承载力提高到 160～184kPa,地基承载力明显提高。处理效果明显,满足了设计的需要,表明振动沉管挤密砂石桩法是处理盐渍化软基行之有效的方法。

3.3.2　地基沉降观测

在试验区 K118+240 和 K118+280 断面砂石桩桩顶和与之对应的桩间土上分别埋设 13 个沉降杯进行沉降观测。

综合分析沉降杯的时间—沉降曲线可以得出试验区复合地基的如下沉降规律:

(1)发生最大沉降的桩体出现在路基中线处,路肩处桩体的沉降量较小,桩间土表面的沉降变化和桩体的沉降一致,最大沉降也出现在路基中线处。

(2)复合地基的沉降趋势与荷载的施加规律一致,加载期间沉降量增长较快,施工结束停止加载后,地基沉降曲线变化幅度较小,很快趋于稳定,不再发生较大沉降,表明路基的沉降在施工期间已经基本完成,工后沉降很小。

4　结论

盐渍化软弱地基处理,需要同时考虑软弱土和盐渍土的工程性质,并分析同时适用于软弱土和盐渍土地基处理方法,可知换填法、强夯法、桩基础和复合地基法是可以考虑的常用盐渍化软弱土地基处理方法。依托嘉—安一级公路工程实例,从现场实际观测数据和地基处治措施的社会经济效果评价,水泥粉喷桩、强夯置换、振动挤密砂石桩三种方法都符合规范要求且取得明显处治效果。

参 考 文 献

[1] 徐晓莲.软弱土地基处理方法简析[J].鄂州大学学报,2012,19(5),36-39.
(XU Xiao-lian. Analysis of the Treatment of Soft Soil Foundation[J]. Journal of Ezhou University, 2012,19(5),36-39.(in Chinese))

[2] 杨晓华,张莎莎,郭永健.盐渍化软弱地基处治措施对比分析[J].郑州大学学报(工学版),2010,31(2),22-25.
(YANG Xiao-hua, ZHANG Sha-sha, GUO Yong-jian. Comparative Analysis of Treatment Measures of Saline Soft Soil Foundation [J]. Journal of Zhengzhou University (Engineering Science), 2010, 31 (2), 22-25.(in Chinese))

[3] 谢永利,杨晓华,张莎莎.高速公路湿软黄土地基处理技术研究[A].第十四届中国科协年会第 21 会场:山区高速公路技术创新论坛论文集[C].2012.
(XIE Yong-li, YANG Xiao-hua, ZHANG Sha-sha. Research on the Wettest-Soft Loess Foundation Treatment of Expressway[A]. The 14th Chinese Association annual meeting 21st Venue: the mountainous area highway technology innovation forum[C]. 2012.(in Chinese))

[4] 徐攸在,等.盐渍土地基[M].北京:中国建筑工业出版社,1993.
(XU You-zai, et al. Saline Soil Foundation[M], Beijing: China Architecture & Building Press, 1993. (in Chinese))

[5] 龚晓南.地基处理手册(第三版)[M].北京:中国建筑工业出版社,2008.
(GONG Xiao-nan. Foundation Treatment Manual [M] 3rd edition. Beijing: China Architecture & Building Press, 2008.(in Chinese))

桩土接触问题有限元分析

袁 通 王 凯 晏长根

（长安大学公路学院 陕西 西安 710064）

摘 要：本文以灰土挤密桩处理临汾市贯得工业园区路面裂缝工程为背景，通过有限元方法建立桩土接触模型，考虑不同桩体模量条件下，对比桩土复合地基的位移和应力大小。结果表明：当桩体模量比土体模量大一数量级时，处理地基沉降效果较好，若继续增大桩体模量，效果不太明显；桩顶载荷对桩周土影响范围与桩体弹性模量大小关系不大。

关键词：地基处理 桩土接触 有限元分析 位移 应力

作者简介：袁通（1989—），男，江西南昌人，长安大学硕士研究生，从事岩土工程方面的学习和研究。E-mail：yuantong19890216@163.com。

Finite Element Analysis of Contact Problem of Pile and Soil

Yuan Tong，Wang Kai，YAH Chang-gen

（College of Highway，Chang'an University，Xi'an，Shanxi 710064，China）

Abstract：Based on the research background of Lime-soil compaction pile to deal with Pavement crack in Jade Industrial park of Linfen city，Through the finite element method to establish the model of pile-soil contact，Contrast the displacement and stress of the pile-soil composite foundation under the conditions of different pile modulus. Results show：When the pile modulus is one large of magnitude than the soilmodulus，to deal with zhe foundation settlement is effective，if continue to increase the pile modulus，the effect is not obvious；The influence scope of the load of pile top to zhe soil around pile has little to do with the pile modulus.

Key words：foundation treatment，pile-soil contact，Finite element analysis，displacement，stress.

0 引言

自然界中接触问题时有发生，如轮轨的摩擦、齿轮的咬合、坡体的滑动，桩土的摩擦等。很早以前，人们就开始研究接触问题，早在1882年，H. Herz就比较系统地研究了弹性体的接触问题，并提出了经典的Herz接触理论[1]。随着计算机和数值解法的发展，数值模拟成为解决这类复杂问题的有力手段，并取得一定成果。例如：李小青等采用三维有限元数值分析得出不同刚度的状体在单桩和群桩情况下的荷载传递特性[2]；甘立刚利用数值分析，通过设置接触单元来模拟桩土间的共同作用，得出桩端附近桩侧土体存在的"拱效应"显著减小了该处作用于桩侧的水平土压力和桩侧摩阻力[3]；张兴其采用数值分析方法解决单桩承载力和桩测摩阻力、端阻力的分布等问题[4]；晏长根利用marc程序进行滑坡有无接触分析的实例比较，得出一些有用结论[5]。

桩—土复合地基法是处理软基沉降的一种有效方法，并得到广泛使用。其接触变形属于边界条件非线性问题，目前，在这方面的理论研究还比较落后。本文采用ANSYS有限元分析方法，模拟桩土接触问题，通过改变桩体弹性模量，分析桩、土体位移、应力变化，得出一些有用结论，以供类似工程的设计、施工为参考。

基金项目：国家自然科学基金面上项目（41272285）；项目名称：基于应力监测的岩质边坡预警机制研究；长安大学中央高校基本科研业务费资助项目（2013G2211003）

1　接触模型和本构关系

1.1　模型建立及参数选择

计算模型以临汾市贾得工业园区规划四路第四标段 K8+780～K8+940 段路基已采用的挤密桩复合地基工程为依托，该段路基路面在填筑时出现长约 160m，宽约 8cm 的裂缝，经勘测，该段路基为原始冲沟填埋段，因基地不密实而造成不均匀沉降，在挤密桩处理后，得到了很好的治理效果。

参考相关文献，模型采用 1/4 界面，桩体平面尺寸 1m，桩长 10m，桩体出土 2m，土体平面尺寸 7m，土深 24m，建立几何模型如图 1a)所示，采用矩形网格对土体进行单元划分，网格尺寸为 0.5m×0.5m×0.5m，共划分 9576 个单元，11 150 个节点，网格划分如图 1b)所示。边界条件：桩体、土体底面和侧面完全约束，对 1/4界面处对称约束，顶面完全自由。载荷条件：桩顶作用一竖向均布荷载，荷载值为 $q=0.5\times10^3$kPa。计算参数中(表 1)灰土挤密桩和土体参数取自贾得工业园地质勘查报告中实验数据，其他为对比参数。

表 1　桩土物理力学参数

Table 1　Physical and mechanical parameters of pile and soil

材料	弹性模量 E_p(MPa)	泊松比 μ	密度 (kg/m³)	黏聚力 c(kPa)	摩擦角 φ(°)	膨胀角 $\theta_{膨胀}$(°)	库伦摩擦系数
柔性桩	300						
灰土挤密桩	3 000	0.167	2 500	—	—	—	0.2
刚性桩	30 000						
土体	260	0.42	1 900	19	32	30	

1.2　模型接触单元与本构关系

桩与土体的接触问题属于边界条件非线性问题，选择合适的接触面单元模型至关重要，在岩土工程中以 1968 年 Goodman 等提出的节理单元应用较为广泛。但对于接触面的相对滑移和张开，Goodman 单元(即无厚度节理单元)模型只能模拟量值相当小的位移，当产生较大滑移、张开、重叠后往往难以收敛。因此，本文中的桩—土 3D 有限元模型的接触面，将利用面与面接触的 Targe170、Conta173 单元来模拟，其特点是能进行大变形计算，如较大尺寸的张开、滑移等[6]，面与面接触算法采用扩展的拉格朗日乘子法。

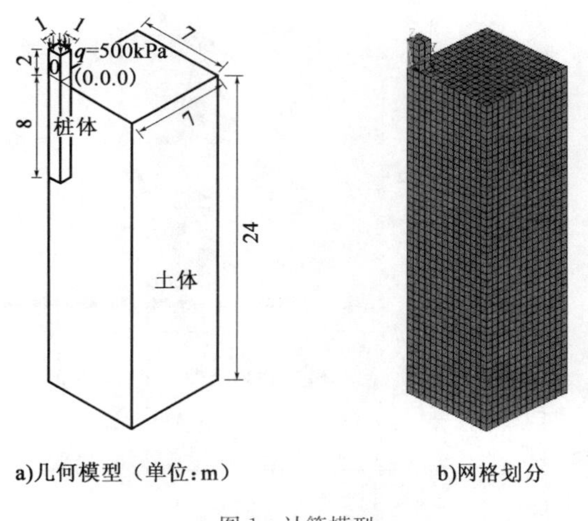

图 1　计算模型

Fig. 1　Calculation model

扩展拉格朗日乘子法：

$$\min\Pi^*(U,\lambda)=0.5U^TKU-U^TF+g^T\lambda+\Pi_e \quad (1)$$

$$\Pi_e=-0.5\lambda^TE_p^{-1}\lambda \quad (2)$$

其中 E_p 称为罚因子，当罚因子→∞时，$\Pi_e\to0$，经运算，可得系统控制方程：

$$(K+G^TE_pG)U=F-G^TEg_0 \quad (3)$$

模型屈服准则采用 Mohr-Coulumb 屈服准则，Mohr-Coulumb 屈服准则是所有可能的屈服面的内极限面，工程上采用此屈服条件是偏于安全的。

$$\tau_f=c+\sigma_n\tan\varphi \quad (4)$$

式中：c——黏聚力；

φ——内摩檫角；

σ_n——受力面上的法向应力。

这样，解得以节点位移为未知数的方程组进而知道弹塑性体内应力、应变及位移分布。

2　计算结果分析

2.1　桩土复合地基位移、应力分析

由图 2 可以看出，在桩顶竖向荷载作用下，桩周土竖向位移随着距桩体距离的增大而减小；在随着桩体弹性模量的增大，桩体竖向位移逐渐减小，桩周土竖向位移也随着减小，同时桩体承担荷载逐渐增大，这是由于在桩体弹性模量增大的情况下，复合地基所承担的荷载逐渐转移桩体承担，桩周土体承担荷载逐渐减小。

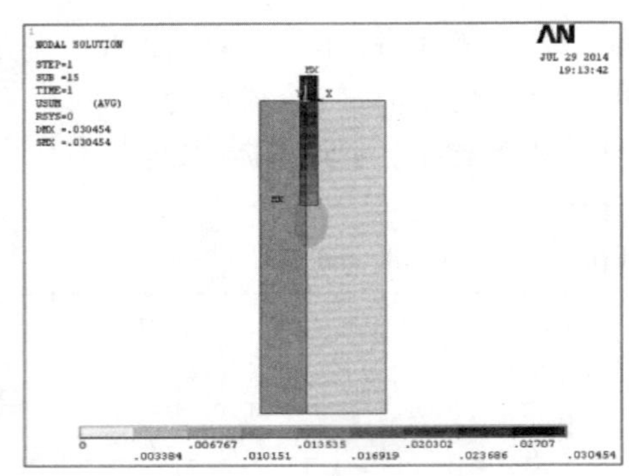

a) $E_{桩体}=1\times10^8$Pa桩土复合地基位移

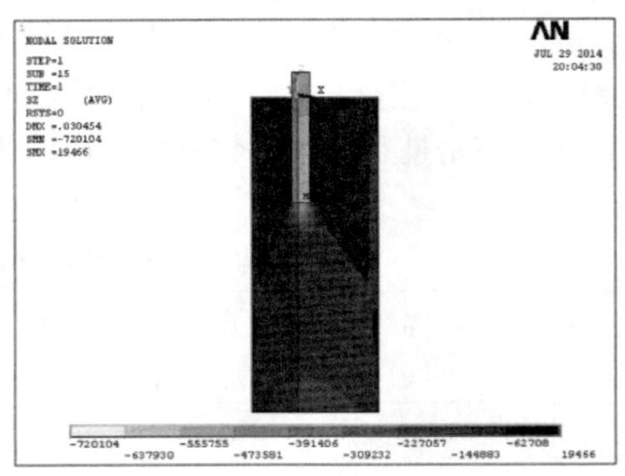

b)$E_{桩体}=1\times10^8$Pa桩土复合地基位移

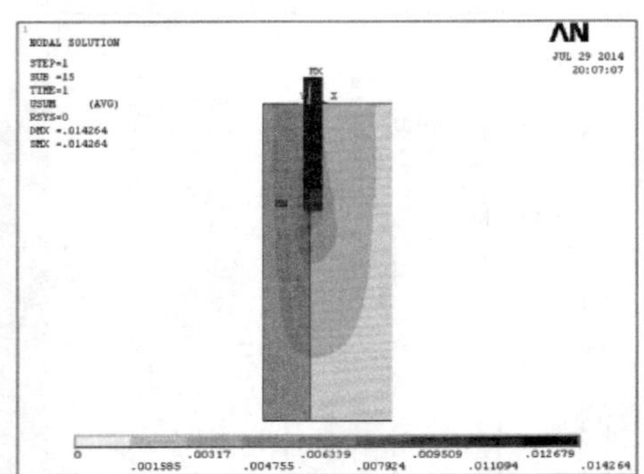

c)$E_{桩体}=1\times10^9$Pa桩土复合地基位移

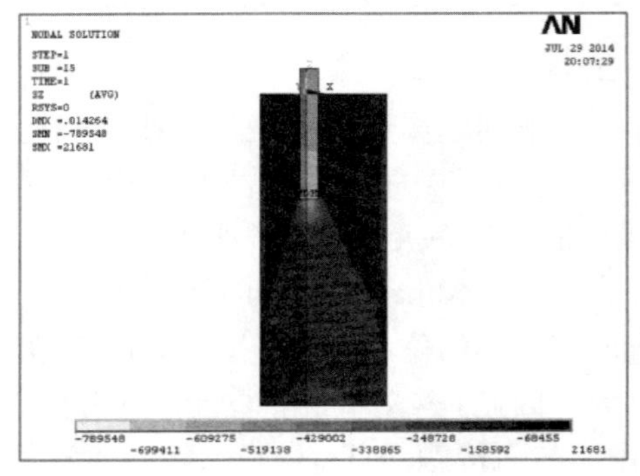

d)$E_{桩体}=1\times10^9$Pa桩土复合地基应力

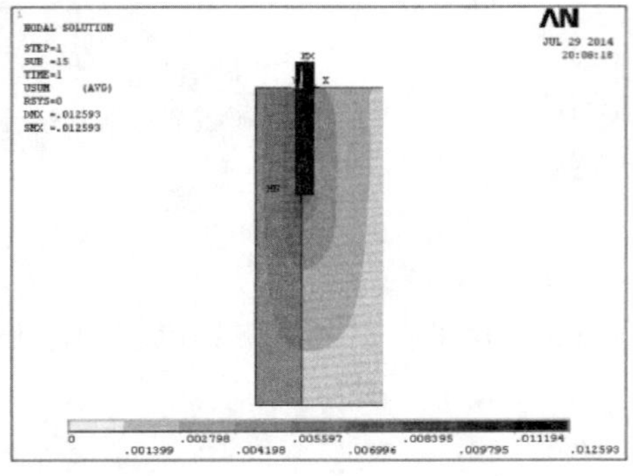

e)$E_{桩体}=1\times10^{10}$Pa桩土复合地基位移

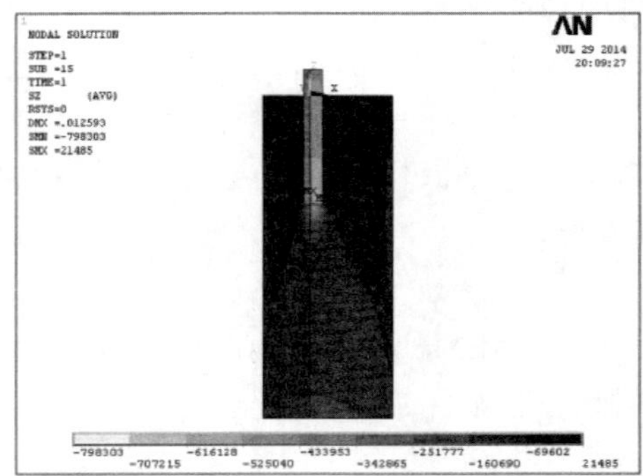

f)$E_{桩体}=1\times10^{10}$Pa桩土复合地基应力

图 2　桩土复合地基位移和应力

Fig. 2　The displacement and stress of the pile-soil composite foundation

由表 2 可知，在桩体弹性模量为 3×10^8 Pa 时，与土体弹性模量较为接近，桩体与桩周土体竖向位移较大，桩体承担荷载较小。在桩体弹性模量为 3×10^9 Pa 时，桩体与桩周土体竖向位移减小量较多，同时桩体承担荷载增量较大；在桩体弹性模量为 3×10^{10} Pa 时，相对于桩体弹性模量为 3×10^9 Pa 的情况下，三者变化较小。由此可知，在桩体弹性模量比桩周土体弹性模量大一数量级时，能对土体沉降起到很好的治理效果，若再增加桩体的模量，效果不太明显。

表 2　桩土复合地基位移和应力

Table 2　The displacement and stress of the pile-soil composite foundation

桩体弹性模量(Pa)	最大竖向位移(mm)	最大竖向位移部位	最小竖向位移(mm)	最小竖向位移部位	最大荷载(MPa)	最大荷载部位	最小荷载(MPa)	最小荷载部位
3×10^8 Pa	30.5	桩顶	3.4	模型最外围土	0.720	桩底	0.505	桩顶
3×10^9	14.3	桩顶	1.6	模型最外围土	0.790	桩底	0.505	桩顶
3×10^{10}	13.6	桩顶	1.4	模型最外围土	0.798	桩底	0.505	桩顶

2.2　桩周土体位移、应力分析

由图 3 、表 3 可知，桩周土体最大位移和最大应力均发生在桩底土上，这是因为桩底应力大，挤压桩底土，造成桩底土较大位移和应力。

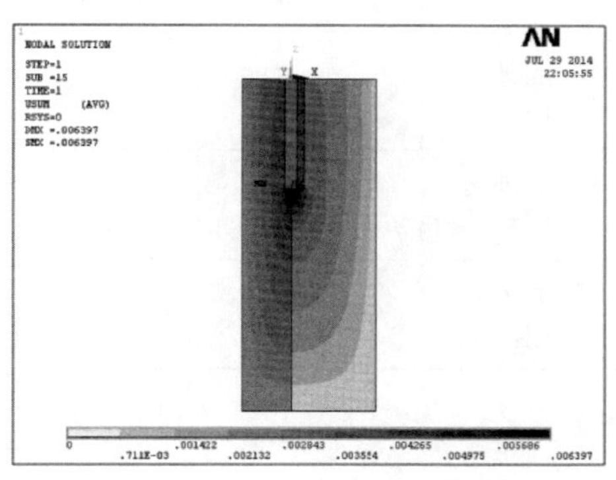

a)$E_{桩体}=1\times10^8$Pa桩周土位移

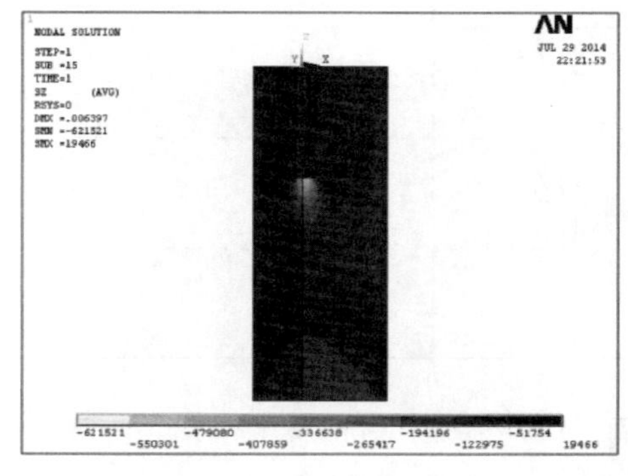

b)$E_{桩体}=1\times10^8$Pa桩周土应力

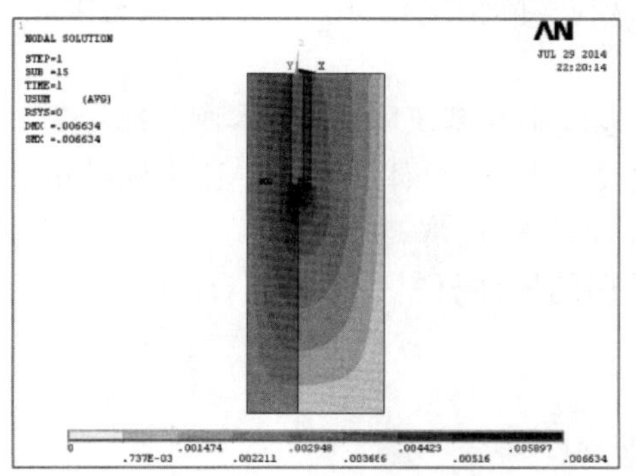

c)$E_{桩体}=1\times10^9$Pa桩周土位移

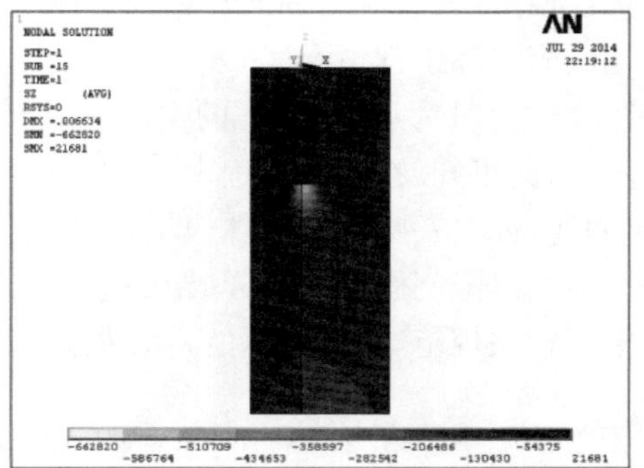

d)$E_{桩体}=1\times10^9$Pa桩周土应力

图　3

Fig. 3

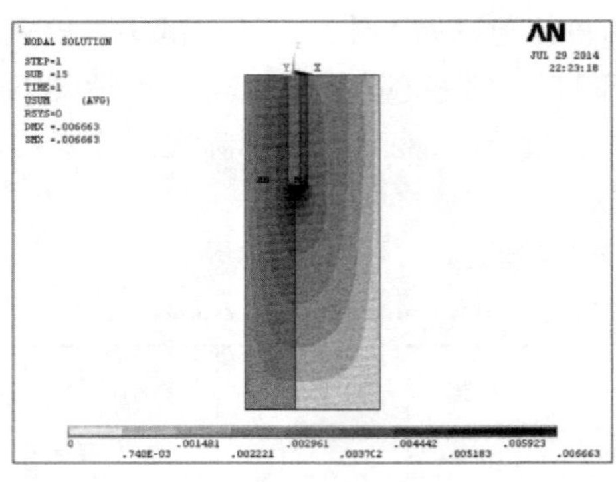
e)$E_{桩体}=1\times10^{10}$Pa桩周土位移

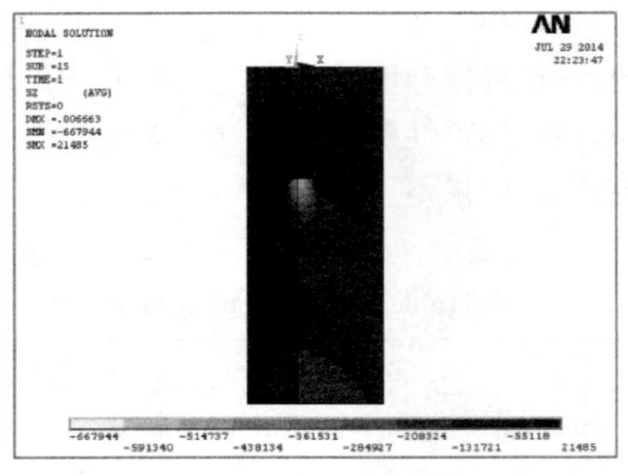
f)$E_{桩体}=1\times10^{10}$Pa桩周土应力

图3　桩周土体位移和应力

Fig. 3　The displacement and stress of the soil around pile

由表3可知，桩周土最小位移占最大位移的11%以上，因此判断桩土受影响的范围还应该更大些。本模型计算结果与实际情况会有点出入。同时，随着桩体弹性模量的变化，桩周土最小位移与最大位移比变化不大，可见，桩顶应力对桩周土影响范围与桩体弹性模量大小关系不大。这可能与桩顶应力大小有关。

表3　桩周土体位移和应力

Table 3　The displacement and stress of the soil around pile

桩体弹性模量(Pa)	桩周土最大位移(mm)	最大位移部位	桩周土最小位移(mm)	最小位移部位	最小位移与最大位移百分比	桩周土最大荷载(MPa)	最大荷载部位
3×10^8	6.4	桩底土	0.71	模型最外侧土体	11.1%	0.622	桩底土
3×10^9	6.6	桩底土	0.74	模型最外侧土体	11.2%	0.663	桩底土
3×10^{10}	6.7	桩底土	0.74	模型最外侧土体	11.0%	0.668	桩底土

3　结语

(1)随着桩体弹性模量的增大，桩体所受应力逐渐增大，桩周土竖向位移减小，这是因为在桩顶荷载作用下，随着桩体弹性模量增大，应力逐渐转移到桩体承担，这与实际情况相符。可见，采用有限元模拟桩土接触问题，能较好地反应实际工程情况。

(2)在桩体弹性模量为3×10^9Pa的情况下，能较好地减小地基沉降，当桩体弹性模量为3×10^{10}Pa时，效果不太明显。由此可知，在实际工程中，处理地基沉降变形时，当桩体弹性模量比土体模量大一数量级时，能较好地解决问题，如果一味增大桩体模量，效果不明显，而且不经济。

(3)在处理地基沉降问题时，桩心间距的选取与所采用的桩体材料关系不大，应考虑工后地基所需承受的最大荷载，根据相关规范，选取合适的桩心距。

参考文献

[1]　孙林松，王德信，谢能刚．接触问题有限元分析方法综述[J]．水利水电科技进展，2001，03：18-20.
(SUN Lin-song，WANG De-xin，XIE Neng-gang. The Summarize of Finite Element Analysis Method

about Contact Problem[J]. Advances in Science and Technology of Water Resources, 2001, 03: 18-20.)

[2] 李小青,周伟. 考虑桩土接触特性的复合地基承载机理的数值分析研究[J]. 岩土工程学报,2006,04: 529-532.
(LI Xiao-qing, ZHOU Wei. Numerical Analysis on Bearing Capacity of Composite Foundation in consideration of Contacting Characteristics of Pile-Soil Interface[J]. Chinese Journal of Geotechnical Engineering, 2006,04:529-532.)

[3] 甘立刚,李碧雄,吴体,等. 桩土接触数值模拟试验[J]. 四川建筑科学研究,2009,02:131-134.
(GAN Li-gang, LI Bi-xiong, WU Ti, et al. Numerical Simulation of the Pile-Soil Interface[J]. Sichuan Building Science, 2009,02:131-134.)

[4] 张兴其. 桩土相互作用的接触分析研究与应用[D]. 河海大学,2007.
(ZHANG Xing-qi. Study and Application of Contact Behavior between Pile and Soil[D]. Hohai University, 2007.)

[5] 晏长根,石玉玲,杨晓华. 滑坡数值分析的接触问题[J]. 工程地质学报,2002,10(增刊):369-372.
(YAN Chang-gen, SHI Yu-ling, Yang Xiao-hua. The Congtact Problems of Landslide's Numerical Analysis[J]. Journal of Engineering Geology, 2002,10(增刊):369-372.)

[6] Peter Kohnke. ANSYS Theory Reference (Release 5.4) [Z]. ANSYS. Inc 1997.

击实黄土增湿变形特征研究

王启龙 张莎莎 刘 城

（长安大学 陕西西安 710000）

摘 要：本文以延安新区建设项目中黄土为研究对象，对击实后黄土的增湿变形相关问题进行了研究，通过侧限压缩试验和高压固结试验，对不同干密度下击实黄土的增湿变形特性进行了试验研究，总结出了干密度和含水率对压实黄土变形性质的影响规律，有助于进一步认识湿陷性黄土在增湿时的全部变形特征。黄土的增湿变形特性研究对指导工程建设有极大的现实意义。

关键词：黄土 增湿变形 固结试验 含水率 干密度

作者简介：王启龙(1990—)，男，长安大学硕士研究生，联系电话：15686209975，E-mail：wangqilong1990@126.com。

Studyon the Moistening Deformation Characteristic of Compacted Loess

WANG QI-long，ZHANG Sha-sha，LIU Cheng

（Chang'an University，Xi'an710000，China）

Abstract：I study related problems of moistening deformation of loess after the compaction which takes the compacted loess in Yan'an new district construction project as object of study. I study the moistening deformation characteristics of compacted losses at different dry density through the lateral confined compression test and high pressure consolidation test ，and concludes the influence law of the dry density and water content on compaction loess deformation，which contributes to further understanding all the deformation characteristics of collapsible loess during moistening. Studying the moistening characteristics of loess has enormous realistic significance for guiding engineering construction.

Key words：loess，moistening deformation，consolidation test，watercontent，dry density.

0 引言

新中国成立以来，众多的岩土工程技术工作者对黄土的工程性质进行了较为深入的研究，先后制定和修改了各版本的《湿陷性黄土地区建筑规范》[1]。更有规范为黄土地区的工程建设行业的设计施工提供了理论基础。规范以最大湿陷势为主线的地基设计思想即以湿陷性土层的饱和浸水湿陷量来指导设计与施工，与实际情况相较这类设计会更加偏于安全方面，在某些情况下会造成不必要的浪费[1,2]。实际情况下，大多数的湿陷是土层达到不同含水率的条件下的广义湿陷。黄土地基不会都同时达到饱和湿陷的状态，即只是因为含水率的不同而呈现的增湿变形[2,3]。

延安新区建设是延安市平山造地、上山建城，拓展城市发展空间，实施“中疏外扩”城市发展战略的重大举措，工程地处湿陷性黄土地区，工程地质条件和水文地质条件复杂，湿陷性黄土具有特殊的岩土结构特征和工程特性，同时又具有高填方、超大土石方量、建设环境复杂、相互影响因素多等特点，使得延安新区的工程技术问题突出，预测黄土在不同含水率下的变形量对工程建设尤其是对延安新区的地基处理有着很重要的意义。

1 试验设计及流程

1.1 试验原理

黄土水敏性强，湿陷性是水敏性在变形方面的一种具体表现，在与黄土相关的试验中，经常要考虑在不同含水率的情况下，黄土的强度、压缩性和湿陷性等的变化规律。同时在不同的干密度情况下黄土的力学性质也有所不同，本文旨在研究在含水率和干密度双变量的共同影响下，黄土的压缩变形变化特征。试验存在两组变量，也即含水率与干密度。因此，试验采取控制变量法的方式，通过横纵向的比较得到最终结论。

1.2 试验流程

(1)试样制备：试验通过击实得到重塑土样，在不同的击实功下得到不同干密度的土样，试验干密度值设定为1.5、1.6、1.7、1.8(延安黄土的平均干密度在1.55左右)。同时试验采用预湿法调整含水率，实验含水率设定值为10%、15%、20%、25%(延安黄土的塑限为11%左右，液限为26%左右)。

(2)固结试验：试验采用标准固结试验及高压固结试验。本次普通固结试验中施加的各级压力为50kPa、100kPa、200kPa、300kPa、400kPa。高压固结试验中施加的各级压力为50kPa、100kPa、200kPa、400kPa、800kPa、1 600kPa、3 200kPa、4 000kPa。

2 试验成果及分析

2.1 相同干密度下，不同的含水率所对应的δ_p—p关系曲线

图1到图4所示为在干密度均为各设定值时，不同的含水率所对应的δ_p—p关系曲线，图中标注的各点对应的横坐标值即压力值依次为0kPa、50kPa、100kPa、200kPa、400kPa、800kPa、1 600kPa、3 200kPa、4 000kPa。

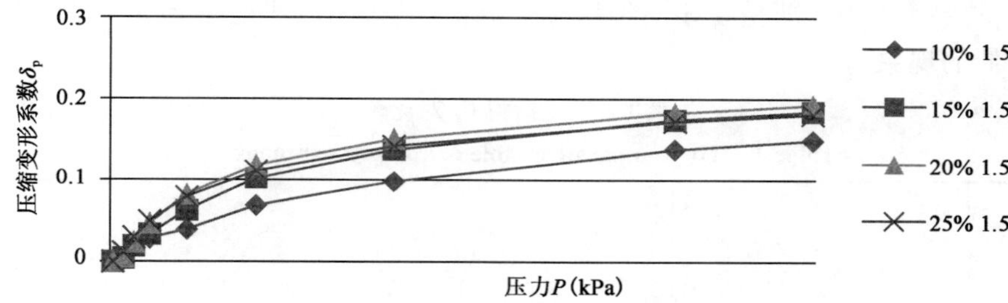

图1 不同含水率相同干密度(1.5)土样的δ_p—p曲线

Fig. 1 The δ_p—p of soil sample withdifferentwater contentand same dry density (1.5)

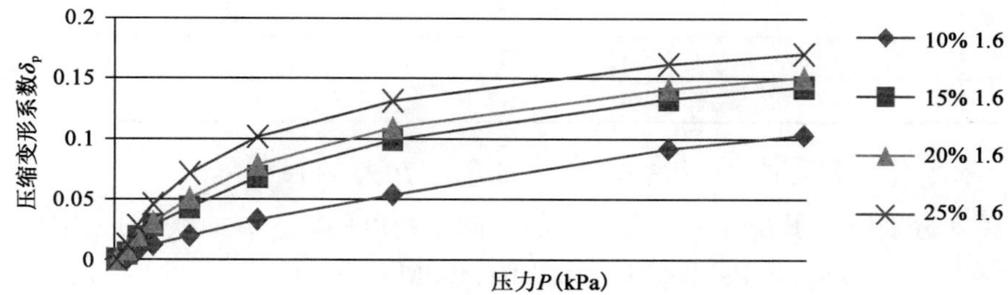

图2 不同含水率相同干密度(1.6)土样的δ_p—p曲线

Fig. 2 The δ_p—p of soil sample withdifferentwater content and same dry density (1.6)

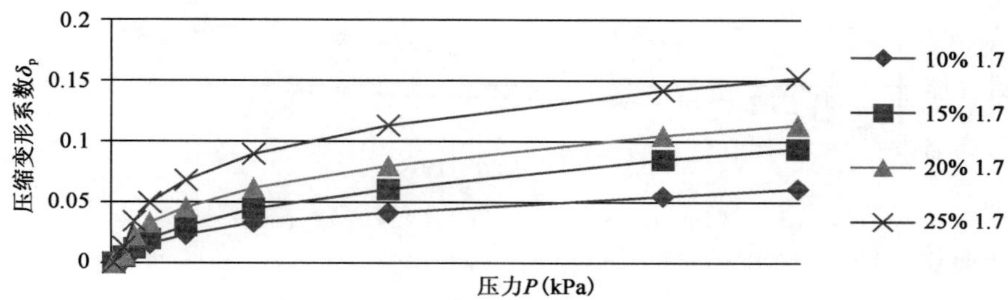

图3 不同含水率相同干密度(1.7)土样的δ_p—p曲线

Fig. 3 the δ_p—p of soil sample withdifferentwater content and same dry density (1.7)

从图 1 到图 4 四个图中可以看出：

(1)在相同的干密度的条件下，随着增湿的影响，土样的压缩性能将大大提高，且在压力较小的时候变化显著，压力超过 1 600kPa 时，曲线段 δ_p 的增幅一般小于 20%，趋于平滑。

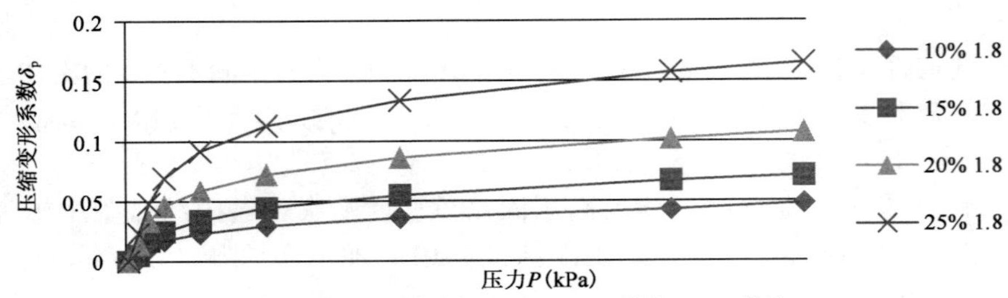

图 4 不同含水率相同干密度(1.8)土样的 δ_p—p 曲线

Figure. 4 the δ_p—p of soil sample withdifferentwater content and same dry density (1.8)

(2)当土越密实，越干燥(干密度为 1.8，含水率为 10%)时，土的压缩变形系数小于 0.05，压缩变形量很小，δ_p—p 曲线很平缓，压力超过 1 600kPa 时，δ_p 的增加不超过 0.012。

以上现象在干密度较小的情况下通过 δ_p—p 表现的不够明显，我们可以通过计算压缩指数 C_c 的大小来进一步分析。

从表 1 可以看出，随着含水率的增加，压缩指数 C_c 随之增加。但干密度为 1.5，含水率为 25%的压缩指数比含水率为 20%的要小 0.03，即是在相同的压实度的情况下，当压实度小于 85%时，重塑土样的压缩性在增湿过程中有降低的现象。

表 1 压缩指数 C_c 对比表

Table 1 The comparative table of compressed index C_c

含水率 / 压缩指数 C_c / 干密度	10%	15%	20%	25%
1.5	0.087	0.150	0.187	0.157
1.6	0.470	0.073	0.103	0.123
1.7	0.030	0.057	0.060	0.110
1.8	0.030	0.040	0.060	0.080

2.2 相同含水率下，不同的干密度所对应的 δ_p—p 关系曲线

下面的图 5～图 8 分别给出了在各个含水率下的不同干密度的 δ_p—p 曲线(图表中标注的各点对应的横坐标值即压力值依次为(0kPa、50kPa、100kPa、200kPa、400kPa、800kPa、1 600kPa、3 200kPa、4 000kPa)。

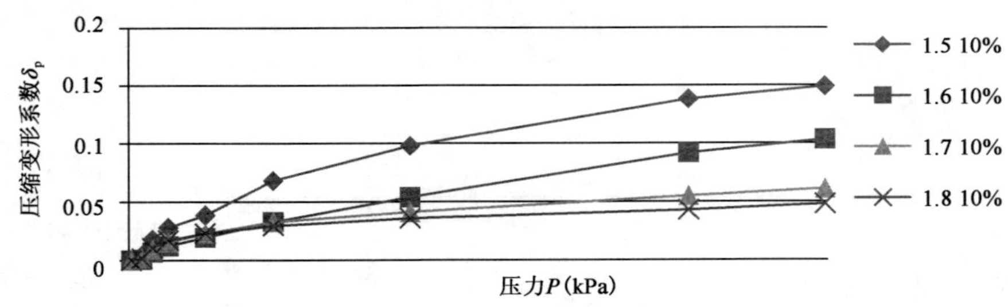

图 5 不同干密度相同含水率(10%)土样的 δ_p—p 曲线

Figure. 5 The δ_p—p of soil sample withdifferent dry density and same water content (10%)

从图 5 到图 8 四个图中可以看出：

(1)在含水率相同时，随着干密度的增加，压缩变形系数随之递减，以含水率为 10%的土样、压力为 3 200kPa时分析，从图中看出干密度为 1.5 的土样的压缩变形系数(δ_p＝0.14)远大于干密度为 1.8(δ_p＝

0.043)的土样。

(2)压缩变形系数 δ_p 随着荷载压力的增加而呈现渐增趋势，且表现出在较小的荷载压力时增幅较压力大时的更明显的性质。土样越干越密实(干密度为 1.8，含水率为 10%)时，压缩变形系数小于 0.05，压缩变形不明显。

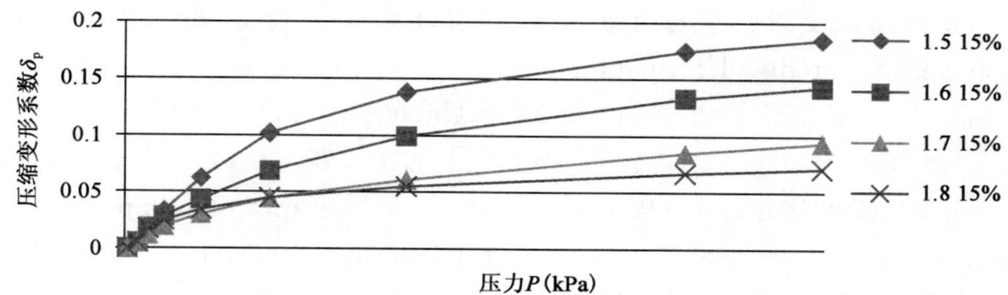

图 6　不同干密度相同含水率(15%)土样的 $\delta_p—p$ 曲线

Figure. 6　The $\delta_p—p$ of soil sample withdifferent dry density and same water content (15%)

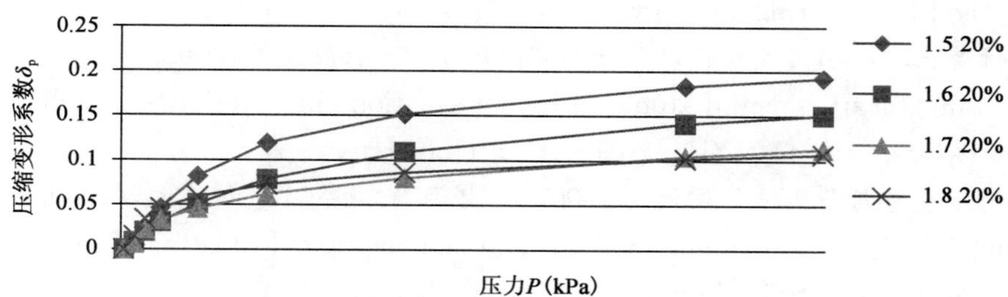

图 7　不同干密度相同含水率(20%)土样的 $\delta_p—p$ 曲线

Figure. 7　The $\delta_p—p$ of soil sample withdifferent dry density and same water content (20%)

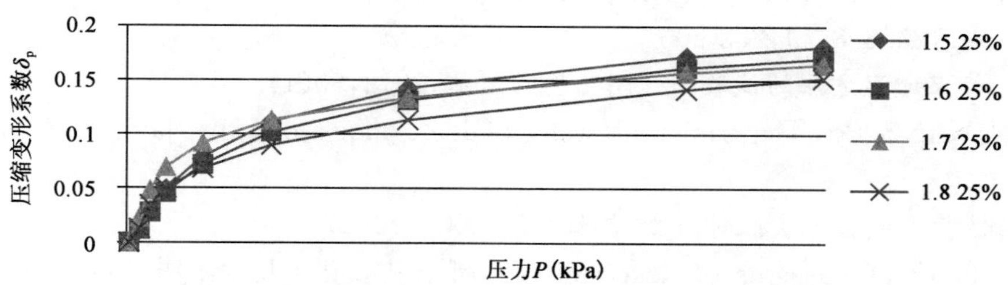

图 8　不同干密度相同含水率(25%)土样的 $\delta_p—p$ 曲线

Figure. 8　The $\delta_p—p$ of soil sample withdifferent dry density and same water content (25%)

3　结语及应用

本文通过对湿陷性黄土增湿过程中侧限压缩试验结果的分析，可以从如下几个方面得出延安黄土击实后增湿变形特征：

(1)含水率对增湿变形的影响：重塑黄土的压缩性在总体趋势上随着增湿含水率的增加而增大，在压实度较大的情况下，重塑黄土的增湿对土样压缩性的影响并不显著。当土样干密度越小，增湿变形对含水率的变化越敏感，重塑土的水敏性越强；含水率相同时，增湿变形量随着压力的增大而增大，这说明压力不同使同等增湿产生的增湿变形有较大差异。

(2)干密度对增湿变形的影响：对于含水率一定的重塑黄土土样，干密度越大，增湿变形量越小，即增湿变形随干密度的增大而减小。当含水率较低时，这一规律更为显著，当重塑土样的含水率为 10%甚至更低时，增湿变形量随着干密度的的增加有加速降低的趋势，当荷载超过一定值时，增湿变形量变化很小。

(3)增湿变形特征的研究在延安新区地基处理中的应用：延安新区采用强夯法进行地基处理，通过对该地区黄土的增湿变形研究，我们可以更加清楚地了解该地区黄土在不同含水率与干密度下的增湿变形特征，在地基处理之前，可以详细测定该地区含水率与干密度，从而预测不同压力下该地区的黄土的压缩性，选择合适的夯击击数与遍数，将有效节约成本，提高地基处理效率。

参考文献

[1] 杨玉生. 压实黄土的增湿变形性质与地基增湿、变形计算[D]. 西安. 西北农林科技大学，2006. 16-40 (YANG Yu-sheng. Moisteningdeformation properties of compacted loess and calculation of subsoil moisteningdeformation[D]. Xi'an: Northwest A&F University, 2006. 16-40)

[2] 张苏民. 郑建国. 湿陷性黄土(Q3)的增湿变形特征[J]. 岩土工程学报，1990，12(4)：21-22. (ZHANGSu-min, ZHENGJian-guo. The deformation characteristics of collapsible loess during moistening proess[J]. Chinese Journal of Geotechnical Engineering, 1990, 12(4): 21-22).

[3] 郑建国. 张苏民. 湿陷性黄土的结构强度特性[J]. 水文地质工程地质，1990，(4)：22-24. (ZHENGJian-guo, ZHANGSu-min. The structural strength characteristics of collapsible loess[J]. Hydrogeology and Engineering Geology, 1990, (4): 22-24)

[4] 张茂花. 湿陷性黄土增(减)湿变形性状试验研究[D]. 西安. 长安大学，2002. (ZHANG Mao-hua. Experimental study onthe deformation characteristics of collapsible loess during moistening proess(reduce)[D]. Xi'an: Chang'an University)

[5] 龚复军. 黄土增湿模量与黄土地基增湿变形研究[D]. 西安. 西安建筑科技大学，2005. (GONG Fu-jun. The loess moistening modulus and moistening deformation of loess foundationresearch [D]. Xi'an: Xi'an University of Architecture and Technology, 2005.)

[6] 金梦熊. 湿陷性黄土增湿和减湿效应的探讨[J]. 岩土工程技术，2006. 8(4)：203-206. (The deformation characteristics of collapsible loess during moistening proess(reduce) [J]. Geotechnical Engineering, 2006. 8(4): 203-206.)

[7] 马忙利. 杨波. 黄土增湿方法的试验研究[J]. 陕西地质，2012，30(1). (MA Mang-li, YANG Bo. Experimental study of loess moistening method[J]. Geology of Shaanxi, 2012, 30(1).)

[8] 张利生. 湿陷性黄土试验方法探讨[J]. 岩土力学，2001，22(2). (ZHANG Li-sheng. Discussions on test methods of collapsible loess[J]. Rock and Soil Mechanics, 2001, 22(2))

第二部分　试验研究和检测

加筋土挡土墙格栅应变及侧向土压力模型试验研究

王继成[1,2] 俞建霖[1] 龚晓南[1]

（1. 浙江大学滨海和城市岩土工程研究中心 浙江杭州 310058；
2. 台州职业技术学院 浙江台州 318000）

摘 要：为了掌握挡墙坡度与格栅应变、侧向土压力之间关系，使用常加速度模型试验，向细砂里掺入滑石粉以降低细砂回弹模量，增大几何相似系数，减小模型尺寸。试验结果表明：当墙顶荷载较小时，挡墙上部格栅作用没有得到充分发挥，潜在破裂面与水平面夹角较小，接近朗肯主动土压力滑裂面，离墙面距离较远，当墙顶荷载增大时潜在破裂面变陡，距墙面距离约墙高的三分之一，斜面挡土墙也具有类似性质。斜面挡土墙坡度越小格栅拉力越小，挡墙越安全，但当坡度降低到 1∶0.4 以下时，安全增幅变得很小。坡度等于 1∶0.3 时格栅受力最均匀，利用效率最高，挡墙最经济。破裂面处侧向土压力随坡度降低而降低，可用修正朗肯主动土压力公式计算，该文给出了修正系数计算公式。格栅最大拉力计算，应该考虑地震引起的向下惯性力和向墙外的水平惯性力；抗拔验算，应该考虑地震引起的向上惯性力和向墙外的水平惯性力。

关键词：加筋土挡土墙 潜在破裂面 格栅应变 侧向土压力 最优坡度

作者简介：王继成（1975—），男，浙江大学在读博士研究生，从事加筋土挡墙等方面的研究工作。E-mail：wjc1818@126.com

Research on geogrid strain and lateral earth pressure of reinforced earth retaining wall by model test

WANG Ji-Cheng[1,2], YU Jian-Lin[1], GONG Xiao-Nan[1]

（1. Research Center of Coastal and Urban Geotechnical Engineering, Zhejiang University, Hangzhou 310058, China;
2. Taizhou Vocational and Technical College, Taizhou, Zhejiang 318000, China）

Abstract: Model test was done with constant acceleration for the relationship between the reinforced earth retaining wall slope and the geogrid strain, lateral earth pressure. Talc powder was mixed into river sand as model material to reduce sand resilient modulus, enlarge geometric similarity coefficient and reduce model size. It is disclosed that the geogrids play no role when the load on the reinforced earth retaining wall is small, the angle between potential failure surface and horizontal plane is small, potential failure surface is familiar to slip surface of the Rankine′s active earth pressure, and it is far from the wall surface. The potential failure surface becomes steep when the load on the wall increases, and distance between the potential failure surface and the wall surface is one third of the height of the wall, and reinforced earth retaining wall with inclined wall surface has the same property as the one with vertical wall surface. The gentler the reinforced earth retaining wall slope is, the smaller the geogrid stress is, the safer the wall is, but the safe increasement becomes very small when the gradient drops below 1∶0.4. The geogrid stress with wall gradient of 1∶0.3 is the most uniform and the geogrids have the highest use efficiency, and the wall is the most cost-effective. The lateral earth pressure of the potential failure surface decreases with the gradient drops, it can be calculated with corrected Rankine′s active earth pressure formula, and the correction factor is given in this paper. Downward and outward inertia force induced by earthquake should be considered in the maximum geogrid stress calculating, and upward and outward inertia force induced by earthquake should be considered in anti-pulling checking.

Key words: reinforced earth retaining wall, potential rupture surface, geogrid strain, lateral earth pressure, the optimal slope.

0 引言

加筋土挡土墙各格栅应变最大点的连线就是加筋土挡土墙的潜在破裂面[1]。破裂面处格栅拉力是格栅选型、计算锚固长度的主要依据之一，所以潜在破裂面的位置，即格栅应变最大处的确定对于加筋土挡土墙的安全、经济至关重要[2]。但是，目前各学者对加筋土挡土墙的潜在破裂面位置的看法不一，甚至规范也不统一，有些规范[3,4]采用 0.3H 法；而有些规范对于刚性筋挡土墙时采用 0.3H 法，对于柔性筋挡土墙，则按照朗肯主动土压力理论，即破裂面与水平线夹角呈 $45°+\frac{\varphi}{2}$[5]。杨广庆（2008）经过现场测试认为在墙体下部，破裂面形状与 0.3H 法比较接近，但上部形状与 0.3H 法相差很大[6]；陈建峰（2011）经过现场测试认为格栅应变在距墙面 0.8H 的位置最大，设计上的 0.3H 不能适用于深厚软土地基加筋土挡墙[7]；王祥（2003）通过对 14.6m 高的双级加筋土挡土墙原位测试认为破裂面是一经过墙脚且与水平面夹角为 $45°+\frac{\varphi}{2}$ 的直线[8]；周世良（2007）通过模型试验测试认为实际潜在破裂面与朗肯主动破裂面、0.3H 法假定的都存在较大差异，并随挡墙高宽比的变化而变化[9]；雷胜友（2005）认为破裂面始于墙脚或设置错台处，当到达顶部时，距墙面距离约为 0.169H，其在顶部的范围为 0.08～0.35H[10]。

现场测试数据具有较高的可信度，但是现场试验工况单一，可重复性差、耗资大，试验周期长[11~14]。在离心模型试验中加速度能够达到 250g，使小尺寸的模型也能达到大尺寸原型才有的应力状态[10]。但是离心模型试验情况复杂、费用多，且模拟施工回填过程的效果不是很好。为了得到挡墙格栅应变和侧向土压力的规律，本文采用加速度不变的模型实验，即常加速度模型试验。

1 常加速度模型试验

模型加速度等于原型加速度 $g=9.8\text{m/s}^2$，加速度相似比 $C_a=1$，则有式(1)成立：

$$C_a=\frac{C_F}{C_m}=\frac{C_\sigma C_L^2}{C_\rho C_L^3}=\frac{C_E}{C_L C_\rho}=1 \tag{1}$$

式中：C_ρ——密度相似系数，可由试验测得；

C_σ——应力相似系数，$C_\sigma=C_E$，可由试验测得；

C_L——长度相似系数(几何相似系数)，可以由式(1)求得；

C_F——力相似系数，可由 $C_F=C_\sigma C_A=C_E C_L^2$ 得到；

C_m——质量相似系数，可由 $C_m=C_\rho C_L^3$ 得到。

河砂非常松散，其弹性模量很难测得，但是根据“量纲相同相似系数相同”的原理[15]，弹性模量相似系数等于回弹模量相似系数，也等于应力相似系数，只要测得回弹模量相似系数即可。用河砂模拟现场原型碎石回填土，碎石回填土和河砂被压实后密度差不多，即 C_ρ 大约等于 1。假设挡土墙的几何相似系数 $C_L=15$，由式(1)可知，$C_E=15$，含少量黏性土的碎石回填土在压路机碾压之后的回弹模量约为 35MPa，密度 1.7g/cm³，则模型砂的回弹模量应该为 $35/C_E=35/15=2.3$MPa，纯净的粗河砂非常松散，与现场含有少量黏性土的碎石回填土不具有相似性，又纯净的粗河砂孔隙比变化范围很小，稍微受压就从最松散状态变到最密实状态，不好控制其回弹模量。

靠近墙面附近处格栅应变大，原因是碾压时墙面附近的土无侧向支撑，所以横向变形大，该变形是施工造成的，而不是由挡墙自重等荷载造成的。

滑石粉具有很好的细度，能很好地填充粗颗粒砂子的缝隙，能模拟碎石土中夹杂的细粒土，且滑石粉是自然界中硬度最小的矿物之一，具有优良的润滑性，滑石粉按照一定比例掺入具有一定含水率的细颗粒河砂中，可使河砂具有较低的强度。砂子中的水分使滑石粉能粘住砂颗粒，使砂颗粒架空，孔隙比变化范围增大，预压荷载由小到大，回弹模量也由小到大，回弹模量易控制[16]。在含水率 3%的细河砂中掺入砂质量 7%的滑石粉，搅拌均匀形成混合料，将混合料放入击实筒内，用一定大小的荷载预压混合料，利用杠杆压力仪测混合料的回弹模量，更改预压荷载的大小，使测得的混合料回弹模量为 2.3MPa，经过反复试验，当压实荷载为 17kPa 时，测得的混合料的回弹模量为 2.3MPa，则 17kPa 荷载就作为建造模型挡土墙回填土的压实荷载。此时被压实的砂—滑石粉混合料的密度为 1.6g/cm^3，$C_\rho=1.7/1.6=1.06$，根据式(1)修正几何相似比，$C_L=C_E/C_\rho=14$。则力相似系数 $C_F=C_EC_L^2=2940$。内摩擦角、摩擦系数、泊松比等无量纲指标，相似系数都等于 1。

高密度聚乙烯(HDPE)单向土工格栅 TGDG70，在应变 10%以内，格栅可以看作只发生弹性变形，10%应变时极限抗拉强度为 70kN/m。模型试验中用塑料窗纱模拟土工格栅，则塑料窗纱发生 10%应变的单向抗拉强度应该为 $70\text{kN/m}\times C_F/C_L=210\text{N}$(即每米受 210N 的拉力的应变是 10%)。

直立挡墙模型试验的原型高 10m，如图 1 所示。土工格栅采用单向土工格栅 TGDG70，长度 14m，每 500mm 高铺设一层，采用返包式墙面。碎石回填土(夹杂一定量的黏性土)，压实后回弹模量 35MPa，黏聚力 5kPa，内摩擦角 40°，容重 17kN/m^3。

模型试验槽的前面采用 20mm 厚的钢化玻璃，模型槽的左侧面(即挡墙墙面的一侧)是空的，以便于铺设加筋土挡土墙，后侧面和右侧面采用木板作为模型槽壁，木板上钉光滑的镀锌铁皮以减小砂子与槽壁之间的摩擦力。应变式微型土压力盒按照图 1 竖向布置，测侧向土压力。每铺设 70mm 厚(即原型中的 1m 厚)测一次。挡土墙墙顶竖向荷载可采用堆砖法，应力相似系数 $C_\sigma=C_E=15$，例如，原型施加 180kPa 的荷载，即相当于模型施加 180/15=12kPa 的荷载。在靠近玻璃的挡土墙剖面布置一些大头针，以观测挡墙内部位移，大头针横向、竖向间距 70mm(即原型 1m)，挡土墙的下部靠近墙脚附近应变较大，大头针适当加密。大头针头顶磨平，涂上荧光漆，为了使大头针紧贴钢化玻璃，在安放时可先用放置在玻璃外面的磁铁将大头针吸附在玻璃内表面，再铺砂压住大头针，这样在较暗的实验室里，大头针受强光照射后，透过玻璃可以清楚地被观测到。事先在玻璃内表面画上刻度线，作为测量大头针移动的参照物，利用数码测距显微镜量出大头针中心与刻度线中心的距离，如图 2 所示。在铺砂的过程中，每铺一定高度就记录一次大头针的位置，即可算出土和格栅变形。

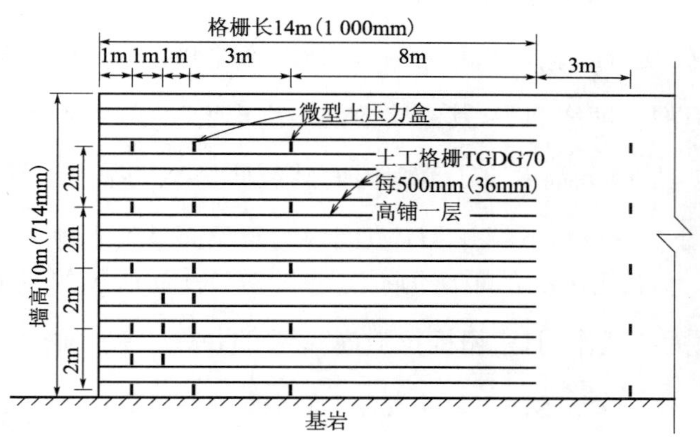

图 1　直立挡土墙模型实验示意

(说明：图中括号内数字是模型的尺寸)

Fig. 1　Sketch of reinforced earth retaining wall with vertical wall surface model test

(Note: The figures between brackets is the size of model)

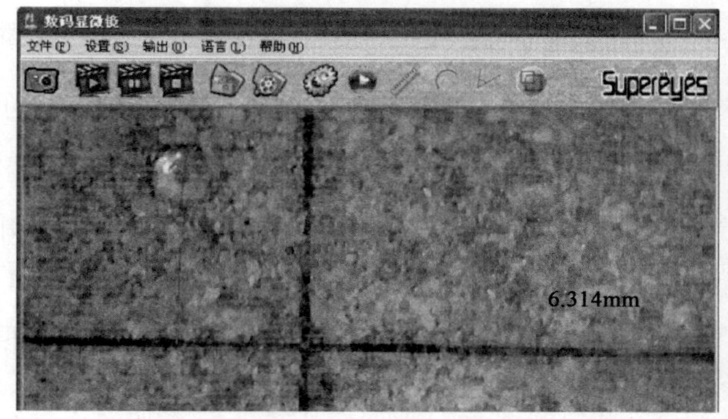

图 2　数码测距显微镜

Fig. 2　Digital microscope with measure function

2　直立挡墙格栅应变及潜在破裂面分析

墙顶不受荷载作用，直立挡土墙不同高度的格栅拉应变如图 3 所示。可以看出，除了 2～4m 高度间的格栅有两个峰值外，其余格栅都只有一个峰值。随着格栅距地面高度的增加，格栅的最大拉应变(峰值)在不断地减小，且应变峰值位置离墙面也越来越远。格栅距地面高度越小，应变峰值越尖锐；相反，格栅中的拉应变越来越均匀。

很多文献[6,7,17]记载现场实测的应变，在刚开始填上一层薄薄的土时格栅就出现峰值，且出现峰值的位置没有规律，笔者在模型试验中也出现类似情况，认为这可能是由于填土较薄，碾压时由于格栅附近有较大的石块、回填土不均匀、碾压顺序等原因造成，而不是由于挡墙内土体受重力作用后发生变形引起的，该数据应该剔除。处理办法是等格栅有一定厚度覆盖土层且被压实后，再测应变，以此应变作为应变零点，可以避免上述情况的发生。由于覆盖土层较薄，例如 0.5m，覆盖土层自重产生的格栅拉应变可忽略不计。图 3 中的结果与文献[6,7,12,17]现场实测结果基本一致，说明本模型试验方法可行。

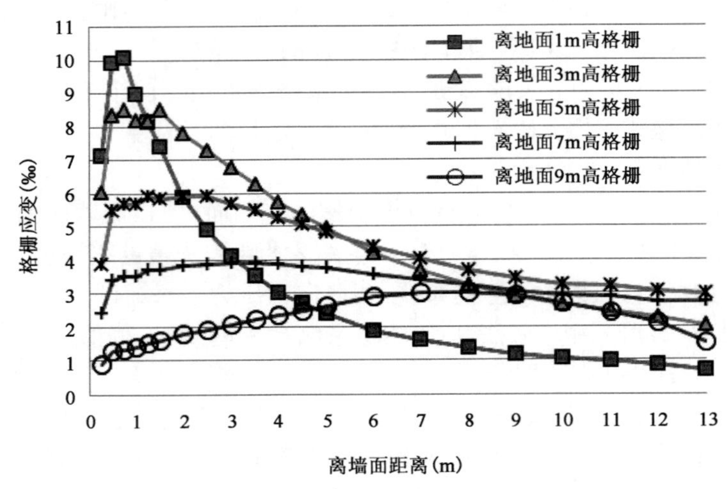

图 3 不同高度的格栅应变

Fig. 3 Strain of geogrids with different heights

当挡土墙上面没有荷载时，潜在滑裂面呈斜 S 形，如图 4a)所示，下端始于墙脚，靠近墙脚附近潜在滑裂面呈半支抛物线形；距地面距 1.5～4m 的潜在破裂面较陡，距墙面的距离不超过 0.2H(H 是墙高)，4m 以上的潜在破裂面是一与水平面夹角约 $45°+\frac{\varphi}{2}$的斜面(φ 是土的内摩擦角)。在墙顶面施加 90kPa 竖向荷载时，潜在破裂面如图 4b)所示，中间的很陡潜在破裂面的长度增加了，其距墙面的距离也增加了，但不超过 0.3H，7m以上的潜在破裂面与水平面夹角约 $45°+\frac{\varphi}{2}$，墙脚处高 0.3H 范围内的破裂面呈半支抛物线形。当挡土墙顶部受 180kPa 荷载压力时，潜在破裂面如图 4c)所示，下端 0.4H 范围内的破裂面呈半支抛物线形，下端经过墙脚。上面的潜在破裂面与墙面基本平行，其与墙面的距离仍不超过 0.3H，前面所述的与水平面夹角呈 $45°+\frac{\varphi}{2}$的破裂面基本不存在了。当墙顶无荷载作用，格栅抗拉强度降到 TGDG70 强度的 1/3 时，整个潜在破裂面可近似看作是一与水平面夹角约 $45°+\frac{\varphi}{2}$的斜面，本测试结果与文献[7]、文献[8]现场测试结果基本一致。

在挡土墙上部，尤其是墙顶无竖向荷载时，格栅承担的水平力很小，水平力基本上是靠土体自身承担，土—筋复合体的内摩擦角近似等于土的内摩擦角。所以潜在破裂面与水平夹角较小，约 $45°+\frac{\varphi}{2}$，这种潜在破裂面是假性的，因为加筋体内的格栅的作用还未完全发挥(这里简称假性潜在破裂面)。而在挡土墙中部比较陡的潜在破裂面处，格栅承担主要的水平力，土—筋复合体的内摩擦角大，潜在破裂面呈竖直状态，这与钢筋混凝土柱竖向受压破坏形成竖直裂缝类似，此时格栅的作用已经得到充分发挥，如果挡土墙发生破坏，裂缝将沿着该潜在破裂面形成(这里潜在破裂面简称真性潜在破裂面)。由于挡土墙底部基岩的约束作用，靠近墙脚处的破裂面不再呈竖直状态，而是经过坡脚并呈半支抛物线形状。对于高度达 10m 的直立加筋土挡土墙，如果格栅强度太低，例如本文中所述的 TGDG70 的 1/3 时，格栅对挡土墙的作用不大，对于直立高挡墙，笔者建议采用高强度格栅。

从图 4 的三个图可以看出，加筋土挡土墙的潜在破裂面不是固定不动的，而是随着墙顶竖向荷载的增大，假性潜在破裂面逐渐演化成真性潜在破裂面，破裂面的数量也有可能会增多，但所有的真性潜在破裂面与墙面的距离一般都不超过墙高的 1/3。真性潜在破裂面的位置及该处格栅的拉力可作为选择筋材和计算其锚固长度的依据，而假性潜在破裂面是由于土中的格栅没有发挥其作用造成的，不能作为设计依据。为了简化计算，可将真性潜在破裂面分成上下两段，上段是一平行于墙面的直线，下段是一经过墙脚的斜线，两者分界点在高 $0.4H$ 处(墙高 H)。

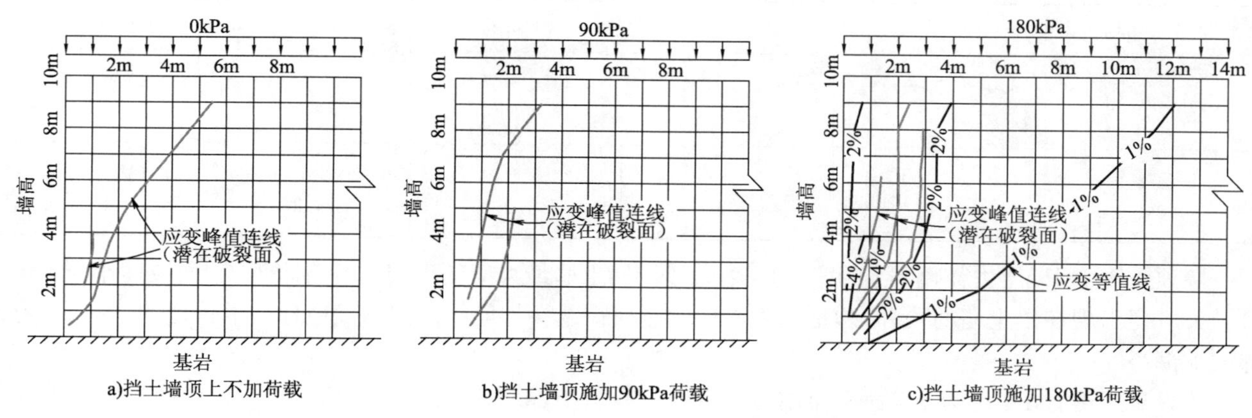

图 4　施加不同荷载时潜在破裂面形状

Fig. 4　Potential failure surface shape with different loads on the wall

3　单级斜面挡土墙格栅应变

如图 5 所示，无论挡土墙的坡角 α 是多少，真性潜在破裂面与直立挡土墙类似，其的下部靠近墙脚的部分呈半支抛物线形，并经过墙脚，上部直线段都与墙面都平行，该结论与文献[9]基本一致。真性破裂面与墙面的距离 $d \leqslant h/3$(h 是墙面斜高，$h=H/\sin\alpha$，H 是挡土墙垂直高度)。潜在破裂面到墙面的水平距离可用式(2)计算。可以看出，坡角 α 越小，潜在破裂面到墙面的水平距离 d' 也就越大。

$$d' = \frac{d}{\sin\alpha} \leqslant \frac{h/3}{\sin\alpha} = \frac{H/3}{\sin^2\alpha} \tag{2}$$

对比图 4c)和图 5 可以发现，直立挡土墙的格栅应变最大值差异很大，靠近墙脚处的格栅应变比上部的应变大很多，见表 1，而坡度 $i=1:0.3$ 的斜面挡土墙应变比较均匀。所有格栅最大应变中的最大值与最小值的比(这里简称格栅最大应变差异倍数)可用 r 表示($r \geqslant 1$)：

$$r = \frac{\max(\varepsilon_{i\max})}{\min(\varepsilon_{i\max})} \tag{3}$$

式中：ε_i——第 i 层格栅各点的拉应变；

$\varepsilon_{i\max}$——第 i 层格栅各点拉应变中最大值。

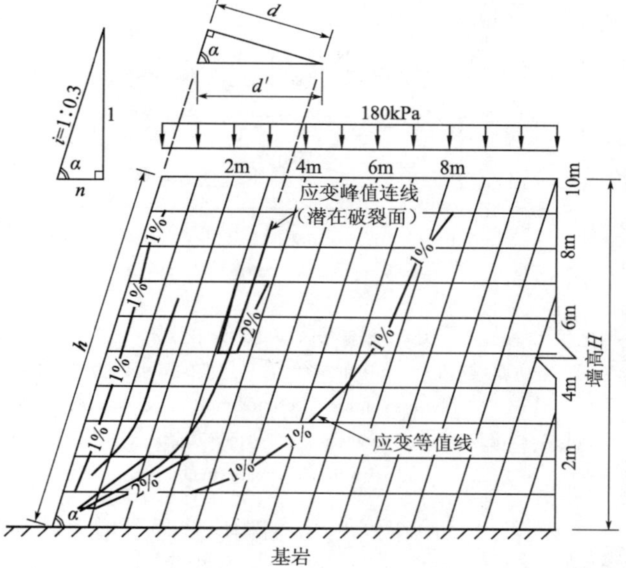

图 5　斜挡土墙潜在破裂面

Fig. 5　Potential failure surface of earth retaining wall with inclined wall surface

加筋土挡土墙中如果所有格栅最大拉应变大小都差不多，即格栅最大应变差异倍数 r 接近于 1，说明每条格栅的作用都得到发挥，格栅利用效率高，这是最理想的状态；相反，如果 r 远远大于 1，说明有的格栅受力很大，有的又很小，受力大的格栅容易超过受拉极限遭破坏，或者引起墙面较大变形，而受力很小的格栅，它的作用没有得到发挥，造成浪费，r 远大于 1 这种情况应该尽量避免。

从表 1 可以看出，无论墙顶是否有荷载，坡度 i=1∶0.3 时 r 最小，如图 6 所示，说明该坡度的挡土墙中格栅受力很均匀，格栅的作用都得到充分发挥，格栅利用效率最高，尤其是墙顶受到竖向荷载时更能显示其优越性，当受 180kPa 压力时 r 只有 1.21。

表 1　格栅最大应变差异倍数 r

Table 1　The maximum strain difference multiple r of geogrid

坡度 i=1∶n	直立	1∶0.2	1∶0.3	1∶0.4	1∶0.5
墙顶压力 0kPa	1.08%/0.30%=3.60	0.59%/0.25%=2.36	0.42%/0.18%=2.33	0.32%/0.13%=2.46	0.27%/0.06%=4.50
墙顶压力 180kPa	5.23%/2.40%=2.18	2.72%/1.74%=1.56	2.23%/1.90%=1.21	2.20%/1.60%=1.37	2.18%/1.26%=1.73

墙顶受 180kPa 压力作用，当坡度大于 1∶0.3 时，挡土墙最大应变出现在墙脚附近处，而坡度小于 1∶0.3 时最大应变出现在挡土墙的顶部，这是因为墙顶的竖向荷载在加筋土体内是发散地向下传递的，附加应力上部大下部小。

从表 1 还可看出，墙顶不受荷载作用时的格栅应变很小，最大应变也只有 1.08%(直立挡土墙的坡脚附近)，当墙顶受 180kPa 荷载时，格栅应变显著变大，最大应变达 5.23%(直立挡土墙的坡脚附近)，如图 7 所示。还可看出，坡度越小，格栅应变越小，挡土墙越安全，尤其是坡度从直立降到 1∶0.2 时，应变显著变小，但随着坡度继续变小，格栅应变减小的幅度也越来越小。

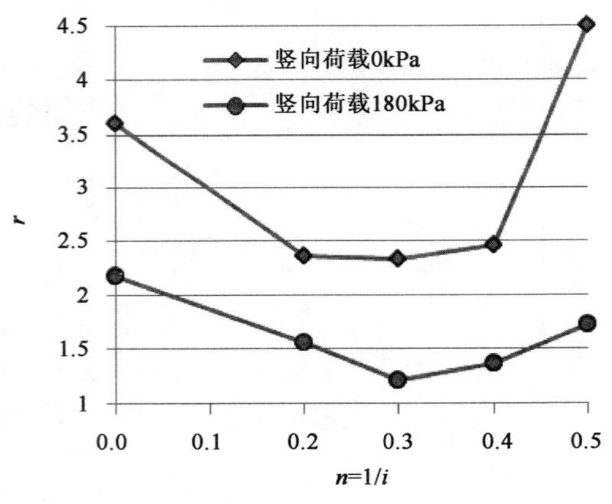

图 6　格栅最大应变差异倍数 r

(注：n 是坡度 i=1∶n 中的参数，直立边坡的 n 可认为等于 0)

Fig. 6　The maximum difference multiple r of geogrid

(Note: n is the variable of gradient i=1∶n, and can be considered to be 0 in wall with vertical wall surface)

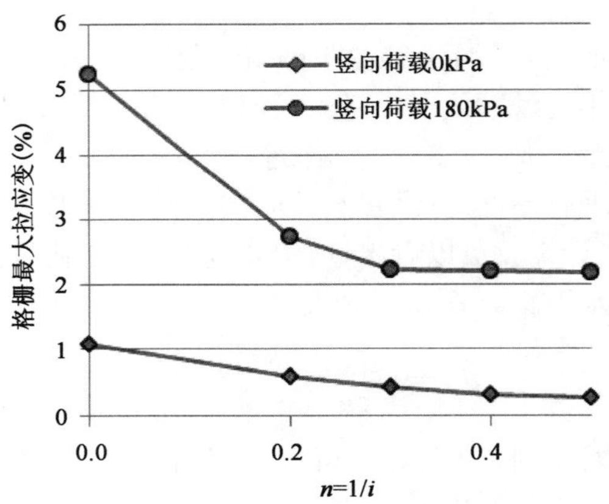

图 7　格栅最大拉应变

Fig. 7　The maximum geogrid strain

当 n 从 0.2 减小到 0 时，格栅应变显著增大，说明挡墙变得不安全，同时格栅最大应变差异倍数 r 也显著增大，说明挡墙变得不经济，格栅没有充分发挥其作用，所以尽可能将挡墙做成斜面挡土墙。如果条件不允许，只能采用直立挡土墙时，要注意对挡土墙的最危险部位(即靠近墙脚附近)采取加固措施。当 n 从 0.3 增大到 0.5 时，格栅应变变小，挡墙安全系数增大，但是增幅很小，但 r 却显著增大，仅从格栅利用效率上来说挡墙变得不经济了，如果考虑到坡度变缓，挡墙占地面积增大，土石方工程量也将增加的角度来看，那就更不经济了。实际工程中很多设计者过分担心挡墙安全因素，坡度太平缓，造成很大浪费，笔者建议单级斜面加筋土挡土墙的最优坡度为 1∶0.3～1∶0.4。

4 侧向土压力计算

潜在破裂面处的侧向土压力是计算土工格栅锚固长度、土工格栅最大拉力的重要依据。对于直立挡土墙，高度 $0.4H$（H 为墙高）以上的破裂面可以看作与墙面基本平行，距墙面距离 $0.3H$，所以破裂面处的侧向土压力近似等于距墙面距离 $0.3H$ 处的侧向土压力。墙顶无荷载作用，挡墙的侧向土压力如图 8 所示，可以看出，距墙面 1m 处的侧向土压力，从上到下逐渐增大，但比朗肯主动土压力要小很多（这里是不考虑格栅作用的朗肯主动土压力）。距墙面 3m 处的侧向土压力从上到下也是逐渐增大，但只有朗肯主动土压力的 0.73 倍左右。距墙面 6m 处的侧向土压力比朗肯主动土压力稍大。离墙面 17m 远处，也就是格栅外 3m 远处的无格栅区域侧向土压力与静止土压力大致相等。破裂面处的侧向土压力（高度 $0.4H$ 以上即距墙面 $H/3$ 处的侧向土压力，下面是半支抛物线处的侧向土压力）随着高度的降低，总体上来说有增大的趋势，但是到了墙脚处侧向土压力反而减小了，存在峰值，峰值的位置与格栅应变最大值正好重合。

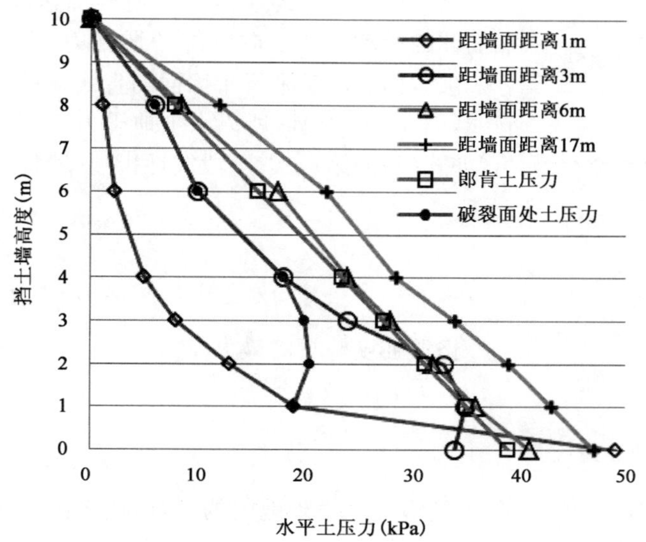

图 8 直立挡墙侧向土压力

Fig. 8 Lateral earth pressure in retaining wall with vertical wall surface

斜面挡土墙与直立挡土墙有相似的规律，只不过破裂面处的侧向土压力比直立挡土墙还要小。偏安全地考虑，直立挡土墙和斜面挡土墙的潜在破裂面处的侧向土压力都可以按照式(4)计算：

$$\sigma_{Ei} = \lambda K_a(\gamma h_i + q) \tag{4}$$

式中：K_a——朗肯主动土压力系数，$K_a=\tan^2\left(45°-\frac{\varphi}{2}\right)$，$\varphi$ 为土的内摩擦角；

h_i——第 i 层格栅上覆土层厚度（距墙顶的垂直距离），m；

q——墙顶竖向荷载，kPa；

γ——压实后的回填土重度，kN/m³；

λ——侧向土压力折减系数，可按图 9 计算。

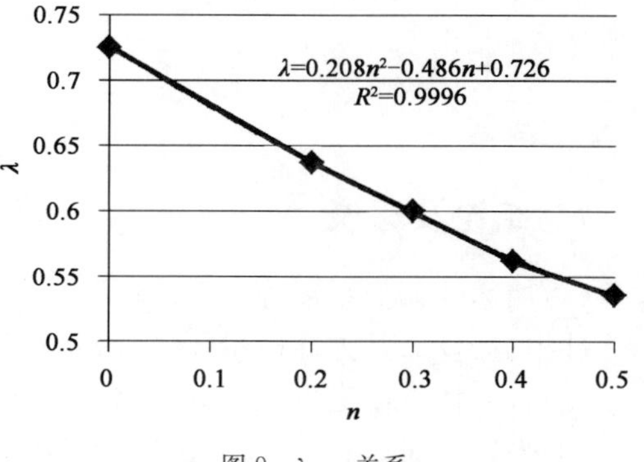

图 9 λ—n 关系

Fig. 9 Relationship between λ—n

由图 9 可以看出，直立挡土墙破裂面处侧向土压力是朗肯主动土压力的 0.73 倍左右，随着坡度 i 减小（n 的增大），侧向土压力越来越小，当坡度 i 降到 1∶0.5 时侧向土压力只有朗肯主动土压力的 0.54 倍左右，这与曾长贤(2003)等现场实测结果较接近[18]。

5 格栅最大拉力计算

当计算格栅最大拉力应该考虑由于地震引起的向下惯性力(即地震加速度竖直向上的分量 a_v),竖向压力增大,侧向土压力也会增加,必然导致格栅拉力增大,所以侧向土压力为:

$$\sigma_{Ei} = \lambda K_a[\rho(g+a_v)h_i+q] \tag{5}$$

式中:ρ——回填土密度,kg/m^3;

g——重力加速度,g=9.8m/s^2。

由侧向土压力产生的格栅拉力为:

$$T_{Ei} = \sigma_{Ei}S_xS_y = \lambda K_a[\rho(g+a_v)h_i+q]S_xS_y \tag{6}$$

式中:S_x——单位格栅宽度,可取 1m 宽;

S_y——格栅竖向间距,m。

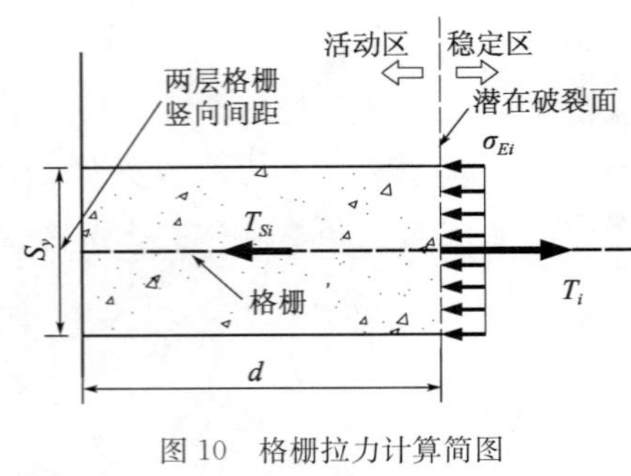

图 10 格栅拉力计算简图

Fig. 10 Calculating diagram of geogrid tension

格栅最大拉力还应该考虑地震加速度的水平向内分量 a_H,会使加筋体的活动区产生向墙外的惯性力 T_{Si},如图 10 所示,按式(7)计算。破裂面上段是平行于墙面的直线,下段是连接墙脚和上端直线的斜线,以 0.4H 为界,所以水平地震力仍以 0.4H 为界,上段是一恒定值,如式(7)的第一式,下段线性折减,墙脚处为 0,如式(7)的第二式。

$$T_{Si} = \begin{cases} \dfrac{1}{3}S_xS_y\rho a_H H/\sin^2\alpha, & H-h_i \geqslant \dfrac{H}{4} \\ \dfrac{4}{3}(H-h_i)S_xS_y\rho a_H/\sin^2\alpha, & H-h_i < \dfrac{H}{4} \end{cases} \tag{7}$$

格栅强度验算的最大拉力 $T_{i\max}$。

$$T_{i\max} = T_{Ei} + T_{Si} \tag{8}$$

6 锚固长度计算

计算格栅在稳定区的锚固长度时,最不利情况是由于地震的影响,锚固区产生向上的惯性力,削弱了锚固能力。稳定区对格栅的锚固力 T_p 按式(9)计算:

$$T_p = 2f\rho(g-a_V)h_iS_xl_a \tag{9}$$

式中:f——格栅与回填土摩擦系数;

l_a——第 i 层格栅锚固长度,m。

由于向上的惯性力的作用,破裂面处的侧向土压力减小了:

$$T_{Ei} = \lambda K_a[\rho(g-a_v)h_i+q]S_xS_y \tag{10}$$

水平地震力 T_{Si} 的计算同格栅最大拉力计算,即式(7)。抗拔验算按照式(11)计算,抗拔安全系数 F_p 一般取 1.5~2.0[2]。

$$\frac{T_p}{T_{i\max}} = \frac{T_p}{T_{Ei}+T_{Si}} \geqslant F_p \tag{11}$$

7 结论及建议

(1)加速度相似系数等于 1 的情况下,加筋土挡土墙小尺寸模型试验可行,模型尺寸越小,要求模型材料的弹性模量越小,其弹性模量还要容易控制。

(2)直立挡土墙靠近墙脚处的格栅应变比较大,而上部的格栅应变较小。

(3)当墙顶无荷载或者荷载较小时,挡墙上部的格栅的作用没有完全发挥出来,荷载主要由土承担,因此挡墙上部的潜在破裂面与水平面的夹角较小,近似等于 $45°+\frac{\varphi}{2}$,潜在破裂面中间段近似平行于墙面,下面靠近墙脚附近呈半支抛物线形;当墙顶荷载逐渐增大,挡墙上部格栅的作用逐渐发挥,该处的潜在破裂面逐渐变陡，也接近于平行墙面，与墙面的距离不超过墙高的 1/3，靠近墙脚处的半支抛物线形潜在破裂面高度约为 0.4H。

(4)单级斜面加筋土挡土墙的真性潜在破裂面形状与直立挡土墙类似，其距墙面的距离是 $H/\sin^2\alpha$。

(5)坡度 i=1∶0.3 时格栅最大应变差异倍数 r 最小，格栅受力最均匀，格栅的利用效率最高，挡墙最经济。

(6)坡度越小，格栅最大应变越小，挡土墙越安全，但是当坡度小于 1∶0.4 时，格栅最大应变减幅变得很小，所以单纯以减小坡度的方式来提高挡墙的安全性并不经济。笔者建议单级斜面加筋土挡土墙的最优坡度为 1∶0.3～1∶0.4。

(7)挡墙的坡度越小，潜在破裂面处的侧向土压力越小，侧向土压力可用朗肯主动土压力乘以修正系数 λ 来计算。

(8)格栅最大拉力是格栅选型的重要依据，其计算应该考虑地震引起的向下惯性力和向墙外的水平惯性力；格栅抗拔验算应该考虑地震引起的向上惯性力和向墙外的水平惯性力。

参 考 文 献

[1] 莫介臻，周世良，何光春，等. 加筋土挡墙潜在破裂面模型试验研究[J]. 铁道学报，2007，29(6)：69-73.
(MO Jie-zhen, ZHOU Shi-Liang, HE Guang-chun, et al. Study on potential failure surface model of reinforced soil retaining walls (J). Journal of Railway, 2007, 29(6):69-73. (in Chinese))

[2] 杨广庆. 土工格栅加筋土结构理论及工程应用[M]. 北京：科学出版社，2010.
(YANG Guangqing. Theory and Practice of Geogrids Soil Retaining Walls [M]. Beijing: China Science Press. (in Chinese))

[3] 中华人民共和国铁道部. TB 10025-2006　铁路路基支挡结构设计规范(2009 局部修订版) [S]. 北京：中国铁道出版社，2009.
(Railway Ministry of P. R. C. TB 10025—2006 Code for design on retaining structures of railway subgrade (Partial revised edition 2009) [S]. Beijing: China Railway Publishing House, 2009 (in Chinese))

[4] 中华人民共和国交通部. JTG D30—2004　公路路基设计规范[S]. 北京：人民交通出版社，2004.
(Communications Ministry of P. R. C. JTG D30—2004 Specifications for design of highway subgrades [S]. Beijing: People's Communicant Publishing House, 2004 (in Chinese))

[5] 中华人民共和国国家发展和改革委员会. DLT 5024—2005　电力工程地基处理技术规程[S]. 北京：中国电力出版社，2005.
(National Development and Reform Commission of P. R. C. DLT 5024—2005 Ground treatment technical code of fossil fuel power plant[S]. Beijing: China Electric Power Press, 2004 (in Chinese))

[6] 杨广庆，吕鹏，庞巍，等. 返包式土工格栅加筋土高挡墙现场试验研究[J]. 岩土力学，2008，29(2)：517-522.
(YANG Guang-qing, Lü Peng, PANG Wei, et al. Research on geogrid reinforced soil retaining wall with wrapped face by in-situ tests[J]. Rock and Soil Mechanics, 2008, 29(2):517-522. (in Chinese))

[7] 陈建峰，顾建伟，石振明，等. 软土地基加筋土挡墙现场试验研究[J]. 岩石力学与工程学报，2011，30(S1)：3370-3375.
(CHEN Jian-feng, GU Jian-wei, SHI Zhen-ming, et al. Field test study of reinforced Soil ground[J]. Chinese Journal of Rock Mechanics and Engineering, 2011, 30(S1):3370-3375. (in Chinese))

[8] 王祥，徐林荣. 双级土工格栅加筋土挡墙的测试分析[J]. 岩土工程学报，2003，25(2)：220-224.
(WANG Xiang, XU Lin-rong. Test and analysis of two-step retaining wall reinforced by geogrid [J].

Chinese Journal of Geotechnical Engineering, 2003, 25(2). (in Chinese))

[9] 周世良,何光春,汪承志,等. 台阶式加筋土挡墙模型试验研究[J]. 岩土工程学报, 2007,29(1): 152-156.

(ZHOU Shi-liang, HE Guang-chun, WANG Cheng-zhi, et al. Study on stepped reinforced soil retaining walls by model tests[J]. Chinese Journal of Geotechnical Engineering, 2007,29(1):152-156. (in Chinese))

[10] 雷胜友. 双面加筋土高挡墙的离心模型试验[J]. 岩石力学与工程学报,2005,24(3):417-423.

(LEI Sheng-you. Centrifugal modeling of high double-face reinforced earth retaining wall [J]. Chinese Journal of Rock Mechanics and Engineering, 2005, 24(3):417-423. (in Chinese))

[11] 陈振华,李玲玲,王立忠,等. 海堤加筋的分析测试与材料选用[J]. 岩土力学,2011,32(6):1824-1830.

(CHEN Zhen-hua, LI Ling-ling, WANG Li-zhong, et al. Analysis and material selection of reinforced geosynthetics in sea dike project[J]. Rock and Soil Mechanics, 2011, 32(6):1824-1830. (in Chinese))

[12] 杨广庆,周亦涛,周乔勇,等. 土工格栅加筋土挡墙试验研究[J]. 岩土力学,2009,30(1):206-210.

(YANG Guang-qing, ZHOU Yi-tao, ZHOU Qiao-yong, et al. Experimental research on geogrid reinforced earth retaining wall[J]. Rock and Soil Mechanics, 2009, 30(1). (in Chinese))

[13] 杨广庆,蔡英,苏谦. 高路堤加筋土挡土墙的变形和受力研究[J]. 岩石力学与工程学报,2003,22(2).

(YANG Guang-qing, CAI Ying, SU Qian. Test study on deformation and stress of reinforced earth retaining wall for high embankment [J]. Chinese Journal of Rock Mechanics and Engineering, 2003, 22(2). (in Chinese))

[14] 杨广庆,蔡英. 多级台阶式加筋土挡土墙试验研究[J]. 岩土工程学报,2000,22(2).

(YANG Guang-qing, CAI Ying. Study on the multi-steps reinforced earth retaining wall [J]. Chinese Journal of Geotechnical Engineering, 2000, 22(2). (in Chinese))

[15] 罗先启,葛修润. 滑坡模型试验理论及其应用[M]. 北京:水利水电出版社,2008.

(LUO Xianqi, GE Xiurun. Theory and Practice of Landslide Model Test[M]. Beijing: China Water Power Press, 2008. (in Chinese))

[16] 陈开圣. 土基回弹模量影响因素分析[J]. 公路,2009(4):205-207.

(CHEN Kai-sheng. Factors analysis of soil foundation resilient modulus [J]. Highway, 2009(4): 205-207. (in Chinese))

[17] 张发春. 土工格栅加筋土高挡墙的现场试验研究[J]. 中国铁道科学,2008,29(4):1-7.

(ZHANG Fachun. Field test research on geogrid reinforced earth high retaining wall [J]. China Railway Science, 2008, 29(4):1-7. (in Chinese))

[18] 曾长贤,王靖涛. 多级加筋土挡土墙设计方法研究[J]. 土工基础,2003,17(2).

(ZENG Chang-xian, WANG Jing-tao. The study of design methods of multilevel reinforced earth retaining walls [J]. Soil Eng. and Foundation, 2003, 17(2). (in Chinese))

议有关地基基础施工质量验收规范中的主控项目

付文光

（中国京冶工程技术有限公司　北京　100088）

摘　要：建筑施工质量检验验收项目划分为主控项目与一般项目具有提高施工质量及管理水平等积极意义。对建筑地基基础分部工程数十个构件及性能参数的分析讨论结果认为，相关规范中，主控项目的设置存在着一些不足与争议，应根据专业工程的特点，遵循少而精、为门槛标准、相对稳定等几项原则设置；桩位、桩长与桩径、桩身强度、主筋间距与长度、复合地基中的单桩承载力、压实系数、水泥用量、配合比、地下连续墙泥浆性能、锚杆及土钉直径、锚杆锁定力、降排水措施、岩土性状等众多检验参数都不必一定设置为主控项目。

关键词：建筑地基基础　施工质量　主控项目　一般项目　桩　复合地基　基坑　边坡

作者简介：付文光（1970—），男，注册岩土工程师，教高，主要从事岩土工程设计咨询、工程实践、试验研究等。

Discussion on Dominant Items for Construction Quality of Building Foundation Engineering in Related Code About Inspection and Acceptance

FU Wen-guang

(China JingYe Engineering Corporation Limited Company, Beijing, 100088, China)

Abstract: The items of construction quality inspection and acceptance are divided into dominant items and general items now, and this approach has a positive meaning since that could improve the construction quality and management level. Based on the results of analysis and discussion with dozens of components and the performance parameters, I believe that in the relevant code, there are some deficiencies and controversies on the settings for the dominant items, and the settings should accord to the characteristics of the professional engineering and follow some principles such as fewer but better, as the threshold standard and relatively stable etc. Many test parameters need not set as dominant items such as pile location, pile length and diameter, strength of pile body, spacing and length of the main reinforcements, bearing capacity of single pile in composite foundation, compacting factor, cement content, mix proportion, mud performances about underground continuous wall, diameter for anchor and soil nail, anchor locking force, the drainage and reduction measures, geotechnical properties, and so on.

Key words: building foundation, construction quality, dominant item, general item, piles, composite foundation, foundation pit, slope.

0　引言

众所周知，所有建筑工程都要进行施工质量检验验收，地基基础工程概不例外。国家、行业及地方的各种地基基础技术标准，如《建筑地基基础设计规范》GB 50007、《建筑桩基技术规范》JGJ 94、《建筑地基处理技术规范》JGJ 79、《建筑基坑支护技术规程》JGJ 120、《建筑边坡工程技术规范》GB 50330 等，都少不了施工质量检验与验收条款；《建筑地基检测技术规范》、《建筑基桩检测技术规范》JGJ 106、《建筑地基基础检测规范》DB J15 等，是行业及地方关于地基基础施工质量检测与评定的专项技术标准；《建筑地基基础工程施工质量验收规范》GB 50202、《建筑工程施工质量验收统一标准》GB 50300[1]、《建筑边坡工程施工质量验收规范》征求意见稿等，为地基基础工程中的各分部分项工程制定了全面而详细的施工质量验收指标及方法。

文献[1]等各种建筑工程施工质量验收规范规定，验收项目分为主控项目和一般项目，主控项目点合格率应为100%，一般项目点合格率通常不应低于75%～80%。各专业技术标准对重要的检验验收项目通常都有具体规定，但除了验收规范外，几乎都没有明确区分主控项目及一般项目。对主控项目的划分及性能指标量值的确定，不仅关系到工程质量检测与评定的可靠性，也关系到工程造价及工期，是验收规范中的重要内容，也是专业技术标准中应逐步明确的。本文即主要探讨地基基础工程中主控项目的划分问题，专业范围包括桩基、地基处理及复合地基、基坑、边坡、土方等分项工程。此外，建筑工程中各分部分项工程的主控项目大体分为2类：

(1)材料及成品件性能，包括原材料、半成品及成品件、构件及配件、零部件、器具及设备、连接件等的材质及主要性能，质量测试检验通常在其使用之前、主要在试验室进行，一般另有技术标准。

(2)工程性能，如结构及构件的强度、刚度、稳定性、防水等工程性能及使用功能等，质量检验在材料及成品使用过程中及完工、具有了工程性能后、主要在施工现场进行。本文主要讨论第2类情况。

1 区分主控项目与一般项目的意义

按文献[1]，主控项目指建筑工程中对安全、节能、环境保护和主要使用功能起决定性作用的检验项目，具有“一票否决权”；一般项目指除主控项目以外的检验项目，允许有一定的检验不合格率。划分主控项目与一般项目的工程意义在于：

(1)有利于保证施工质量。主控项目为工程质量管理指明了重点，只要主控项目满足相关要求，工程质量就有了基本保证。

(2)有利于节省工程造价及缩短工期。一般项目通常不必投入与主控项目同等强度的人力物力财力精力。

(3)有利于提高施工管理水平。明确了重点，分清了主次，有利于相关各方“把好钢用在刀刃上”，在工程质量与造价、工期、安全、节能、环保之间达到最佳平衡。

(4)有利于贯彻实施“验评分离、强化验收、完善手段、过程控制”的质量管理指导思想。主控项目是应达到的基本要求，各工程之间无需评比，优质工程质量评比的应该是一般项目的质量水准。例如，桩基设计承载力是主控项目，但实际承载力越高并不意味着工程就一定越安全，达到验收标准即可，不需超越，也不应该用于质量评优。因此，主控项目与一般项目的划分显得很重要，划分不合理则意味着规范区分主控项目与一般项目就失去了目的及意义，“验评分离”的指导方针也就难以贯彻执行了。

2 相关验收规范中存在的一些疑议

相关验收规范的发布实施，对国内的建筑工程施工质量管理工作起到了巨大的指导、推进、强制与教育作用。但无须讳言，规范中也存在着一些不足及疑议，具体到主控项目的设置上，有如下现象：

(1)检验项目已经陈旧过时、不再适用。例如填方压实度(及压实系数)。几十年前，工程要求不高，设计、施工、检测等技术水平普遍偏低，房屋建筑通常采用压实度来控制地基土的填筑质量。现在，房屋建筑地基采用地基承载力及地基土模量设计计算，早已不再采用压实度，复合地基及地基处理相关规范中也不再把压实度作为房屋建筑地基填筑质量检验项目。用压实度控制填土质量的目的大致有3个：获得足够的地基承载力、获得较大的变形模量以减少沉降、获得较大的抗剪强度从而使填土具备足够的稳定性。这3个目的，设计人员都需要知道地基土承载力、变形模量及抗剪强度的量值以能够设计计算——相关技术规范也是这么要求的，但压实系数与这些参数之间并没有公认的定量对应关系，如果想要知道，还要采用静载荷试验等直接方法去检验。目前工程中直接采用承载力及变形模量等作为回填质量验收项目，没有人会舍近求远采用压实度。除此外，压实度检测还存在着工期长、费用高等缺陷。这个几十年前制定的检验项目，已经不再满足现代工程建设的需要。

(2)主控项目被不当引用。典型例子为混凝土强度，在混凝土结构中是主控项目，在基坑工程的支撑梁、立柱等构件中也应该是，但在仅用作止水帷幕的素桩上，混凝土强度就不再起主要作用，不应被设置为主控项目。主控项目的不当设置不仅头痛医脚于事无济，反而误导了工程质量管理重点。

(3)不重要构件或辅助性措施的某些性能作为了主控项目。例如，某规范把基坑工程中的疏干降水井的滤管孔隙率、滤料粒径等众多参数作为了主控项目。基坑工程中设置疏干降水井的主要目的是减少土层含水量以利于土方开挖，仅是方便施工的措施，效果不好大不了就多降几天，通常都不需验收，更不需这么严格。过犹不及。

(4)主控项目过多，良莠不齐。例如某规范征求意见稿中，锚索质量检验项目30项，其中17项为主控项目；一般项目中，又有9项没有给出允许偏差，要求不得低于设计要求，也相当于主控项目。都是主控项目，眉毛胡子一起抓，等于没有主控项目。

(5)主控项目与一般项目主次颠倒。例如某规范的灌注桩钢筋笼检验项目中，没有把钢筋的品种、规格、级别及数量作为主控项目，却把主筋间距、钢筋笼长度作为主控项目，但显然前者更重要。

(6)项目检验结果的准确度不高，离散性较大。有几种原因：

①检验方法本身就比较粗略。例如一些规范把灰土、素土及砂石地基的配合比作为主控项目，规定可采用体积比或重量比检测。如果采用体积比，因为每个填料样本的充满程度及密实程度不可能完全相同，测量结果的离散性较大；如果采用重量比，因为填料的粒径、级配、含水率及天然密度不同，就算每个样本的重量比完全相同，混合料的均匀程度也不相同，而均匀性决定了混合料强度(或承载力)的稳定性而不是配合比。实际上，因为填料样本的天然密度或工后密度的差异性较大，体积比与重量比这两种方法本身就是相互矛盾的。粗略的检测方法自然得不到精确的测量结果。

②没有直接的检验方法，只能采用间接方法。例如，一些规范把锚杆的钻孔直径作为主控项目。但几乎没有办法直接测量锚杆孔径，一般通过测量钻头的直径来推算。但是，实际工程中，钻头的直径往往要小于钻孔的设计直径，例如设计130mm的孔径，钻头外径通常为110～120mm，钻进过程中钻头的随机偏心及晃动，使成孔直径能够达到130mm；此外，钻头形状往往并不规则，准确测量外径通常比较困难，因此，测量钻头外径并不能准确推算孔径。至于拿钢尺直接测孔径，测到的只是孔口直径，很难说能起到什么检验作用。

(7)不少过程控制项目作为了主控项目。例如，某规范把地下连续墙的泥浆黏度作为了主控项目，理由为：墙身混凝土为主控项目；槽壁质量对保证混凝土质量很重要，故槽壁质量为主控项目；泥浆的主要作用就是保持成槽质量，故黏度等泥浆重要参数应为主控项目。如果以此类推，泥浆主要由膨润土等材料配制，故膨润土应设置为主控项目；膨润土的主要矿物成分为蒙脱石，故蒙脱石应设置为主控项目……。如果这些过程参数都被设置为主控项目，主控项目则无穷无尽，规范也会变得不伦不类。此外，过程控制的目的是为了保证工程的最终性能，但很多情况下两者之间并不是一一对应关系，即过程控制指标达到了设计要求，并不意味着工程的最终性能也一定能达到设计要求；达不到设计要求，并不意味着最终性能也达不到。上例中，泥浆黏度合格与否，一般并不影响地连墙的最终性能与质量。过程控制当然重要，但过程控制参数作为主控项目可能并不合理，作为一般项目通常就足够了，“强化验收、过程控制”，并不意味着一定要把一些过程控制项目作为主控项目。业内人士都知道很多工程中的过程控制参数及优良数据是现场实际干出来的还是怎么来的，这在某种意义上正说明了相关规范设置的过程控制项目及指标过多过于严格，与实际脱离较多，达不到指导及控制工程质量的目的。

(8)把天然材料的一些性能作为了主控项目。典型材料如岩、土，某规范把砂石桩复合地基的桩间土强度作为了主控项目。强调桩间土强度的目的是为了保证复合地基的承载力，且先不说能不能达到这个目的，桩间土强度与砂石桩的施工质量之间有什么必然关系呢？桩间土强度达不到设计要求，难道就能因此判定施工质量不合格？此外，设计所用的土的强度指标不是最低值而是统计值，即平均值乘以回归系数，也就是说，有少量试样的强度是低于统计值的，为什么加入了砂石桩后，就要求其不应低于设计要求、即统计值了呢？

(9)一些不太成熟理论计算值作为了主控项目。如某规范把排水预压地基土的固结度作为主控项目。固结度的计算很是复杂，涉及的土工参数很多，如渗透系数、孔隙比、压缩系数等，这些参数的离散性很大且是随固结度而变化的变量；固结度还受到超固结比、土的结构性、井管涂抹效应、预压土不平衡等多种因素影响，计算结果准确度很差且离散性很大；如果采用实测变形时间曲线来推算，先不管变形测量结果的准确度有多高，目前尚没有业界公认较为准确的推算方法。故固结度只能用于粗略估算预压荷载的卸载时间而不能用于主控项目。

主控项目的另一方面问题是允许偏差问题。有些允许偏差指标过于严格，工程中难以企及，把验收指标写着写着就变成评优指标了。这种现象在一般项目中也不少。坦率地说，就国内现状而言，超过合理程度的指标并不能带来高质量，如果施工单位竭尽全力仍达不到合格，往往就会放弃努力而想方设法走歪门邪道。倘若如此，规范也难辞其咎。此外，不少规范中的一般项目规定了允许偏差，但没有规定极限偏差。限于篇幅，这些问题本文不作讨论。

其实，上述这些现象在大多数专业验收规范中都或多或少存在，但地基基础工程由于其特殊性，相关规范中表现得较为突出。

3　设置主控项目应遵循的几条原则

上述疑议主要是各规范设置主控项目的原则不明确、不统一、掌控尺度不一等原因所致。综合文献[1]的统一要求、各规范已有成果及工程实践经验，笔者认为各规范设置主控项目应遵循以下几条原则：

(1)主控项目是门槛标准，不需要超越，不应该将之变成评优标准。例如桩钢筋笼，按设计数量放置就行了，没有必要多放几条，多放也并不意味着一定对工程质量及安全更有帮助。

(2)主控项目应少而精。

①一般情况下，构成了建筑工程实体的分部分项工程中，直接决定了该建筑工程的安全、节能、环境保护和主要使用功能的性能参数，以及在工程实体形成的过程中，对施工安全直接起决定性作用的性能参数，方可为主控项目。这就意味着有一些种类的检验项目不需设置主控项目，如：

a. 工程中起辅助作用的分项工程或临时性措施，如土石方挖运及堆放、基坑工程中的抽排水及回灌等，不需“矮子里面拔将军”，不重要就是不重要，没必要硬凑出个主控项目。

b. 分项工程中起辅助作用的构件或措施，如边坡工程中的泄水孔及绿化护面、土钉墙中的面层等。

c. 对主要功能的形成起辅助作用的构件或措施，如基坑工程中混凝土支撑设置主控项目，但支撑模板无需设置(高支模等特殊情况除外)。

d. 某项重要的性能参数在该分项工程中没有起重要作用，如桩身混凝土强度应用于止水桩(墙)时。

e. 起间接作用的性能参数，如复合地基中的水泥土桩身强度为主控项目，水泥用量是强度的保证条件，但水泥用量本身并不需设置为主控项目。主控项目都是重要项目，但重要项目并非都应该或适合作为主控项目。

②过程参数不宜设置为主控项目，如果确实有必要，则只向上追溯一级。例如，承载力是桩基的主要性能，直接决定了建筑物的质量与安全，故是主控项目；桩长、桩径、桩身混凝土强度等参数决定了桩基承载力，没有直接决定建筑物的质量安全，故不宜设置为主控项目；如果特殊原因确实需要向上追溯一级，则桩身混凝土强度设置为主控项目，但应到此为止，混凝土配合比、砂石料及水泥强度等决定了桩身混凝土强度的参数，就不能再设置为主控项目了。

③能够采用直接的、可靠的方法进行检验的性能参数方可为主控项目，只能定性评价的项目不宜作为主控项目。例如注浆地基的均匀性，几乎没有办法量化检验及评价，故不应作为主控项目。理论计算结果、间接测量方法得到的结果及离散性较大的结果也不应设置为主控项目，应尽量减少人为因素的干扰及主观判断的影响。用不准确的测量结果或间接方法得到的推算结果作为评定施工质量的主控项目是不严谨的，无法令人信服，容易引发质量纠纷。有些质量检验项目，还需要“完善手段”后才能定量。

④岩土等天然材料的性能参数不是施工质量能够决定得了的，不应作为主控项目。例如强夯地基，地基土的不均匀性是天然形成的，强夯改善了地基土的强度、密度等性能参数，但对于不均匀程度很难有明显改观，且反而可能因夯锤印下的密度大于锤印间而有所加剧，故地基土的均匀性不应作为强夯地基检验的主控项目。再如挤密桩复合地基，桩间土的特性在一定程度上得到了改善，但改善了没有、改善了多少都很难预

测，而且土的性状也并不会因被挤密而变得更加均匀，故不宜将桩间土的强度设置为主控项目。对于天然地基土，因其对天然基础的建筑物的质量与安全起决定性作用而必须作为主要检验项目，但不应作为主控项目来评定施工质量，而是应该作为设计及设计变更的主要依据。桩端土承载力、岩石地基承载力或完整性等检验项目同理。

（3）主控项目应该能够保持相对稳定性，不应轻易提高要求、比以往标准严格，换句话说，指标容易发生改变的项目不宜作为主控项目。例如基桩桩径，被不少规范列为主控项目。《建筑地基基础工程施工质量验收规范》（GB 50202—2013）征求意见稿，与 2002 版[3]相比，桩径允许偏差严格了很多。如果以新的指标来评定以往工程，假设某一条桩径超过了新的指标，因为主控项目具有“一票否决权”，该合格工程就变得不合格了。尽管不需向前追溯评定，但这样仍将给普通民众造成很大的困惑及不安，徒增社会性恐慌。

（4）主控项目宜为单值，即允许偏差项目尽量不作为主控项目。

①例如基桩桩位偏差，被不少规范列为主控项目。桩位偏差直接影响的是桩的承载力，并不直接影响建筑物安全，偏差达到多少就会对桩的承载力造成影响，并没有较为公认的研究结果。这类不直接影响建筑物安全的指标不合格的后果往往也并不严重。

②允许偏差的量化指标通常并没有科学依据，也不是相应的统计结果，多为经验数据，人为影响因素太多，不确定性大，工程中往往争议较大。这些指标实际上大多是相关专家的个人经验，经实践证明基本可行，但并不能因此表明其是科学合理的。例如，经验表明煮鸡蛋 5 分钟能煮熟，但 5 分钟是不是使鸡蛋的营养及口感能够达到最佳的时间，不一定，所以制订煮鸡蛋标准时，就不应该把 5 分钟作为唯一的选项，即主控项目。

③不作为主控项目而是一般项目，也并不意味着就不重要、可以不严格，可通过设置允许偏差的极限值及点合格率来保证质量的低限要求。

总之，主控项目应该谨慎设置，应经得起推敲以及时间的检验。此外，规范中应明确规定，主控项目的设置，首先应该满足设计文件要求，其次再满足相关技术标准要求，设计文件与相关规范矛盾时，设计者具有解释权及决定权。工程质量理所当然首先要满足设计要求，是否是主控项目，设计者最有发言权，设计者最清楚使用的是材料或构件的哪种性能或功能，有权根据工程实际情况把规范中的一般项目提高为主控项目，同时也有权将主控项目作为一般项目。很多地区的施工质量验收掌控在政府某些部门，可能会以遵守规范为由而不尊重设计，导致一些荒谬事件甚至腐败发生。主要由设计者而不是其他人评价施工质量，可以最大程度上避免设计意图被误读或曲解。

4　地基基础工程的特点

主控项目的设置，当然要依据专业的技术特点。与主体结构、装修装饰、屋面、建筑电气、通风与空调等分部工程相比，地基基础工程具有 4 个明显特点：

（1）非常复杂。地基基础结构与岩土体直接接触或就是岩土体本身，岩土本身就已经非常复杂，而岩土的复杂性又决定了地基基础形式及其施工工艺具有多样性及差异性；岩土工程设计以经验为主，而经验又具有很强的个性及区域性，这些因素独立作用的同时又交织在一起，决定了地基基础工程相当复杂。

（2）隐蔽性高。地基基础工程竣工验收隐蔽后几乎没有办法再进行复检。不仅如此，即使在施工期间，一些重要设计参数也不好直接检查，例如水下成孔桩，无论成桩后还是成桩中，其桩径都很难直接测量。

（3）成品的变异性很大。其他工程主要采用人工材料，人工材料的变异性不大且可控；但地基基础工程依赖天然的岩土体为材料及工作环境没法选择，岩土与生俱来的高度不确定性、复杂性、区域性及不可控性，必然决定了地基基础结构质量具有很大的变异性。

（4）大多为单体构件，彼此之间相对独立，如桩、锚杆等。

5　地基基础工程的主控项目设置

地基基础工程是结构工程的分支，结构工程的三大主要功能即解决强度、刚度与稳定性问题，具体到地基基础专业，主要体现为承载力（强度）与变形问题。地基基础分部分项工程主控项目的设置，应根据主控项目设置的一般原则、地基基础工程的专业特点及地基基础工程的主要使用功能综合确定。下文列举的主控项目,均摘自相关现行或在编规范。

5.1　桩基础

(1)承载力。桩基抗压承载力、抗拔桩的抗拔力、承受水平荷载桩的水平抗力,作为主控项目毫无疑义。

(2)桩位及垂直度。规范中一般规定基桩垂直度允许偏差为0.01%H,桩位允许偏差为70(100)+0.01%H(mm),H为桩基施工面到设计桩顶的距离。目前几乎没有直接检查成品桩垂直度偏差的方法,采用检查钻杆垂直度这种间接方法,不准确,不应作为主控项目。国内目前超过23m的特深基坑[3]很多,大多采用内支撑支护,工程桩需要在原地表施工,假如基坑深度23m,则允许桩位偏差达300mm;但如果基坑支护采用桩锚,桩基在基坑底施工,允许偏差就只能为70mm。同一工程同一桩,凭什么要求不一样呢?桩基在原地面施工,基坑越深,往往意味着建筑物越高、对桩基的质量要求应该更严,但为什么要求反而降低了呢?主要因为如果不降低,不采用0.01%H,工程中做不到。可见,桩位允许偏差没什么太多理论依据,主要就是为工程验收服务的。垂直度偏差等大多数偏差指标都是如此。此外,基坑太深了以后,即使桩位满足100(70)+0.01%H的指标,往往也满足不了结构使用要求,结构上仍需对桩头进行加强处理,那么,垂直度偏差及桩位偏差设置为主控项目的意义又何在呢?

(3)桩顶超灌高度。有些规范把桩顶高程高出设计高程0.5m作为主控项目,有的甚至作为强条。这个指标确实那么重要吗?水下灌注桩浇灌过程中,由于混凝土埋于泥浆内或土中、混凝土离析、地下水渗入等原因,导致桩头聚集一定厚度的浮浆或夹泥,凝固后强度通常达不到设计要求,需要凿除,这是超灌0.5m的原因。该规定起源于采用泥浆护壁的水下灌注桩,现在仍适合于该类桩型。但并不适用于干作业灌注桩。如人工挖孔桩,无地下水时,可以做到几乎没有浮浆;而且无塌孔、扩孔等现象,混凝土用量准确,桩顶高程能够控制准确,桩头混凝土可以人工充分震捣,桩头质量容易保证,基本不需要凿除桩头。不超灌或超灌量较少就能保证桩头强度,为什么一定要超灌呢?更令人费解的是,有的规范中用于基坑支护的灌注桩,也要遵守这一规定。众所周知,支护桩承受的是水平荷载,桩头几乎不受力或受力很小,强度低一些又有什么关系?有的规范甚至将此条规定用于水泥土搅拌桩止水帷幕,不可理喻。

(4)静压桩的压桩力。有的规范把压桩力不超过设计值±5%作为主控项目,采用查压力表读数方法检查。控制压桩力的目的是保证桩的承载力,但静压桩的承载力是多个因素共同决定的,压桩力限定在设计值±5%,也并不能保证承载力一定能够达到设计要求;且其是个过程参数、间接参数,压力表读数方法本身误差较就大,故不应作为主控项目。

(5)灌注桩钢筋笼主筋间距及长度。从桩受力机理来看,不管是基础桩还是支护桩,都是越往桩底受力越小,主筋间距及长度误差并不会直接影响桩基的质量与安全。随着建筑物越来越高,桩基越来越长,钢筋笼长度也越来越长,很多钢筋笼需在空中接长,即前节放入钻孔中,后节用起重机悬吊接长作业。这种情况下,主筋间距及长度既无法达到允许偏差要求,也测量不准。故这两项指标不宜作为主控项目,通常,钢筋品种、规格、级别及数量作为主控项目就足够了。

(6)灌注桩的持力层。有的规范把桩端进入某种岩层一定深度作为主控指标。对于嵌岩桩及端承桩,桩端入岩是桩基承载力及变形的主要保证条件,作为主控项目尚在情理之中。但不宜把入岩一定深度作为主控项目,因为工程现场对基岩风化程度的定性很困难,定量更困难,入岩深度几乎无法搞得准确,很多工程都因中风化岩与微风化岩界面划分而产生纠纷。实际上,桩底沉渣厚度对抗压承载力有明显影响,限制沉渣厚度比控制入岩深度往往更为重要及可行。

(7)灌注桩桩身强度及混凝土试块。

①主体结构的梁墙板柱等,其功能为承受压力、弯矩、剪力、拉力等作用,但几乎都无法直接去检验,所以采取了间接方法,检验混凝土强度及配筋等;又因为采用取芯等方法截取混凝土试件对成品本身有损伤,故特别注重混凝土试块的留置与检验,混凝土试块强度作为主控项目。但桩基不同,基桩的主要功能是提供承载力及模量,基桩能够进行载荷试验,载荷试验结果就是承载力及模量的综合反映,即桩基的主要功能是可以直接检验验收的,这种情况下,混凝土强度等间接指标的重要性就显得没有那么突出。

②桩基承载力安全系数一般为 2.0，远高于主体结构构件的 1.15～1.35，混凝土强度偏差的危害性要弱很多。实际上，控制桩基承载力的主要因素通常是桩长、桩径、持力层及沉渣厚度等，并非混凝土强度。综上，笔者并不认为必须要把混凝土强度作为桩基主控项目，工程中无需留置大量试块。某些情况下，从耐久性角度，钢筋保护层厚度可能都比混凝土强度重要。

(8)灌注桩桩长及桩径。桩长及桩径对于灌注桩的重要程度与预制桩相同，但大多规范把灌注桩的列入了主控项目，没有列入预制桩的。没有解释原因，但是不是说明了灌注桩中也可以不必列入？亦即，技术上及功能上，其重要性没有那么突出？除了挖孔桩，各种等断面及非等断面灌注桩，几乎都没有办法直接检测桩径，采用测量钻头、套管以及采用井径仪测量钻孔直径等间接方法得到的结果并不准确。桩长也是如此。因为施工技术原因桩底并不平整，且大多数情况下桩底被有意设计为锅底状，采用重锤测量钻孔深度、测量钻机的钻杆长度等间接方法不准确；如果采用取芯方法，钻机的定位及垂直度偏差，同样造成测量结果也并不准确。因此，灌注桩桩长及桩径也不宜划分为主控项目。支盘桩的成盘直径及成盘位置、扩底桩的扩孔直径及扩孔高度等也是如此。

(9)桩身完整性。无论是高低应变法、取芯法还是超声波法，很多情况下都无法对桩身的完整性作出全面准确的判断，往往还要通过荷载试验方法去验证，故不宜将其作为主控项目。实际上，各种规范中，约一半的桩型没有将其列入主控项目。

(10)后压浆桩的压浆量。压浆量与地层的性状密切相关，不可能设计或预估很准确，实际用量也很难计量准确，更适合作为一般项目。

5.2　复合地基及地基处理

(1)承载力。地基处理后的地基承载力及复合地基承载力，作为主控项目毫无疑义。但复合地基中的单桩承载力是否应为主控项目呢？技术上，由于桩土之间相互作用等原因，单桩承载力、地基土承载力与复合地基承载力之间并不是 1＋1＝2 那么简单，基本上不等于 2，如果同时作为主控项目，必然产生矛盾且很难调和。既然建筑物使用的是复合地基承载力，就应该以其为主控项目，而单桩承载力作为一般项目。

(2)低强度混凝土桩(CFG 桩、LC 桩、微型桩及预制桩等)的桩身强度、桩身完整性、桩长及桩径。这些指标在基桩中都不一定适合作为主控项目，在复合地基中重要程度更弱，就更不一定了。例如，断桩是低强度混凝土桩复合地基中的常见现象，通常并不影响复合地基承载力[4]。

(3)旋喷桩、搅拌桩、夯实水泥土桩等水泥土桩的水泥用量、桩体强度或完整性、桩径及桩长。这些参数如果对于低强度混凝土桩都不是特别重要，对这些柔性桩的重要程度就更弱了，均无需作为主控项目。

①水泥用量影响了桩体强度、从而影响了单桩承载力、从而影响了复合地基承载力，虽然重要，但属于过程参数及间接参数，不宜列入主控项目。

②桩体强度及完整性也如此。旋喷桩及搅拌桩是水泥与原位土拌和，强度离散性很大，经常出现断桩，检验桩身强度及完整性的意义不大。

③旋喷桩桩径大小主要受地层性状影响，非人力因素能决定的，检测桩径意义不大。

(4)砂桩、砂石桩、碎石桩的填料粒径、桩体强度、灌砂量、桩间土强度、桩体直径及孔深。这些项目均不需作为主控项目，主因同上。老实说，因为质量不可靠等原因，重要工程几乎都不会采用这些散体材料桩，施工质量要求严格难免有缘木求鱼之嫌。

①很难说填料粒径与复合地基的承载力之间有什么必然联系，也很难说清楚其与桩身强度之间的关系。

②有的规范将桩体强度其列入主控项目，采用重型动力触探检查。重探是一种较为粗略的检测方法，检测结果通常为范围值，每个点的检测结果具有一定的偶然性。

③灌料量并不是复合地基承载力的直接决定性因素，同时测量结果误差较大。

(5)压实系数(或压实度)。压实度指标用于场平、道路及挡土墙等类型工程的主控项目及建筑复合地基的褥垫层的一般项目还是适合的。建筑填方地基，应采用载荷试验、标贯或动力触探等方法检验填筑质量。另外，有规范拟用内摩擦角及黏聚力作为检验填方质量的主控项目，十分不妥，因为填土的这两个参数的试验结果离散性非常大，不能作为质量评价指标。

(6)配合比。素土及灰土地基、砂及砂石地基中的配合比,如前所述,是决定地基土承载力的过程参数,又很难测量准确,不应作为主控项目。

(7)强夯后地基土的强度和均匀性,以及注浆地基的均匀性。地基土强度不是明确的检测项目,目前也没有明确的检测方法,不应作为主控项目。注浆地基的均匀性除了很难定量检测外,其目的性也可疑:地层中有较大裂缝时注浆量会大一些,而裂隙不发育时注浆量会小一些,注浆不均匀是必然的,要求均匀的目的是什么呢?

(8)排水堆载预压地基的预压荷载。某规范规定预压荷载为主控项目,采用水准仪测量填筑标高,允许偏差为2%设计值。填筑是个动态变化的过程,且堆载过程中软土一直在固结沉降,填筑面标高是与时间相关的变量,很难测准,作为一般项目就够用了。实际上,堆载预压法目前普遍作为场地预处理手段,预压后一般都要进行二次地基处理或打桩,工程没那么重要,质量控制也不需那么严格。

5.3 基坑与边坡

边坡工程与基坑工程对构件的功能要求类似,以抗拔、抗剪、抗弯等功能为主。主要区别在于边坡工程一般为永久性工程,对构件有耐久性要求;而基坑工程通常要对付地下水,需设置止水帷幕。

(1)排桩。支护桩的主要功能为抗剪及抗弯,主要由钢筋提供,故钢筋的品种、规格、级别、数量及连接性能应为主控项目,而其他项目,如桩位、孔深、孔径、混凝土强度、桩体完整性、钢筋笼主筋间距及长度等,对桩的主要功能帮助不大,均不宜作为主控项目;方向性配筋时钢筋笼安装方向很难测量准确,也不宜作为主控项目。当作为边坡支护桩、有耐久性要求时,保护层厚度应作为主控项目。

(2)板桩。板桩由于变形较大、缝间漏水、打拔时扰民等缺点,通常只用于周边环境简单的基坑中,最主要的功能即抗弯性能,故板桩的规格、型号、截面尺寸等应作为主控项目,长度、桩身弯曲度、桩顶标高、咬合程度等作为一般项目即可。

(3)旋喷桩及搅拌桩等水泥土隔水帷幕。隔水帷幕的主要功能就是基坑隔水。实际工程中,产生渗漏现象的最主要原因是桩之间搭接不好,水泥用量、桩身强度、桩底高程、渗透系数等并不重要,不需设置为主控项目。与搭接有关的参数,如桩径、桩位、垂直度等,即使完全符合现行规范中主控项目允许偏差要求,较深基坑中仍会因搭接不良而漏水,把这些指标设置为主控项目通常无事无补,况且按目前通用的施工机械及工艺,也很难完全符合。实际上,较深、要求较严格的基坑,通常会采取最为有效的隔水形式,如地下连续墙、软切割咬合桩+接头加强、渠式切割水泥土连续墙、双排隔水帷幕等,以达到更好的隔水效果。故水泥土隔水帷幕往往用于对止水要求不高、地下水的渗漏对周边环境不会产生重大不良影响的基坑,无需找点什么参数设置为主控项目。如果所有主控项目都符合规范要求,但一开挖就是漏水,都会让人对规范起疑心。

(4)咬合桩。咬合桩除了基坑支护功能外,有时还要提供较高的隔水性能,此时除了钢筋的品种、规格、级别、数量外,孔位、孔径、钻孔垂直度等也应作为主控项目。施工咬合桩通常采用精密度较高的成孔机械,能够达到规范中的允许偏差要求。

(5)地下连续墙。地下连续墙除了支护功能,通常需具备隔水功能,有时与地下室外墙二合一,有时兼承重作用,大多为永久性结构,需遵守主体结构工程的检验验收要求,主控项目比较复杂,故限于篇幅本文不予讨论。但一般来说,泥浆性能通常不会影响地下连续墙的主要功能与性能,无需设置为主控项目。

(6)重力式水泥土墙。因安全性较差,重力式水泥土墙一般用于较浅基坑中,水泥土的抗拉及抗剪强度决定了水泥土墙的安全性。但抗拉及抗剪强度很难检测,故一般检验抗压强度以替代,将之作为主控项目。其通常设计为多排,水泥用量、桩底高程、垂直度、搭接长度等参数作为一般项目即可。

(7)土钉墙与喷锚。土钉墙与喷锚的结构构造基本相同,但土钉墙主要用于基坑工程,而喷锚主要用于边坡工程,喷锚中的锚杆通常称为非预应力锚杆。受其特点决定,抗拔力检测通常并不能检测出土钉与锚杆的长度,而长度对于这两种结构的安全至关重要。故土钉及锚杆的抗拔力及长度,喷射混凝土需要在喷锚结构中起抗剪作用时的厚度及强度,均应作为主控项目,孔径等其他参数则应作为一般项目。

(8)预应力锚杆。预应力锚杆的长度与抗拔力,锚杆张拉时的弹性伸长量及边坡锚杆的某些防腐措施,均应为主控项目。弹性伸长量不直接影响支护结构的安全,但对检验评价锚杆施工质量非常重要,而目前缺少锚杆总体施工质量的有效检测手段。锚杆是细长构件，锚固段长度及位置误差对抗拔承载力的影响并不明显；张拉荷载及锁定荷载的主要作用是控制边坡变形，但之间几乎没有定量对应关系，即重要性没有那么突出；锚固段的岩性，与基桩的持力层一样，很难判断准确；注浆体强度的主要作用是传递剪力，并不直接影响锚杆的抗拔承载力；锚筋与注浆体的黏结力足够大；面层上的泄水孔是辅助措施——故这些参数均作为一般项目即可。

(9)重力式挡土墙。重力式挡土墙主要用于边坡工程，墙身尺寸、墙身强度、埋置深度及填方的压实度等参数决定了挡土墙的安全性，故这些参数应设置为主控项目。压顶的尺寸、强度及高程，以及挡土墙的平面定位地，作为一般项目即可。

(10)地下水及雨水控制。基坑内地下水的抽排是辅助性措施，如前所述，并不重要，降水井、集水坑、排水沟等，实在没必要设置主控项目。边坡排水或防护虽为永久结构，但仍为附属结构及辅助措施，截排水沟、盲沟、泄水孔及坡面绿化等分项工程，不对边坡安全产生直接影响，均无需设置为主控项目。

(11)土石方工程。不管是基坑、边坡还是场平的土石方工程，不管挖方还是填方，坡度陡了、欠挖了再修一下，超挖了用素混凝土或土石方填一下，不会产生难以处理的不良后果，高程、坡脚或坡顶偏位、坡率、平整度等设置为一般项目就足够了，设置为主控项目实属小题大作。

6 关于施工质量指标的粗浅看法

各种技术标准中，各种施工质量检验与验收指标越来越多、越来越严格，好像唯此才能体现出该标准的重要性。但这样是不是就能够保证工程质量了呢？例如食品行业，规范不可谓不多，指标不可谓不严格，但变得更安全了吗？如果没有，难道只是执行层面的问题吗？在造假的过程中，是不是和技术标准中的某些指标不合理、高不可攀有关呢？地基基础工程施工质量指标中，如前所述，有些无需严格，因为作用不大；有些不能严格，因为很难做到；有些根本就无需规定，画蛇添足。编制指标的相关专家们应扪心自问一下：这些指标在自己管理的工程中能达到吗？有多少工程能达到呢？技术标准中的质量验收指标，应该代表社会平均先进技术水平，是大多数施工单位及施工人员通过努力能够实现的，是合格标准而不应该是优良标准，要遵照“验评分离”的施工质量管理原则制订。有些指标貌似严格要求，实为不负责任。客观上，近些年随着建筑市场劳动力短缺，行业内工人整体劳动技能及技艺水平在大幅度降低，施工质量标准再高，也带不来更高的质量保证。

7 结语

本文以建筑地基基础分部工程为例，探讨了建筑施工质量验收划分主控项目与一般项目的意义，总结了相关规范中主控项目存在的一些不足与争议，提出了设置主控项目的原则，分析了地基基础工程的专业特点，对桩基、地基处理及复合地基、基坑、边坡、土方等分部分项工程中的数十余个构件及性能参数的主控项目的合理性进行了分析讨论，主要结论有：

(1)划分主控项目与一般项目具有提高施工质量及管理水平等积极意义。

(2)主控项目的设置应遵循少而精、为门槛标准、相对稳定等几项原则。

(3)地基基础工程具有非常复杂、高度隐蔽、变异性很大、大多构件相对独立等特点。

(4)地基基础工程主控项目的设置，应根据其专业特点及设置原则确定，桩位、桩长、桩径、桩身强度、主筋间距、复合地基单桩承载力、压实系数、水泥用量、锚杆直径、锚杆锁定力、地下连续墙泥浆性能、降排水措施、岩土性状等很多检验参数都不必一定设置为主控项目。

参考文献

[1] 住房和城乡建设部. GB 50300—2001. 建筑工程施工质量验收统一标准[S]. 北京：中国建筑工业出版社，2001.

(GB 50300—2001. Unified standard for constructional quality acceptance of building engineering[S]. Beijing: China Architecture & Building Press. 2001(in China)).

[2] 住房和城乡建设部. GB 50202—2002. 建筑地基基础工程施工质量验收规范[S]. 北京:中国建筑工业出版社,2002.

(GB 50202—2002. Code for acceptance of constructional quality of building foundation[S]. Beijing: China Architecture & Building Press. 2002(in China)).

[3] 付文光, 杨志银. 基坑深度分级及不同深级支护技术适用性的探讨[J]. 岩土工程学报增刊. 2010, 30(1):99-103.

(Fu Wen-guang, , Yang Zhi-yin. Discussion about classification of foundation pit depth and retaining technology applicability of different depth[J]. Chinese Journal of Geotechnical Engineering. 2010, 30(1):99-103(in China)).

[4] 付文光,卓志飞,张兴杰. 持力层为基岩的LC桩复合地基技术探讨[A]. 龚晓南等. 地基处理理论与技术进展[C]. 海口:南海出版公司, 2010:362-366.

(FU Wen-guang, ZHUO Zhi-fei, ZHANG Xing-jie. Discussion on technique of the LC pile composite foundation with bed rock bearing stratum[A]. Gong Xiao-nan etc. Development of ground improvement theory and technology. Haikou: Nanhai publishing company,2010:362-366(in China)).

高含盐水泥土力学性能的室内试验研究

邢皓枫[1,2]　周　峰[1,2]　李浩铭[1,2]　周彦涛[1,2]

（1. 同济大学岩土及地下工程教育部重点实验室　上海　200092；
2. 同济大学地下建筑与工程系　上海　200092）

摘　要：通过高含盐水泥土室内无侧限抗压强度和三轴 UU 抗剪试验，研究了高含盐水泥土在不同龄期下的破坏形态，应力-应变关系以及含有 Mg^{2+}、Cl^-、SO_4^{2-} 单一离子的水泥土的抗剪强度及 c、φ 值。研究结果表明，在较低围压下水泥土表现出应变软化特征，随围压增长软化逐渐减弱，接近理想弹塑性材料。当围压较小时，试件的破坏接近脆性，随着围压逐渐增加，试件达到最大偏差应力后，出现了明显的滑移现象。在连云港软土中掺入一定配比的水泥，能提高土的抗剪强度，且随龄期增长，掺入 Mg^{2+} 试样的黏聚力最大，而掺入 SO_4^{2-} 的水泥土内摩擦角最大。

关键词：水泥土　围压　抗剪强度　黏聚力　内摩擦角

作者简介：作者简介：邢皓枫（1969—），男，副教授，主要研究方向为地基处理与测试技术、桩基工程。E-mail：hfxing@tongji. edu. cn。

Mechanical Properties of Salt-rich Soft Soil Improved by Cement: A Finding of Laboratory Tests

XING Hao-feng[1,2], ZHOU Feng[1,2], LI Hao-ming[1,2], ZHOU Yan-tao[1,2]

(1. Key Laboratory of Geotechnical and Underground Engineering of the Ministry of Education, Tongji University, Shanghai 200092, China; 2. Department of Geotechnical Engineering, Tongji University, Shanghai 200092, China)

Abstract: Based on the results of unconfined compression and UU triaxial shear tests of salt-rich soft soil improved by cement , the failure modes of salt-rich soft soil improved by cement with different curing ages, the stress-strain relations and the cohesive strength, internal frictional angle of salt-rich soft soil improved by cement containing one kind of Mg^{2+}, Cl^-, SO_4^{2-} ions were studied. Research results show that cemented soil showed strain softening characteristics at lower confining pressure, and with the growth of the confining pressure it's softening characteristics gradually weakened, it shows characteristics close to the ideal elastic-plastic material. When the confining pressure is low, the destruction of the specimen close to brittle, with increasing confining pressure, there is a clear slippage after the specimen reach it's maximum deviation of stress. The soil shear strength can improve after incorporate a certain ratio of cement into he marine soft soil in Lianyungang area, and with curing age grow, the incorporation of cohesion of Mg^{2+} specimen is biggest and the internal frictional angle of SO_4^{2-} specimen is largest.

Key words: cemented soil, confining pressure, shear strength, cohesive strength, internal frictional angle .

0　引言

江苏省连云港是高含盐软土地区，水泥土加固软土地基时的承载力和变形特性与一般性软土有所不同[1]，试验段高含盐软土不仅呈现一般软土所具有的高含水率、高孔隙比、高压缩性、低强度和弱透水性等特点，而且通过对土样和水样进行矿物成分的分析可知 Mg^{2+}、Cl^- 和 SO_4^{2-} 离子含量明显比一般性软土高。

基金项目：国家自然科学基金（41172247）。

对水泥土及高含盐水泥土的室内试验,国内外进行了广泛的研究。国内有刘兴华等[2]研究了海相软土中 Mg^{2+}、Cl^- 和 SO_4^{2-} 对水泥土强度的影响。王珊珊等[3]研究了水泥土的抗剪强度与水泥掺入比的关系。张华杰等[4]通过宏微观室内试验相结合的方法,研究了 NaCl 浸蚀环境下水泥土宏微观性能的变化规律。储诚富等[5]通过室内试验研究了含盐量对水泥土强度的影响。国外针对水泥土及高含盐水泥土的室内试验也进行了比较深入的研究。如 YoshioSuzusi[6]通过固结排水和不排水三轴压缩试验,对水泥掺量 15%的水泥土试样进行了研究,得到了破坏时的偏应力与围压和排水条件的关系,以及应力-应变曲线的相应变化。Broms[7]研究了含盐量对水泥土强度的影响。Chun 等[8]通过试验确定水泥加固极软海相软土的最佳配比。

工程中高含盐水泥土加固体的受力是比较复杂的,通常处于三向应力状态。探讨复杂应力状态下水泥土的力学特性,建立水泥土符合实际受力状态的本构关系是准确进行水泥土加固体工程设计的需要。因此,利用土力学三轴试验系统进行了水泥土的三轴试验和无侧限抗压强度试验进行对比,探讨围压、离子种类、龄期等因素对水泥土力学性质的影响,对高含盐水泥土搅拌法的加固设计具有较为实际的指导意义。

1 试验方案

1.1 原状土特性

本试验土样采用江苏省连云港—盐城高速公路连云港段第③层灰色淤泥土,取样深度为 11.5～12.4m,其室内测得的基本物理力学指标平均值见表 1。试验段高含盐软土不仅呈现一般软土所具有的高含水率、高孔隙比、高压缩性、低强度和弱透水性等特点,而且通过对土样和水样进行矿物成分的分析可知 Mg^{2+}、Cl^- 和 SO_4^{2-} 离子含量明显比上海地区一般性软土高,见表 2。

表 1 高含盐软土基本物理力学指标

Table 1 Physic-mechanics indexes of salt-rich mucky soil

水质量分数(%)	重度(kN/m^3)	孔隙比	液限(%)	塑限(%)	压缩系数(MPa^{-1})	黏聚力(MPa)	摩擦角(°)	渗透系数(m/s)
69.6	16.0	1.90	46.2	25.2	2.03	7	8.3	3.05×10^{-9}

表 2 软土及地下水化学分析结果

Table 2 Chemical analysis results of both soft soil and groundwater

矿物种类	$w(Ca^{2+})$(mg/kg)	$w(Mg^{2+})$(mg/kg)	$w(Cl^-)$(mg/kg)	(SO_4^{2-})(mg/kg)	$w(HCO_3^-)$(mg/kg)	pH	w(有机质)
连云港土	656	5 990	2 960	3 140	1 240	7.43	6.9
地下水	149	452	2 700	330	297	7.85	
上海软土	262.89	0	2 130	78.76	962.86	7.74	6.4

1.2 试样制作

在进行室内配比试验之前,先对从现场取回的土样进行了两种方式的处理:

(1)将土样风干、碾碎、过孔径 2mm 的筛;

(2)先将土样按体积比 1:5 加水拌成泥浆,静置 48h 使土颗粒沉淀,滤去清水,如此三次,然后风干、碾碎和过筛,得到本次试验的土样——“连云港洗土”,经测定风干后土样的含水率为 4.8%。然后按照试验设计的各组分质量,分别称量土、水泥、水和可溶盐并充分搅拌均匀。

无侧限水泥土试样是在选定的试模(70.7mm×70.7mm×70.7mm)内分 3 次分别装入 1/3 的试料,期间振动均匀并将试样表面刮平。成型 1d 后拆模、编号并放入标准养护室中养护,标准养护室的温度为(20±3)℃,相对湿度为 100%。

三轴试验试件采用土力学三轴试模(ϕ61.8mm×125mm)。制样前,先将三瓣模洗净、擦干组装好,并在其内壁和底座内壁均匀涂上一层薄机油,以便脱模。试件制作步骤如下:固定三瓣模,分三次加入拌好的混合料，每次加料后用振捣器振捣，然后再加料，第三次加料后，套上与三瓣模内径相同的顶套再振捣，捣完后除去顶套抹平；试件制作时应注意排气，否则将造成试件缺陷，影响试样强度；成型 1d 后拆模、编号并放入标准养护室中养护，标准养护室的温度为(20±3)℃，相对湿度为 100％。

无侧限试样养护到龄期后进行无侧限抗压试验，取 3 个平行试样的算术平均值作为该小组试样的无侧限抗压强度值。均值之差超过平均值的±15％时，则该试样的测值剔除，按余下试样的测值计算平均值。如一组试样不足两个，则该组试样结果无效，重做直至满足要求。试样的测值与无侧限抗压试验采用同济大学地下建筑与工程系岩体力学试验室的华龙 WDW-600 型(产品规格：600kN；精度等级：0.5 级；示值精度和变形测量精度：±0.5％)微机控制电子万能试验机测定水泥土试件的无侧限抗压强度。本机采用计算机控制，能准确迅速地实现负荷伸长的数字标定，满载保护及位置保护，通过其高精度的驱动单元对试样施行匀速且平稳地加载，试验设备如图 1a)所示。

三轴试验试件养护到龄期后，采用不固结不排水剪试验，本次试验对每组配比试样分别施加 0.05MPa、0.1MPa、0.2MPa、0.3MPa 的围压，探讨了围压变化对高含盐水泥土力学性质的影响。

三轴试验采用同济大学岩土工程实验教学示范中心的应变控制式三轴剪切仪，如图 1b)所示，由三轴压力室、轴向加载传动系统、轴向压力测量系统、周围压力稳定系统、孔隙压力测量系统、轴向应变(位移)测量系统及反压力体变系统组成。设备能够满足试验要求，并取得较高精度。

本次试验选取 21％的水泥掺入比和 0.6 的水灰比，水泥品种选取 P.O32.5 水泥，掺入盐离子配制 Mg^{2+} 含量 6g/kg、Cl^{-} 含量 3g/kg、SO_4^{2-} 含量 3g/kg 的单一离子的无侧限立方体试块和三轴试验样。

a)WDW-60型电子万能试验机

b)应变控制式三轴剪切仪

图 1　水泥土试验仪器

Fig. 1　Celmented Soil Test Instrument

2　试验结果与分析

2.1　不同龄期下高含盐水泥土的破坏形态

水泥土的力学性质随龄期的增长其塑性降低，脆性增加，强度增大。在龄期较短情况下，例如 7d，0.2MPa围压下 Mg^{2+} 含量 6g/kg 的配比试件的破坏形态如图 2a)所示，水泥土表现出土的剪切破坏特性：当轴向压力逐渐增大并超过围压时，水泥土塑性变形较大，甚至形成塑性流动区，水泥土表现出明显侧向变形，发生了塑性剪切破坏。

在龄期较长情况下，例如 90d，0.2MPa 围压下 Mg^{2+} 含量 6g/kg 的配比试件的破坏形态如图 2b)所示，水泥土更多表现出水泥的特性，抗压强度不足而破坏，破坏模式和水泥相似。实验过程中随着龄期的增长，水泥土脆性变形特征逐渐明显，并且水泥土出现了劈裂破坏的特征，其三轴特性更接近于相同条件下低强度的混凝土。一般龄期比较大时，水泥土中黏聚力较差的部分先出现微裂缝，随着荷载增加部分微裂缝开展并贯通整个水泥土试样，最后试样压碎破坏。水泥在土体中形成大量纤维状结晶，并不断延伸填充到颗粒间的空隙中，形成网状结构，而土和混凝土的集料相似，土和土之间、土和水泥之间的黏聚力较差，会先开始出现微裂缝。其他龄期的试件，其破坏过程和最终破裂特征介于7～90d之间。

a)3d水泥土破坏形态

b)90d水泥土破坏形态

图2　不同龄期下水泥土的破坏形态

Fig. 2　Failure modes of salt-rich soft soil improved by cement under different curing ages

2.2　高含盐水泥土的应力应变关系

图3为28d、Mg^{2+}含量6g/kg的配比的水泥土试件在不同围压下得到的应力应变曲线。可以看出，在较低围压下，水泥土表现出应变软化特征，随围压增长软化逐渐减弱，接近理想弹塑性材料。由图3发现，当围压较小时，试件的破坏接近脆性，随着围压逐渐增加，试件达到最大偏差应力后，出现了明显的滑移现象。综合对其破坏形态所述，高含盐水泥土在三轴不排水剪切试验中主要有三种破坏形式：

(1)脆性张裂破坏。裂缝沿轴向发展，龄期长、围压小时发生。

(2)塑性剪切破坏。裂缝沿两个方向大量出现，形成塑性流动区，土体发生塑性破坏，龄期短、围压大时发生。

(3)脆性剪切破坏。试样有明显的剪切破坏截面，此类破坏发生条件介于前两者之间。

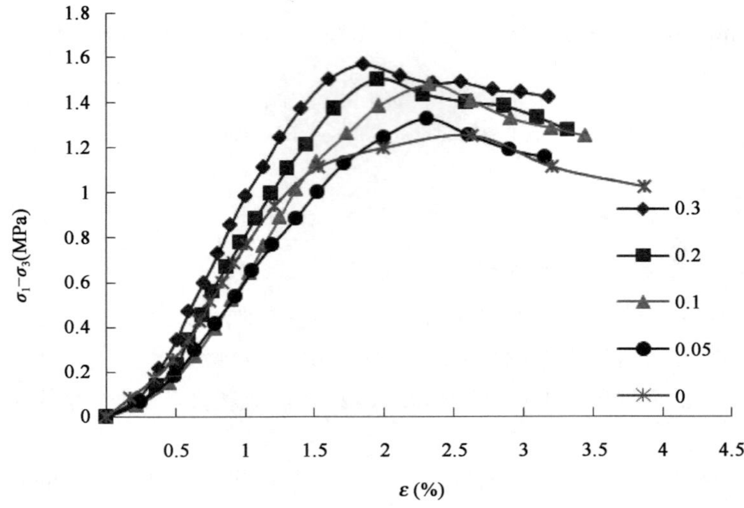

图3　不同围压下水泥土应力-应变曲线

Fig. 3　Stress-strain curve of cemented soil with differernt confining pressure

2.3 不同离子、不同龄期对水泥土抗剪强度及 c、φ 值的影响

各龄期、各配比水泥土 c、φ 值见表 3、表 4。

从表 3、表 4 可知，与原状土的 c、φ 值进行对比，可以看出在土中掺入一定配比的水泥，能改善土的内部结构，使土的黏聚力和内摩擦角大大提高，从而提高了土的抗剪强度。随着龄期的增加，黏聚力和内摩擦角都有所增长，说明随着时间推移，水泥土中的水泥逐渐水化，抗剪强度也有所增长。发现 7d 水泥土的内摩擦角小于原状土。这说明在早期水泥水化不充分，生成具有强度的水化产物和进一步与黏土发生反应得到二次固化物的过程需要一定的时间；又因为碾碎的黏土颗粒和水泥颗粒的混合相当于在一定程度上减少了原状土中已经黏结而具有一定强度的粗颗粒含量，导致 φ 值的降低；这也从另一层面反映出可溶盐离子对水泥土固化过程中硬凝反应、离子交换和团粒化作用产生大颗粒固化物的负面影响。

表 3 各龄期、各配比水泥土 c 值(kPa)

Tab. 3 The cohesive strength cemented soil with different curing ages and ratio(kPa)

配比	7d	14d	28d	60d	90d	原状土
Mg^{2+} 6g/kg	150.079	235.312	486.711	457.119	610.583	7.5
Cl^- 3g/kg	153.988	197.375	447.539	451.520	486.400	7.5
SO_4^{2-} 3g/kg	165.988	190.677	419.064	406.870	399.162	7.5

表 4 各龄期、各配比水泥土 φ 值(°)

Tab. 4 The internal frictional angle of cemented soil with different curing ages and ratio(°)

配比	7d	14d	28d	60d	90d	原状土
Mg^{2+} 6g/kg	4.651	7.261	17.512	37.900	36.388	8.6
Cl^- 3g/kg	5.110	11.415	20.736	45.648	45.781	8.6
SO_4^{2-} 3g/kg	4.551	19.126	23.653	47.268	51.819	8.6

龄期对高含盐水泥土 c、φ 值的影响见图 4。从图 4a）中可以看出，高含盐水泥土的黏聚力随龄期的增加而有总体增大的趋势，但其增大关系是非线性的。7d、14d 龄期时三种配比水泥土的 c 值比较接近；28d 龄期以前三种配比水泥土的黏聚力都随时间接近线性地较快增长；其后随时间增长，Cl^- 含量 3g/kg 配比试样一直比较缓慢地增长，而 Mg^{2+} 含量 6g/kg 和 SO_4^{2-} 含量 3g/kg 水泥土在龄期为 60d 时黏聚力略有降低，随后在 90d 龄期 Mg^{2+} 含量 6g/kg 的试样再次较大地增长，而 Mg^{2+} 含量 6g/kg 的试样持续缓慢降低；总体来看，随龄期增长，掺入 Mg^{2+} 试样的黏聚力整体大于掺入 Cl^- 的试样，而掺入 SO_4^{2-} 的水泥土黏聚力最小。

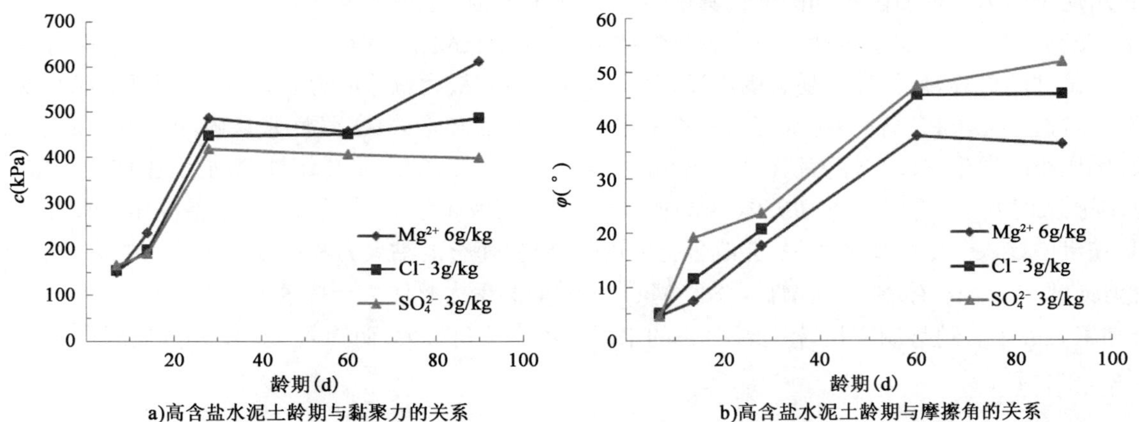

图 4 龄期对高含盐水泥土 c、φ 值的影响

Fig. 4 The relationship between curing age and salt-rich cemented soil's cohesive strength, internal frictional angle

由图 4b)可知，内摩擦角和黏聚力随时间变化的趋势有所不同，φ 值随龄期的增加总体明显地增大。7d 龄期时三种配比水泥土的 φ 值比较接近；60d 前的 Mg^{2+} 含量 6g/kg 配比和 Cl^- 含量 3g/kg 配比试样的内摩

擦角都随时间接近线性地较快增长，而 SO_4^{2-} 含量 3g/kg 水泥土在 14d 龄期前增长最快，随后缓慢增长到 28d 龄期以近似其他两种配比的趋势继续增长；龄期从 60～90d，Cl^- 含量 3g/kg 和 SO_4^{2-} 含量 3g/kg 配比水泥土内摩擦角都以缓慢的趋势增大，而 SO_4^{2-} 含量 3g/kg 配比水泥土趋势更明显。而 Mg^{2+} 含量 6g/kg 配比试样的内摩擦角略有降低；总体来看，随龄期增长，掺入 SO_4^{2-} 的水泥土内摩擦角最大，而掺入 Cl^- 试样的内摩擦角整体大于掺入 Mg^{2+} 的试样。

由黏聚力和内摩擦角来计算水泥土的抗剪强度，以周围压力为 200kPa 为例，计算结果如表 5 所示。由表 5 可知，随着龄期的增大，三种配比水泥土试样的抗剪强度都明显增大。龄期的增长对高含盐水泥土抗剪强度的影响如图 5 所示。由图 5 可知，高含盐水泥土的抗剪强度与龄期有较好的相关性，随着龄期的增长逐渐增大。三种配比的水泥土在 28d 龄期前，抗剪强度的增长和黏聚力的变化相似，近似线性地较快增长，7d、14d、28d 时三种配比水泥土的抗剪强度十分接近；28d 龄期之后，抗剪强度随龄期的增长趋势和内摩擦角相似。60d 和 90d 龄期都是掺入 SO_4^{2-} 的水泥土抗剪强度最大，而掺入 Mg^{2+} 的试样最小，掺入 Cl^- 试样的介于两者之间；水泥土抗剪强度及 c、φ 值都表现出龄期 28d 以前的增长率较高，28～90d 龄期水泥土的抗剪强度仍有较大增长，致使高含盐水泥土的后期强度较大，但其增长率较前期（7～28d）为低。

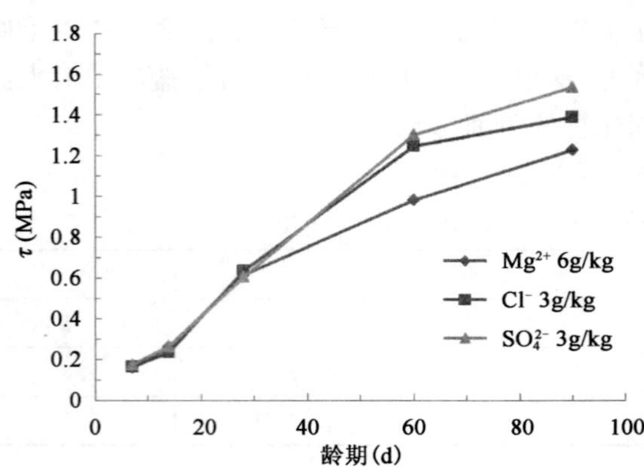

图 5　高含盐水泥土龄期和抗剪强度的关系

Fig. 5　The relationship between curing age and shear strengthof salt-rich cemented soil

表 5　各龄期、各配比水泥土抗剪强度(MPa)

Tab. 5　The shear strength of cemented soil with different curing ages and ratio

配比	7d	14d	28d	60d	90d
Mg^{2+} 6g/kg	0.158	0.258	0.614	0.983	1.225
Cl^- 3g/kg	0.165	0.233	0.635	1.248	1.388
SO_4^{2-} 3g/kg	0.175	0.263	0.605	1.302	1.534

3　结语

(1)水泥土的力学性质随龄期的增长其塑性降低，脆性增加，强度增大。

(2)在较低围压下水泥土表现出应变软化特征，随围压增长软化逐渐减弱，接近理想弹塑性材料。当围压较小时，试件的破坏接近脆性，随着围压逐渐增加，试件达到最大偏差应力后，出现了明显的滑移现象。

(3)高含盐水泥土在三轴不排水剪切试验中主要有三种破坏形式：①脆性张裂破坏。裂缝沿轴向发展，龄期长、围压小时发生。②塑性剪切破坏。裂缝沿两个方向大量出现，形成塑性流动区，土体发生塑性破坏，龄期短、围压大时发生。③脆性剪切破坏。试样有明显的剪切破坏截面，此类破坏发生条件介于前两者之间。

(4)在土中掺入一定配比的水泥，能改善土的内部结构，使土的黏聚力和内摩擦角大大提高，从而提高了土的抗剪强度。总体来看，随龄期增长，掺入 Mg^{2+} 试样的黏聚力整体大于掺入 Cl^- 的试样，而掺入 SO_4^{2-} 的水泥土黏聚力最小。随龄期增长，掺入 SO_4^{2-} 的水泥土内摩擦角最大，而掺入 Cl^- 试样的内摩擦角整体大于掺入 Mg^{2+} 的试样。

参 考 文 献

[1] 徐超，叶观宝. 水泥土搅拌桩复合地基的变形特性与承载力[J]. 岩土工程学报，2005，27(5)：600.
(XU Chao，YE Guan-bao Deformation and bearing capacity of composite foundation with cement soil

mixed pile[J]. Chinese Journal of Geotechnical Engineering, 2005, 27(5) : 600.)

[2] 刘兴华,韩晓猛,徐超,等. 海相软土对水泥土强度影响的机理研究[J]. 工业建筑,2009,39(3):66-68. (LIU Xing-hua, HAN Xiao-meng, XU Chao, et al. Research on mechanism of effect of marine soft clay on cement-soil[J]. Industrial Construction, 2009, 39(3): 66-68.)

[3] 王珊珊, 卢成原, 孟凡丽. 水泥土抗剪强度试验研究[J]. 浙江工业大学学报, 2008, 36(4): 456-459. (WANG Shan-Shan , LU Cheng-yuan , Meng Fan-li. An experimental study of shear strength of cement soil[J]. Journal of Zhejiang University of Technology. 2008, 36(4): 456-459.)

[4] 张华杰,韩尚宇,蒋敏敏,等. NaCl 侵蚀环境下水泥土的宏微观特性分析[J]. 水利水运工程学报, 2012(4):49-55.
(ZHANG Hua-jie, HAN Shang-yu, JIANG Min-min, et al. An analysis of the macro-and-micro properties of cement-soil under NaCl erosion environment[J]. Hydro-science and Engineering, 2012 (4): 49-55.)

[5] 储诚富,刘松玉,邓永锋,等. 含盐量对水泥土强度影响的室内试验研究[J]. 工程地质学报, 2007, 15 (1):139-143.
(CHU Cheng-fu, LIU Song-yu, DENG Yong-feng, et al. Laboratory study on the effect of salt contents to the strength of cement-mixed clays[J]. Journal of Engineering Geology, 2007, 15(1): 139-143.)

[6] YOSHIO SUZUSI. Deep chemical mixing method using cement as hardening agent. suzuki Y. deep chemical mixing method using cement as hardening agent[C]//Proceedings of the International Symposium on Recent Developments in Ground Improvement Techniques, Bangkok. 1982: 299-340.

[7] BROMS B B. Stabilization of soft clay with lime and cement columns in Southeast Asia, applied research project RP10/83[R]. Singapore: Nanyang Technical Institute, 1986.

[8] CHUN B S, KIM J C. A Study on the optimal mixture ratio for stabilization of surface layer on ultra-soft marine clay[J]. Grouting and Ground Treatment, 2003, 120(2): 1314-1325.

活性氧化镁碳化固化土力学和酸碱特性的试验研究

蔡光华　刘松玉　郑　旭　曹菁菁

（东南大学交通学院岩土工程研究所　南京　210096）

摘　要：掺加活性氧化镁的混合土通过吸收足量二氧化碳气体生成碳化固化土，使强度显著提高，为地基处理提供了一种快速、环保的加固方法。本文对掺量为10%、15%和20%的活性氧化镁混合土进行1.5、3、4.5、6和12h的加速碳化试验，碳化结束后分别对试样进行密度、含水率、无侧限抗压强度试验及酸碱度分析。结果表明：活性氧化镁混合土可在数小时内完成碳化并达到较高强度，超过同掺量水泥固化土28d的强度；随碳化时间的持续，碳化土的含水率降低，掺量10%的碳化土密度降低，掺量15%和20%的碳化土密度则是先减小后增加至碳化前的密度；抗压强度与活性氧化镁掺量和碳化时间密切相关，抗压强度随活性氧化镁掺量的增加而增加，随碳化时间的延长而增加至最大值并趋于稳定，甚至有减小的趋势；试样的pH值随着碳化时间的持续而减小，碱性变弱。

关键词：活性氧化镁　碳化　稳定土　强度　酸碱特性

作者简介：蔡光华（1985—），男，博士研究生，主要从事环境岩土工程和地基处理等方面研究。E-mail：caiguanghua@seu. edu. cn。

Experimental Study on Mechanical and Acid-alkali Properties of Reactive Magnesia Stabilized Soil

CAI Guang-hua，LIU Song-yu，ZHENG Xu，CAO Jing-jing

（Institute of Geotechnical Engineering，School of Transportation，Southeast University，Nanjing 210096，China）

Abstract：This paper aims as investigating a rapid and environmentally friendly soil stabilization method to significantly increase the strength of carbonated reactive magnesia (MgO) stabilized soil by exposing it to substantial quantities of CO_2. Soil specimens treated with 10%，15% and 20% reactive MgO were subjected to accelerated carbonation tests for 1.5，3，4.5，6，and 12 hr. Later，tests of specimen density，moisture content，unconfined compressive strength (UCS) and pH value were performed on soil specimens after the process of carbonation. The results can be summarized as follows：reactive MgO treated soil can complete carbonation within a few hours and achieve high strength which is larger than that of soil treated with cement of the same content on the 28th day；with the increase in carbonization time，the moisture content of carbonated soil reduces and the density of carbonated soil treated with 10% reactive MgO reduces whereas the density of carbonated soil treated with 15% and 20% reactive MgO first decreases and then increases to pre-carbonation density level；compressive strength is closely related to reactive MgO content and carbonization time，that is，compressive strength increases with the increase in reactive MgO content whereas with the increase incarbonization time it gradually increases to its maximum where it becomes stable and then even shows a tendency to decrease；the pH value of soil specimens decreases and its alkalinity gets weak with the increase of carbonization time.

Key words：reactive magnesia，carbonation，stabilized soil，strength，acid-alkali properties.

基金项目：国家自然科学基金项目（No. 51279032）；国家"十二五"科技支撑计划（No. 2012BAJ01B02-01），江苏省研究生培养创新工程（KYLX-0147）。

0　引言

深层搅拌桩由于其施工灵活、造价低、对周围构筑物影响小、能最大限度利用地基原土的独特优势，而成为软土地基加固的主要方法之一[1]。该方法常用的固化剂为石灰、硅酸盐水泥、粉煤灰或工业矿渣，通过和土体矿物发生一系列物理、化学反应，使软土硬结成具有一定强度的固化土，来增加地基承载力。

传统固化剂由于资源消耗和环境污染较为严重，所以新型固化剂早已开始了研究，Miller，G. A. & Azadb (2000)[2]研究了水泥窑灰(Cement kiln dust, CKD)作为土壤固化剂的可行性及其影响因素；Kolias et al. (2005)[3]将高钙粉煤灰添加到水泥中用以固化黏土；Goswami，R. k. & Mahanta (2007)[4]用粉煤灰和熟石灰混合物固化残积红壤；Hossain，K. M. A. & Mol (2011)[5]分析了不同掺量的水泥窑灰和火山灰固化黏土的工程性质。北京航空航天大学的黄新教授[6]研究了利用工业废渣来固化软土；庄心善和王功勋[7]研究了粉煤灰、炉渣等工业废料在岩土工程领域中的运用及作用机理；方祥位，等[8]提出了一种以高钙灰和脱硫石膏为主，辅以生石灰、水泥、熟石膏、硫酸铝及明矾石等成分的GT海风机桩基础直径明显偏大。

型土壤固化剂。2001年，澳大利亚科学家Harrison (2001; 2004)[9]考虑环境保护，发明了一种以活性氧化镁(Reactive magnesia)和普通硅酸盐水泥混合的新型水泥(Eco-Cement)，并认为该水泥具有优良的工程力学性质和环境效益。活性氧化镁主要是利用固态镁矿石(菱镁矿、白云石等)，在750℃左右下直接煅烧，远低于水泥煅烧时的温度(1450℃)，且水泥生产中，用菱镁矿煅烧所释放的能量远低于用石灰石和黏土煅烧所消耗的能量，表1为Harrison提出的以质量为基础对比煅烧能量。这些研究对改善水泥固化效果、减少环境污染起到了积极作用。

表1　生产过程中以质量为基础对比煅烧能量(John Harrison)[9]

Table 1　Comparison of calcined energy based on quality in production process (John Harrison)[9]

水泥的原材料	释放的有效能量(MJ/t)	释放的无效能量(MJ/t)
$CaCO_3$+Clay	1545.73	2828.69
$CaCO_3$	1786.09	2679.14
$MgCO_3$	1402.75	1753.44
水泥中的相关产物	释放的有效能量(MJ/t)	释放的无效能量(MJ/t)
PC波兰特水泥	1807	3306.81
MgO	2934.26	3667.82
水泥水化的相关矿物	释放的有效能量(MJ/t)	释放的无效能量(MJ/t)
水化OPC	1264.90	2314.77
$Ca(OH)_2$	2413.20	3619.80
$Mg(OH)_2$	2028.47	2535.59

活性氧化镁能快速水化成氢氧化镁，能与二氧化碳发生碳化反应，生成镁的碳酸化合物，并产生较高的胶结强度。因此，从二氧化碳排放、化石资源消耗和工程特性角度来看，活性氧化镁水泥是一种环保、可持续发展的高效新型材料。图1是Harrison提出的碳酸镁的热力学循环图。

2004年开始，英国剑桥大学Al-Tabbaa课题组对活性氧化镁水泥的应用进行了开创性研究，包括水化特性、微观结构(Vandeperre et al., 2008b)[10]和碳化性能(Vandeperre & Al-Tabbaa, 2007; Liska et al., 2008;)[11,12]。研究表明，仅以活性氧化镁作为固化剂而不添加波特兰水泥的砌块经强制碳化能达到2～3倍波特兰水泥砌块的强度，同时可吸收与氧化镁几乎相同质量的二氧化碳。

目前，该课题组将活性氧化镁替代传统水泥，通过通入二氧化碳气体进行地基加固，并证明该方法的可行性[13,14]。基于此背景，本文对活性氧化镁碳化加固地基进行了室内试验的研究分析。

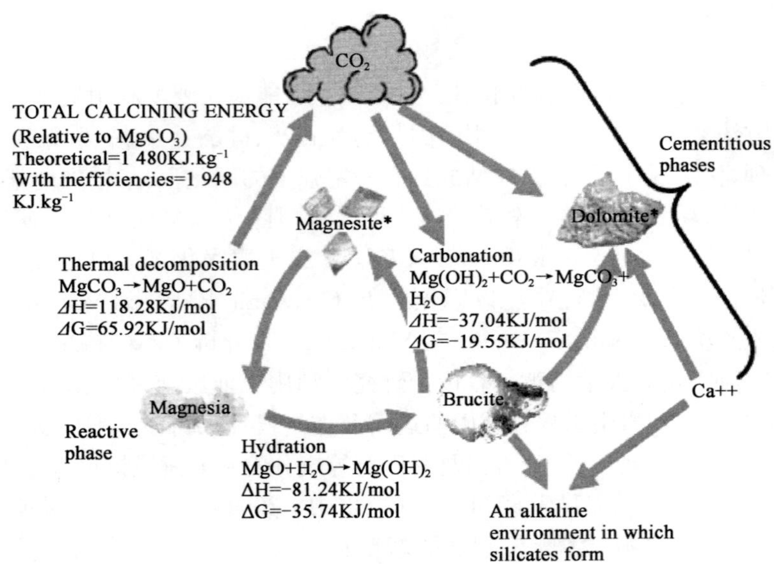

图 1　碳酸镁的热力学循环[9]

Fig. 1　A thermodynamic cycle of magnesium carbonate

1　材料与方法

1.1　试样材料及制备

试验所用土为徐州至明光一高速段的路基土，取之地表下 2.5～3.5m 处，试验土的基本参数如表 2 所示，土的液限、塑限和塑形指数按照 ASTMD 4318(ASTM 2003)测定，比重按照 ASTM D854-10 (ASTM 2006)，pH 值按照 ASTMD 4972 (ASTM 2001)测试，根据 ASTM D2487-11 (ASTM 2011)及试验土的 A 线分析图(图 2)可知，试验土为低液限粉土；试验土的 pH 值是按照 ASTMD 4972 (ASTM 2001)测定。试验所用的活性氧化镁为辽宁海城的工业级氧化镁，试验土和活性氧化镁 X 荧光分析的化学成分如表 3 所示，两种试验材料的颗分是利用马尔文 2000 激光粒度仪测试(图 3)，其中试验中，粉土是采用蒸馏水浸泡而活性氧化镁是采用无水酒精。按照 ASTMD 698-12 (ASTM 2012)进行试验土的击实试验，其干密度—含水率的关系如图 4 所示。试验所用的二氧化碳气体购于南京市三桥特种气体有限公司。

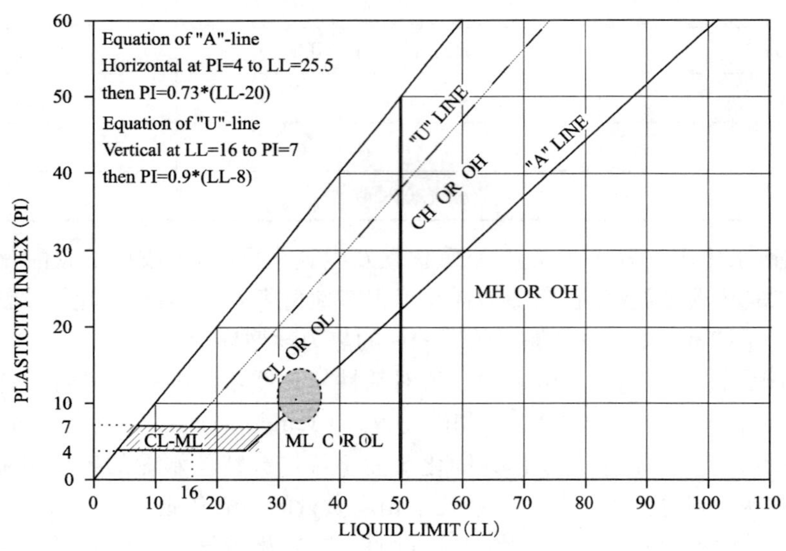

图 2　试验土的 A 线图

Fig. 2　A-line figure of the testing

表 2　试验土的主要物理—化学性质指标

Table 2 The main physical—chemistry property indexes of the soil

检测项目	测试值	检测项目	测试值
液限，w_L(%)	33.8	粘粒含量($D<2\mu m$)	4.3
塑限，w_p(%)	22.9	粉粒含量($2\mu m<D<75\mu m$)	53.5
塑性指数	9.9	砂粒含量($75\mu m<D<2\,000\mu m$)	42.2
天然含水率，w(%)	26.1	平均粒径(D_{50}，μm)	60
比重，G_s	2.71	不均匀系数(C_u，%)	1.25
粒径分布(%)		pH	8.78

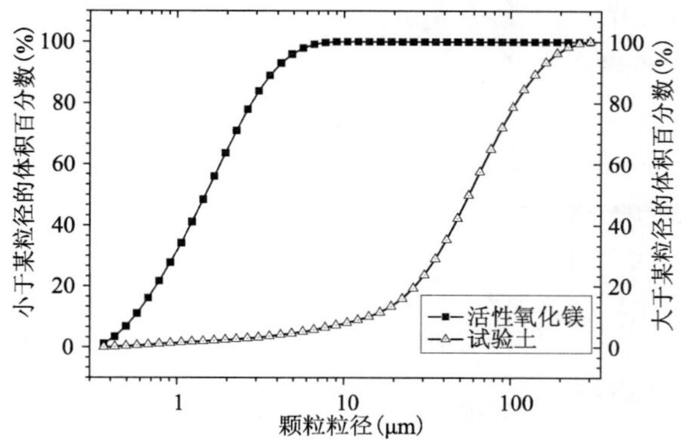

图 3　试验土和活性氧化镁的颗粒级配

Fig. 3　Grain size distribution of testing soil and active magnesia

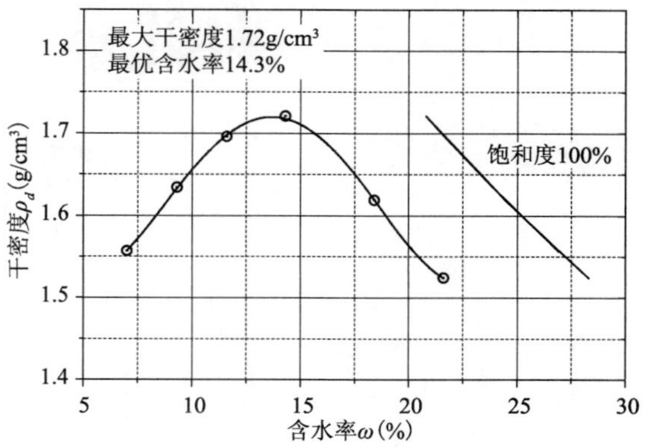

图 4　干密度—含水率的关系曲线

Fig. 4　The relation curve of dry density—moisture content

表 3　试验黏土的矿物成分

Table 3　Themineral compositions of the clay soil

组　成	干土(%)	活性氧化镁(%)	组　成	干土(%)	活性氧化镁(%)
MgO	2.18	85.3	K_2O	2.23	0.01
Al_2O_3	11.9	0.42	TiO_2	0.61	—
CaO	5.57	2.46	SO_3	0.039	0.1
SiO_2	62.5	5.58	P_2O_5	0.18	—
Fe_2O_3	3.3	0.22	MnO	0.057	0.01
Na_2O	1.28	—	Loss on ignition	10	5.87

1.2　试样制备及碳化

试样制作前对土样进行烘干、粉碎、过筛等预处理，然后配制活性氧化镁混合土样，活性氧化镁掺量(活性氧化镁质量/干土质量)依据水泥搅拌桩掺量设计为 10%、15%、20%，含水率(水质量/干土质量)参考天然含水率而定，为 25%。将拌和好的氧化镁混合土倒入直径 50mm，高度 100mm 的铁质模具内，用手摇晃以排除混合土里的空气气泡，采用液压千斤顶进行静压制样，压实密度达到击实试验的最大干密度($1.73\ g/cm^3$)时，用千斤顶进行脱模，对制好的试样分别进行质量、直径和高度的量测，测试过程如图 5a)～图 5d)所示。然后将试样放入自制的碳化桶内(图 6)，通入二氧化碳气体，压力为 200kPa，进行强制碳化，经过 1.5、3、4.5、6、12h 的碳化后，对碳化后的试样再次进行质量、直径和高度的量测，用 YSH-2 型石灰土无侧限压力仪进行无侧限抗压强度试验，将压坏的碳化试样敲碎，进行含水率、pH 值测试，由于碳化过程中有结晶水的形成，故碳化前后土样含水率测试均在 60℃的烘箱内干燥。

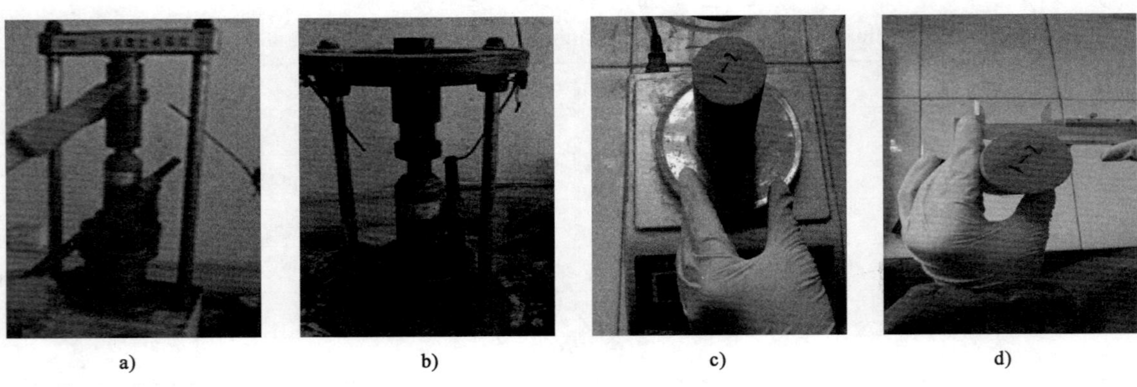

图5　试样的制备过程

Fig. 5　Preparation processof the samples

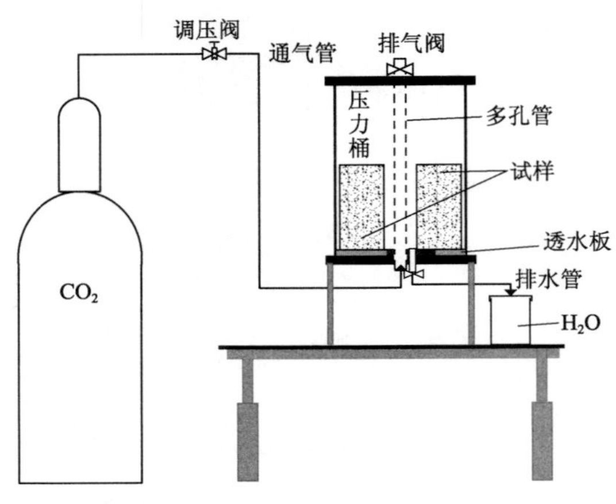

图6　碳化桶示意

Fig. 6　The diagram of Carbonation bucket

2　结果与分析

2.1　密度和含水率

碳化结束后，进行试样质量、高度和质量的量测，并进行含水率测试，密度和含水率随碳化时间的变化如图7、图8所示。从图7可以看出，经过1.5h碳化，试样的密度均减小，且密度减少量与掺量呈负相关，但3h之后，试样密度开始增大，达到初始密度，并趋于稳定；但掺量10%的试样，试样密度仍低于碳化前的密度，而掺量为15%和20%的试样，密度增至初始密度，尤其在3h时，还高于初始密度。从图8可以看出，碳化试样与未碳化试样相比，含水率均出现减小，而在6h之后，含水率略有回升。产生上述结果的原因在于：

(1)活性氧化镁与水结合，能快速生成氢氧化镁，是土中水分减小，但强制通入二氧化碳气体，二氧化碳可与氢氧化镁发生碳化反应，吸收二氧化碳的同时也有部分水分被排出，试验过程中发现试样表面和碳化桶壁有水珠生成，但是二氧化碳的增量与水分的损失量并不是等量的。

(2)碳化1.5h，气体将试样中水分强制压出，而氢氧化镁没有完全与气体发生反应，使水的减少了远大于气体的增加量。

(3)试样经碳化后，出现体积的增大现象，所以导致了密度的变化。

(4)随着碳化时间增加，试样在二氧化碳压力作用下，出现不同程度的开裂。基于上述理由，出现了碳化试样密度和含水率的变化。

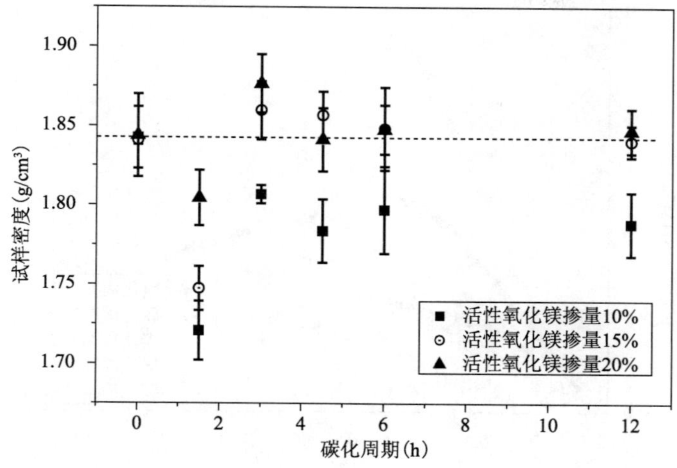

图 7 试样密度随碳化周期的变化关系

Fig. 7 Sample density changes with the carbonationperiods

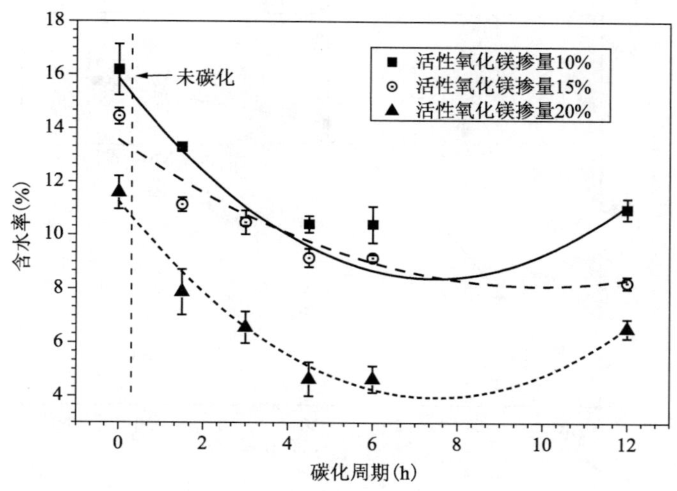

图 8 试样含水率随碳化周期的变化关系

Fig. 8 Sample water content changes with the carbonationperiods

2.2 力学特性

表 4 显示了不同掺量的氧化镁土样经过不同碳化周期碳化后的无侧限抗压强度、破坏应变和变形模量。变形模量 E_{50} 根据公式 $E_{50}=2\frac{\sigma_{\frac{1}{2}}}{\varepsilon_f}$ 来计算，其中 $\sigma_{\frac{1}{2}}$ 为破坏应变 ε_f 达到一半时所对应的应力。图 9 是掺量 15%碳化试样在不同碳化周期下的应力—应变关系，从图 9 可以看出，碳化试样在达到最大强度之前，应力随应变的增大而线性增加，达到最大值之后，对于碳化时间大于 4.5h 的试样，破坏后的应力衰减明显快于碳化 1.5h 和 3h 的试样。图 10、图 11 分别是掺量 15%水泥试样随固化周期的强度变化和活性氧化镁混合土样随碳化周期的变化关系，从图 11 可以看出，活性氧化镁混合土随着掺量增加，强度明显增加，随着碳化周期的增加，强度是先增加后稳定，关系呈二次函数的关系；并且掺量 15%的活性氧化镁土样，6h 的碳化强度可达到相同掺量下水泥土 28d 的强度。碳化固化土强度能迅速增加的原因是碳化作用形成的镁式碳酸盐[如三水菱镁矿($MgCO_3.3H_2O$)、水菱镁石($Mg_5(CO_3)_4(OH)_2.4H_2O$)、球碳镁石($Mg_5(CO_3)_4(OH)_2.5H_2O$)和纤菱镁矿($Mg_2(OH)_2CO_3.3H_2O$)]所导致的[13,14]，并且从碳化土的粒径分布图(图 12)上也可看出，掺量越高，生成碳化土的粒径明显变大，致使土体之间的胶结作用增强。

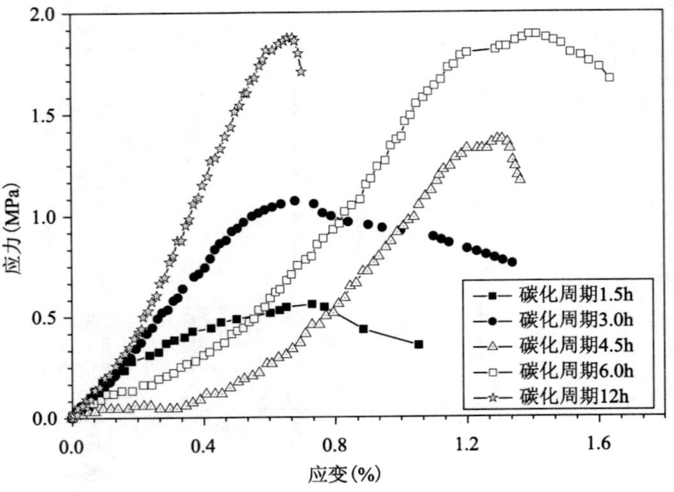

图 9　氧化镁掺量 15%碳化试样的应力—应变关系

Fig. 9　The stress-strain relation of carbonation sample of 15% dosage reactive magnesia

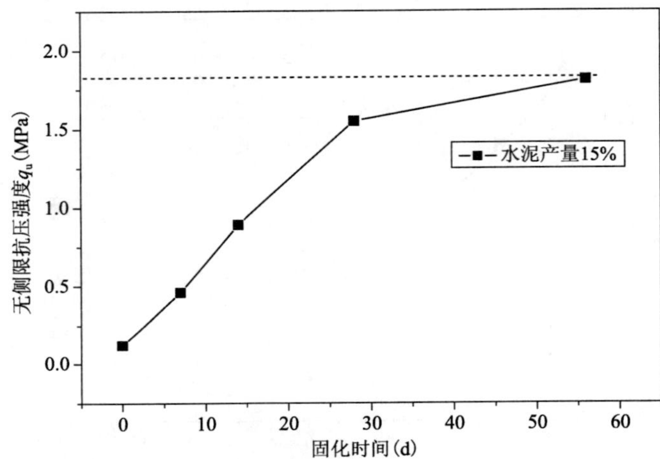

图 10　掺量 15%水泥试样的强度值

Fig. 10　The strength value of 15% dosage cement samples

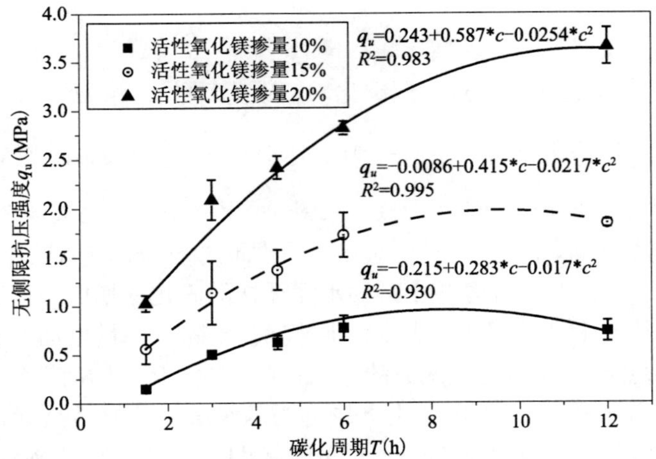

图 11　碳化试样强度随碳化周期的变化

Fig. 11　The strength of carbonation samples changes with carbonation periods

表 4　试样的无侧限抗压强度、破坏应变和模量

Table 4　Unconfined compressive strength, failure strain and modulusof carbonation samples

测试内容	碳化周期 (h)	活性氧化镁掺量(%)		
		10	15	20
无侧限抗压强度 q_u(MPa)	1.5	0.448	0.560	1.031
	3	0.517	1.071	2.136
	4.5	0.609	1.371	2.419
	6	0.773	1.889	2.602
	12	0.739	1.874	3.601
破坏应变 ε_f(%)	1.5	0.766	0.730	1.450
	3	0.732	0.714	0.807
	4.5	1.807	1.309	1.664
	6	1.250	1.414	0.905
	12	1.175	0.673	0.882
变形模量 E_{50} (MPa)	1.5	23.509	116.529	99.819
	3	100	179.777	317.151
	4.5	51.693	47.560	106.052
	6	64.829	109.939	342.810
	12	96.771	262.204	359.834

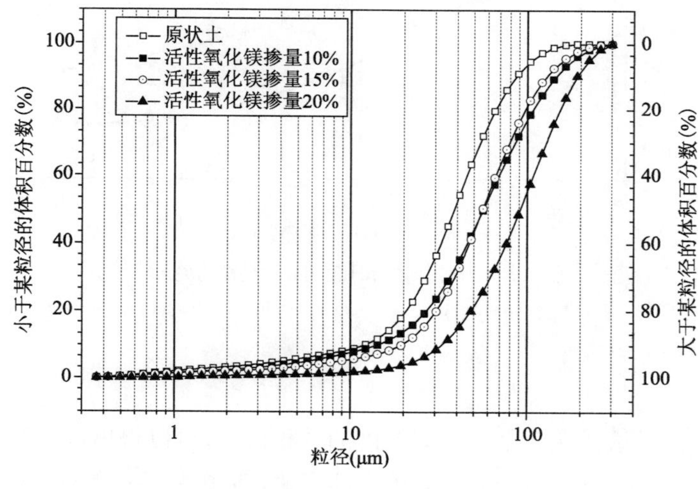

图 12　碳化试样的粒径分布

Fig. 12　Grain size distribution of carbonation samples

2.3　酸碱特性

在压坏试样的破裂面上，滴上 95%无水酒精的酚酞试液，从碳化试样破裂面遇酚酞试液的颜色变化情况(图 13)可以看出，15%掺量的试样经碳化后，破裂面上均有不同深度的粉红色变化，对于 1.5h 碳化粉红色较深，随着碳化时间的延长，粉红色颜色逐渐变浅，颜色的变化主要是由于试样中氢氧化镁含量的变化。说明随着碳化时间的增长，试样中氢氧化镁含量逐渐降低，碳化较为充分。结合碳化后试样的 pH 值变化(图 14)，从图 14 可以看出，随着碳化时间增加，试样的 pH 逐渐减小，说明碳化时间的持续，使试样中氢氧化镁的含量在减小，并且氧化镁含量越高，其碱性越高。

图 13　碳化试样破裂面遇酚酞试液的颜色变化

Fig. 13　The fracture surface colorof carbonation sampleschanges when met the phenolphthalein solution

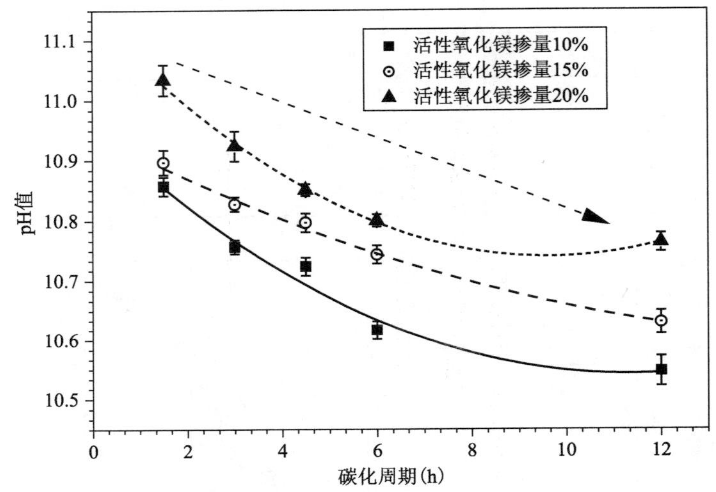

图 14　碳化试样的 pH 值与碳化周期的关系

Fig. 14　The relation between pH value of carbonation samples and carbonation periods

3　结论

通过 3 种掺量活性氧化镁试样在 5 个时间周期内的碳化试验，可以得出以下结论：

(1)碳化作用使土体含水率降低，由于质量和体积的变化，使 10%掺量的密度降低，而 15%和 20%掺量的试样，密度先减小后增加至碳前密度。

(2)碳化形成的镁式碳酸盐，使碳化土体的强度明显增加，6h 的碳化作用可超过同掺量水泥固化土 28d 的强度，且强度变化随时间延长而增大并存在最大值，呈二次函数的变化。

(3)随着碳化时间的持续，试样中氢氧化镁经碳化作用而逐渐减小，碱性变弱。

参 考 文 献

[1] 刘松玉，钱国超，章定文. 粉喷桩复合地基理论与工程应用[M]. 北京：中国建筑工业出版社，2006.
(LIU Song-yu QIAN Guo-chao，ZHANG Ding-wen. Powder jet pile composite foundation theory and

engineering application [M]. Beijing: China Building Industry Press, 2006.)

[2] Miller, G. A. & Azadb, A. Influence of soil type on stabilization with cement kiln dust[J]. Construction and Building Materials, 2000, 14: 89-97.

[3] Kolias, S., Kasselouri-Rigopoulou, V. & Karahalios, A. Stabilisation of clayey soils with high calcium fly ash and cement[J]. Cement & Concrete Composites, 2005, 27: 301-313.

[4] Goswami, R. K. & Mahanta, C. Leaching characteristics of residual lateritic soils stabilised with fly ash and lime for geotechnical applications[J]. Waste Management, 2007, 27: 466-481.

[5] Hossain, K. M. A. & Mol, L. Some engineering properties of stabilized clayey soils incorporating natural pozzolans and industrial wastes [J]. Construction and Building Materials, 2011, 25: 3495-3501.

[6] 牛晨亮,黄新,李战国,等. 利用工业废渣固化软土的试验研究[J]. 环境工程学报, 2009, 3(10): 1871-1874.
(NIU Chen-liang, HUANG Xin, Li Zhan-guo, et al. Experimental research on utilization of industrial wastes to stabilize Soft soil [J]. Chinese Journal of Environmental Engineering, Vol. 3, No. 10, 2009: 1871-1874)

[7] 庄心善,王功勋,田苾. 含工业废料加固土的特性研究[J]. 土木工程学报,2005, 38(8): 114-117.
(ZHUANG Xin-shan, WANG Gong-xun, TIAN Bi. A STUDY ON THE CHARACTERISTICS OF SOILS CONSOLIDATED WITH INDUSTRIAL WASTES[J]. China Civil Engineering Journal, 2005, 38(8): 114-117.)

[8] 方祥位,孙树国,陈正汉,等. GT 型土壤固化剂改良土的工程特性研究[J]. 岩土力学,2006, 27(9): 1545-1548.
(FANG Xiang-wei, SUN Shu-guo, CHEN Zheng-han, et al. Study on engineering properties of improved soil by GT soil firming agent[J]. Rock and Soil Mechanics, 2006, 27(9): 1545-1548.)

[9] A John W Harrison, B. Sc. B. Ec. FCPA. The Case for and Ramifications of Blending Reactive Magnesia with Portland Cement. John Harrison TecEco Pty. Ltd. www. tececo. com. 1-16.

[10] Vandeperre, L. J. Liska, M & Al-Tabbaa, A. Microstructures of reactive magnesia cement blends. Cement and Concrete Composites, 2008b, 30(8): 706-714.

[11] Vandeperre, L. J. & Al-Tabbaa, A. Accelerated carbonation of reactive magnesia cements. Advances in Cement Research, 2007, 19(2): 67-79.

[12] Liska, M., Vandeperre, L. J. & Al-Tabbaa, A. Influence of carbonation of magnesia-based pressed masonry units. Advances in Cement Research, 2008, 20(2): 53-64.

[13] Yi, Y. L., Liska, M., Unluer, C. & Al-Tabbaa, A. Carbonating magnesia for soil stabilisation. Geotechnique, 2012a, submitted.

[14] Yi, Y. L., Liska, M., Al-Tabbaa, A., Unluer, C. & Akinyugha, A. Execution and performance of carbonated reactive magnesia stabilised soil columns in laboratory scale model auger test set-up. ASTM Geotechnical Testing Journal, 2012b, submitted.

岩溶区公路桥梁桩基施工对邻近既有铁路路基稳定性影响监测及分析

冯忠居[1]　付长凯[1]　王富春[1]　张国炳[2]　吴玉财[3]　李晓鹏[4]

（1.长安大学公路学院　陕西西安　710064；
2.广东省南粤交通投资建设有限公司　广东广州　510507；
3.广东肇阳高速公路有限公司肇花项目管理处　广东广州　510880；
4.上海市城市建设设计研究院天津分院　天津　300073）

摘　要：为解决岩溶区桥梁钻孔灌注桩施工对周围既有环境造成的塌陷等问题，本文在肇花高速公路岩溶区桥梁桩基施工期间，对其跨越的京广铁路路基深层水平位移及地下水位进行监测，根据监测数据与预警值比较，分析桩基施工对既有铁路路基稳定性的影响。监测数据表明：在肇花高速公路桥梁桩基施工期间，监测数据均未到达预警值，可判断桩基施工期间京广铁路路基稳定，肇花高速公路岩溶区桥梁桩基施工未对其稳定性造成显著影响。本文的研究的成果可以对相关性工程提供技术依据。

关键词：岩溶区　桥梁桩基础　既有铁路路基　监测　预警值

作者简介：冯忠居(1965—)，男，山西万荣人，教授，博导，从事公路岩土、桥梁工程方面的教学、科研工作。E-mail：ysf@gl.chd.edu.cn。

Site Monitoring and Analysis of Pile Foundation Construction of Highway Bridges in Karst Areas Affecting on Adjacent Existing Railway Roadbed Stability

FENG Zhong-ju[1], FU Chang-kai[1], WANG Fu-chun[1], ZHANG Guo-bing[2], WU Yu-cai[3], LI Xiao-peng[4]

(1. School of Highway, Chang'an University, Xi'an 710064, China; 2. Guangdong Province Nan Yue Transport Investment and Construction Co., Ltd., Guangdong Guangzhou 510507, China; 3. Guangdong Zhaoyang Freeway Co.,Ltd. Zhaohua Project Administration, Guangzhou 510880, China; 4. Shanghai Urban Construction Design and Research Institute of Tianjin Branch, Tianjin 300073, China)

Abstract: In order to solve the problem that Bridge bored pile construction in karst area affected the surrounding environment leading to the problem of collapse, during Zhao Hua freeway construction, monitoring construction for the deep Beijing Guangzhou railway in the horizontal displacement and ground water level, according to the monitoring data and warning value comparison, analyzing the influence of pile foundation construction to the Beijing Guangzhou railway. Monitoring data show that: during the period of Zhao Hua highway bridge pile foundation construction, monitoring data are not reached the warning value, so, can determine that the pile during the construction of Beijing Guangzhou railway roadbed are stable. Zhao Hua Bridge Pile Foundation Construction in karst area highway caused no significant effect on the stability. The results of this study can provide the technical basis for the correlation between projects.

Key words: karst areas, bridges pile foundation, existing railway roadbed, Site monitoring, Warning value.

0　引言

岩溶是指水对可溶性岩石进行以化学溶蚀作用为主要特征的综合地质作用，以及由此产生的各种现象的总称。岩溶发育破坏了岩石的完整性、大幅度降低了岩石的稳定性和强度，岩溶发育区，上覆土体常发育土洞。岩溶地区桥梁桩基施工期间可能发生严重漏浆、地下水位突然显著变化、溶洞顶板坍塌等现象，导致塌孔、地面沉降、地基突然下沉等工程病害，影响桥梁周边岩土体的稳定，导致周边建、构筑物破坏、地面沉降而形成次生灾害[1~9]。

肇花高速公路狮岭高架桥跨越京广铁路，该区域地质条件复杂、岩溶发育，局部地下溶洞多达 2 层及以上，铁路路基稳定性受桩基施工扰动威胁显著。为评价京广铁路路基在肇花高速公路桥梁桩基施工期的稳定性、分析岩溶区桩基施工对京广铁路路基稳定性的影响，进行京广铁路路基深层水平位移监测及地下水位监测，并制定相应的监测预警标准，将监测数据与预警值比较，评价桩基施工对京广铁路路基稳定性的影响。

1 工程概况

1.1 工程场地条件

肇花高速公路岩溶区的溶洞和土洞分布较广，总见洞率达 30.5%，其中 87%为溶洞、13 %为土洞；溶洞中 62%为全填充，18%为半填充，20%为空洞；上覆第四系覆盖层为自稳能力较差的松散～稍密状粗砂，砂层较厚且局部存在大洪涌沟，基岩埋藏较深且变化大，粗砂直接分布于灰岩之上，桩基施工往往极易扰动上覆土体及地下水，打破岩溶区的地下水动态平衡，易触发地面的沉降。

1.2 京广铁路附近桩基地质资料

肇花高速公路狮岭高架桥跨越京广铁路段，地质条件复杂，岩溶发育，部分区域地下溶洞多达 2 层及以上，详细桩基和地质资料见表 1。

表 1 桩基及地质资料

Table 1 pile foundation and geological information

墩台号	桩 位	设计桩径 D(m)	设 计 桩 性	设计桩顶高程 (m)	调整后桩长 (m)	地 质 条 件
右幅 115 号	1 号	1.8	摩擦桩	24.90	64.10	桩底为强风化粉砂岩
	2 号	1.8	摩擦桩	24.90	64.10	桩底为强风化粉砂岩
左幅 116 号	1 号	1.8	摩擦桩	24.90	60.00	桩底为强风化粉砂岩
	2 号	1.8	摩擦桩	24.90	60.00	桩底为强风化粉砂岩
右幅 116 号	1 号	1.8	嵌岩桩	24.00	28.00	二层溶洞，入微风化灰岩
	2 号	1.8	嵌岩桩	24.00	28.00	一层溶洞，入微风化灰岩
左幅 117 号	1 号	1.6	嵌岩桩	25.80	61.70	二层溶洞，入微风化灰岩
	2 号	1.6	嵌岩桩	25.80	51.00	二层溶洞，入微风化灰岩

2 监测方案

2.1 监测对象及监测项目

监测对象为肇花高速公路狮岭高架桥 K40＋750～K42＋300 段所跨越的岩溶区京广铁路路基，监测项目为路基深层水平位移监测、地下水位监测。

2.2 监测方法[10]

(1)路基深层水平位移监测方法。既有路基深层水平位移监测采用钻孔测斜仪配合测斜管，每个测点钻孔深度为30m，保证钻孔至岩面以下不少于3m，钻孔偏斜率≤1%，测斜管的一组导槽平行于路线走向，另一组导槽垂直于路线走向。分别测定平行路线走向和垂直路线走向的深部位移，合成为矢量位移。

在正式监测前，提前5d将测斜管安装完毕，并在3～5d内重复测量2次，取得初始值。待测斜结果稳定之后，开始进行测量工作。监测时从孔底开始，自下而上沿测斜管导槽滑移，每0.5m读取一次数据，与初始值进行比较，二者之差即为路基深层水平位移。

(2)地下水位监测方法。地下水位监测采用电触式悬锤钢尺水位计，地下水位孔钻孔深度至岩面之上，分别测定不同周期的地下水位，计算地下水位地变化量及变化速率。

2.3　监测频率

路基深部深层水平位移和地下水位监测工作在桩基施工前取得初值，桩基施工中每日监测1次，施工结束1个月后监测1次。桩基施工前、施工中及施工完成后每阶段的具体监测频率见表2。

表2　路基深部水平位移及地下水位监测频率

Table 2　roadbed deep horizontal displacement and frequency of groundwater levels monitoring

施工阶段	监测频率(次数)	备　注
施工前	2次	取得原始数据
施工中	1次/天	
桩基施工完成后	1次	1个月后若没有大的沉降则停止监测

2.4　监测点布设

在京广铁路附近两侧各布置4个深层水平位移孔和4个地下水位孔，其中4个深层水平位移孔编号为CX-1～CX-4，4个地下水位孔编号为SW-1～SW-4，监测孔布设如图1所示。

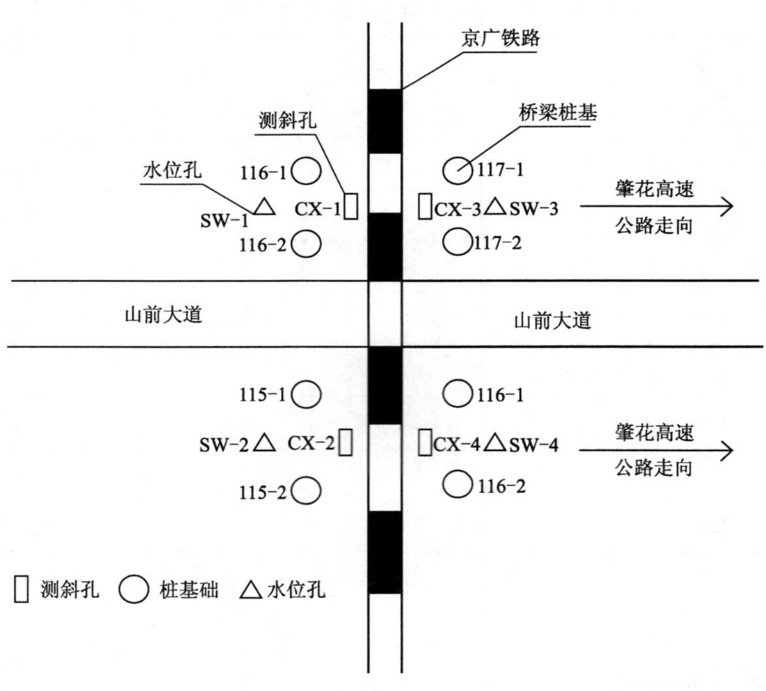

图1　京广铁路路基深部水平位移和水位监测孔布设示意

Fig. 1　Beijing-Guangzhou railway deep hole horizontal displacement and water level monitoring schematic layout

2.5　监测预警值

桩基施工期间，路基深层水平位移监测预警值定为管顶水平位移量每昼夜≤5mm；地下水位预警值采用水位变化率与水位变化双指标控制，地下水位变化预警值设为 3m，地下水位变化速率根据汛期和非汛期分别设置为 1m/d 和 0.5m/d。监测预警值分为 3 级，预警值分级及应对措施见表 3。

3　监测成果及分析

3.1　监测成果

肇花高速公路岩溶区紧邻京广铁路桩基施工监测工作从 2014 年 2 月 24 日开始，2014 年 3 月 29 日截止。根据数据的完整性和有效性，取 CX-2、CX-3 两个深层水平位移监测孔和 SW-1、SW-2 两个地下水位监测孔的数据进行分析。2014.2.24～2014.4.25 监测期间，各孔共计量测 36 次（施工期 35 次、工后 1 次），孔口水平位移—时间变化规律、孔口水平位移速率—时间变化规律以及深层水平位移—时间变化规律如图 2～图 4 所示，地下水位监测数据如图 5 所示。

表 3　监测预警等级及应对措施

Table 3　Monitoring and warning level and Countermeasures

预警等级	路基深层水平位移预警值 mm/d	地下水位监测预警值 m/d		应对措施
		汛期	非汛期	
三级预警值	3	0.6	0.3	加密监测频率
二级预警值	4	0.8	0.4	采取处理措施
一级预警值	5	1	0.5	停止施工，加强处理措施，并准备启动应急措施，准备撤离附近居民

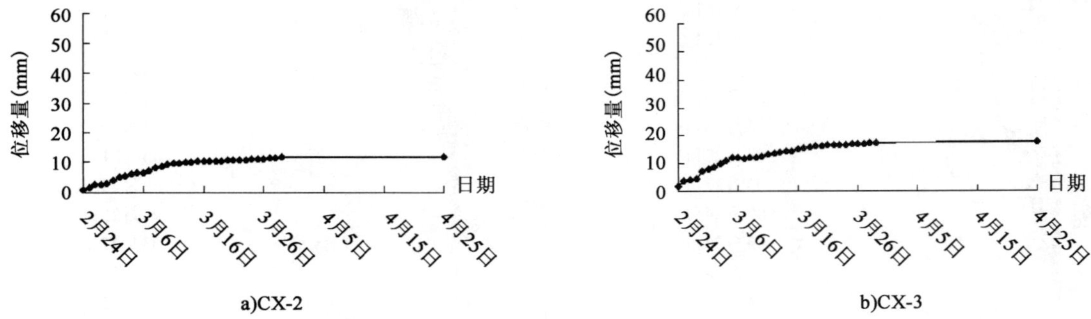

图 2　孔口水平位移—时间变化规律

Fig. 2　Variation of orifice horizontal displacement -time

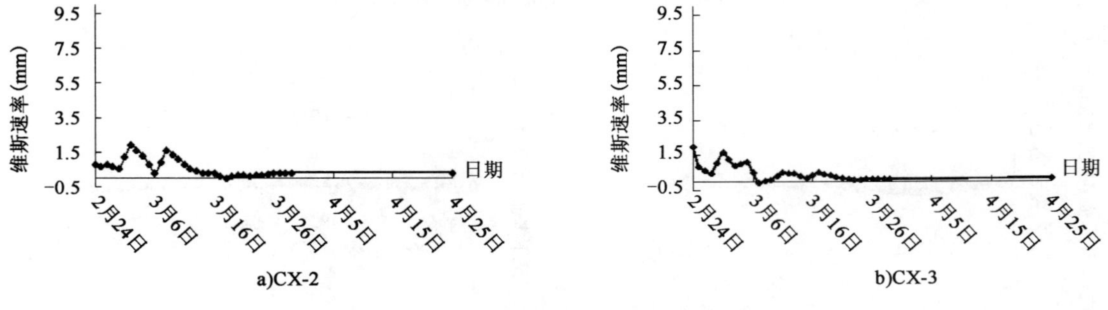

图 3　孔口水平位移速率—时间变化规律

Fig. 3　Variation of orifice horizontal displacement rate-time

3.2　路基深层水平位移监测成果分析

(1)在施工期间，CX-2 孔孔口最大累计水平位移为 11.96mm，孔口最大水平位移速率为 1.93mm/d；

CX-3 孔孔口最大累计水平位移为 17.88mm，孔口最大水平位移速率为 1.99mm/d；孔口水平位移速率均小于三级预警值，可判断桩基施工对京广铁路路基稳定性影响微弱。

(2)桩基施工结束 1 个月后，CX-2、CX-3 两孔孔口累计水平位移与施工结束当日监测数据比较，基本未增加，可判断京广铁路地基岩土体稳定。

(3)由图 4 可见，CX-2、CX-3 孔深层水平位移—时间变化规律具有一定的差异，CX-2 从孔底至孔口位移变化量整体比较均匀，而 CX-3 从孔底至孔口的位移变化量主要发生在孔深 3～5m 与 7～8m 处。CX-2 测斜孔位于 115 号墩位附近，其底为强风化粉砂岩，不存在溶洞，地质条件良好，而 CX-3 测斜孔位于 117 号墩位附近，其底含有 2 层溶洞，地质条件较差，由于桩基施工打破了原来的地基应力平衡，使得土层重新发生应力重分布，导致深部岩土层水平位移的发生，由于地基岩土层随深部的变化其地质特性有所不同，产生的深部水平位移也会相应不同。

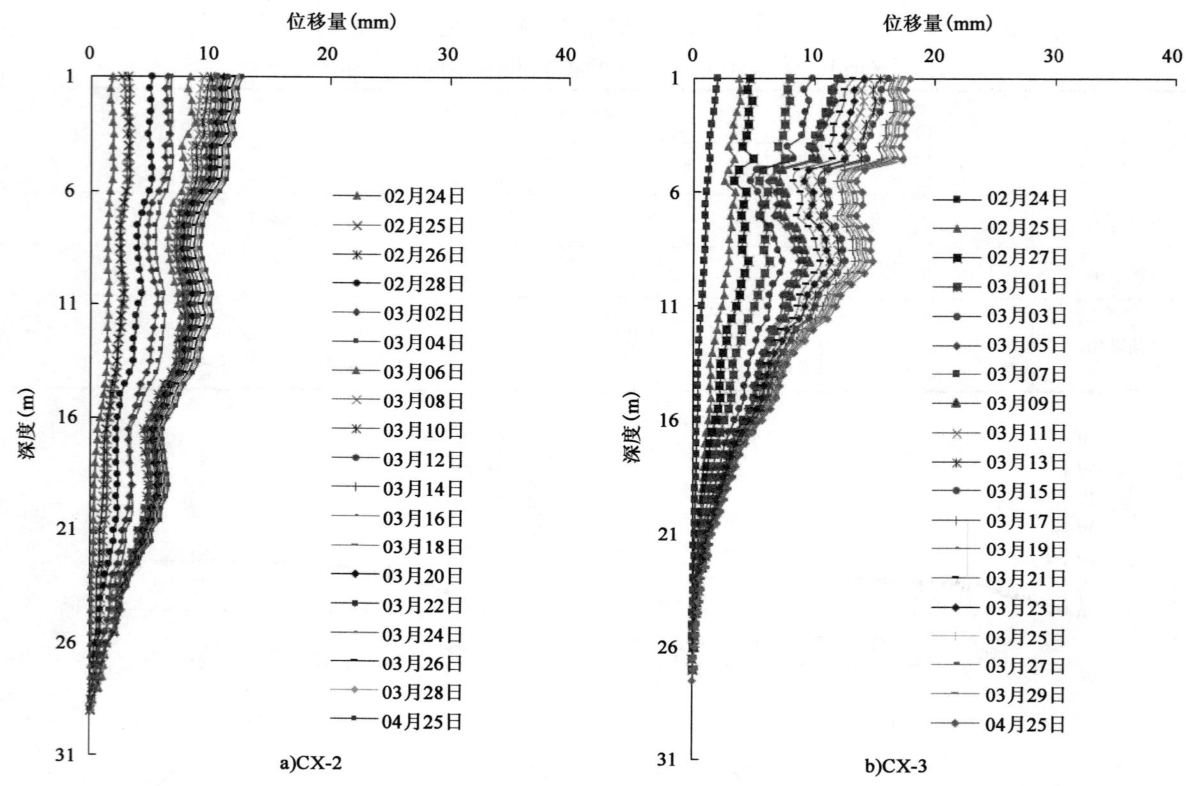

图 4　深层水平位移—时间变化规律

Fig. 4　Variation of deep horizontal displacement-time

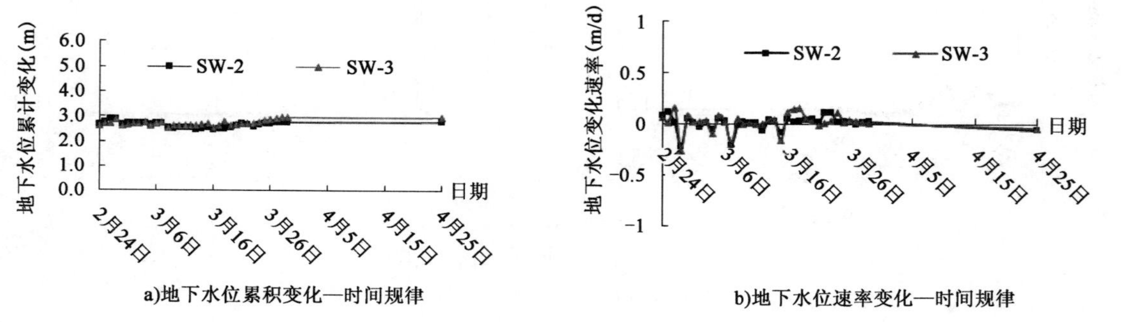

图 5　地下水位变化规律

Fig. 5　Variation of groundwater level

3.3　地下水位监测成果分析

(1)SW-2、SW-3 孔的地下水位变化速率最大值为分别 0.221m/d、0.26m/d，均小于三级预警值，地下水位变化微弱，不足以产生显著地水力梯度、威胁岩溶地区岩土体的稳定性。

(2)地下水位变化平缓，可推测水位变化主要是由降雨所致，并非施工导致溶洞垮塌而引起的地下水位突变。

4　结语

根据路基深层水平位移监测成果数据及地下水位监测成果数据，可判断在监测期间内：

(1)临近肇花高速公路桩基施工区域的京广铁路路基，未发生显著地变形。

(2)地下水位未发生显著变化，不足以产生显著的水力梯度、威胁岩溶地区岩土体的稳定性。

(3)可得出在肇花高速公路狮岭高架桥 K40＋750～K42＋300 段桩基施工期，京广铁路路基稳定、桩基施工未显著威胁其稳定性的结论。

参 考 文 献

[1] 冯忠居. 大直径钻埋预应力混凝土空心桩承载性能的研究[D]. 西安：长安大学，2003.
[FENG Zhong-ju. The study of large diameter prestressed concrete bored pile bearing capacity [D]. Xi'an：Chang'an Univeisity，2003.(in Chinese)]

[2] 冯忠居，谢永利. 大直径钻埋预应力混凝土空心桩承载力的试验[J]. 长安大学学报(自然科学版)，2005(2)：50-54.
(FENG Zhong-ju，XIE Yong-li . Experimental stud of large diameter prestressed concrete bored pile bearing capacity[J]. journal of chang'an university，2005(2)：50-54.(in Chinese))

[3] 冯忠居，谢永利，李哲，等. 大直径超长钻孔灌注桩承载性状[J]. 交通运输工程学报，2005(1)：24-27.
(FENG Zhong-ju，XIE Yong-li，LI Zhe，et al，Large diameter longer bored Piles[J]. Traffic and Transportation Engineering，2005(1)：24-27.(in Chinese))

[4] 冯忠居. 特殊地区基础工程[M]. 北京：人民交通出版社，2008.
(FENG Zhong-ju. Special regional foundation engineering[M]. Beijing：China Communications Press，2008.(in Chinese))

[5] 冯忠居. 基础工程[M]. 北京：人民交通出版社，2001.
(FENG Zhong-ju. Foundation engineering[M]. Beijing：China Communications Press，2001.(in Chinese))

[6] 程跃辉，周基，崔颖超，等. 地下岩溶暗河诱因路堤塌陷失稳机理模拟分析[J]，中外公路，2007，27(4)：178-181.
(CHENG Yue-hui，ZHOU Ji，CUI Ying-chao，et al. The simulation analysis of karst underground river causing embankment collapse instability[J]. Chinese and foreign highway，2007，27(4)：178-181.(in Chinese))

[7] 刘之葵，梁金城，朱寿增，等. 岩溶区含溶洞岩石地基稳定性分析[J]. 岩土工程学报，2003，25(5)：629-633.
(LIU Zhi-kui，LIANG Jin-cheng，ZHU Shou-zeng，et al. Stable analysis of karst area with rock caverns foundation，Chinese Journal of Geotechnical Engineering，2003，25(5)：629-633.(in Chinese))

[8] 袁腾方，曹文贵，赵明华，等. 岩溶区高速公路路基下岩溶顶板稳定性的模糊评价方法[J]. 中南公路工程，2003，28(1)：8-11.

(YUAN Teng-fang, CAO Wen-gui, ZHAO Ming-hua, et al. Fuzzy evaluation method of karst area highway roadbed stability of karst roof[J]. Central South Highway Engineering, 2003, 28(1): 8-11. (in Chinese))

[9] 蒋小珍，雷明堂，等. 岩溶水作用下填石路基稳定性模型方案研究[J]. 中国岩溶. 2005(2): 96-102. (JIANG Xiao-zhen, LEI Ming-tang, et al, Research on the action of rock fill embankment stability under karst water model program[J]. China karst. 2005(2): 96-102. (in Chinese))

[10] YS5229-96，岩土工程监测规范[S]. 北京：中国计划出版社，1996. (YS5229-96, Code for monitoring of geotechnical engineering[S]. Beijing: Chinese Planning Press, 1996. (in Chinese))

MgO 碳化固化土和水泥土抗硫酸盐侵蚀对比试验研究

郑　旭　刘松玉　蔡光华　曹菁菁

（东南大学岩土工程研究所　江苏南京　210096）

摘　要：基于活性 MgO 和 CO_2 的碳化固化土的强度能在很短的时间内达到甚至超过 28d 的水泥固化土，碳化反应生成镁的碳酸化合物能有效降低固化土的含水率、孔隙率，提高土颗粒胶结能力。本文通过室内试验的方法探讨了在 3 种浸泡环境中（清水、硫酸钠溶液、硫酸镁溶液）碳化固化粉土的力学特性，并与水泥土进行对比，结果表明 MgO 碳化固化粉土的抗硫酸盐侵蚀性能要优于相同配比标准养护 28d 的水泥土。

关键词：粉土　土体固化　碳化　水泥土　硫酸盐

作者简介：郑旭（1989—），男，新疆伊犁人，硕士研究生，岩土工程专业。E-mail：zx1989@seu. edu. cn。

Comparative Experimental Study On Resistance to Sulfate Attack of MgO-Stabilised Soils and Cemented Soil

ZHENG Xu, LIU Song-yu, CAI Guang-hua, CAO Jing-jing

(Institute of Geotechnical Engineering, Southeast University, Nanjing 210096, China)

Abstract: Adequately carbonated MgO-stabilised soils based on MgO-CO_2 could in a few hours reach a similar strength range to 28-day cemented soil. Hydrated magnesium carbonates were the main products of the carbonated MgO-stabilised soils, which could significantly reduce the soil water content, fill available pores and increase the binding efficacy of soil paticles. This paper discusses the mechanical properties of carbonated MgO-stabilised siltsthat under three kinds of environment (clean water, sodium sulfate solution, magnesium sulfate solution) by the method of laboratory tests, and compared with cementedsilt, results show that carbonated MgO-stabilised siltshave superior performanceon resistance to sulfate attack than 28-day cemented silt.

Key words: silt, soil stabilization, carbonation, cemented soil, sulfate.

0　引言

水泥土搅拌法作为一种广泛应用于软土的地基处理方法，具有材料来源广泛、施工便捷、价格低廉、性能良好等特点[1]。然而，大量的工程实例及研究表明在对含有硫酸盐的土壤进行固化时，会产生很大程度的体积膨胀，从而使得固化土发生破坏[2,3]。并且使用水泥作为固化剂也存在显著的缺点，主要表现为高能耗、高 CO_2 排放和不可再生资源消耗、环境污染和固化速率较慢。2011 年，东南大学岩土工程研究所研制了碳化固化的相关室内试验设备，采用国内常用的建材活性氧化镁，以徐州粉质土作为加固对象，在国内首次对碳化搅拌桩技术进行了初步试验研究，结果表明氧化镁固化土能在 3h 内完成主要强度增长，其强度则为相同配比 28d 普通硅酸盐水泥（32.5 级）固化土的 2～3 倍，二氧化碳吸收量则可高达理论值 90%。综合来看，碳化搅拌桩可以比波特兰水泥搅拌桩减少约 90%的工期、65%的生产能耗、77%的 CO_2 排放[4]。本文通过室内模拟试验，对比分析粉土＋MgO 碳化试样和水泥试样分别在清水养护和在两种硫酸盐溶液中养护的抗

基金项目：国家自然科学基金项目（No. 51279032）；国家“十二五”科技支撑计划（No. 2012BAJ01B02-01），江苏省研究生培养创新工程（KYLX-0147）

压强度，供碳化搅拌桩的工程设计参考和研究。

1　试验方案和方法

1.1　试验材料

试验中使用的土为粉土，取自江苏徐明高速公路徐州段工地，取土深度为地表以下 4～5m，其主要物理指标如表 1 所示；活性 MgO 购自邢台市镁神化工有限公司生产的轻质 MgO；水泥使用南京产“海螺牌”32.5 普通硅酸盐水泥。

表 1　粉土主要物理指标

Table 1　Basic characteristics of silt

土粒比重	液限 w_L(%)	塑限 w_P(%)	塑性指数
2.7	33.8	23.9	9.9

1.2　试样的制备和养护

试验前先将粉土完全烘干、碾碎，过 2 mm 筛。将土、MgO、水按照 100∶15∶25 的质量比放入 10kg 的小型搅拌机中充分搅拌。试验所制试样为 ϕ50mm×H100mm 的圆柱体试样，采用静压成型，控制试样 95% 的压实度先计算好每个试样所需要的质量，用千斤顶将搅拌好的混合物压入钢模中，然后直接压出试样。作为对比，水泥试样采用同样的比例和制样方法。

粉土＋MgO 试样制好后马上放入密封的模型桶中碳化，装置如图 1所示，试样放入模型桶后通入 200kPa 的 CO_2 气体，通气 3h 后取出试样，将试样放入养护室(温度 20℃±2℃，相对湿度≥95%)中养护 1d 后进行硫酸盐浸泡试验。水泥样制好后直接放入养护室中进行养护，28d 后进行硫酸盐浸泡试验。

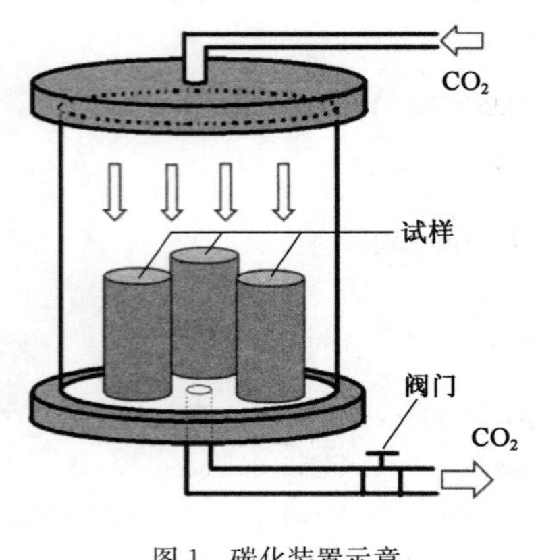

图 1　碳化装置示意

Fig. 1　Schematic diagram of carbonation

1.3　硫酸盐溶液的配制

硫酸溶液浓度参考 ASTM C1012/C1012M-10[5]，选用 50g/L 的 Na_2SO_4(0.347 mol/L，pH＝7.92)溶液和 $MgSO_4$(0.416mol/L，pH＝7.25)溶液。

1.4　试验方法

试验共制备了碳化试样和水泥试样各 24 个，每 2 个分为一组，其中 3 组为正常养护试样，在不同溶液中浸泡 7d、14d 和 28d 分别各设置 3 组。在试样浸泡过程中，要使其完全浸没在溶液中。溶液每周更新一次。在浸泡前将达到龄期的试样取出一组测试无侧限抗压强度试验，然后浸泡到不同天数后，进行无侧限抗压强度试验，试验仪器加载速率为 1mm/min。

2　试验结果及分析

2.1　试样外观变化

通过观察发现，在硫酸盐溶液中浸泡的试样由于受到硫酸盐侵蚀作用表面都有不同程度的变化，从图 2 可以看出在两种硫酸盐溶液中浸泡的水泥土试样主要表现为膨胀开裂，并且浸泡到 28d 时已经出现严重的膨胀破坏，并且 $MgSO_4$ 溶液中水泥土试样的破坏最为严重。相同情况下，碳化试样在硫酸盐溶液中浸泡外观所表现的变化为轻微的起皮和孔洞，到 28d 时也能够保持试样的完整性。

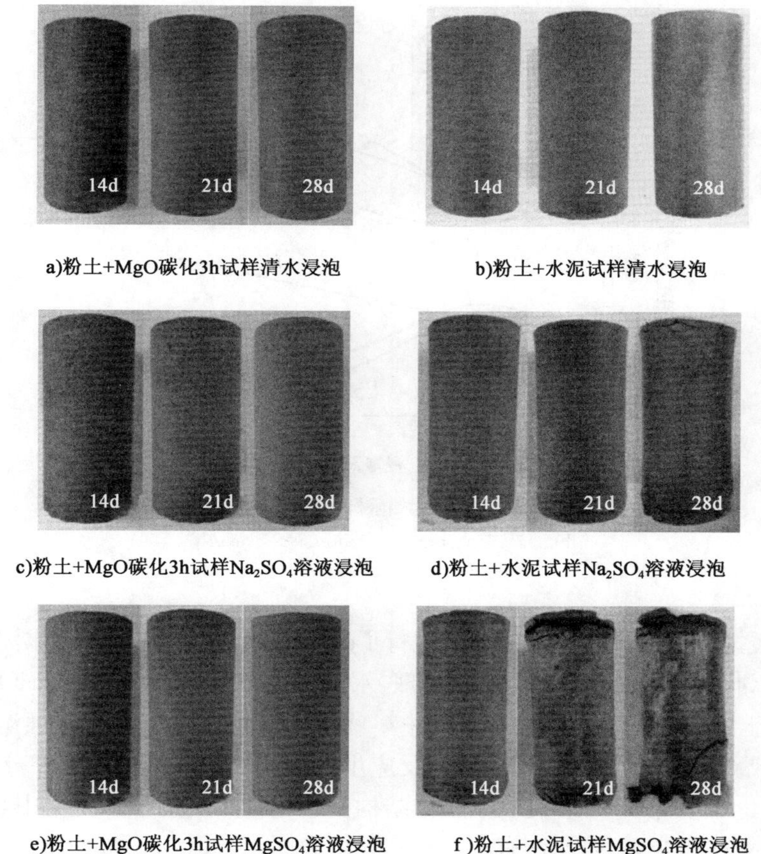

图2　试样表面变化照片

Fig. 2　Photos of variation of sample surface

2.2　无侧限抗压强度

试样浸泡相应龄期后将试样从溶液中取出，擦拭表面水分后直接进行无侧限抗压强度测试，测试结果见表2。试样无侧限抗压强度随时间变化关系见图3。从图表中可以看出粉土＋水泥试样清水养护条件下随着水泥水化强度不断提高，在 Na_2SO_4 和 $MgSO_4$ 溶液中浸泡7d时粉土＋水泥试样强度高于在清水中浸泡试样，到14d时试样强度开始下降，从表面上观察到的裂缝也说明了硫酸盐溶液对粉土＋水泥试样造成了严重的影响，并且在 $MgSO_4$ 溶液中的影响要大于 Na_2SO_4 溶液。与粉土＋水泥试样相比，粉土＋MgO碳化3h试样浸泡28d后强度都有一定程度的提高，其中在 $MgSO_4$ 环境中强度先降低后增加，在 Na_2SO_4 溶液环境中强度增加最多，说明碳化试样抗 Na_2SO_4 和 $MgSO_4$ 溶液侵蚀的能力要明显强于水泥土试样。

表2　无侧限抗压强度(MPa)

Table 2　Unconfined compression strength(MPa)

试　样	初始强度	环　境	时间		
			7d	14d	28d
粉土＋MgO碳化3h	2.62	清水	2.60	3.13	3.14
		Na_2SO_4 溶液	2.49	3.36	3.73
		$MgSO_4$ 溶液	2.24	2.52	2.87
粉土＋水泥28d	1.35	清水	1.45	1.63	2.05
		Na_2SO_4 溶液	1.77	1.03	0.84
		$MgSO_4$ 溶液	1.69	0.85	0.6

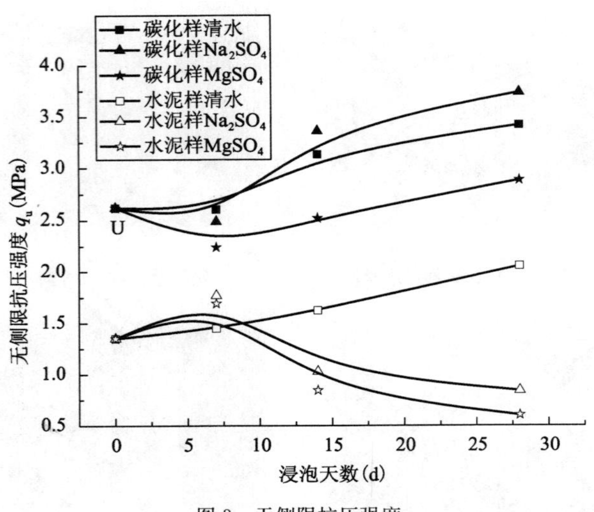

图 3 无侧限抗压强度

Fig. 3 Unconfined compression strength

2.3 分析

水泥土抗硫酸盐侵蚀在国内外已有一些学者进行了研究，宁宝宽，等[6]通过对水泥土和硫酸盐的矿物成分的物理化学分析，探讨了水泥土硫酸盐侵蚀的机理，水泥的主要成分是 CaO 和 SiO_2 以及少量 $A1_2O_3$ 和 $CaSO_4 \cdot 2H_2O$。水泥土固化物强度主要来源于土中矿物与水泥的水化作用。侵蚀溶液中的 SO_4^{2-} 与水泥土中的钙离子反应生成石膏，石膏又与水化铝酸钙反应生成水化硫铝酸钙。使一部分自由水转化成结晶水而减少水的含量，同时体积增大 1.5 倍，有利于土体结构和固化作用。由于水泥土中孔隙较多，土粒有较大的可压缩性，允许一定量的膨胀，膨胀压密有利于土体固结和固化。因此，试验硫酸盐浸泡初期的水泥土试件的强度较清水浸泡有所增加。随着侵蚀的进行，膨胀产物随时间的增加将会在水泥土的孔隙中积累，直到完全充满孔隙后将会对水泥土产生膨胀力，从而使水泥土开裂强度降低。韩鹏举，等[7] Mg^{2+} 和 SO_4^{2-} 相互影响对水泥土强度影响进行了试验研究，提出水泥土在 $MgSO_4$ 溶液中浸泡的过程中，除 SO_4^{2-} 对水泥土试样的影响外，Mg^{2+} 与水泥土反应生成 $MgO \cdot SiO_2 \cdot H_2O$，分散于水化硅酸钙($3CaO \cdot 2SiO_2 \cdot 3H_2O$，C-S-H)凝胶中，会使 C—S—H 的凝胶性变差从而影响水泥土强度特性。

碳化试样的固化机理是 MgO 能与水发生水化反应，水解生成 Mg^{2+} 和 OH^-，当达到饱和以后沉淀析出 $Mg(OH)_2$，化学反应方程式如下：

$$MgO + H_2O \rightarrow Mg(OH)_2$$

$Mg(OH)_2$ 晶体为疏松多孔的微观结构，其物理胶结能力远弱于 C-S-H。$Mg(OH)_2$ 与 CO_2 发生反应(碳化)，生成镁的碳酸化合物，镁的碳酸化合物具有很高的胶结强度[8]。因此碳化试样在硫酸盐溶液中浸泡可能并没有生成具有破坏性影响的大体积化合物，所表现的抗硫酸盐侵蚀性能要优于相同配比粉土＋水泥试样。具体反应机理及生成物等还需要进一步研究。

3 结论

(1)粉土＋水泥试样在浓度 50g/L 硫酸盐溶液中浸泡的无侧限抗压强度表现出先增后减的趋势，初期由于生成物填充试样孔隙强度增加，后期则由于生成物进一步增加导致试样膨胀破坏。

(2)粉土＋MgO 碳化 3h 试样在抗硫酸盐侵蚀方面相比粉土＋水泥试样抗硫酸盐侵蚀的性能很好，试样经过 28d 的浸泡只表现出表面的微小变化。强度上并没有造成类似水泥土的衰减。但对于强度的增加机理还有待深入试验验证。

(3)粉土＋水泥试样和粉土＋MgO 碳化 3h 试样抗 Na_2SO_4 溶液的侵蚀能力要稍强于本次试验浓度下的 $MgSO_4$ 溶液。

参考文献

[1] 刘松玉，钱国超，章定文. 粉喷桩复合地基理论与工程应用[M]. 北京：中国建筑工业出版社，2006：18-21.
(LIU Song-yu, QIAN Guo-chao, ZHANG Ding-wen. The principle and application of dry jet mixing composite foundation[M]. Beijing: China Architecture and Building Press, 2006: 18-21. (in Chinese))

[2] 宁宝宽，陈四利，丁梧秀，等. 环境侵蚀下水泥土的强度及细观破裂过程分析[J]. 岩土力学，2009，30(8)：2215-2219.
(NING Bao-kuan, CHEN Si-li, DING Wu-xiu, et al. Analysis of meso-fracture process of cemented soil under environmental erosion[J]. Rock and Soll Mechanics, 2009, 30(8): 2215-2219. (in Chinese))

[3] 傅小茜，冯俊德，谢友均. 硫酸盐侵蚀环境下水泥土的力学行为研究[J]. 岩土力学，2008，29(增刊)：659-662.
(FU Xiao-qian, FENG Jun-de, XIE You-jun. Mechanical behavior of soil cement under ambient with sulfate conditions[J]. Rock and Soll Mechanics, 2008, 29(S0): 659-662. (in Chinese))

[4] 易耀林. 基于可持续发展的搅拌桩新技术与理论[D]. 南京：东南大学，2013.
(YI Yao-lin. Sustainable novel deep mixing methods and theory[D]. Nanjing: Southeast University, 2013. (in Chinese))

[5] American Society for Testing and Matericals(ASTM), C1012/C1012M-10(2010)Standard Test Method for Length Change of Hydraulic-Cement Mortars Exposed to a Sulfate Solution[S]. US: ASTM International, 2010.

[6] 宁宝宽，陈四利，郑楠. 硫酸盐对水泥土的侵蚀作用研究[C]. 第九届全国岩石力学与工程学术大会论文集，2006：717-721.
(NING Bao-kuan, CHEN Si-li, ZHENG Nan. Study the effects of sulfate erosive to cement-mixed soil[C]. The Ninth National Rock Mechanics and Engineering Conference Proceedings, 2006: 717-721. (in Chinese))

[7] 韩鹏举，白晓红，赵永强，等. Mg^{2+}和SO_4^{2-}相互影响对水泥土强度影响的试验研究[J]. 岩土工程学报，2009，31：72-76.
(HAN Peng-ju, BAI Xiao-hong, ZHAO Yong-qiang, et al. Experimental study on strength of cement soil under Mg^{2+} and SO_4^{2-} interaction influence[J]. Chinese Journal of Geotechnical Engineering, 2009, 31: 72-76. (in Chinese))

[8] Liska, M. Performance of reactive magnesia cement and porous construction products[D]. PhD Thesis, University of Cambridge, UK, 2009.

探地雷达检测高铁无砟轨道板性能的试验研究

朱庆女[1]　廖红建[1]　谢勇勇[2]　昝月稳[3]

(1.西安交通大学人居学院　陕西　西安　710049;2.宁波市建筑设计研究院有限公司　浙江　宁波　315010;3.西南交通大学　四川　成都　610031)

摘　要:由于高铁无砟轨道为整体封闭的钢筋混凝土板,传统的检测技术很难实时检测和识别出轨道内部出现的缺陷和病害。而探地雷达具有快速无损面广的检测优势,给实际检测高铁病害提供了有效的途径。为了探讨其检测效果,本文进行了不同雷达天线频率下的检测试验。首先在轨道预制板厂内,运用探地雷达,选用900MHz天线,进行了无砟轨道板下放置铜板的全金属板测试试验,结果表明900MHz天线可以很好地穿透无砟轨道板结构;再用2.6GHz天线进行了无砟轨道板下铺设3cm厚CA砂浆层的测试试验,检测结果表明2.6GHz天线可以清晰地检测出轨道板内钢筋的位置和数目,分辨出CA砂浆层;又在无砟轨道板下架设2cm厚空气裂缝层,同样能够清晰地检测出空气层的位置。进一步在某线路段现场,运用探地雷达,选用400MHz和75MHz天线,对高铁线路上的涵洞及路基进行了多方位检测,结果表明400MHz天线时能清楚地分辨出深层路基和涵洞,且检测时将天线设置在支撑层或者路肩处得到的探测效果更佳。

关键词:探地雷达　高铁　天线频率　无砟轨道板

作者简介:朱庆女(1991—),女,硕士生,主要进行探地雷达检测路基病害的理论和试验研究。联系人:廖红建,女,教授,博导。E-mail:hjliao@mail.xjtu.edu.cn。

Experiment Study on Performance of Slab Ballastless Track for High-Speed Railway Using Ground Penetrating Radar

ZHU Qing-nü[1], LIAO Hong-jian[1], XIE Yong-yong[2], ZAN Yue-wen[3]

(1. Xi'an Jiaotong University, Xi'an, 710049, China; 2. Ningbo Insititute of Architecture Design, Ningbo, 315010, China; 3. Xi'nan Jiaotong University, Chengdu, 620031, China)

Abstract: It is difficult for traditional detection techniques to detect or recognize the diseases existing inside the slab ballastless track due to the restrictions of the sealed structure. While Ground Penetrating Radar(GPR), a non-destructive and extensive detection technology, can solve this problem. To investigate the effect of diseases detection, field tests of GPR using different antenna frequencies are carried out. a copper test of slab ballastless track is carried out. Firstly, in orbit prefabricated factory, a test of detecting slab ballastless track with a copper underside is carried out using 900MHz antenna. The result shows that 900MHz antenna can penetrate the whole slab ballastless track. Also a test of slab ballastless track with 3cm CA mortal layer below the track is carried out using 2.6GHz antenna of GPR, which showing that 2.6GHz antenna can clearly detect the location and number of reinforcement in track, and the position of CA mortal layer. If there is 2cm air layer existing in CA mortal layer, the 2.6GHz antenna can also distinguish the air layer. Then a field experiment to detect culverts and embankment of high-speed railroad using 400MHz and 75MHz antenna is carried out. The results show that 400MHz antenna can detect the deep embankment and culverts, and the detection effect is better when the antenna is disposed on the support layer or the shoulder of high-speed railway.

Key words: ground penetrating radar, high-speed railway, antenna frequency, slab ballastless track.

基金项目:国家自然科学基金资助项目(41172276,51279155)

0　引言

我国的高铁建设发展迅速，由于高铁无砟轨道结构长期承受列车动荷载，因此保证无砟轨道板前期的施工质量，以及定期对运行线路进行检测维护，预防轨道结构内部产生的病害和缺陷具有重要的意义[1,2]。然而由于无砟轨道板为整体封闭的钢筋混凝土结构，其内部产生的脱空层往往只有数厘米，传统检测技术很难实时检测和识别出轨道内部的缺陷和病害[3~5]。

目前，探地雷达作为无损检测技术已广泛被工程所使用，但是探地雷达技术进行高铁无砟轨道板性能的检测还处于探索阶段。为了能让探地雷达更好地检测高铁无砟轨道内部的病害缺陷，并能为高铁病害排查工作提供检测条件，本文在轨道预制板厂内和实际线路现场进行了不同天线频率的探地雷达测试试验，探讨了检测效果。

1　试验仪器简介

试验采用的是美国 GSSI 公司所生产的探地雷达 SIR3000 系统的主机(图 1)。该主机系统为一般 PC 型主机，具有 1GB 以上的硬盘储存资料。可通过实际检测条件设定各项测量参数(如 Filter、Gain、Rang、Dielectric 等)，再以彩色或者灰色将雷达数据以 Linescan、Wiggle 及 Oscilloscope 格式显示[6]。

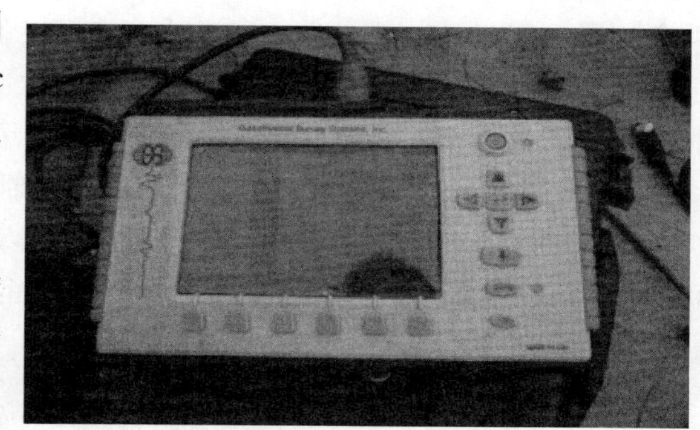

图 1　SIR-3000 探地雷达主机

Fig. 1　Host computer of GPR

本文采用的 2.6GHz 天线系统为收发天线一体式，天线间距固定同步移动，由三部分组成：收发天线、控制盒和手持小车(图 2)。该系统的天线频率高，图像清晰，体积小，可手持使用，应用面广，探测深度约为 50cm，脉冲时间间隔为 0.4ns。手持小车为 615 型号，车内装有打点和测距装置，在检测过程中可根据测轮轨走过的距离在适当的位置进行打点标记。

另外，使用 Adek 公司生产的 Percometer 介电常数仪(图 3)测定介质材料的介电常数。

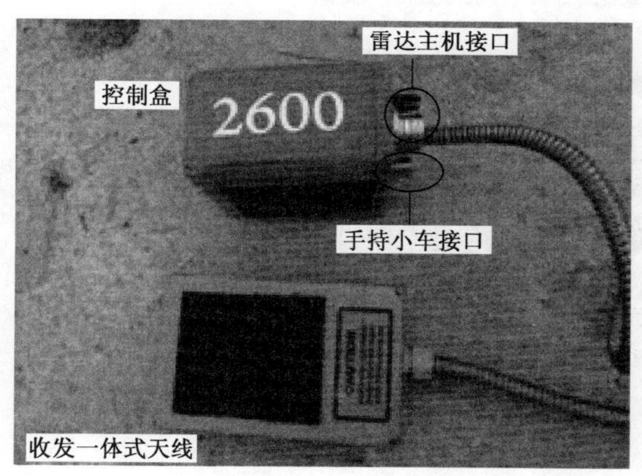

图 2　探地雷达 2.6GHz 天线系统

Fig. 2　2.6GHz antenna of GPR

图 3　Percometer 介电常数测试仪

Fig. 3　Permittivity and conductivity tester

2　预制板厂内无砟轨道板试验

试验主要是对高铁无砟轨道板进行不同天线频率检测分析，在某无砟轨道板生产厂内进行。试验用的轨道板为 CRTSⅡ型板式无碴轨道，轨道板厚 20cm，由轨枕、钢扣件和钢筋等组成。每块标准板上均有 10 对承轨台，截取其中一对承轨台进行分析，其沿线剖面的配筋结构如图 4 所示。混凝土设计强度 C55，预应力钢筋 $\phi10$，钢筋接触绝缘处理。

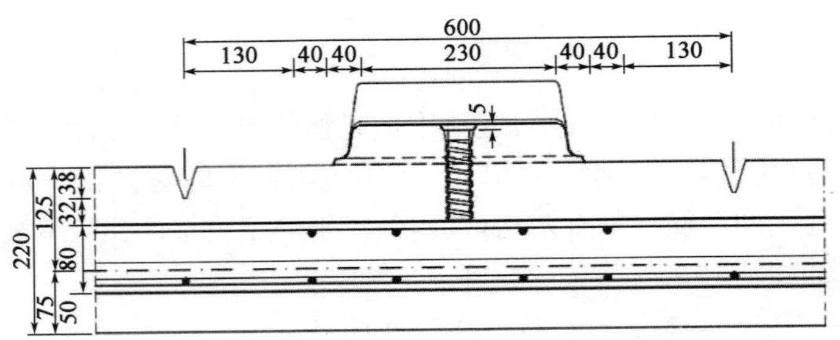

图 4　轨道板沿线剖面结构配筋示意(cm)

Fig. 4　Reinforcement of slab ballastless track along the cross-section

2.1　金属板探地雷达穿透试验

该试验为利用 900MHz 天线观测穿透板式无砟轨道的能力，称为铜板试验，又称全金属板试验。该试验是根据金属板的高电导率在遇到电磁波的时候会产生强反射并发生相位翻转来判断探地雷达图像特征。轨道板内由于两层钢筋分布，间距较密，实测出来的雷达图像较难分辨是否穿透整个轨道板。试验时在轨道板底放置金属板，并上下、左右移动来观察雷达图像变化特点。

图 5 为经过 Road Doctor 处理后的探地雷达图像，纵坐标为双程走时。当金属板往上移动时(图 5a)，反射信号经历时间变短，接收天线接收时间提前，因此图像会显示整段纵向部分向上凸出；而当金属板向下移动时，图像变化与之相反。当金属板左右移动时(图 5b)，从图像中能明显分辨出移动的接触面。结果表明，900MHz 天线能穿透钢筋混凝土轨道板结构，清楚检测出下面的金属板，而很难清楚地识别出轨道板内的钢筋数目和位置。因此，需要更高频的天线进行钢筋混凝土轨道板内结构组成的识别。

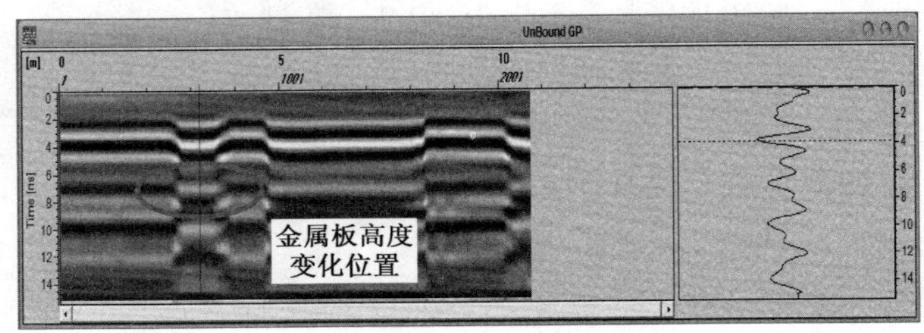

a)金属板上下移动

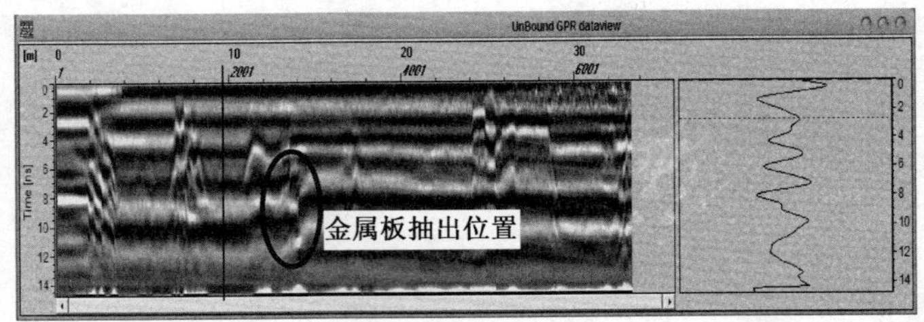

b)金属板左右移动

图 5　金属板试验探地雷达检测图

Fig. 5　GPR detection results of mental plate

2.2　无砟轨道板砂浆层检测试验

试验采用预制轨道板，分别对板下铺设有 CA 砂浆垫层(1 号板)和留有空气缝隙层(2 号板)两种工况进行检测试验。试验开始前，先将轨道板放置于混凝土支撑平台上，在 1 号板下灌浆铺设 3cm 厚的 CA 砂浆垫层，等砂浆层硬化后进行检测试验；2 号板用垫块将四角垫高，留出 2cm 厚的空气裂缝层，如图 6 所示。

沿 1 号、2 号轨道板纵向布置测线(图 6)，用 2.6GHz 的天线全面检测，纵向检测长度 2m，时窗为 8ns。通过现场介电常数仪测得无砟轨道板的相对介电常数为 8.6，CA 砂浆层的相对介电常数为 3.8。

将实际测得的探地雷达图像导入 Road Doctor 软件处理后，得到的雷达图像如图 7 所示。图中可以清楚地分辨出轨道板内的钢筋双曲特征线。

a)填充CA砂浆层1号板

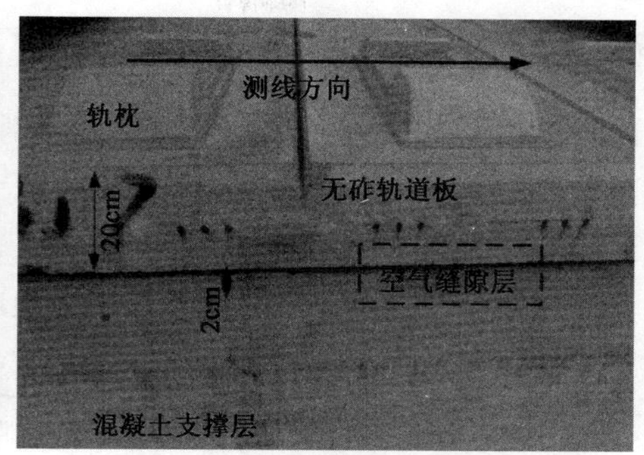

b)2cm空气缝隙层2号板

图6　无碴轨道板试验试样

Fig. 6　Samples of slab ballastless track

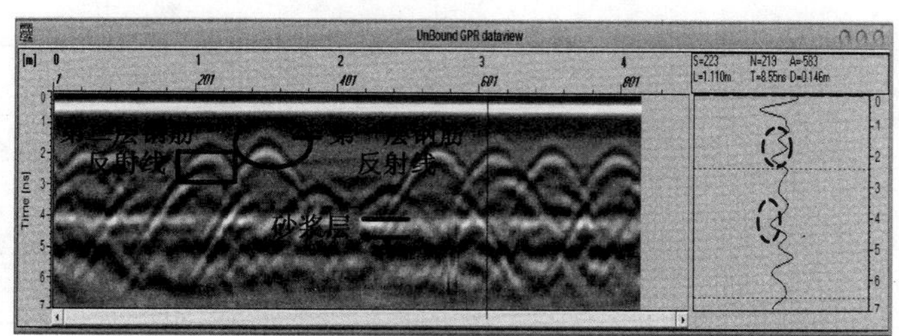

a)填充CA砂浆层

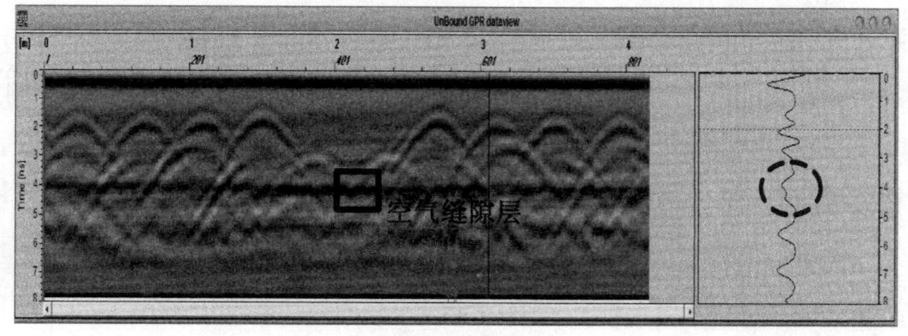

b)2cm空气缝隙层

图7　无砟轨道板探地雷达检测图

Fig. 7　GPR detection results of slab ballastless track

$$\nu = \frac{c}{\sqrt{\varepsilon_r}} = 0.1\text{m/ns} \tag{1}$$

$$h = 2vt \tag{2}$$

将第一层双曲线顶点对应的时间1.5ns及相应的该层介电常数带入式(1)、式(2),可以算出该层钢筋离轨道板表面的深度约为70mm,根数为四根;同理,第二层双曲线顶点对应的时间为2.5ns,由式(1)、式(2)可算出钢筋离轨道板表面深度约为130mm,根数为六根,与实际结构(图4)中钢筋的位置和数目相吻合。比较图6a)和图6b)可以发现:4ns处空气层的雷达反射线信号比砂浆层的强,这是因为空气与混凝土板的介电常数差大于砂浆与混凝土差所致。

再从雷达灰度剖面图中提取其中一道扫描线,如图6a)、图6b)右侧所示,从该扫描线的信号振幅可以清楚看到雷达波的传播过程:在1.5ns和2.5ns处,由于钢筋的存在使雷达反射信号振幅强烈;从4～4.5ns处又有强反射信号,根据深度推测,该4ns对应深度为200mm,正好是CA砂浆层和空气层表面,与图6的试验板设置吻合。

可见,2.6GHz的天线不仅可以检测出无砟轨道板内钢筋的数目和位置,还可以清楚地分辨出CA砂浆层及空气裂缝层的位置界面。

3 现场试验

试验选在刚修建完成的某客运专线段，目的是对高铁无砟轨道路基和涵洞进行检测分析。测试地点选取在涵洞上方，分别用400MHz和75MHz频率的天线沿铁路延伸方向，对轨道中心、支撑层和路肩进行了全方位的检测试验。检测内容和地点如表1所示。

表1 线路现场检测内容和地点

Table 1 The content and location of field testing

序 号	天线频率	检测内容	检测地点	走 向
1	400MHz	涵洞	混凝土支撑层	南—北
2	400MHz	涵洞	路肩	北—南
3	400MHz	涵洞	线路中心	南—北
4	400MHz	排水管	路肩	北—南
5	75MHz	涵洞	路肩	南—北
6	75MHz	涵洞	线路中心	北—南
7	75MHz	排水管	混凝土支撑层	南—北

400MHz频率的雷达天线检测所得雷达剖面图像如图8所示。从图中可以看出，不同测点位置检测得到的雷达图像差异较大，混凝土支撑台和路肩处测得的雷达剖面图可以清楚地识别涵洞深度和所在位置，而线路中心处测得的图像已经无法识别了。在混凝土支撑层处(图8a)，图像没有钢筋干扰，可以看出在10ns附近有反射界面，为混凝土支撑层与路基土分界面处。涵洞的图像特征为大圆弧，圆弧顶即为涵洞顶面，圆弧跨度所经历的水平距离即涵洞的宽。在路肩(图8b)处，图像更为清晰，辨别更加容易。图中同样可以确定涵洞的顶面位置和宽度，此外图像左边部分反射强烈的密集双曲线为路肩处路基与桥梁连接处加强钢筋的反射信号。线路中心(图8c)，由于钢筋过于密集，且有其他信号的干扰，所以无法探测到底下的涵洞信号，然而依旧可以分辨出钢筋信号，只是无法确定其具体数量和位置信息。此外，路肩处的排水管(图8d)也能在图像中清楚分辨出来。

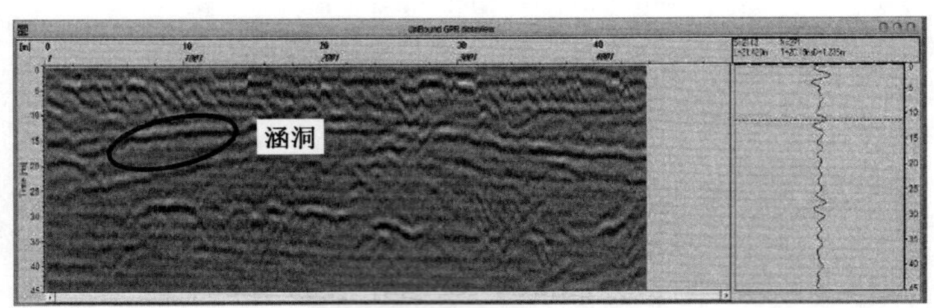

a)混凝土支撑层处的涵洞检测

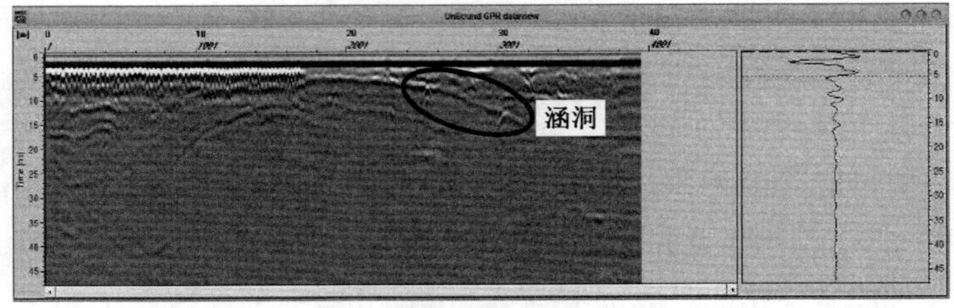

b)路肩处的涵洞检测

图 8

Fig. 8

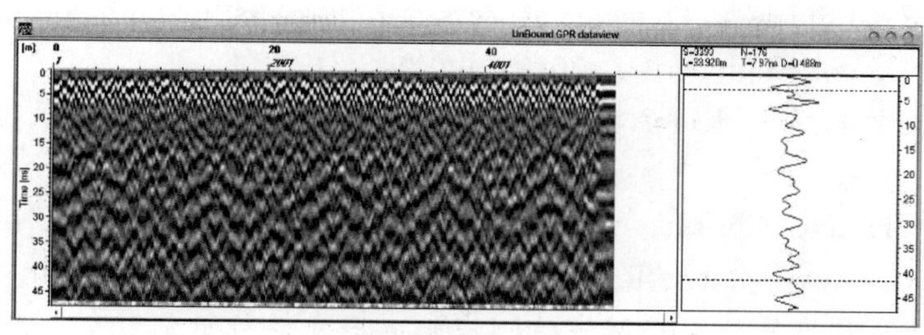

c)线路中心的涵洞检测

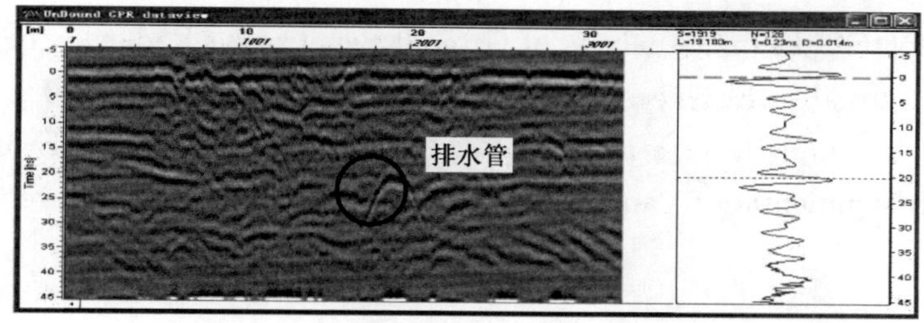

d)路肩处的排水管检测

图 8　400MHz 频率的雷达天线检测结果图

Fig. 8　GPR detection result of 400MHz antenna

75MHz 天线试验结果，如图 9 所示。可见 75MHz 天线在路肩处信号较弱，反射波特征不明显，图像信息基本无法识别。其他地点处图像也是如此。因此，75MHz 天线对于检测高铁无砟轨道，还存在不足之处。

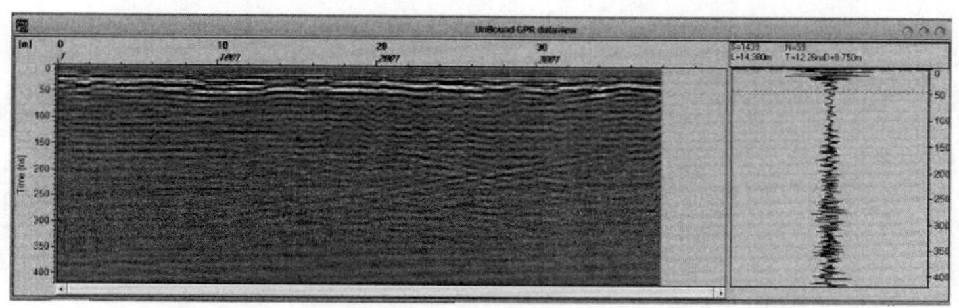

图 9　75MHz 频率的雷达天线检测结果图

Fig. 9　GPR detection result of 75MHz antenna

4　结语

本文对高铁无砟轨道板进行了厂内和现场检测试验，由试验结果，可以得到探地雷达检测高铁无砟轨道雷达天线选择及测量条件：400MHz 的天线更适合于检测高铁路基下的涵洞、路基空洞等病害检测，检测时应该将天线设置在支撑层或者路肩处，以求最佳探测效果；2.6GHz 天线可以在线路中心进行轨道板钢筋数目及钢筋位置的检测，还可以进行 CA 砂浆层砂浆脱空程度的识别；900MHz 天线也可以穿透轨道板结构，但是对钢筋层的检测效果不如高频的好。75MHz 天线则对于高铁检测结果并不理想。

参 考 文 献

[1] 张大芳. 无碴轨道施工技术研究[D]. 天津大学，2007.
(ZHANG Da-fang. Study on Ballastless Track Construction Technique[D]. Tianjing University, 2007.)

[2] 崔国庆. 双块式无碴轨道道床板裂缝控制研究[J]. 铁道标准设计，2010，(1)：66-68.
(CUI Guo-qing. Control of Cracks Double Block Ballastless Track Bed[J]. Railway Standard Design, 2010, (1): 66-68.)

[3] Adam D, Brabdl H, Paulmichl I. Dynamic aspects of rail tracks for high-speed railways [J]. International Journal of Pavement Engineering, 2010, Ⅱ(4): 281-291.

[4] 魏祥龙,张智慧.高速铁路无碴轨道主要病害(缺陷)分析与无损检测[J].铁道标准设计,2011,(3):38-40.
(WEI Xiang-long, ZHANG Zhi-hui. Analysis and Nondestructive Testing of Major Diseases (Defects) on High-speed Railway Ballastless Track[J]. Railway Standard Design, 2011, 03: 38-40.)

[5] 董荣伟,周立军.地质雷达在高速公路病害检测中的应用分析与研究[J].工程地球物理学报,2009,6(5):636-640.
(DONG Rong-wei,ZHOU Li-jun. Analysis of Ground Penetrating Radar in the Detection of Highway Diease[J]. Chinese Journal of Engineering Ghophysics,2009,6(5):636-640.)

[6] Loizos A, Plati C. Ground Penetrating Radar: A Smart Sensor for the Evaluation of the Railway Trackbed [C]. Instrumentation and Measurement Technology Conference, Warsaw Poland, 2007: 1-6.

生物能源副产品木质素加固土体室内试验研究

张 涛[1] 蔡国军[1] 刘松玉[1] 李军海[2] 接道波[2] 苟联盟[2]

(1.东南大学岩土工程研究所 江苏南京 210096;
2.江苏省交通规划设计院股份有限公司 江苏南京 210005)

摘 要: 在可持续发展的背景下,大量的生物能源副产品需要得到合理的回收与再利用。通过室内击实试验和无侧限抗压强度试验,对比分析了副产品木质素与传统粉煤灰固化剂改良粉土和海相黏土的效果,试验结果表明:生物能源副产品木质素可有效改善粉土的压实特性和提高粉土强度;一定掺量范围内,木质素加固土体的效果优于粉煤灰,龄期对木质素B加固土强度的影响比木质素A处理的强度明显。由此表明,生物能源副产品是一种具有前景的土体固化添加剂。

关键词: 岩土工程 木质素 击实特性 无侧限抗压强度 粉土

作者简介: 张涛(1986—),男,安徽合肥人,博士研究生,主要从事地基处理和新型土体固化剂等方面的研究工作。E-mail: zhangtao_seu@163.com。

Experimental Research on the Soil Stabilization with Lignin Based Bio-energy Co-product

ZHANG Tao[1], CAI Guo-jun[1], LIU Song-yu[1], LI Jun-hai[2], JIE Dao-bo[2], GOU Lian-meng[2]

(1. Institute of Geotechnical Engineering, Southeast University, Nanjing 210096, China; 2. Jiangsu Province Communications Planning and Design Institute Limited Company, Nanjing 210005, China)

Abstract: In the context of sustainable development, a large number of lignin based bio-energy co-products need to be reasonable recovery and utilization. Based on the compaction test and unconfined compressive strength test, the effect of stabilization by two kinds of lignin based bio-energy co-product and fly ash on silt and marine clay in Jiangsu were analyzed. It could be concluded from the tests results that the lignin based bio-energy co-product could effectively improve the compaction properties of silt and enhance the strength of treated soils. Lignin based stabilizer has a better stabilization effect than fly ash at a certain percentages of additive content. The impact of curing period on the strength of the lignin B stabilized soil is more obvious than lignin A stabilized soil. So the lignin based bio-energy co-product has a great potential to stabilize soil.

Key words: Lignin, compaction properties, unconfined compressive strength, marine clay, silt.

0 引言

随着人类对环境污染和资源危机等问题的认识不断深入,可持续利用自然资源在替代化石能源和减少温室气体排放方面一直得到人们的关注[1]。尽管各种自然资源(如风、太阳、水、生物质等)可以作为化石燃料的可持续替代资源,特别是植物生物质,被认为是最经济能源,但生物能源的生产不仅产生生物燃料或乙醇,也产生了包括木质素、改善的木质素和木质素衍生物等大量副产品[2]。在自然界中,木质素的储量仅次于纤维素,而且每年全世界由植物生长可产生1 500亿t木质素[3]。例如,制浆造纸工业每年要从植物中分离出大约1.4亿t纤维素,同时得到5 000万t左右的木质素副产品,但迄今为止,超过95%的木质素仍以

基金项目:国家自然科学基金项目(41330641,41202203)、国家"十二五"科技支撑计划项目(2012BAJ01B02)、全国优秀博士学位论文作者专项资金资助项目(201353)、教育部新世纪优秀人才支持计划(NCET-13-0118)、中央高校基本科研业务费(2242013R30014)、江苏省交通科学研究计划项目(2013Y04)。

“黑液”直接排入江河或浓缩后烧掉，很少得到有效利用[4]。

1838 年，法国化学家 Payen 处理木材时，在分离出纤维素的同时得到了一种比纤维素含碳量更高的化合物，称为“the true woody material”。1857 年，Schulze 将这种化合物仔细分离，并称之为“lignin”，即木质素[5]。木质素是由苯基丙烷类结构单元通过碳-碳键和醚键连接而成的三维高分子化合物，其苯基丙烷类结构单元主要三种类型，即愈创木基丙烷单元、紫丁香基丙烷单元和对羟基苯丙烷单元[6]。木质素及其衍生物成本较低且具有多种功能，如合成树脂、胶黏剂、橡胶补强剂、混凝土减水剂、表面活性剂等。木质素作为土体加固材料应用的研究已有几十年的历史，Gow 等[7]通过对木质素磺酸盐和糖蜜对土体的加固研究，得到了两种添加剂加固土体的机理。Tingle 等[8]通过室内试验研究了 7 种非传统添加剂加固土体的效果，并分析每种添加剂加固土体的机理，认为木质素磺酸盐作为非传统添加剂可有效加固土体，是一种具有应用前景的添加剂。Indraratna 等[9]研究了黏土矿物成分对木质素磺酸盐固化作用的影响，认为黏土矿物在土体固化中起着非常重要的作用，固化机理主要是通过静电反应形成木质素磺酸盐无定形混合物加固土体。

本文以含木质素的乙醇加工厂副产品和造纸厂“黑液”为添加剂，通过室内无侧限抗压强度试验，研究了两种副产品添加剂对不同土体的加固效果，以及掺量、龄期等对加固效果的影响。

1　试验材料

1.1　土

本文室内无侧限抗压强度试验所用的土体为两种：一种为取自盐城地区的粉土；另一种为取自连云港地区的海相黏土，两种土的基本物理指标如表 1 所示。两种试验土体的基本物理指标存在较大差异，其中连云港海相黏土具有高液限、高含水率、低重度等特点，其天然含水率大于液限，最佳含水率为 14.9%。盐城粉土的液限和天然含水率相对较低，最佳含水率为 11.8%。

表 1　试验土样基本物理指标

Table 1　Basic physical index of the test soil sample

项　　目	盐 城 粉 土	连云港海相黏土
液限 w_L(%)	24.6	81.0
塑性指数 I_P(%)	8.7	41.1
重度 γ(kN/m^3)	17.8	15.5
最佳含水率 OMC(%)	11.8	14.9
最大干密度 ρ_{dmax}(g/cm^3)	1.78	1.86
含水率 w(%)	56.3	87.1

1.2　添加剂

本文研究的生物能源副产品添加剂包括两种类型，即木质素 A 和木质素 B，如图 1 所示。木质素 A 来自某造纸厂生产过程中的“黑液”，呈黑褐色，黏稠状，可自由流动液体。木质素 B 来自某生物质转化工厂生产过程中的副产品，呈黄褐色，粉末状固体。经化学分析可知，木质素 A 含有 10%～30%的木质素混合物，其余成分为水，pH 值为 12.2；木质素 B 包括 60%～70%的木质素和纤维素混合物，其他主要成分为水。粉煤灰来自某电厂，为煤炭燃烧过程中产生的副产品。

2　试验方法

重型击实试验采用南京土壤仪器厂生产的 SSJ 型标准手提击实仪，锤重 4.5kg，自由落高 457mm，具体试验操作参考《公路土工试验规程》(JTG E40—2007)。

将天然土体风干后过筛(孔径 4.75mm)，根据重型击实试验结果所得素土最佳含水率和最大干密度，采用静压法制备压实度 96%，不同木质素掺量的 ϕ5cm×H10cm 土样。将成型后的试样脱模、塑封，并将其放入养护室内养护 7d 和 28d，养护条件为温度(20±3)℃，相对湿度≥95%。

a)木质素A　　b)木质素B

图 1　两种副产品木质素

Fig. 1　Two kinds of the soil additives

在参考 Ceylan 等[10]研究结果的基础上，两种木质素和粉煤灰的掺量均为 5%、8%、12%和 15%，其中 0%掺量代表素土，具体试验方案如表 2 所示。表 2 中各掺量均为添加剂与干土重之比，粉煤灰采用常规方法进行拌和、加水和制样，对于木质素，采用先将一定量的添加剂与水混合，配制成浓度约 30%的溶液，均匀地喷晒到干土中，再将剩余所需水分添加至土体混合物中，最后静压成型。

表 2　试验方案

Table 2　Testing program

含水率(%)	土　样	龄期(d)	添加剂及掺量(%)		
			木质素 A	木质素 B	粉煤灰
原状土 OMC(%)	盐城粉土	7d	0,5,8,12,15	—	0,5,8,12,15
		28d	0,5,8,12,15	—	0,5,8,12,15
原状土 OMC(%)	连云港海相黏土	7d	—	0,5,8,12,15	0,5,8,12,15
		28d	—	0,5,8,12,15	0,5,8,12,15

3　试验结果分析

3.1　击实特性

图 2 为木质素、粉煤灰加固粉土重型击实试验结果。从图 2a)可以看出：相同击实条件下，不同掺量的木质素加固粉土的最大干密度相差不大，基本在 1.82g/cm^3 左右，但比素土的 1.72g/cm^3 大；木质素加固土最佳含水率较素土均有所降低，其中 12%掺量下的最佳含水率最大。改良土最大干密度的增加表明素土颗粒间的孔隙得到有效填充。同时改良土峰值区比素土要急陡，且随着木质素掺量的增加有增强的趋势，这说明改良土的干密度对含水率变化的敏感性较素土有所提高，为达到要求的压实度，现场施工应严格控制含水率。

图 2b)中粉煤灰加固粉土的最大干密度和最佳含水率具有显著的变化规律，其中最大干密度随粉煤灰掺量增加而减小，最佳含水率随掺量增加而增加。粉煤灰添加至土体中，水化后在碱激发环境下，发生火山灰反应，水化产物使得土颗粒间发生胶结，土颗粒粒径变大，由此引起改良土的最大干密度减小。粉煤灰在水化和发生火山灰等一系列化学反应时，需要消耗一定的水分，因此改良土的最佳含水率随掺量增加而增加。

3.2　无侧限抗压强度

图 3 为不同添加剂加固盐城粉土的无侧限抗压强度试验结果。从图 3 中明显看出：7d 龄期下，掺加添加剂土体的无侧限抗压强度较未处理土体的无侧限抗压强度均有明显提高，以木质素 A 添加剂为例，未处

理土体的无侧限抗压强度为 113.8kPa，添加 5%、8%、12%和 15%木质素 A 的土体强度分别为 119.0kPa、240.6kPa、354.5kPa、430.7kPa。无论粉煤灰添加剂或木质素 A 添加剂，土体强度均随添加剂掺量的增加而增加，相同添加剂掺量下，木质素 A 添加剂处理土体强度高于粉煤灰处理土体强度，且随着掺量增加，土体间强度差异越来越明显，5%掺量下两种添加剂处理土体的强度差为 59kPa，15%掺量下土体强度差为 254kPa。28d 龄期下，土体强度变化与 7d 龄期下基本一致，相同掺量下土体间强度差异更为显著，15%添加剂掺量下土体强度差为 266kPa。盐城粉土无侧限抗压强度试验结果表明，粉煤灰和木质素 A 添加剂都能有效地提高土体强度，但木质素 A 添加剂在相同条件下较粉煤灰加固土体的效果更为显著，木质素 A 添加剂干燥条件下可有效加固粉土。

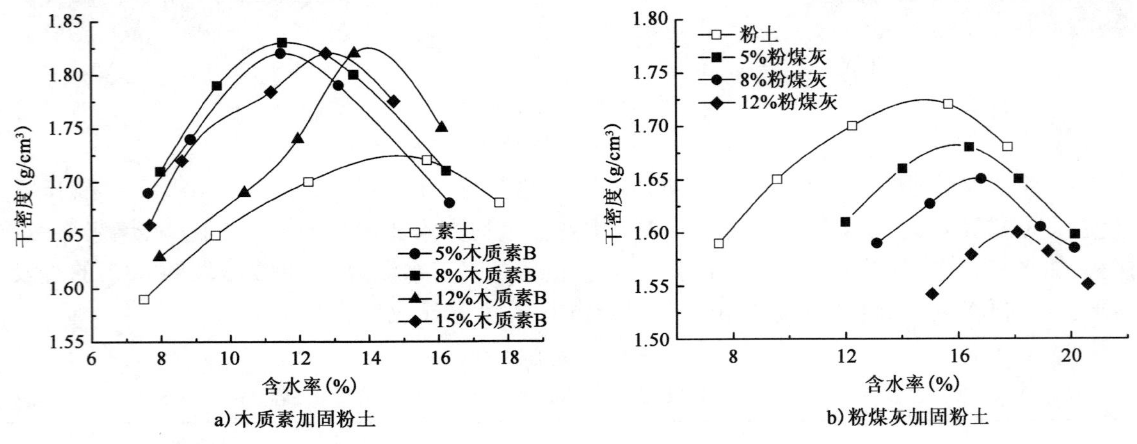

图 2　击实试验结果

Fig. 2　The results of compaction test

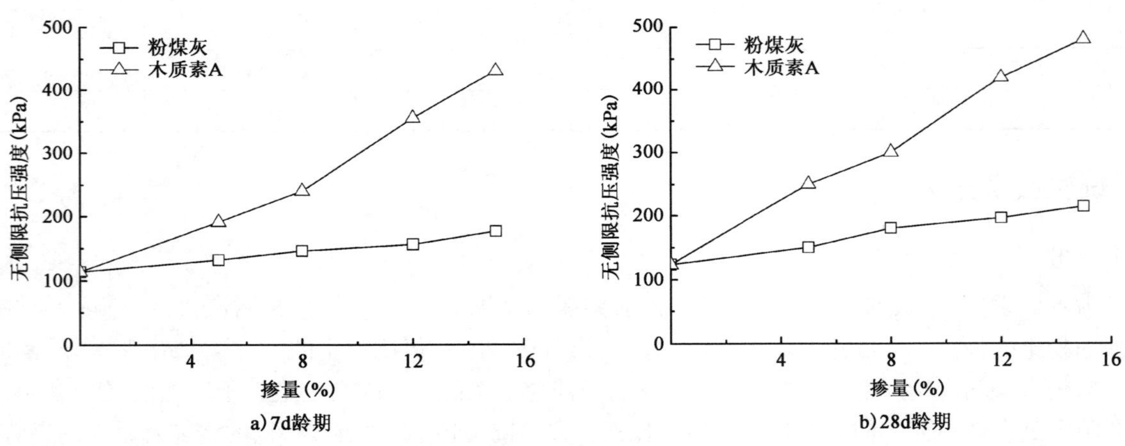

图 3　木质素改良盐城粉土效果

Fig. 3　Lignin treatment effect of Nantong silt

图 4 为添加剂加固连云港海相黏土的无侧限抗压强度试验结果。从图 4 中可以看出：7d 龄期下，添加剂处理土体强度均高于未处理土体强度，以木质素 B 添加剂为例，未处理土体的无侧限抗压强度为 494.1kPa，添加 5%、8%、12%、15%木质素 B 添加剂的土体强度分别为 1 015.3kPa、1 188.7kPa、1 276.5kPa、1 678.3kPa。土体强度均随两种添加剂掺量增加而增加，相同添加剂掺量下木质素 B 处理土体强度高于粉煤灰处理土体强度，但随着掺量增加，土体间强度差异变化不大，如 8%掺量下，土体间强度差为 388kPa，而 15%掺量下，土体间强度差仅为 331kPa。28d 龄期下土体强度变化规律与 7d 龄期下基本一致。连云港海相黏土无侧限抗压强度试验结果表明，粉煤灰和木质素 B 添加剂均能有效提高土体强度，木质素 B 加固土体效果更为显著，两添加剂在相同龄期、不同掺量下的强度差异不大。

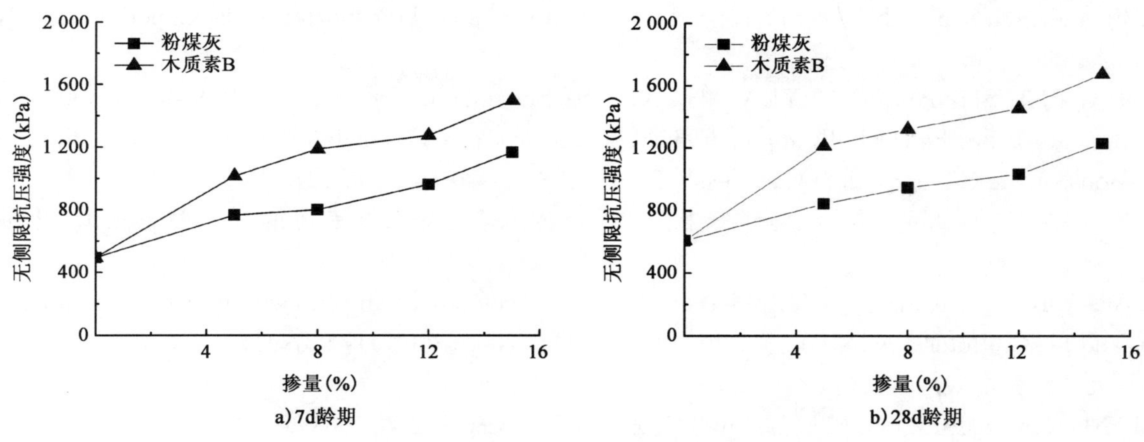

图4　木质素改良连云港海相黏土效果

Fig. 4　Lignin treatment effect of Lianyungang marine clay

图5为不同龄期下木质素添加剂处理土体强度。相同条件下，木质素A处理的盐城粉土土体强度明显小于木质素B处理的连云港海相黏土土体，这是由于处理土体本身性质引起的。木质素A添加剂7d和28d龄期下土体强度变化不大，5%、8%、12%和15%掺量下对应强度差为59kPa、60kPa、65kPa、50kPa，木质素B添加剂不同龄期下土体强度差异较大，最大强度差为200kPa，最小差值为136kPa。上述结果表明，木质素A加固土体强度受龄期影响不显著，木质素B加固土体受龄期影响显著，且基本不随掺量变化而变化。

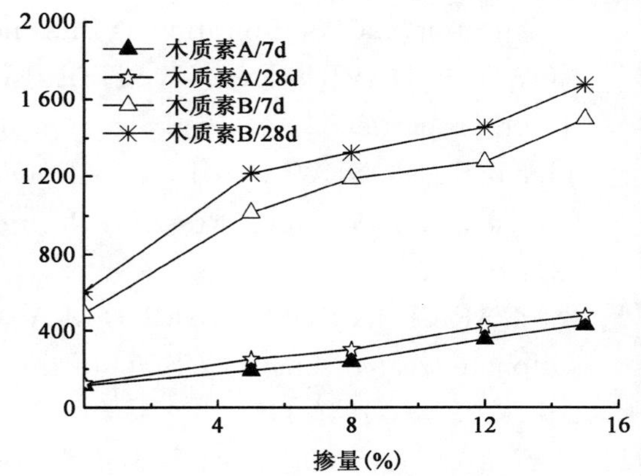

图5　不同龄期下添加剂改良土体强度

Fig. 5　The strength of different additives treated soil at different curing period

综上所述，副产品木质素可有效加固粉土和海相黏土，且较低掺量时处理效果较粉煤灰好，掺量0～15%范围内，土体强度随添加剂掺量增加而增加。木质素A与粉煤灰处理土体间强度差异随掺量增加而增加，木质素B与粉煤灰处理土体间强度差异随掺量则无明显变化。龄期对木质素B固化土强度的影响比木质素A显著。

4　结语

(1)木质素改良土的击实特性较素土有所改善，其最大干密度增加，最佳含水率降低，土体孔隙间得到有效填充，但改良土干密度对含水率的敏感性增加，施工中应严格控制含水率。

(2)生物能源副产品A、B均可有效加固土体，在掺量0～15%范围内，土体强度随副产品添加剂掺量增加而增加，且处理效果较传统粉煤灰添加剂好，是一种具有前景的土体加固添加剂。

(3)相同掺量下，木质素A与粉煤灰处理土体间强度差异随掺量增加而增加，木质素B与粉煤灰处理土体间强度差异基本不随掺量变化而变化，龄期对木质素B处理的强度影响比木质素A处理的强度明显。

参考文献

[1] KIM S, GOPALAKRISHNAN K, CEYLAN H. Impact of bio-fuel co-product modified subgrade on flexible pavement performance[C]// State of the Art and Practice in Geotechnical Engineering , Geo Congress 2012, 1505-1512.

[2] KIM S, GOPALAKRISHNAN K, CEYLAN H. Moisture susceptibility of subgrade soils stabilized

by lignin-based renewable energy coproduct[J]. Journal of Transportation Engineering，2012，138(11)：1283-1290.

[3] GOPALAKRISHNAN K，CEYLAN H，KIM S. Sustainable use of lignocellulosic bio-refineries co-products in geotechnical bulk applications：comparative analysis of lab data[C]//Proceedings of the Sessions of the Geo Frontiers Congress. Texas：ASCE，2010，1266-1275.

[4] 姚穆，孙润军，陈玉美，等. 植物纤维素、木质素、半木质素等的开发利用[J]. 精细化工，2009，26(10)：937-941.
(YAO Mu，SUN Run-jun，CHEN Yu-Mei，et al. Development and utilization of plant cellulose，lignin and hemicellulose and so on[J]. Fine Chemicals，2009，26(10)：937-941.)

[5] 蒋挺大. 木质素[M]. 北京：化学工业出版社，2008.
(JIANG Ting-da. Lignin[M]. Beijing：Chemical Industry Press，2008.)

[6] 邱学青，楼宏铭，杨东杰，等. 工业木质素的改性及其作为精细化工产品的研究进展[J]. 精细化工，2005，22(3)：161-167.
(QIU Xue-qing，LOU Hong-ming，YANG Dong-jie，et al. Research progress of industrial lignin in modification and its utilization as fine chemicals[J]. Fine Chemicals，2005，22(3)：161-167.

[7] GOW A J，DAVIDSON D T，SHEELER J B. Relative effects of chlorides lignia sulfonate and molasses on properties of a soil-aggregate mix[C]//Highway Research Board Bulletin，1962，282:66-83.

[8] TINGLE J S，NEWMAN J K，LARSON S L，et al. Stabilization mechanisms of nontraditional additives[J]. Transportation Research Record：Journal of the Transportation Research Board，2007，1989(2)：59-67.

[9] INDRARATNA B，MAHAMUD M A A，VINOD J S. Chemical and mineralogical behavior of lignin sulfonate treated soils[C]//State of the Art and Practice in Geotechnical Engineering，Geo Congress 2012，ASCE，1146-1155.

[10] CEYLAN H，GOPALAKRISHNAN K，KIM S. Soil stabilization with bioenergy coproduct[J]. Transportation Research Record：Journal of the Transportation Research Board，2010，2186(1)：130-137.

基桩自平衡承载力转换公式试验研究

王坤昂[1,2]　毕景佩[3]　李海晓兵[1,2]

（1. 黄河水利委员会黄河水利科学研究院　河南　郑州　450003；
2. 水利部堤防安全与病害防治工程技术研究中心　河南　郑州　450003；
3. 郑州市轨道交通有限公司　河南　郑州　450003）

摘　要：通过介绍原位试验过程，并对一根原型桩分别进行自平衡试验、抗压试验和抗拔试验，抗压试验过程中测量了荷载箱在分级荷载下的荷载，同时用钢筋计测量了桩身应力，分析了自平衡试验与传统静载试验极限承载力的差异，得到了自平衡承载力转换为抗压抗拔承载力的转换系数；试验结果表明上桩的抗压承载力最大，自平衡承载力次之，抗拔承载力最小；在自平衡荷载试验和抗压试验均达到极限状态时，自平衡试验时荷载箱受力荷载大于抗压试验时的荷载；抗压上桩在没有端承条件下的抗压承载力与自平衡承载力相等，说明在相同端承条件下，上桩的自平衡摩阻力与抗压摩阻力不存在明显差异。上桩自平衡承载力转换为抗拔承载力的转换系数介于 0.625～0.875 之间，上桩自平衡承载力转化为抗压承载力转换系数介于 0.572～0.702 之间，下桩自平衡承载力转化为抗压承载力转换系数介于 0.554～1.06 之间。

关键词：桩承载力　自平衡法　加载方式　转换系数

作者简介：王坤昂（1976—），男，高级工程师，主要从事岩土工程的检测及科研工作。E-mail：wangkunang2001@163.com。

Experimental Study on the Bearing Capacity Conversion formula of the Self-balanced Pile

WANG Kun-ang[1,2]，BI Jing-pei[3]，Li Hai-xiao bing[1,2]

（1. Yellow River Institute of Hydraulic Research，YRCC，Zhengzhou 450003，China；2. Research Center on Levee Safety Disaster Prevention，MWR，Zhengzhou 450003，China；3. Zhengzhou City Rail Transit Co.，LTD，Zhengzhou 450003，China）

Abstract：This paper introduces the prototype pile insitu test process，the same root pile in situ tests have been carried out，the first is the self-balanced test，the second is the compression test，and the finally is the uplift pile test. In the process of compression test. The compressive load of the load cell in the grading load is measured，the pile body stress is measured with a steel bar meter at the same time. Study the Self-balanced load test differences with the traditional static load test results，the conversion coefficient that the self-balanced bearing capacity converted to compressive bearing capacity and uplift bearing capacity has been obtained. Results show that the compressive bearing capacity of piles is the largest，self-balanced bearing capacity is bigger，the uplift bearing capacity is minimal，when self-balanced load test and compression test are in the limit state，the bearing load of the load cell under the balanced test is bigger than that of under the compression test，without the effect of pile end support，the bearing capacity of the compressive piles and the self-balance piles is equal，shows that the end bearing in the same condition，the self-balancing pile on friction and compression friction does not exist significant differences. The conversion coefficient that self-balancing on pile bearing capacity is converted to uplift bearing capacity is between 0.625 to 0.875，the

基金项目：黄科院基本科研业务经费资助项目（HKY-JBYW-2011-11）。

conversion coefficient that self-balancing on pile bearing capacity is converted to compressive bearing capacity is between 0.572 to 0.702, the conversion coefficient of pile under that self-balancing bearing capacity is converted to compressive bearing capacity is between 0.554 to 1.06.

Key words: pile bearing capacity, self-balanced method, loading way, reduction coefficient.

0 引言

基桩是土木工程中桩基础中的单桩，是置于岩土中的柱型构件；桩基础的作用是将上部结构的荷载穿过软弱土层或水传递到深部较坚硬的、压缩性小的土层或岩层中。基桩的适用范围很广泛，在岩土工程中广泛使用基桩，在电力输电线路塔座、港口码头、海洋平台、跨海桥梁、各类边坡支护结构、城市地铁、高层建筑、重要引水工程、抗震等工程中都广泛使用基桩；大直径高承载力基桩得到了广泛应用，但这些大直径桩的极限承载力都在 40 000kN 及其以上，常规静载试验无法检测其承载力，一种新的检测方法——自平衡法[1]产生了。

自平衡法是一种新的测试基桩承载力的方法。和其他传统试验方法相比，具有省时、省力、安全、无污染、综合费用低和不受场地条件、加载吨位限制等优点。国内将自平衡法用于基桩承载力的研究出现在 20 世纪 90 年代，截至 2012 年年底已经发布自平衡标准的有交通运输部和国内 7 个省（自治区、直辖市）。但自平衡法属于一种新的检测方法，在国内推广应用时间短，作为常规试验无法实现时的一种替代方法，在国内外学术界对该技术存在以下 3 个方面的争议。首先是影响自平衡法能否成功的方法因素。如自平衡点的选择[2]、荷载箱及位移测量装置的安装是否可靠。其次是决定自平衡法能否在工程桩中推广应用的理论因素。自平衡试验造成了桩身缺陷，该缺陷对工程可靠性、安全性和耐久性的研究需要深入研究。再次是影响自平衡法承载力转换结果准确性的技术因素。所谓正负摩阻力[3]的差异，即自平衡承载力转换为抗拔和抗压承载力的转换系数是否科学和准确。王伯惠[4,5]指出自平衡法的计算基桩承载能力和转换荷载-位移曲线的基本公式存在的问题和缺陷，并提出了上桩扣除桩尖支撑力后正负摩阻力比值作为上桩抗压承载力修正系数。清华大学李广信[6,7]等人采用渗水力模型和有限元法对不同位置和不同加载方式下桩身受力机理和摩阻力进行了研究。亓宾等[8]采用模拟试验法与自平衡法进行了比对研究。

本文采用原型试验方法进行研究，对同一根桩分别采用抗压、抗拔和自平衡三种试验方法进行比对研究，对同一地质条件下同一根桩采用不同测试手段，结果具有严格意义上的可比性；对上桩不同加载模式下的承载力和承载力转换系数进行研究，得到了基于原型桩试验的自平衡承载力的转换系数和修正后的转换公式。

1 原型试验

1.1 试验方案

1.1.1 试桩设计及荷载箱选择

试桩及锚桩均为 ϕ800 灌注桩，桩身混凝土强度等级均为 C40，钢筋保护层厚度均为 50mm，有效桩长均为 33.0m，主筋均为 16 根 ϕ25mm(400HRB)钢筋，全部为通长配筋；试桩不注浆，试桩间距为 6.4m；锚桩均为复式注浆，即桩底后注浆及桩侧(距桩底 17.0m 处)后注浆，锚桩行距 7.0m，列距为 6.4m。试验加载采用专用荷载箱，规格是 YG130×2-101×5，型号 HZX-960t，双向额定加载值为 2×4 800kN，外径 700mm，荷载箱高度为 260mm，上下钢板厚 25mm；采用位移杆测位移。

1.1.2 荷载箱安装位置计算

根据地勘报告计算上桩折减极限承载力和下桩极限承载力公式[9]如下：

下桩段极限承载力：

$$Q_u^d = u\sum q_{sik} l_i + q_{pk} A_0 \tag{1}$$

上桩段极限承载力：

$$Q_u^u = \zeta u \sum q_{sik} l_i + W_i \quad (2)$$

式中：Q_u^u——计算得到的上段桩极限承载力，kN；

Q_u^d——计算得到的下段桩极限承载力，kN；

W_i——荷载箱上部桩自重，kN；

u——桩周长，m；

l_i——桩周第 i 层土层的厚度，m；

A_0——桩端截面面积，m^2；

q_{sik}——桩侧第 i 层土极限侧阻力，kPa；

q_{pk}——桩端土层极限端阻力，kPa；

ζ——上桩折减系数加权值，计算时对于黏性土、粉土 $\zeta=0.8$，对于砂土 $\xi=0.7$。

桩端为第⑪层粉质黏土，桩端极限端阻力为 1 600kPa，试验选择荷载箱安装在距桩底 9m（高程为 40.10m）位置，下桩极限承载力计算值（2 579kN）与上桩折减后极限承载力计算值（2 609kN）基本相等，试验可以达到自身平衡，本研究项目根据地层厚度加权计算的折减系数为 $\zeta=[0.7\times(4+5.6)+0.8\times(24-4-5.6)]\div24=0.76$。根据地勘报告计算的单桩极限抗压承载力为 5687kN。

1.2　试验顺序安排

本次对试桩进行的原型试验主要有自平衡试验、单桩竖向抗压试验[10,11]、单桩抗拔试验，同时进行桩身内力测试；试桩和锚桩施工完成 28d 后开始进行检测。试桩施工及试验时间如下：

（1）试桩施工时间为 2012 年 5 月 1 日～16 日。

（2）自平衡试验：确定上、下桩的极限承载力，测试桩身分级荷载下的桩身应力；测试时间为 2012 年 6 月 1 日～4 日。

（3）单桩竖向抗压试验：确定荷载箱承压状态下单桩竖向抗压极限承载力和荷载箱承担荷载；确定荷载箱无压状态下上桩单桩竖向抗压极限承载力；同时测量桩身应力；测试时间为 2012 年 6 月 11 日～19 日。

（4）单桩竖向抗拔试验：确定荷载箱处于自由状态（无压有自由行程）下上桩单桩竖向抗拔极限承载力；同时测量桩身应力；测试时间为 2012 年 7 月 3 日～8 日。

1.3　试验结果

1.3.1　各试验过程中荷载箱行程变化

SZ1 号桩的荷载箱总行程为 100mm，第一步自平衡试验时打开的行程为 82.68+10.75=93.43mm，第二步抗压试验时荷载箱行程没有变化，抗压试验最后一级时进行卸油试验；试验结束后进行卸油后抗压试验，荷载箱压回位移为 43.78mm[荷载箱剩余行程为 100-(93.43-43.78)=50.35mm]，第三步进行抗拔试验，桩身最终上拔位移为 34.03mm（小于荷载箱剩余行程 50.35mm），且荷载箱油管为打开状态，荷载箱不受力，下桩也不受力，可以认为上拔试验中的荷载全部由上桩承担。

SZ2 号桩的荷载箱总行程为 100mm，第一步自平衡试验时打开的位移为 74.49+1.98=76.47mm，第二步抗压试验时荷载箱行程没有变化，抗压试验最后一级位移达到 68.34mm 后打开荷载箱油管堵头进行卸油试验，卸油后荷载箱压回位移为 40.26mm，荷载箱剩余行程为 100-(76.47-40.26)=63.79mm，第三步进行抗拔试验，桩身最终上拔位移为 31.63mm（小于荷载箱剩余行程 63.79mm），且荷载箱油管为打开状态，荷载箱不受力，下桩也不受力，可以认为上拔试验中的荷载由上桩承担。

SZ3 号桩的荷载箱总行程为 100mm，第一步进行自平衡试验时，下桩位移没有测到可靠数据（估计是位移杆与护馆连接在一起），第二步进行抗压试验时荷载箱行程没有变化，抗压试验结束时未进行卸油试验，抗拔试验前荷载箱剩余行程不知道，第三步进行抗拔试验，最终上拔位移为 32.77mm。从曲线形态看，最后一级上拔位移迅速增大，且荷载箱油管为打开状态，荷载箱应该不受力，下桩也不受力，可以认为上拔试验中的荷载由上桩承担。

1.3.2 各类试验结果

根据自平衡试验加载数据，得到单桩竖向抗压极限承载力计算公式为：

$$Q_u = \frac{Q_u^u - W_i}{\gamma_i} + Q_u^d \tag{3}$$

式中：Q_u^u——上段桩的（极限）加载值，kN；

Q_u^d——下段桩的（极限）加载值，kN；

Q_u——自平衡试验得到的单桩抗压极限承载力，kN；

γ_i——上桩转换系数加权值，对于黏性土、粉土 $\gamma_i=0.8$，对于砂土 $\gamma_i=0.7$；本节计算采用 $\gamma_i=0.76$。

得到的单桩竖向抗拔极限承载力：

$$U_u = Q_u^u \tag{4}$$

自平衡试验是上桩桩顶不受力，采用位移杆测量位移，自平衡试验结果见表1（为了方便区分，自平衡试验下桩向下位移计为负值，上桩向上位移计为正值），自平衡试验荷载位移曲线见图1；单桩竖向抗压试验是荷载箱处于密闭承压状态，通过油压传感器测量荷载箱在分级抗压荷载时的实际荷载，单桩竖向抗压试验结果见表2，单桩竖向抗压试验荷载位移曲线见图2；XYSZ1号桩是SZ1号桩在抗压试验结束后打开荷载箱油管堵头，荷载箱不再承受压力，XYSZ1号桩的抗压承载力实际就是没有端承力时的上桩极限承载力；最后在荷载箱不受力状态下进行上桩的抗拔试验，抗拔试验结果见表3，单桩竖向抗拔试验荷载位移曲线见图3。

表1 单桩自平衡试验结果

Table 1 Single pile self－balancing test results table

桩号	桩径（mm）	桩长（m）	上桩对应位移（mm）	上桩极限加载值（kN）	下桩对应位移（mm）	下桩极限加载值（kN）	对应等效位移（mm）	等效抗压极限承载力（kN）	计算得到单桩抗压极限承载力（kN）	上桩抗拔极限承载力（kN）
SZ1号	800	24＋9	8.54	2400	48.47	1 600	52.09	3 325	4 377	2 400
SZ2号	800	24＋9	2.79	2 400	15.01	2 000	19.6	4 251	4 777	2 400
SZ3号	800	24＋9	4.46	2 400	－1.92	2 400	7.49	5 178	5 177	2 400

表2 单桩竖向抗压试验结果

Table 2 The single pile vertical compressive test results table

桩号	桩径（mm）	桩长（m）	极限承载力对应位移（mm）	单桩抗压极限承载力（kN）	极限荷载时荷载箱处实际荷载（kN）	上桩抗压极限侧阻力（kN）
SZ1号	800	33	32.24	4 800	1 703	3 097
SZ2号	800	33	20.13	4 800	1 108	3 692
SZ3号	800	33	43.14	4 800	1 794	3 006
XYSZ1号	800	24	5.15	2 400	0	2 400

注：XYSZ1号为SZ1号桩抗压试验结束后，荷载箱处于打开状态，无油压时进行的上桩抗压试验。

表3 单桩竖向抗拔试验结果

Table 3 Single pile vertical tension test result table

桩　号	桩径（mm）	有效桩长（m）	承载力对应位移（mm）	抗拔承载力（kN）
SZ1号	800	24	10.91	1 500
SZ2号	800	24	11.24	1 800
SZ3号	800	24	14.89	2 100

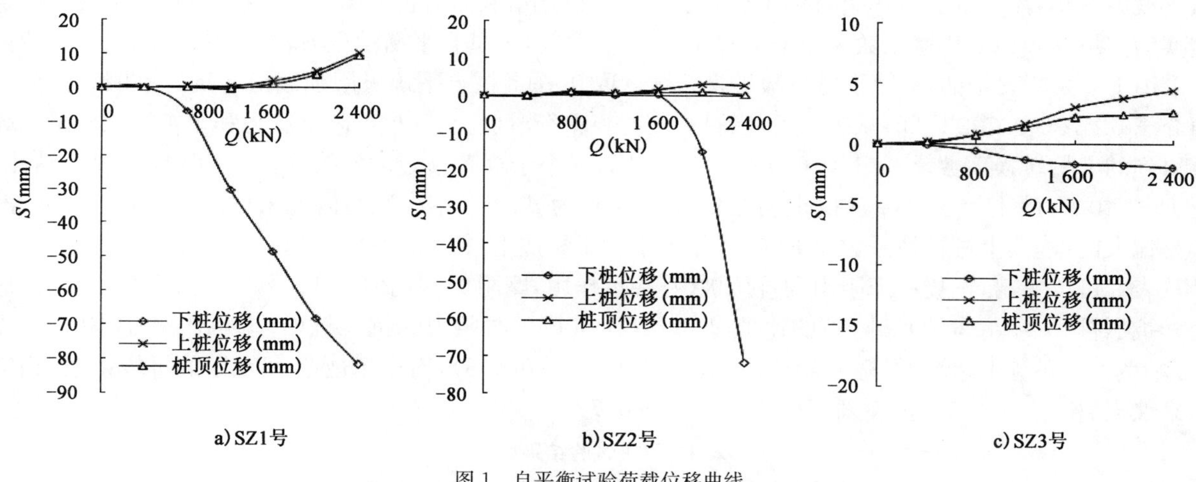

图1　自平衡试验荷载位移曲线

Fig. 1　Load displacement curve of self-balancing test

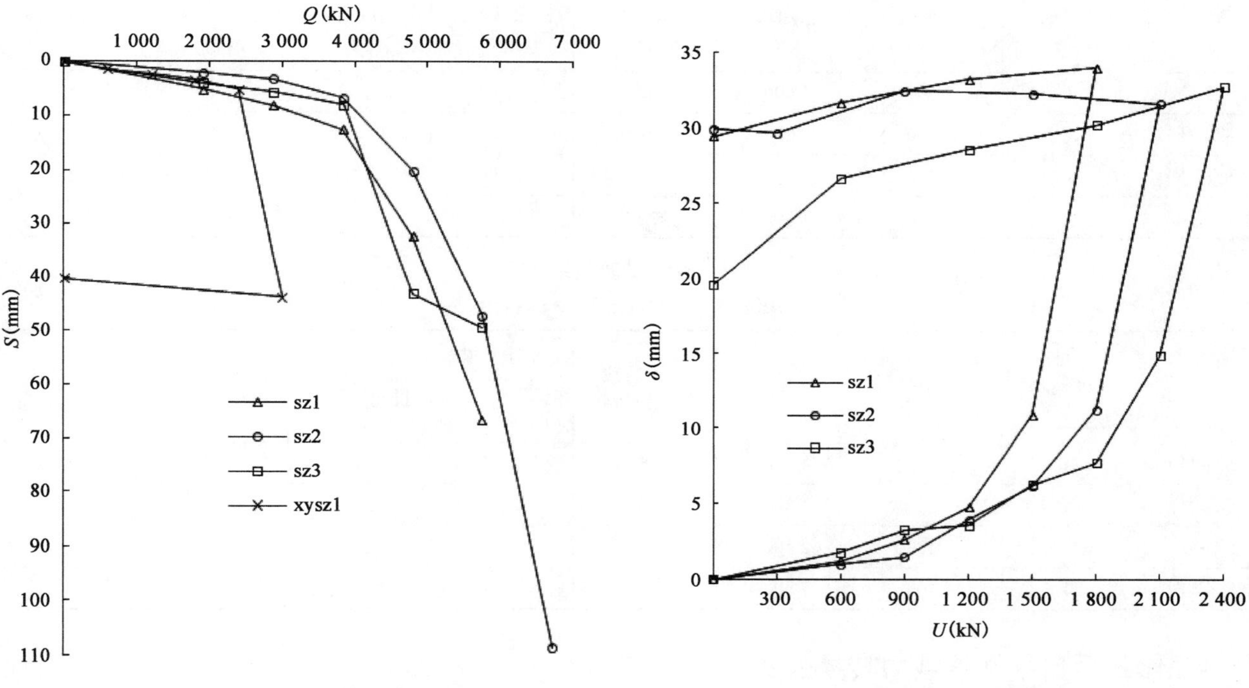

图2　单桩竖向抗压试验荷载位移曲线

Fig. 2　Load displacement curve of single pile vertical compressive test

图3　单桩竖向抗拔试验荷载位移曲线

Fig. 3　Load displacement curve of single pile vertical tension test

2　下桩承载力换算系数

试验桩上桩长24m，下桩长9m，下桩自平衡加载值及抗压极限承载力见表4。从表4可以看出，抗压试验时下桩极限承载力与自平衡试验下桩极限加载值的比值介于0.554～1.06之间，下桩自平衡承载力转换系数采用1.0换算抗压承载力是偏大的，建议下桩采用转换系数β取0.85(对于黏性土、粉土γ_i=0.895，对于砂土γ_i=0.781)。

3　上桩承载力换算系数

试验桩上桩长24m，下桩长9m，上桩自平衡极限加载值、抗拔极限承载力及上桩桩侧承担荷载见表5。从表5可以看出，抗压试验(有下桩支撑作用)时桩侧承担荷载最大，自平衡极限加载值较大，抗拔试验抗拔极限承载力最小，无下桩支撑作用时抗压试验上桩抗压极限承载力与自平衡上桩荷载一致；上桩自平衡承载力转换为抗拔承载力的折减系数 α 介于 0.625～0.875 之间，上桩自平衡承载力转化为抗拔承载力的转化系数 α 采用 1.0 是不安全的，建议上桩抗拔转换系数 α 取 0.7；上桩自平衡极限加载值与抗压桩侧承担荷载的比值介于 0.572～0.702 之间；从表 4 可以看出，根据自平衡试验上、下桩极限承载力和单桩抗压极限承载力计算得到的上桩转换系数 γ_i 介于 0.659～0.879 之间，γ_i 小于规范规定的转换系数 0.76（规范规定黏性土、粉土为 $\gamma_i=0.8$，砂土为 $\gamma_i=0.7$，按土层加权得到的 γ_i 为 0.76），本次试验研究采用的加权转换系数 γ_i 取 0.76是偏大的，建议上桩转换系数 γ_i 取 0.7（相当于对于黏性土、粉土 $\gamma_i=0.737$，对于砂土 $\gamma_i=0.645$）。

从表 5 可以看出，抗拔桩摩阻力和抗压桩（有端承作用）摩阻力的比值介于 0.484～0.7 之间；抗拔桩摩阻力和抗压桩（无端承作用）摩阻力的比值是 0.625。抗拔桩摩阻力和抗压桩（有端承作用）摩阻力的比值（$\lambda=\alpha\gamma_i$）为 0.49（对于黏性土、粉土 $\lambda=0.543$，对于砂土 $\lambda=0.416$），均小于规范[12]规定的抗拔系数（相当于对于黏性土、粉土 $\lambda=0.7\sim0.8$，对于砂土 $\lambda=0.5\sim0.7$）。

表 4 下桩试验结果比对

Table 4 Under the section of the pile test results

桩号	下桩桩长（m）	上桩极限加载值（kN）	自平衡下桩极限加载值（kN）	抗压极限承载力（kN）	抗压下桩极限承载力（kN）	下桩转换系数 β	$\beta=1$ 时上桩转换系数 γ_i	抗压时荷载箱状态
SZ1 号	9	2 400	1 600	4 800	1 703	1.06	0.659	受压
SZ2 号	9	2 400	2 000	4 800	1 108	0.554	0.754	受压
SZ3 号	9	2 400	2 400	4 800	1 794	0.747	0.879	受压
XYSZ1 号	9	2 400	1 600	2 400	0	1.0		无压力

表 5 上桩试验结果比对

Table 5 On the pile test results

桩号	上桩桩长（m）	自平衡上桩极限加载值（kN）	抗拔承载力（kN）	$\frac{\text{抗拔荷载}}{\text{自平衡荷载}}$	抗压上桩侧阻荷载（kN）	$\frac{\text{抗拔荷载}}{\text{抗压侧阻力}}$	$\frac{Q_u^u-W_i}{\text{抗压侧阻力}}$	抗压时荷载箱状态
SZ1 号	24	2 400	1 500	0.625	3 097	0.484	0.681	受压
SZ2 号	24	2 400	1 800	0.75	3 692	0.488	0.572	受压
SZ3 号	24	2 400	2 100	0.875	3 006	0.70	0.702	受压
XYSZ1 号	24	2 400	1 500	0.625	2 400	0.625	0.879	无压力

4 修正后自平衡承载力转换公式

根据自平衡试验加载数据，得到单桩竖向抗压极限承载力计算公式为：

$$Q_u=\frac{Q_u^u-W_i}{\gamma_i}+\beta Q_u^d \tag{5}$$

得到的单桩竖向抗拔极限承载力为：

$$U_u=\alpha Q_u^u \tag{6}$$

上桩自平衡转换为抗压承载力的转换系数 γ_i，按土层加权计算得到 $\gamma_i=0.7$（对于黏性土、粉土 $\gamma_i=0.737$，对于砂土 $\gamma_i=0.645$）；下桩自平衡转换为抗压承载力的转换系数 $\beta=0.85$（对于黏性土、粉土 $\beta=0.895$，对于砂土 $\beta=0.781$）；上桩自平衡转换为抗拔承载力的转换系数 α 建议取 0.7（对于黏性土、粉土 $\alpha=0.737$，对于砂土 $\alpha=0.645$）。

将自平衡试验结果计算单桩竖向抗压和抗拔极限承载力的比对结果列在表 6 和表 7 中。从表 6 可以看出，采用本次修正公式(5)得到的单桩抗压极限承载力与检测值的误差小于 10%，原规范推荐公式(3)得到的单桩抗压极限承载力与检测值的误差也小于 10%，但本次修正公式考虑了下桩极限承载力发挥滞后的效应，与实际试验结果一致；从表 7 可以看出，采用本次修正公式(6)得到的单桩抗拔承载力与检测值的误差小于 20%，原规范推荐公式(4)得到的单桩抗拔极限承载力与检测值的误差小于 60%，抗拔承载力与自平衡上桩受力机理存在差异，自平衡上桩承载力转换为抗拔承载力应采用小于 1 的系数，上桩自平衡转换为抗拔承载力的转换系数 α 建议取 0.7。

表 6　修正前后抗压承载力误差对比

Table 6　Compressive capacity before and after the correction error

桩号	桩长(m)	上桩极限加载值(kN)	下桩极限加载值(kN)	公式(3)得到单桩抗压极限承载力(kN)	与抗压极限承载力检测值的误差(%)	公式(5)得到单桩抗压极限承载力(kN)	与抗压极限承载力检测值的误差(%)	抗压极限承载力检测值(kN)
SZ1 号	24+9	2 400	1 600	4 377	−8.81	4 375	−8.85	4 800
SZ2 号	24+9	2 400	2 000	4 777	−0.48	4 715	−1.77	4 800
SZ3 号	24+9	2 400	2 400	5 177	7.85	5 055	5.31	4 800

表 7　修正前后抗拔承载力误差对比

Table 7　Uplift bearing capacity before and after the correction error

桩号	桩长(m)	上桩极限加载值(kN)	下桩极限加载值(kN)	公式(4)得到抗拔极限承载力(kN)	与抗拔极限承载力检测值的误差(%)	公式(6)得到抗拔极限承载力(kN)	与抗拔极限承载力检测值的误差(%)	抗拔极限承载力检测值(kN)
SZ1 号	24+9	2 400	1 600	2 400	60.0	1 680	12.0	1 500
SZ2 号	24+9	2 400	2 000	2 400	33.3	1 680	−6.7	1 800
SZ3 号	24+9	2 400	2 400	2 400	14.3	1 680	−20.0	2 100

5　结语

(1)上桩的抗压桩极限承载力最大，上桩的自平衡承载力较大，上桩的抗拔极限承载力最小。

(2)没有桩端支撑时上桩的抗压承载力与上桩自平衡承载力相等。

(3)上桩自平衡承载力转化为抗拔承载力的转化系数 α 介于 0.625～0.875 之间，α 采用 1.0 是不安全的，建议上桩抗拔转换系数 α 取 0.7。

(4)上桩自平衡承载力转化为抗压承载力加权转换系数 γ_i 介于 0.572～0.702 之间，γ_i 取 0.76 是偏大的，建议 γ_i 取 0.7；下桩自平衡承载力转化为抗压承载力转换系数 β 比值介于 0.554～1.06 之间，β 取 1.0 是偏大的，建议 β 取 0.85。

(5)得到修正后的单桩竖向抗压极限承载力计算公式为 $Q_u=\frac{Q_u^u-W_i}{\gamma_i}+\beta Q_u^d$。

得到的修正后的单桩竖向抗拔极限承载力计算公式为 $U_u=\alpha Q_u^u$。

参考文献

[1] 龚纬明，戴国亮. 桩承载力自平衡测试技术及工程应用[M]. 北京：中国建筑工业出版社，2006.
(GONG Wei-ming, DAI Guo-liang. Balanced testing and engineering applications of pile bearing capacity[M]. Beijing: China Architecture & Building Press, 2006.)

[2] 徐风云，黄文机. 桩承载力自平衡法存在的几个关键问题[J]. 公路，2005 (4)：42-46.

[3] 冷曦晨，佴磊，刘永平. 自平衡法桩基承载力测试中一些问题的探讨[J]. 地震工程与工程振动，2005，25 (2)：160-164.

(LENG Xi-chen, NAI Lei, LIU Yong-ping. Study on self-balancing method in bearing capacity of pile test[J]. Earthquake Engineering and Engineering Vibration, 2005,25(2):160-164.)

[4] 王伯惠. 评桩基测试自平衡法[J]. 公路,2005(7):24-32.

[5] 王伯惠. 桩基测试自平衡法改进意见初探[J]. 公路,2006(5):43-48.

[6] 李广信,黄锋,帅志杰. 不同加载方式下桩的摩阻力的试验研究[J]. 工业建筑,1999,29(12):19-21.
(LI Guang-xin, HUANG Feng, SHUAI Zhi-jie. Test study on influence of loading ways on friction of pile[J]. Industrial Construction , 1999,29(12) :19-21.)

[7] 黄锋,李广信,郑继勤. 单桩在压与拔荷载下桩侧摩阻力的有限元计算研究[J]. 工程力学,1999,16(6):97-101.
(HUANG Feng,LI Guang-xin,ZHENG ji-qin. Study on the shaft friction of single pile in compressive and tensile loading[J]. Engineering Mechanics, 1999,16(6) :97-101.)

[8] 亓宾,佴磊,江娟. 模拟试验法确定桩基承载力[J]. 吉林大学学报:地球科学版 ,2004, 34:99-102. (QI Bin,NAI Lei, JIANG Juan. Simulation test method for pile bearing capacity[J]. Journal of Jilin University :Earth Science Edit ion, 2004, 34:99-102.)

[9] 中华人民共和国行业标准. JT/T 738—2009 基桩静载试验. 自平衡法[S]. 北京:人民交通出版社,2009.
(JT/T 738—2009 Static loading test of foundation piles—— self-balanced method[S]. Beijing: People's Communications Press, 2009.)

[10] 中华人民共和国行业标准. JGJ 106—2003 建筑基桩检测技术规范 [S]. 北京:中国建筑工业出版社,2003.
(JGJ 106—2003 Technical code for testing of building foundation piles[S]. Beijing: China Architecture & Building Press,2003.)

[11] 中华人民共和国行业标准. DL/T 5024—2005 电力工程地基处理技术规程 [S]. 北京:中国电力出版社,2005.
(DL/T 5024—2005 Ground treatment technical code of fossil fuel power plant[S]. Beijing: China Electric Power Press,2005.)

[12] 中华人民共和国行业标准. JGJ 94—2008 建筑桩基技术规范 [S]. 北京:中国建筑工业出版社,2008.
(JGJ 94—2008 Technical code for building pile foundations[S]. Beijing: China Architecture & Building Press,2008.)

过湿冰水堆积土路基填料新型填筑方法研究

李红艳　翁效林　马豪豪

（长安大学特殊地区公路工程教育部重点实验室　陕西　西安　710064）

摘　要：为明确四川省雅安地区过湿冰水堆积填料高速公路路用特性及工后沉降特征，本文借助土工离心模型试验装置，系统研究了过湿冰水堆积土夹层填筑法路基的沉降变形特性及水分迁移规律，并基于夹层填筑法不同层面饱和度有限元分析，阐述了夹层填筑法作用机理。研究结构表明：路基沉降呈中间大两边小的趋势。冰水堆积物夹层法填筑路基初期沉降较快，后期随着固结速度的减慢沉降速率变慢，1.5 年后路基沉降基本稳定，最大沉降达到 16cm，工后最大沉降约为 1cm。通过离心模型试验中孔隙水压力的变化规律，孔隙水压力在填筑过程中随填筑高度增加而增加；填筑完成后，随时间增加而逐渐减小；夹层填筑法施工能很好地加速孔隙水压力消散，促进排水固结，使路基工后沉降满足规范要求。冰水堆积物渗透系数较低，含水率较高且排水性较差，在其上下两面填有砂卵石粗粒料层，其排水效果好，在压实和固结过程中可缩短排水路径、加快排水过程。即通过夹层法压实冰水堆积物层，可以使冰水堆积物中过量的水通过上下的砂砾石层从路基两侧排出路基，起到加快固结的作用。

关键词：岩土工程　互层填筑法　离心模型试验　冰水堆积土　路基沉降

作者简介：李红艳（1989—），女，长安大学硕士研究生，主要从事道路岩土工程等方面的学习与科研。E-mail：1027419681@qq.com

Study on Settlement Characteristics and Mechanism of Subgrade Sandwich Method Filling With Excessive Water Fluvioglacial Deposits Soil

LI Hong-yan, WENG Xiao-lin, MA Hao-hao

(Key Laboratory for Special Area Highway Engineering of Ministry of Education, Chang'an University, Shanxi; Xi'an 710064, China)

Abstract: To clarify filler road characteristics and features of post-construction settlement of Ya'an area fluvioglacial deposits soil. With the geotechnical centrifuge model test apparatus, systems studied soil too wet fluvioglacial deposits soil "sandwich filling" method roadbed settlement deformation characteristics and moisture migration law, and described sandwich filling mechanism by finite element analysis method. Researching show that: subgrade settlement was big in the middle on both sides of a small trend. Ice buildup early subgrade settlement sandwich method faster, slower pace of consolidation late as slow sedimentation rate, 1.5 years after the basic stability of subgrade settlement, the largest settlement reached 16cm, the largest settlement after construction is about 1cm. By centrifugal model tests the variation of pore water pressure, pore water pressure in the filling process with the filling height increases; filling is completed, increasing gradually decreases with time; sandwich filling method of construction can be a good acceleration dissipation of pore water pressure, and promote drainage consolidation, settlement after the roadbed to meet regulatory requirements. The permeability of excessive water fluvioglacial is low, the water content is high and drainage is poor, at its upper and lower sides are filled with sand and gravel coarse aggregate layer, which is draining effect, in the process of compaction and consolidation drainage path can be shortened, accelerate the draining process. By sandwich method construction, which can make excess water of fluvioglacial is discharged from the sides of the road embankment through the top and bottom of the gravel layer, which playing the role of accelerating consolidation.

Key words: geotechnical engineering, sandwich method construction, centrifuge model test, fluvioglacial deposits soil, subgrade settlement.

0　序言

由于冰水堆积体在块石含量、粒度组成、结构特征等方面与其他松散堆积体有区别，导致其在变形特征、强度特性等物理力学性质方面表现出较强的特殊性。目前，国内外学者对冰水堆积体的空间效应[2]、变形效应[3]、力学机制[4]等方面的研究手段都局限在现场试验和数值模拟两方面。关于冰水堆积土的路用特性方面，文献[5]，[6]也展开了一系列的研究工作。冰水堆积土路基预测虽已取得了一些的研究成果，但因粗粒土成因、岩性、颗粒级配及颗粒形状等的复杂性，其沉降尤其是工后长期流变沉降的计算和预测，尚缺乏公认、较为准确又便于工程实用的方法。

雅安市位于四川盆地西部边缘，素有“雨城”之称，年平均降雨天数 218 天，为四川的多雨中心。经常降雨使该地区的冰水堆积土长期处于富水过湿状态，形成含水率大，难以碾压，承载力差的过湿土，给土建工程尤其是道路施工带来诸多不便，典型的冰水堆积土填料如图 1 所示。过湿冰水堆积物填料大面积的路基铺筑受到地域环境和施工期限的双重制约，无论是设计还是施工都会出现一系列技术瓶颈亟待解决。另外，从乐雅路沿线所取土料颗粒粒径级配组成上分析可知，粒径小于 0.074mm 的含量在总量的 40%～70%之间变化，根据土的基本组成与其工程特性可知，若细粒土含量占总量的 60%以上，若土体含水率高，土质湿软，所富含的大粒径的卵石，碎石在土体中形似于漂浮状态，施工过程中若不降低含水率，压实质量难以压实，质量得不到保证。为充分利用雅安地区广泛分布的并水堆积土填料，本文提出夹层填筑施工方法，即在填方场地铺一层冰水堆积土料，尽量压实，在其上铺一层砂卵石粗粒借料，再压实，如此反复进行填筑至设计填方高度。由于夹层填筑法是一种新型的路基填筑方式，冰水堆积土填料夹层填筑法中填筑机理与常规路基填机理有所不同，鲜有研究。本文基于土工离心模型试验技术，研究了雅安地区过湿冰水堆积土夹层填筑法路基的沉降特征及水分迁移特性，并借助有限元分析，对夹层路基填筑法的作用机理进行了阐述，研究结果为类似工程的设计与施工提供了借鉴。

图 1　雅安地区典型冰水堆积物

Fig. 1　Typical fluvioglacial deposits soil of ya'an

1　离心模型试验设计

1.1　模型试验材料

模型填筑采用冰水堆积土与砂砾石分别以 30mm 厚度分层填筑。模型试验填料全部取自四川省雅安地区典型冰水堆积土，现场含水率 $w=28.9\%$。由于冰水堆积土料是一种粗细混合土料，其颗粒分析需做粗粒土的筛分试验、细粒土的颗粒分析试验，得出全料的综合级配曲线。如图 2 所示的综合分析的颗粒级配曲线，从图 2 可知，其缺少中间粒径，属于不易压实的土料。冰水堆积土离心模型试验填料采用等量替代法模拟。即以模型箱最小尺寸所允许的最大粒径以下和大于5mm之间的颗粒，按比例等量替代超粒径颗粒部分。考虑路堤分层填筑施工需要，选定冰水堆积物模拟土料最大粒径为10mm。由图2可以看出，冰水堆积物粒径大于10mm颗粒含量大约35%，可以采用等量替代法模拟。砂砾石属于无黏性粗颗粒。首先将所取土样全部过粗筛，并按大于100mm、100～80mm、80～60mm、60～40mm、40～20mm、20～10mm、10～5mm、小于5mm粒径分别存放，然后根据模型试验中所需要的土料数量，按照经过超粒径处理后的颗粒分析曲线配置模型土料。在配置过程中宜采用四分法取样，砂砾层级配曲线如图3所示。

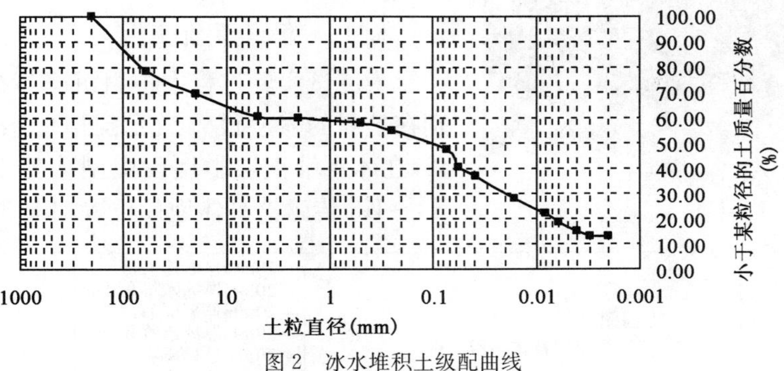

图2　冰水堆积土级配曲线

Fig. 2　Grading curve of fluvioglacial deposits soil

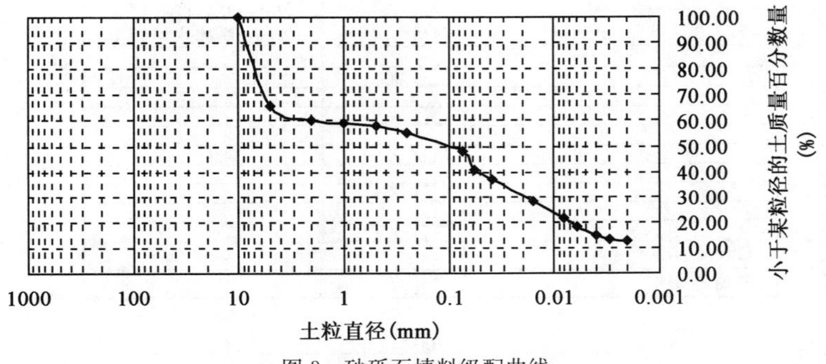

图3　砂砾石填料级配曲线

Fig. 3 Grading curve of sand gravel filler

1.2　相似关系推导

相似材料的选择是离心模型试验的一个关键问题，相似材料的参数与原型材料参数必须满足一定的相似比。S. Iai[7]采用平衡控制方程与土体、孔隙水、桩及板桩结构的质量平衡，推导出了模型试验相似关系。本文相似关系的确定采用量纲分析法，试验中考虑的主要物理量有：路堤各部分的沉降 s，路堤宽度 D，路堤高度 h，含水率 w，土体密度 ρ，土体自重荷载 $\delta_z=\rho a h$，其中 a 在原型中为 $1g$，在模型惯性力场中为 ng，土体的变形特性变形模量 E 和泊松比 ν，土体的强度指标，采用总应力表示的凝聚力 c 和内摩擦角 φ。本试验物理量相似关系由基本量纲依据 π 定理导出，结果如表1所示。

表1　变量相似常数

Table 1　Affinity constants of variables

物理量	符号	原型	离心模型
模型尺寸	d、h	1	1/n
含水率	w	1	1
密度	ρ	1	1
加速度	a	1	n
应力	σ	1	1
沉降	s	1	$1/n$
时间	t	1	$1/n^2$

图 4 离心模型试验模型

Fig. 4 Centrifugal test model

1.3 模型的设计与制作

离心模型试验基于长安大学 60gt 土工离心机展开，模型箱尺寸为 $700 \times 360 \times 500 \text{mm}^3$。模型率 $n = 24\,500/700 = 35$，路基模型的总填筑高度为：$h_m = 8\,000/35 = 230\text{mm}$，宽度 $h_k = 24\,500/35 = 700$，地基厚度取 30mm，相当实际地基 $30 \times 35 = 1\,050\text{mm}$；填筑后的模型如图 4 所示。

1.4 监测布置方案

为测试实验过程中填料沉降特征及水分迁移规律，分别在填料的表层设置激光位移传感器，编号分别为 J1 和 J2，在冰水堆积层中埋设微型孔隙水压力计，编号分别为 K1～K5 传感器具体埋设位置如图 5 所示。

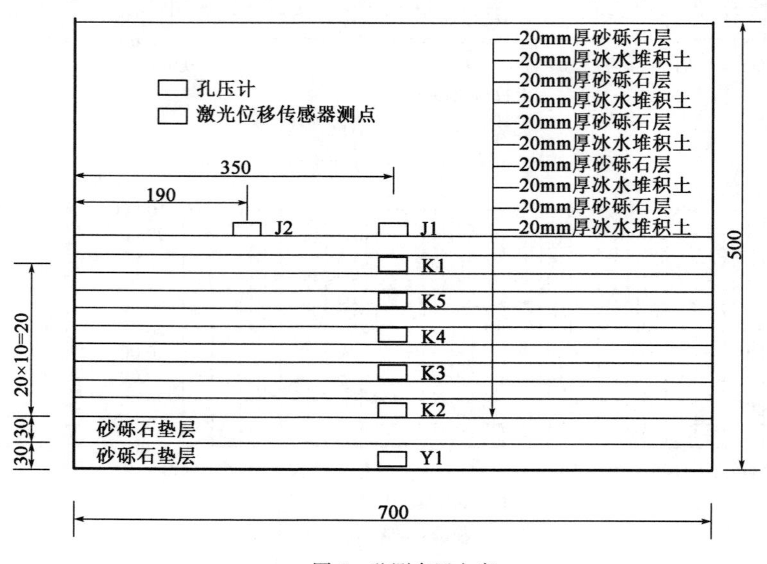

图 5 监测布置方案

Fig. 5 Layout of monitoring scheme

2 试验结果分析

2.1 沉降分析特性

试验中利用激光位移传感器监测得到在路基沉降趋势如图 6 所示，由图 6 可知，填筑初期路基沉降变形较小约为 1cm，随着上部土层的填筑，荷载也随之增加，下部土层固结也逐步加快从而导致沉降逐渐变大，当填筑结束时路基土层固结趋于缓慢，沉降趋势变缓；且呈现路基中间沉降偏大，两边沉降偏小的趋势，路基中间最大沉降约 16cm。说明由于路基断面土自重应力中间大两边小，在较大的自重应力情况下，土层的固结沉降大。由图 7 可知，工后沉降相对于施工沉降较小，随着时间的变化沉降变大，但沉降速率变小，是由于路基在施工完成后固结随着时间的变化逐步完成，最终沉降趋于稳定，最大沉降为 1.2cm，说明通过填筑工艺改进，过湿冰水堆积土可以用于高速公路路基的填筑。

在离心模型试验中通过摄影、摄像系统，透过模型箱透明有机玻璃实时监测得到上面结果，由图 8 和图 9可知，路基填筑期间上层路基沉降量最大接近 1.5cm，中层较小为 1.2cm，下层沉降最小为 1cm。说明路基下层随着路基填筑的进行，路基逐渐固结，随着路基填筑上部荷载逐步加大下层路基固结基本完成，使得路基下层沉降较小；路基中央沉降较大两侧的沉降较小；随着离心加速度的增加沉降变大。路基施工过程中的最大沉降约为 16cm，填筑完成后的工后沉降约为 1cm，且沉降规律是中间大两边小。比较图 6 和图 7 分析可知，夹层法填筑路基内部沉降趋势与激光位移传感器测得的路基表层的沉降趋势相吻合。

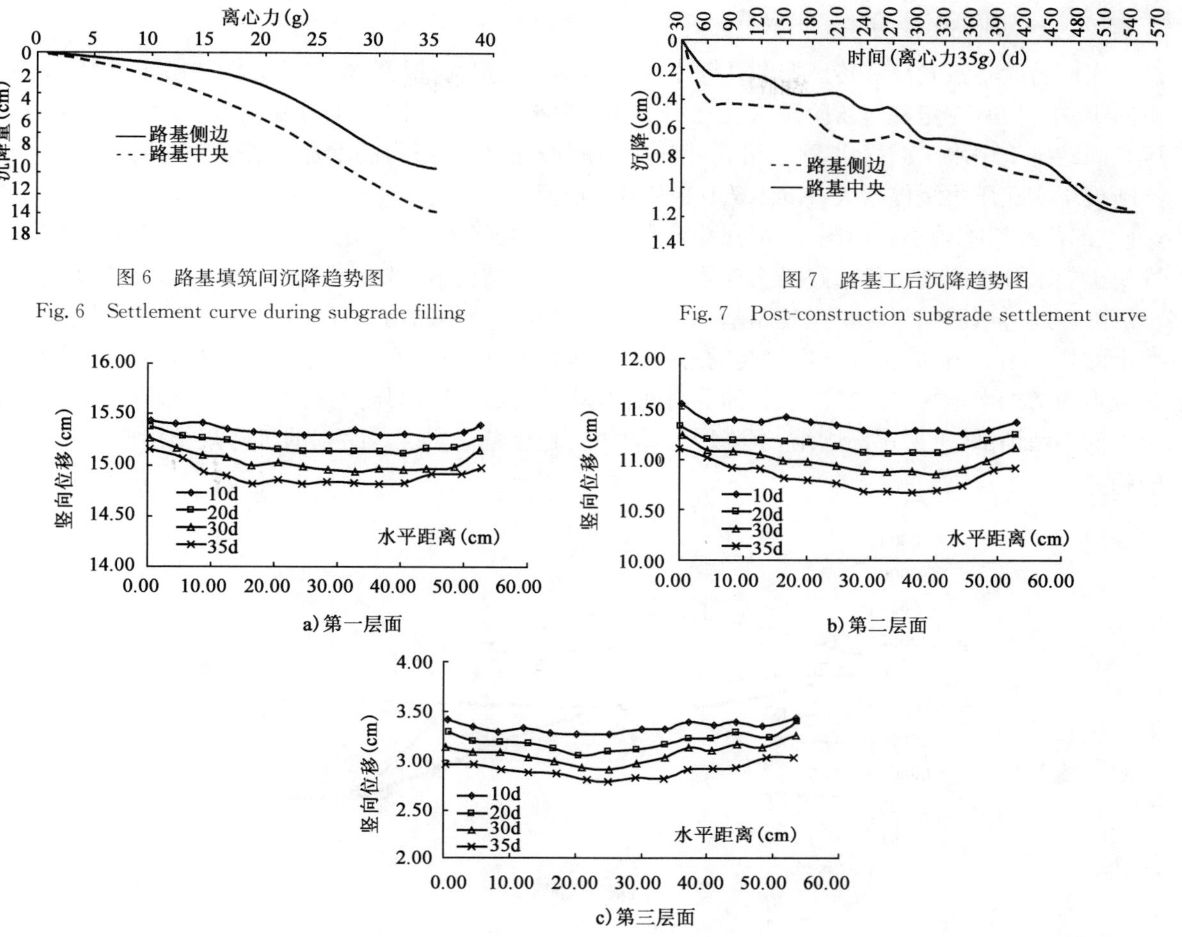

图 6 路基填筑间沉降趋势图

Fig. 6 Settlement curve during subgrade filling

图 7 路基工后沉降趋势图

Fig. 7 Post-construction subgrade settlement curve

图 8 路基填筑间沉降趋势图

Fig. 8 Subgrade settlement curve during filling

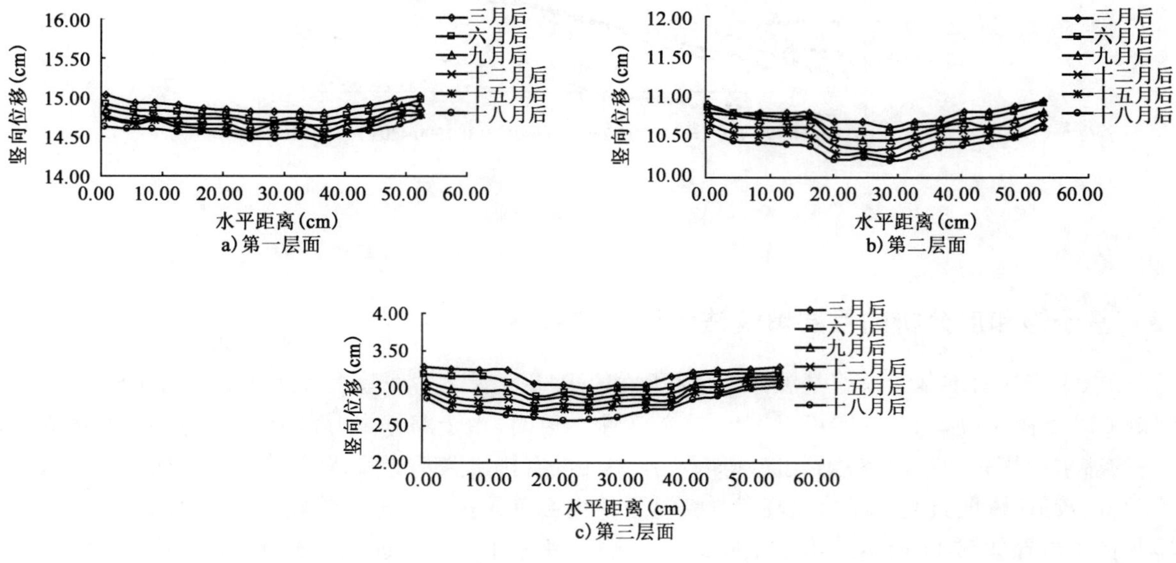

图 9 采集路基工后沉降趋势图

Fig. 9 Post-constructure subgrade settlement curve

2.2　水分迁移特性分析

试验完成后收集激光位移传感器和孔隙水压力传感器数据并进行分析整理分析结果如图 10 和图 11 所示。由图 10 中可知，在路基填筑阶段，孔压计 K3、K4 为路基下层孔隙水压力变化，随着离心力的增大路基不断压实固结排土中水不断排出，下层孔隙水压力急剧增加，随着压力的增加，当离心力达到 30g 时冰水堆积物不断被压实孔压力缓慢增大；K5、K6、K1 为中上层路基比冰水堆积土填料总应力水平低，孔隙水压力较小，受上部荷载影响较小。由图 11 可知孔隙水压力随着时间的变化不断减小，从而说明路基填筑完成后冰水堆积土中水分不断通过排水路径实现固结，最终达到固结消散孔隙水压力减小，有效应力变大，从而引起路基沉降。通过试验结果分析发现路基填筑阶段孔隙水压力不断增大，填筑完成后逐渐减小。填筑阶段随着填土的高度不断增加，下部土层所受的总应力不断增加，但空隙水压力来不及排出，所以孔隙水压力也随着总应力的增加而增加；填筑完成后，随着时间的不断增长，孔隙水压力逐渐消散，有效应力增加；随着孔隙水压力的不断消散，土层逐渐固结，沉降增大，增加的趋势越来越缓。路基的沉降规律沿断面呈中间大两边小的趋势。

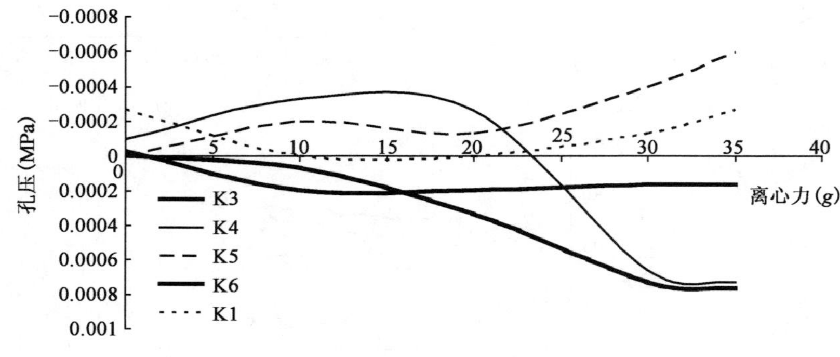

图 10　路基填筑间空隙水压力

Fig. 10　Pore water pressure during subgrade filling

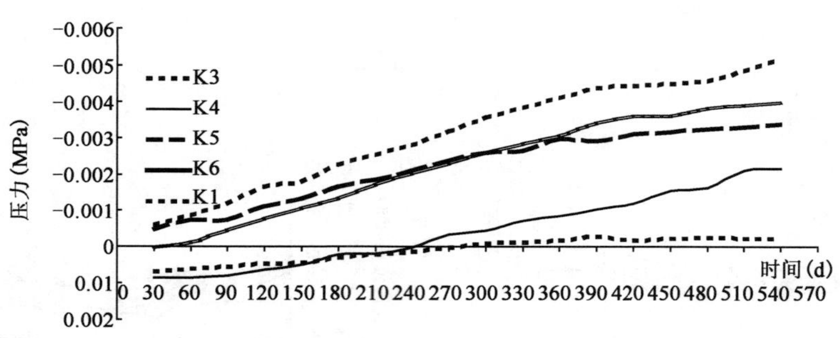

图 11　路基工后空隙水压力

Fig. 11　Post-construction pore water pressure

3　基于饱和度分析的互层填筑法作用机制阐述

路基填筑完成时地基土及路基填料的饱和度和工后 200 天之后地基土及路基填料的饱和度有限元分析结果如图 12 和图 13 所示。从图可以看出，在施工刚结束时，由于路基本分没有进行充分的排水固结，含水率较高的冰水堆积物中的水渗透到了砂砾石夹层中并没有排出路基之外，路基中心填土饱和度较高、两侧的填土饱和度较低，说明路基的排水路径是从路基土体内部首先排入渗透系数较高的砂砾石层，然后横向排出路基，其排水机理如图 14 所示。施工完成 200 天之后，路基土体已经进行了充分的排水固结，冰水堆积物层中的水也通过砂砾石层排出路基，由于此区域地下水位较浅，所以地基土的饱和度变化不大。从而说明，由于冰水堆积物渗透系数较低，含水率较高且排水性较差，在其上下两层面填有砂卵石粗粒料层，其排水效果好，在压实和固结过程中可缩短排水路径、加快排水过程。从而可以使路基土体的主要沉降发生在施工过程中而不是施工完成之后，便可大幅降低路基的工后沉降。

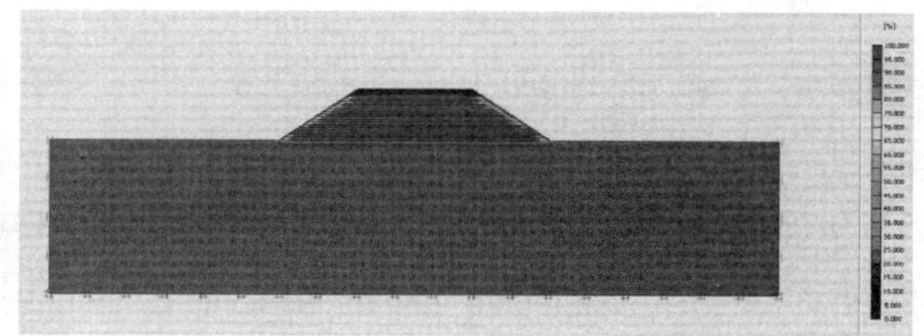

图 12 施工完成时饱和度云图

Fig. 12 Post-construction saturability cloud picture

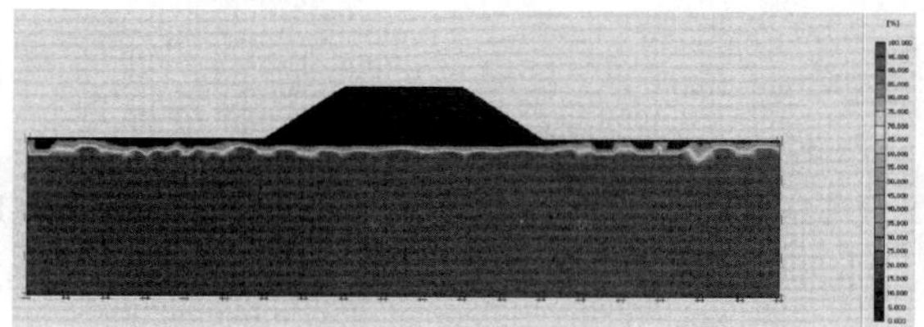

图 13 工后 200 天后饱和度云图

Fig. 13 Post-construction 200 days saturability cloud picture

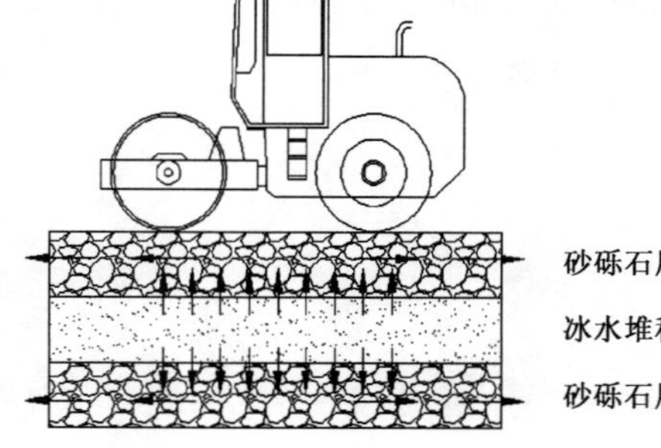

图 14 夹层填筑法填筑示意图

4 结语

(1)离心模型试验结果显示冰水堆积物夹层法填筑路基初期沉降较快，后期随着固结速度的减慢沉降速率变慢，1.5 年后路基沉降基本稳定，最大沉降达到 16cm，工后最大沉降约为 1cm。

(2)通过离心模型试验中孔隙水压力的变化规律，孔隙水压力在填筑过程中随填筑高度增加而增加；填筑完成后，随时间增加而逐渐减小；夹层填筑法施工能很好加速孔隙水压力消散，促进排水固结，使路基工后沉降满足规范要求。

(3)冰水堆积物渗透系数较低，含水率较高且排水性较差，在其上下两面填有砂卵石粗粒料层，其排水效果好，在压实和固结过程中可缩短排水路径、加快排水过程。夹层法法填筑冰水堆积土路基可使冰水堆积物中水分通过上下的砂砾石层排出，起到加快固结的作用。

参考文献

[1] 石崇，王盛年，刘琳，等，基于灰度方差统计的冰水堆积体细观建模与力学特性研究[J]. 岩石力学与工程学报. 2012. 31(增 1)：2997-3005.
(SHI Chong, WANG Sheng-nian, LIU lin, etal. Microscopic modeling and mechanical properties of outwash deposits based on otsu statistic of image gray[J]. Chinese Journal of Rock Mechanics and Engineering. 2012. 31(Supp. 1)：2997-3005.)

[2] 陈红旗，黄润秋，林 峰. 大型堆积体边坡的空间工程效应研究[J]. 岩土工程学报，2005，27(3)：323-328.
(CHEN Hong-qi, HUANG Run-qiu, LIN Feng. Study on the spatial engineering effect of large accumulation slope[J]. Chinese Journal of Geotechnical Engineering, 2005, 27(3)：323-328. (in chinese))

[3] 丁秀美，黄润秋，严明，等. 澜沧江中游某崩塌堆积体变形空间效应研究[J]. 中国地质灾害与防治学报，2004，15(3)：38-42.

(DING Xiu-mei, HUANG Run-qiu, YAN Ming, et al. Spatial effects of the deformation of a debris on the middle-reach of Lancang River[J]. The Chinese Journal of Geological Hazard and Control, 2004, 15(3): 38-42.)

[4] 程谦恭,张倬元,崔鹏.平卧"支撑拱"锁固滑坡动力学机制与稳定性判据[J].岩石力学与工程学报,2004,23(17):2 855-2 864.
(CHENG Qian-gong, ZHANG Zhuo-yuan, CUI Peng. Dynamical mechanism and stability criterion of landslide under lockup of soil arching[J]. Chinese Journal of Rock Mechanics and Engineering, 2004, 23(17): 2855-2864. (in chinese))

[5] 吕大伟.冰水堆积物特性及其路用性状研究[D].中南大学,长沙,2009.

[6] 张杰.冰水堆积物高速公路路堤填料设计与施工工艺研究[D]. 中南大学,长沙,2009.

[7] IAI S. Similitude for shaking table tests on soil—structure—fluid model in 1g gravitational field. Soils and Foundations, 1989, 29(1): 105-118.

某工程CFG桩复合地基设计探讨

吴　迈　刘士强　侯伟明

（河北工业大学 土木工程学院　天津　300401）

摘　要:CFG桩复合地基由于施工速度快、造价低,已经成为很多工程的首选地基处理方法。进行CFG桩复合地基设计主要依据以下的规定与要求:一是有关的设计规范,二是岩土工程勘察报告,三是上部结构设计提出的承载力与变形等方面的要求等。设计规范的要求是相对明确的,而勘察报告提供参数和设计要求则因提供者不同而存在一定差异,并会对工程质量和工程造价产生一定影响。本文结合某工程CFG桩复合地基的设计过程分析了勘察报告参数以及设计要求对于工程的影响。

关键词:CFG桩　设计参数　设计要求　变形控制

作者简介:吴迈(1972—),男,副教授,主要从事地基处理等方面的教学和科研。E-mail:wumaitj@126.com。

Discussion on design of CFG pile composite foundation

WU Mai,LIU Shiqiang,HOU Weiming

(School of Civil Engineering,Hebei Univesity of Technology,Tianjin 300401,China)

Abstract:CFG pile composite foundation is widely adopted in civil engineering due to its high construction speed,stable quality and low cost. Design of CFG composite foundation is conducted according to the following regulations and requirements:the design codes, the report of geotechnical engineering exploration and the bearing capacity and deformation requirement proposed by the upper structure designer. The provision of design codes is relatively defined however the calculation parameters and the design requirement is relatively variable due to the subjective judgment of the provider. Conservative parameters and requirements will affect the quality and cost of the engineering. The design procedure of a project is analysed and the influence of the geotechnical report and design requirement is studied.

Key words:CFG pile,design parameters,design requirement,deformation control.

0　工程概况

拟建工程为某市中医院门诊住院楼。该楼平面呈矩形,长43.70m,宽19.50m,6层钢筋混凝土框架结构,独立柱基础,局部筏板基础。

工程场地地貌单元属华北冲洪积平原,在沉降影响范围内从上到下依次分布以下各土层:

①素填土:黄褐色,稍湿,稍密,以黏性土为主;层厚0.60～1.00m。

②黏土:黄褐色～灰黄色,硬塑～可塑,干强度高,韧性高,有光泽,具氧化铁染色,含贝壳,层厚7.80～8.20m。

③粉土:黄褐色,湿～很湿,密实～中密,摇振反应迅速,无光泽反应,干强度低,韧性低,层厚2.50～2.90m。

④黏土:黄褐色,硬塑～可塑,干强度高,韧性高,有光泽,未揭露层厚。

各层土的物理力学性质指标见表1。

根据上部结构特点和地质条件,拟采用CFG桩复合地基,承载力计算参数列于表2,表中第(1)、(2)组

数据分别为审查前后勘察报告提供参数;第(3)组为《建筑桩基技术规范》JG J94—2008 推荐参数

表 1　各土层物理力学性质指标

Table1　Physical and mechanical properties of soils

岩土名称	含水量 w(%)	天然重度 γ(kN/m³)	孔隙比 e	液性指数 I_L	压缩模量 Es_{1-2}(MPa)	地基承载力 f_{ak}(kPa)
②黏土	28.0	18.7	0.876	0.31	4.85	120
③粉土	27.5	19.3	0.787	1.06	7.9	140
④黏土	29.6	18.9	0.877	0.28	4.26	130

表 2　CFG 桩单桩承载力计算参数

Table 2 Calculation parameters of bearing capacity of CFG single pile

岩土名称	(1)原勘察报告提供		(2)新勘察报告提供		(3)JGJ 94 提供	
	极限侧阻力标准值(kPa)	极限端阻力标准值(kPa)	极限侧阻力标准值(kPa)	极限端阻力标准值(kPa)	极限侧阻力标准值(kPa)	极限端阻力标准值(kPa)
②黏土	35	—	50	—	64～78	—
③粉土	42	—	40	—	40～60	—
④黏土	40	600	55	1 200	64～78	1 500～1 700

1　设计思路

根据该地区经验,采用 CFG 桩复合地基通常要按照地基变形控制进行设计。CFG 桩复合地基变形计算按《建筑地基处理技术规范》JGJ79 的有关规定执行,复合土层的分层与天然地基相同,各复合土层的压缩模量等于该层天然地基压缩模量的 ξ 倍,即 $\xi = f_{spk}/f_{ak}$,式中 f_{spk} 为加固后复合地基的承载力特征值;f_{ak} 为基础底面下天然地基承载力特征值。

根据《建筑地基处理技术规范》JGJ79,按变形控制设计的地基应同时满足承载力计算的有关规定,即复合地基设计应同时满足承载力和变形两个条件。因此,按变形控制设计时,通常按如下程序进行:

(1)按设计要求的 f_{spk} 作复合地基设计,确定桩长、桩径、桩距、褥垫层厚度和桩体强度。

(2)根据地质报告提供的 f_{ak} 计算模量提高系数 ξ,再计算复合地基变形。

(3)当复合地基变形满足设计要求时,设计完成;若变形不能满足要求,则需调整计算参数(增大桩长或减小桩距等)重新设计,直到复合地基变形满足设计要求为止。

需要说明的是,在建筑物地基变形(沉降)允许值较小的情况下,为满足变形控制目标,实际设计的 f_{spk} 往往远大于设计要求的复合地基承载力特征值。

2　初步设计

根据设计要求,深度修正前复合地基承载力特征值 f_{spk} 不小于 180kPa,建筑物最大沉降不超过 50mm。

初步设计按原勘察报告和设计要求进行。依据当地经验,笔者提出勘察报告中提供桩的承载力计算参数(表 2 中第(1)组参数)偏低,请勘察单位复核,勘察单位未予采纳,故设计仍按勘察报告提供数据进行。

(1)按承载力进行设计,布桩。

桩长 10m,桩径 410mm。根据表 2 中第(1)组参数估算单桩承载力特征值 $R_a = 278.5$kN。根据基础尺寸,分别采用长方形或正方形布桩,桩距 1 500～2 000mm。按实际布桩的最小桩土面积置换率 $m = 0.047$ 计算的复合地基承载力特征值 $f_{spk} = 185$kPa,满足承载力要求。

(2)沉降计算。模量提高系数 $\xi = f_{spk}/f_{ak} = 185/120 = 1.54$,按照《建筑地基处理技术规范》JGJ79 推荐的方法计算,复合地基最大沉降 $s = 108\text{mm} > 50\text{mm}$,不能满足设计要求。

(3)调整桩长。保持桩位、桩数不变,即置换率 m 不变,逐步增大桩长,并计算相应沉降值。通过计算,

CFG桩桩长需增加到19.0m方可满足变形设计要求，对应的单桩承载力特征值 R_a=510kN，f_{spk}=285kPa，模量提高系数 ξ=2.38，最大沉降 s=49.5mm。该设计桩位平面布置见图1，总桩数253根。

(4)工程量计算。总桩数253根，单桩混凝土用量(充盈系数按1.2考虑)3.0m³，浇筑混凝土总方量为3.0×253=759m³。

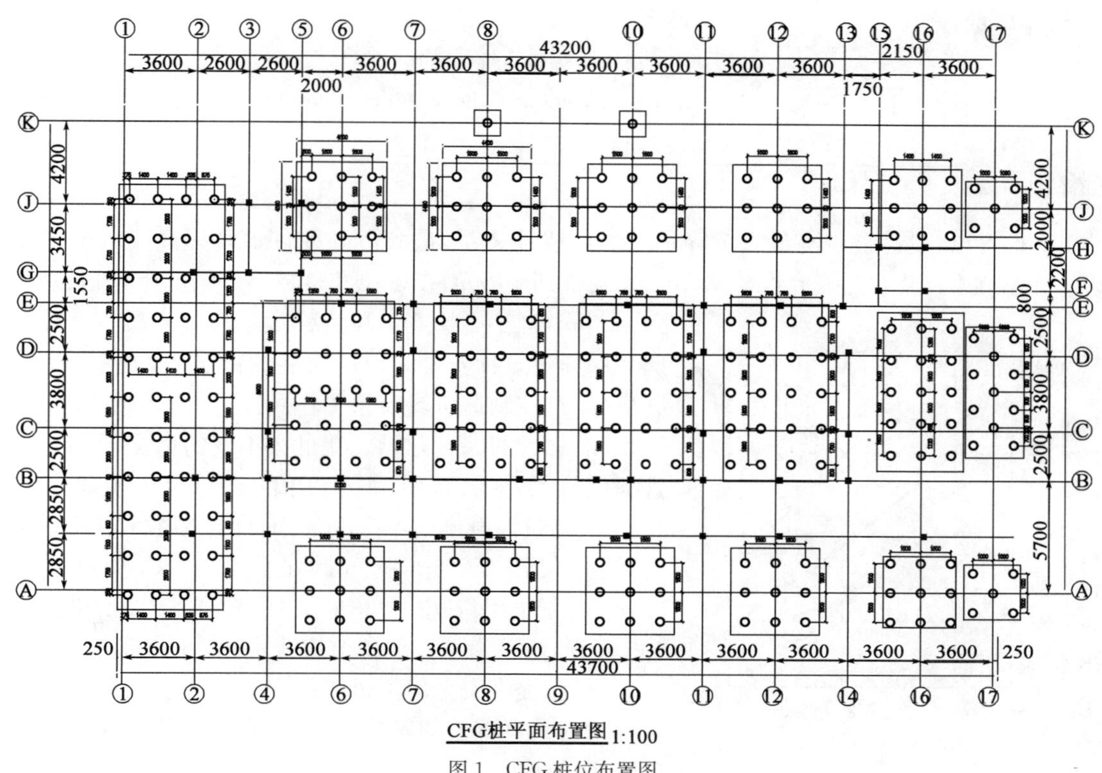

图1　CFG桩位布置图

Fig. 1　CFG pile layout

3　调整设计

初步设计完成后，施工图审查机构对原勘察报告提出以下意见：

1)单桩承载力计算参数偏低，需要进行复核调整。

2)根据建筑物的特点和使用要求，沉降允许值取50mm偏于严格，可调整到80～100mm。

针对审查意见，勘察单位调整了单桩承载力计算参数(参见表2第(2)组)；建设单位和上部结构设计单位同意将沉降允许值调整到80mm。并按以下步骤对初步设计进行调整：

(1)桩位不变，桩长暂定为10m，根据调整后的计算参数计算，单桩承载力特征值 R_a=386kN。复合地基承载力特征值 f_{spk}=240kPa，模量提高系数 ξ=2.01，复合地基最大沉降 s=98.2mm，不能满足设计要求。

(2)经过多次试算，桩长确定为12.5m，单桩承载力特征值 R_a=492kN。复合地基承载力特征值 f_{spk}=278kPa，模量提高系数 ξ=2.32，复合地基最大沉降 s=77.8mm，满足设计要求。

(3)工程量计算。总桩数253根，单桩混凝土用量(充盈系数按1.2考虑)2.06m³，浇筑混凝土总方量为2.06×253=521m³。

4　分析总结

(1)勘察报告参数对工程的影响。勘察报告的作用是为岩土工程设计、施工、检测提供依据。勘察报告提供的参数要力求客观、准确，才能既保证工程的安全，又能实现工程建设的经济合理。若勘察报告提供的参数过于保守，会增加桩长和工程造价。对本工程，按最大沉降量不大于80mm计算，按原勘察报告桩长需要15m，而调整计算参数后桩长仅需12.5m就满足要求，造成地基处理工程量和工程造价增加约20%。

值得注意的是，虽然原勘察报告根据审图意见调整了相关参数，但从表1不难发现，勘察报告提供的单桩承载力计算参数仍明显低于规范参考值的下限，勘察单位对此解释是为了提高工程的可靠度。由于规范推荐的设计方法和指标已可满足规定的可靠度，因此勘察单位的这一做法值得商榷。

(2)建筑物变形要求对工程的影响。表3列出了按照新勘察报告提供的指标，设计桩长与最大沉降量的关系，图2为相应曲线。

表3　最大沉降量与桩长关系

Table.3　Maximum settlement and pile length relationship

桩　　长(m)	10	12	14	16	18
最大沉降量(mm)	98.2	81.7	67.1	54.2	42.7

从图2不难看出，设计桩长与最大沉降量近似呈线性关系，最大沉降允许值每提高10mm，桩长约减小1.4m。以本工程为例，最大沉降允许值从50mm调整到80mm，在桩位和桩数不变情况下，桩长从17m减小到12.5m，减小了4.5m，可为建设单位节省投资约26.5%。因此在保证建筑物安全和使用功能的情况下，确定合理的变形控制指标，对控制造价具有重要作用。

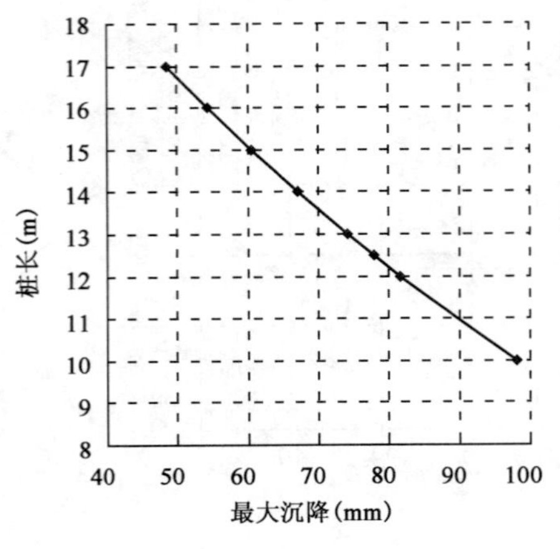

图2　最大沉降量与桩长关系

Fig.2　Maximum settlement and pile length relationship

(3)二者的综合影响。在桩数不变的情况下，依据原勘察报告提供计算参数及沉降允许值[s]=50mm确定的桩长为19.0m，浇筑混凝土总量759m^3；而计算参数和沉降允许值调整后，桩长仅需12.5m就可满足设计要求，浇筑混凝土总量521m^{3}混凝土用量减少238m^3。按施工时市场价格每m^{3}混凝土400元计算，可为建设单位节省投资45.6%，即9.52万元。

可见，提供安全但不过于保守的设计参数和设计要求，对于工程投资具有重要的影响。根据笔者的调查，实际工程中勘察单位或设计单位提供复合地基设计参数或设计要求过于保守的情况经常遇到，给建设单位造成了不必要的损失。因此在这方面，笔者殷切希望勘察、设计、建设、施工图审查机构等单位共同努力，力求为复合地基设计提供合理的设计参数和要求，才能实现工程既安全，又经济。

参 考 文 献

[1] JG J79—2012　建筑地基处理技术规范[S].北京：中国建筑工业出版社，2012.
(Technical code for ground treatment of buildings(JGJ79—2012), China architecture & building press, 2012(in Chinese))

[2] JGJ94—2008　建筑桩基技术规范[S].北京：中国建筑工业出版社，2008.
(Technical code for building pile foundations(JG J94—2008), China architecture & building press, 2008(in Chinese))

西安某小区岩土工程勘察及地基处理

王开运　牛方园　赖金星　樊浩博

（长安大学，公路学院　陕西　西安　710064）

摘　要：本文以西安某小区工程为例，阐述了岩土工程勘察的主要过程及内容，并对勘察结果进行了分析，得出各层地基土的性质指标及评价并且提出以级配砂石或灰土垫层作为褥垫加天然地基处理 8 号楼地基，针对 1 号楼提出 CFG 桩、钻孔灌注桩和预制桩等复合地基处理方案。根据工程的特点及地质的情况，从适用性和施工等多角度进行分析比较，最终采用钻孔灌注桩方案，并通过试桩试验和工程桩的检测，表明该设计方案很好地满足了建筑物对地基承载力的要求。

关键词：岩土工程　勘察　地基处理　地基承载力

作者简介：王开运（1992—），男，硕士研究生，主要从事岩土与隧道工程等方面的科研。EMAIL：651352986@qq. com。

The Geotechnical Investigation and Foundation Treatment of a District in Xi'an

WANG Kai-yun，NIU Fang-yuan，LAI Jin-xing，FAN Hao-bo

（School of Highway，Chang'an University，Xi'an 710064，China）

Abstract：A residential project in xi ′an as an example expounds the main process and contents of geotechnical engineering investigation，survey results are analyzed and the nature of indicators and evaluation of soil layers are drawn. The scheme of graded gravel or lime soil cushion layer for mattress plus natural foundation treatment on the foundation of Building 8 is proposed，and the composite foundation treatment schemes including CFG pile，bored pile and precast pile are proposed to deal with the foundation of Building 1. According to the characteristics of the engineering and geological condition，from multiple perspectives，such as the applicability and construction are analyzed and compared，the scheme of bored pile is adopted finally，and by pile testing and detecting the engineering pile，indicating that the design meets the requirements of the building on the foundation bearing capacity.

Key words：geotechnical engineering，investigation，foundation treatment，foundation bearing capacity.

0　引言

随着西部大开发战略的实施，城市建设迅速发展，各个地区相继出现了许多高层建筑，城市的面貌得到极大改观。在具体工程建设中，岩土工程勘察工作是必不可少的，它为工程的设计、施工以及岩土、土体治理加固等提供地质资料和必要的技术参数，对有关的岩土工程问题进行评价[1]，然后根据勘察所得资料采取合适的地基处理方法，使地基的强度和变形满足规范的要求。

本文以西安某小区建设的实例来介绍其岩土工程勘察及地基处理的工作。其项目主要包括该小区 1、2、4、8、9 号楼及地下车库的建设，其中 1、2、4 号楼属于高层建筑，8 和 9 号楼属于商业建筑。根据国家行业标准划分，1、2 及 4 号楼建筑物属于甲类建筑，8、9 号楼及地下车库属于丙类建筑；岩土工程勘察等级综合为甲级。

1　岩土工程勘察及分析

勘察采用钻探、井探、原位测试及室内土工实验等方法进行。

1.1　勘探

在开展勘查工作时，应根据建筑物的总平面布置图，建筑物类别荷载等情况，进行必要的工程地质测绘，查清场地所处的地貌单元、地貌部位，收集周边已有的岩土工程勘察资料，在考虑地区经验的同时进行分析研究。勘探点的布置应根据建筑物的总平面图、类别以及场地的工程地质条件布设，在不同地貌单元、不同地貌位置必须设有勘探点，勘探深度根据建(构)筑物类型、场地条件及基础形式区别对待[1,2]。

(1)勘探点布置。基于以上原则，沿建筑物周边及角点布置勘探点，由于场地条件的限制，仅完成勘探点40个，勘探点间距13.9～33.6m。其中，高层建筑孔深55.0～80.0m，商业建筑和地下车库孔深18.0～25.0m。

(2)井探。共布置7个，为使其到达砂层或非湿陷性土层，井深4.0～10.0m，累计钻孔深度37.5m。所有探井均为先井后钻探井。探井采用人工垂直挖掘，井壁人工刻取不扰动土样。取样质量等级为Ⅰ级。

(3)钻探。根据本工程地层岩土情况，钻探采用DPP100-4型汽车钻机进行，开孔为Φ150mm螺旋钻具，终孔为Φ110mm双壁岩芯钻具。地下水位以上采用Φ120mm黄土薄壁取土器，地下水位以下采用Φ110mm水下薄壁取土器，均为静压法采取不扰动土样。

据勘探揭露，除表层人工填土(Q_4^{ml})外，构成场地地层自上而下依次为第四系全新统冲积(Q_4^{al+pl})黄土状土，(Q_3^{al})(Q_3^{el})上更新统残积古(Q_2^{al+l})土壤及冲积粉质黏土、砂土和中更新统冲湖积粉质黏土及砂土组成。

1.2　原位测试

(1)标准贯入试验。为确定地基土特别是砂土的密实度及承载力、判定饱和砂土地震液化的可能性及沉桩可能性，在地基土中进行标准贯入试验。其中，控制性孔中遇砂及粉土标贯并取扰动样，部分一般性孔进行了标贯试验，标准贯入试验重锤质量63.5kg，自动脱钩，落距76.0cm，记录每贯入30cm的累计锤击数N。累计进行试验次数113次，数据汇总表见表1：

表1　标准贯入试验实测锤击数N(击)汇总

Table 1　Measured standard penetration test blow count N

地层统计值	N	min～max	Φ_m	σ_f	δ
②层黄土状土	21	8～11	9.4	0.805	0.086
②—1层中粗砂	28	15～22	19.5	1.934	0.099
③层古土壤	13	12～16	14.3	1.494	0.104
④层粉质黏土	23	14～23	18.1	2.372	0.131
④—1层中粗砂	2	>50	—	—	—
⑤层粉质黏土	15	22～30	26.1	2.100	0.080
⑥—1层粗砂	10	>50	—	—	—
⑦—1层粗砂	3	>50	—	-	—

(2)波速测试。为判定场地类别，进行了钻孔内单孔检层法波速测试，震源采用人工水平激振法。采用RSM-24FD浮点工程测试仪，探头为RSM-JQV型井下测试探头。测点间距1.0m，测试深度20.0m。选取12、17和50号孔进行试验，累计试验次数60次。其中，12号孔剪切波波速测试结果见图1。

1.3　室内土工试验

除进行土的一般物理力学性质项目试验外，还进行了黄土湿陷性、直剪(固结快剪)及颗分试验，试验主要采用的仪器有WG-1A型固结仪、WI-Q型直剪仪。液限采用碟式仪76g圆锥下沉10mm测定。此外，对场地水、土也进行了腐蚀性分析。

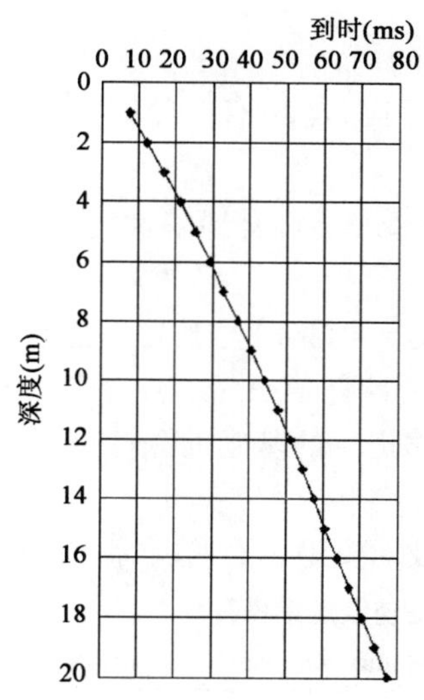

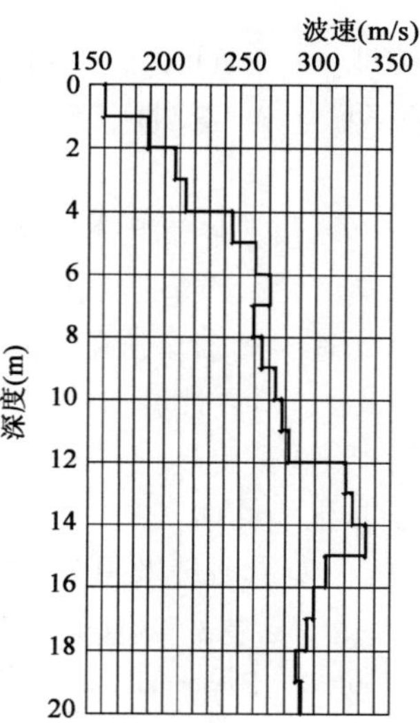

图 1　12 号孔剪切波波速测试结果图

Fig. 1　Shear wave velocity test results of 12th hole

根据室内土工试验结果，统计各层地基土的主要物理力学性质指标见表 2。

表 2　岩土物理力学性质指标统计表

Table 2　Physical and mechanical parameters of soil layers

层号	地层名称	含水率 W(%)	湿密度 ρ(g/cm³)	孔隙比 e	饱和度 S_r(%)	液限 W_L(%)	塑限 W_P(%)	液性指数 I_L	平均压缩系数 α_{1-2}(MPa^{-1})	压缩模量 $E_{s1\text{-}2}$(MPa^{-1})
②	黄土状土	22.6	1.847	0.806	76.6	32.6	19.6	0.28	0.26	7.6
③	古土壤	22.6	1.900	0.756	81.6	33.5	20.1	0.23	0.23	8.2
④	粉质粘土	24.9	1.969	0.729	92.8	34.3	20.5	0.32	0.23	8.1
⑤	粉质黏土	23.7	2.021	0.665	95.6	34.7	20.7	0.27	0.21	8.1
⑥	粉质黏土	23.2	2.038	0.644	96.9	34.0	20.3	0.27	0.20	8.5
⑦	粉质黏土	24.3	2.026	0.670	97.6	34.1	20.4	0.31	0.21	8.2

1.4　勘测结果分析

根据表 2 统计结果，以及直剪(固快)试验结果统计、砂土不均匀系数及曲率系数统计和标准贯入试验锤击数统计，结合地基土的野外特征，对各层地基土性质评述如下：

②层黄土状土：中压缩性土，可塑状态；$\delta_{2.0}$＝ 0.018～0.041，局部表层具有湿陷性；实测标贯锤击数 N＝8～11 击。本层工程性质一般。

②—1 层中粗砂：不均匀系数$\overline{C_U}$＝3.54，曲率系数$\overline{C_C}$＝0.82，级配不良；N＝15～22 击，湿，中密。工程性质较好。

③层古土壤：中压缩性土；硬塑状态。N＝12～16 击。工程性质较好。

④层粉质粘土：中压缩性土；可塑状态。N＝14～23 击。工程性质较好。

④—1 层中粗砂：不均匀系数$\overline{C_U}$＝2.39，曲率系数$\overline{C_C}$＝0.77，级配不良；N＞50 击，饱和，密实。工程性质较好。

⑤层粉质粘土：中压缩性土；可塑状态。N＝22～30 击。工程性质好。

⑤—1 层中粗砂：饱和，密实。工程性质好。

⑥层粉质粘土：中压缩性土；可塑状态。工程性质好。

⑥—1 层粗砂：不均匀系数$\overline{C_U}$＝3.84，曲率系数$\overline{C_C}$＝0.87，级配不良；N＞50 击，饱和，密实。工程性质

很好。

⑦层粉质粘土：为中压缩性土；可塑状态。工程性质好。

⑦—1 层粗砂：不均匀系数$\overline{C_U}$=4.53，曲率系数$\overline{C_C}$=0.85，级配不良；N>50 击，饱和，密实。工程性质很好。

拟建场地表层除人工填土外，仅浅层②层黄土状土局部表层具有湿陷性，土质一般外，其下各层土工程性质较好，并随埋深深度趋于更好，无软弱层及软弱夹层。

根据室内土工试验成果，场地土的自重湿陷系数δ_{ZS}仅 5 号和 40 号孔各一件土样大于 0.015，按《湿陷性黄土地区建筑规范》(GB 50025—2004)计算其自重湿陷量计算值Δ_{ZS}分别为 13.0mm 和 24.8mm，均小于 70mm，拟建场地属于非自重湿陷性黄土场地。采用任务书提供的基础埋深计算了湿陷量计算值Δ_S均为 0，各楼地基均不具湿陷性，属于非湿陷性地基。

地基土承载力特征值及压缩模量则是采用多种方法及西安地区经验所综合所确定，具体见表 3。

表 3　地基土承载力特征值及压缩模量

Table 3　The bearing capacity value and compression modulus

地　　层	承载力特征值 f_{ak}(kPa)	压缩模量 E_s(MPa)
②层黄土状土	160	7.0
②—1 层中粗砂	200	18.0
③层古土壤	180	10.0
④层粉质黏土	240	11.5
④—1 层中粗砂	300	30.0
⑤层粉质黏土	260	16.0
⑤—1 层中粗砂	350	35.0
⑥层粉质黏土	280	17.0
⑥—1 层粗砂	450	40.0
⑦层粉质黏土	280	22.0
⑦—1 层粗砂	450	40.0

根据所选取的 12、17 和 50 号钻孔波速测试成果，地下 20.0m 深度内等效剪切波速 V_{se}介于 250.40～259.07m/s，均大于 250m/s，小于 500m/s，且覆盖层厚度大于 5.0m，按《建筑抗震设计规范》(GB 50011—2010)划分，场地类别为Ⅱ类。

2　地基处理

本工程中由于 1 号楼和 8 号楼具有各自建筑的代表性，所以下面以 1 号楼为主，8 号楼为辅的方式进行重点介绍。

2.1　8 号楼方案

8 号楼建筑为地上 4 层，高度 19.6m，采用框架结构，条基基础。根据室内±0.00 高程即绝对标高 414.00m，设计提供的基础埋深 10.6m 计算，基础底高程为 403.40m；设计要求地基承载力特征值不小于 160kPa；地基基础设计等级为丙级。

由于拟建场地属非自重湿陷性黄土场地，于是将基础置于②层黄土状土上，局部为③层古土壤，该土层承载力特征值 f_{ak}为 160kPa，可满足设计要求，但考虑②层与③层工程性质差异较大，且②层黄土状土中不均匀分布的②—1 中密的中粗砂透镜体，导致地基不均匀，因此在采用天然地基时，选择采用换填垫层法[3,4]对地基进行褥垫处理，以提高地基的承载力和稳定性。基坑开挖中机械开挖应保留不小于 0.3m 的厚保护层，最后采用人工挖除，施工中应注意避免扰动②层及层间夹层②—1 层中粗砂；开挖完成后立即铺设垫层，褥垫可采用 0.5m 左右厚的级配砂石或灰土垫层。

2.2 1号楼方案

1号楼建筑为地上32层，高度96.8m，采用剪力墙结构，筏基基础；基础埋深11.3m，基础底高程为402.70m；设计要求地基承载力特征值不小于550kPa；地基基础设计等级为甲级。根据岩土勘察、测试结果和建筑规范及工程要求，综合分析各种地质及建筑因素，初步提出CFG桩复合地基和桩基础（钻孔灌注桩或预制桩）[3,4]等三种方案。

2.2.1 方案选择

综合以上3个地基基础处理方案，根据本工程的特点及地质的情况，从适用性和施工等多角度进行分析比较，以选择出最佳方案。

提出CFG桩复合地基方案是由于根据西安地区类似的工程经验，当采用合理的布桩形式时，CFG桩复合地基承载力特征值可达400～550kPa，能够基本满足拟建建筑的设计荷载要求，但经对单桩竖向承载力和复合地基承载力的具体估算后，较难满足工程要求。并且本场地在CFG桩成桩可能的深度内无可靠连续分布的砂土作为CFG桩桩端的持力层，所以CFG桩形成的复合地基承载力及变形均较难满足过高要求。此外，经调查，西安市CFG桩用于高层建筑地基处理的多为30层以下的建筑物，30层以上的工程较少。故此方案不可行。

拟建的1号楼场地内除个别孔位存在密实的④—1层及⑤—1层中粗砂外，整体上砂层埋藏较深，且深度适宜，经分析并结合西安地区类似工程经验，本场地采用预制桩或钻孔灌注桩可行。采用钻孔灌注桩，成孔时大部分桩孔穿越层为黏性土，若采用预制桩沉桩时需针对性的局部引孔，并且通过对单桩竖向极限承载力的估算以及桩基沉降的估算，进行对比后发现，钻孔灌注桩更能符合工程要求。

综合以上方案分析比较，钻孔灌注桩方案为最佳方案。

2.2.2 复合地基设计

混凝土桩要求桩端落在较好的地层上，所以，桩长是进行复合地基设计时首先要确定的参数，它取决于建筑物对变形和承载力的要求和土质条件等因素。对比岩土工程勘察结果中的场地各层土主要工程性能指标，设计桩端持力层为⑤层粉质黏土，设计桩长25m，设计桩顶高程、桩底高程标相对±0.00分别为−11.55m，−36.05m。

根据土层试验统计结果，确定钻孔灌注桩竖向极限承载力标准值计算参数列于表4中。

表4 地基土承载力系数

Table 4 Soil bearing capacity factors

地层	灌注桩极限侧阻力标准值 q_{sik}(kPa)	灌注桩极限端阻力标准值 q_{pk}(kPa)
②层黄土状土	70	—
②—1层中粗砂	60	—
③层古土壤	85	—
④层粉质黏土	80	—
④—1层中粗砂	80	—
⑤层粉质黏土	83	1200

2.2.3 单桩竖向承载力

（1）单桩竖向承载力初步设计。根据提供的基础埋深及基底压力值，以室内±0.00高程为H＝414.00m计算，按《建筑桩基技术规范》（JG J94—2008）估算钻孔灌注桩的单桩竖向极限承载力标准值Q_{uk}，计算公式：

$$Q_{uk}=Q_{sk}+Q_{pk}=u\sum_{i=1}^{n}q_{sik}l_i+q_{pk}A_p$$

式中：Q_{uk}——单桩竖向极限承载力标准值（kN）；

u——桩的周长（m）；

n——桩长范围内所划分的土层数；

q_{sik}、q_{pk}——桩周第 i 层土的极限侧阻力标准值和极限端阻力标准值(kPa)；

A_p——桩的截面积(m^2)；

l_i——第 i 层土的厚度(m)。

根据勘查结果中的场地各层土的主要工程性能指标和有关国家规范进行计算，依据计算结果，单桩竖向极限承载力标准值 $Q_{uk}=4\ 900$kN，则单桩承载力特征值为 $R_a=Q_{uk}/2=2\ 450$kN。

(2)单桩承载力试验[5]。为确定并验证设计采用的施工工艺参数，应进行试桩工作，其中单桩承载力特征值应通过载荷试验来确定，为此布设单桩竖向抗压静载荷试验桩 2 根，编号分别为 1 号和 2 号，通过试桩为复合地基设计提供依据。

根据所得试验数据绘制的 $Q—s$ 曲线见图 2，2 根试桩 1 号和 2 号在 4 900kN 的荷载下，$Q—s$ 曲线均呈缓变状，未出现明显拐点，即未达到破坏状态，且沉降均不大，分别为 34.2mm 和 26.7mm。根据国家行业标准《建筑基桩检测技术规程》，2 根试桩单桩竖向抗压极限承载力均可取 4 900kN，单桩承载力特征值 2 450kN。满足设计要求。

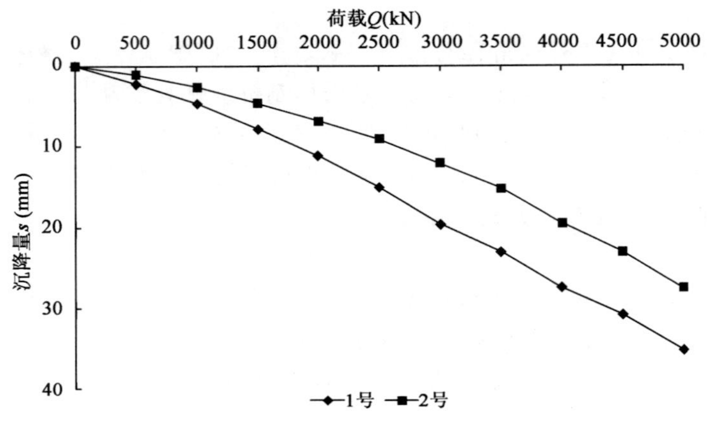

图 2　试验桩单桩载荷试验 $Q—s$ 曲线图

Fig. 2　$Q—s$ curves of ultimate bearing capacity test

2.2.4　复合地基承载力

(1)复合地基承载力初步设计。混凝土桩复合地基承载力特征值初步设计时可按下式计算：

$$f_{spk}=m\frac{R_a}{A_p}+\beta(1-m)f_{sk}$$

式中：f_{spk}——复合地基承载力特征值(kPa)；

m——面积置换率；

β——桩间土承载力折减系数；

f_{sk}——处理后桩间土承载力特征值(kPa)。

根据勘查结果提供的场地各层土的主要工程性能指标和国家标准进行计算，依据计算结果并考虑安全系数，单桩复合地基承载力特征值取 575kPa。

(2)单桩复合地基静载荷试验。按规范要求混凝土桩复合地基承载力特征值应通过静载荷试验确定，为此布设单桩复合地基试桩试验点 3 处。试验桩编号分别为 1 号、2 号和 3 号，通过试桩验证设计，为工程设计提供依据。

根据试验成果计算绘制的 $Q—s$ 曲线见图 3，所测得的 3 个试验点在最大试验荷载 1 200kPa 的试验压力下，曲线均呈缓变状，未出现明显的比例极限，即未达到破坏状态，沉降量均不大，分别为 22.6mm(1 号)、24.8mm(2 号)和 18.5mm(3 号)。按照国家行业标准要求，由于 3 个试验点均未出现明显的陡降现象，故根

据 $s/b=0.01$(b 为压板宽度)即 $s=23.3$mm 确定各试验点的承载力特征值。根据 $Q—s$ 曲线，在 575kPa 的试验压力下，沉降量分别为 10.5mm(1 号)、11.7mm(2 号)和 8.1mm(3 号)，均小于 23.3mm，所以该场地混凝土桩的复合地基承载力特征值不小于 575kPa，满足设计要求。

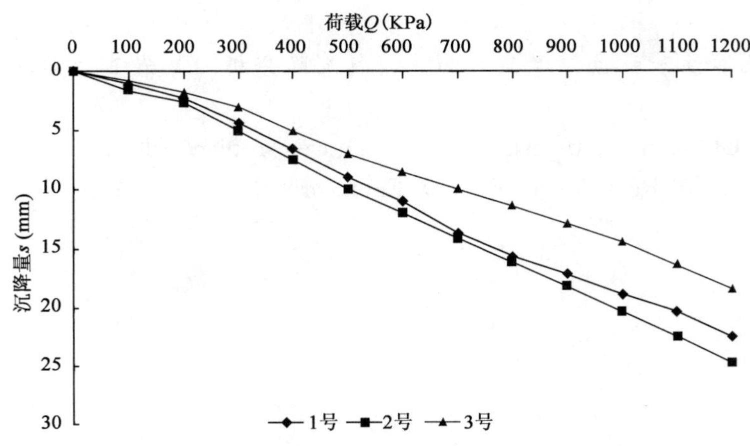

图 3　单桩复合地基载荷试验 $Q—s$ 曲线图

Fig. 3　$Q—s$ curves of ultimate bearing capacity test

2.2.5　注意的问题

在钻孔灌注桩成孔工艺选择时，应考虑砂层及局部钙质结核层的影响，成孔可采用泥浆护壁等措施，避免孔底砂层塌孔，并控制好桩底沉渣不大于 100mm。另外，由于拟建场地周围人流及交通繁忙，钻孔灌注桩施工中产生的噪音对周边影响又大，施工弃土、泥浆也会对场地地面造成浸水影响，故施工中应严格控制泥浆等排放，并应及时清运，不宜长时间在场地内堆放。在基桩成桩后均存在二次开挖，应避免扰动基底表层土，必要时要预留 0.3m 厚的土层采用人工开挖。

3　结语

(1)采用钻探、井探、原位测试及室内土工实验等方法进行勘察，得到地基土的主要物理力学性质指标，分析得出各层地基土的性质评述、承载力特征值和压缩模量，并判定其湿陷性和场地类别。

(2)针对 8 号楼情况，提出以②层黄土作天然地基，并采用 0.5m 左右厚的级配砂石或灰土垫层作褥垫处理地基，以提高土的承载力和稳定性。

(3)针对 1 号楼的地层情况，提出 CFG 桩、钻孔灌注桩和预制桩等三种复合地基处理方案，并根据工程的特点及地质的情况，从适用性和施工等多角度进行分析比较，最终采用钻孔灌注桩方案。

(4)通过试桩试验和工程桩的检测，表明灌注桩复合地基对地基的承载力明显加大，该设计方案很好的满足了建筑物对地基承载力的要求。

参 考 文 献

[1] 张荫. 岩土工程勘察[M]. 北京：中国建筑工业出版社，2011-6.
(ZHANG Yin. Geotechnical Investigation[M]. China Architecture & Building Press，2011-6.)

[2] 王现国. 河南省西部湿陷性黄土地基勘察与处理[J]. 岩土工程界，2005(9)：49-51.
(WANG Xian-guo. Investigation and treatment of collapsible loess foundation in the west of Henan [J]. Geotechnical Engineering World，2005(9)：49-51.)

[3] 叶书麟，韩杰，叶观宝. 地基处理与托换技术[M]. 北京：中国建筑工业出版社，1994.

(YE Shu-lin, HAN Jie, YE Guan-bao. Foundation treatment and underpinning technology[M]. China Architecture & Building Press, 1994.)

[4] 龚晓南. 地基处理手册[M]. 2版. 北京:中国建筑工业出版社,2000-8.

(GONG Xiao-nan. Foundation treatment manual (second edition)[M]. China Architecture & Building Press, 2000-8.)

[5] 杨育文,罗坤. 钻孔灌注长桩桩侧摩阻力和建筑物沉降分析[J]. 岩石力学与工程学报,2008(6):1260-1269.

(YANG Yu-wen, LUO Kun. Shaft resistances of long cast-in-place piles and building settlement analysis[J]. Chinese Journal of Rock Mechanics and Engineering, 2008(6):1260-1269.)

探地雷达正演模拟数据偏移后处理分析

朱庆女[1]　廖红建[1]　谢勇勇[2]　昝月稳[3]

（1.西安交通大学人居学院　陕西　西安　710049；2.宁波市建筑设计研究院有限公司　浙江宁波　315010；3.西南交通大学　四川　成都　610031）

摘　要：板式无砟轨道是一种多层钢筋混凝土结构，其正演模拟数据往往存在钢筋等造成的目标信息干扰问题。结合常用的标准板式无砟轨道结构，进行探地雷达二维正演数值模拟，得到了模拟图像。基于Matlab软件平台对正演模拟数据的后处理文件进行了二次开发，编制了数据提取程序和DZT雷达数据格式文件的生成程序。然后将板式无砟轨道的正演模拟数据转换成DZT文件，导入到Road Dotcor探地雷达处理软件中进行偏移后处理。结果表明，偏移处理后的雷达图像中因钢筋产生的角点绕射和双曲特征线尾部拖长被偏移消除，在曲线顶点位置处形成唯一的黑点，更加真实地反映出地下结构及目标物体的信息特征。为提高探地雷达图像识别精度提供了一个有效的方法。

关键词：探地雷达　正演数值模拟　偏移后处理　板式无砟轨道

作者简介：朱庆女（1991—），女，硕士，主要从事探地雷达检测路基病害的理论和试验研究工作。E-mail：hjliao@mail.xjtu.edu.cn。

Migration Post-processing of Ground Penetrating Radar forward Numerical Simulation Data

ZHU Qing-nv[1], LIAO Hong-jian[1], XIE Yong-yong[2], ZAN Yue-wen[3]

（1. Xi'an Jiaotong University, Xi'an 710049, China; 2. Ningbo Insititute of Architecture Design, Ningbo 315010, China; 3. Xi'nan Jiaotong University, Chengdu, 620031 China）

Abstract: Ballastless slab track is a multi-layered reinforced concrete structure. The reinforcement in slab track tend to interfere the forward simulation data of ground penetrating radar (GPR). In this paper, two-dimensional numerical simulation of the standard ballastless slab track in high-speed railway is conducted. The secondary development of post-processing of radar data is conducted. Based on the Matlab software platform, a procedure extracting the numerical simulation results data and a generating program of actual measurement data of GPR are compiled. Then forward simulation data of ballastless slab track is converted into radar data format-DZT file. The DZT file is migrated by GPR processing software-Road Doctor. The results show that the migration eliminates the corner diffraction and tail-lengthed hyperbolic characteristic lines. After the migration, the forward simulation more realistically reflects the information and characteristics of actual structures. As a result, an effective method is discovered to improve the accuracy of GPR's image interpretation.

Key words: ground-penetrating radar, forward numerical simulation, Migration post-processing, Ballastless slab track in high-speed railway.

0　引言

无砟轨道是一种用多层混凝土结构形式来替换现有有砟轨道结构的碎石道床的轨道结构[1]。无碴轨道结构长期承受着列车动荷载，轨道结构质量好坏以及内部病害和缺陷的存在都将直接对客运专线的安全造成隐患，因此对其运营线路进行检测维护，提供相应标准非常重要[2,3]。探地雷达法可以检测出无砟轨道中

基金项目：国家自然科学基金项目（41172276，51279155）。

出现的混凝土结构层间裂缝、钢筋缺失和错位等病害，是目前检测铁路病害最佳方法[4]。因此有必要利用探地雷达无损技术，通过试验和数值模拟对无砟轨道病害缺陷进行具体的研究分析，以保证检测质量。

利用探地雷达对无砟轨道进行二维正演模拟，将模拟结果作为人工识图的依据，可以提高图像解释的精度，为雷达的自动化检测技术积累数据，作为探地雷达资料反演的基础。然而由正演模拟得到的雷达数据结果存在目标信息干扰问题，特别是钢筋等圆形目标物的倒V形双曲特征线的绕射现象[5]，在多目标物模拟时，容易造成绕射曲线相交，干扰图像的识别。因此需要进行相关雷达数据后处理，使处理后的雷达图像更加真实地反映出地下结构及目标物体的信息特征。

此外，不同雷达系统有各自的图像处理及解释软件，且只能处理雷达自带的文件格式，不同格式不能通用，使得探地雷达在进行数据存储和处理时存在局限性。

因此本文结合常用的板式无碴轨道结构，进行了探地雷达二维正演数值模拟。然后对模拟数据进行了格式转换的二次开发，编制了数据提取程序和DZT雷达数据格式文件的生成程序。再将正演数值模拟得到的数据文件转换成雷达软件识别DZT文件，导入到Road Dotcor探地雷达处理软件中进行偏移后处理。

1　标准板式无砟轨道的二维正演模拟

1.1　标准板式无砟轨道结构

本文采用的CRTSII标准板式无碴轨道为先张预应力混凝土结构，由配套扣件、钢轨、预制道床板、CA砂浆调整层和混凝土支撑层组成，横断面结构如图1所示，混凝土设计强度为C55。

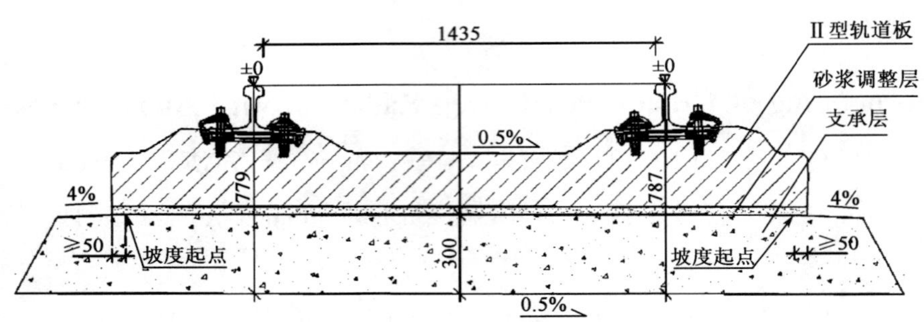

图1　板式无砟轨道横断面图

Fig. 1　Cross of slab ballastless track

每块标准轨道板均有10对承轨台，体积约3.452m³，尺寸为6450mm×2250mm×200mm，重约8.63t，沿横向放置60根直径10mm预应力钢筋，沿纵向放置6根直径20mm的螺纹钢筋，并设置钢筋网进行固定，钢筋接触绝缘处理。截取其中一对承轨台进行分析，其沿线剖面的配筋结构如图2所示。

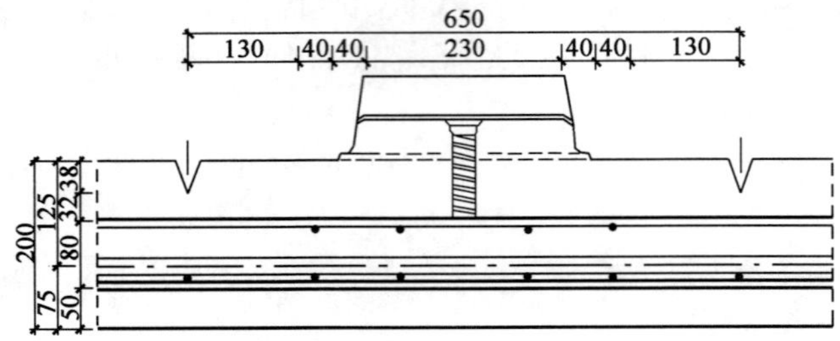

图2　轨道板沿线剖面结构配筋示意图(尺寸单位:mm)

Fig. 2　Reinforcement of slab ballastless track along the cross-section

1.2　标准板式无砟轨道结构的正演数值模拟

根据钢筋间距尺寸及对钢筋识别条件的研究分析，建立标准板式无砟轨道的探地雷达数值模型，见图3。

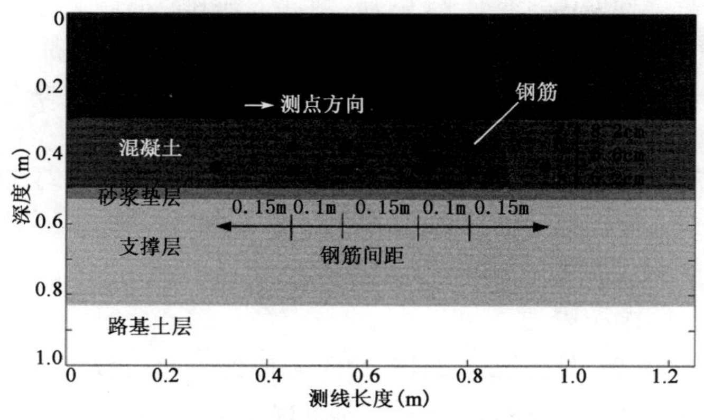

图 3　板式无砟轨道结构地电模型

Fig. 3　Geoelectric model of ballastless slab track

模型区域为 1.2m×1.0m，介质层分为四层。第一层为 0.2m 厚混凝土轨道板层，介电常数为 8.6(现场试验实测)、电导率 0.001，第二层为 0.03m 厚砂浆垫层，介电常数是 3.8(现场试验实测)、电导率 0.001；第三层是混凝土支撑层，介质材料与混凝土相似，电性参数也参照混凝土层，该层厚度为 0.3m；最底下为路基土层，介电常数 12，厚 0.17m。上层钢筋网深度距离轨道板表面 0.082m，下层钢筋网距离轨道板表面 0.138m。

模拟网格步长 $\Delta x=\Delta y=\Delta z=0.001$ m，时窗(数据采集开始到结束之间的时间长度)$t_w=15$ns，总共 220 道扫描线，每条扫描线有 6360 个扫描点，边界设置层为 PML/20，天线中心频率为 2.6GHz，天线步长为 0.005m，激励源采用雷克子波。根据时域有限差分正演模拟得到所计算空间的电磁场分量，导入并用 Matlab 读取、绘制成波形，生成的正演模拟剖面图如图 4 所示。

图 4 中，第一层介质中两层波浪形倒 V 形曲线分别为轨道板中上下层钢筋的雷达反射信号特征曲线，每一倒 V 形曲线代表一根钢筋。可见，探地雷达正演数值模拟图像中无砟轨道板中的钢筋可以清楚地被识别。然而钢筋会产生角点绕射和双曲特征线尾部拖长，因此在检测非水平层状界面时，探地雷达剖面图像会产生偏移和移位现象，使得实际检测时地下介质反射回波信号很难直接反映目标物的结构和位置等信息，给图像分析和解释带来困难，所以要进行相应后处理分析。

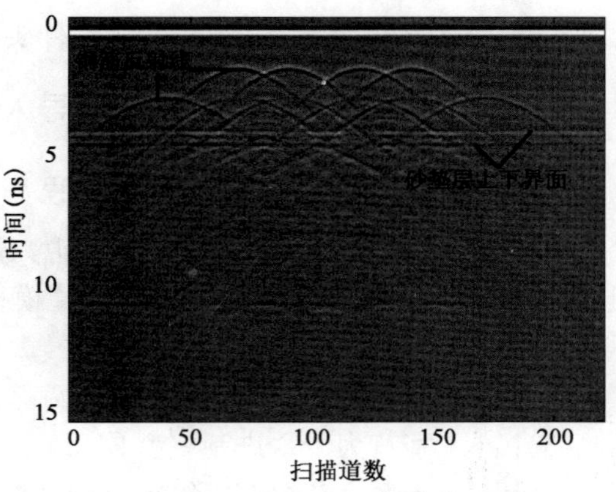

图 4　板式无砟轨道结构正演模拟图

Fig. 4　Forward modeling of ballastless slab track

2　探地雷达 DZT 数据文件头的编写

不同雷达系统，有各自的图像处理及解释软件，且只能处理雷达自带的文件格式，不同格式不能通用，因此无法实现不同探地雷达检测资料及数据之间的信息相互交换。所以要进行雷达数据后处理，首先要对数据进行格式转换的二次开发，将正演数值模拟得到的数据文件转换成雷达软件识别的格式文件，以此来连接起数值模拟数据和实测数据处理之间的关系。

现在国内使用最多的探地雷达商用仪器主要还是以 GSSI 公司的 SIR 系列为主，其雷达数据文件格式是 *.dzt 格式，将其称为 DZT 文件，采用的是二进制码储存。因此，本节的研究工作主要是编制程序将正演数值模拟得到的数据写入并生成 DZT 数据格式文件。

2.1　DZT 格式数据文件的组成

要生成 DZT 文件，首先需要知道 GSSI 雷达数据文件格式。DZT 数据文件的格式和其他探地雷达数据格式文件一样，都由地震数据文件格式演变而来，分为文件头参数和数据存储两部分。文件头主要包含采样率、采样时窗、采样间距等重要信息，采用结构体形式存储；数据存储部分可以是单通道或者多通道形式[6]。

将数据写入 DZT 文件时，主要是对文件头的编写。文件头参数主要由 4 种变量类型组成，char 类型的变量占一个字节数，short 类型的变量占两个字节数，float 和 DztDataStruct 类型的变量则分别占 4 个字节，文件头总共占 1 024 个字节[7]。在文件头编写时，一定要符合 DZT 标准格式，且文件头内的参数含义和顺序不能改变，同时字节数必须也要一致，共计为 1 024 字节，否则 DZT 文件无法被相应的探地雷达数据处理软件识别。

2.2 DZT 数据文件头程序编写

掌握了 GSSI 公司的 dzt 格式文件头结构及各参数的选取之后，就可以基于 Matlab 软件编写数据文件头的程序了，文件头编写时用 fwrite 函数，文件头编写部分程序如下：

```
fid=fopen('d:test1.dzt','wb','ieee-le');    %%%生成并打开 dzt 空文件
Number_of_headers = 1;
fwrite(fid,Number_of_headers,'ushort');
Header_size = 1024;      %%% 文件头大小
fwrite(fid,Bits_per_word,'ushort');
Binary_offset = 2^Bits_per_word/2-1;
fwrite(fid,Binary_offset,'short');
…
checksum = 0;      %%% No checksum calculated-set equal to zero
fwrite(fid,checksum,'ushort');    %%%到这里共计 128 字节
Comments = zeros(896,1);
fwrite(fid,Comments,'uchar'); %%%共计 1 024 字节
flosed(fid);      %%%关闭文件(文件头结束)
```

3 正演数值模拟数据的提取与导入

3.1 正演模拟文件的数据读取程序

文件头编写完成后，如要进行正演模拟数据的写入，首先需要从正演数值模拟结果里提取出数据内容，即电磁场分量值。探地雷达二维正演数值模拟是基于 GprMax 软件平台，数据存储于 *.Out 文件(简称 OUT 文件)，其数据格式为二进制码[8,9]。

OUT 数据文件中的存储格式也是由两部分组成，即文件头部分和数据部分。该文件头部分为 16 字节长度组成：0～1 字节为十六进制整型数 2B67，可以通过对其进行判断来检查是否为 GprMax 数据文件以及计算系统环境；2～3 字节存储一组正整型数据，用来区分不同文件类型，二维数值模拟生成的 OUT 计算文件存储的数据为 20 200；4～5 以及 6～7 字节分别用来存储数据部分每个整型和浮点数据的字节数；8～9 字节处用来存储数据标题的字节数；10～11 字节为激励源的长度；12～13 字节为设置介质的定义长度，最后为剩余空间，一般设置为零。文件头后存储的数据即为数值模型的各参量值，依次读取之后就可以把电磁场分布数据读取出来了。

3.2 正演模拟数据写入并生成 DZT 文件

由于探地雷达数据文件格式要求雷达实测数据值范围一般为 $0\sim2^{16}$，以满足数据转换成二维图像的像素要求，因此需对正演模拟数据进行归一化处理：

```
ezmax=max(max(max(ez)));
ezmin=min(min(min(ez)));
ezabmax=max(abs(ezmax),abs(ezmin));
```

```
ezunitary=32767./ezabmax. * ez+32768;
```

ez 为数值模拟结果中电场分量值矩阵，经过上述程序处理，最后数值模拟的电场分量值存储于 ezunitary 矩阵中，且数值范围为 0～2^{15}。

另外，在数值计算的时候，由于网格划分与时间采样点距均受到数值稳定性的约束，划分网格的值往往比较小，这就导致时间采样率过大。而探地雷达数据处理软件要求每道数据的采样率通常为 512 或者 1 024，所以需要根据时域采样定理对读取数据进行重新离散。本文通过对正演数值模拟数据取均值进行采样率重新离散转换，程序如下：

```
d(j,i)=mean(D(floor(m/512) * j-(floor(m/512)-1):floor(m/512) * j,i));
```

d 为提取并转换后雷达数据存储的矩阵，m 为数值模拟原始时间采样率。

再用 imagesc 函数成图得到探地雷达剖面灰度图，探地雷达灰度剖面成图程序为：

```
imagesc([0:n],t,d);
colormap(gray);
```

轨道 CRTSII 型板式无砟轨道数模模拟结果的原始图像见图 4，平均值离散结果见图 5。由图 5 可见，平均值法处理方法结果使图像曲线特征变化较小，与原始数据所成图像比例相似。

然后根据 DZT 文件格式要求，将该数据矩阵 d 写入到编写好文件头的 DZT 文件中，就可以生成完整的 DZT 文件了。再将 DZT 文件导入探地雷达数据处理软件中就可以进行正演模拟数据后处理了。转换前利用 Matlab 编译的原始灰度图以及转换后用软件读取的灰度图像分别如图 6 所示。

图 5 正演模拟的平均值离散结果图

Fig. 5 Mean discrete results of forward modeling

由图 6 可见，雷达剖面图像特征没有变化，说明转换后数据并未出现错误，转换成功，接下去就可应用探地雷达自带的后处理软件对数值模拟数据进行处理了。可见，只要知道雷达数据文件格式，通过自行编写的雷达数据生成文件就可以方便地进行不同雷达系统数据的转换。既避免了资源的浪费和隔阂，同时衔接了数值模拟与实际检测数据之间的空缺，搭起了探地雷达检测正演与反演之间的桥梁。

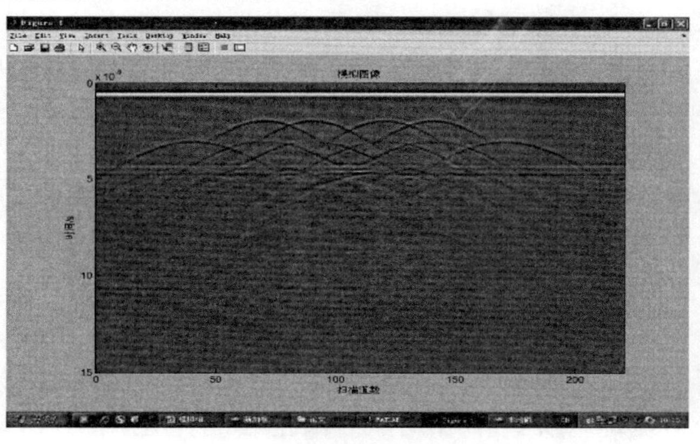

a)Matlab 成像图

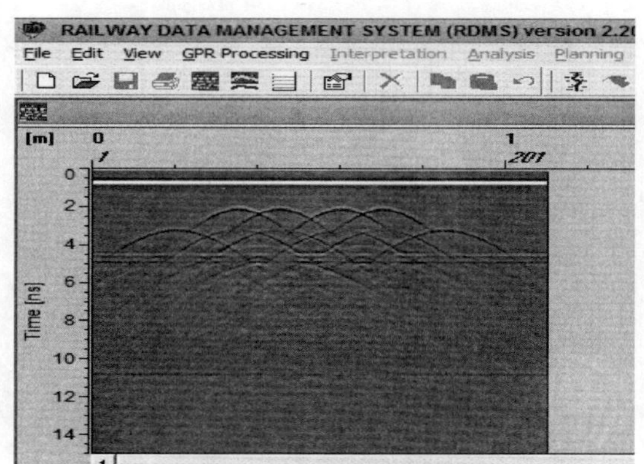

b)DZT 文件导入图

图 6 正演模拟数据的不同成像图

Fig. 6 Different imaging results of forward modeling

4 正演数值模拟结果的偏移后处理

由图 4 可知，需要对二维正演模拟图像进行相应后处理分析，比如对板式无砟轨道中的钢筋和空洞等雷达反射回波信号进行聚焦处理，使得双曲特征线图像变为一点或者一个圆，使得处理后的雷达图像更加真实地反映出地下结构及目标物体的信息特征，本小节利用波动方程偏移处理方法中的克希霍夫偏移进行探地雷达正演数值模拟数据的偏移后处理。

4.1 克希霍夫偏移方法原理

本文利用波动方程偏移处理方法中的克希霍夫偏移[8]进行探地雷达正演数值模拟数据的偏移后处理。在不考虑介质对电磁波的损耗时，波动方程的克希霍夫积分解公式为：

$$E(x_p,y_p,z_p,t)=\frac{1}{2\pi}\iint_{s_1}\left[\frac{\partial}{\partial n}\frac{1}{r}-\frac{1}{\nu r}\frac{\partial r}{\partial n}\frac{\partial}{\partial t}\right]\cdot E\left(x,y,0,t-\frac{r}{\nu}\right)\mathrm{d}s_1 \tag{1}$$

式中：　t——传播经历的时间，s；

n——地表法线方向；

r——点 p 到扫描点之间的距离，m；

ν——电磁波传播的速度，m/s；

$E(x,y,0,t-r/v)$——地表$(x,y,0)$点在 $t-r/v$ 时刻的电场强度，F/m。

$$r=\left[(x-x_p)^2+(y-y_p)^2+z_p^2\right]^{\frac{1}{2}} \tag{2}$$

在进行探地雷达数据偏移处理时，是通过地面上已经记录下来的各点电场分量值来反推地下未知物体的反射面上的波源所在的位置的。在克希霍夫积分方程中，可以理解为负时间的电磁场传递过程，即 $W(x_p,y_p,z_p,t)=E(x_p,y_p,z_p,-t)$为时间“后退”问题，然后假定所记录的数据点是在 $z=0$ 的平面上叠加得到的，以此来求解地面下的不均匀点电场值，时刻点则超前 $t+r/v$，所以电场值为 $E(x,y,0,t+r/v)$，偏移处理的克希霍夫积分方程转换为：

$$E(x_p,y_p,z_p,t)=\frac{1}{2\pi}\iint_{s_1}\left[\frac{\partial}{\partial n}\frac{1}{r}-\frac{1}{\nu r}\frac{\partial r}{\partial n}\frac{\partial}{\partial t}\right]\cdot E\left(x,y,0,t+\frac{r}{\nu}\right)\mathrm{d}s_1 \tag{3}$$

4.2 克希霍夫偏移结果

依照前两小节的方法将数值模拟数据写入并生成 DZT 雷达数据格式文件，导入到 Road Dotcor 探地雷达处理软件中，再根据克希霍夫偏移算法进行探地雷达数值模拟数据的偏移后处理，偏移处理后图像如图 7 所示。

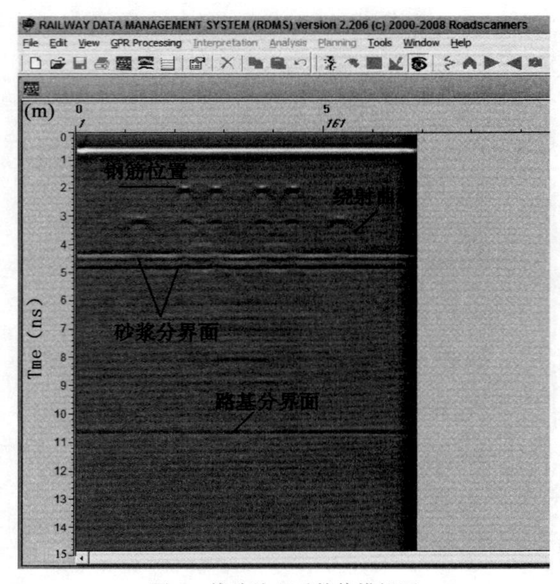

图 7　偏移处理后数值模拟图

Fig. 7　Forward modeling result after offset processing

由图 7 可见，原图像中因钢筋绕射产生的倒 V 形双曲线被偏移消除，在曲线顶点位置处形成唯一的黑点。从图 7 中可以清楚地分辨出钢筋数目，上层 4 根，下层 6 根。介质层分界面处由于多次反射形成的干扰信息也被偏移消除，界面明显，位置准确，图像平滑，处理后效果良好。因此处理后的模拟图像更真实地反映出目标物体的信息特征。

5 结语

(1)根据标准板式无砟轨道结构，建立探地雷达数值计算地电模型，根据时域有限差分正演模拟得到所计算空间的电磁场分量，导入并用 Matlab 读取、绘制成波形，生成板式无砟轨道板的正演模拟的剖面图。

(2)分析了探地雷达数据文件格式和正演数值模拟数据文件格式，基于 Matlab 软件平台，编写了读取正演数值模拟得到的电磁场分量数据的程序，并编程序将正演数值模拟数据导入并生成 DZT 格式的探地雷达数据文件，实现了探地雷达正反演数据文件的二次开发。

(3)基于 Road Doctor 探地雷达数据资料处理软件平台，利用克希霍夫偏移原理，对二次开发后的 DZT

文件进行偏移后处理，去除了数值模拟中钢筋绕射线对雷达数据资料解释的干扰，使探地雷达模拟数值图像更真实地反映了实际结构，为反演结果的解释提供了更为直观的依据。

参考文献

[1] 张大芳.无碴轨道施工技术研究[D].天津大学，2007.
(ZHANG Da-fang. Study on ballastless track construction technique[D]. Tianjing University，2007.)

[2] 刘振民，钱振地，张雷.双块式无砟轨道道床板混凝土裂缝分析与防治[J].铁道建筑，2007(6)：99-101.
(LIU Zhen-min，QIAN Zhen-di，ZHANG Lei. Analysis and control of concrete cracks double block ballastless track bed [J]. Railway Construction，2007(6)：99-101.)

[3] 崔国庆.双块式无砟轨道道床板裂缝控制研究[J].铁道标准设计，2010(1)：66-68.
(CUI Guo-qing. Control of cracks double block ballastless track bed[J]. Railway Standard Design，2010(1)：66-68.)

[4] 魏祥龙，张智慧.高速铁路无砟轨道主要病害(缺陷)分析与无损检测[J].铁道标准设计，2011，3：38-40.
(WEI Xiang-Long，ZHANG Zhi-hui. Analysis and nondestructive testing of major diseases (Defects) on high-speed railway ballastless track[J]. Railway Standard Design，2011，3：38-40.)

[5] 陈承申.探地雷达二维有限元正演模拟[D].中南大学，2011.
(CHEN Cheng-shen. Two-dimensional finite element forward simulation for ground penetrating radar model[D]. Central South University，2011.)

[6] Lahouar S. Development of data analysis algorithms for interpretation of ground penetrating radar data [D]. The Virginia Polytechnic Institute and State University，2003.

[7] 赵勇，刘兴利，李党民.基于MATLAB的SIR3000型探地雷达数据的读取与显示[J].工程地球物理学报，2009，6(2)：181-184.
(ZHAO Yong，LIU Xing-li，LI Dang-min. Read and display of SIR3000 GPR data based on matlab [J]. Chinese Journal of Engineering Geophysics，2009，6(2)：181-184.)

[8] 戴前伟，冯德山，何继善.Kirchhoff偏移法在探地雷达正演图像处理中的应用[J].地球物理学进展，2005，3：849-853.
(DAI Qian-wei，FENG De-shan，HE Ji-shan. The application of kirchhoff migration method in the image processing of the ground penetrating radar forward simulate [J]. Progress in Geophysics，2005，3：849-853.)

煤矸石处置膨胀土冻融试验研究

孟庆贺[1,2]　王　凯[1,2]

（长安大学　陕西　西安　710000）

摘　要：基于北方煤矸石的大量存在和膨胀土的广泛分布，为了扩大北方寒冷地区膨胀土的使用范围，本研究将煤矸石掺入膨胀土中，用于改善膨胀土的工程性质，并且与石灰处置膨胀土进行对比，煤矸石和石灰分别按4%、8%、12%的掺量加入膨胀土中进行冻融试验。对冻融作用下的不同掺和率的煤矸石和石灰改良土试件进行单轴抗压试验，研究改良土性质的变化规律和影响因素。实验结果表明：反复冻融作用下的石灰改良土改良效果稍优于煤矸石改良土，相对于素土的力学性能也有明显改善。通过此研究达到既改良膨胀土，又可利用煤矸石的双赢目的。

关键词：膨胀土　煤矸石　冻融循环　石灰

作者简介：孟庆贺（1988—），男，河南商丘人，长安大学硕士，主要从事岩土工程研究工作。E-mail：457362170@qq.com。

Experimental Study of Expansive Soil Freezing and Thawing Gangue Disposal

MENG Qing-he[1,2]，WANG Kai[1,2]

（Chang An University，Xian710000，China）

Abstract：Based on the coal gangue and the abundant existence of expansive soil is widely distributed in northern cold region，in order to expand the scope of use of expansive soil，this study will be incorporated into expansive soil gangue used to improve the engineering properties of expansive soil and dispose of expansive soil with lime to compare coal gangue and lime respectively by 4%，8%，12% of the amount of adding expansion soil in freezing and thawing test. The effect of freezing and thawing of different mixed ratio of coal gangue and lime improved soil specimen under uniaxial compression test on improved soil quality change law and influence factors of. The experimental results show that：the repeated freezing and thawing of lime improved soil improvement effect is better than that of coal gangue modified soil，relative to the soil mechanical properties are greatly improved. Through this study to achieve both improved utilization of expansive soils can be a win-win purpose of gangue.

Key words：expansive soil，coal gangue，freeze-thaw cycles，lime.

0　引言

膨胀土具有吸水显著膨胀、失水收缩干裂和往复湿胀干缩变形等性质，导致了工程问题以及自然灾害的频繁发生，全球每年因膨胀土给各个领域造成的经济损失高达数百亿；我国是膨胀土分布面积最广的国家之一，其中湖北、陕西、四川、云南等地区分布较广[1,2]。膨胀土的问题一直受到工程专家和广大学者的广泛关注。近年来，许多学者提出了膨胀土路基处理的方法。北方寒冷地区的道路、桥梁、地基基础等结构，经常承受冻融循环作用，冻融循环对改良膨胀土的力学性质会产生不利影响。目前对路基填料的膨胀土采取的工程处置方法主要是改性[1]。世界各国针对膨胀土的研究主要围绕在膨胀土的分类判别方法、胀缩机理、本构模型、膨胀土引起的工程破坏及其处治技术等。常见的处治技术中，化学改良法对膨胀土的性质有显著改善。化学改良法即用无机改性剂或者有机改性剂来降低膨胀土的胀缩性。河海大学的余湘娟[3]、中国水电顾问集团昆明勘测设计研究院勘察分院的李自灵[4]分别对掺石灰的膨胀土进行了研究，结果表明，膨胀土不良工程性质得到了明显的改善。

随着煤矸石作为路基填料的逐渐推广，若能将其用于膨胀土地区公路工程的建设，不仅能大量利用煤矸石，缩小煤矸石给环境带来的压力；而且开发了直接用膨胀土作为路基填料的新技术，也能缓解膨胀土地区路基填料缺少的现象。

1 煤矸石处置膨胀土冻融循环试验

1.1 研究内容

在借鉴以往研究的基础上，根据北方地区煤矸石的大量存在的问题和膨胀土的分布特点，分别从煤矸石和膨胀土的各自工程性质入手，探讨不同掺量的煤矸石膨胀土混合料的抗压强度及变形情况，并与石灰处置膨胀土进行对比。主要研究冻融作用下煤矸石对膨胀土性质的改良。通过对比研究煤矸石的回收利用和膨胀土的性质改良。

1.2 试验方案

方案设计：

(1)试件分为两组，一组试件不经冻融，自然条件下静置，二组试件进行冻融循环；

(2)二组试件冻融前进行喷水静置处理，模拟开放系统环境，有利于提高冻结速度；

(3)冻结温度设定为－20℃，冻结时间设定为 12h，使试件可达冻结稳定状态；

(4)在常温下进行融化，融化时间 12h，试件能达到融化稳定状态。

1.3 试件制备

试验选用的煤矸石来自内蒙古乌海市乌素煤矿，膨胀土取自国道 208 线集宁到白音查干段，将膨胀土块和煤矸石块进行碾碎处理，过 2mm 筛，分别放置，取一定量石灰，准备试件制备。如图 1～图 3 所示。

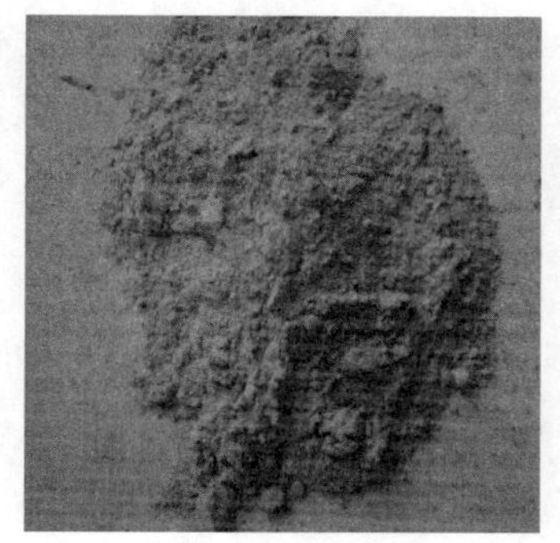

图 1 石灰

Fig. 1 Lime

图 2 煤矸石

Fig. 2 Gangue

图 3 膨胀土

Fig. 3 Expansive soil

根据式(1)可算出最佳含水率为 22%。设计每个试件质量为 400g，根据掺量分别计算出水和各材料质量，称量各基料质量，精确到 0.1g，基料混合掺水搅拌均匀后闷料 12h。将闷好的土样分批倒入压模内，分层压实，以恒定锤击数压实后推出试件。

试件分为两大组，每组下设 7 个小组，分别为素土(膨胀土)试件，石灰掺量为 4%、8%、12%的试件，煤矸石掺量为 4%、8%、12%的试件。一大组放于室温下静置，二大组试件进行冻融循环。

$$M_{\omega} = M_0/(1+0.01)\omega_0 \times 0.01(\omega_1 - \omega_0) \tag{1}$$

式中：M_0——风干土量；

ω_0——风干含水率；

ω_1——要求含水率。

2 试验过程及结果

2.1 试验过程

二组试件进行多次完整冻融循环，每个循环后测量试件质量变化并观察试件表观现象。如图 4 所示，在进行 3 个完整循环后，试件上面出现明显裂缝，并且出现轻微横向裂缝，且随着循环次数增大，裂缝有扩大现象。冻融完成 5 次完整循环时，试件出现侧向裂缝，且横向裂缝有扩张现象。

图 4 冻融循环裂缝情况

Fig. 4 Freeze-thaw cycles crack case

完成全部指定冻融循环后，对一、二两组试件进行单轴抗压强度试验，测量试件抗压强度。

2.2 试验结果

2.2.1 无侧限单轴抗压强度试验结果

一组试件未经冻融，与冻融循环后二组试件均进行单轴抗压强度试验，试件的抗压强度如图 5 所示，为方便绘图，材料标号 1～7 分别代表素土试件，4%、8%、12%掺量石灰试件，4%、8%、12%掺量煤矸石试件。由图 5 可以看出，冻融循环下试件的抗压强度明显下降，煤矸石处置膨胀土在冻融循环下对膨胀土的强度有明显改善，其中以 8%掺量煤矸石处置膨胀土冻融条件下效果最佳。单就强度而言，煤矸石处置膨胀土与石灰处置膨胀土效果稍差于 12%掺量石灰膨胀土，但对膨胀土强度的改良效果要优于其他掺量的石灰膨胀土。

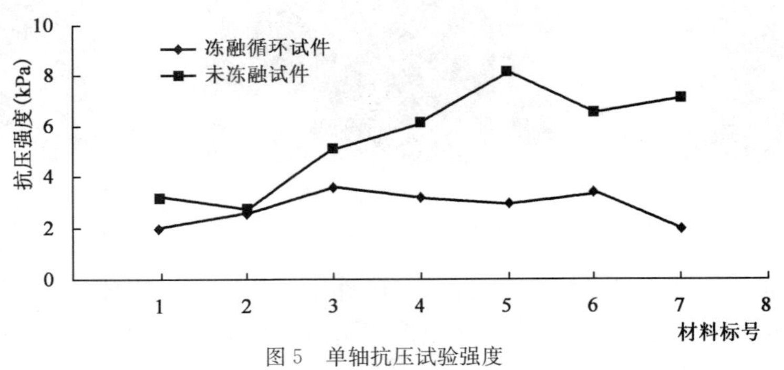

图 5 单轴抗压试验强度

Fig. 5 Uniaxial compressive strength test

2.2.2 冻融试验质量损失

每次完整冻融循环后测量试件质量，根据原质量算得累计质量损失，试验中质量损失主要为试件中水分，由图 6、图 7 可以看出，石灰处置膨胀土的保水性要低于煤矸石处置膨胀土。在与膨胀土试件的比较中，石灰处置膨胀土在冻融循环中的保水性较膨胀土本身要低；煤矸石处置膨胀土试件基本与膨胀土一致，4%、8%煤矸石掺量膨胀土要优于膨胀土本身。经对比，8%煤矸石掺量膨胀土冻融条件下质量损失最小，对膨胀土的性质有明显改善。

2.2.3 抗冻性

图 8 所示为第 5 次循环后试件有观图，根据图 8 所示，经过冻融循环后，对煤矸石膨胀土试件在裂缝及

变形方面进行观察，煤矸石膨胀土试件的裂缝要少于石灰膨胀土试件，裂缝宽度也比石灰膨胀土窄，变形情况，石灰膨胀土试件较煤矸石膨胀土试件明显。总结来看，煤矸石膨胀土的抗冻稳定性高于石灰膨胀土。

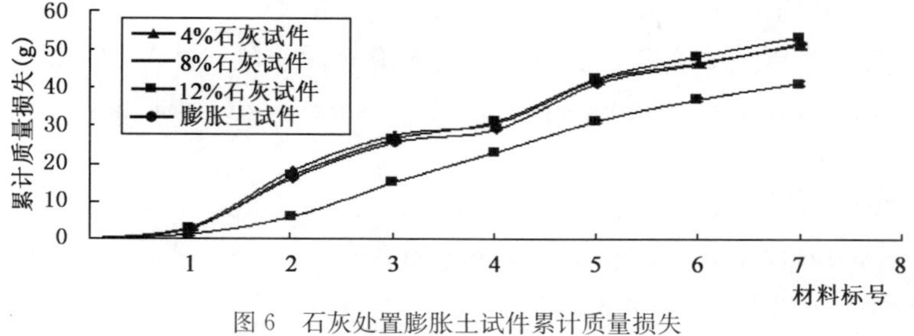

图 6 石灰处置膨胀土试件累计质量损失

Fig. 6 Lime disposal expansive soil specimens cumulative mass loss

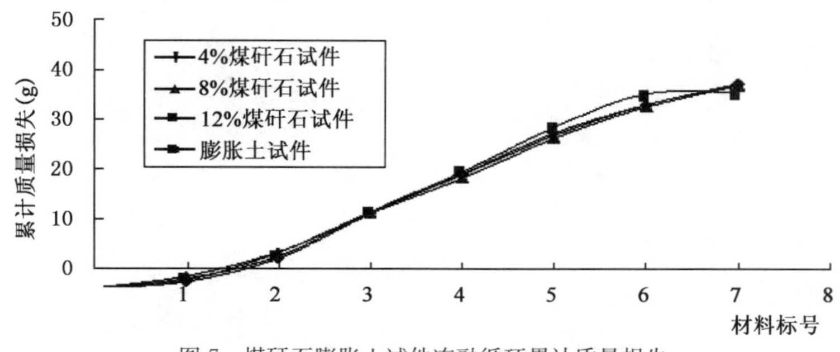

图 7 煤矸石膨胀土试件冻融循环累计质量损失

Fig. 7 Gangue expansive soil specimens freeze-thaw cycles accumulated mass loss

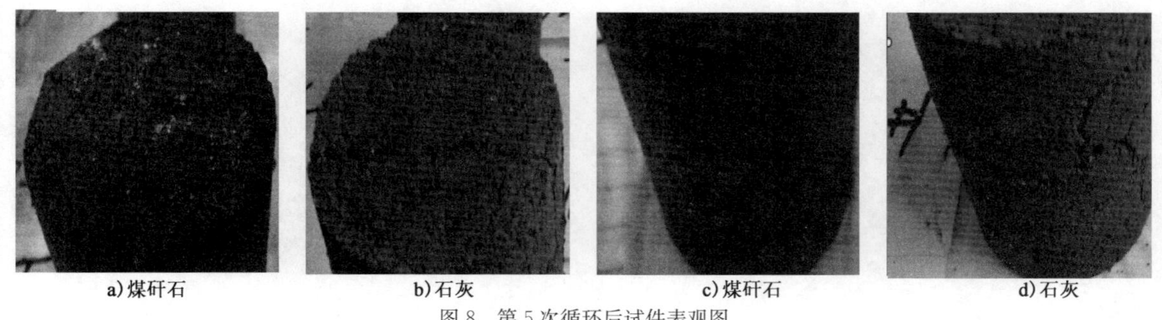

图 8 第 5 次循环后试件表观图

Fig. 8 Gangue expansive soil specimens freeze-thaw cycles accumulated mass loss

2.3 综合分析

综合三方面性质的对比，煤矸石处置膨胀土对膨胀土的不良工程特性有很大改善。相对于目前常用的石灰处置膨胀土来讲，煤矸石处置膨胀土对膨胀土的不稳定工程特性改善效果也好于石灰处置膨胀土。

3 结语

经过对试验中的无侧限单轴抗压强度、累计质量损失、抗冻性的结果分析，8％掺量的煤矸石膨胀土对膨胀土的性质改良效果最佳，并且其整体的改良效果要优于石灰处置膨胀土，这样就达到了既改良膨胀土又可利用煤矸石的双赢目的。

参考文献

[1] 郑建龙，杨和平. 公路膨胀土工程[M]. 人民交通出版社，北京. 2009.
(ZHENG Jian-long, YANG He-ping. Expansive soil of highway engineering [M]. People's Communications Press, Beijing . 2009.)

[2] 郭爱国,孔令伟,胡明鉴,等.膨胀土路堤处治果原位试验研究[J].岩土力学,2005,26(8).
(GUO Ai-guo,KONG Ling-wei,HU Ming-jian. Experimental study of expansive soil embankment fruit situ treatment [J]. Rock and Soil Mechanics,2005,26(8).)
[3] 余湘娟.膨胀土路基填料的土工试验方法研究[J].河海大学学报,1999,(4):50-53.
(YU Xiang-juan. Test methods for geotechnical studies expansive soil subgrade[J]. Journal of Hohai University,1999,(4):50-53.)
[4] 李自灵.石灰处置膨胀土冻融循环试验研究[J].土工基础,2012,26(1):3-5.
(LI Zi-ling. Experimental study of soil freezing and thawing cycles lime disposal expansion [J]. Geotechnical foundation,2012,26(1):3-5.)

泾阳南塬入渗特性研究

谢 超[1] 梁 燕[1] 高德彬[2] 李同录[2] 张玉洁[2] 杨 涛[2]

(1. 长安大学公路学院 特殊地区公路工程教育部重点实验室 西安 710064;
2. 长安大学地质工程与测绘学院 西安 710054)

摘 要:陕西省泾阳县泾河南塬滑坡事件的频繁发生与雨水、灌溉水的渗入有密切关系,因此研究泾阳南塬土的渗水特性有很重要的实际意义。采用双环法原位渗水试验,研究泾阳南塬黑垆土、Q_3 黄土、Q_2 黄土和古土壤的水分入渗规律,分析干密度对稳渗速率的影响,并在试验停止注水后,沿试验对称面将土剖开,沿各条测线取样,用烘干法实测土样的含水率,确定渗透范围。结果表明:(1)黑垆土、Q_3 黄土、Q_2 黄土和古土壤的稳渗速率分别为 0.818mm/min、1.067mm/min、0.659mm/min 和0.0895 mm/min。稳渗速率大小依次为 Q_3 黄土>黑垆土>Q_2 黄土>古土壤。总的说来,各种土的稳渗速率随着干密度的增大而减小。(2)黑垆土沿试验中心轴渗透的饱和带深度比 Q_2 黄土的大,但黑垆土的非饱和带厚度比 Q_2 黄土的小,表明黑垆土比 Q_2 黄土的渗透性大,但持水能力比 Q_2 黄土的差。古土壤的渗透范围最小,这与古土壤是这几种土中最密实的有很大关系。

关键词:双环法 泾阳南塬 稳渗速率 干密度 渗透范围

作者简介:谢 超(1991—),男,研究生,主要从事岩土工程等方面科研工作。

Infiltration Characteristics in the South Jingyang Plateau

XIE Chao[1], LIANG Yan[1], GAO De-bin[2],
LI Tong-lu[2], ZHANG Yu-jie[2], YANG Tao[2]

(1. Key Laboratory of Education Ministry on Highway Engineering of Special Region, Chang'an University, Xi'an 710064, China; 2. School of Geological Engineering and Geomatics, Chang'an University, Xi'an 710054, China)

Abstract: Because water infiltrates in soil, the loess landslide accidents take place frequently in the south jingyang plateau of shaanxi province. It is very important to research infiltration properties of soils in the south jingyang plateau. By the in-stu infiltration test of double-rings method, research infiltration rule of water in soil of the South Jingyang Plateau and analyze the influence of dry unit weight to the stable infiltration rate. The range of infiltration is obtained through measuring water content of the symmetry cross-section of the infiltration. The results show that (1) stable infiltration rate of heilu soil, Q_3 loess, Q_2 loess and the paleosol is 0.818mm/min, 1.067mm/min, 0.659mm/min and 0.0895mm/min respectively. The stable infiltration rate of Q_3 loess is the biggest, and that of the paleosol is the smallest. On the whole, the stable infiltration rate of soil reduces with the increasing of dry unit weight. (2) The saturated depth along the symmetry axis of the infiltration in Heilu soil test is the bigger than that in Q_2 loess test, while unsaturated thickness in Heilu soil test is smaller than that in Q_2 loess test. This indicates that the hydraulic conductivity of heilu soil is bigger than Q_2 loess, but its water-holding ability is poorer than that of Q_2 loess. The infiltration range of paleosol is the smallest, which has close relation with the small void ratio of the paleosol.

Key words: double-rings method, the South Jingyang Plateau, stable infiltration rate, dry unit weight, the range of infiltration.

0 引言

泾阳南塬位于陕西泾阳县城南的泾河南岸,是渭河北黄土台塬的组成部分。自 1976 年改革开放以来,泾阳南塬黄土滑坡频繁发生，这与塬区大面积农业灌溉、地表水下渗有密切关系，因此，研究泾河南塬土的渗水特性对研究南塬黄土滑坡有很重要的实际意义。

研究黄土的渗透性主要用试验方法，现场双环法渗透试验是研究土的渗透性很准确的一种试验，因此本文选择双环法试验研究泾阳南塬黑垆土、Q_3 黄土、Q_2 黄土和古土壤的渗透特性。目前用双环法研究渗透性主要集中在各种"土壤"的渗透特性研究上[1-10]，此外，李亮等[11]在地裂缝通过的黄土场地上进行了现场双环法浸水试验，研究了地裂缝带黄土的渗透特性；孙荣国等[12]研究了秸秆等改良材料对砂质土壤饱和导水率的影响；Wuest，Stewart B.[13]对池塘的渗透性进行了研究；Reynolds，Brandon 等[14]测量了煤矿表面的渗透率；Tejedor，Marisa 等[15]研究了影响"火山岩风化土"渗透性的因素；Zadeh，Kouroush Sadegh 等[16]对污染土的渗透性进行了研究；Woltemade，Christopher J.[17]研究了扰动对地基土渗透率的影响；Palmer，Brian G. 等[18]研究了防泄漏系统的衬垫的渗透性。

目前很少见到用双环法试验研究泾阳南塬各种土渗透性的文献，本文采用双环法渗透试验对泾阳南塬黑垆土、Q_3 黄土、Q_2 黄土、古土壤的渗透性进行研究，得到稳渗速率，分析干密度对稳渗速率的影响，并在试验停止注水后，沿土中试验对称面剖开，分析研究各试验的渗流影响范围。

1　研究方法与内容

泾阳南塬塬边斜坡主要由更新世黄土～古土壤序列构成。上部地层除 Q_4 的表层薄层耕种土和黑垆土外，主要是晚更新世 Q_3 典型的风积黄土，呈淡灰黄色，颗粒较细，富孔疏松，垂直节理发育，其下为第一层红褐色古土壤，这套地层厚 12～16m。中更新世 Q_2 黄土是构成该斜坡的主体，包括第二至第八层黄土之间的黄土和古土壤层，厚度 40～54m。Q_2 黄土呈褐黄色，黏性重，质地均一，比较密实；古土壤呈褐红色。在塬边局部坡脚部位可见早更新世 Q_1 晚期的第九层黄土及其下的第九层古土壤出露，厚度一般在 10m 以下。

通过野外现场考察，选取泾阳县高庄镇王家村取土场（地理坐标：108°49′44″E，34°29′35″N）作为试验场地，王家村取土场呈台阶式，Q_3 黄土、Q_2 黄土、古土壤均有出露，近地表颜色较深的黑垆土是地表水下渗的必经土层，因此专门挖开进行试验。采用双环法做了黑垆土、Q_3 黄土、Q_2 黄土、古土壤的渗水试验，研究它们的渗透性，各种土的基本物理性质指标见表 1。

表 1　试样的基本物理性质指标

Table 1　The basic physical parameters of samples

土名 \ 指标	G_s	ρ(g/cm³)	w(%)	ρ_d(g/cm³)	w_L(%)	w_p(%)	有机质含量(%)
黑垆土	2.72	1.58	11.00	1.423	25.7	17.1	0.82
Q_3 黄土	2.72	1.48	14.27	1.295	30.8	21.7	0.12
Q_2 黄土	2.72	1.57	8.80	1.443	26.2	21.6	0.23
古土壤	2.73	1.78	16.56	1.527	31.2	20.7	0.12

其试验点布置如图 1 所示。

每次试验，选定试验地点后，挖到土层新鲜面，借助水平尺整平表面，确保试验面水平。采取减振措施，尽量不扰动土的情况下，打入双环到土中 10cm 深（双环的内环内径为 30.3cm，外环内径为 48.5cm，内外环高度均为 25cm），在环内土面上铺一薄层细沙，保护试验土面在试验过程中不破坏，然后同时向内环、内外环之间快速注水到土面上 5cm 高度，并记录注入内环的水量。试验过程中，专人观测内外环内的水位，如果水位有下降，立刻补水，保持高出土面 5cm 的恒水头，并记录给内环补水的水量。达到稳渗后，继续试验一段时间。恒水头渗水试验历时 180min 后，停止续水。在同一种土中做两次平行试验，结果取平均值。入渗试验的同时，在测试点附近采集原状土样，用作室内物理化学性质的测定和分析。采用环刀法测定土的密度；

基金项目：国家自然科学基金项目（411722256）。

用烘干法测定含水率；因为土粒相对密度变化范围不大，因此土的相对密度采用经验值。有机质含量测定采用重铬酸钾容量法。

图1 试验点布置

Fig. 1 The position of test points

2 结果与分析

设渗率为单位入渗时间内的入渗量；初渗率为最初入渗时段内渗透量除以入渗时间，取最初入渗时间为5min；稳渗率为单位时间内的渗透量趋于稳定时（单位时间入渗水量相等）的入渗速率。

2.1 各种土的稳渗速率

土的初始入渗率受初始含水率的影响较大，相比土的初始入渗率，土的稳渗速率能较好地反映土的渗透性。经计算，各种土的稳渗率见表2。从表2可以看出，Q_3 黄土的稳渗速率最大，为1.067mm/min；古土壤的稳渗速率最小，平均为0.0895mm/min。稳渗速率大小依次为 Q_3 黄土＞黑垆土＞Q_2 黄土＞古土壤。因此，渗透性最强的是 Q_3 黄土，其次是黑垆土，渗透性最差的是古土壤。

表2 各种土的稳渗率

Table 2 The stable infiltration rate of soils

实验序号	1	2	3	4
土名	Q_2	Q_3	古土壤	黑垆土
稳渗率 f_c(mm/min)	0.659	1.067	0.0895	0.818

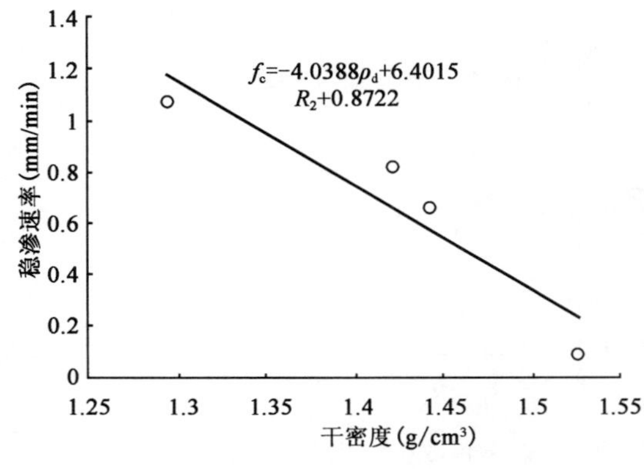

图2 稳渗速率与干密度的关系

Fig. 2 The stable infiltration rate vs. dry unit weight

分析试验数据得出，Q_3 黄土达到稳渗的时间为90min；Q_2 达到稳渗的时间为70min；古土壤达到稳渗的时间为45min；黑垆土达到稳渗的时间（最长）为120min。除了黑垆土，渗透性越大达到稳渗的时间越长，因为黑垆土中含有较多的有机质和盐分，使得达到稳渗的时间增长。

2.2 稳渗速率与干密度的关系

土的稳渗速率与土的密实程度有很大关系，土的密实程度可以用土的干密度表示。各种土的稳渗速率与干密度的关系见图2。

从图2可以看出：总的来说，各种土的稳渗速率随着干密度的增大而减小。稳渗速率与干密度成负相关的关系，这是由于土的干密度越大，土体越密实，土体中的孔隙体积越少，水在土中渗透受到的阻力越大，渗透性就越小。经拟合，土的稳渗速率与干密度之间的关系为 $f_c=-4.0388\rho_d+6.4015$，相关系数为 $R^2=0.8722$。

2.3　各种土的渗透范围

为了直观地看到渗水剖面，研究渗水特性。试验停止注水后，沿土体中试验对称面剖开了。当渗流稳定，试验停止注水后，立即将环内水去掉。在尽量保证土不受扰动的情况下，将环取出。沿土体中试验对称面将土剖开，根据颜色，可以直观看出水在土中的渗透情况（如图 3 为 Q_2 黄土试验后的剖面），并且在剖开的面上选了 2～3 条线（如图 4 为古土壤实测含水率位置），沿线依次取土样，取样时，观察土的颜色，取样一直到土的颜色达到天然土的颜色为止，用烘干法测定各土样的含水率。

图 3　Q_2 黄土试验后的剖面

Fig. 3　The cross-section after Q_2 loess test

图 4　古土壤实测含水率位置

Fig. 4　The position of measuring the water content in paleosol test

以古土壤为例，分析试验对称面上含水率的变化。沿试验中心轴上的含水率变化见图 5，图中 z 表示沿试验土面向下的深度。通过观察土的颜色发现，当 $z=0\sim11$cm 时，土明显处于饱和状态，未取土样；深度为 11、13cm 时，含水率为 23%左右，含水率最大，并且保持了一段时间，可以认为是土达到饱和状态了，即 $z=0\sim13$cm 时，土处于饱和状态，然后随着深度的增加，含水率不断降低，土处于非饱和状态。到 $z=23$cm 时，含水率为 14.61%，等于天然含水率，得出古土壤沿试验中心轴渗透的深度为 23cm，其中饱和带深度为 13cm；非饱和带厚度为 10cm。

试验沿图 4 下面一条含水率水平测线的含水率变化如图 6 所示，坐标 r 为到试验中心轴的水平距离，当 $r=0\sim22$cm 时，含水率逐渐减少至天然状态。沿上面一条含水率水平测线，含水率变化到天然状态的距离与下面一条水平测线的相近，也小于 24.25cm。因为试验外环的内径为 24.25cm，这说明古土壤的水平向渗透范围没有超出外环，说明古土壤水平向渗透性很小。

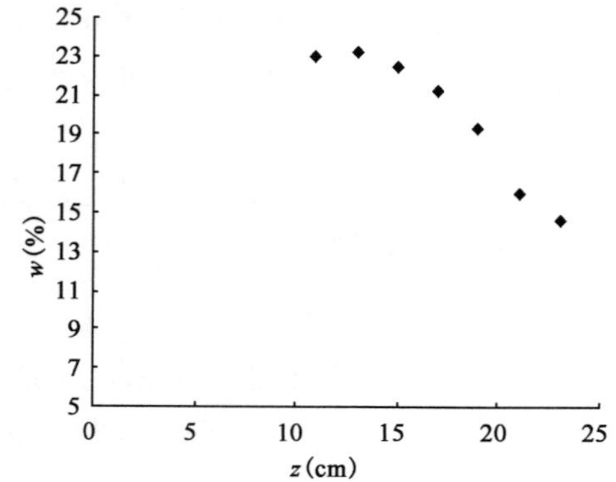

图 5　古土壤沿试验中心轴向下含水率的变化

Fig. 5　Water content along the infiltration symmetry axis downwards in paleosol test

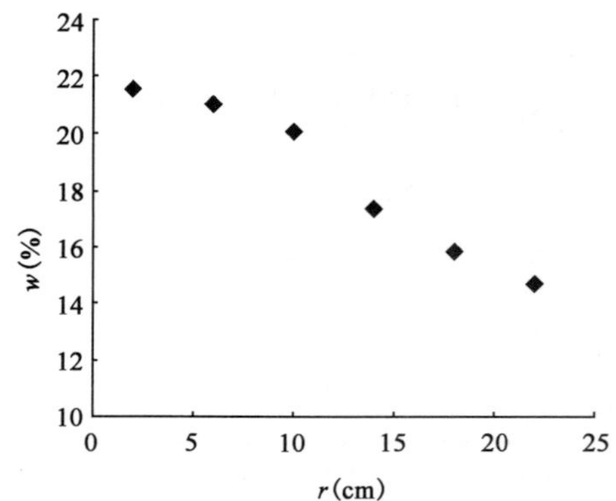

图 6　古土壤沿试验水平测线上含水率的变化

Fig. 6　Water content along level measuring line in paleosol test

同样道理，得出其他土的渗深和影响半径，表3为各试验的渗流影响范围。

从表3可以看出：

(1)沿中心轴上渗透的饱和带深度：黑垆土＞Q_2黄土＞古土壤（Q_3黄土试验持续时间为160min，比其他试验历时短，因此，不能确定Q_3黄土的饱和带深度比黑垆土大还是小）。沿中轴线非饱和带厚度：Q_3黄土＞Q_2黄土＞黑垆土＞古土壤。黑垆土沿试验中心轴渗透的饱和带深度比Q_2黄土的大，但非饱和带厚度比Q_2黄土的小，表明黑垆土的渗透能力比Q_2黄土的大，但持水能力比Q_2黄土的差。

表3　试验渗流影响范围

Table 3　The infiltration range of tests

土名/参数	Q_2黄土	黑垆土	古土壤	Q_3黄土
渗水试验时间(min)	180	180	180	160
沿中心轴上渗透的饱和带深度(cm)	24	59	13	31
沿中心轴上渗透的非饱和带厚度(cm)	26	18	10	30
影响半径大约(cm)	48	45	*	45

注：*表示未超出外环外。

(2)渗深与土结构有明显关系。从表1可知，Q_3黄土的干密度比Q_2黄土的小，而且Q_3黄土竖直方向的大孔隙比Q_2黄土的明显得多，所以Q_3黄土渗透深度比Q_2黄土的大。古土壤的孔隙比最小，因此它的渗透深度最小。

(3)Q_2黄土和黑垆土的影响半径基本相同，为45～48cm，说明它们的水平向渗透性基本相同；而古土壤很密实，相应的渗透性很小，从试验实测含水率得出影响半径小于外环半径(24.25cm)。

3　结语

通过采用双环法原位渗水试验对泾阳南塬黑垆土、Q_3黄土、Q_2黄土、古土壤的渗透性进行研究，得出结论如下：

(1)黑垆土、Q_3黄土、Q_2黄土和古土壤的稳渗速率分别为0.818mm/min、1.067mm/min、0.659mm/min和0.0895mm/min。稳渗速率大小依次为Q_3黄土＞黑垆土＞Q_2黄土＞古土壤。因此，渗透性最强的是Q_3黄土，其次是黑垆土，渗透性最差的是古土壤。总的说来，各种土的稳渗速率随着干密度的增大而减小。

(2)试验停止注水后，沿土体中试验对称面剖开，获得了渗透影响范围。黑垆土沿试验中心轴渗透的饱和带比Q_2黄土的大，但黑垆土的非饱和带厚度比Q_2黄土的小，表明黑垆土比Q_2黄土渗透性大，但持水能力比Q_2黄土的差。Q_2黄土、黑垆土的渗水影响半径差不多，为45～48cm。古土壤的渗透范围最小，这与古土壤是这几种土中最密实的有很大关系。

(3)分析试验结果，得出土的渗透性与其结构有密切关系。

参考文献

[1] 朱冰冰，张平仓，丁文峰，等.长江中上游地区土壤入渗规律研究[J].水土保持通报，2008，28(1)：43-47.

[2] 刘洁，李贤伟，纪中华，等.元谋干热河谷三种植被恢复模式土壤贮水及入渗特性[J].生态学报，2011，31(8)：2331-2340.

[3] 席彩云，余新晓，徐娟，等.北京密云山区典型林地土壤入渗特性[J].北京林业大学学报，2009，31(5)：42-47.

[4] 李文凤，张晓平，梁爱珍，等.不同耕作方式下黑土的渗透特性和优先流特征[J].应用生态学报，2008，19(7)：1506-1510.

[5] 郑蕾，张忠学.黑龙江省黑土、草甸土耕地土壤与荒地土壤水分入渗试验研究[J].东北农业大学学报，

2010,41(11):53-58.

[6] ESSIEN O E, SAADOU A. Infiltration and sorptivity response to application rice-husk-ash amendment of loamy sand soil in Ikpa basin, nigeria[J]. Research Journal of Applied Sciences: Engineering and Technology, 2012, 4(17): 2866-2873.

[7] DUAN RUNBIN FEDLER CLIFFORD B, BORRELLI JOHN. Field evaluation of infiltration models in lawn soils[J]. Irrigation Science, 2011, 29(5): 379-389.

[8] MAILHOL, JEAN-CLAUDE. Validation of a predictive form of horton infiltration for simulating furrow irrigation[J]. Journal of Irrigation and Drainage Engineering, 2003, 129(6): 412-421.

[9] SHARRATT BRENTON, ZHANG MINGCHU, SPARROW STEPHEN. Twenty years of conservation tillage research in subarctic alaska. II. impact on soil hydraulic properties[J]. Soil and Tillage Research, 2006, 91(1-2): 82-88.

[10] CHEN SHIH-KAI, LIU CHEN WUING. Analysis of water movement in paddy rice fields (I) experimental studies[J]. Journal of Hydrology, 2002, 260(1-4): 206-215.

[11] 李亮. 地裂缝带黄土的渗透变形试验研究[D]. 西安:长安大学,2007.

[12] 孙荣国,韦武思,王定勇. 秸秆-膨润土-PAM 改良材料对砂质土壤饱和导水率的影响[J]. 农业工程学报,2011,27(1):89-93.

[13] WUEST, STEWART B. Bias in ponded infiltration estimates due to sample volume and shape[J]. Vadose Zone Journal, 2005, 4(4): 1183-1190.

[14] REYNOLDS BRANDON, REDDY K. J. Infiltration rates in reclaimed surface coal mines[J]. Water, Air, and Soil Pollution, 2012, 223(9): 5941-5958.

[15] TEJEDOR MARISA, NERIS JONAY, JIMENEZ, CONCEPCION. Soil properties controlling infiltration in volcanic soils (Tenerife, Spain)[J]. Soil Science Society of America Journal, 2013, 77(1): 202-212.

[16] ZADEH KOUROUSH SADEGH, SHIRMOHAMMADI ADEL MONTAS HUBERT J, ET AL. Evaluation of infiltration models in contaminated landscape[J]. Journal of Environmental Science and Health-Part A Toxic/Hazardous Substances and Environmental Engineering, 2007, 42(7): 983-988.

[17] WOLTEMADE CHRISTOPHER J. Impact of residential soil disturbance on infiltration rate and stormwater run off[J]. Journal of the American Water Resources Association, 2010, 46(4): 700-711.

[18] PALMER BRIAN G, EDIL TUNCER B, BENSON CRAIG H. Liners for waste containment constructed with class F and C fly ashes[J]. Journal of Hazardous Materials, 2000, 76(2-3): 193-216.

第三部分　排水固结、振密与挤密

真空预压处理大面积软土地基现场试验研究

叶观宝[1,2,3] 李 沐[1,2,3] 许 言[1,2,3] 唐海峰[4] 康景文[4]

(1. 同济大学岩土及地下工程教育部重点实验室,上海 200092;2. 同济大学地下建筑与工程系,上海 200092;3. 地质灾害防控协同创新中心 四川 成都 610059;4. 中国建筑西南勘察设计研究院有限公司 四川 成都 610081)

摘 要: 真空预压法由于其施工方便、经济环保等特点,特别适用于处理大面积软土地基。本文以川沙 A-1 地块真空预压地基处理工程为依托,选取两块面积约 40 000m^2 的地块,开展了真空预压处理大面积软土地基的现场试验研究。在试验地块中埋设了孔隙水压力计、沉降标用以监测在真空预压荷载下地基土中孔隙水压力、真空度以及地表沉降的变化规律。研究结果表明,排水板间距越小越有利于真空度向地基深部的传递,真空预压效果也越显著。并采用三种常用的沉降预测模型计算了两地块的最终沉降值,双曲线法的预测结果较指数曲线法和 Asaoka 法预测结果偏大。

关键词: 地基处理 真空预压 塑料排水板 孔隙水压力 沉降

作者简介: 叶观宝(1964—),男,安徽歙县人,博士,教授,博士生导师,主要从事地质工程、地基处理、软土工程、测试技术的研究与教学工作。E-mail:yeguanbao@vip. citiz. net。

Performance of Large-area Soft Soil Improvement by Vacuum Preloading: In-situ Study

YE Guan-bao[1,2,3], LI Mu[1,2,3], XU Yan[1,2,3], TANG Hai-feng[4], KANG Jing-wen[4]

(1. Key Laboratory of Geotechnical and Underground Engineering of Ministry of Education, Tongji University, Shanghai 200092, China; 2. Department of Geotechnical Engineering, Tongji University, Shanghai 200092, China; 3. Collaborative Innovation Center of Geohazard Prevention(CICGP), Chengdu, Sichuan 610059, China; 4. China Southwest Geotechnical Investigation & Design Institute Co., Ltd, Chengdu 610081, China)

Abstract: The vacuum preloading method especially suitable for processing large soft ground. Because of the economic environment and other characteristics . A-1 Chuan sha vacuum preloading ground treatment works as the basis In this paper , we select two plots of about 40000m^2 and analysis field study of vacuum preloading for a large area of soft soil. We laid pore-water pressure meter, settle mentin the test plots for Monitoring the regularity of pore-water pressure, vacuum, and surface subsidence under the vacuum preloading loads. The result proves that the smaller the Drain spacing is, the better vacuum to pass to deep foundation. There are three settlement prediction models for calculation of the final settlement of the two plots, the result of hyperbolic method large than exponential curve and Asaoka method.

Key words: foundation treatment, vacuum preloading, plastic drainage plate, pore water pressure, settlement.

0 引言

随着社会经济的发展,一些大面积的工程项目不断涌现,如大型工业园区、机场、游乐园等。在我国沿海地区广泛分布着深厚的软土地基。这种软土地基具有压缩性大、强度低和渗透性小等特点,为大面积的地基处理工程提出了挑战。在传统地基处理方法中,堆载预压法有较成熟完整的设计计算方法和施工工艺。但

基金项目:国家自然科学基金项目(41272294);国家自然科学基金项目(51078271)。

堆载预压施工过程烦琐不便，所以近年来真空预压法逐渐表现出其处理超大面积深厚软土地基的优越性，如施工方便、高效率、经济环保、工期短等特点。

众所周知，真空预压的设计方案不同会直接影响施工的效果。预压法处理软黏土地基固结理论中存在各种影响因素，如龚晓南[1]认为，施工过程中真空泵的数量会直接影响施工效果。刘松玉[2]发现在施工场地采用双向水泥土搅拌桩可确保成桩质量，达到更好的施工效果。在真空预压排水系统方面，塑料排水板由于通水量大、力学性能优良且可探深的特点，在施工时得到了大量的应用。国内一些学者对排水板间距对施工效果的影响进行了研究，张泽鹏等[3]分析认为采用塑料排水板作为纵向排水体，其真空传递、加固效果等方面都优于袋装砂井。任文芳[4]研究了当塑料排水板间距小于 0.7m 时，进一步减小塑料排水板间距对缩短固结时间的效果不明显。应舒和陈平山[5]考虑二次插板方案所产生的沉降与孔压消散值均比一次插板方案的要大，计算时考虑排水板弯曲对固结的影响比未考虑这种影响的计算值更接近实际值。刘润认为[6]，塑料排水板对地基承载力的影响与其间距、基础的宽度以及排水板的抗拉强度有关。

本次工程以上海川沙 A-1 地块场地形成工程为依托，该地块位于浦东新区川沙黄楼镇，总面积为 1.74km^2，将要建设主题乐园区、酒店区、零售餐饮娱乐、公用事业区及停车场区等区域。经过多次试验和比较论证，最终确定采用真空预压的方法作为该超大面积场地的地基处理方法。其处理过程较为完整，流程相对复杂，无论从施工组织、施工质量控制以及处理效果上来说，在国内外均具有一定的独创性和借鉴意义。本文主要从现场地基实测数据出发，考察了排水板间距对真空度以及沉降的影响，并采用三种不同的方法进行沉降预测。

1　现场试验

1.1　工程地质条件

川沙 A-1 地块项目位于浦东新区川沙黄楼镇，场地土层自上而下可分为 5 个主要层次。场地地表一般分布有厚 0.5～1.5m 的填土；场地浅部填土以下沉积有俗称“硬壳层”的第 2 层褐黄～灰黄色粉质黏土；其下为第 3 层灰色淤泥质粉质黏土、第 3 层夹层灰色黏质粉土夹淤泥质粉质黏土及第 4 层灰色淤泥质黏土，第 5 层为灰色黏性土；每层土的具体物理参数见表 1。

表 1　地层物理力学参数

Table 1　Formation of physical and mechanical parameters

土层名称	层厚(m)	孔隙比	固结系数($\times10^{-3}$cm^2/s)(100～200kPa)	压缩模量(kN/m^3)	渗透系数	天然重度(kN/m^3)	含水率(%)
②褐黄～灰黄色粉质黏土	0.70～3.20	0.900	4.06	4.81	2.90×10^{-6}	18.5	31.4
③灰色淤泥质粉质黏土	0.30～6.40	1.143	3.63	3.26	7.50×10^{-6}	17.4	40.5
③夹灰色黏质粉土夹淤泥质粉质黏土	0.40～4.20	1.006	6.16	7.45	3.20×10^{-4}	18.1	35.4
④灰色淤泥质黏土	6.40～10.00	1.440	1.13	2.25	3.60×10^{-7}	16.7	50.9
⑤1 灰色黏性土	6.00～11.00	1.167	2.36	3.15	3.10×10^{-6}	17.5	40.9

1.2　地基处理方案

川沙 A-1 地块根据使用功能不同，将场地分为高等级、中等级(Ⅰ)、中等级(Ⅱ)以及低等级区域 4 个区域。按施工位置分为两个标段，按施工条件分为 44 个施工区块。这 44 个地块真空预压施工期间要求真空度大于 80kPa；本工程场地下 4～7m 为第③层夹层灰色黏质粉土夹淤泥质粉质黏土，其渗透系数为 3.0×10^{-4}cm/s，属于透水层。为了防止该夹层透水和方便真空预压施工，预压前先打设双轴水泥黏土搅拌桩密封墙。水泥土搅拌桩直径 700mm，长 10m，搭接 200mm，水泥掺量为 5%，膨润土掺量为 0.8%，Na_2CO_3 掺量为 0.04%，水灰比(含膨润土)为 1.95，水泥为 P.C 32.5 级复合硅酸盐水泥。该桩成桩后渗透系数小于

1×10^{-5}cm/s；排水设计采用SPB-C型塑料排水板，板宽100mm，插入深度14.5～24.0m，间距1.1～1.4m，呈正三角布置。

1.3　现场监测方案

川沙A-1地块的施工期间监测内容包括地表沉降、分层沉降和孔隙水压力。其中分层沉降磁环和孔隙水压力计的竖向布置深度为砂垫层顶部以下2m、4m、6m、8m、12.5m、18m、21m、28m、32m处，在保证质量的前提下，可一孔或多孔埋设。位于同一位置的孔隙水压力和土体分层沉降监测点应埋设在相应沉降标周围2m范围内，并不互相影响。

2　实验数据分析

2.1　排水板间距对真空度的影响

塑料排水板间距的疏密程度影响到真空预压排水固结的效率，布置过疏的塑料排水板固结效率较低，工期较长，浪费时间和抽真空的电力等宝贵资源；布置过密的塑料排水板虽然对加固有利，但会使插打排水板施工困难，且会加大对土体的扰动[7]。

为了研究塑料排水板的插打间距和深度对真空预压施工效果的影响，本文选取44个地块中的第13号、14号地块作为研究对象，分别布置了地表沉降监测点(S)、孔隙水压力监测点(U)、分层沉降监测点(C)，具体布置位置见图1、图2。两个地块地层条件相似，施工条件相似，唯一不同的是排水板间距不同，两个地块的具体施工情况见表2。

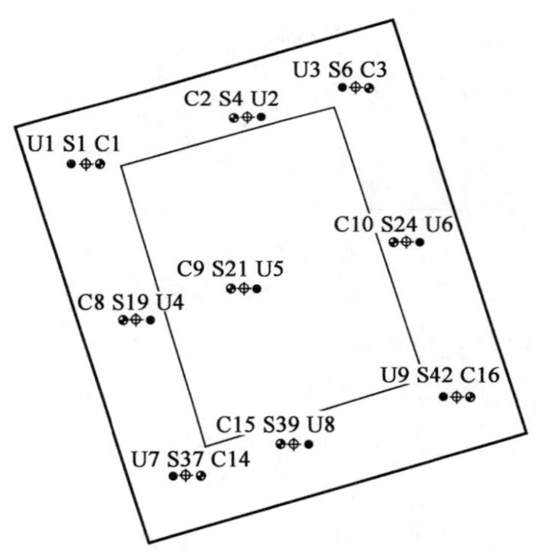

图1　13号区块监测点平面布置

Fig. 1　13＃Monitoring point floor plan

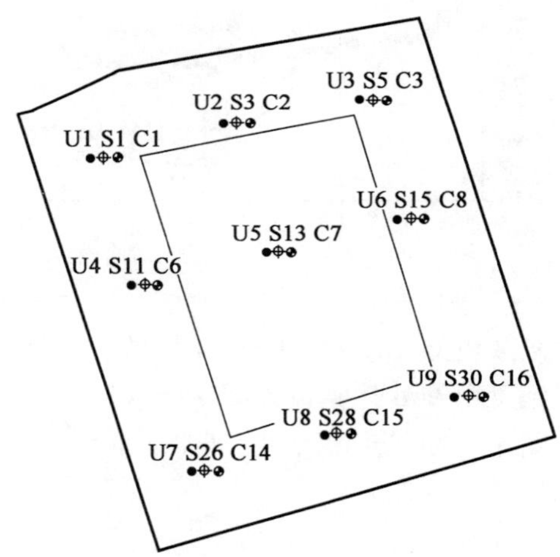

图2　14号区块监测点平面布置

Fig. 2　14＃Monitoring point floor plan

表2　13号、14号施工情况

Table 2　13＃、14＃Construction fact sheet

区块	面积(m^2)	抽真空开始日期	达到设计真空度日期	抽真空结束日期	排水板类型	排水板布置形式	排水板间距(m^2)	场地大部(阴影部分)插打深度(m)	场地边缘插打深度(m)
13号	39 924	2011年1月30日	2011年2月6日	2011年5月10日	SPB100-C	正三角布置	1.1	20.5	24.5
14号	39 924	2011年4月22日	2011年4月29日	2011年7月23日	SPB100-C	正三角布置	1.2	20.5	22.5

选取13号地块的孔隙水压力监测点U5，14号地块的孔隙水压力监测点U5，分别做地下10m、15m、21m、24m处的超静孔隙水压力随时间变化曲线，并分别在同等深度下进行对比研究，结果如图3～图6所示。

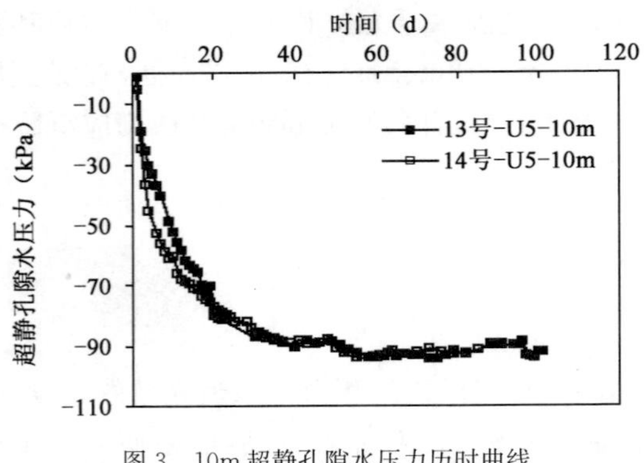

图3 10m超静孔隙水压力历时曲线

Fig. 3 Curve diagram of 10m excess pore water pressure

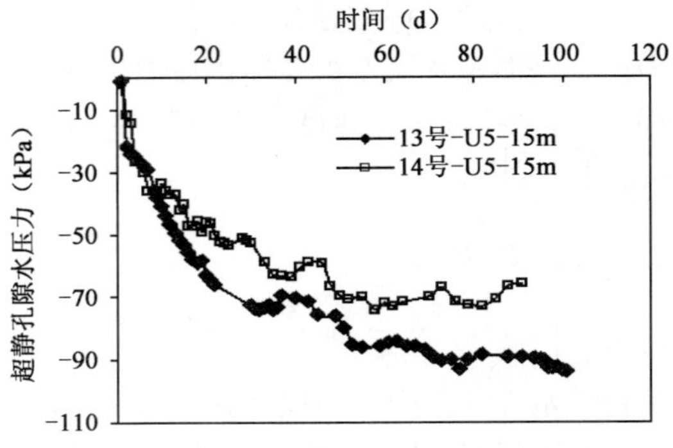

图4 15m超静孔隙水压力历时曲线

Fig. 4 Curve diagram of 15m excess pore water pressure

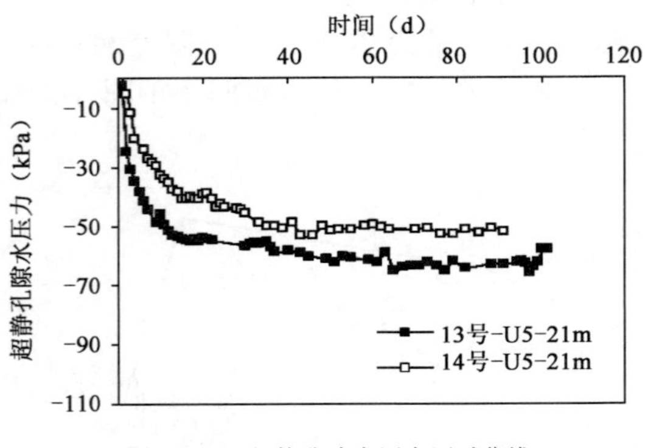

图5 21m超静孔隙水压力历时曲线

Fig. 5 Curve diagram of 21m excess pore water pressure

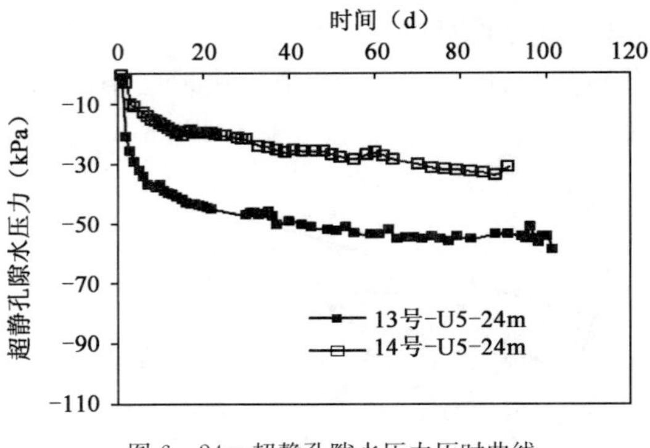

图6 24m超静孔隙水压力历时曲线

Fig. 6 Curve diagram of 24m excess pore water pressure

由图3可知13号地块与14号地块在地下深度为10m时超静孔隙水压力随日期变化曲线吻合性较好，两者在施工第20d达到设计要求－80kPa，且随后超静孔隙水压力稳定在－90kPa。

由图4可知，当深度增加到15m时，13号地块的超静孔隙水压力在第100d才达到－90kPa，而14号地块只能稳定在－70kPa。

由图5可以看到13号地块与14号地块在地下深度为21m时超静孔隙水压力随日期变化曲线差别较大，14号地块地下21m从开始抽真空起的超静孔隙水压力下降速度就明显低于13号地块。13号与14号在地下21m处均未达到设计要求的超静孔隙水压力值，其中13号稳定在－65kPa，14号稳定在－50kPa。

由图6可以看到，地下24m处13号、14号地块超静孔隙水压力下降得非常缓慢，13号地块在抽真空后第60d可稳定在－55kPa，14号地块却最多只能达到－30kPa。

从上述分析结果可以看出，地下10m以上排水板间距对超静孔隙水压力的影响不大，各地块都可以在预定时间内达到设计标准；地下15m以下，排水板的间距较大的地块(14号)的超静孔隙水压力下降速度明显较排水板打设间距小的地块(13号)弱；地下15m以下，排水板的间距较大的地块(14号)的超静孔隙水压力下降的最大值明显较排水板打设间距小的地块(13号)小。

由于在13号、14号地块施工后第88d两地块的超静孔隙水压力以及地表沉降都趋于稳定，故选取施工后第88d时两个地块的超静孔隙水压力值随深度变化曲线作为参考，如图7所示。由图7可看到在地下20m内，13号地块的超静孔隙水压力都能达到－80kPa，而14号地块仅能在地下10m内使超静孔隙水压力稳定在－80kPa。20m以下13号、14号地块的超静孔隙水压力都衰减得较快，但14号地块的超静孔隙水压力衰减的较13号快得多。总的来说，1.1m间距排水板与1.2m间距排水板最大的差别是在地下10～15m

范围内，这个范围内的 1.2m 间距排水板的地块超静孔隙水压力消散较快。

2.2　排水板间距对沉降的影响

选取 13 号地块的地表沉降监测点 S21 以及 14 号地块的地表沉降监测点 S13，作沉降量随时间变化曲线，如图 8 所示。由图 8 可以看出，13 号地块在沉降趋于稳定时的最大沉降值比 14 号地块趋于稳定时的最大沉降值多 100mm。而除了 13 号地块排水板间距为 1.1m，14 号地块排水板间距为 1.2m，其余施工条件 13 号与 14 号都为相同。由此推测当排水板间距较小时，会引起更迅速以及更大的最终沉降。

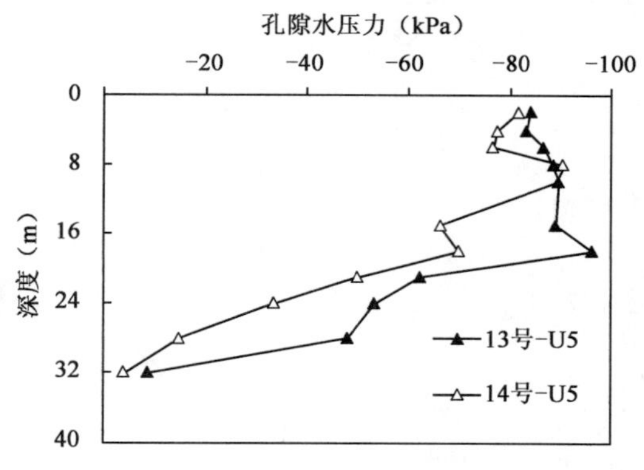

图 7　超静孔隙水压力随深度变化

Fig. 7　Diagram of Excess pore-water pressure with depth changes

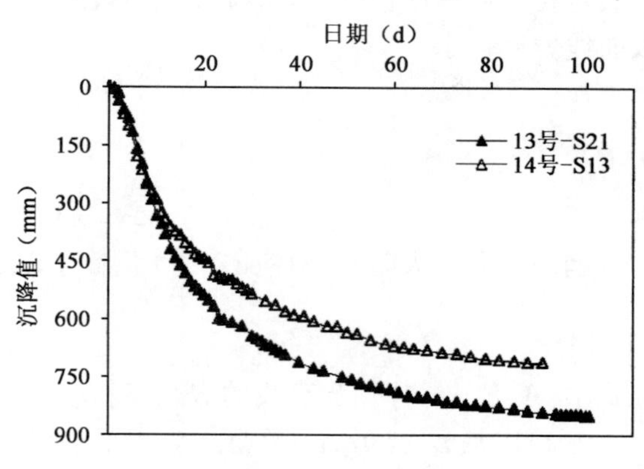

图 8　沉降值历时曲线

Fig. 8　Diagram of sedimentation value

3　现有沉降预测模型可行性分析

3.1　最终沉降预测模型

一般的，我们采用分层总和法或按规范修正公式计算地基最终沉降量，但是由于固结理论的假定条件和确定计算指标的试验技术上的问题，使得实测地基沉降过程数据更直接明了地反映了地基的变形规律。趋于稳定的实测沉降数据往往要在 3 个月以上的预压的观测才能获得。当我们获得了这些沉降数据后，可以套用一些已有的数学模型预测沉降曲线的最终走向。本文利用指数曲线法、双曲线法、Asaoka 法对已测沉降曲线的最终稳定值进行预测。

3.2　最终沉降量的计算

3.2.1　指数曲线法[8]

根据固结理论，在不同条件、不同时间下固结度可以表示为：

$$U_t = 1 - \alpha^{-\beta t} \tag{1}$$

在任意时刻的沉降可表示为：

$$s_t = s_\infty (1 - \alpha e^{-\beta t}) \tag{2}$$

早期停荷以后取实测的 3 个时间，则由上式可以求得：

$$s_\infty = \frac{s_{t_2}(s_{t_2} - s_{t_1}) - s_{t_2}(s_{t_3} - s_{t_2})}{(s_{t_2} - s_{t_1}) - (s_{t_3} - s_{t_2})} \tag{3}$$

式中：α 为常数，根据一维固结理论取 $8/\pi^2$。

则 β 为：

$$\beta = \frac{1}{t_2 - t_1} \ln \frac{s_{t_2} - s_{t_1}}{s_{t_3} - s_{t_2}} \tag{4}$$

三点法计算最终沉降结果见表 3。

表 3　三点法计算最终沉降结果

Table 3　Table of three-point method for calculating final settlement results

区　块	t_1(d)	t_2(d)	t_3(d)	s_{t_1}(mm)	s_{t_2}(mm)	s_{t_3}(mm)	s_∞(mm)
13 号-S21	40	60	80	713	789	829	873.4
14 号-S13	40	60	80	594	670	704	731.5

3.2.2　双曲线法[9,10]

假定在最后一级荷载下，沉降按双曲线规律变化，那么在施加一定荷载后的任意时刻，相应的沉降量可用双曲线方程表示：

$$s_t = s_0 + \frac{t - t_0}{A + B(t - t_0)} \tag{5}$$

$$\frac{\Delta t}{\Delta s} = \frac{t - t_0}{s_t - s_0} = A + B(t - t_0) \tag{6}$$

当趋向于无穷大时，所对应的沉降量则为最终沉降量，即

$$s_\infty = s_0 + \frac{1}{B} \tag{7}$$

式中：A、B——分别为直线的截距与斜率。

A、B 可以从 t_0 后实测沉降 $\Delta t/\Delta s \sim \Delta s$ 直接获得。计算结果如表 4 所示。

表 4　双曲线法计算最终沉降结果

Table 3　Table of calculating final settlement by hyperbola method results

区块	t_0(d)	s_0(d)	拟合后直线	R^2	s_∞(mm)
13 号-S21	40	713	y=0.004 1x+0.1916	0.989 5	956.9
14 号-S13	41	594	y=0.005x+0.164 6	0.972 7	794.0

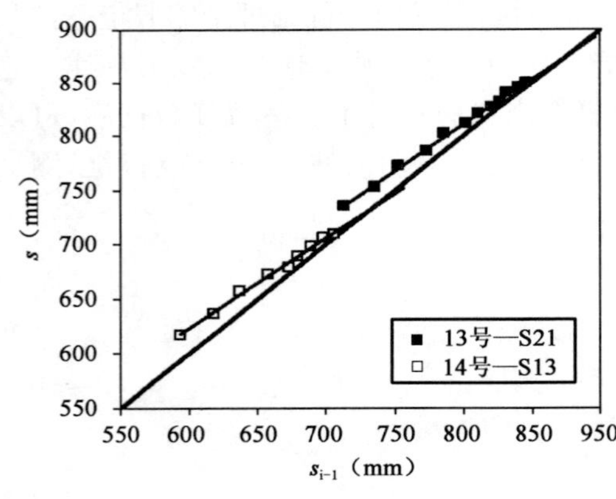

图 9　Asaoka 法

Fig. 9　Asaoka method

3.2.3　Asaoka 法[11]（图 9）

用简化递推关系可近似地反映一维条件以下体积应变表示的固结方程，利用简化递推关系可用图解法来求解最终沉降值。

$$s_t = \beta_0 + \beta s_{t=1} \tag{8}$$

13 号地块和 14 号地块分别选取第 40d、第 41d 的沉降值作为起始时间，Δt=5d。

Asaoka 方法计算，13 号地块的最终沉降为 871.8mm。14 号地块的最终沉降为 734.4mm。

通过计算发现，三点法与 Asaoka 法计算结果几乎一致，而双曲线法计算结果偏大。从最终沉降来看，三种方法计算出的结果都是 13 号地块较大，也说明当排水板排列较密集时，引起的最终沉降量将也较大（表 5）。

表 5　三种计算方法结果对比

Table 5　Comparison of three methods for calculating results

区　块	三点法计算沉降值	双曲线法计算沉降值	Asaoka 法计算沉降值
13 号-S21	873.4	956.9	871.8
14 号-S13	731.5	794.0	734.4

4　结语

通过对比川沙 A-1 地块的 13 号、14 号两个地块中心点处的超静孔隙水压力和地表沉降发现：

(1)当其他施工条件相同时，打设 1.1m 间距排水板的地块与打设 1.2m 间距排水板的地块在地下 10m

以内的超静孔隙水压力是较为一致的。

(2)但是随着深度的增大，打设1.1m间距排水板的地块孔隙水压力下降较1.2m的明显快，且维持的超静孔压更大。

(3)1.1m间距排水板与1.2m间距排水板最大的差别是在地下10～15m范围内，这个范围内的1.2m间距排水板的地块超静孔隙水压力消散较快。

(4)当排水板间距较小时，会引起更迅速以及更大的最终沉降。

参考文献

[1] 龚晓南，岑仰润，李昌宁.真空排水预压加固软土地基的研究现状及展望[J].地基处理理论与实践—第七届全国地基处理学术讨论会论文集，2002：3-7.
(GONG Xiao-nan，CEN Yang-run，LI Chang-ning. Research prhient situation and prospect of vacuum drainage preloading in soft soil foundation[J]. Theory and Practice of Foundation Treatment- Proceedings of the VII National Symposium on Foundation treatment，2002：3-7.)

[2] 刘松玉，席培胜，储海岩，等.双向水泥土搅拌桩加固软土地基试验研究[J].岩土力学，2007，28(3)：560-564.
(LIU Song-yu，XI Pei-sheng，CHU Hai-yan，et al. Research on practice of bidirectional deep mixing cement-soil columns for reinforcing soft ground[J]. Rock and Soil Mechanics，2007，28(3)：560-564.)

[3] 张泽鹏，李约俊.塑料排水板在真空预压加固软基中的作用[J].广州大学学报：自然科学版，2002，1(2)：68-71.
(ZHANG Ze-peng，LI Yue-jun. The effect of plastic drain board in atmospheric pressure soft-base reinforcement[J]. Journal of Guangzhou University：Natural Science Edition，2002，1(2)：68-71.)

[4] 任文芳.塑料排水板间距对真空预压加固时间的影响[J].中国港湾建设，2005 (3)：30-31.
(REN Wen-fang. Influence of spaces between prefabricated vertical drains upon time of consolidation of soil improved by vacuum preloading[J]. China Harbor Engineering，2005 (3)：30-31.)

[5] 应舒，陈平山.真空预压法中塑料排水板弯曲对固结的影响[J].岩石力学与工程学报，2011，2.
(YING Shu，CHEN Ping-shan. Effects of bended plastic drainage plates on consoildaion caused by vacuum preloading[J]. Chinese Journal of Rock Mechanics and Engineering，2011，2.)

[6] 刘润，闫澍旺，武玉斐，等.真空预压后塑料排水板对地基承载力及沉降的影响[J].水利学报，2009 (7)：885-891.
(LIU Run，YAN Shu-wang，WU Yu-fei，et al. Influence of plastic vertical drain on bearing capacity and settlement of subsoil after vacuum preloading[J]. Journal of Hydraulic Engineering，2009 (7)：885-891.)

[7] 荆婷婷.超大面积真空预压处理深厚软基处理的数值模拟预测与分析[D].同济大学，2011.
(JING Ting-ting. Numerical simulation of super-large-area deep soft foundation treated by vacuum preloading[D]. Tongji University，2011.)

[8] 龚晓南.高等土力学[M].杭州：浙江大学出版社，1996.
(GONG Xiao-nan. Advanced soil mechanics[M]. Hangzhou：Zhejiang University Press，1996

[9] THIAMOSOON TAN，LNOUE T，SENGOL IP L EE. Hyperboilc method for consolidation analysis [J]. Journal of Geotechnical Engineering，1990，117(11)：1723-1736.

[10] SIEWOAMN TAN. Validation of hyperbolic method for settlement in clays with vertical drains[J]. Soil and Foundation，1995，35(1)：101-113.

[11] ASAOKA A. Observational procedure of settlement prediction[J]. Soils &Foundations，1978，18(4)：87-101.

塑料排水板堆载预压在吹填土地基处理中的应用研究

杨永强[1,2] 徐 超[1,2]

(1. 岩土及地下工程教育部重点实验室(同济大学) 上海 200092;
2. 同济大学地下建筑与工程系 上海 200092)

摘 要::宝钢滩涂圈围区域道路及桥梁工程5标建设中,考虑到新近吹填土及下伏软土地基的工程性质差,采用了塑料排水板堆载预压法加固地基。通过对表层沉降、孔隙水压力等监测成果的分析,认识了堆载预压过程中新近吹填区域软土地基的变形规律和固结特性。借助十字板和静力触探原位测试结果,分析评价了软土地基的加固效果。

关键词:堆载预压 加固效果 变形规律 吹填软基 固结特性

作者简介:杨永强(1990—),男,硕士,主要从事地基处理等方面研究工作。E-mail:tjgeoyyq@foxmail.com。徐超(1965—),男,教授,博导,主要从事地基处理等方面的研究和教学工作。E-mail:c_axu@tongji. edu. cn。

Study of the Application of Preloading Method with Plastic Drainage Plate in Dredger fill Foundation Treatment

YANG Yong-qiang[1,2], XU Chao[1,2]

(1. Key Laboratory of Geotechnical and Underground Engineering of Ministry of Education, Tongji University, Shanghai 200092, China; 2. Department of Geotechnical Engineering, Tongji University, Shanghai 200092, China)

Abstract: Considering the poorer engineering properties of the newly dredger fill and the underlying soft foundation soils, preloading method with Prefabricated Vertical Drains (PVDs) is used in the fifth section of road and bridge engineering in baosteel tidal-flat enclosure region. The results of surface settlement and pore water pressure monitoring in the stack preloading process are analyzed, we get some knowledge of the deformation law and consolidation characteristics of the newly reclaimed soft soil foundation. With the help of the results of in-situ tests including vane shear test and cone penetration test, the effect of foundation soil improvement is evaluated.

Key words: preloading method, improvement effect, deformation law, dredger fill foundation, consolidation characteristics.

0 引言

近年来,建设用地越来越紧张的局面,已成为制约我国沿海地区城市建设发展的重要因素,为此吹填造陆工程成为增加城市储备用地的重要途径[1,2]。吹填造陆,即在滩涂区形成围堰后,向围区内吹填砂或淤泥形成场地的方式。吹填土体高含水率、高压缩性、低渗透性、低强度等特点,及沿海地区广泛分布的软黏土,使得吹填陆域不能满足建筑的承载能力和变形要求,需要进行地基处理和加固。对吹填软基,目前常用的处理方法有真空预压法、堆载预压法等[3]。

堆载预压法是一种经济适用、应用广泛的软土地基处理方法[1-4]。其原理是根据土质情况,用填土等荷载对地基进行单级或多级预压,使加固土体中的孔隙水压力消散,有效应力增加的方式,增加地基土的密度,从而达到提高土体强度和地基承载力,减小工后沉降的目的。为加快超孔压消散,常在加固土体中布置塑料排水板。虽然堆载预压法受施工影响显著，工期较长，但在某些吹填区域地基处理实践中，却有着优于真空预压等方法的处理效果[5]。

对于吹填软土路基上的道路建设工程，工后沉降备受关注。为此，施工监测和工后检测便成为必不可少的环节，通过现场监测可获得地基沉降变形与力学性状随时空变化特征的信息，从而了解软土上吹填路基的固结特性及吹填土的工程性质，推算路基最终沉降。而工后检测则可为评价堆载预压软基处理效果提供可靠的证据，为类似工程提供一些经验借鉴。

从现有研究来看[6-8]，对于一些吹填时间不长的场地，下伏软土层在吹填土荷载下尚未沉降稳定，考虑到吹填土工程性质有别于软土，如何合理地评价由冲填土等前期荷载引起的地基沉降以及对后续地基处理时地基变形的影响，仍是一个需要深入研究的课题。

宝钢滩涂圈围区域道路及桥梁工程5标建设中，根据场地工程地质条件和吹填土场地特点，选用了塑料排水板堆载预压的地基处理方案。本文通过对场地土质条件、应力历史及地面沉降、孔隙水压力的监测结果的分析，对地基沉降进行了拟合和预测，认识了吹填软基沉降的一般规律和地基土固结的一些特性。借助静力触探试验、十字板剪切试验结果，对塑料排水板堆载预压对吹填软基的加固效果进行了评价。

1　工程背景

宝钢滩涂圈围区域道路及桥梁工程5标，位于上海市宝山区宝山钢铁股份有限公司宝钢分公司厂区滩涂新近圈围区域内，圈围区域1.07km²，圈围内吹填砂至3.35m高程，然后再往圈围陆地堆填土方至4.2m高程。5标道路建设内容包括纬七路西段、经四支路以及纬六路三个部分。道路中心线设计高程为6.0～7.0m，道路设计荷载为公路—Ⅰ级和平均轴重28t的框架车。道路路基宽度为15～20m。

1.1　地层条件

拟建场地属新近填土，地表填土和吹填土平均厚度达8～10m，施工影响范围内的土层自上而下依次为：$①_{1-1}$杂填土；$①_{1-2}$吹填土；$③_2$砂质粉土；$③_3$淤泥质粉质黏土和④淤泥质黏土。主要地基土层的相关参数见表1。

表1　主要地基土层物理力学指标

Table 1　Foundation soils and physical and mechanical property indexes

地层编号	地层名称	含水率(%)	重度(kN/m³)	孔隙比	综合渗透系数(cm/s)	渗透系数		固结系数		压缩模量(MPa)
						K_V/(cm/s)	K_H/(cm/s)	C_V/(cm²/s)	C_H/(cm²/s)	
$①_{1-1}$	杂填土		17.2		3.00×10^{-4}					6.0
$①_{1-3}$	杂填土		18.6		5.00×10^{-4}					8.0
$①_{1-4}$	杂填土		21.0		5.00×10^{-2}					20.0
$①_{1-2}$	吹填土	24.9	18.8	0.767		5.05×10^{-4}	6.16×10^{-4}			6.0
②	粉质黏土	30.8	18.5	0.874		2.26×10^{-6}	3.57×10^{-6}			5.0
$③_2$	砂质粉土	29.7	18.6	0.847		1.83×10^{-4}	3.20×10^{-4}	4.40×10^{-2}	6.90×10^{-2}	8.0
$③_3$	淤泥质粉质黏土	39.8	17.4	1.156		1.79×10^{-6}	3.62×10^{-6}	8.14×10^{-3}	7.04×10^{-3}	3.5
④	淤泥质黏土	47.9	16.6	1.399		1.79×10^{-7}	2.67×10^{-7}	1.51×10^{-3}	2.49×10^{-3}	2.5
$⑤_1$	粉质黏土	33.6	17.8	1		2.14×10^{-6}	4.72×10^{-7}	4.13×10^{-2}	5.10×10^{-2}	5.0
$⑤_3$	粉质黏土	32.5	18.0	0.97						6.0

由表1可以看出，$③_3$粉质黏土层和④淤泥质黏土层，相对其他地层而言，土体具有较高的含水率，较大的孔隙比，渗透性低，压缩性高，其平均厚度约15.5m，在较大的填方荷载及使用荷载作用下会产生相当大的压缩变形，且由于较差的固结特性，沉降延续时间长，将导致较大的工后沉降，是本项目地基处理的重点土层。

1.2　地基处理

采用塑料排水板堆载预压法，排水板间距为1.4m，排水板平均长度24m，板底高程约为－19.2m，打穿第④层，堆载预压采用一次性加载施工方式（纬七路、经四支路、纬六路堆载高度均为2.8m）。满载且地基固结度及沉降速率达到规定值后，将填土推平至强夯起始面高程5.7～6.7m，采用普夯加固路基浅层土体，并振动碾压场地表层，整平至地基加固成型面高程5.2～6.2m。

1.3　监测和检测方案

根据工程的地质条件，主要监测和检测方法如下：

(1)地表沉降观测，纬七路共设8个测点，经四支路3个，纬六路2个，共13个。

(2)孔隙水压力观测，纬七路、经四支路和纬六路各设2组测点，共6组。施工期监测频率为1次/d，满载后，第一个月内2次/周；第一个月后1次/周。

(3)十字板剪切试验，分别在地基处理前后进行测试，纬七路设2点，经四支路设2点，纬六路设1点，共设5点。

(4)静力触探测试，分别在地基处理前后进行测试，纬七路设2点，经四支路设2点，纬六路设1点，共设5点。

2　监测成果及分析

2.1　孔压监测及分析

孔隙水压力的消散规律可为控制施工进度、了解加固深度、评价加固效果提供有效依据，对施工及堆载过程控制具有重要的指导作用[9]。图1为经四支路上5号测孔不同深度处超孔隙水压力消散情况。

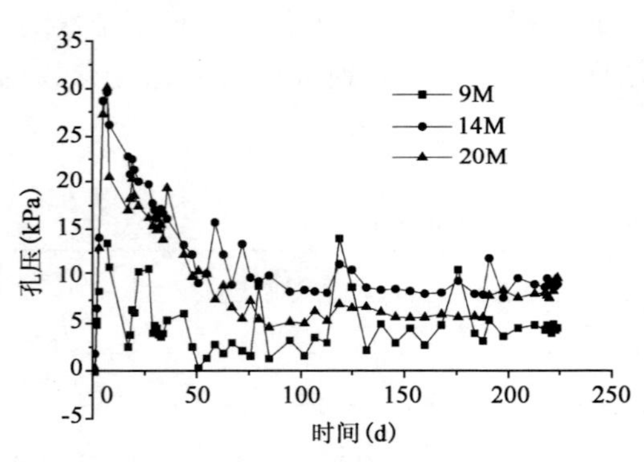

图1　不同深度处超孔压历时曲线(5号)

Fig. 1　Time-history curves of excess pore water pressure of point 5# at different depths

由图1可以看出，同一点位不同深度的超孔隙水压力消长趋势基本一致，起始阶段，随着堆载加荷过程的进行，不同深度处的超孔隙水压均急剧增加，说明吹填软基中超孔隙水压力对荷载影响较为敏感，在施工过程中应该注意控制堆载速率，如果堆载过快，超孔隙水压力会在短时间内迅速上升，有效应力降低，容易导致地基土体发生塑性破坏；而堆载过慢，又会耽误工时，影响经济效益，因此应根据孔压等监测结果选择合适的堆载速率。9m处土体内超孔隙水压力增幅较明显小于14m和20m处；到20d左右，不同深度处的超孔压均达到峰值，这与现场该路段满载时间一致；此后，不同深度土体内的超孔隙水压力进入消散阶段，然而从整体趋势来看，较深部土体内超孔压比浅部土体消散速度慢，且14m处超孔压大于9m和20m处，这与附加应力的扩散分布规律及不同土层的渗透性有关。

值得注意的是，9m处土体内超孔压变化剧烈，部分时段的超孔出现部分大于深部土体的情况，这与现场的卸载与堆载的复杂情况有关，而且9m处接近上覆吹填砂土层，有利于孔压的竖向消散。

2.2　沉降监测及分析

随着超静孔隙水压力的消散，土体发生固结变形，导致地面发生沉降。图2为经四支路堆载加荷历程及C9点(C9沉降标位于经四支路5号测孔附近)在堆载作用下沉降时间曲线，堆载工序依次为C8、C11、C9沉降标附近，堆载高度为2.8m。

由图2及图1可以看出，C9沉降标在堆载前，受附近堆载影响，已发生快速沉降，曲线较陡；满载时，吹填土软基已完成较大一部分沉降，约占总沉降的55%，这部分沉降主要由上部吹填砂土及砂质粉土等完成，虽然荷载作用时间不长，但砂土良好的排水条件，使其在荷载作用后，快速排水压密，完成大部分沉降。满载后，随着时间推移，超静孔隙水压力消散，沉降曲线趋于稳定。此外，可以看出对于新近吹填软土地基，由于土体强度低，含水率大，地表沉降大，采用塑料排水板堆载的处理方式所需要的固结时间较长，而沉降曲线呈指数曲线的形式，采用文献[10]推荐的三点修正指数曲线法进行沉降预测，结果见图3。

由图3可以看出，三点修正指数曲线法不仅可以用于沉降量较小的工况下的沉降预测，也可以很好地拟合吹填软基在堆载预压下的沉降曲线，其沉降计算值与实测值的相关系数 $R=0.982$，相关程度较高。通过该方法获得C9点处吹填软基的最终沉降量为38.58cm，而实测的最大沉降量为36.66cm，土体固结度为95.02%，说明地基固结接近完成，工后沉降小，处理效果较为理想。

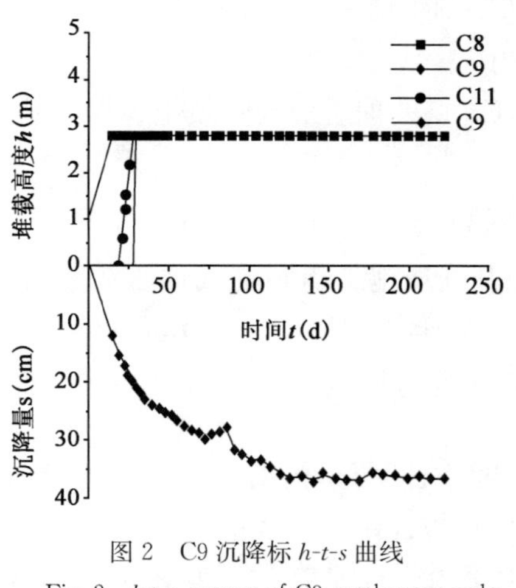

图2　C9沉降标 h-t-s 曲线

Fig. 2　h-t-s curves of C9 settlement pole

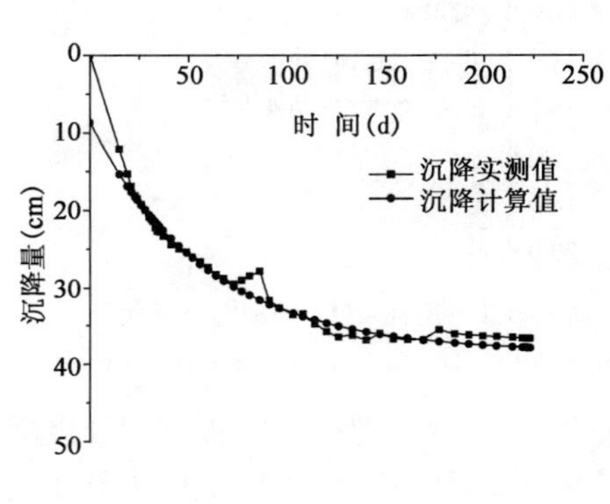

图3　C9点沉降计算值与实测值对比曲线

Fig. 3　Comparison of settlements between calculated and measured results at point C9

图4为经四支路不同部位地面沉降随时间变化曲线。由图4可以看出，各点的 s-t 曲线均呈指数曲线形式，但受地层分布变化、地层排水条件差异及施工过程复杂性等因素影响，在同一区域各点的沉降量、沉降速率及沉降稳定历时均有差别，主要表现在，C11点较C9点及C8点有较大的沉降量，且沉降达到稳定的历时及沉降曲线的形态也有差别，C8点与C9点 s-t 曲线较为接近，但C8点沉降量较C9点大，且C8点较快达到沉降稳定。

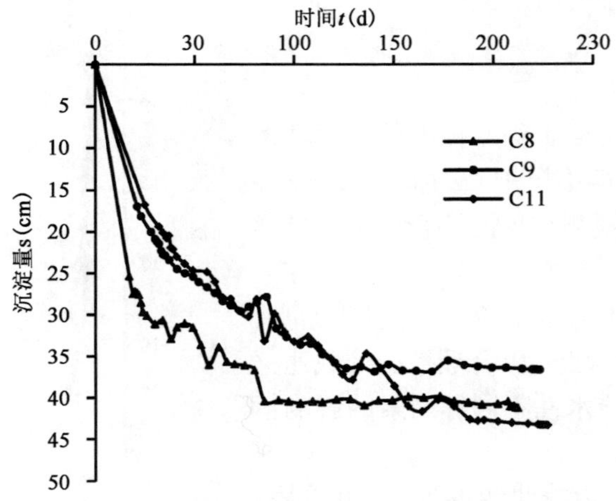

图4　经四支路不同点 s-t 曲线

Fig. 4　S-t curves of Jingsi branch road at different point

3　检测成果及分析

3.1　静力触探试验成果及分析

静力触探试验和十字板剪切试验等是了解土体强度及加固效果的重要原位检测方法。为检测塑料排水板堆载预压处理浅层地基的效果，在地基处理施工前和堆载预压卸载后，对同一地点分别进行了静力触探试验检测，结果见图 5。

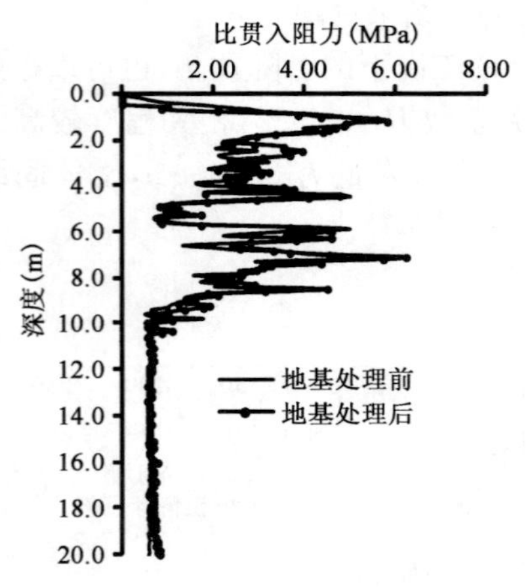

图 5 C4 点比贯入阻力随深度变化曲线

Fig. 5 Curves of C4 specific penetration resistance with depth

对比地基处理前后静力触探试验结果的曲线可知，10m 深度范围内吹填砂土的比贯入阻力较大，10m 以下软土层的比贯入阻力均较小。经实测比贯入阻力数据统计，吹填土平均比贯入阻力由加固前的 2.15MPa 增长至 2.26MPa，增长幅度为 5.12%，下卧软土层平均比贯入阻力加固后增长程度不明显；根据经验公式 $f_0=20p_s+59.5$ 估算地基承载力[11]，式中，f_0 为地基承载力，p_s 为比贯入阻力。经计算，C4 点处理后形成吹填土容许地基承载力达到 104.7kPa。

3.2 十字板剪切试验成果及分析

同样，在地基处理施工前和堆载预压卸载后同一地点分别进行了十字板剪切试验，由于 10m 深度内为吹填砂土和填土，十字板剪切试验从 10m 开始至 20m。P4 点位于经四支路上，地基处理前后十字板剪切强度随深度变化见图 6。

由图 6 可知，10～20m 深度范围内软土地基处理后十字板强度增长明显，但增幅随深度逐渐减小，这符合附加应力随深度衰减的规律；重塑土的抗剪强度受地基处理影响不大，处理前重塑土抗剪强度变化范围在 4.7～8.9kPa，而处理后为 5.7～8.9kPa；20m 处地基加固前后十字板强度基本没有变化，说明本次堆载对 20m 以下深度土体影响有限。另外，通过计算可知，处理前后土体灵敏度大小基本一致，维持在 4.6 左右，说明土体灵敏度随深度变化规律受地基处理影响较小。

原位测试成果分析表明，上部 10m 的比贯入阻力明显增大，吹填土下 10～20m 范围内软土层的十字板剪切强度增长显著。说明在宝钢滩涂圈围区域道路工程建设中，采用 PVD 堆载预压法处置吹填土及下伏软土地基是合理的，20m 深度范围内各土层均得到不同程度的改善。

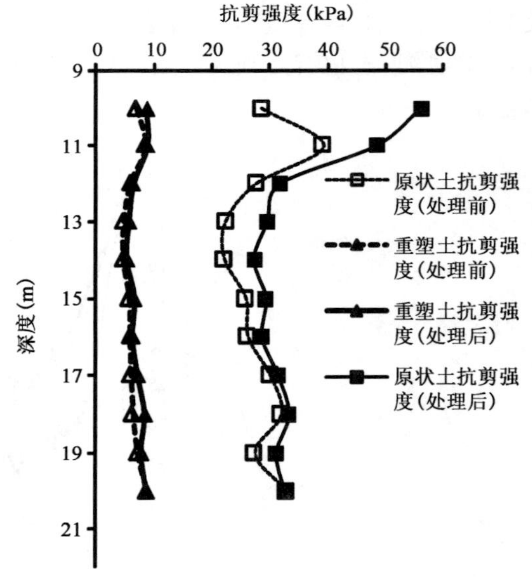

图 6 地基处理前后十字板剪切强度随深度的变化曲线

Fig. 6 Curves of vane shear strength with depth before and after ground improvement

4 结语

结合宝钢滩涂区域道路与桥梁工程 5 标地基处理实例，考虑到滩涂吹填区域吹填和杂填土层堆载时间不长这种的工况，通过对施工过程、监测和检测结果的综合考量，可以得到如下结论：

(1)吹填软土地基，同一点位不同深度处的超孔隙水压力消散规律基本相同，且对堆载敏感，应合理控制堆载速率，但受附加应力扩散和附近土层透水性不同等因素的影响，不同深度土体超孔压增幅有差异。

(2)吹填软基沉降曲线具有指数曲线的形态，可采用修正的指数曲线法对沉降较大的吹填软基进行拟合，且受地质条件变化等多因素影响，同一吹填区域不同点位的沉降历时曲线不同。

(3)原位测试表明，采用塑料排水板堆载预压处理软土层，十字板强度增幅明显，但对软土灵敏度和重塑土强度影响有限。

参考文献

[1] 吕子鑫，张福海，王保田，等. 塑料排水板在吹填土地基沉降控制中的应用[J]. 水利与建筑工程学报，2012，10(5)：116-119.
(LU Zi-xin，ZHANG Fu-hai，WANG Bao-tian，et al. Application of plastic drain in controlling for dredgerfill foundation settlement[J]. Journal of Water Resources and Architectural Engineering，2012，10(5)：116-119.)

[2] 龚镭，余文天. 新吹填淤泥的工程性质变化特性研究[J]. 工程勘察，2008(6)：23-25.
(GONG Lei，YU Wen-tian. Study of the engineering properties of fresh hydraulic fill mud[J]. Geotechnical Investigation & Surveying，2008(6)：23-25.)

[3] 丁晓峰，鲍胜国，秦志光. 堆载预压法处理湛江地区吹填淤泥软基加固效果分析[J]. 中国水运，2011，11(1)：226-227.
(DING Xiao-feng，BAO Sheng-guo，QIN Zhi-guang. The analysis of the enforcement effect of preloading method in treatment of Zhangjiang dredger fills foundation[J]. China Water Transport，2011，11(1)：226-227.)

[4] 杨阳，徐超，徐兴华. 塑料排水板堆载预压处理道路软基的数值模拟[J]. 勘察科学技术，2012(1)：1-4.
(YANG Yang，XU Chao，XU Xing-hua. Numerical simulation on soft foundation treated by heaped-preloading with plastic drainage plate[J]. Site Investigation Science and Technology，2012(1)：1-4.)

[5] 李云华，张季超. 不同加固方法处理吹填淤泥地基的对比分析[J]. 岩土工程学报，2010，32(S2)：418-421.
(LI Yun-hua，ZHANG Ji-chao. Comparative analysis of different reinforcing methods to hydraulic fill mud foundation[J]. Chinese Journal of Geotechnical Engineering，2010，32(S2)：418-421.)

[6] 徐兴华，杨阳，任非凡，等. 吹填土区域软土固结特性[J]. 勘察科学技术，2012(2)：12-18.
(XU xing-hua，YANG Yang，REN Fei-fan，et al. Consolidation characteristics of soft soil foundation in hydraulic fill area[J]. Site Investigation Science and Technology，2012(2)：12-18.)

[7] 陈越峰，周健，张庆贺. 深厚吹填砂港区堆场地基沉降预估方法[J]. 岩土力学，2007，28(S)：828-832.
(CHEN Yue-feng，ZHOU Jian，ZHANG Qing-he. Method for predicting the soil settlement of super-high filled sand foundation of port stock yard[J]. Rock and Soil Mechanics，2007，28(S)：828-832.)

[8] 文海家，严春风，汪东云. 吹填软土的工程特性研究[J]. 重庆建筑大学学报，1999，21(2)：79-83.
(WEN Hai-Jia，YAN Chun-feng，WANG Dong-yun. Some engineering properties of the dredger fill[J]. Journal of Chongqing Jianzhu University，1999，21(2)：79-83.)

[9] 刘勇健，李彰明，张丽娟. 动力排水固结法在大面积深厚淤泥软基加固处理中的应用[J]. 岩石力学与工程学报，2010，29(2)：4000-4007.
(LIU Yong-jian，LI Zhang-min，ZHANG Li-juan. Application of dynamic drainage consolidation method to reinforcement and treatment of deep and thick silt foundation of large area[J]. Chinese Journal of Rock Mechanics and Engineering，2010，29(2)：4000-4007.)

[10] 陈善雄，王星运，许锡昌，等. 路基沉降预测的三点修正指数曲线法[J]. 岩土力学，2011，32(11)：3355-3360.
(CHEN Shan-xiong，WANG Xing-yun，XU Xi-chang，et al. Three-point modified exponential curve method for predicting subgrade settlements[J]. Rock and Soil Mechanics，2011，32(11)：3355-3360.)

[11]《工程地质手册》编委会. 工程地质手册[M]. 4 版. 北京：中国建筑工业出版社，2007：206-208.
(Manual of Engineering Geology Editorial Committee. Manual of engineering geology[M]. 4th Edition. Beijing：China Building Industry Press，2007：206-208.)

黄土挤密处理后地基的渗透性特征

羊群芳[1] 孙华洲[2] 张豫川[3]

(1.机械工业勘察设计研究院 陕西 西安 710043;2.广东中煤地瑞丰建设集团公司 广东 广州 510110;3.兰州大学土木工程与力学学院 甘肃 兰州 730000)

摘 要:渗透性是土的重要工程属性,在黄土地区特别是大厚度湿陷性黄土地区,上覆土层的渗透性影响到下层土的水稳性、承载力以及湿陷可能性,研究黄土挤密处理后地基不同方向的渗透性,对地基处理方式的选择提供依据。通过对素土挤密桩场地现场采取不扰动土样进行渗透试验,发现黄土不同方向的渗透性有较大差异,采用室内击实试验制样进行渗透试验,探索了挤密(压实)黄土与作用力平行和垂直方向上的渗透系数差异,利用扫描电镜图片分析了两个方向上挤密黄土的孔隙结构特征,从微结构的角度分析了其渗透性的各向异性及机制。研究表明,挤密(压实)黄土与力垂直方向的渗透系数高于与力平行方向的渗透系数,这种差异在现场采取的土样试验结果中表现得更为明显。

关键词:黄土 渗透性 微结构 挤密 孔隙结构

作者简介:羊群芳(1986—),女,岩土工程专业硕士,主要从事湿陷性黄土相关的工程实践与研究工作。E-mail:396048814@qq.com。

Permeability Characteristics of Compaction Loess Foundation

YANG Qun-fang[1], SUN Hua-zhou[2], ZHANG Yu-chuan[3]

(1. China JK Institute of Engineering Investigation and Design, Xi'an 710043, China; 2. Guangdong Ruifeng Construction Group Co., LTD of CNACG, Guangzhou 510110, China; 3. College of Civil Engineering and Mechanics, Lanzhou University, Lanzhou 730000, China)

Abstract: Permeability is an important engineering properties of soil. In loess area especially area of collapse loess with large thickness, the permeability of the casing layer affects the water stability, bearing capacity and collapsible possibility of subsoil. To choice the foundation treatment by studying on the permeability of composite foundation in different directions. We comparison the permeability of loess in the direction of the force and in the direction of against the force according to the results of permeability test of undisturbed soil samples get by soil compaction pile composite foundation. Based on this, we analysis the permeability of loess in the direction of the force and in the direction of against the force according to the results of permeability test of soil samples by compaction test. We also analysis the pore structure in these directions by SEM, study of the anisotropic permeability and mechanism by microstructure. Study shows that the permeability coefficient of compaction loess in the direction of against the force is always higher than the direction of the force, and it is more obvious in the results of permeability test by undisturbed soil samples get by soil compaction pile composite foundation.

Key words: loess, permeability, microstructure, compaction, porous microstructure.

0 引言

素土挤密桩法是黄土地基常用的地基处理方法,适用于处理地下水位以上稍湿的湿陷性黄土和人工填土等地基,应用范围十分广泛。笔者于兰州某素土挤密桩复合地基场地(挤密桩填料为黄土)采取的不扰动土样,进行渗透试验(试验结果见表1),发现该场地桩身黄土水平方向的渗透系数是垂直方向渗透系数的

4.46倍，桩间土则是垂直方向的渗透系数更大，为水平方向的1.66倍，沿黄土的不同方向，渗透性有显著差异。

初步分析产生这种现象的原因，由于挤密桩法的施工工艺决定了对桩身黄土的夯实作用力方向垂直于地表，而对桩间土的挤密作用力方向与地表平行。土的位移和变形主要是由土体内结构变化(结构单元体之间的相对位移和错动等变形)所致[1]，不同的压缩变形方向导致压缩后的黄土具有不同的结构形式，这种结构上的差异对其渗透性具有明显的影响。因此，本文采用室内击实试验制样，进行渗透试验，探索挤密(压实)黄土与作用力平行和垂直方向上的渗透性，利用扫描电镜图片分析孔隙结构特征，从微结构的角度分析处理后黄土的渗透性，对黄土挤密处理后的地基渗透性进行了研究。

表1　挤密地基黄土不同方向的渗透系数

Table 1　Permeability coefficient of loess of compaction foundation

试　样	取土深度(m)	干密度(g/m³)	渗透系数(cm/s)	
			水平方向	垂直方向
桩身	3m	1.61	9.02×10^{-5}	2.02×10^{-5}
桩间土	3m	1.45	2.27×10^{-4}	3.78×10^{-4}

随着城市建设区域从低阶地向高阶地扩张[2-3]，基底下湿陷性黄土层深厚，特别是大厚度湿陷性黄土场地乙类和丙类建筑的湿陷性黄土通常只有部分处理，丁类建筑的湿陷性黄土未经处理，地基下还存在湿陷性黄土[4-5]。上覆土层的渗透性影响下层土体的湿陷可能性[6-7]，决定了建筑物的安全状态，探讨处理后黄土地基不同方向的渗透性对确定湿陷性黄土处理深度和处理范围具有重要的理论和工程实践意义。

1　击实黄土渗透性

1.1　试验方案

试验于场地桩身1～3m以及桩间3～5m范围内取扰动土，并从另一场地取扰动黄土做对照试验。三种黄土的基本物理性质见表2。

表2　黄土试样基本性质指标

土　样	相对密度	液限(%)	塑限(%)	塑性指数I_p(%)	天然含水率(%)	轻型击实试验结果*	
						w_{op}(%)	ρ_{dmax}(g/cm³)
桩身土(H1)	2.73	24.7	16.0	8.7	13.2	14.9	1.80
桩间土(H2)	2.71	25.1	16.1	9.0	10.2	14.7	1.70
对照黄土(H3)	2.73	24.5	15.9	8.6			1.85

注：w_{op}、ρ_{dmax}分别是由轻型标准击实试验测定的最佳含水率和最大干密度。

对上述三种黄土，将不同深度处的黄土均匀混合，在小于最佳含水率w_{op}的三个不同的含水率处，采用轻型标准击实试验[8,9]形成不同干密度的黄土样，制样后采用室内变水头法测定黄土的饱和渗透系数。

1.2　击实黄土不同方向的渗透性

击实饱和黄土渗透系数试验结果见图1，黄土与击实力垂直方向上的渗透系数高于与击实力平行方向的渗透系数，其中H1、H2黄土与击实力垂直方向的渗透系数平均提高约20%，H3黄土平均提高约5%。在力的作用下，都表现为与力垂直方向的渗透系数大于与力平行方向的渗透系数，与现场不扰动黄土的规律相同，但其差异比现场不扰动黄土在不同方向渗透系数的差异小。且随着黄土干密度的提高，两个方向的渗透系数趋于一致。

1.3　压实系数对击实黄土渗透性影响

在工程中，回填土的质量标准常以压实系数来控制，压实系数反映了土体被压实的难易程度。饱和黄土压实系数与渗透系数试验结果见图2，三种黄土单位体积击实功相同，皆为592.2kJ/m³，在同一仪器中以相同方法击实而成，但不同黄土在相同压实系数时其渗透系数差异较大，差异可达十倍以上。工程中，需要控制地基土的渗透系数时，首先要选择回填土，其次要保证回填土的压实质量，两者均为控制土的渗透性的因素。地基土有防水要求时，应测定不同黄土的渗透系数，优选回填土。

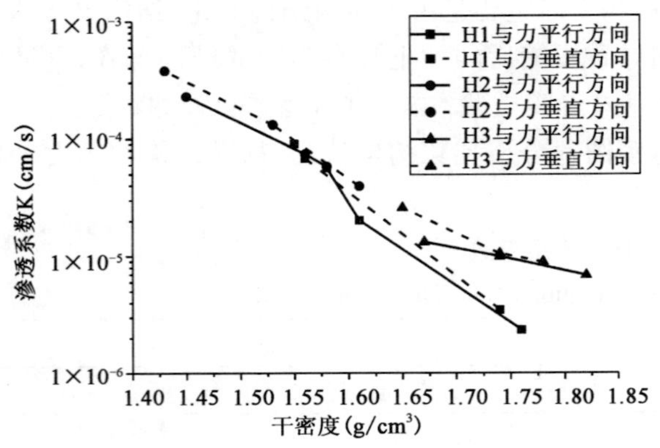

图 1 黄土干密度与纵横向渗透系数关系

Fig. 1 Variation curve of permeability coefficient along with compaction coefficient of loess in different direction

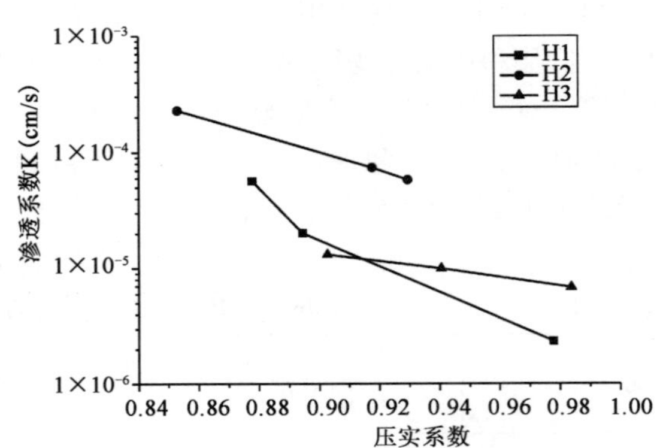

图 2 黄土压实系数与渗透系数关系

Fig. 2 Variation curve of permeability coefficient along with compaction coefficient of loess

2 渗透性差异的微观分析

2.1 结构特征

图 3、图 4 为桩身土样的扫描电镜图片，桩身黄土以粒状颗粒为主，含有少量凝块，在力的作用下颗粒间以面-面方式接触胶结，镶嵌状排列。与击实力垂直截面观察到的是颗粒的大平面，黄土颗粒呈堆叠状层层排列，可见浅的孔坑；与击实力平行截面观察到的颗粒呈片状、针状和小颗粒状，但能观测到较多深孔隙。

图 3 桩身土样与力垂直截面扫描照片

Fig. 3 SEM photo in the direction of vertical to the force of the loess of pile

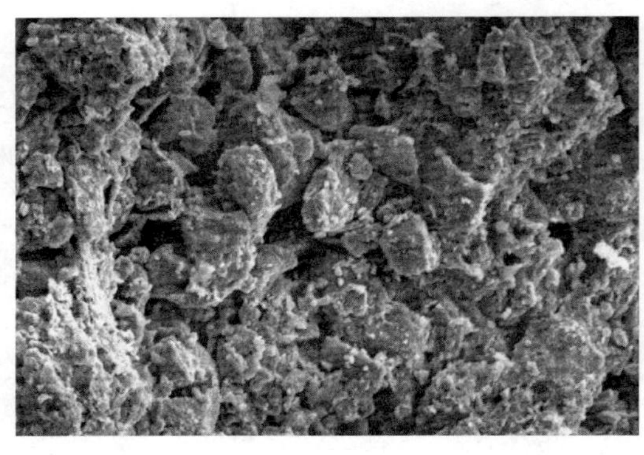

图 4 桩身土样与力平行截面扫描照片

Fig. 4 SEM photo in the direction of parallel to the force of the loess of pile

图 5、图 6 为桩间土的扫描电镜图片，黄土以粒状颗粒为主，在颗粒排列形态上与桩身黄土基本一致，与力垂直截面为颗粒的大平面，与力平行截面观测到的颗粒截面很小，两个方向的结构形态差异明显。

在力的作用下，重塑土和原状结构性黄土不同方向的结构形态有明显的差异，力的作用总是使黄土颗粒的大截面趋向垂直于力的方向。

现场黄土不同方向结构性的差异也可以解释室内击实黄土渗透性规律，黄土被击实致密过程中，黄土颗粒初始受力时，侧向限制较小，土颗粒的移动主要沿着受力方向，黄土在与力平行方向的渗透系数要低于与力垂直方向的渗透系数，两个方向的渗透性差异较大；随着黄土继续受力，土颗粒排列逐渐紧密，土颗粒的移动，除顺着力的方向，还有较明显的横向挤密作用，导致纵横向的渗透性逐渐趋于一致。

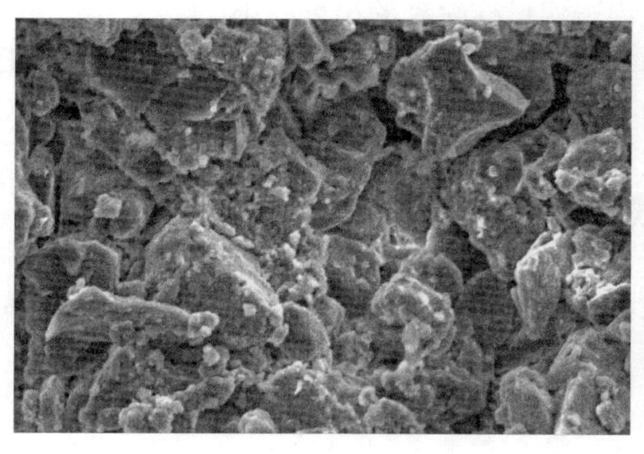

图 5 桩间土与力垂直截面扫描照片

Fig. 5 SEM photo in the direction of vertical to the force of the loess between piles

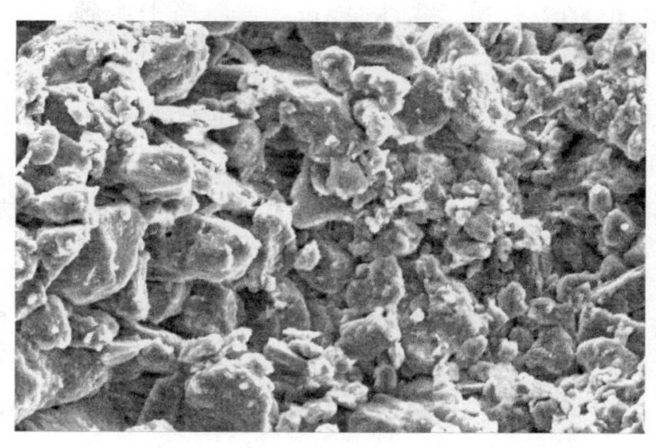

图 6 桩间土与力平行截面扫描照片

Fig. 6 SEM photo in the direction of parallel to the force of the loess between piles

2.2 黄土微结构定量分析

结构要素的量化可实现黄土结构的定量化分析，结构图像分析法是一种较为直观且有一定准确度的测定技术，通过图像分析技术可获得定量的结构信息[10]。

图 7 为桩身黄土 H1 和桩间土 H2 试样 600 倍 SEM 扫描照片的孔隙面积累积曲线，按照雷祥义的孔隙分类法[11]，以孔径界限值 32μm、8μm、2μm，将孔隙分为大孔隙、中孔隙、小孔隙和微孔隙。如图 7 所示，桩身黄土及场地桩间土在击实或挤密作用下，孔径大于 8μm 的大、中孔隙基本被破坏，以孔径小于 8μm 的微、小孔隙为主。相对于击实力平行截面，H1 黄土在与力垂直截面的微孔隙多，但随着孔径的增大，小孔隙数量更少。H2 黄土的差异更加明显，在各个阶段的孔隙都是与力垂直截面要明显小于与力平行截面。

图 8 为桩身黄土在 450 倍时统计的大于某孔径的孔隙累积面积。在力的作用下，孔径大于 8μm 的中孔隙和大孔隙基本被破坏，以微孔隙和小孔隙为主。在黄土的不同方向，孔径大于 5μm 及小于 3μm 的孔隙没有显著差异，但在 3～5μm 的孔径范围内，与力平行截面的孔隙明显较多。黄土不同截面的孔隙结构差异，导致黄土渗透性的各向异性，与力平行方向的饱和渗透系数低于与力垂直方向的饱和渗透系数。

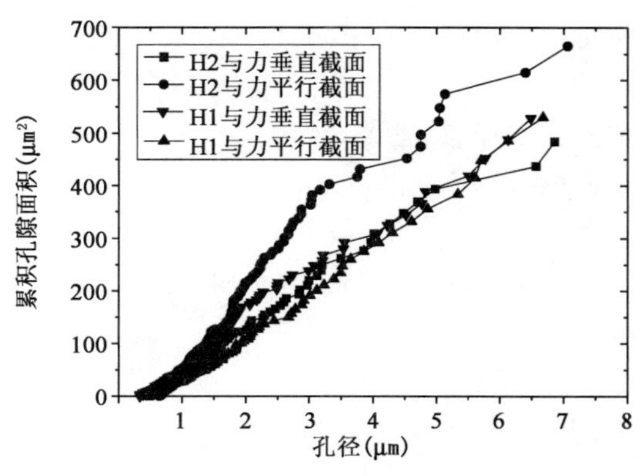

图 7 600 倍 SEM 图孔隙累积曲线

Fig. 7 Pore size distribution of SEM photo in 600 times

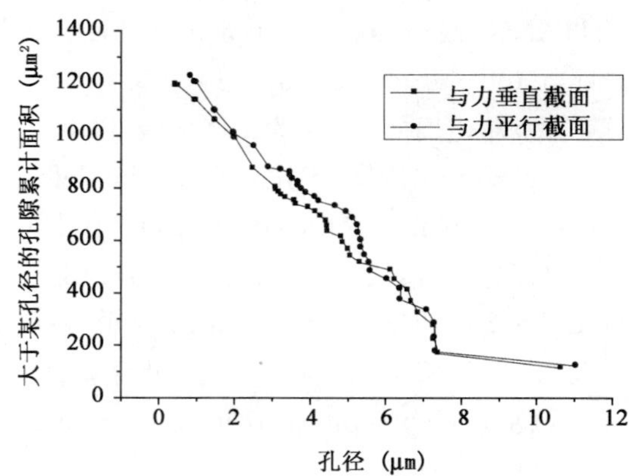

图 8 桩身黄土 450 倍 SEM 图孔隙曲线

Fig. 8 Pore size distribution of SEM photo in 450 times

3 结语

(1)素土挤密桩场地现场采取的桩身(重塑黄土挤密)和桩间(原状黄土挤密)不扰动土样渗透试验，均表明与力垂直方向的饱和渗透系数明显高于与力平行方向的饱和渗透系数。

(2)室内击实试样渗透试验也表明,与力垂直方向的饱和渗透系数高于与作用力平行方向上的饱和渗透系数,但随着压实系数的提高,两者趋于一致,且其差异较室内击实试样得到的结果更小。

(3)现场压实挤密的黄土,不同方向的微观结构有较大差异,在与力平行截面是颗粒面积较小的截面,孔隙相对较大,可见深孔隙,在与力垂直截面可见颗粒大平面,孔隙较小且以浅坑为主。

参考文献

[1] 王清,王凤艳,肖树芳. 土微观结构特征的定量研究及其在工程中的应用[J]. 成都理工学院学报,2001,28(2):148-153.
(WANG Qing,WANG Feng-yan,XIAO Shu-fang. A quantitative study of the microstructure characteristics of soil and its application to the engineering[J]. Journal of Chengdu University of Technology,2001,28(2):148-153.)

[2] 黄雪峰,陈正汉,方祥位,等. 大厚度自重湿陷性黄土地基处理厚度与处理方法研究[J]. 岩石力学与工程学报,2007,26(增刊 2):4332-4328.
(HUANG Xue-feng,CHEN Zheng-han,FANG Xiang-wei,et al. Study on foundation treatment thickness and treatment method for collapse loess with large thickness[J]. Chinese Journal of Rock Mechanics and Engineering,2007,26(S2):4332-4328.)

[3] 王军平. 对深厚湿陷性黄土地基处理的探讨. 西北水电,2004(2):41-43.
(WANG Jun-ping. Discussion on profundity collapsible loess foundation treatment[J]. Northwest Water Power,2004(2):41-43.)

[4] 中华人民共和国国家标准 GB 50025—2004 湿陷性黄土地区建筑规范[S]. 北京:中国建筑工业出版社,2004.
(GB 50025—2004 Code for building construction in collapsible loess regions[S].)

[5] 张豫川,羊群芳,张兴元. 大厚度湿陷性黄土场地地基基础设计分析[J]. 岩土工程学报,2010. 32(增刊 2). 263-266.
(ZHANG Yu-chuan,YANG Qun-fang,ZHANG Xing-yuan. Foundation design of collapse loess with large thickness[J]. Chinese Journal of Geotechnical Engineering,2010,32(S2):263-266.)

[6] 张苏民. 用湿陷势能来评价黄土的湿陷性[J]. 工程勘察,1988(1):5-8.
(ZHANG Sun-min. Assessment of loess collapsibility by collapsible potential[J]. Geotechnical Investigation and Surveying,1988(1):5-8.)

[7] 张苏民,郑建国. 湿陷性黄土(Q3)的增湿变形特征[J]. 岩土工程学报,1990,12(4):21-31.
(Zhang Su-min,Zheng Jian-guo. The deformation characteristics of collapsible loess during moistening process[J]. Chinese J. Geot. Eng,1990,12(4):21-31.)

[8] 中华人民共和国国家标准. GB/T 50123—1999 土工试验方法标准 [S]. 北京:中国计划出版社,1999.
(GB 50123—1999 Standard for soil test method [S].)

[9] 侍倩. 土工试验与测试技术[M]. 化学工业出版社,2005:142-144.
(SHI Qian. Geotechnical test and testing technique[M]. Journal of Chemical Industry and Engineering,2005:142-144.)

[10] 胡瑞林,李向全,官国琳,等. 粘性土微结构定量模型及其工程地质特征[M]. 北京:地质出版社,1995:15-20.
(HU Rui-lin,LI Xiang-quan,GUAN Guo-lin,et al. Quantitative microstructure models of clayey soils and their engineering behaviors[M]. Beijing:The Geological Pulishing House,1995.)

[11] 雷祥义. 中国黄土的孔隙类型与湿陷性[J]. 中国科学(B 辑),1987,12:1309-1316.
(LEI Xiang-yi. The porosity types and collapsibility of loess in China[J]. Science in China:Series B,1987 (12):1309-1316.)

昆明湖相沉积软土固结强度参数研究——基于真空联合堆载预压法

毛亚凤[1] 赖正发[2] 杨东洋[3]

(1.昆明理工大学设计研究院 昆明 650051;2.中国有色金属工业昆明勘察设计研究院 昆明 650051;3.云南省电力设计院 昆明 650051)

摘 要:昆明湖相沉积软土作为一种特殊土类,具有含水率高、重度低、空隙比大、压缩性强、强度低、固结慢及物理力学性质差等特点,常规的处理方法效果不明显。根据昆明湖相沉积软土处理中的实测资料,利用改进的太沙基法、改进的高木俊介法及三点法对处理软土的固结参数及固结度进行了计算,同时对处理前后的软土强度参数进行分析研究,得出真空联合堆载预压法处理后的昆明湖相沉积软土的固结参数、固结度及强度参数,为地区积累了工程经验。

关键词:昆明湖相沉积软土 固结 强度 参数研究 真空联合堆载预压法

作者简介:毛亚凤(1968—),女,辽宁锦州人,毕业于昆明理工大学,主要从事复杂高层研究工作。

Kunming Lake Sedimentary Soft Soil Consolidation Strength Parameters Research Based on Vacuum and Embankment Preloading

MAO Ya—feng[1] LAI Zheng—fa[2] YANG Dong—yang[3]

(1. Design and Research Institute of Kunming University of Science and Technology, Kunming 650051, China;
2. Kunming Prospecting Design Institute of China National Non-Ferrous Metals Industry, Kunming 650051, china;
3. Yunnan Provincial Electric Power Design Institute, Kunming 650051, China)

Abstract: Kunming lacustrine soft clay soil as a special class which has a high water content, low bulk density, void ratio, compressibility, low strength, slow consolidation poor nature of the physical and mechanical properties. The effect of conventional treatment methods do not obvious. In this paper, using improved terzaghi method, Jun takagi method and the three-point method calculate the soft soil consolidation parameters and degree of consolidation of the processing parameters which based on kunming lake sedimentary soft soil processing measured data. While the processing soft soil strength were compared before and after the study. The Kunming Lake sedimentary soft soil consolidation parameters, the degree of consolidation and the strength parameters were getted. It based on the vacuum combined with surcharge preloading treatment and for the region engineering experience.

Key words: Kunming lake in the soft soil sediments, consolidation, strength, parameters research, vacuum and embankment preloading.

0 引言

昆明盆地因阳光充足、水温适宜,且有湖泊、河流、洼地等地貌条件,此为水生、湿生植物的生长蔓延及向沼泽化辟落发展提供了条件,软塑到流塑状态的土分布十分广泛[1],称其为昆明湖相沉积软土。此类软土含水率高、重度低、孔隙比大、压缩性强、强度低、固结慢及物理力学性质差[2],在其上进行工程建筑活动时,会引起稳定问题、变形问题、桩体漂移问题(工程桩施工时)。

本文结合昆明某工程中的软土处理——基于真空联合堆载预压法(首次应用),对此工法处理下的昆明湖相沉积软土固结强度参数进行分析研究,得出其在处理中的固结参数、固结度及处理后强度参数值。

1 工程实例

1.1 工程概况

昆明市某大型商住用房建设项目场地位于滇池路旁，场地原为耕地，部分地段为鱼塘，周边环境见图1。建筑物对整体沉降及差异沉降极其敏感，故本次主要处理土层为泥炭质土③与粉质黏土④。

1.2 工程地质条件

场地地层可分为4个大层：第四系人工(Q^{ml})；第四系冲、洪积(Q^{al+pl})；第四系沼泽相(Q^{h})；第四系冲、湖积(Q^{al+l})地层，土层主要物理力学性质指标见表1[3]。

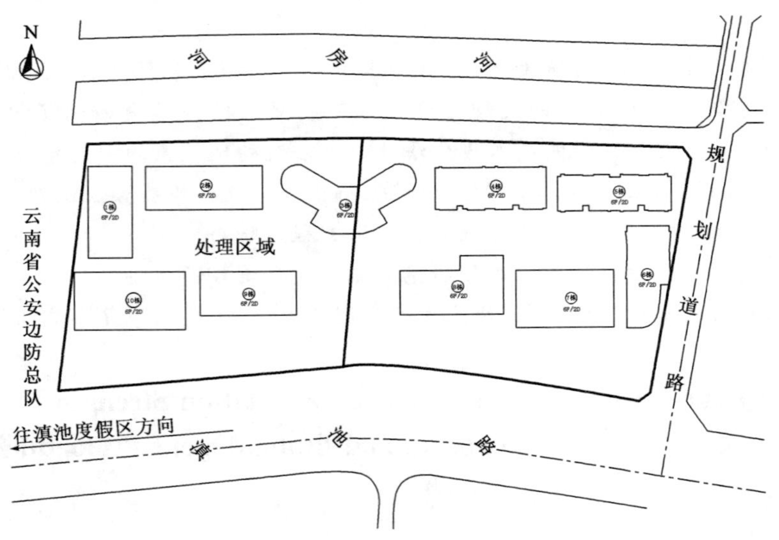

图1 软土处理区域周边环境

Fig. 1 Soft soil treatment area surrounding environment figure

表1 各土层主要物理力学性质指标

Table 1 Physical and mechanical properties of the soil

土　层	γ(kN/m³)	e	w(%)	I_L	E_{s1-2}(MPa)	c(kPa)	φ(°)	c_u(kPa)	φ_u(°)
人工填土①	18	—	—	—	3.8	15	5	—	—
黏　土②	17.5	1.0	36	0.37	4.3	29.0	6.0	24.2	2.6
泥炭质土③	12.5	3.73	172	0.99	1.3	13.5	3.0	6.2	1.0
粉质黏土④	17.0	1.13	41	0.65	3.2	18.1	3.1	6.2	2.3
粉质黏土④-1	19.0	0.77	27	0.36	5.5	20.2	8.7	—	—

1.3 软土处理设计方案

根据勘察资料中泥炭质土③、粉质黏土④层的厚度、埋深及场地建筑物分布情况，同时结合软土土层的特点、处理的难点、工期及软基处理技术要求等因素，采用处理费用较低、工期短的真空联合堆载预压法进行处理；因土石方材料的紧缺和运输、施工期限等因素的限制，真空联合堆载预压法中堆载部分采用水压，具体处理方案见图2，监测方案见图3。

1.4 监测结果

通过对软土处理区3个地表沉降观测点、3个孔隙水压力观测点、3个地下水位观测点及4个侧向位移观测点进行观测[4]，将观测结果绘制曲线，分别见图4～图9。

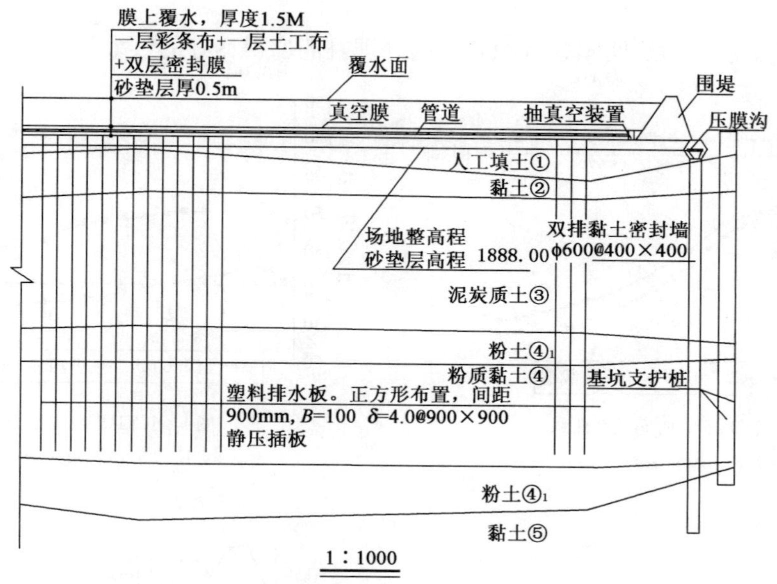

图 2　软土处理方案

Fig. 2　Figure soft soil treatment program figure

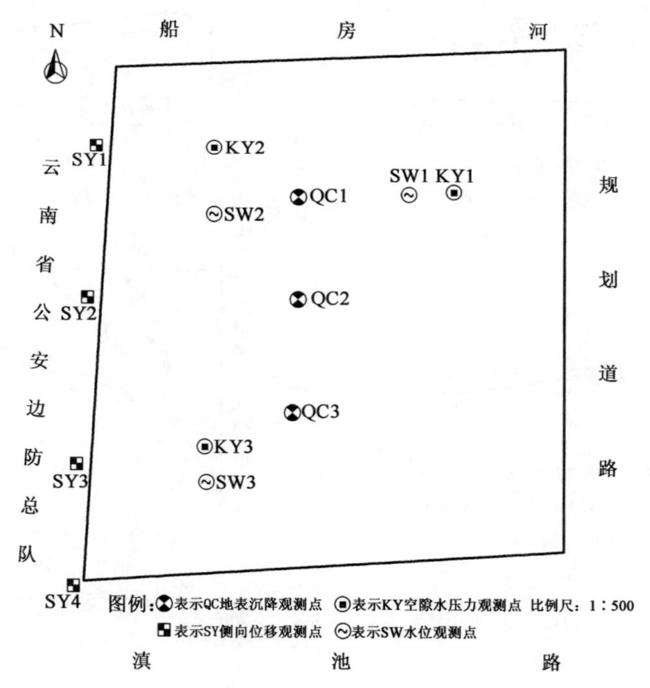

图 3　软土处理区观测点平面布置

Fig. 3　Soft soil treatment area of observation points floorplan

综合分析图 4 可知，地表沉降开始至基本稳定之间所需的时间较长，是因软土渗透性差而对土体中水平与竖向的空隙水排出有一定的阻力，这一阶段称为主固结沉降；地表沉降基本稳定时，监测点 QC1、QC2、QC3 的沉降量分别达到 1.29m、1.414m 与 1.49m，说明在真空联合堆载预压作用下软土固结效果很明显。

从图 5～图 8 可知，监测点 KY1、KY2、KY3 在地表下 6.0m、9.0m 与 12.0m 的孔隙水压力在附加荷载的作用下，以不同速率增大而后逐步降低直至基本稳定；地下水位（除了少量跳跃点）降低直至稳定，说明在联合预压下，土体中的孔隙水逐渐被排出、孔隙比减小及固结沉降的产生。

在预压结束时，侧向位移监测点 SY1、SY2、SY3、SY4 累计侧向位移分别为 561.0mm、421.9mm、237.6mm

与 146.8mm。

综上分析可知,此工法合适昆明湖相沉积软土的处理且能取得良好的效果。

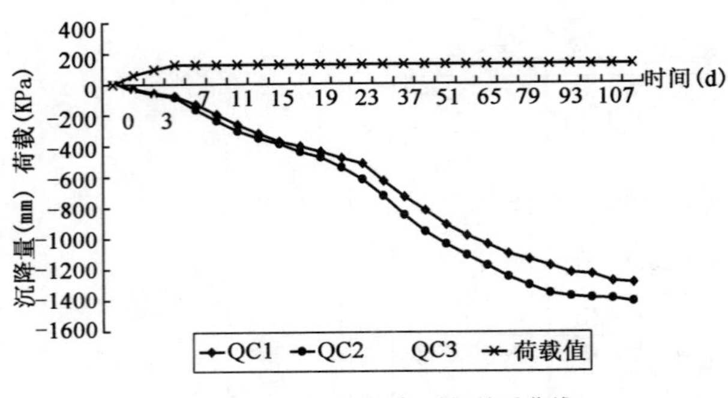

图 4 QC1～QC3 沉降-时间关系曲线

Fig. 4 QC1～QC3 settlement-time curve

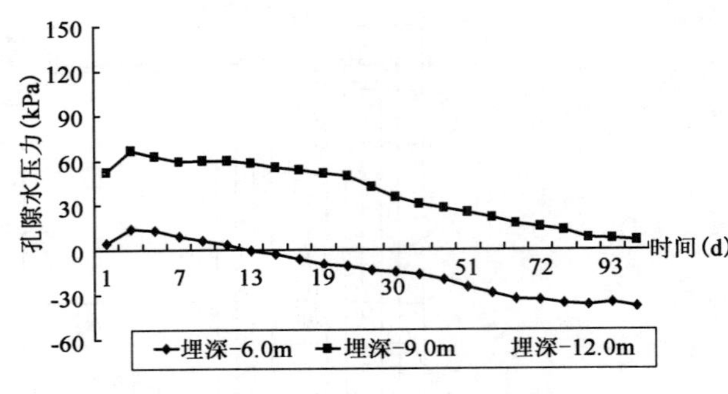

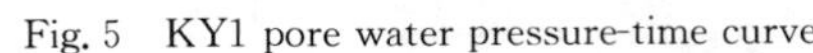

图 5 KY1 孔隙水压力-时间曲线

Fig. 5 KY1 pore water pressure-time curve

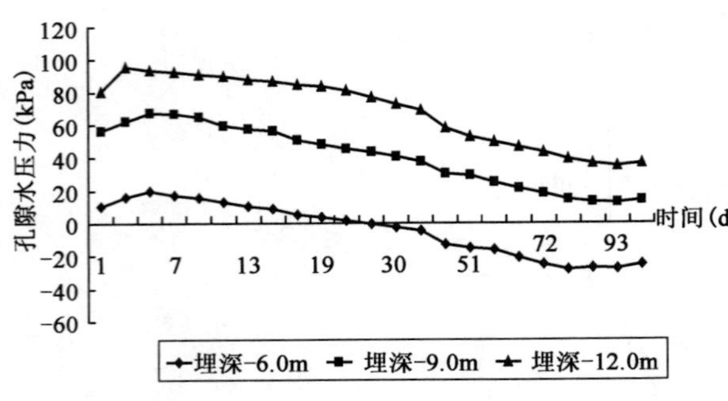

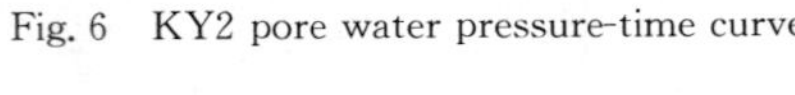

图 6 KY2 孔隙水压力-时间曲线

Fig. 6 KY2 pore water pressure-time curve

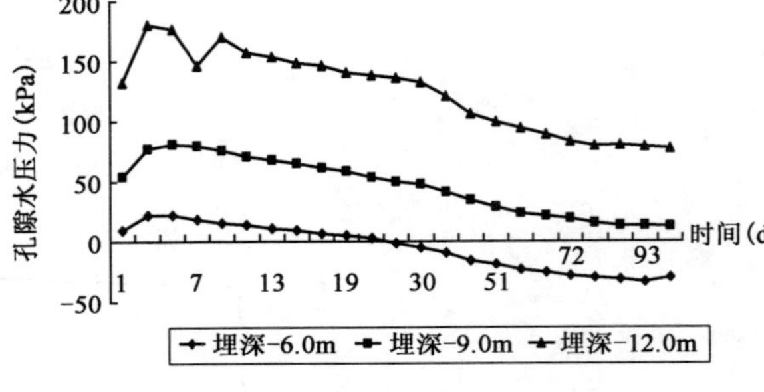

图 7 KY3 孔隙水压力-时间曲线

Fig. 7 KY3 pore water pressure-time curve

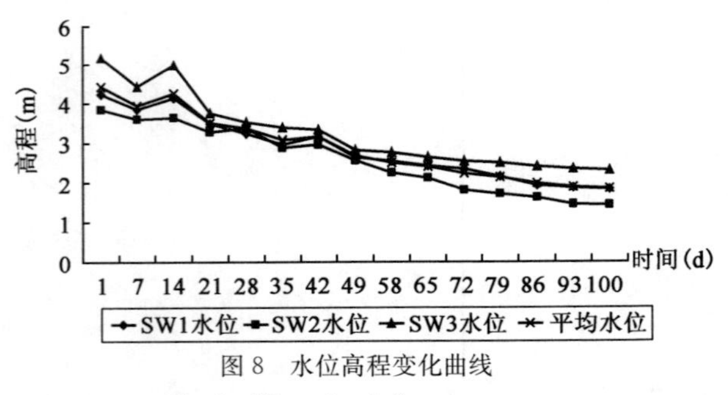

图 8 水位高程变化曲线

Fig. 8 Water level elevation curve

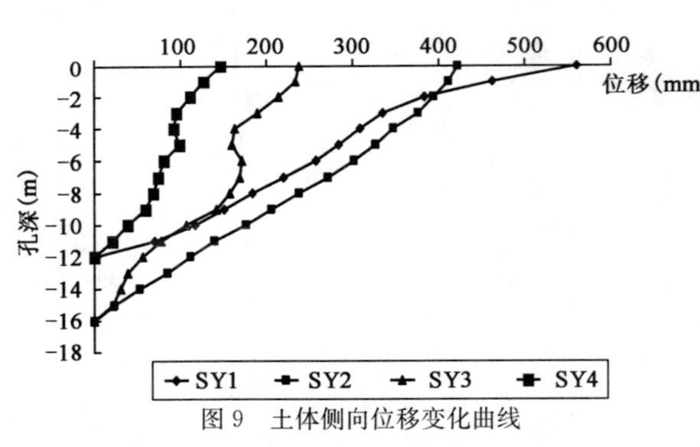

图 9 土体侧向位移变化曲线

Fig. 9 Soil lateral displacement curve

2 固结参数及固结度分析

2.1 固结度理论计算

利用改进的太沙基法与改进的高木俊介法对研究区域测点位置进行固结参数 β 和固结度进行计算(理想井与非理想井)[5],计算结果见表 2、图 10。

表 2 理论计算 β(10^{-3}1/d)值

Table 2 the theoretical calculated β(10^{-3}1/d) value

点 号	QC1	QC2	QC3
理想井	24.38	28.33	29.7
非理想井	7.17	7.34	7.82

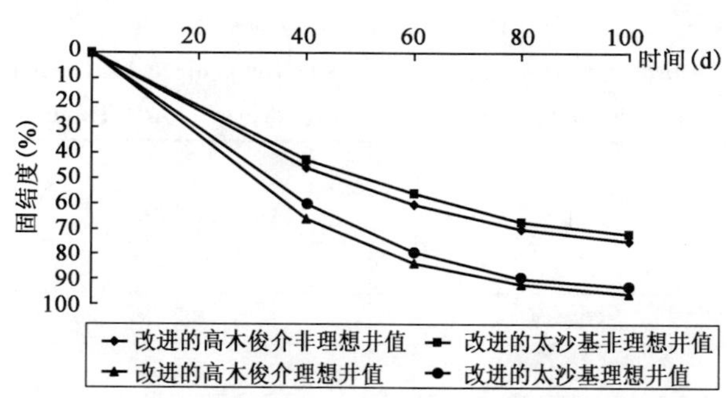

图10 软基中任一点固结度理论计算对比

Fig. 10 Soft ground at any point in the consolidation of the theoretical comparison curve

2.2 基于实测数据的固结度计算

根据实测沉降-时间曲线、孔压-时间曲线(地表下－6.0m、－9.0m、－12.0m),利用三点法得到不同测点处地基固结参数β并求其平均值[6],进而计算地基在60d、80d、100d的固结度,结果分别见表3～表6。

表3 实测沉降-时间曲线推算固结参数β(10^{-3}1/d)值

Table 3 Measured settling and time curve extrapolated consolidation parameterβ(10^{-3} 1/d) values

点号	第1次	第2次	第3次	平均值
QC1	19.80	21.25	19.30	20.12
QC2	20.30	22.06	24.17	22.18
QC3	27.20	22.54	16.2	21.98

表4 据沉降三点法推算β值计算地基固结度(单位:%)

Table 4 According to the settlement value of the projected three-point method to calculate ground consolidation degree(%)Table

点号	60d	80d	100d
QC1	69.40	83.88	92.27
QC2	67.52	86.26	91.20
QC3	70.50	86.06	92.45

表5 实测孔压-时间曲线推算固结参数β(10^{-3}1/d)值

Table 5 Measured pore pressure and time curve extrapolated consolidation parametersβ(10^{-3}1/d) values

点号(深度)	第1次	第2次	第3次	平均值
KY1-1(—6.0m)	19.80	16.44	22.91	19.72
KY1-2(—9.0m)	19.17	22.91	20.37	20.82
KY1-3(—12.0m)	23.13	20.80	23.11	22.35
KY2-1(—6.0m)	18.52	19.37	19.71	19.21
KY2-2(—9.0m)	19.93	23.55	21.87	21.78
KY2-3(—12.0m)	21.16	20.92	18.79	20.29
KY3-1(—6.0m)	20.51	21.60	20.82	20.98
KY3-2(—9.0m)	24.06	22.79	19.25	22.03
KY3-3(—12.0m)	22.62	20.45	23.98	22.35

表 6 据沉降三点法推算的 β 值计算地基固结度(单位:%)

Table 6 According to the settlement value of the projected three-point method to calculate ground consolidation degree (%) Table

点号(深度)	60d	80d	100d
KY1-1(—6.0m)	75.21	74.64	88.74
KY1-2(—9.0m)	76.65	84.58	89.81
KY1-3(—12.0m)	78.83	86.46	91.35
KY2-1(—6.0m)	74.42	82.58	88.14
KY2-2(—9.0m)	78.09	85.83	90.84
KY2-3(—12.0m)	76.04	84.04	89.36
KY3-1(—6.0m)	77.01	84.90	89.98
KY3-2(—9.0m)	78.42	96.11	91.06
KY3-3(—12.0m)	78.83	86.46	91.35

2.3 固结度的对比分析

将理论计算的固结度与实测数据推算的固结度绘制曲线图,见图 11。

通过理论固结度值与实测沉降固结度值的对比分析(图 11),可以发现通过实测计算的各点平均固结度均介于改进的太沙基法与改进的高木俊介法计算的理想井固结度和非理想井固结度之间,说明软土处理过程中固结参数 β 应介于理想井计算的 β 值与非理想井计算的 β 值之间。

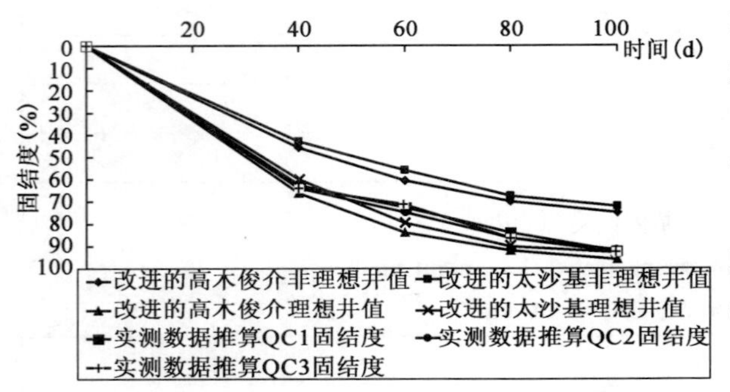

图 11 理论计算固结度与实测沉降推算固结度对比

Fig. 11 Theoretical and measured degree of consolidation settlement projected degree of consolidation comparison curve

通过上述分析,建议在昆明湖相沉积软土处理(真空联合堆载预压法)中,固结参数 β 值取值在 0.007 17～0.029 701/d,而固结度能达到 88.14%～92.45%。

3 参数分析

为了检验软土处理效果,对现场处理后的软土进行现场检测,结果及分析如下。

3.1 物理指标对比分析

软土处理前后的物理指标变化情况见表 7。

表 7 处理前后软土主要物理性质指标对比

Table 7 Physico-mechanical properties before and after treatment comparison table

土层名称		γ (kN/m^3)	e	w (%)	I_L	E_{s1-2} (MPa)
泥炭质土③	处理前	12.5	3.73	172	0.99	1.30
	处理后	13.6	2.36	108	0.81	2.47
粉质黏土④	处理前	17.0	1.22	41	0.65	3.20
	处理后	17.7	1.13	37	0.58	3.84

分析表 7 可知,泥炭质土③处理前后:重度从 12.5kN/m^3 提高到 13.6kN/m^3,孔隙比从 3.73 降为 2.36,含水率从 172%降为 108%,液性指数从 0.99 降为 0.81,压缩模量从 1.30MPa 提高到 2.47MPa。粉质黏土④处理前后:重度从 17.0kN/m^3 提高到 17.7kN/m^3,孔隙比从 1.22 降为 1.13,含水率从 41%降为 37%,液性指数从 0.65 降为 0.58,压缩模量从 3.20MPa 提高到 3.84MPa。从以上指标的变化可知,泥炭质

土③的变化较粉质黏土④明显，说明在联合预压过程中，土体中的孔隙水被排出，使孔隙比减小、重度提高，并引起其他参数的变化。

3.2 抗剪强度指标对比分析

在处理区共布置4个钻探孔，对取得土样进行了室内土工试验，用来对比软土处理前后抗剪强度指标变化情况，结果见表8。

表8 处理前后软土抗剪强度指标对比

Table 8 Soft soil shear strength index before and after treatment comparison table

统计项目		直剪		三轴(UU)	
		黏聚力 c(kPa)	内摩擦角 φ(°)	黏聚力 c_u(kPa)	内摩擦角 φ_u(°)
泥炭质土③	处理前	13.5	3.0	5.2	1.0
	处理后	20.8	6.7	8.1	2.5
粉质黏土④	处理前	18.1	3.1	6.1	2.3
	处理后	27.4	6.0	9.3	4.2

分析表8可知，处理后，泥炭质土③：直剪抗剪强度指标 c 值提高54.07%，φ 值提高123.33%，三轴(UU)抗剪强度指标 c 值提高55.77%，φ 值提高150%。粉质黏土④：直剪抗剪强度指标 c 值提高51.38%，φ 值提高93.55%；三轴(UU)抗剪强度指标 c 值提高52.46%，φ 值提高82.6%。

3.3 地基承载力特征值及标贯对比分析

通过整理处理区4个钻孔检测数据，并与勘察报告中的软土地基承载力特征值及标贯值进行对比，结果见表9、表10。

表9 处理前后地基承载力特征值对比

Table 9 Foundation bearing capacity characteristic values before and after comparison table

统计项目	处理前承载力特征值 f_{ak}(kPa)	处理后承载力特征值 f_{ak}(kPa)	强度增长率(%)
泥炭质土③	50	85	70.0
粉质黏土④	60	90	50.0

表10 处理前后标准贯入值对比

Table 10 Body before and after treatment standard penetration value comparison table

统计项目	处理前标准贯入值 N(平均值)	处理后标准贯入值 N(平均值)	指标增长幅度(%)
泥炭质土③	2.06	3.25	57.77
粉质黏土④	3.39	4.28	26.25

从表9、表10可以看出，软土处理后，泥炭质土③的地基承载力特征值从50kPa增长到85kPa，标贯值从2.06击增长到3.25击；而粉质黏土④的地基承载力特征值从60kPa增长到90kPa，标贯值从3.39击增长到4.28击。软土地基承载力的提高，意味着在进行基础桩设计时因桩体承载力的提高而降低了工程造价，说明此次软基处理效果良好。

4 结语

通过对以上软土处理中的固结，可以得到以下结论：

(1)经过处理后的昆明湖相沉积软土固结参数 β 值为0.0191/d～0.0231/d，固结度为88.14%～92.45%。

(2)泥炭质土③:直剪抗剪强度指标 c 值提高 54.07%,φ 值提高 123.33%;三轴(UU)抗剪强度指标 c 值提高 55.77%,φ 值提高 150%,总的抗剪强度增长为 21.64%～34.20%。粉质黏土④:直剪抗剪强度指标中 c 值提高 51.38%,φ 值提高 93.55%;三轴(UU)抗剪强度指标 c 值提高 52.46%,φ 值提高 82.6%,总的抗剪强度增长值为 7.82%～21.62%。

(3)泥炭质土的标贯值增长为 57.77%、地基承载力特征值增长为 70%;而粉质黏土的标贯值增长为 26.25%、地基承载力特征值增长为 50%。

参 考 文 献

[1] 赖正发,徐则民,董柱. 高原湖相沉积软土边坡的治理[C]//中国土木工程学会第十届土力学及岩土工程学术会议论文集,重庆:重庆大学出版社,2007:362-366.
(LAI zheng-fa, XU ze-min, DONG Zhu. The plateau lake sedimentary soft soil slope treatment[C]// China Civil Engineering Society Tenth Soil Mechanics and Geotechnical Engineering Symposium, Chong qing: Chongqing University press, 2007: 362-366.)

[2] 熊恩来,阮永芬. 云南泥炭土力学特性实验及归一化性状研究[J]. 昆明:云南水力发电,2005,21(2):39-42.
(XIONG En-lai, RUAN Yong-fen. Yunnan peat soil mechanics experiments and normalized behavior research [J]. Kunming: Yunnan Water Power. 2005, 21 (2): 39-42.)

[3] 昆明金岸春天建设项目软土地基处理区域岩土勘察报告[R]. 中国有色金属工业昆明勘察设计研究院,2012: 1-31.
(Gold Coast Kunming spring construction project in soft soil foundation treatment areageotechnical investigation report[R]. Chinese Nonferrous Metal Industry Kunming Survey Design Research Institute, 2012: 1-31.)

[4] 杨东洋. 昆明湖相沉积软土固结强度分析及研究——基于真空联合堆载预压法[D]. 昆明:昆明理工大学,2012:1-60.
(YANG Dong-yang. Kunming lake facies analysis and study on the soft soil consolidation strength based on vacuum preloading [D]. Kunming: Kunming University of Science and Technology, 2012: 1-60.)

[5] 龚晓南. 地基处理技术发展与展望[M]. 中国建筑工业出版社,2004:50-74.
(GONG Xiao-nan. Foundation treatment technology development and prospect of [M]. Chinese Building Industry Press, 2004: 50-74.)

[6] 任何峰. 软基堤坝原位监测及稳定性研究[D]. 南京:河海大学,2003:8-52.
(REN He-feng. Dam on soft foundation of in situ monitoring and stability [D]. Nanjing: Hehai University, 2003: 8-52.)

安哥拉威拉高原残积土强夯法地基处理试验研究

廖燕宏　赵文博

（机械工业勘察设计研究院　陕西　西安　710043）

摘　要：在安哥拉南部威拉高原，地层浅层普遍分布有一层花岗岩残积土，该层土具有遇水软化和湿陷的不良工程特性。工程建设前，需对该特殊土进行一定的处理，才能满足地基承载力要求。在深入了解该特殊土的不良工程特性后，参考具有类似特性的湿陷性黄土的处理方法，对其首次尝试采用强夯法进行地基处理。在无相关工程经验可供借鉴的情况下，结合安哥拉某社会住房项目，在典型场地进行现场强夯试验与检测，比较分析强夯前后的试验结果，明确了强夯法可以有效消除该特殊土的湿陷性，改善土体的物理力学性质，验证了强夯法对该特殊土的适用性。同时确定了适合工程施工要求的强夯施工参数，为该地区开展大规模工程施工奠定基础，并为以后开展更深入的研究提供理论依据。

关键词：地基基础　强夯施工参数　试夯与检测

作者简介：廖燕宏（1964—），男，高级工程师，主要从事海外特殊土的研究与工程实践工作。E-mail：779831282@qq.com。

Ground Treatment Experimental Research of Granite Residual Soil Dynamic Consolidation in Angola Willa Plateau

LIAO Yan-hong，ZHAO Wen-bo

（China JK Institute of Engineering Investigation and Design，Xi'an 710043，China）

Abstract：A layer of granite residual soil distributes widely on shallow part of willa plateau on the south of angola. This soil layer is featured by unfavorable engineering characteristic including softening and collapsibility when encountering water which should be improved before construction. Upon thorough understanding of unfavorable engineering character of this special soil，refer to collapsible loess which has similar engineering character，dynamic consolidation method was adopted on this special soil for the first time. In the background of no experience of engineering，combined with a social housing project of Angola，dynamic consolidation test and detection are adopted on typical site of this special soil. Via analysis of dynamic consolidation test and detection result，collapsibility was eliminated effectively and the physico-mechanical properties were improved by this treatment，applicability of this method has been determined. The suitable dynamic consolidation parameters for engineering design have been confirmed which laid the foundation for large-area dynamic consolidation construction in this region. This study will provide reference for further in-depth study of this special soil.

Key words：foundation，construction parameter of dynamic consolidation，dynamic consolidation test and detection.

0　引言

我国企业在安哥拉南部威拉省承接的社会住房项目勘察中，发现浅部地基土为具有遇水软化和湿陷的花岗岩残积土，需要进行处理后才能作为持力层[1]。由于针对这种残积土缺乏相关工程可借鉴，只能根据该残积土遇水软化和湿陷的工程属性，对照具有类似土性的湿陷性黄土进行试验研究。

强夯法具有设备简单、施工方便、工期短、成本低等优点，在工程中已得到广泛应用，目前关于强夯机理的研究已取得一定成果[2-4]。利用强夯法处理湿陷性黄土地基可以有效消除湿陷性，同时提高地基承载力，关于黄土强夯处理方法，前人积累了大量经验可以借鉴[5-10]。考虑到安哥拉残积土的遇水软化特性，可尝试采用强夯法处理，但由于还从未有人对这种残积土使用过强夯法处理，没有工程经验可参考，强夯法在安哥拉残积土的适应性、强夯施工参数的选用、强夯处理后地基土各项指标是否满足设计要求等问题都需要通过实际的现场强夯试验研究确认。

因此，结合安哥拉在建的某大型社会住房项目，在现场典型地段进行强夯试验的基础上，总结现场试验和检测结果，对安哥拉威拉高原上的残积土工程特性、强夯处理效果以及强夯施工参数的选用等首次进行了全面的阐述和评价。研究成果为相关工程设计与施工提供参考，为更深入的研究提供理论依据。

1 威拉高原残积土的工程特性

安哥拉南部威拉高原孕育于非洲前寒武纪活跃的造山运动期，该时期非洲区域发生了大规模的花岗质岩浆侵入作用和火山活动，形成了大范围巨厚层的花岗岩体。之后随着地壳运动的减弱，在长期风化、剥蚀作用下，在安哥拉中南部逐渐形成了现阶段平均海拔高度 1 600～1 800m 的高原以及零星出露的孤石、孤山地貌。长期的风化作用使得高原浅部普遍分布有一层 2～6m 厚的花岗岩残积土，作为基础持力层，该层土对工程建设有直接的影响。

根据在安哥拉威拉高原上在建的某大型社会住房项目勘察结果，场地地层分层描述如下：

表土①层：场地内广泛分布，以粉土、粉质黏土为主，含大量植物根系，本层层厚 0.2～0.5m。

残积土②层：棕红、棕黄色，干～稍湿，坚硬。以粉土、粉质黏土为主，孔隙发育，含大量粗砾砂颗粒，局部为粉土质砂。压缩系数平均值为 0.45 MPa^{-1}，具中～高压缩性；室内试验湿陷系数平均值为 0.052，现场浸水荷载试验 200kPa 下的附加沉降为 17.2～57.6mm，s/d 为 0.030～0.102，按中国勘察规范判定为湿陷性土。本层层厚 3.00～5.50m，层底深度为 3.20～6.00m。

残积土②层除具有湿陷性之外，还具有浸水软化崩解的特征。荷载试验表明，其天然状态下承载力特征值不小于 150kPa，但浸水后承载能力急剧下降，承载力特征值仅 75kPa。该层土主要物理力学性质指标见表 1。

表 1 残积土②层常规物理力学性质指标

Table 1 Conventional physic mechanics characters index of residual soil ②

层号	值别	含水率 w(%)	重度 γ (kN/m^3)	干重度 γ_d (kN/m^3)	饱和度 S_r (%)	孔隙比 e	液限 w_L (%)	塑限 w_P (%)	湿陷系数 δ_s	压缩系数 a_{1-2} (MPa^{-1})	压缩模量 E_{s1-2} (MPa)
②残积土	最大值	20.4	17.6	15.8	58	1.258	43.3	27.9	0.109	1.04	11.1
	最小值	10.6	14.0	12.0	31	0.689	34.0	24.2	0.007	0.14	1.2
	平均值	15.0	15.8	13.8	42	1.032	39.2	26.2	0.052	0.45	5.3

全风化花岗岩③层：为本次强夯法地基处理层的下卧层。

2 强夯试验

强夯法地基处理的目的主要在于消除地基土的湿陷性，提高地基强度，调整均匀性。本项目设计要求经过强夯处理后：基本消除强夯有效影响深度（4.5～5.5m）范围内地基土的湿陷性；干燥状态下承载力不小于 200kPa，饱和状态下达到 120kPa，压缩模量不小于 5MPa。

为达到设计要求并取得合适的施工参数，参考国内规范[11、12]要求在场地典型地段进行了 3 组强夯试验，试验区编号分别为 1 号、2 号和 3 号。夯点按三角形布置，夯点间距按 4.0m 和 4.5m 两种考虑，并进行了点夯后满夯的传统强夯工艺与点夯后碾压工艺的对比试验。2012 年 3 月完成了试夯现场工作，试验时采用国产宇通 250 型和 360 型强夯机各一台，均采用 2000kN 的夯击能，点夯一遍，单点夯击数按 10 击左右及

6击左右，最后两击平均夯沉量按不小于50mm和70mm控制。点夯完成后，在1号和2号试验区一半进行满夯，一半进行碾压，以检验其不同的试夯效果。本次强夯试验实际参数见表2。夯后各试验区夯沉量统计见表3。

表2　强夯试验技术参数

Table 2　Technical parameters of dynamic consolidation test

试夯区编号	1号	2号	3号
夯点布置形式(mm)	4 000×3 464	4 500×3 897	4 500×3 897
单点夯击数(击)	7～14	8～12	5～7
最后2击平均夯沉量(mm)	≤50	≤50	≤70
夯锤直径(mm)	2 500	2 500	2 500
夯锤重量(kN)	180	150	180
点夯锤提升高度(m)	11.1	13.4	11.1
满夯能量(kN·m)	2 000	1 000	2 000
满夯锤提升高度(m)	11.1	7.0	11.1
满夯击数	1～2	1～2	1～2

注：满夯搭接三分之一夯锤底直径。

表3　各试验区完成时间及夯沉量

Table 2　Time completed and tamping settlement of every test site

试夯区编号		1号	2号	3号
主夯完成时间(2012年)		3月19日	3月19日	3月28日
满夯完成时间(2012年)		3月20日	3月20日	3月29日
夯沉量(mm)	满夯区	490	540	423
	碾压区	300	310	—

3　地基检测

本次试夯运用的地基检测手段包括钻孔取样、圆锥动力触探试验、荷载试验和土工试验等，对强夯处理前后地基土物理力学指标的变化，进行对比和分析如下。

3.1　地基土的物理力学性质

强夯后1号和2号试验区5.0m以上地基土的湿陷性已全部消除，3号试验区个别土样仍具有湿陷性；强夯前后地基土层的其他物理力学性质指标对比见表4。

表4　试夯区地基土物理力学性质指标

Table 4　Physical mechanical properties index of foundation soil in test site

试夯区编号	状态	分层厚度(m)	含水率(%)	天然密度(g/cm^3)	干密度(g/cm^3)	孔隙比	压缩模量(MPa)
1号	夯前土	0～1.5	20.4	1.75	1.46	0.836	4.23
		2.0～3.5	13.2	1.70	1.51	0.758	5.97
		4.5～5.5	8.7	1.59	1.46	0.815	11.86
	夯后土	0～0.5	19.9	1.91	1.59	0.664	6.29
		1.5～4.0	13.2	1.79	1.58	0.680	9.72
		4.0～6.0	10.7	1.54	1.39	0.706	7.00

续上表

试夯区编号	状态	分层厚度（m）	含水率（%）	天然密度（g/cm³）	干密度（g/cm³）	孔隙比	压缩模量（MPa）
2号	夯前土	0～2.0	18.6	1.65	1.39	0.936	3.99
		2.0～4.0	14.4	1.65	1.45	0.833	4.72
		4.0～5.8	12.4	1.67	1.49	0.774	5.68
	夯后土	0～1.8	18.8	1.90	1.60	0.625	5.69
		1.8～3.7	11.5	1.78	1.60	0.661	12.78
		3.7～5.4	11.2	1.65	1.49	0.790	8.01
3号	夯前土	0～2.0	19.2	1.73	1.45	0.854	4.40
		2.0～4.0	14.0	1.66	1.46	0.819	8.69
		4.0～6.0	9.3	1.46	1.33	1.0022	7.38
	夯后土	0～2.0	16.0	1.80	1.55	0.717	7.35
		2.0～4.0	12.6	1.85	1.64	0.622	11.75
		4.0～6.0	14.4	1.64	1.44	0.847	6.71

夯前和夯后地基土干密度和压缩模量的对比曲线见图1和图2。

从表4和图1、图2中各指标的对比可以看出，各试验区4.0～4.5m夯后土比夯前土在密度、孔隙比、压缩模量等指标上均有较大改善。

3.2　圆锥动力触探试验结果及分析

根据圆锥动力触探试验结果绘制的夯前和夯后动探锤击数随深度的变化曲线见图3。

从图3曲线对比结果可以看出，3个试验区强夯后4.5m以上的动探锤击数比强夯前均有明显提高。1号和2号试验区处理效果更显著，纵向上自1.5m以下强度明显增大，均匀性也得到改善。

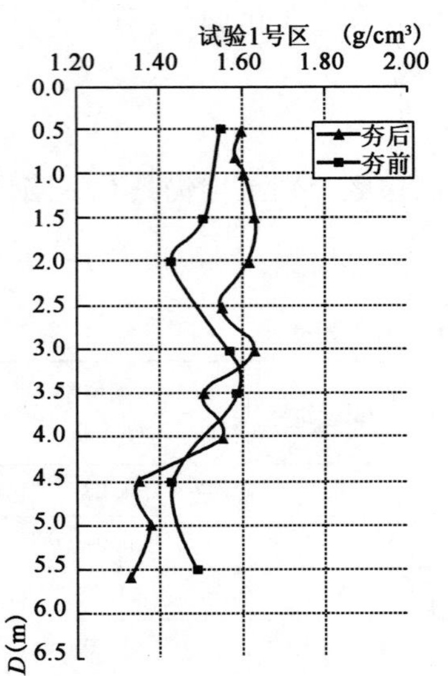

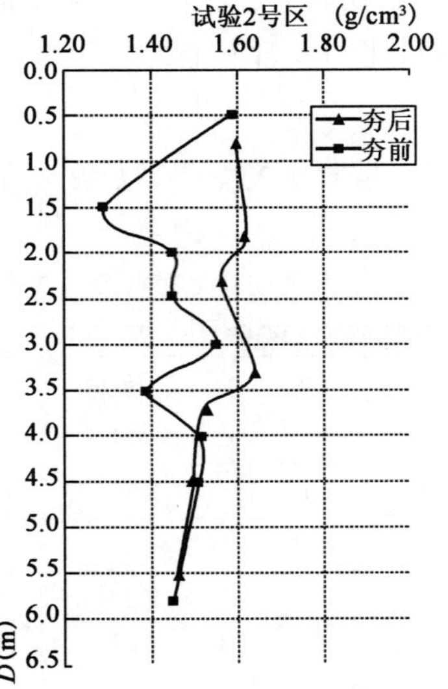

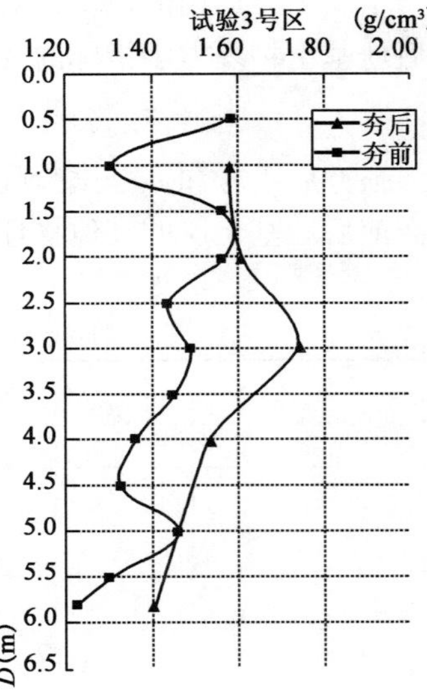

图1　夯前和夯后干密度随深度变化曲线

Fig. 1　Curve of dry density against depth before and after dynamic consolidation

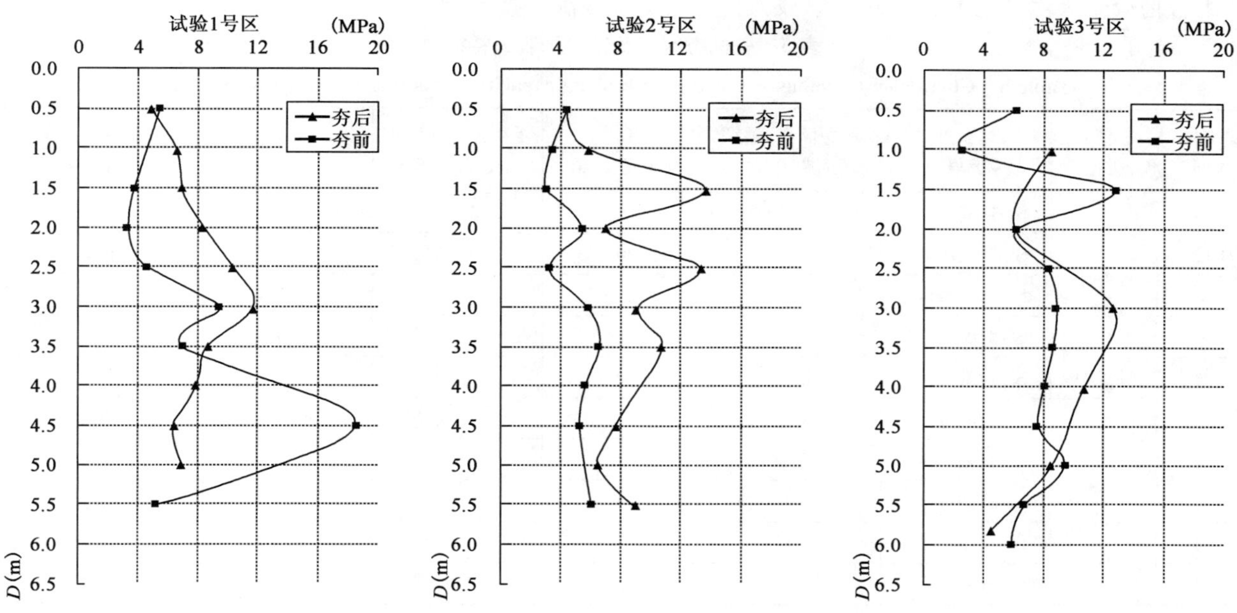

图 2　夯前和夯后压缩模量随深度变化曲线

Fig. 2　Curve of compression modulus against depth before and after dynamic consolidation

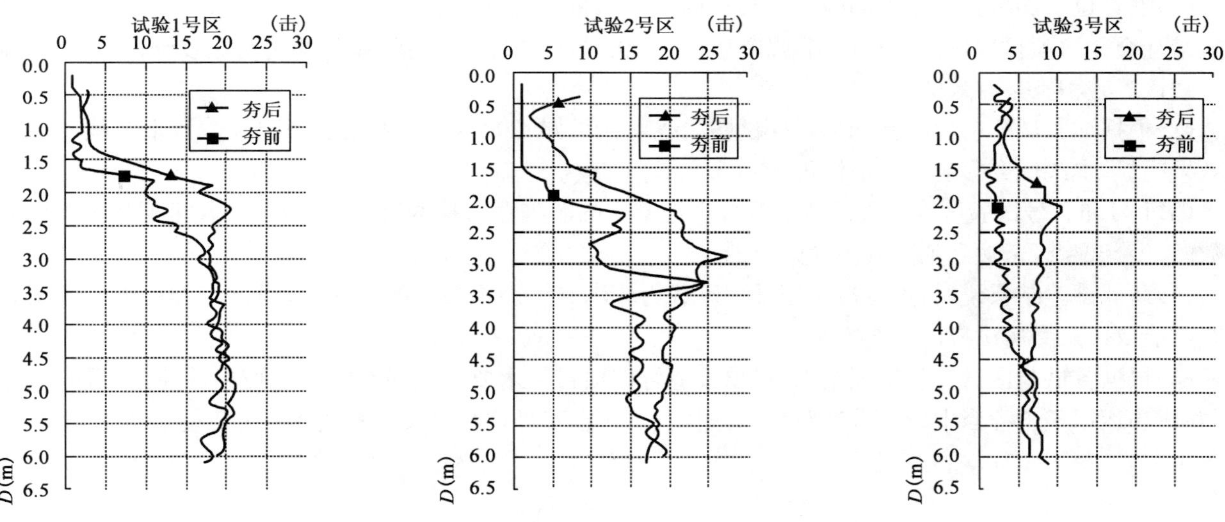

图 3　夯前和夯后动探锤击数随深度变化曲线

Fig. 3　Curve of blow count of dynamic penetration test against depth before and after dynamic consolidation

3.3　荷载试验结果分析

为确定各试验区地基土强夯后天然状态和浸水饱和状态下的承载力，在基础附近（埋深 1.0m 左右）共进行了 10 组荷载试验，在 1 号及 2 号两个试夯区的夯间位置各进行 4 组浅层平板载荷试验，其中 2 组为饱和状态静载试验，2 组为天然状态静载试验；在 3 号试夯区的夯间位置进行 2 组浅层平板荷载试验，其中 1 组为饱和状态静载试验，1 组为天然状态静载试验。试验承压板为圆形钢板，钢板直径为 800mm。

根据《建筑地基基础设计规范》(GB 50007—2011)附录 C 的有关规定，当 p-s 曲线上有比例界限时，取该比例界限所对应的荷载值；当 p-s 曲线上无比例界限时，取 s/b=0.01 所对应的荷载，但其值不应大于最大加载量的一半；结合各组荷载试验 p-s 曲线及 s-lg$t$ 曲线，确定的各试夯区夯后土的承载力特征值见表 5。

从表 5 中可以看出，3 号试验区天然状态和饱和状态下承载力特征值均不能满足技术要求；1 号、2 号试验区“点夯＋满夯”组合情况下天然状态和饱和状态承载力特征值均满足技术要求，但 1 号试验区“点夯＋碾压”组合情况下天然状态和饱和状态承载力特征值均不能满足技术要求。

表 5 各试夯区荷载试验承载力特征值

Table 5 Characteristic value of foundation bearing capacity in loading test of each test site

试夯区编号	试验类型	试验点编号	试验距满夯面或碾压面距离(m)	承载力特征值(kPa)	承载力特征值对应沉降(mm)	s/d (d=800)	是否满足设计要求
1号	饱和土试验	S1-1(满夯区)	1.00	120	1.61	0.0020	满足
1号		S1-3(碾压区)	0.15	90	8.00	0.0100	不满足
2号		S2-1(满夯区)	1.00	120	3.25	0.0041	满足
2号		S2-3(碾压区)	0.15	120	6.31	0.0079	满足
3号		S3-1(满夯区)	0.50	79	8.00	0.0100	不满足
1号	非饱和土试验	S1-2(满夯区)	1.00	200	1.52	0.0019	满足
1号		S1-4(碾压区)	0.15	118	8.00	0.0100	不满足
2号		S2-2(满夯区)	1.00	200	2.64	0.0033	满足
2号		S2-4(碾压区)	0.15	200	6.53	0.0082	满足
3号		S3-2(满夯区)	0.50	145	8.00	0.0100	不满足

4 结语

(1)安哥拉南部威拉高原上的残积土具有遇水软化和湿陷的不良工程特性,必须进行地基处理。通过安哥拉某社会住房项目现场试夯和检测,强夯后地基土的多项物理力学性质指标均有明显改善,说明采用强夯法处理该类残积土是有效的。

(2)根据强夯试验前后圆锥动力触探试验曲线对比可知,2000kN 的夯击能下,4.0m 以上夯间土挤密处理效果明显,本次试夯影响深度最深可达到 5.5m。

(3)1 号和 2 号试验区强夯处理有效深度内地基土的湿陷性已基本消除,但增大夯点间距和减少单点夯击数的 3 号试验区未达到消除湿陷性的目的。

(4)荷载试验结果说明:点夯后碾压处理承载力较满夯处理承载力明显偏低,因此点夯后采取碾压处理工艺不能取代点夯后满夯的工艺。

(5)根据各试验区试夯和检测结果,提出了适合该项目技术要求的强夯施工主控参数建议,得到设计采用,并成功运用于工程当中。本次试验为我国企业首次在安哥拉开展大面积强夯施工奠定了基础。

参 考 文 献

[1] 安哥拉 RED 十万套项目-LUBANGO 居民新城岩土工程勘察报告[R]. 西安:机械工业勘察设计研究院,2012.
(ANGOLA RED one hundred thousand housing project-LUBANGO residents of new town geotechnical report [R]. Xian:China JK Institute of Engineering Investigation and Design,2012.)

[2] 周健,张思峰,贾敏才,等. 强夯理论的研究现状及最新技术进展[J]. 地下空间与工程学报,2006,2(3):510-516.
(ZHOU Jian,ZHANG Si-feng,JIA Min-cai,et al. Theoretic research situation and latest technical progress of dynamic consolidation method[J]. Chinese Journal of Underground Space and Engineering,2006,2(3):510-516.)

[3] 周世良,王江,张明强. 强夯加固机理研究现状及展望[J]. 重庆交通学院院报,2006,25(1):65-70.
(ZHOU Shi-liang,WANG Jiang,ZHANG Ming-qiang. The actuality and prospect of the mechanism research

in dynamic consolidation[J]. Journal of Chongqing Jiaotong University,2006,25(1):65-70.)

[4] 赵华新,凌敏.强夯法研究现状分析[J].合肥工业大学学报,2009,32(10):1606-1611.
(ZHAO Hua-xin,LING Min. Review of current research on dynamic consolidation[J]. Journal of Hefei University of Technology,2009,32(10):1606-1611.)

[5] 庞旭卿.强夯加固技术在湿陷性黄土路基处治中的应用[J].兰州理工大学学报,2010,36(1):117-121.
(PANG Xu-qing. Application of strong tamping reinforcement technique in treatment of collapse loess subgrade [J]. Journal of Lanzhou University of Technology,2010,36(1):117-121.)

[6] 贺为民,范建.强夯法处理湿陷性黄土地基评价[J].岩石力学与工程学报,2007,26(2):4095-4101.
(HE Wei-min,FAN Jian. Evaluation of collapsible loess subgrade treated by dynamic compaction[J]. Chinese Journal of Rock Mechanics and Engineering,2007,26(2):4095-4101.)

[7] 于克萍,折学森.强夯压实黄土路基的现场试验研究[J].长安大学学报,2003,20(2):20-32.
(YU Ke-ping,SHE Xue-sen. Study on field test of dynamic consolidation compacts loess subgrade [J]. Journal of Chang'an University,2003,20(2):20-32.)

[8] 费香泽,王钊,周正兵.黄土强夯的模型试验研究[J].岩土力学,2002,23(4):437-441.
(FEI Xiang-ze,WANG Zhao,ZHOU Zheng-bing. Experimental research of dynamic compaction of loess [J]. Rock and Soil Mechanics,2002,23(4):437-441.)

[9] 胡长明,梅源,王雪艳.离石地区湿陷性黄土地基强夯参数的试验研究[J].岩土力学,2012,33(10):2903-2909.
(HU Chang-ming,MEI Yuan,WANG Xue-yan. Experimental research on dynamic compaction parameters of collapsible loess foundation in lishi region [J]. Rock and Soil Mechanics, 2012, 33(10): 2903-2909.)

[10] 王洋,罗嗣海.黄土强夯加固效果的深度效应[J].东华理工大学学报,2013,36(1):81-85.
(WANG Yang,LUO Si-hai. The depth effect of reinforcement effect of loess ground during dynamic compaction [J]. Journal of East China Institute of Technology,2013,36(1):81-85.)

[11] 中华人民共和国国家标准. GB/T 50123—1999 土工试验方法标准[S].北京:中国计划出版社,1999.
(GB/T 50123—1999 Standard for soil test method [S].)

[12] 中华人民共和国行业标准. JGJ 79—2012 建筑地基处理技术规范[S].北京:中国建筑工业出版社,2013.(JGJ 79—2012. Code for foundation treatment technique in construction [S].)

冲击碾压和强夯处理黄土填方地基效果的对比分析

杜伟飞　张继文　于永堂　梁小龙

（机械工业勘察设计研究院　陕西　西安　710043）

摘　要：在相同的压实度控制标准下，对比分析了采用强夯法和冲击碾压法对黄土填方地基进行处理的压实效果。通过现场取样和室内试验测得两种压实工艺处理后回填黄土的压实特性，获得了两种压实工艺下的压实度随深度的分布曲线；通过深部土体沉降监测，得到两种压实工艺处理黄土填方地基的沉降结果，并获得两种压实工艺处理地基在不同填土厚度作用下的沉降速率随时间的变化曲线。对比两者的压实特性和沉降结果发现，采用冲击碾压工艺处理黄土填方地基的压实效果更佳，压实度沿深度分布均匀，工后沉降速率小于采用强夯工艺处理的黄土填方地基，能够大幅度减小后期固结沉降。在大面积、大厚度黄土填方地基处理工程中，应采用分层检测的方式对施工质量进行控制。

关键词：地基处理　强夯　冲击碾压　压实度　沉降结果

作者简介：杜伟飞(1985—)，男，助理工程师，主要从事湿陷性黄土地基加固技术及黄土高填方地基处理技术等方面的研究工作。E-mail：441976250@qq.com。

Comparative Analyses the Effectiveness of Employing the Impact Compaction Rolling and Dynamic Compaction Methods to Compact the Backfilling Loess Foundation

DU Wei-fei，ZHANG Ji-wen，YU Yong-tang，LIANG Xiao-long

(China JK Institute of Engineering Investigation and Design，Xi'an，710043，China)

Abstract：In situ compactness tests were designed to examine the effectiveness of two compaction methods. The impact rolling and dynamic compaction methods were used to compact the same backfill loess to the same degree of compaction，respectively. After completion of soil compaction，the samples of different depth were selected and the compaction properties of the backfill loess were evaluated according to the results of laboratory experiments. In addition，the vertical soil settlements were also monitored in situ. Comparing the compaction characteristics and the results of vertical soil settlement，it is indicated that the degree of compaction distribution along soil depth is more uniform，and the soil mass is denser by using impact rolling method. Furthermore，layered detection used to control of construction quality is crucial，especially in the large area and thick loess embankment treatment project.

Key words：Foundation treatment，Impact rolling，Dynamic compaction，Degree of compaction，Settlement result.

0　引言

黄土是在干旱气候条件下形成的特殊土，在我国黄土主要集中分布在中西部。随着该地区经济的迅速发展，黄土地区挖填方工程规模日益扩大，地基处理方法也在不断更新进步。作为黄土填方工程中最重要的环节，压实方法的选择对土体压实度控制、工后沉降、环境影响以及工程经济效益等都起着决定性作用。

强夯法是目前黄土地基处理中常用的一种压实方法，国内岩土工程界研究人员就该方法在加固黄土地基方面取得了诸多成果。例如，张兴元[1]、王迎兵[2]都指出低能级强夯加固地基时剪切波和压缩波同时作用，

基金项目：国家科技支撑计划，项目编号：2013BA506BW。

压实土的密度随着强夯处理深度逐渐减小；郑翔[3]研究发现强夯法的有效加固深度和夯沉量采用中心化的多元线性回归公式来计算更为合理；李昭[4]研究指出强夯法处理场地的介质条件对地面振动的振幅谱和卓越频率的影响较大。但是，研究成果主要集中在强夯法用于消除黄土湿陷性和加固黄土地基方面，而强夯法在黄土填方地基中的处理效果研究甚少。

冲击碾压技术是近年才引进国内的压实方法，因其自身具有的施工速度快、有效加固深度大、对场地适应性强等优点，已在国内诸多填方工程中得到成功应用。国内岩土工程界在冲击碾压施工工艺、压实效果等方面已有初步的研究成果[5-10]。但是，冲击碾压技术在黄土填方地基处理中的效果研究相对不多。

本文将开展现场试验研究，在大厚度黄土填方地基处理中同时采用强夯法和冲击碾压法，通过对比分析试验结果，推荐更加适合大厚度黄土填方地基的处理方法。

1 压实原理

1.1 强夯压实原理

强夯过程中，夯锤携带巨大的能量冲击被夯土体，冲击荷载在瞬间使得土体中气体排出，同时瞬间冲击产生的振动波沿土体介质传播并破坏土体颗粒间的部分胶结结构，颗粒相互靠拢并重新排列，土体密实度提高。

1.2 冲击碾压原理

冲击碾压采用冲击式压路机，由轮式大功率牵引车拖动三叶凸形轮进行滚动碾压，滚动碾压过程能够实现静碾压实、振动压实和打夯机压实 3 种功能。其压实能力以静能量 E 来标定，能量计算公式如下：

$$E = mgh \tag{1}$$

式中：E——能量，kJ；

m——动力部件的质量，kg；

g——重力常数，9.8m/s^2；

h——轮子外半径同内半径的差值，$h=R-r$。

2 试验方案

2.1 室内试验

在试验场地取适量扰动回填黄土试样，按照《土工试验方法标准》(GB/T 50123—1999)[11]，测得 $w_l=27.8\%$，$w_p=17.9\%$，$i_p=9.9$，$g_s=2.71$。重型击实试验曲线见图 1，回填黄土最佳含水率为 11.9%，最大干密度为 1.86g/cm^3。

2.2 强夯法处理方案

现场选取一处黄土填方场地，采用强夯法进行地基处理，强夯夯锤重 22.4t、夯锤直径 2.4m、落距 13.4m，夯击能为 3 000kN·m。图 2 为夯点位置布置示意图，采用正方形布置满夯方案，夯击点中心间距 3.4m，土体虚铺厚度 4m，回填土表面采用平碾法整平，单点夯击最后两击夯沉量不大于 50mm，满夯一遍，每遍夯击数不少于 10 击，同时强夯后土体压实厚度小于或等于 3m。

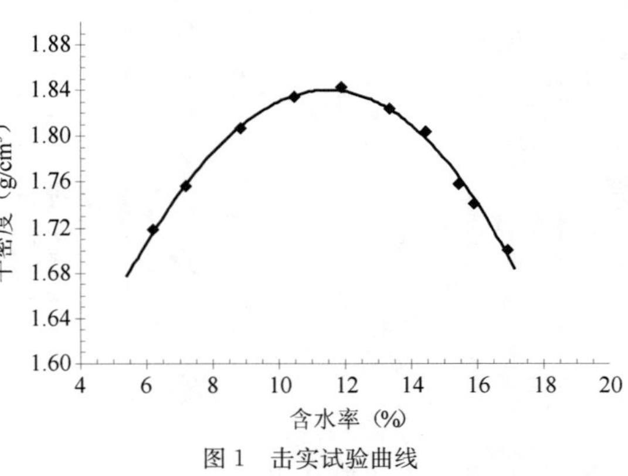

图 1 击实试验曲线

Fig. 1 Curve of compaction test

强夯处理完成后，在夯点中心位置开挖探井取样，取土深度为 0.5m、1.0m、1.5m、2.0m、2.5m、3.0m、3.5m、4.0m、4.5m 和 5.0m。采用烘干法测定含水率，环刀法测定湿密度，然后换算干密度，计算压实度。

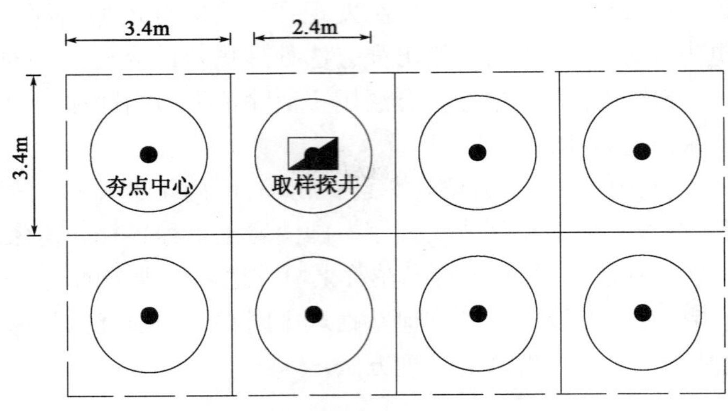

图 2 强夯点布置网格

Fig. 2 Layout grids of impact rolling drops

2.3 冲击碾压法处理方案

现场选取两处黄土填方场地，采用冲击碾压法进行地基处理，冲击式压路机型号为 YCT25，冲击轮宽 900mm，轮间距 1 160mm，自重 16t，行驶时速为 10～15km/h，最大冲击势能 25kJ，冲碾影响深度超过 1.5m[7]。现场冲击碾压试验方案为：回填土虚铺 60cm，按来回错轮，轮迹间不重叠的方式逐行冲碾 24 遍。期间，完成前 12 遍冲碾后，采用履带式推土机进行一次碾压区场地平整，之后完成剩余 12 遍冲碾，推土机整平冲碾场地，压实厚度小于或等于 40cm。图 3 为冲击碾压行走路线示意图。

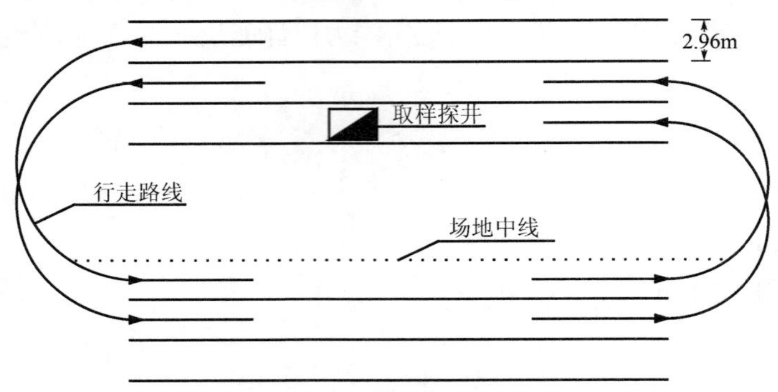

图 3 冲击碾压行走路线

Fig. 3 Routes of impact rolling

冲击碾压处理完成后，开挖探井取样，取土深度为 0.1m、0.2m、0.3m、0.4m、0.5m、0.6m、0.8m、1.0m、1.8m、2.0m、2.8m、3.0m、3.8m 和 4.0m。采用烘干法测定含水率，环刀法测定湿密度，然后换算干密度，计算压实度。

2.4 沉降监测

分别在强夯法和冲击碾压法处理的地基场地选取 5m 厚土层作为沉降监测对象，采用探井埋设方式将 YT-DG-0140 型单点沉降计埋设于压实土体之中，用于监测土层垂直沉降变形。当监测土层上部填土厚度达到 17.1m 时，连续监测了 3 个月；由于工程需要，又继续填土至厚度达到 20.4m 后，继续监测了 3 个月。

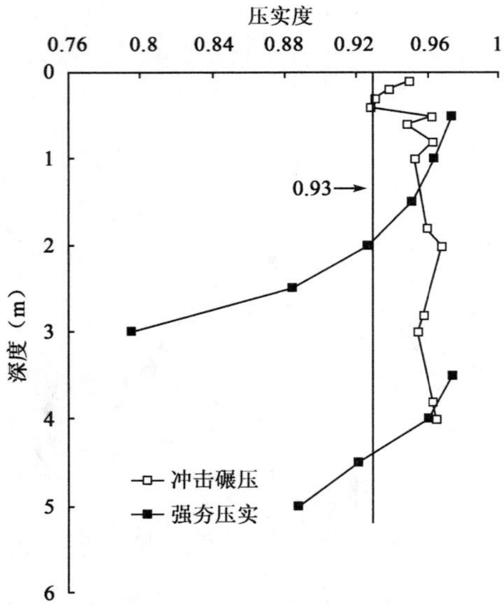

图 4 压实度变化曲线

Fig. 4 The relationship of degree of compaction

3 试验结果分析

3.1 强夯法和冲击碾压法处理回填黄土的压实特性

图 4 为分别采用强夯法和冲击碾压法处理后地基土的压实度

随深部的变化曲线。

由图4中强夯法处理后地基土的压实度随深部的变化曲线可知：

(1)最上面一层强夯处理土层土体即3m深度范围内土体压实度随着深度增加逐渐减小，压实度减小幅度随着深度增加而增大；

(2)夯点下超过2m深土体密实度较小，未能满足压实度控制标准；

(3)3m以下土层属于前一层强夯土层，其压实度分布规律与最上面一层土体压实度分布规律类似。

由图4中冲击碾压法处理后地基土的压实度随深部的变化曲线可知：

(1)最上面一层冲击碾压处理土层土体即0.4m深度范围内土体压实度随着深度增加逐渐减小，但基本满足压实度控制标准；

(2)深度大于0.4m土体压实度均不同程度大于最上面一层土体压实度，并随着深度增加，压实度随之增加；

(3)随着深度增加，压实度变化幅度减小。

由于强夯法瞬间冲击产生的振动波沿松散回填黄土介质传播过程能量衰减速度较大，对深度较大土层夯击密实作用较差，所以导致夯击处理地基土的压实度随深度增加出现了加速递减现象，深部土体甚至不能满足压实度控制标准。但是，冲击碾压法由于其影响深度大于黄土回填虚铺厚度，上层土体的冲碾过程冲碾能量能够穿越本层土体到达深部已处理土层土体，对深部土层土体有二次冲碾作用，所以冲碾处理地基土的压实度随深度增加出现不同程度的增大且均满足压实度控制标准。

3.2 强夯法和冲击碾压法处理回填黄土的沉降结果分析

图5为监测土层上部填土厚度达到17.1m后强夯法和冲击碾压法处理回填黄土的沉降速率变化曲线，图6为监测土层上部填土厚度达到20.4m后强夯法和冲击碾压法处理回填黄土的沉降速率变化曲线。

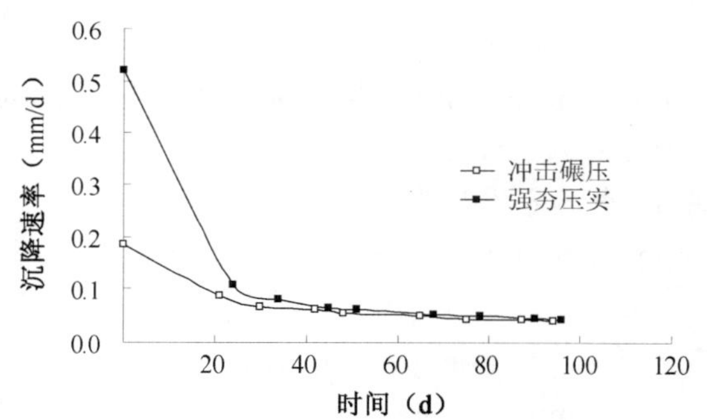

图5 17.1m填土荷载下土体沉降速率变化曲线

Fig. 5 The relationship of settlement of the height of 17.1 meters soil layers

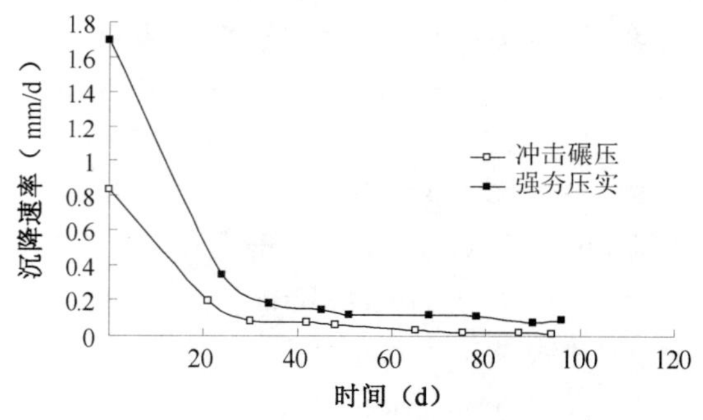

图6 20.4m填土荷载下土体沉降速率变化曲线

Fig. 6 The relationship of settlement of the height of 20.4 meters soil layers

由图5和图6可以看出：

(1)两种压实工艺处理后的土体在不同填土高度荷载作用下沉降速率变化规律相似，均表现为前期沉降速率较大，且沉降速率减小较快，后期沉降速率较小，但沉降速率减小较慢，沉降速率逐渐趋于稳定，沉降速率拐点均出现在填筑完成后一个月左右；

(2)强夯处理地基土体的沉降速率在同等荷载及相同时间条件下，沉降速率大于冲击碾压处理地基土体，尤其表现为前期沉降速率高出一倍。

此外，冲击碾压法处理地基在20.4m厚填土荷载作用下监测土层土体总沉降量为48mm，而强夯压实处理地基监测土层土体总沉降量为98.8mm，前者仅为后者的48.6%。

正是由于冲击碾压法处理地基的土体压实度随深度增加出现不同程度的增大且均满足压实度控制标准，并且大部分土体压实均大于强夯处理地基的土体压实度，所以在同等填土高度荷载作用下，沉降速率和沉降量都小，对黄土回填地基的处理效果更好。

4 结语

本文通过现场及室内试验，分别从强夯法和冲击碾压法处理回填黄土的压实特性和回填黄土的沉降结果两个方面进行了对比分析，得出如下结论：

(1)冲击碾压法处理地基的土体压实度随深度增加出现一定程度的增大，冲击碾压可以保证每层均能够满足压实度控制标准；强夯处理后，夯点下浅部土体的压实度可以大于冲击碾压土的压实度，但随着深度的增加，强夯处理地基的土体压实度有所减小，深度可能达不到压实度控制标准。

(2)在同等填土高度荷载作用下，冲击碾压法处理黄土填方地基的土体沉降速率和沉降量都小于强夯法处理地基，表明冲击碾压法减小了工后沉降，在一定程度上缩短了填土固结稳定的时间。

(3)对大面积、大厚度黄土填方工程而言，采用分层冲击碾压工艺可以取得更好、更稳定的压实效果，可以采取分层检测的方式，整体施工质量更易得到控制；而强夯法在处理黄土大厚度填方工程中，为了得到更好的处理效果，可采取加大夯击能，减小虚铺土层厚度等措施。

参考文献

[1] 张兴元. 湿陷性黄土地基高能级强夯室内模型试验研究. [D]. 兰州：兰州大学，2011.
(ZHANG Xing-yuan. Study of model test of high-energy dynamic compaction for collapsible loess foundation [D]. Lanzhou: Lanzhou University, 2011.)

[2] 王迎兵. 高能级强夯在大厚度湿陷性黄土地区的应用研究[D]. 兰州：兰州理工大学，2010.
(WANG Ying-bing. Application study of high energy level dynamic compaction in thick collapsible loess regions[D]. Lanzhou: Lanzhou University of Technology, 2010.)

[3] 郑翔. 强夯法在处理湿陷性黄土地基中的应用研究[D]. 西安：西安建筑科技大学，2007.
(ZHENG Xiang. Study on application of dynamic consolidation in collapsible loess foundation treatment[D]. Xi'an: Xi'an University Architecture and Technology, 2007.)

[4] 李昭. 强夯振动衰减与场地介质性质相关性研究[D]. 北京：中国地质大学，2002.
(LI Zhao. The study of relativity between heavy tamping vibration attenuation and ground medium character[D]. Beijing: China University of Geosciences, 2002.)

[5] 陆新. 冲击碾压技术在填土地基处理中的应用[J]. 地下空间与工程学报，2010，6(5)：990-994.
(LU Xin. Application of impact roller in the improvement of mountain area fill[J]. Chinese Journal of Underground Space and Engineering, 2010, 6(5): 990-994.)

[6] 任继荣. 强夯加冲击碾压技术在机场场道高填方块石地基中的应用[J]. 施工技术，2010，增(39)：64-66.
(REN Ji-rong. Application of dynamic compaction and impact rolling technology in high-filled rock foundation of airport road[J]. Construction Technology, 2010, 增(39): 64-66.)

[7] 魏永梁，屈耀辉，陈康. 冲击碾压在处理某铁路松软土地基中的应用[J]. 岩土工程学报，2011，33(1)：117-121.
(WEI Yong-liang, QU Yao-hui, Chen kang. Application of impact rolling in treatment of soft ground soils of a new railway[J]. Chinese Journal of Geotechnical Engineering, 2011, 33(1): 117-121.)

[8] 王玉贵. 冲击碾压法在黄土路基施工中的应用[J]. 铁道建筑，2003(6)：49-50.
(WANG Yu-gui. Application of impact roller in the construction of loess subgrade[J]. Railway Engineering, 2003(6): 49-50.)

[9] 王春华，吕俊，赵勇. 冲击碾压技术在云南新河高速公路粉土路基填筑中的应用[J]. 施工技术，2013，42(5)：89-92.
(WANG Chun-hua, LU jun, ZHAO Yong. Application of impact rolling technology in silt subgrade

compaction for Xinjie-Hekou in Yunnan[J]. Construction Technology,2013,42(5):89-92.)

[10] 朱根桥,朱晓霞,李霞. 厚层大粒径填石路堤碾压关键技术研究[J]. 重庆交通大学学报:自然科学版,2013,32(4):677-680.
(ZHU Gen-qiao,ZHU Xiao-xia,LI Xia. Compaction key technology of thick layer and large diameter rock-filling embankment[J]. Journal of Chongqing Jiaotong University,2013,32(4):677-680.)

[11] 中华人民共和国国家标准. GB/T 50123—1999　土工试验方法标准[S]. 北京:中国计划出版社,1999.
(GB/T 50123—1999　Standard for soil test method[S].)

水下挤密砂桩在沉管隧道基础工程中的应用探讨

何洪涛 林佑高 李建宇 王 坤

（中交第四航务工程勘察设计院有限公司 广东 广州 510230）

摘 要：挤密砂桩工法所形成的复合地基具有减小沉降、提高承载力及增大稳定性等作用，因而使得在软土地基上建造海底沉管隧道成为可能。以韩国釜山—巨济跨海通道沉管隧道基础工程、港珠澳大桥岛隧工程沉管隧道基础工程为背景，介绍了沉管隧道在软黏土地基中应用水下挤密砂桩的加固机理、设计方法、施工技术要求及工程案例，并进行了一些讨论。

关键词：复合地基 水下挤密砂桩 沉管隧道基础 软黏土地基 固结和沉降

作者简介：何洪涛（1986—），男，硕士，工程师，注册岩土工程师，主要从事岩土工程地基处理、基础工程等方面的设计和科研工作。E-mail：heht@fhdigz.com。

Application of off-Shore Sand Compaction Pile Method for Immersed Tunnel Foundation Engineering Works

HE Hong-tao, LIN You-gao, LI Jian-yu, WANG Kun

(CCCC-FHDI Engineering Co., Guangzhou 510230, China)

Abstract: The composite foundation with sand compaction pile can reducing settlement, increasing bearing capacity and slope stability, which makes it possible to build the underwater immersed tunnel on the composite foundation. On the background of the off-shore immersed tunnel foundation in the Busan-Geoje fixed link project in south korea and the off-shore immersed tunnel foundation for the Island and tunnel project of the HongKong-Zhuhai-Macao Bridge, the paper introduces the improvement pattern, design method, construction technical requirement and engineering examples with off-shore sand compaction pile in soft clayey ground for immersed tunnel, and gives out some discussion.

Key words: composite foundation, off-shore sand compaction pile, immersed tunnel foundation, soft clayey ground, consolidation and settlement.

0 引言

挤密砂桩（Sand Compaction Pile，简称 SCP）工法是通过振动将砂或类似的材料用桩管压入软弱地基中，并反复向下挤压使得砂桩扩径，使其周围地基发生侧向挤压而使地基变得密实的一种地基加固方法。这种工法通过将高强度的砂桩与软弱地基结合形成复合地基，有提高地基承载力、促进排水效果、增大地基整体刚度、增加滑动阻力、减小沉降及侧向变形的作用，达到地基改良的目的[1,2]。挤密砂桩工法对于砂土地基、黏土地基都能适用，本文主要针对挤密砂桩工法处理黏土地基的加固机理、设计方法、施工技术要求及工程案例进行阐述。

最常见的挤密砂桩工法是回打式桩管挤密工艺。该方法是将贯入至地基指定深度处的套管拔出，并将砂排入地基中，然后将套管再次回打至地基，反复这一过程，通过振动扩径形成高密实度、大直径砂桩[2,3]。

挤密砂桩工法根据使用场地的不同主要分为陆上挤密砂桩工法和水下挤密砂桩工法。陆上挤密砂桩工法在我国公路与铁路路基工程中有一定程度的应用，但桩径都较小且置换率较低。桩径一般在 0.3～0.7m，置换率一般在10%～30%，打设深度一般在25m以内，而且陆上挤密砂桩工法加固软弱地基在我国的应用实例相对较少。宝钢一期工程矿石堆场曾采用了陆上挤密砂桩工法加固软黏土地基，设计桩径为0.5～0.7m，间距1.65～3.0m，打设深度20m，置换率约为10%，利用挤密砂桩＋堆场矿石的分级加载控制有效解决了矿料堆场承重325kPa的地基承载力问题。

图1　挤密砂桩海上施工船

Fig.1　Offshore construction facilities for sand compaction pile

相比于陆上挤密砂桩工法，水下挤密砂桩工法可形成直径1.6～2.0m的大直径、高置换率挤密砂桩，且处理深度最大可达水下70m左右，能有效处理海底深部软弱土层，图1为水下挤密砂桩工法使用的海上砂桩船。目前水下挤密砂桩工法在国外海洋工程软弱地基中应用较多，如日本关西国际机场护岸工程采用了挤密砂桩加固超软土地基，日本东京湾横行道川崎人工岛侧壁采用了直径为1.6m、置换率为78.5%的挤密砂桩加固软黏土地基，韩国釜山新港建设工程沉箱码头基础采用了71%的挤密砂桩加固[2,3]。水下挤密砂桩在我国工程界应用相对较少，2006年，我国上海洋山深水港区二期及三期分别采用了置换率为35%及60%的挤密砂桩对沉箱基础进行加固[4]。2011年形成的港珠澳大桥岛隧工程东西人工岛的护岸工程侧壁及救援码头下方也采用了挤密砂桩进行加固[4]。

2005年，水下挤密砂桩工法首次在韩国釜山—巨济跨海沉管隧道基础工程中应用，其中部分管节基础采用置换率为40%～60%的挤密砂桩加固，并获得成功[5]。2012年，港珠澳大桥岛隧工程沉管隧道过渡段基础采用了大直径、高置换率的挤密砂桩进行了加固，并取得了良好效果[6]。

1　挤密砂桩在黏土地基中的加固机理

1.1　基本原理

挤密砂桩在黏土地基形成的桩体与桩周围的黏土形成复合地基，在荷载作用下，复合地基中桩体与桩间土共同承载上部结构传来的荷载[7]，基本原理如图2所示。

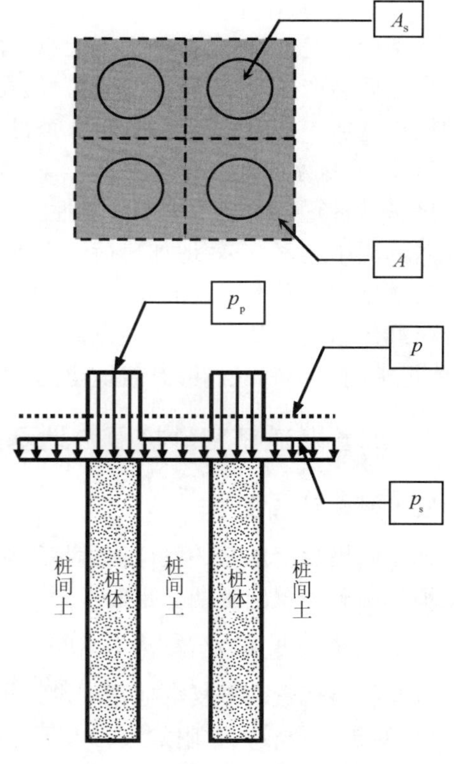

图2　挤密砂桩复合地基示意图

Fig.2　Schematic of composite foundation with sand compaction pile

复合地基桩体面积为A_s，加固的总面积为A，则置换率m为：

$$m=\frac{A_s}{A} \tag{1}$$

当复合地基受到垂直荷载时，由于桩体与桩间土的刚度不同，在桩体上会出现应力集中。作用于桩体上的应力p_p与作用于桩间土上的应力p_s之比为应力分担比n。根据垂直方向上的总应力p、应力分担比n和置换率m可计算出桩体上的应力p_p和桩间土上的应力p_s：

$$n=\frac{p_p}{p_s} \tag{2}$$

$$p_{p}=\frac{np}{1+(n-1)m}=\mu_{p}p \tag{3}$$

$$p_{s}=\frac{p}{1+(n-1)m}=\mu_{s}p \tag{4}$$

式中：A_s——桩体面积，m^2；

A——所加固的总面积，m^2；

m——置换率；

p——作用于复合地基上的总应力，kPa；

p_p——作用于桩体上的应力，kPa；

p_s——作用于桩间土上的应力，kPa；

μ_p——应力集中系数；

μ_s——应力降低系数或应力修正系数。

1.2　挤密砂桩复合地基的加固效果

1.2.1　置换作用

对于黏性土地基(特别是饱和软黏土)，挤密砂桩通过向软土地基压入高强度砂料将软弱土层强制排开并置换，在地基中形成高密实度和大直径的桩体，它与原黏性土形成复合地基共同工作，从而提高了地基的整体稳定性和抗破坏能力。

1.2.2　挤密作用

挤密砂桩通过贯入、扩径产生大直径的桩体，使得桩间土压密并挤出，当挤密砂桩置换率较大时，一般在打设完之后会产生几米高的隆起量。但在饱和黏性土地基中，挤密作用并不是很明显，可能还会对原黏土地基的结构造成一定的破坏，但一般3个月之后，黏土地基结构得以恢复，并获得比原地基更大的强度。

1.2.3　排水作用

挤密砂桩置换了地基中部分黏性土后，形成良好的竖向排水通道，由于砂桩缩短了排水距离，从而可加快地基的固结速率，有效地加速荷载产生的超孔隙水压力的消散，加速地基的沉降。

挤密砂桩与黏土组成的复合地基中，砂桩主要起到竖向增强体作用。一方面桩体承担了部分荷载，将上部分荷载传递至地基深处；另一方面，挤压并置换了软土，改善了软土排水条件，提高软土本身的物理力学性能，使得桩间土与砂桩能够有效地协同工作，从而提高了地基承载力和抗变形能力[8,9]。

2　沉管隧道挤密砂桩复合地基设计

2.1　设计指标

挤密砂桩复合地基的设计应满足绝对沉降及差异沉降的要求，使得整个基础的沉降、刚度协调一致，且满足地基承载力及施工期稳定要求。

2.2　设计思路及原则

沉管隧道挤密砂桩复合地基的设计思路及原则一般包括以下几个部分：

(1)对于荷载较大且附加应力大于零的区域，采用挤密砂桩复合地基+堆载预压组合处理的方法，提前消除基础的主固结沉降且满足承载力要求。

(2)对于荷载较小且附加应力小于零的区域，仅采用挤密砂桩复合地基方法，满足整个基础的沉降、使刚度协调一致。

(3)对于地质条件变化复杂的区域，采用不同挤密砂桩置换率处理的设计原则，满足整个基础的沉降、使刚度协调一致。

(4)根据绝对沉降要求,通过原位测试如标准贯入试验、静力触探试验等方法来确定挤密砂桩底设计深度。

2.3 沉管隧道挤密砂桩复合地基设计步骤

沉管隧道结构与基础共同作用形成整体,同时隧道基础与地基土更密切相关,除考虑上部结构传下的荷载、基础的材料和结构形式外,还必须考虑地基土的强度和变形特性,因此需采用动态设计方法进行沉管隧道挤密砂桩复合地基设计。

(1)收集并调查沉管隧道范围内的地形地貌、地质情况、水文等基础资料,得到相关参数。

(2)确定沉管隧道的使用荷载、强度及刚度等使用要求,作为设计输入条件。

(3)计算使用荷载下天然地基的地基承载力、沉降及变形协调情况,确定地基需要加固的范围。

(4)根据施工条件,采用常规、成熟的挤密砂桩复合地基技术方案,确定包括桩径大小、布置形式、置换率、加固深度等参数。

(5)在初步条件及参数确定下,进行沉管隧道挤密砂桩复合地基计算,包括稳定、地基承载力、沉降及固结等计算。

(6)根据复合地基计算结果,进行沉管隧道的强度、刚度验算,根据验算结果进行优化调整,直到得到最优的设计方案。

3 挤密砂桩复合地基施工技术要求

3.1 材料

挤密砂桩所使用的砂料宜采用中、粗砂,含泥量不宜过大,砂料中可混有少量的砾料。

3.2 典型施工

对于地区经验较少,地质条件复杂的场地,大面积施工前宜进行挤密砂桩典型施工,通过现场试验检验设计要求和确定施工工艺及施工控制要求,包括填砂量、提升高度、挤压时间、桩底高程等。

3.3 成桩及扩径要求

挤密砂桩施工过程中应保证砂桩桩身的连续性,且正常扩径时灌砂量不应低于计算灌砂量。

3.4 施工工序

为保证挤密砂桩施工质量,应合理安排施工工序,可参考图3和图4。

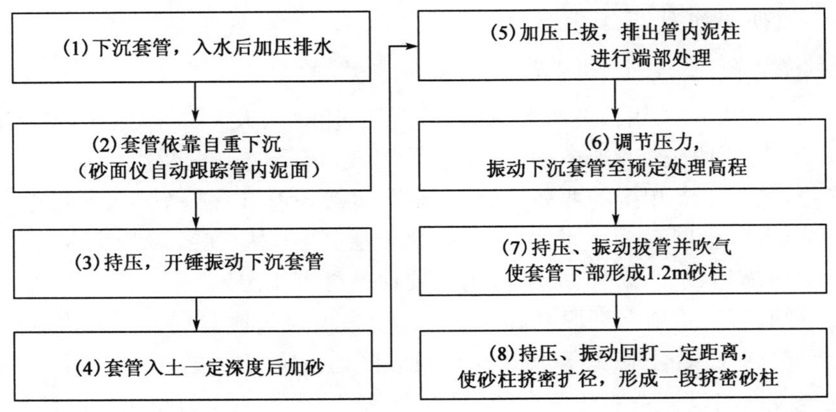

图3 挤密砂桩施工工序流程

Fig. 3 Process flow chart of sand compaction pile construction

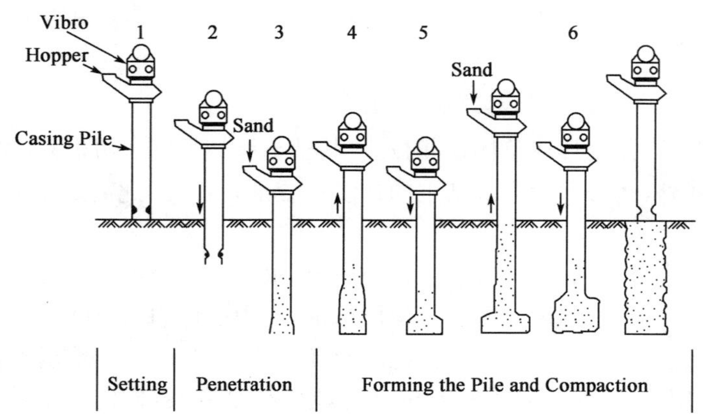

图 4 挤密砂桩工法施工示意图

Fig. 4 Schematic of construction process of sand compaction pile

4 工程案例

4.1 韩国釜山—巨济跨海通道沉管隧道工程

韩国釜山—巨济跨海通道的主体工程为长度 3240m、18 个管节组成的沉管隧道，施工地点水深最深达 48m，海上施工条件复杂。沿着沉管隧道中心线下方的软土纵向底高程为－20～－65m，软土最厚的地方为 30～40m 厚，工程地质条件复杂，其中沉管隧道下方的海相沉积软土为结构性黏土，物理力学性质见表 1。

表 1 海相沉积软土（结构性黏土）物理力学指标

Table. 1 Parameters of marine sediment

参数 / 土名	重度 γ (kN/m³)	孔隙比 e_0	压缩指数 C_c	回弹再压缩指标 C_s	有效黏聚力 c'(kPa)	有效摩擦角 φ' (°)
海相沉积软土	14.7	2.44	1.25	0.091	3	25

为了消除海相沉积软土的沉降，沉管隧道基础主要采用水下挤密砂桩工法和 CDM 工法进行地基处理，沉管隧道基础纵断面图和典型横断面图见图 5。其中 E15～E17 管节长约为 540m 范围采用挤密砂桩＋堆载预压处理，挤密砂桩直径为 1.2～2.0m，地基处理深度最深达水下 70m 左右，由于回填荷载较大，超载比最大超过了 2.5。沉管隧道基础下方采用了两种不同直径的挤密砂桩，上层挤密砂桩采用了直径 2.0m、间距为 3.0m×2.6m 的矩形布置形式，置换率约为 40%；下层挤密砂桩采用了直径 1.6m，间距为 3.0m×2.6m的矩形布置形式，置换率约为 26%[5]。

4.2 港珠澳大桥岛隧工程沉管隧道工程

港珠澳大桥全长约 35.0km，采用桥隧组合方案，桥隧通过东、西人工岛衔接。主体工程岛隧工程中，沉管隧道总长 6 700m，其中沉管段长 5 664m，由 33 个管节组成，沉管隧道纵断面见图 6。由于沉管隧道通过人工岛与桥梁段相连接，与人工岛相接的西岛过渡段、东岛过渡段存在深厚软基，工程地质条件复杂。根据地质资料，隧道沿线主要下卧土层有①-1 淤泥层、②-1 黏土层、③-1 黏土层、③-2 粉质黏土夹砂以下卧砂层，其中，①-1 淤泥层饱和，压缩指数大，属欠固结土，为主要地基处理土层。

由于土层性质的不同，沉管隧道深埋段基础向人工岛上段基础过渡分别采用天然地基、挤密砂桩复合地基、高压旋喷桩复合地基、PHC 复合地基，以满足整个沉管隧道沉降与刚度的协调一致。沉管隧道西岛过渡段的挤密砂桩地基处理段纵向设计主要分两个区域，见图 7。对于附加应力小于 0 的区域，采用挤密砂桩复合地基的处理方式，挤密砂桩采用了直径 1.5～1.6m，间距为 1.8m×1.8m 的正方形布置形式，置换率为 55%～62%，典型横断面见图 8；对于附加应力大于 0 的区域，采用挤密砂桩复合地基＋堆载预压的处理方式，挤密砂桩采用了直径 1.5～1.7m，间距为 2.1m×2.1m、1.8m×1.8m 的正方形布置形式，置换率为 42%～70%，超载比约为 1.3，堆载区域两侧还设置了直径 1.0m，间距为 2.7m×2.7m 正方形布置、形式，置换率约为 11%的排水砂井作为堆载预压期排水通道，典型横断面见图 9。

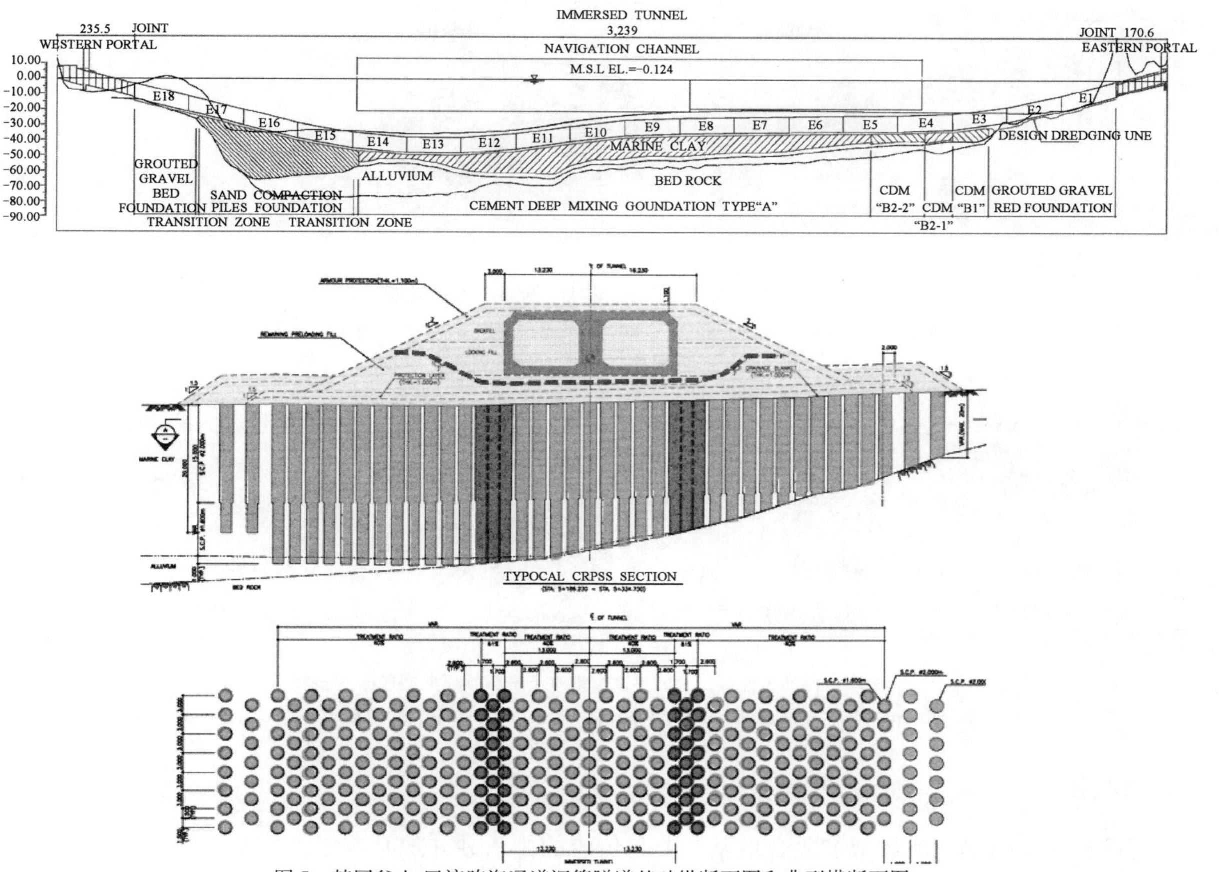

图 5　韩国釜山-巨济跨海通道沉管隧道基础纵断面图和典型横断面图

Fig. 5　Longitudinal and typical cross section ofimmersed tunnel of Busan-Geoje Fixed Link project

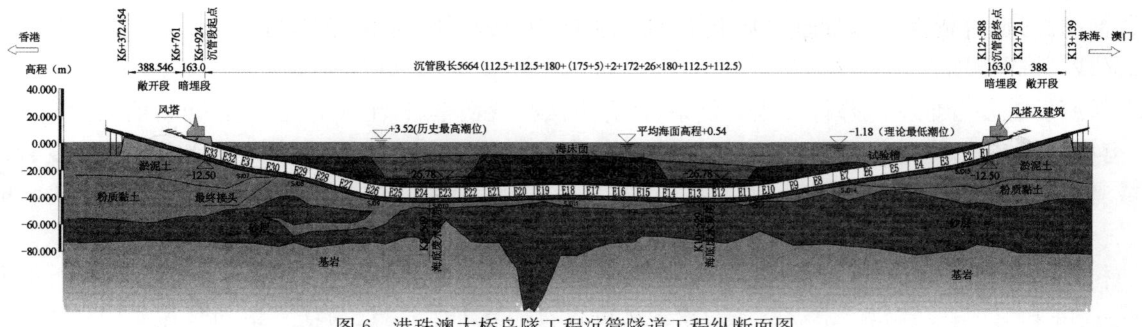

图 6　港珠澳大桥岛隧工程沉管隧道工程纵断面图

Fig. 6　Longitudinal section of immersed tunnel of Island & Tunnel Project of HongKong-Zhuhai-Macao

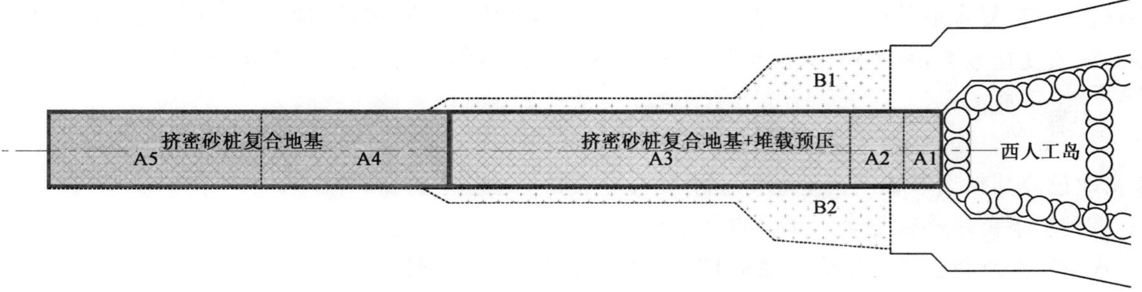

图 7　港珠澳大桥岛隧工程沉管隧道西岛过渡段地基处理平面图

Fig. 7　Ground treatment plan of west island transition of immersed tunnel of island and tunnel project of HZMB

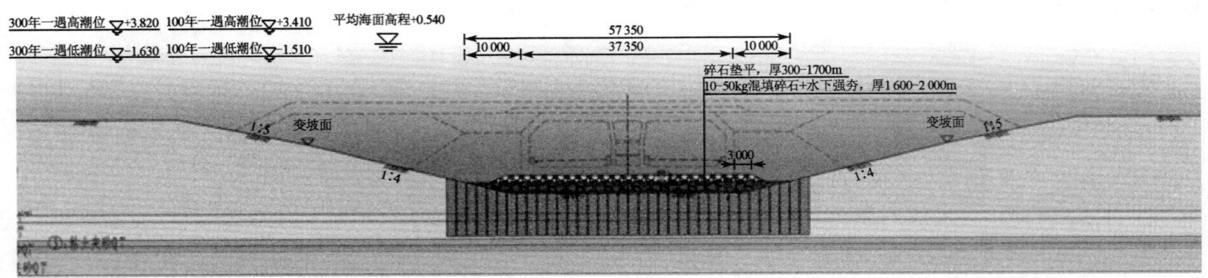

图 8 西岛过渡段挤密砂桩复合地基典型横断面图

Fig. 8 Typical cross section of sand compaction pile in West island transition

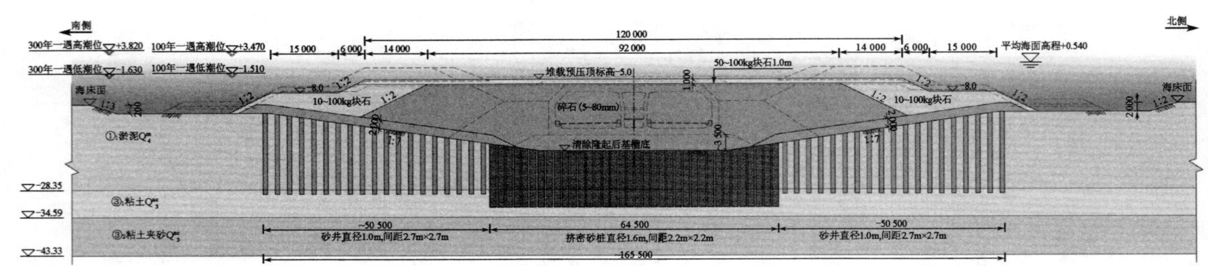

图 9 西岛过渡段挤密砂桩复合地基+堆载预压典型横断面图

Fig. 9 Typical cross section of sand compaction pile with surcharge preloading in west island transition

5 讨论

挤密砂桩加固软黏土所形成的复合地基并非与传统的排水砂井地基或柔性桩复合地基相同，设计与实际施工加固过程中，还存在一些尚未明确的问题需要进一步探讨。

(1)传统的排水砂井直径小、置换率低，主要作为竖向排水体，起着加快土体固结的作用；而挤密砂桩直径大、置换率高，通过置换大部分原地基土体，即在土体中设置了竖向增强体，与原地基形成复合地基一起承受上部荷载，共同作用。

(2)挤密砂桩复合地基沉降计算较为复杂，计算方法与置换率、桩土应力比等有关，目前国内外常用的计算方法有应力折减法、压缩模量法、桩身压缩量法等，每一种方法均无法准确计算得到挤密砂桩复合地基的沉降，或者针对不同的土质条件存在地域性，这需要大量的实测资料进行验算反分析并修正现有的计算方法。

(3)挤密砂桩加固软黏土的固结过程很快，主要是因为挤密砂桩直径大、置换率高，水平排水间距短，传统的 Tezaghi 和 Barron 解并一定完全适合挤密砂桩复合地基固结计算，包括井阻和涂抹作用效应也并非适合挤密砂桩。

(4)挤密砂桩复合地基的加固机理也需要进一步分析研究，特别是桩土应力比，不同的案例实测得到的桩土应力比值变化较大，与置换率、砂桩直径、桩身密实程度等有关，目前尚无明确的确定方法。

6 结语

本文通过介绍挤密砂桩复合地基应用于沉管隧道黏土地基中的加固机理、设计方法、施工技术要求及工程案例，得到水下挤密砂桩复合地基特点如下：

(1)水下挤密砂桩工法与陆上挤密砂桩工法相比，有成桩直径较大、置换率较高、处理深度较深、适用范围较广等优势，是我国海洋工程加固软弱地基的一种新工法。

(2)水下挤密砂桩工法可根据建筑物要求如沉降、承载力等要求，制订合理的设计方案及施工工艺，满足建筑物在施工期及使用期的使用要求。

(3)水下挤密砂桩工法在韩国釜山—巨济跨海通道沉管隧道基础工程、港珠澳大桥沉管隧道基础工程中成功应用,并获得良好效果,挤密砂桩复合地基可满足海底沉管隧道基础沉降、承载力、稳定性的要求。

(4)挤密砂桩加固软黏土所形成大直径桩体、高置换率的复合地基与传统的砂井、砂桩地基不同,挤密砂桩复合地基的沉降、固结、受力模式等加固机理还存在一些尚未明确的地方,这些问题需要进一步探讨。

参 考 文 献

[1] 地基处理手册编写委员会. 地基处理手册[M]. 3 版. 北京:中国建筑工业出版社,2008.
(Compiling Committee of Handbook of Ground Treatment. Handbook of ground treatment [M]. Third edition Beijing:China Architecture and Building Press,2008.)

[2] Port and Harbours Bureau, Ministry of Land, Infrastrcture, Transport and Tourism (MLIT), et al. Technical standards and commentaries for port and harbor facilities in Japan[M]. Japan:The Overseas Coastal Area Development Institute of Japan,2009.

[3] 地盤工学会. 打戻し施工によるサンドコンパクションパイル工法設計施工マニュアル[M]. 社団法人地盤工学会,2009.

[4] 尹海卿. 水下挤密砂桩加固软土地基技术[M]. 北京:人民交通出版社,2013.
(YIN Hai-qing. A technique to treat the marine soft ground using sand compaction pile[M]. Beijing: China Communications Press,2013 .)

[5] YEOWARD A, SIG KOO I, FRASER D. Design and construction of busan-geoje fixed link, s. korea [J]. Bridge Engineering 163,2010 (BE2):59-66.

[6] 李建宇,梁桁. 港珠澳大桥岛隧工程隧道基础沉降计算及参数选取[J]. 水运工程,2013 (7):84-89.
(LI Jian-yu, LIANG Heng. Settlement calculation method and parameters selection of tunnel foundation for island-tunnel project of HZMB [J]. Port & Waterway Engineering,2013(7):84-89.)

[7] 龚晓南. 复合地基理论及工程应用[M]. 2 版. 北京:中国建筑工业出版社,2007.
(GONG Xiao-nan. Theory of composite foundation and engineering application [M]. Second edition Beijing:China Architecture and Building Press,2007 .)

[8] 莫景逸,黄晋申. 挤密砂桩在海洋接岸地基加固工程中的应用[J]. 水运工程,2007(11):130-135.
(MO Jing-yi, HUANG Jin-shen. Application of sand compacted pile for ground treatment of oceanic shore protection engineering works[J]. Port & Waterway Engineering,2007(11):123-128.)

[9] 顾祥奎,王晓晖. 重力式码头水下挤密砂桩复合地基设计[J]. 水运工程,2011 (11):227-231.
(GU Xiang-kui, WANG Xiao-hui. Design of composite foundation with sand compaction piles under gravity quay[J]. Port & Waterway Engineering,2011(11):227-231.)

强夯挤密法在机场地基处理中的应用

张玉坤　张莎莎　李玺阳

（长安大学　陕西西安　710064）

摘　要：强夯法和堆载预压法在地基处理中的应用越来越广泛。针对目前单一使用一种地基处理方法的局限性，验证了使用强夯挤密法（强夯法和堆载预压法的综合方法）对地基处理中各项指标的完成具有很好的实际效果。经过分析众多机场施工实例，对于处于冲洪积地层同时场地均匀性较差且具有液化地层的机场，在对该类型机场在进行地基处理时，可采用强夯挤密法进行地基处理。根据强夯法和堆载预压法各自的作用原理，经过现场试验和施工场地数据分析证明强夯挤密法对于处理该类型机场具有很好的实际效果。结合工程实例，通过使用强夯挤密法处理机场地基后，使得机场跑道的强度、密实度和压缩模量等方面都达到了规范要求。根据民用机场飞行区道面基础施工技术规范的要求，得出强夯挤密法具有很好的应用前景。

关键词：地基处理　密实度　压缩模量　强夯挤密法　堆载预压法

作者简介：张玉坤（1989—），男，长安大学硕士研究生，主要从事道路岩土工程等方面的学习和科研。E-mail：zyk19890114@126.com。

The Application of The Dynamic Compaction Method on the Foundation Treatment of the Airport

ZHANG Yu-kun，ZHANG Sha-sha，LI Xi-yang

（Chang'an University，shanxi，Xian 710064，China）

Abstract：Dynamic compaction and preloading method applied more widely in foundation treatment. Aiming at the limitation of the use of a single ground treatment methods，the use of dynamic compaction method（comprehensive method of preloading and dynamic consolidation method）has a good practical effect to complete the indicators in foundation treatment. After the analysis of many airport construction examples，for the airports which are in the alluvial strata and the ground uniformity of the airports is poor and which has liquefied stratum，the dynamic compaction method can conduct the foundation treatment on that type of airports. According to the respective roles of the principle of dynamic compaction and preloading method，through field test and data analysis proves that the dynamic compaction method has very good actual effect on this type of airport for the treatment. Combining with the engineering examples，by using the dynamic compaction method in airport ground handling，the airport runway of the strength，density and compression modulus have reached the specification requirements. According to the civil airport flight area for technical specification for construction of foundation，the dynamic compaction method has good application prospect.

Key words：ground handling，compactness，compression modulus，compaction method，preloading method.

0　引言

处于冲洪积地层同时场地均匀性较差且具有液化地层的机场，其对地基处理后的各项地基指标要求较高。国内机场跑道常用的地基处理方法有强夯法和堆载预压法等。强夯法具有施工周期短、造价低，同时对周围环境影响较大的特点；堆载预压法具有地基处理效果好，但施工周期较长的特点。由此可见，在对机场跑道进行地基处理时，单一的地基处理方法在很多情况下都有其局限性。强夯挤密法是强夯法与堆载预压法两种方法的综合，在进行地基处理时能够取得对施工周期、造价以及环境影响等多方面的综合平衡效果，使得强夯挤密法具有很好的优越性。

1　工程概况

1.1　场区地质条件

天津新区拟建机场地层以粉土和粉质黏土为主，地下水埋藏较浅，年平均稳定水位为－2.00m左右，自上而下土层分布见表1。

表1　场区地层分布

Table 1　Field area stratum distribution

土层＼参数	饱和度	塑性状态	压缩度	埋深(m)
①粉土	饱和	软塑～流塑	高压缩	1.10～4.70
②粉细砂	饱和	软塑～流塑	高压缩	3.5～7.5
③黏质粉土	饱和	软塑	高压缩	8.10～11.30
④粉质黏土	饱和	软塑	中等压缩	10.30～13.60
⑤砂质粉土	饱和	可塑～软塑	中等压缩	15.70～18.85

土层＼参数	承载力(kPa)	压缩模量(MPa)	分布状态
①粉土	粉土，f=90～105 粉质黏土，f=65～85	粉土，E_s=5.6～7.0 粉质黏土，E_s=2.6～3.2	西部分布稳定，中部为粉质黏土所取代，东部为粉质黏土加粉土
②粉细砂	中、西部，f=110～150 东部，f=90～110	中、西部，E_s=8.0～11.0 东部，E_s=5.5～7.0	中、西部分布稳定，厚度较大；东部厚度较小，密实度较中、西部松散
③黏质粉土	f=80～100	E_s=3.5～4.0	分布均匀
④粉质黏土	f=100～120	E_s=5.0～5.8	分布较为均匀
⑤砂质粉土	砂质粉土，f=125～170 粉质黏土，f=100～120	砂质粉土，E_s=8.0～15.0 粉质黏土，E_s=4.5～5.2	分布比较均匀

1.2　场区主要不良工程地质条件有

(1)就场区大部分地段而言，③、④和⑤层为相对软弱下卧层。

(2)场区地基均匀性差，总体上呈现中部好、西部稍差、东部最差的分布形态。场区东部局部夹有薄层软土透镜体，相对较好的第②层粉细砂分布较薄、密实度较差。

(3)场区浅层地基主要为粉细砂和粉土，地下水位较浅，发生液化的可能性较大。埋深15m深度内的饱和粉土、粉细砂具有发生中等液化的可能，液化主要可能发生在第②层土的中上部。

2　场区地基处理要求

2.1　拟建机场地基设计要求

天津新区拟建机场地处黄河冲洪积地层，场地地层均匀性差，厚度变化大。根据机场设计要求以及民用机场飞行区基础施工技术规范，需对场区跑道的天然地基进行加固处理，使得加固后的地基在强度和沉降方面应该满足表2所示设计要求。

表2 地基强度和沉降设计要求

Table 2 Foundation design requirements for strength and settlement

承载力标准值(kPa)	压实度(%)	压缩及回弹模量(MPa)	有效加固深度(m)	液化层范围(m)	剩余沉降(cm)	差异沉降(cm)
f_k>120	0～1m，K≥96 1～4m，K≥93	E_s>10 E_0>40	西区，D≤7 东区，D≤6	0～10	≤5	≤5

2.2 机场土基密实度要求标准

近年来，民用机场飞机运行量增长较快，使用荷载也呈现出增大的趋势，客观上对土基的要求越来越高；土基压实的好坏对道面使用性能和寿命影响较大，而且一旦土基压实不好就会给道面带来病害，往往很难处理；大型飞机的有效作用深度可达4～5m，因此对土基顶面以下1～4m范围内填方的密实度都有较高要求。民用机场道面往往在土基施工完成后很快即开始铺筑，土基没有足够的自然沉降时间。由于以上原因，民航机场对土基密实度具有较高要求。另外，对于高填方地段，除控制密实度外，还应对土基总体沉降量及不均匀沉降量加以限制。

《民用机场飞行区土(石)方与道路基础施工技术规范》(MH 5014—2002)[1]规定了土基的密实度标准，见表3。应用该表时要注意，对特殊干旱地区、特殊潮湿地区和高液限黏土土基，根据现场情况，密实度可适当降低1%～3%。对于特殊土土基，应根据土基处理要求，通过现场试验分析确定压实标准[6]。

表3 土方密实度要求

Table 3 Earthworks compactness requirements

部 位			土基顶面或土面以下深度(m)	重型击实法的密实度(%)	
				飞行区指标	
				A、B	C、D、E、F
土基区	填方		0～100	96	98
			100～400	93	95
			>400	92	93
	挖方及零填		0～30	96	98
土面区	填方	跑道端安全区	0～80	85	90
			>80	83	88
		升降带平整区	0～80	85	90
			>80	83	88
		其他土面区	0～80	80	85
			>80	80	85
	挖方及零填	跑道端安全区	0～30	85	90
		升降带平整区	0～30	85	90
		其他土面区	0～20	80	85

3 地基处理方案的选择与应用

3.1 地基处理方案选择

根据分析本工程的工程概况以及不良工程地质条件，若只采用堆载预压法，特别是超载预压法，对于机场工程，由于施工面积大，最主要的难题是土方工程极其浩大，土源问题难以解决。同时本场地第③、④层为黏土层，排水条件较差，施工周期会很大。强夯法可解决因场区地层分布不均匀可能引起的工后差异沉降问题以及砂土液化问题。若仅采用强夯法，大能量的强夯施工容易对黏性土层的天然结构产生有害扰动，从而不但不能加固地基，反而使得土体初始强度大幅度丧失。本工程第③、④层为相对软弱下卧层，所以土体结构存在被破坏的可能性。若采用强夯挤密法，施工过程中地基中设置竖向砂井同时上覆砂垫层，砂垫层上面的预压堆载可以增加土中的附加应力，产生的超静水压力使水加快排出第③、④层的软土地基，快速提高地基土的强度，为后面强夯法的应用创造了实施条件。强夯法的应用会进一步提高土体强度，缩短施工周期，同时也有很好的经济效果[2-4]。

经过以上施工方法的分析，强夯挤密法比单纯采用某种处理方案在处理该场区地基时具有很大的优势，因此该地基处理方案采用强夯挤密法。

3.2　强夯挤密法处理方案的应用

强夯挤密法分为堆载预压和强夯两部分，前期要铺设水平砂垫层和竖向排水井。

3.2.1　堆载预压法

堆载预压法的前期，在地基中布置竖向排水井以及水平砂垫层。竖向排水井可以作为排水通道，缩短孔隙水排出的途径，加速地基固结的进程。水平砂垫层在地基处理过程中作为排水通道，将砂井中的水排到工程场地外。在强夯法处理过程中，还可作为一层“硬壳层”，保护第③层软弱地基的土体结构不被大能量的夯击能破坏掉。

堆载预压法是地基土在荷载作用下，地基内产生的附加应力首先传递到地基孔隙水上，并由此产生超静孔隙水压力。随着超孔隙水压力由表及里的逐渐消散，附加应力也逐渐从孔隙水转移到土骨架上，因此使地基内有效应力逐渐提高。由于有效应力的不断提高，而孔隙水渐渐从孔隙中慢慢被排出，使孔隙体积慢慢减少，地基逐渐产生固结变形，这即为排水固结法。如果预压荷载大于设计荷载，即所谓超载预压，则效果更好。在设计荷载下土层处于正常固结状态，在超载预压下相对于设计荷载时土层处于超固结状态，应用超载预压使设计荷载下的残余变形大为减少(图1)。

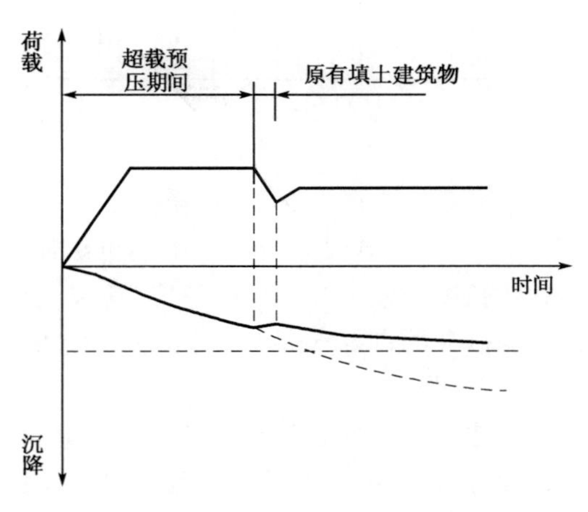

图1　超载预压法

Fig.1　Preloading method overloading

(1)超载预压法：

超载预压可缩短预压时间，在预压过程中，任一时间地基的沉降量可表示为[5]：

$$s_t = s_d + \overline{U}_t s_c + s_s \tag{1}$$

式中：s_t——时间 t 时地基的沉降量，mm；

s_d——由于剪切变形而引起的瞬时沉降，mm；

$\overline{U}_t$—— t 时刻地基的平均固结度；

s_c——最终固结沉降，mm；

s_s——次固结沉降，mm。

为了消除超载卸除后继续发生的主固结沉降，超载应维持到使土层中间部位的固结度 $(U_z)_{f+s}$ 达到下式要求：

$$(U_z)_{f+s} = \frac{p_f}{p_f + p_s} \tag{2}$$

本工程方法的采用，需要将超载保持到在 p_f 作用下所有的点都完全固结为止，这时土层的大部分处于超固结状态。

(2)竖向排水砂井布置：

砂井直径和间距主要取决于土的固结特性和施工期限的要求。井径和井间距关系是“细而密”比“粗而稀”为佳，也就是说，砂井直径可细到不影响施工质量，间距密到不破坏土体结构而又经济合理即可。砂井直径一般为 0.3～0.4m(图 2)。

本施工工程中，砂井在地基中布置为正方形(图 3)，其井径和间距关系如下：

$$d_e=\sqrt{\frac{4}{\pi}}\cdot l=1.13l \tag{3}$$

式中：d_e——砂井的有效直径，m；

l——砂井间距，m。

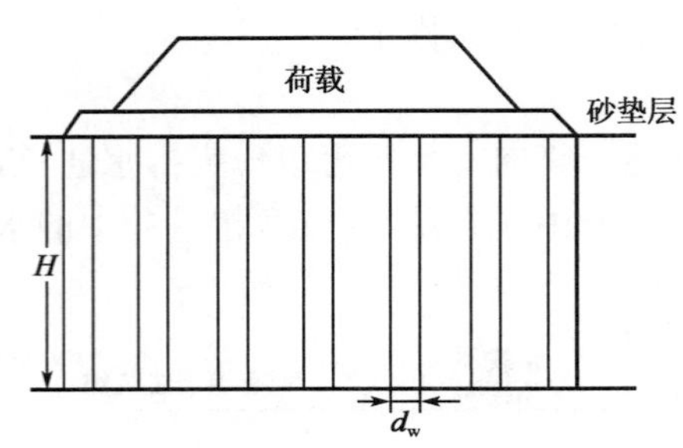

图 2　砂井布置立面图

Fig. 2　Sand well furnished elevation

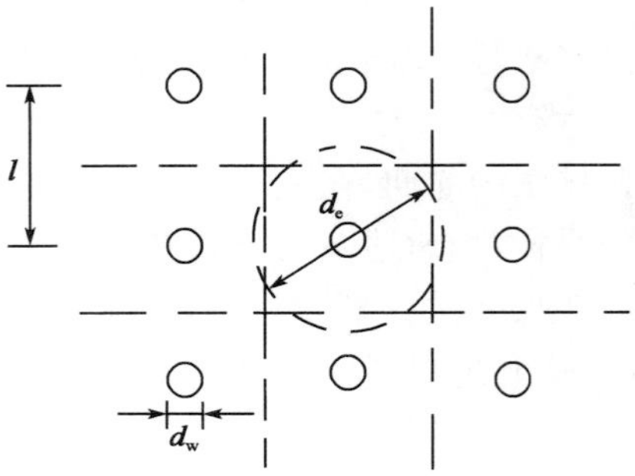

图 3　正方形平面布置

Fig. 3　Square layout

砂井长度应根据软土层的厚度、荷载大小和工程要求而定。砂井长度一般为 10～20m。砂垫层布置时要保持与砂井的良好连通性，施工时，砂垫层的厚度一般取 0.5m 左右。

3.2.2　强夯法

强夯法适用于加固碎石土、砂土、低饱和度的黏性土、素填土、杂填土和湿陷性黄土等地基。可达到提高土的强度、降低土的压缩性、改善沙土的抗液化条件、消除湿陷性黄土的湿陷性等效果。夯击能够提高土层的均匀程度，减少地基可能出现的差异沉降。本场区地基加固成功与否的关键在于较为软弱的第③层粉质黏土。一般而言，大能量的强夯施工容易对黏性土层的天然结构产生有害扰动，从而不但不能加固地基，反而使得土体初始强度大幅度丧失。但针对本工程而言，地层呈上硬下软的分布形态，由于地基上方铺设了砂垫层，同时第①、②层土颗粒较粗，土的透水性较好，因此强夯方案容易实施，加固效果明显，从而为较为软弱的第③层粉质土层起到上覆“硬壳层”的作用[7-8]。

强夯法的有效加固深度应根据现场试夯或当地经验确定。

一般可用下列公式计算：

$$D=\alpha\sqrt{\frac{WH}{10}} \tag{4}$$

式中：W——夯锤重量，kN；

H——夯锤落距，m；

α——修正系数，与土质条件、地下水位、夯击能大小、夯锤底面积等因素有关，其范围值为 0.34～1.0，应根据现场试夯结果确定。

实际上影响有效加固深度的因素有很多，除锤重和落距外，地基土的性质、不同土层的厚度和埋藏顺序、地下水位以及其他强夯的设计参数等都与有效加固深度有着密切的联系。因此，在缺少经验或试验资料时，可按表 4 预估。

表 4 强夯的有效加固深度(单位:m)

Table 4 Effective reinforcement depth of compaction(m)

单击夯击能(kN·m)	碎石土、砂土等	粉土、黏性土、湿陷性黄土等
1 000	5.0～6.0	4.0～5.0
2 000	6.0～7.0	5.0～6.0
3 000	7.0～8.0	6.0～7.0
4 000	8.0～9.0	7.0～8.0
5 000	9.0～9.5	8.0～8.5
6 000	9.5～10.0	8.5～9.5

注:强夯的有效加固深度应从起夯面算起。

第③层粉质黏土层在此埋置较浅，同时为了缩短施工周期,因此前两遍宜采用单夯击能 4 000kN·m,原地堆载 2.0m 厚的粉土(插排水板),夯击实验参数见表 5。

表 5 强夯试验参数

Table 5 Experimental parameters table of Compaction

强夯遍数	夯击形式	单击能量(kJ)	单点击数	夯点间距(m)	夯点布置
第一遍	点夯	4 000	7	6.0×7.5	三角形
第二遍	点夯	4 000	6	6.0×7.5	三角形
第三遍	普夯	800	2	6.0×7.5	三角形

夯击过程中,根据夯击结果数据分析,孔压峰值出现在第一遍夯,7m 处的孔压增长值达到 95kPa 以上,一般 1.5d 超孔隙水压力基本消散,说明加固后地基土的渗透性较好。13m 处孔压基本上没有多大变化,可见,强夯的最大影响深度为 10～13m。

4 强夯挤密法地基处理结果分析

本文选取了地质条件最差的东段某试验区试验结果加以分析,由于第③层粉质黏土层在此埋置较浅,强夯挤密法应用的是否合适关键看该试验段的地基处理效果。本工程中涉及工期和经济因素,因此采用堆载预压法和强夯法的综合处理方案。具体为在处理地基中埋设排水井,地基上方铺设砂垫层,然后在砂垫层上方进行堆载,最后对地基进行强夯处理。

4.1 地基强度结果分析

根据夯后的地基处理数据分析可知,地表以下 5m 范围内的粉土层强夯后加固效果明显,地基强度有明显提升。满夯 15d 后地基强度有明显的回复,局部深度土体强度超过夯前的初始值。由此可见,该场地下卧相对软弱的③层粉质黏土层,在强夯施工过程中,土体结构虽然遭到扰动破坏,但在停夯一段时间后,土层强度基本可以得到恢复,表明了该场地的饱和软黏土有明显的触变恢复的性状,也说明在上覆“硬壳层”作用下,强夯对黏性土层产生的有害扰动可得到明显控制,甚至是有益的。

4.2 地基的密实度结果分析

经过堆载预压法和强夯法的综合施工,最后地基处理效果如图 4 所示。

从图 4 可以看出,场区土基在经过强夯挤密法的处理后,土基的密实度满足了《民用机场飞行区土(石)方与道路基础施工技术规范》(MH 5014—2002)的要求。使得土的压实度 0～1m 范围内达到 98%以上,1～4m范围内达到 96%以上,满足了设计要求。

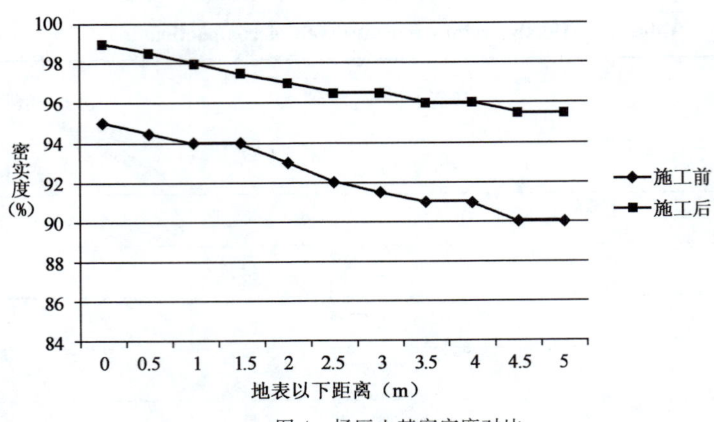

图4　场区土基密实度对比

Fig. 4　Density of contrast of field area soil-based

4.3　地基压缩模量结果分析

场区地基压缩模量对比见表6。

表6　场区地基压缩模量对比

Table6　Compression modulus comparison table of field area foundations

土层序号	压缩模量(MPa)	
	施工前	施工后
①粉土	粉土，E_s=5.6～7.0	粉土，E_s=8.8～10.2
	粉质黏土，E_s=2.6～3.2	粉质黏土，E_s=5.6～6.2
②粉细砂	中、西部，E_s=8.0～11.0	中、西部，E_s=10.8～13.6
	东部，E_s=5.5～7.0	东部，E_s=8.1～9.6
③黏质粉土	E_s=3.5～4.0	E_s=6.1～7.6
④粉质黏土	E_s=5.0～5.8	E_s=7.4～8.2
⑤砂质粉土	砂质粉土，E_s=8.0～15.0	砂质粉土，E_s=9.2～16.2
	粉质黏土，E_s=4.5～5.2	粉质黏土，E_s=5.5～6.2

从表6显示的数据来看，经过强夯挤密法的处理，场区地基的平均压缩模量大于10MPa，满足了设计要求。

经过现场测试和工后检测得出，在完成主固结沉降后，基本消除了地基的不均匀沉降问题；地基的剩余沉降量(即地基处理后的工余沉降)控制在5cm以内；强夯挤密法对第③层及以下地层没有产生有害扰动；地基10m范围内的液化问题得到控制。

5　结语

不同的地基处理方案都有其独特的优越性和场地适应性，由于现在工程地质条件复杂，要求较高，单一的施工方法已经不能满足当今工程的要求，几种方法的综合方案可以满足不同工程的高要求。但同时，这又对施工水平提出了新的要求。综上所述，强夯挤密法作为综合施工方案具有很好的发展前景。

参考文献

[1] 中华人民共和国行业标准. MH 5014—2002　民用机场飞行区土(石)方与道面基础施工技术规范[S]. (MH 5014—2002　Technical specifications for construction of earthwork (rockwork) and pavement

foundation for airfield area of civil airports[S].)

[2] 地基处理手册[M].北京:中国环境科学出版社,1988.
(Foundation treatment manual[M]. Beijing:China Environmental Science Press,1998.)

[3] 陈仲颐,叶书麟.基础工程学[M].北京:中国建筑工业出版社,1990.
(CHEN Zhong-yi, YE Shu-lin. Foundation engineering [M]. Beijing: China Building Industry Press,1990.)

[4] 殷宗泽,龚晓南.地基处理工程实例[M].北京:中国水利水电出版社,2000.
(YIN Zong-ze,GONG Xiao-nan. Foundation treatment engineering example[M]. Beijing:China Water Conservancy and Hydropower Press,2000.)

[5] 叶书麟.地基处理与托换技术[M].2版,北京:中国建筑工业出版社,1994.
(YE Shu-lin. Ground handling and underpinning technology[M]. Second Edition Beijing:China Building Industry Press,1994.)

[6] MH 5001—2006 民用机场飞行区技术标准[S].
(MH 5001—2006 Technical standards for airfield area of civil airports[S].)

[7] 王铁宏.全国重大工程项目地基处理工程实录[M].北京:中国建筑工业出版社,1998.
(WANG Tie-hong. Nationwide major projects foundation treatment works record[M]. Beijing:China Building Industry Press,1998.)

[8] 徐玉胜.大能量强夯置换法处理深圳地区软土地基的应用研究[D].北京:中国铁道科学研究院,2009.
(XU Yu-sheng. Large energy dynamic replacement method application of shenzhen soft handling[D]. Beijing:China Academy of Railway Sciences,2009.)

灰土桩挤密法在大有山隧道的应用探讨

伍圣华　杨晓华

（长安大学公路学院　陕西　西安　710064）

摘　要：公路隧道作为线性构筑物，所穿越的岩体工程地质、水文地质条件千变万化，非常复杂。当隧道所处地段岩土体特殊、浅埋、自稳性差的软弱破碎地层、严重偏压等，隧道开挖后围岩的自稳时间小于完成支护所需时间，或初期支护的强度不能满足围岩稳定的要求，因而容易引起围岩失稳。因此，为了避免发生围岩失稳，应在隧道开挖前或开挖中采用合理的处理措施，以增强隧道围岩的稳定。本文通过工程实例对黄土地区隧道工程的围岩状况进行分析，介绍灰土挤密桩法对隧道基底湿陷性黄土的处理，阐述了隧道基底经灰土挤密桩法处理后的作用效果。

关键词：公路隧道　灰土挤密桩法　湿陷性黄土　基底处理

作者简介：伍圣华（1989—），男，长安大学岩土隧道工程专业，主要从事岩土与隧道工程等方面的学习和研究，E-mail：411588231@qq. com

Application and Research of The Lime Soil Compaction Pile on Dayoushan Tunnel Project

WU Sheng-hua，YANG Xiao hua

（School of Highway，Chang'an University，Xi'an 710064，China）

Abstract：Highway tunnel as a linear structure，through a kaleidoscope of rock mass engineering geological and hydrogeological conditions，very complicated. The stability time of tunnel wall rock after excavation less than the time needed to complete the supporting，or the strength of the primary support can not meet the requirements of stability of surrounding rock，when the highway tunnel in special soil rock and soil，shallow buried area，the weak and broken formation of poor stability，serious bias layer，etc. It is easy to cause the instability of surrounding rock. In order to avoid the instability of surrounding rock，therefore，should be in before or in the process of the excavation adopt the reasonable treatment measures，in order to enhance the stability of surrounding rock. Through project example，the conditions of tunnel project in loess region was analyzed in this paper，and introduced the treatment of lime soil compaction pile in the collapsible loess foundation of tunnel ，stated the effect of the foundation after the treatment of the lime soil compaction pile.

Key words：highway tunnel，lime soil compaction pile，collapsible loess，treatment of foundation.

0　引言

公路隧道的建造是百年大计[1]，为保证隧道工程的质量，对于隧道地基不满足工程建设的要求时，应采取合适的地基处理方法进行处理。公路隧道遇到黄土特殊地质地段时，应分析其湿陷性。湿陷性黄土的湿陷具有瞬间性[2]，易造成隧道衬砌开裂、下沉，其破坏程度较一般压缩变形引起的破坏强烈得多。

灰土桩挤密法是利用沉管、爆扩、冲击或钻孔夯扩等方法，在地基土中挤压成桩孔，迫使桩孔内土体侧（横）向挤出，从而使桩周土得到加密；随后向桩孔内分层填入灰土等廉价填料夯实成桩，桩体填料也可采用水泥土、二灰（石灰、粉煤灰）或灰渣（石灰、矿渣）等具有一定胶凝强度的材料[3]。灰土桩挤密法的主要特征有：横向挤密，但同样可达到所要求加密处理后的最大干密度的密度指标；无须开挖回填，节约开挖和回填土方的工作量，缩短工期；填入材料可就地取材，与其他地基处理方法相比造价低。因此，采取灰土桩挤密法处理深厚的湿陷性黄土地基和非饱和欠压密的填土地基，可获得较好的技术、经济与社会效益。本文主要探讨灰土桩挤密法在大有山隧道部分隧道基底进行应用处理。

1　大有山隧道地基工程性状分析

1.1　工程概况

大有山隧道位于青海省西宁市城北区盐庄村，是丹东至拉萨西宁过境高速公路的组成部分，左右线为分离式4车道，线路右线YK2+660～YK5+190处，隧道总长2530m，左线ZK2+660～ZK5+205处，隧道总长2454m，根据《公路隧道设计规范》(JTG D70—2004)得知属长隧道。隧道限界宽度是10.75m，限界高度是5.0m，Ⅴ级围岩，复合式衬砌。根据勘察资料，需要对K5+208～K5+080段地基承载力小于260kPa的隧道黄土地基采取地基处理，要求处理后地基承载力不小于260kPa。

1.2　地基工程特性

1.2.1　地质构造及地震资料

1.2.1.1　地质构造

由于本区发生过断掉开裂下陷，所以有很多盆地在此遍布，具有较大深度的第三系泥质的岩生成；喜马拉雅运动产生了地质构造运动，地层的褶皱和断层发生频繁，再加上物理、化学、生物的侵蚀以及其他因素的剥蚀，是本地区第四系得到了很厚深度的沉积。由青海省西宁地质调查报告可以得知，隧道修建之处，不受断裂、褶皱和地裂缝等影响。

1.2.1.2　地震

根据青海省地震局地震质料，1986年以前，发生在西宁周边地区的地震有28次，最大震级为5.6级，一般在2～3级，震中均位于邻区。西宁地区以市中心250km半径范围地震危险性分析及地震小区划，青海省西宁地区批注地震的设防烈度为Ⅶ度。在区划范围内划分了40个潜在震源区，在西宁地区仅有一个“西宁潜在震源区”有隐伏第四系小断裂，中强震较高，最大震级5.4级。

1.2.2　隧道进出口黄土的湿陷性评价及场地土冻胀性评价与腐蚀性评价

1.2.2.1　隧址处黄土湿陷性评价

由《湿陷性黄土地区建筑规范》(GB 50025—2004)可知，隧址处黄土的湿陷和自重湿陷试验的结果，按陇西地区计算各探井黄土试样的湿陷量、自重湿陷量、湿陷类型、湿陷等级，统计结果见表1所示。

表1　黄土的湿陷性统计表

探井	自重湿陷量(mm)	总湿陷量(mm)	湿陷系数	湿陷程度	场地湿陷类型	湿陷等级	湿陷深度(m)
K2+640	1 081.65	1 140.90	0.018～0.095	轻微—强烈	自重	Ⅳ级(很严重)	21.20
K2+270	768.80	1 181.80	0.016～0.128	轻微—强烈	自重	Ⅳ级(很严重)	23.50
K4+200	964.50	1 450.26	0.018～0.147	轻微—强烈	自重	Ⅳ级(很严重)	15.00

表1中总湿陷量是以地层的表面或者填土最下端开始计算的，自重湿陷量是从天然地面开始计算。由表内的记录数据可以得知。隧道所建位置是Ⅳ级(很严重)的具有自重湿陷性场地，由统计数记录，23.5m的湿陷深度是最大的值。

1.2.2.2　场地土冻胀性评价

隧道修建地的标准冻深是1.34m，冻土具有季节性，统计得出了冻深范围内土的物理指标参数，评价了冻土的冻胀特性。在隧道进口的地方土的天然含水率范围是6.801%～13.40%，在隧道出口的地方土的天然含水率是3.60%～6.60%，在天冷结冻的时候，土体冻结面距离土中地下水的高度不低于50m，根据《公路桥涵地基与基础设计规范》(JTG D63—2007)可以判断，场地土就是不冻胀土，具有Ⅰ级冻胀等级和冻胀率的平均值不大于百分之一。

1.2.2.3　土的腐蚀性评价

通过对钻孔取样分析易溶盐，结果表明：

在隧道进口段黄土易溶盐含量处于0.11%～0.24%，为非盐渍土，Cl^-含量为28.4～70.9mg/kg，SO_4^{2-}含量为326.0～1 464.9mg/kg，$Cl^- + SO_4^{2-}$含量为388.6～408.7mg/kg。

出口段黄土层中易溶盐含量区间值为0.15%～0.21%，为非盐渍土，Cl^-含量为250～700mg/kg，SO_4^{2-}含量为350.00～780mg/kg，$Cl^- + 1/4SO_4^{2-}$含量为287.0～870.0mg/kg。

据《公路工程地质勘察规范》(JTJ 064—98)附录D.0.10-4表，采用常规防护，可用硅酸盐水泥、普通硅酸盐水泥等。

1.2.3　地震效应

(1)在西宁地震动峰值的加速度是0.10g，相当于地震基本烈度的Ⅶ度。场地特征周期采用0.40s。

(2)建筑场地类别。

等效剪切波速由下式求得：

$$v_{se} = \frac{d_0}{t} \tag{1}$$

$$t=\sum_{i=1}^{n}\left(\frac{d_i}{v_{si}}\right) \tag{2}$$

式中：v_{se}——土层的等效剪切波速(m/s)；

d_0——计算深度(m)，取覆盖层的厚度和20m二者的较小值；

t——在地面至计算深度之间的传播时间(s)；

d_i——计算深度范围内第i土层厚度(m)；

v_{si}——计算深度范围内第i土层的剪切波速(m/s)；

n——计算深度范围内土层的分层数。

根据地震等效剪切波速资料及钻孔资料勘察场地覆盖层的洞身段和出口段厚度大于50.0m，进口段厚度大于50.0m。

(3)根据《公路工程抗震设计规范》(JTJ 004—89)的第4.2.3条判定，场地土类型为Ⅲ类。

1.2.4　围岩分级及稳定性评价

根据工程地质调绘、钻探和土工实验成果，在综合分析土的物理力学性质和地区经验，对隧址区的地层时代和围岩级别的划分主要依据以下几点：

(1)从区域地质资料分析，该地段地形和高程2 322～2 440m，分布黄土地层$Q3^{eol}$或$Q3^{al-pl}$，西宁地区Q2黄土分布地段高程较高一般2 420m以上，据此将隧址区的地层时代划分为上更新统(Q3)地层。

(2)从土的物理力学试验指标分析，自地表至湿陷性黄土段土的物理力学指标对比如下表2所示。

表2　自地表至湿陷性黄土段土的物理力学指标对比

项目	天然含水率(%)	孔隙比	压缩系数(a_{1-2})	压缩模量(Es_{1-2})	黏聚力	内摩擦角(°)
初勘	10.8%	0.981	0.25	8.43MPa	8.78	27.2
详勘	8.9%	0.974	0.35	6.26MPa	25.8	25.5

非湿陷性黄土至隧道底板以下段土的物理力学指标对比如表3所示。

表3　非湿陷性黄土至隧道底板以下段土的物理力学指标对比

项目	天然含水率(%)	孔隙比	压缩系数(a_{1-2})	压缩模量(Es_{1-2})	黏聚力	内摩擦角(°)
初勘	7.85%	0.847	0.11	17.9MPa	—	—
详勘	12.9%	0.789	0.15	12.4MPa	27.2	26.5

从表中可看，不论是湿陷性黄土还是非湿陷性黄土，自地表至洞身段力学指标变化较小。

(3)据孔内剪切波速资料分析，场地土剪切波速：

7m～40m　　V_p为180～400 m/s

40m～60m　　V_p为400～480 m/s

从波速测试资料可看出，隧址区洞身段的波速值较低，说明土体的孔隙较大，土质较软。

据此，根据《公路隧道设计规范》(JTJ D70—2004)的规定和土的工程特性及地区经验进行了围岩分类，该隧道围岩级别均为Ⅴ级。

隧道出口段围岩分类及稳定性评价，见表4。

表4　隧道出口段围岩分类及稳定性评价

桩号	长度(m)	围岩类别	岩土层特征及围岩稳定性评价	衬砌类型
K5＋090～K5＋190(出口段)	100	Ⅴ级	此部分地处黄土的塬梁地，在大崖沟的西边坡。严重湿陷黄土，大部分是原生的，岩土成分是经过风积之后而生成的，颜色多为褐黄色，土体略微潮湿，稍微密实状。岩土中含量多数是亚黏土，其余的为亚砂土。土体看上去孔隙较多和竖向的节理结构，土体具有中压缩性和Ⅳ级严重湿陷性。隧道在土体中埋藏深度为6～30m不等。其中，在隧道出口的地方，两边地形是陡峭的坡面组成深大的沟谷，此处黄土湿陷性较大，山坡很不稳定，坍塌时有发生，为施工带来巨大的技术困难。隧道施工时最好是采取拱部支护和防渗水等工程手段，初喷要和开挖紧跟，把安全隐患及早消除。地基容许承载力是170kPa	整体式衬砌

1.2.5　稳定性评价

1.2.5.1　隧址区稳定性评价

通过地质调查和钻探揭示查明无全新活动断裂构造通过，除大崖沟在1949年曾经发生过一次泥石流外，无其他不良地质作用，隧址稳定性较好，基本适宜建隧道。

1.2.5.2　洞口稳定性评价

西宁西过境线大有山隧道的出口段该段位于黄土塬梁地带，大崖沟的西侧坡。岩土成分为风积的严重湿陷原生黄土($Q3^{eol}$)，呈褐黄色、稍湿、稍密状，其成分以亚黏土为主，次为亚砂土，垂直节理和大孔隙结构明显，属中压缩性土，具Ⅳ级严重湿陷性。隧道埋深4～30m，出口端为深切谷坡，地形陡峻，且地层湿陷变形强烈，斜坡稳定性较差系欠稳定斜坡，施工时易发生坍塌，可能出现线状流和小股渗水，采用拱部支护和防渗、防排水措施，及时衬砌，以防止了发生坍塌、侧壁失稳等现象。地基承载力基本容许值$[\sigma_0]=160$kPa。湿陷等级为Ⅳ级(很严重)自重湿陷。根据青海岩土工程勘察院提供的初期勘察报告，此处范围内黄土的平均天然重度γ_2为14.2kN/m³，因为隧道修筑在黄土中所以k_1取值为0，k_2取值为1.5，要求隧道底部地基承载力小于260kPa的范围必须进行地基处理，由$[\sigma]=[\sigma_0]+k_1\gamma_1(b-2)+k_2\gamma_2(h-3)$可知$h\leqslant 7.7$m范围内就是处理的范围。

2　灰土桩挤密法对隧道的地基处理

2.1　灰土桩加固原理

灰土桩的硬化机理和力学性质。石灰与土掺和后，在一定条件下所发生复杂的物理化学反应包括：离子交换，使灰土在较大的含水率(如$\omega\geqslant 20\%$)条件下仍易于拌和而不发黏，以及使灰土桩周围出现硬壳现象；凝硬反应，是灰土后期强度增长和具有水稳性的主要原因；石灰的碳化和结晶，使石灰由胶体变为结晶体，发生气硬性反应。生石灰拌制灰土时，发生吸水、发热和膨胀，也是有利于灰土的硬化。

灰土桩在成孔时，桩孔位置原有土体被强制侧向挤压，使桩周一定范围内的土层密实度得以提高，土的含水率和干密度对挤密效果有较大影响。灰土桩与桩间土形成复合地基，相互协调变形，灰土桩承担相当一部分总荷载，从而降低了基础底面下一定深度内土中的应力，避免持力层内产生大量压缩变形和湿陷变形。此外，灰土桩对桩间土能起到侧向约束作用，限制土的侧向移动，桩间土只产生竖向压密，使压力与沉降始终呈线性关系。

2.2　灰土桩设计计算

根据青海岩土工程勘察院提供的初期勘察报告，隧道出口段范围内黄土的平均天然重度$\gamma_2=14.2$kN/m³，由详勘知天然含水率 $\omega=8.9\%$。由此可知，处理前地基土的平均干密度为 $\bar{\rho}_d=1.314\mathrm{g/cm^3}$。采用整片挤密成孔，按正三角形布桩，设计桩径 $d=0.4\mathrm{m}$，取桩距系数 $\alpha=s/d=2.15$，桩距 $s=0.86\mathrm{m}$。

当采用挤密成孔时：

$$s=\beta d\sqrt{\frac{\bar{\rho}_{dc}}{\bar{\rho}_{dc}-\bar{\rho}_d}} \tag{3}$$

式中：s——桩的间距(m)；

d——桩体直径(m)；

β——等边三角形布桩时，$\beta=0.952$；其他方式布桩时，$\beta=0.886/\sqrt{n}$。N 为排距 h 与桩距 s 之比，$n=h/s$；

$\bar{\rho}_d$——处理前地基土的平均干密度($\mathrm{g/cm^3}$)，宜取基础下主要受力层范围内，按各处理土层厚度加权计算的干密度平均值；

$\bar{\rho}_{dc}$——桩间土挤密后的平均干密度($\mathrm{g/cm^3}$)，$\bar{\rho}_{dc}=\bar{\eta}_c\bar{\rho}_{d\max}$；

$\rho_{d\max}$——桩间土的最大干密度($\mathrm{g/cm^3}$)，通过室内击实试验确定；

$\bar{\eta}_c$——桩间土挤密后的平均挤密系数，对甲、乙类建筑的灰土桩、水泥桩及二灰桩等挤密地基不宜小于0.93，对丙类建筑的灰土桩挤密地基不宜小于0.90。

经验算，桩间土挤密后的平均干密度可达 $\rho_d=1.63\mathrm{g/cm^3}$，压实系数 $\lambda\geqslant0.93$。桩的排距 $h=0.74$，排距系数 $n=h/s=0.87$。灰土桩的面积置换率 $m=0.196$。根据经验公式：

$$f_{spk}=mf_{pk}+(1-m)f_{sk} \tag{4}$$

式中：f_{spk}——挤密桩复合地基承载力特征值(kPa)；

f_{pk}——桩体承载力特征值，对灰土桩等桩体取值不宜大于500kPa；

f_{sk}——桩间土承载力特征值，宜取原天然地基承载力特征值(kPa)；

m——置换率。

由上式可计算得复合地基承载力标准值为262.3kPa。隧道基底承载力已大大提高，满足设计所要求。

灰土桩的布桩，如图1所示。

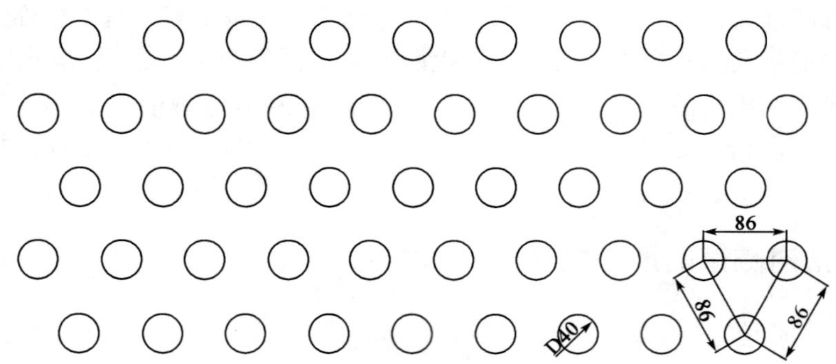

图1　灰土桩平面布置图(单位：cm)

根据该工程重要性、地基的湿陷类型、湿陷等级以及湿陷土层厚度，结合打桩机械的条件，决定在该隧道基底灰土挤密地基处理厚度取8.0m(从仰拱基础底面算起)，隧道衬砌应做好防排水措施。

隧道基底灰土桩加固设计，如图2所示。

2.3　施工技术措施及建议

在隧道中进行灰土挤密桩施工时，应注意对隧道周边位移的收敛量测，以及对隧道拱顶的下沉进行量测，确保基底处理在安全环境进行及观测对周边围岩的影响。也有采取仰拱封闭后进行挤密桩加固基底的做法。同时，对于黄土隧道也应注意以下措施：

(1)灰土配合比采用3∶7，拌和均匀、及时夯填，灰土拌和后堆放时间不宜超过24h。鉴于隧道工程有防水要求高的特点，决定在灰土中掺入2%～4%的水泥，使其软化系数达到0.80以上。

(2)灰土挤密桩成孔采用冲击法，锤体的提升高度应控制在 0.5～3m，开始时应低锤勤击，等锤头入土 1m 以上，而且进入的深度足以定向，可适当加大冲程。

(3)施工过程应对锤重、落距、冲击次数、孔深等参数进行记录。冲成的桩孔要做好必要的防护，防止隧道施工中产生的废水灌入和渣体落入成孔中。

(4)灰土桩施工完成以后在灰土桩复合地基上做 0.50m 厚的 3:7 灰土垫层。

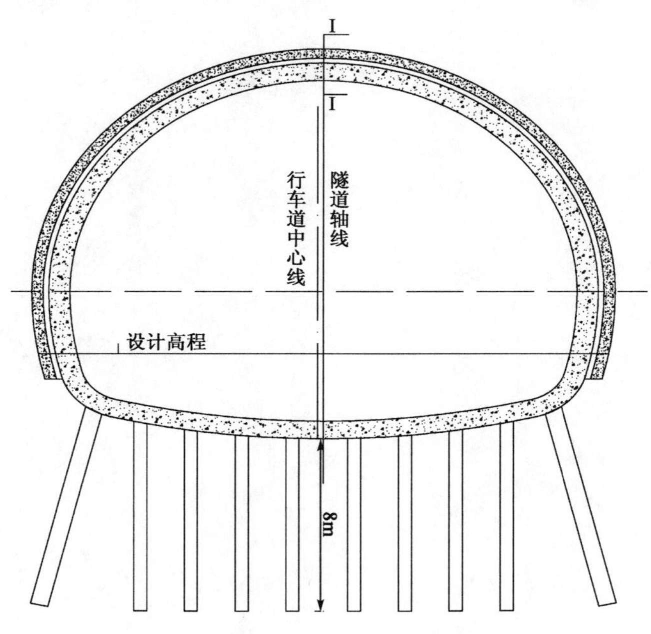

图 2　隧道基底灰土桩加固设计图(单位:m)

3　结语

通过以上工程实例分析灰土挤密桩法在处理湿陷性黄土隧道具有施工质量可控制，费用低，施工操作简单，空间要求小，加固效果好。通过对隧道基底的加固处理，消除基底黄土的湿陷性，提高基底承载力，使隧道结构稳定性和耐久性得到很大提高。

参考文献

[1] 陈建勋，马建秦. 隧道工程试验检测技术[M]. 北京：人民交通出版社，2004.4.

[2] 宋嘉辉等. 秦家河隧道湿陷性黄土地基处理技术[J]. 路基工程. 2009.4.

[3] 龚晓南. 地基处理手册[M]. 3 版. 北京：中国建筑工业出版社，2008.

第四部分　灌入固化物和置换

搅拌桩技术现状及其可持续发展

易耀林[1,2]　卿学文[1]　刘松玉[1]　杜广印[1]
(1.东南大学交通学院　江苏　南京　210096；
2.阿尔伯塔大学土木与环境工程系　加拿大　埃德蒙顿 T6G 2W2)

摘　要：本文从可持续发展的角度出发，回顾了搅拌桩技术的发展历史和加固机理，分析了现有搅拌桩技术的主要问题，并提出了相应的对策和进展。搅拌桩技术是国内外应用最广泛的地基处理方法之一，但是以波特兰水泥为固化剂的传统搅拌桩技术已经不能适应可持续发展的需要，主要表现为高能耗、高 CO_2 排放和不可再生资源消耗。针对该问题，可以从三个方面进行改进：(1)以工业副产品/废料替代波特兰水泥作为搅拌桩固化剂；(2)研发低能耗、低 CO_2 排放、可循环利用的新型固化剂/固化方法；(3)对现行搅拌桩施工技术和设计理论进行改进和优化，研发新设备、新工艺和新桩型，以提高搅拌桩加固效率，减少水泥使用量。

关键词：地基处理　可持续发展　综述　搅拌桩　CO_2 排放　能耗

作者简介：易耀林(1982—)，男，湖南洪江人，博士后，从事岩土工程研究，E-mail：yaolin@ualberta.ca。

State of art in deep mixing method and its sustainability

YI Yao-lin[1,2], QING Xue-wen[1], LIU Song-yu[1], DU Guang-yin[1]
(1. School of Transportation, Southeast University, Nanjing, 210096, China; 2. Department of Civil and Environmental Engineering, University of Alberta, Edmonton, Canada, T6G 2W2)

Abstract: The development history and stabilization mechanism of deep mixing method were reviewed, then the main sustainable issues and solving principles are also presented. Deep mixing method is one of the most widely used ground improvement methods worldwide, while Portland cement is the most commonly employed binder. However, there are significant environmental impacts associated with the production of Portland cement in terms of high energy and no-renewable resources consumption as well as CO_2 emissions. There are three principles to reduce these impacts: (1)incorporation of industrial by-products/waste in partial or full cement replacement; (2)development of alternative low energy consumption, carbon footprint and recyclable novel cements/method; and (3) improvement of the conventional deep mixing machine, installation method, column structure as well as optimization of the design method.

Key words: Ground improvement, sustainability, literature review, deep mixed column, CO_2 emission, energy consumption.

0　引言

沿海沿江地区是我国经济最发达的地区，也是基础设施建设最密集的地区，随着城市化的发展，城市建筑、交通水利基础设施和地下空间的开发利用日新月异。但是，这些地区都普遍位于软土地区，沿海大部分为淤质海岸(除山东等少数地区外)，沉积了不同厚度的软土；沿江往往是冲积或三角洲沉积，广泛分布软土和粉质类土等软弱土层。这些软土具有高含水率、低强度、低渗透性、高压缩性、高灵敏度等特点，给沿海沿江地区工程建设带来了挑战，全球环境保护和现代工程建设需要，对地基处理技术提出了更高的要求[1]。其中，搅拌桩技术(深层搅拌法)是国内外最常用的地基处理方法之一[1]。

基金项目：十二五国家科技支撑计划项目(2012BAJ01B02-01)；国家自然科学基金项目(51279032)

搅拌桩技术是通过特制的深层搅拌机械(搅拌桩机)边钻进边往土体中喷射固化剂(粉体或液体),用搅拌叶片就地将软土和固化剂强制搅拌,通过固化剂和软土之间的物理化学作用,形成强度较高,整体性、水稳性好的固化土柱体(搅拌桩)[1]。目前,搅拌桩技术在国内外广泛应用于铁路、公路、轨道交通、港口码头、工业与民用建筑、地下空间开发等行业的地基加固中,该技术具有其独特优点[1]:(1)最大限度地利用了原位土;(2)搅拌施工时环境影响较小,可在密集建筑群中进行施工,对周围原有建筑物及地下沟管影响小;(3)根据上部结构的需要,可灵活地采用不同加固形式;(4)与钢筋混凝土桩等刚性桩相比,造价较低。

本文回顾了搅拌桩技术的发展历史,然后从可持续发展的角度出发分析了现有搅拌桩技术的主要问题,并提出了相应的对策和新进展。

1 搅拌桩技术发展历史

搅拌桩的发展历史可追溯到1824年英国建筑工人Aspdin制造出波特兰水泥并取得专利,利用PC灌浆止水或利用PC与土拌和作为土木工程材料应用于工程建设,但主要是作为浅层处理,真正用于地基加固则始于1954年美国开发成功就地搅拌桩技术,其后在日本、北欧得到成功实施并快速发展[2]~[4]。1967年,瑞典BPA公司的KJELD PAUS提出将生石灰粉与黏土原位搅拌的地基加固方法,这标志着粉体喷搅技术的诞生。1971年,瑞典的LINDEN-ALIMAT公司根据KJELD PAUS的研究成果,进行第一次石灰桩现场试验,1974年该技术正式取得专利,并进入工程实践[3]。1967年,日本的运输省港湾技术研究所开始研制用于石灰搅拌桩的有关机械,1974年,开始在软土加固工程中进行应用[4]。70年代后,水泥逐渐(全部或部分)取代石灰,并发展成两种工法:粉喷搅拌桩(干法)和浆喷搅拌桩(湿法),二者统称为水泥搅拌桩。我国于1978年由冶金部建筑研究总院和交通部水运规划设计院等研制出了第一台双轴中心管输浆的搅拌桩机械,1980年交通部第一航务工程局科研所等开发出了单轴搅拌叶片输浆型搅拌机,其后水泥土搅拌桩技术在全国得到了迅速推广应用,1991年冶金工业部颁发了《软土地基深层搅拌加固法技术规程》(YBJ 225-91),1992年、2003、2012年建设部颁发的《建筑地基处理技术规范》、(JGJ 79-91)(JGJ 79—2002)、(JGJ 79—2012)中均对水泥土搅拌桩技术应用进行了较详细的规定,促进了该技术的应用发展。目前,水泥土搅拌桩已经成为我国应用最为广泛的地基处理技术之一,特别是被广泛应用于高速公路工程中的软弱地基处理,以增加地基承载力、减小地基沉降和不均匀沉降、提高路堤稳定性。

近十几年来,国内外都对泥搅拌桩技术进行了进一步的研究改进和完善。20世纪90年代末,美国联邦公路局出版了关于全球深层搅拌法新进展的专著[5],并推出了国家深层搅拌研究计划[6];日本近年来成功研制出了多种新的水泥土搅拌桩技术[7],包括直径达1.5～1.6m的大直径水泥土搅拌桩、高强度水泥土搅拌桩、紧凑型施工机械等;瑞典GUNTHER et al.(2004)[8]结合粉喷桩和湿喷桩的优点,提出了改进的粉喷桩法;芬兰YIT建筑有限公司则开发出了整体搅拌加固技术,用于大面积浅层软土加固[9]。国内学者和工程单位从设计理论和施工技术等方面进行了大量研究[1],[10],[11],揭示了搅拌桩复合地基的破坏机理、有效加固深度、垫层的刚度效应、扰动影响规律等;近年还开发出了长板—短桩工法[12]、排水粉喷桩技术[13]、双向搅拌桩[14]和钉形搅拌桩技术[15],大大提高了我国搅拌桩技术水平。

2 传统搅拌桩固化剂加固机理

2.1 石灰土加固机理

生石灰(CaO)是早期的搅拌桩固化剂[3],[4]。生石灰由石灰石(主要成分为$CaCO_3$)经过煅烧、分解而成。石灰窑的煅烧温度为900～1 000℃,生产1tCaO,需要消耗约1.8t$CaCO_3$,同时产生约0.79tCO_2,该过程能耗约3185 MJ[16]。生石灰的土体固化机理主要包括以下3种反应:水化反应、离子交换和火山灰反应[17]。

当CaO和土进行搅拌,CaO与土体中的水分立即发生水化反应,CaO水解生成Ca^{2+}和OH^-离子,当离子溶度饱和以后,便沉淀出氢氧化钙($Ca(OH)_2$)。生成的$Ca(OH)_2$晶体为正六边形片状晶体,其物理胶结能力很弱。生石灰的水化反应非常迅速和剧烈,该反应消耗约1/3生石灰质量的水分,降低土体中的含水率，该反应还产生大量的热量，也会降低土体的含水率。CaO 变成 $Ca(OH)_2$，固体体积会增大约 1 倍，从而有效填充土体的孔隙，致密固化土结构。同时，土中孔隙水的 Ca^{2+} 离子将与黏土颗粒表面的正离子（Na^+、K^+ 等）进行离子交换，该作用将压缩土颗粒的双电层厚度，促使较小的土颗粒形成较大的土团粒（凝聚作用），从而使土体强度提高。$Ca(OH)_2$ 的生成将大大提高土体的 pH 值，在高 OH^- 浓度的环境下，黏土矿物中的 Si、Al 等将溶解到孔隙水中，并与其中的 Ca^{2+} 和 OH^- 离子反应，生成水化硅酸钙（CSH）、水化铝酸钙（CAH）和水化硅铝酸钙（CASH）等水化产物，该反应即火山灰反应[17]。这些水化产物不仅能有效填充土体的孔隙，而且具有很强的物理胶结能力，可以很好地将土颗粒包裹、连接起来，火山灰反应是石灰固化土的长期强度和主要强度来源。

另外，当石灰固化土暴露在空气中时，其中的 $Ca(OH)_2$ 会与空气中的 CO_2 发生碳化反应，生成 $CaCO_3$。不过该反应会降低固化土孔隙水的 pH 值，造成 CSH 等水化产物的分解，降低固化土强度，所以碳化反应对石灰固化土强度的影响存在较大争议[18]。

2.2　水泥固化机理

由于石灰固化土的主要水化产物是 $Ca(OH)_2$，火山灰反应生成的 CSH、CAH 和 CASH 等水化产物数量较少，生石灰固化时间长、强度不高，除少数国家地区外，全世界广泛采用波特兰水泥作为搅拌桩固化剂[3]、[4]。波特兰水泥 1824 年由英国建筑工人 J. ASPDIN 发明，在不到 200 年的时间里，它已经成为全世界最主要的建筑材料[16]。波特兰水泥是由水泥熟料添加少量石膏以及其他混合材料共同磨细而成的。水泥熟料主要是由石灰石和黏土经过高温煅烧形成的，生产 1t 水泥熟料需要消耗约 1.5t 石灰石和黏土、0.14t 煤炭，释放 CO_2 约 0.95t，能耗约 5 000MJ[21]。

波特兰水泥的土体固化机理也可以像生石灰一样分成三种反应[17]：水化反应，离子交换和火山灰反应。波特兰水泥熟料的主要成分为 C_3S、C_2S、C_3A、C_4AF（C、S、A、F 分别代表 CaO、SiO_2、Al_2O_3、Fe_3O_4），它们的主要水化产物主要为 CSH、CAH、CASH 和 $Ca(OH)_2$，前三者是水泥土的主要胶结物质，由于它们的生成数量和速率远高于石灰和黏土矿物的火山灰反应，所以水泥土强度远远高于石灰土。另外，水泥中常常添加少量的石膏（$CaSO_4$），从而导致生成水化硫铝酸钙、水化硫铁酸钙（由于石膏掺量较少，多为单硫型水化硫铝（铁）酸钙，即 AFm），还可能有钙矾石（AFt），这些水化产物有效降低土体含水率，并填充土体孔隙。图 1 为典型的波特兰水泥水化产物的 SEM 照片，从中可以明显看到正六边形片状 $Ca(OH)_2$ 晶体、无定形的 CSH 胶凝以及针状 AFt 晶体。

图 1　典型的波特兰水泥水化产物 SEM 照片[16]

Fig. 1　Typical SEM image of PC hydration products[16]

另外，水泥水化生成的 $Ca(OH)_2$ 会像石灰固化土机理一样，参与离子交换和火山灰反应，后者同样会生成 CSH、CAH、CASH，由于该反应速率和程度均明显低于水泥的水化反应，故主要对水泥土的长期强度产生贡献[19]，剩余的 $Ca(OH)_2$ 会以晶体的形态单独沉淀下来[18]。

3　可持续发展问题的提出

随着我国综合实力的提高，环境保护、节能减排和可持续发展已经提上了日程，《中华人民共和国国民经济和社会发展第十二个五年（2011—2015 年）规划纲要》第一篇第一章即是发展环境，并制定了节能减排的总目标：非化石能源占一次能源消费比重要达到 11.4%，单位国内生产总值能源消耗要降低 16%，单位国内生产总值 CO_2 排放降低 17%。

搅拌桩技术自发明以来，经过几十年的发展，在施工机械设备和设计理论等方面均取得了长足的进步，但是以波特兰水泥为固化剂的搅拌桩技术不能适应可持续发展的需要，主要存在下列问题：

（1）资源和能源消耗严重。PC 熟料[20]在生产过程中需要高温煅烧，煅烧温度约为 1 450℃，需耗费大量的能源，是自然资源和能源消耗的大户。生产1tPC熟料需要消耗约1.5t石灰石和黏土等不可再生资源，耗能约5 000MJ[21]（主要来自煤炭等化石原料，不可再生），该过程为不可逆的过程，即不可持续。中国的水泥产量已经连续20多年名列世界第一。

(2)CO_2排放和大气污染严重。PC生产过程中会释放出大量的CO_2，生产1tPC需向大气排放约0.95t CO_2[21]，水泥工业排放的CO_2占世界人为排放CO_2的5%～7%[22]，我国1995—2010年水泥工业累计排放CO_2 75亿t，占全世界排放量的一半左右。除了CO_2之外，在水泥的生产过程中，还有大量的粉尘、烟尘以及SO_2、氮氧化物、氟气等有毒气体排入大气中，对环境造成很大的污染。

4 对策与发展方向

为了减少使用PC作为搅拌桩固化剂带来的环境影响，主要可以从三个方面进行改进：(1)以工业副产品/废料代替作为搅拌桩固化剂；(2)开发低能耗、低CO_2排放、易于回收进行循环利用的新型搅拌桩固化剂/固化方法；(3)对现行搅拌桩施工技术和复合地基设计理论进行改进和优化，研发新设备、新工艺和新桩型，以提高搅拌桩加固效率，减少水泥使用量。另外，(1)、(2)可以与(3)进行联合使用。

4.1 基于工业副产品/废料的搅拌桩固化剂

为了减少使用波特兰水泥作为土体固化剂带来的环境影响，近十几年来，国内外对利用工业副产品或工业废料作为土体固化剂进行了广泛研究。MILLER & AZADB (2000)[23]研究了水泥窑灰作为土体固化剂的可行性及其影响因素；KOLIAS et al. (2005)[23]将高钙粉煤灰添加到水泥中用以固化黏土；GOSWAMI & MAHANTA (2007)[25]用粉煤灰和熟石灰的混合物固化残积红壤；HOSSAIN & MOL (2011)[26]分析了不同掺量的水泥窑灰和火山灰固化黏土的工程性质。我国北京航空航天大学的黄新教授课题组[27]对利用工业废渣固化软土的进行了长期研究，取得了丰富成果；庄心善和王功勋[27]对粉煤灰、炉渣等工业废料在岩土工程领域中的运用背景及作用机理等作了探讨；方祥位，等[29]则提出了一种以高钙灰和脱硫石膏为主，辅以生石灰、水泥、熟石膏、硫酸铝及明矾石等成分的GT型土体固化剂。

笔者在剑桥大学学习期间尝试了以活性氧化镁(MgO)激发粒化高炉矿渣微粉(GGBS)作为搅拌桩固化剂[30]～[32]，并申请了专利[33]，结果发现合适配比的GGBS-MgO固化土的90d无侧限抗压强度能达到相同掺量波特兰水泥固化土的1.5～3倍。

高炉矿渣是从炼铁高炉中排出的，以硅酸盐和铝酸盐为主要成分的熔融物，主要成分为CaO、SiO_2和Al_2O_3等，即与波特兰水泥中的主要氧化物成分一致。高炉矿渣经淬冷成粒后粉磨所得的粉体材料，即为激发粒化高炉矿渣微粉(GGBS)，它以无定形的玻璃体结构为主，含少量的结晶型矿物。生产1tGGBS的能耗为1 300MJ，引起的CO_2排放量为0.07t[21]，该数值明显小于水泥熟料的生产过程(5 000MJ能耗，0.95tCO_2)，而且该过程几乎不需要从自然界额外获取不可再生资源，并处理了1t多工业废渣，因而是一种典型的绿色固化剂，且价格低于水泥。研究结果[34]表明：采用GGBS-MgO作为搅拌桩固化剂可以减少约40%的固化剂成本，75%的能耗，73%的CO_2排放，82%的不可再生资源消耗，另外MgO的煅烧可以采用绿色能源而不一定需要消耗煤炭等化石能源，GGBS生产还解决了工业废渣的堆放和环境问题。

4.2 新型搅拌桩固化剂及固化方法

由于工业副产品/废料存在区域性，只能在一定程度上替代波特兰水泥作为搅拌桩固化剂，最好开发新型低能耗、低CO_2排放、易于回收进行循环利用的新型搅拌桩固化剂/固化方法。笔者在剑桥大学学习期间首次提出了碳化搅拌桩技术[35]，该技术的基本原理是以活性MgO作为土体固化剂，将土体与活性MgO充分搅拌混合后，然后施加一定压力的CO_2气体对搅拌土进行碳化，通过$MgO-H_2O-CO_2$之间的快速反应达到快速降低土体含水率、减小土体孔隙率和提高土体强度的目的，同时吸收大量的CO_2气体将其固化在土体中，以抵消MgO煅烧生产过程释放的CO_2。

YI et al. (2013a)[36],[37]首先在室内实验室通过三轴碳化装置进行了土体碳化固化的可行性试验，结果表明，活性MgO固化砂土能在3～6h内完成碳化，碳化完成后的无侧限抗压强度能达到或超过相同配比养护

28d 的波特兰水泥固化土，电镜扫描（SEM）结果显示，碳化反应的主要产物为 $MgCO_3 \cdot 3H_2O$，见图 2。随后，YI et al.（2013b）[38]利用室内模型桩机对碳化搅拌桩施工技术进行了研究，取得了成功。

2012 年，东南大学岩土工程研究所在“十二五”国家科技支撑计划（2012BAJ01B02-01）和国家自然科学基金（51279032）的支持下，联合中国一冶集团在武汉进行了碳化搅拌桩的足尺模型试验，取得了成功，这是国内外第一次在室外进行的碳化搅拌桩技术试验。根据已有的研究成果来看[34]，碳化搅拌桩可以比波特兰水泥搅拌桩减少约 90％的工期、65％的生产能耗、77％的 CO_2 排放。

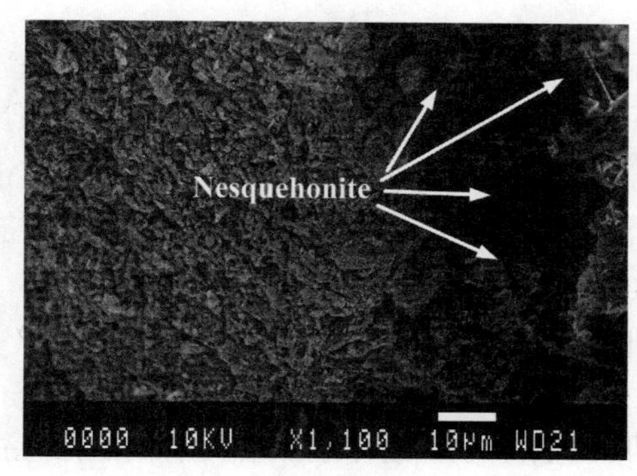

图 2　碳化 MgO 固化土的 SEM 照片[36]
Fig. 2　SEM image of carbonated MgO stabilized soil[36]

4.3　搅拌桩设备、工艺和设计方法优化

对现行搅拌桩施工技术和复合地基设计理论进行改进和优化，研发新设备、新工艺和新桩型，以提高搅拌桩加固效率，减少 PC 使用量，这同样也能减少搅拌桩工程的 CO_2 排放、能耗和不可再生资源消耗。比如，东南大学岩土工程研究所研发的双向搅拌桩技术、钉形搅拌桩技术[15]和变截面搅拌桩技术[39]。研究结果表明[34]，对于公路软基处理工程，在达到相同处理效果的情况下，钉形（双向）搅拌桩可比传统的等截面（单向）搅拌桩节省 15％～35％的水泥用量，60％～70％的搅拌桩施工时间，综合工程造价可减少 10％～30％。路堤下钉形搅拌桩复合地基示意图，见图 3。

对于成层软弱地基处理[39]，在达到相同处理效果的情况下，变截面（双向）搅拌桩（图 4）可比传统的等截面（单向）搅拌桩节省 10％～30％的水泥用量，60％～65％的搅拌桩施工时间，综合工程造价则可减少 10％～25％。由于减少了水泥使用量，也减少了工程的能耗、CO_2 排放和不可再生资源消耗[34]。

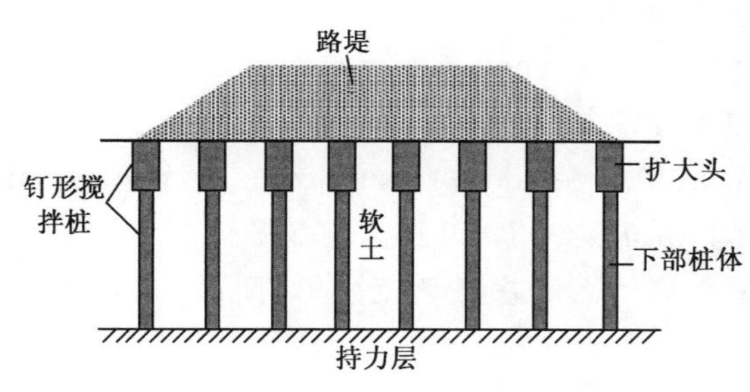

图 3　路堤下钉形搅拌桩复合地基示意图
Fig. 3　Illustration of T-shaped deep mixed column columns supported embankment

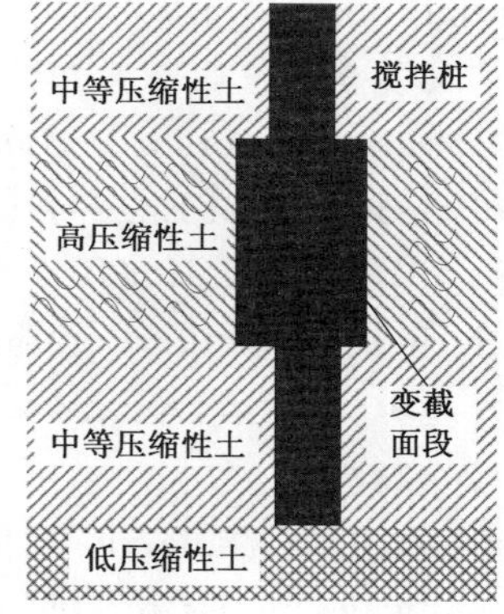

图 4　变截面搅拌桩加固成层软弱地基示意图
Fig. 4　Illustration of variable diameter deep mixed column improved layered soft ground

5　结论

搅拌桩技术是国内外应用最广泛的地基处理方法之一，但是以波特兰水泥为固化剂的传统搅拌桩技术已经不能适应可持续发展的需要，主要表现为高能耗、高 CO_2 排放和不可再生资源消耗。针对该问题，可以从三个方面进行改进：（1）以工业副产品/废料作为搅拌桩固化剂；（2）研发低能耗、低 CO_2 排放、易于回收再利用的新型固化剂/固化方法；（3）对现行搅拌桩施工技术和复合地基设计理论进行改进和优化，研发新设备、新工艺和新桩型，以提高搅拌桩加固效率，减少水泥使用量。

参 考 文 献

[1] 刘松玉,钱国超,章定文.粉喷桩复合地基理论与工程应用[M].北京:中国建筑工业出版社,2006.
(LIU Song-yu,QIAN Guo-chao,ZHANG Ding-wen. The principle and application of dry jet mixing composite foundation[M]. Beijing:China Architecture and Building Press,2006. (in Chinese)).

[2] BRUCE D A,BRUCE M E C,DIMILLIO A F. Deep mixing method:A global perspective[J]. Civil Engineering,1998,68(12):38-41.

[3] HOLM G. The state of practice in dry deep mixing methods[C]// 3rd International Specialty Conference on Grouting and Ground Treatment,New Orleans,USA,2003,145-163.

[4] TERASHI M. The state of practice in dry deep mixing methods[C]// 3rd International Specialty Conference on Grouting and Ground Treatment,New Orleans,USA,2003,25-49.

[5] BRUCE D A. Practitioner's guide to the deep mixing method[J]. Ground Improvement,2001,5(3):95-100.

[6] PORBAHA A. Recent advances in deep mixing research and development in the USA[C]// GeoShanghai,ASCE Special Publication No. 152,2006,45-50.

[7] YASUI S,YOKOZAWA K. Recent technical trends in dry mixing (DJM) in Japan[C]// Proceedings of the International Conference on Deep Mixing-Best Practice and Recent Advances,Stockholm,Sweden,2005,15-22.

[8] GUNTHER J,HOLM G,WESTBERG G,et al. Modified dry mixing (MDM)-a new possibility in deep mixing[C]. Geotechnical Engineering for Transportation,2004,1375-1384.

[9] Jelisic,N. & Leppanen,M. Mass stabilization of organic soils and soft clay[C]. ASCE Geotechnical Special Publication No. 120,2003,552-561.

[10] 龚晓南.广义复合地基理论及工程应用[J].岩土工程学报,2007,29(1):1-13.
(GONG Xiao-nan. Generalized composite foundation theory and engineering application[J]. Chinese Journal of Geotechnical Engineering,2007,29(1):1-13. (in Chinese))

[11] SHEN S L,MIURA N,KOGA H. Interaction mechanism between deep mixing column and surrounding clay during installation[J]. Canadian Geotechnical Journal,2003,40(2):293-307.

[12] 叶观宝,廖星樾,高彦斌,等.长板—短桩工法处理高速公路软土地基的数值分析[J].岩土工程学报,2008,30(2):232-236.
(YE Guan-bao,LIAO Xing-yue,GAO Yan-bin,et al. Numerical analysis of improved deep soft foundation for highways by use of D-M method[J]. Chinese Journal of Geotechnical Engineering,2008,30(2):232-236. (in Chinese))

[13] 刘松玉.排水粉喷桩复合地基操作方法[P].中国专利:CN1490469,2003.
(LIU Song-yu. The method for construction PVD-DJM composite foundation[P]. Chinese patent,CN1490469,2003. (in Chinese))

[14] 刘松玉,储海岩,宫能和,等.双向搅拌桩的成桩操作方法[P].中国专利,ZL 200410065862.9,2006.
(LIU Song-yu,CHU Hai-yan,GONG Neng-he et al. Installation method of double mixing column [P]. Chinese patent,ZL2004 10065862.9,2006. (in Chinese))

[15] 刘松玉,宫能和,冯锦林,等.钉形水泥土搅拌桩操作方法[P].中国专利,ZL 200410065863.3,2007.
(LIU Song-yu,GONG Neng-he,FENG Jin-lin,et al. Installation method of T-shaped soil-cement deep mixing column[P]. Chinese Patent,ZL 2004 10065862.9,2007. (in Chinese))

[16] LISKA M. Performance of reactive magnesia cement and porous construction products[D]. PhD The-

sis, University of Cambridge, UK, 2009.

[17] CDIT. The deep mixing method: principle, design and construction [M]. A. A. Balkema Publishers, Tokyo, 2002.

[18] BERGADO D, ANDERSON L, MIURA N, et al. Soft Ground improvement in lowland and other environments [M]. ASCE publication, 1996.

[19] CHEW S H, KAMRUZZAMAN A H M, LEE F H. Physicochemical and engineering behavior of cement treated clays[J]. Journal of Geotechnical and Geoenvironmental Engineering, 2004, 130(7): 696-706.

[20] HEWLETT P C. Lea's chemistryof cement and concrete (4th edition) [M]. Elsevier, Butterworth-Heinemann, Oxford, 1998.

[21] HIGGINS D D. GGBS and sustainability[J]. Construction Materials, 2007, 160: 99-101.

[22] IPCC. Sources of CO_2 [C]. IPCC Special Report on Carbon Dioxide Capture and Storage, IPCC, Geneva, Switzerland, 2004, 77-103.

[23] MILLER G A, AZADB A. Influence of soil type on stabilization with cement kiln dust[J]. Construction and Building Materials, 2000, 14: 89-97.

[24] KOLIAS S, KASSELOURI-RIGOPOULOU V, KARAHALIOS A. Stabilisation of clayey soils with high calcium fly ash and cement[J]. Cement & Concrete Composites, 2005, 27: 301-313.

[25] GOSWAMI R K, MAHANTA C. Leaching characteristics of residual lateritic soils stabilised with fly ash and lime for geotechnical applications[J]. Waste Management, 2007, 27: 466-481.

[26] HOSSAIN K M A, MOL L. Some engineering properties of stabilized clayey soils incorporating natural pozzolans and industrial wastes[J]. Construction and Building Materials, 2011, 25: 3495-3501.

[27] HUANG Xin, LI Zhan-guo, NING Jian-guo, et al. Principle and method of optimization design for soft soil stabilizer[J]. Journal of Wuhan University of Technology (Material Science Edition), 2009, 24(1): 154-160.

[28] 庄心善,王功勋. 含工业废料加固土的特性研究[J]. 土木工程学报, 2005, 38(8): 114-117.
ZHUANF Xin-shan, WANG Gong-xun. A study on the characteristics of soils consolidated with industrial wastes [J]. China Civil Engineering Journal, 2005, 38(8): 114-117. (in Chinese))

[29] 方祥位,孙树国,陈正汉,等. GT 型土壤固化剂改良土的工程特性研究[J]. 岩土力学, 2006, 27(9): 1545-1548.
(FANG Xiang-wei, SUNG Shu-guo, CHEN Zheng-han, et al. Study on engineering properties of improved soil by GT soil firming agent[J]. Rock and Soil Mechanics, 2006, 27(9): 1545-1548. (in Chinese))

[30] YI Yao-lin, LISKA M, AL-TABBAA A. Initial investigation into the use of GGBS-MgO in soil stabilisation[C]// 4th International Conference on Grouting and Deep Mixing, ASCE Geotechnical Special Publication No. 228, 2012, 444-453.

[31] YI Yao-lin, LISKA M, AL-TABBAA A. Properties of two model soils stabilised with different blends and contents of GGBS, MgO, lime and PC[J]. Journal of Materials in Civil Engineering, 2014, 26(20): 267-274.

[32] YI Yao-lin, LISKA M, AL-TABBAA A. Properties and microstructure of GGBS-magnesia pastes[J]. Advances in Cement Research, 2014, 26(2): 114-122.

[33] 易耀林, LISKA, M., AL-TABBAA, A., 等. 一种用于土体固化的绿色低碳固化剂[P]. 中国发明专利, ZL201010604325.2, 2010.
(YI Yao-lin, LISKA M, AL-TABBAA A et al. A green soil stabilization binder[P]. Chinese patent,

ZL201010604325. 2,2010(in Chinese)

[34] 易耀林.基于可持续发展的搅拌桩系列新技术与理论[D].博士学位论文,南京:东南大学,2013.
(YI Yao-lin. Sustainable deep mixing method and theory[D]. Nanjing:Southeast University,2013)

[35] 易耀林, Liska, M. , Al-Tabbaa, A. , 等. 一种土壤的碳化固化方法及其装置[P]. 发明专利,ZL201010604013. 1,2010.

[36] YI Yao-lin,LISKA M,UNLUER C,et al. Initial investigation into the carbonation of MgO for soil stabilization[C]// 18th International Conference for Soil Mechanics and Geotechnical Engineering, Paris,France,2013,2641-2644.

[37] YI Yao-lin,LISKA M,UNLUER C,et al. Carbonating magnesia for soil stabilization[J]. Canadian Geotechnical Journal,2013,50(8):899-905.

[38] YI Yao-lin,LISKA M,AKINYUGHA A,et al. Preliminary laboratory-scale model auger installation and testing of carbonated soil-MgO columns[J]. Geotechnical Testing Journal,2013,36(3):384-393.

[39] 刘松玉,易耀林,杜延军,等.使用中形搅拌桩处理三层软弱地基的方法[P].发明专利:ZL200910026108. 7,2009.
(LIU Song-yu,YI Yao-lin,DU Yan-jun et al. Cross-shaped deep mixed column for three layered soft ground improvement[P]. Chinese Patent,ZL200910026108. 7,2009. (in Chinese)) .

双向搅拌粉喷桩桩身设计强度取值探讨

曹智国[1,2]　王　旭[3]　冯玉照[3]　章定文[1,2]

(1. 东南大学交通学院　南京　210096;2. 江苏省城市地下工程与环境安全重点实验室　南京　210096;3. 中交第一公路工程局有限公司　北京　100024)

摘　要: 水泥土搅拌桩技术在地基加固中广泛应用,由于土体自身的变异性和水泥土搅拌的不均匀性,桩身强度表现出较大的离散性。为探究水泥土搅拌桩桩身设计强度的取值方法,以武汉城市圈环线高速公路软基处理工程为依托,对该工程双向搅拌粉喷桩桩身强度进行统计分析,并采用概率概念对设计强度进行评价。结果表明,双向搅拌粉喷桩桩身质量比较均匀,且有效加固深度可以达到20m;桩身强度的变异系数为0.18～0.23,平均值为0.20,桩身强度离散性比常规水泥土搅拌桩小;桩身强度分布规律近似服从正态分布或对数正态分布。设计强度0.8MPa的置信度大于90%,对应的可靠性指数分别为1.75(正态分布)和2.13(对数正态分布)。桩身强度分布形式对设计强度的可靠性评价有明显的影响。

关键词: 双向搅拌粉喷桩　设计强度　离散性　置信度　可靠性

作者简介: 曹智国(1990—),男,硕士研究生,主要从事特殊土地基处理等方面的研究工作。E-mail:220122387@seu.edu.cn。

Design Strength of Bidirectional DryJet Mixing Columns

CAO Zhi-guo[1], WANG Xu[2], FENG Yu-zhao[2], ZHANG Ding-wen[1]

(1. School of Transportation, Southeast University, Nanjing 210096, China; 2. Jiangsu Key Laboratory of Urban Underground Engineering and Environmental Safety, Nanjing 210096, China; 3. CCCC First Highway Engineering CO., LTD, Beijing 100024, China)

Abstract: Deep mixing is the most commonly adopted technique for improving the in situ ground in order to achieve higher strength and lower compressibility. In a highly variable environment due to the non-uniformity of the mixing, the strength of the deep-mixing improved soil is often highly variable and this has been a problem in practice. A project in Wuhan using bidirectional dry-jet-mixing method in soft ground improvement for city circle ring freeway is introduced and statistical analysis is performed to study on the variation and reliability in estimating design strength of bidirectional dry-jet-mixing column samples from this project. The results indicate that the strength along the columns with bidirectional mixing technique is almost uniform and the effective reinforcement depth can reach 20m. Coefficient of variation of strength of treated ground ranges from about 0.18 to 0.23, and the average of coefficient of variation is 0.20. The normal or lognormal distribution provides a good fit for the strength of cement-treated soils. The confidence level of the actual design strength 0.8MPa is greater than 90%, and the corresponding reliability indices are 1.75 (normal) and 2.13 (lognormal). The distribution of strength of cement-treated soils has a significant influence on reliability evaluation of design strength.

Key words: bidirectional dry-jet-mixing columns, design strength, variability, confidence level, reliability.

基金项目:中央高校基本科研业务费专项资金资助项目(2242014R30020);江苏省高校"青蓝工程"优秀青年骨干教师培养对象资助项目;中交第一公路工程局有限公司资助项目。

0　引言

水泥土搅拌桩是以水泥(或石灰、矿渣等)粉体或浆液作为加固材料,通过专用的施工机械,将加固材料粉体或浆液喷入地基,凭借钻头叶片的旋转,使加固材料与原位地基土强制搅拌并充分混合,地基土和加固料之间发生固结、水化等一系列反应,从而使软黏土硬结,在短期内形成具有整体性强、水稳定性好和足够承载力的柱体[1-2]。水泥土搅拌桩与桩周土一起形成复合地基,可以有效控制地基沉降、提高地基承载力[2-4],且其具有施工简单、快速、经济和振动小等优点,因而被广泛应用于软基处理,特别是加固软黏土地基。近来,水泥土搅拌桩在支挡结构物、防渗止水帷幕、防止地基液化[5]以及污染土处理[6,7]等方面也得到了越来越多的应用。

大量实际工程表明传统水泥土搅拌桩存在一些问题[8],主要表现在:桩身水泥掺入量不能达到设计要求,水泥土难以搅拌均匀,有效加固深度偏浅。针对上述问题,岩土工作者从质量管理和施工工艺等方面进行了研究改进[8-11]。其中东南大学岩土工程研究所成功研制出双向水泥土搅拌桩[10,11],多个试验场地的桩身质量检测结果[12-14]表明:双向水泥土搅拌桩能够有效改善水泥土搅拌均匀程度、提高成桩质量、增大有效加固深度。

实际工程中水泥土是无法完全搅拌均匀的,双向搅拌也只能在一定程度上提高搅拌的均匀性,这就为设计带来了问题。水泥土搅拌不均匀直接的表现就是桩身强度具有很高的离散性[2,15-20]。水泥土较未加固土而言,其强度可以提高几十至几百倍,但水泥土强度具有较高值的同时也具有较高的离散性,且水泥土强度的离散程度会随着水泥土强度的增大而增大[21]。水泥土强度的高离散性会对设计强度的评估带来不确定性,会对整个系统性能的评价带来不确定性,从而可能导致设计过于保守,违背经济性的原则。因此有必要对基于水泥土性质离散的概率性设计方法进行探讨,促进传统设计理论的革新。

传统的设计方法中一般采用基于置信度概念的桩身设计强度取值方法来处理这种不确定性[19,22],而对于水泥土搅拌桩复合地基的稳定性分析,一般是采用一个总的安全系数来考虑这种不确定性。这些方法大多是经验性的,不能有效地解决离散所带来的问题,更为有效的工具是可靠性设计理论[23-25]。可靠性设计理论已经成为岩土工程的一个有效的风险分析手段。由于水泥土性质的高变异性以及复杂的桩土相互作用带来的破坏模式的不确定性,导致水泥土搅拌桩设计中很少采用可靠性设计理论[20,26,27]。

为了探究水泥土搅拌桩桩身设计强度的取值方法,本文以武汉城市圈环线高速公路软基处理工程为依托,对该工程双向搅拌粉喷桩(DJM)桩身强度进行统计分析,并分别结合置信度概念和可靠度理论对设计强度进行评价,期望能够为搅拌桩的设计强度取值提供参考,为可靠性设计理论在搅拌桩复合地基中的应用奠定一定的基础。

1　工程概况

1.1　工程地质条件

该工程位于武汉城市圈环线高速公路仙桃段。路线经过区的地基土层分布不均匀,自上而下分述如下。

(1)①黏土、粉质黏土,灰黄色、灰色,软塑~可塑,中等压缩性,层厚 0~4.8m。

(2)②-1 淤泥、淤泥质土,灰色,软塑~流塑,高孔隙比,高含水率,高压缩性,层厚 0.0~9.6m;②-2 黏土、粉质黏土:性状同①,层厚 0.0~14.0m;②-3 淤泥、淤泥质土,性状同②-1,层厚 0.0~15.8m;②-4 黏土、粉质黏土夹砂,灰色,软塑~可塑,层厚 0.0~14.8m。

(3)③-1 粉砂:灰黄色,饱和,密实,主要成分为长石、石英和云母等,磨圆度较好,层厚 0.0~14.8m;③-2 细砂,力学强度较高,中等压缩性。

软土主要分布于②-1 和②-3 层,主要为软塑~流塑状淤泥质土和流塑状淤泥,具有高含水率、高孔隙比、低抗剪强度、高压缩性、较显著的蠕变性和触变性等不良特点,难以满足承载力和变形的要求。②-1 和②-3 土层的基本物理力学指标见表 1。

表 1　②-1 和②-3 土层主要物理力学指标

Table 1　Physical and mechanical parameters of soil layers ②-1 and ②-3

层号	含水率（%）	密度（g/cm³）	孔隙比	塑性指数	液性指数	压缩系数（MPa⁻¹）	压缩模量（MPa）	直　剪	
								黏聚力（kPa）	内摩擦角（°）
②-1	38.7～88.6	1.48～1.84	1.06～2.49	16.7～52.3	0.8～1.5	0.58～2.25	1.31～3.78	4.0～5.6	3.0～6.6
②-3	26.0～65.0	1.52～1.92	0.78～1.97	9.7～44.2	0.37～1.19	0.36～1.31	2.27～5.49	4.4～15.6	2.8～11.0

1.2　施工工艺

该工程采用东南大学岩土工程研究所研制的双向搅拌粉喷桩工艺[10,11]。施工工艺包括：定位、下钻、喷灰搅拌、提升复搅、停止喷气和成桩，具体施工步骤可以参考文献[12]。

该工程共分为 4 期：1 期区段为试验段，论证了双向搅拌粉喷桩在该工程中的适用性，根据试桩结果建议选用 55kg/m 的水泥掺入量作为设计参数；2、3 和 4 期区段搅拌桩均采用正三角形布置，设计桩长 15～20m，桩径 0.5m，桩间距 1.2～1.5m。

2　桩身强度统计分析

2.1　桩身强度沿深度的变化规律

搅拌桩施工 28d 后，随机抽取部分桩体取芯检测成桩情况，并沿深度方向每 5m 取一个芯样，测试其无侧限抗压强度（UCS）。如图 1 和图 2 所示，取出的芯样整体性很好，说明成桩质量较好，桩身强度大多介于 1～2MPa 之间，沿深度方向的变化不大，说明桩身质量比较均匀，且有效加固深度可以达到 20m，体现了双向搅拌粉喷桩在软基处理中的优势[12-14]。

图 1　芯样照片

Fig. 1　The photo of core samples

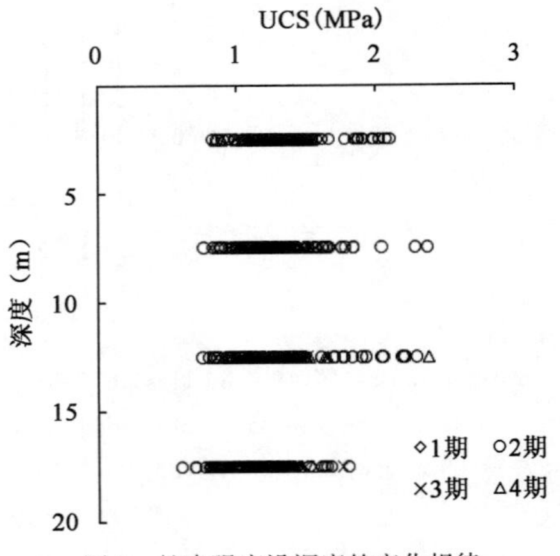

图 2　桩身强度沿深度的变化规律

Fig. 2　DJM strength variation along the columns depth

2.2　桩身强度的离散性

导致水泥土强度高离散性的主要原因是土体自身固有的变异性和水泥土的搅拌均匀程度[28]。天然沉积的土层其土性必然存在不均匀性（表 1），这方面无法避免。因此，提高水泥土的搅拌均匀程度成为减小强度离散性的有效手段。通常采用变异系数 COV（样本标准差 σ 与均值 μ 的比值）来表征离散性的大小。

表 2 统计了不同深度土层处桩身强度的离散性。由表 2 可以看出，在不同深度处统计的强度的均值（1.15～1.30MPa）变化不大，变异系数（0.18～0.23）也较小，体现了桩身质量的均匀性。

文献[29]统计了多个工程的水泥土强度变异系数，最小值为 0.20，最大值为 0.79，平均值为 0.416。如图 3 所示，该工程双向搅拌粉喷桩桩身强度在不同深度土层内的变异系数为 0.18～0.23，所有样本的平均变异系数为0.20，均小于图3统计结果的平均水平，基本处于最小水平。可见双向搅拌桩桩身强度的离散性比常规水泥土搅拌桩要小，进一步论证了双向搅拌桩能够有效地改善水泥土的搅拌均匀程度，提高桩身质量的均匀性。

表2　桩身强度统计分析

Table 2　Statistical analysis for DJM strength variation

土层深度(m)	强度(MPa)				变异系数	样本个数
	最小值	最大值	均值	标准差		
0～5	0.83	2.1	1.30	0.234	0.18	166
5～10	0.76	2.37	1.25	0.239	0.19	164
10～15	0.75	2.38	1.27	0.295	0.23	163
15～20	0.60	1.80	1.15	0.221	0.19	156
汇总	0.60	2.38	1.24	0.254	0.20	649

文献[1]指出在相同的条件下，水泥土强度会随着搅拌均匀程度的增加而增大，直到水泥土完全搅拌均匀，其强度不再增加。则相同的水泥掺入量，双向搅拌桩的桩身强度要大于常规搅拌桩；反过来，当水泥土设计强度一定时，采用双向搅拌桩所消耗的水泥用量要比常规搅拌桩少，在一定程度上可节约工程造价。

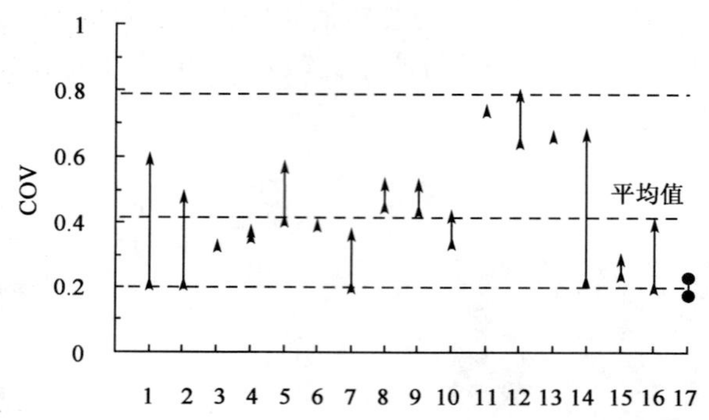

1-Honjo(1982)；2-Kawasaki 等(1984)；3-Hosomi 等(1996)；4-Mizutani 等(1996)；5-Unami 等(1996)；6-Ikegami 等(2002)；7-Taki(2003)；8-Weatherby(2004)；9-Yang(2004)；10-Dasenbrock(2004)；11-Burke(2004)；12-Farrar(2004)；13-Shiells(2004)；14-Ai-Naqshabandy 等；15-Srivastava 等(2012)；16-Namikawa 等(2013)；17-文本

图3　水泥土强度变异系数统计结果(源自文献[29])

Fig. 3　The coefficient of variation of soil-cement strength

2.3　桩身强度的统计分布规律

大量统计数据表明，水泥土搅拌桩桩身强度分布近似服从正态分布或对数正态分布[15,19,30-33]。该工程不同深度土层的桩身强度分布规律如图4所示，采用K-S法检验正态分布和对数正态分布的拟合效果(表3)。D为实际值与理论值的最大绝对差值，D越小表示拟合效果越好。P值表示观测的显著水平，显著水平阈值一般取0.05[34]，当P值大于0.05时，不能拒绝原假设，即认为该样本的总体分布与目标分布形式无显著性差异。0～5m、5～10m和10～15m深度处对数正态分布的D值小于正态分布，而15～20m深度处对数正态分布的D值大于正态分布，考虑到对数正态分布和正态分布的D值均差别较小，因此本文的统计结果不能确定哪种分布形式更好。表3中P值均大于0.05，说明该工程桩身强度的分布规律以5%的显著水平近似服从正态分布或对数正态分布。

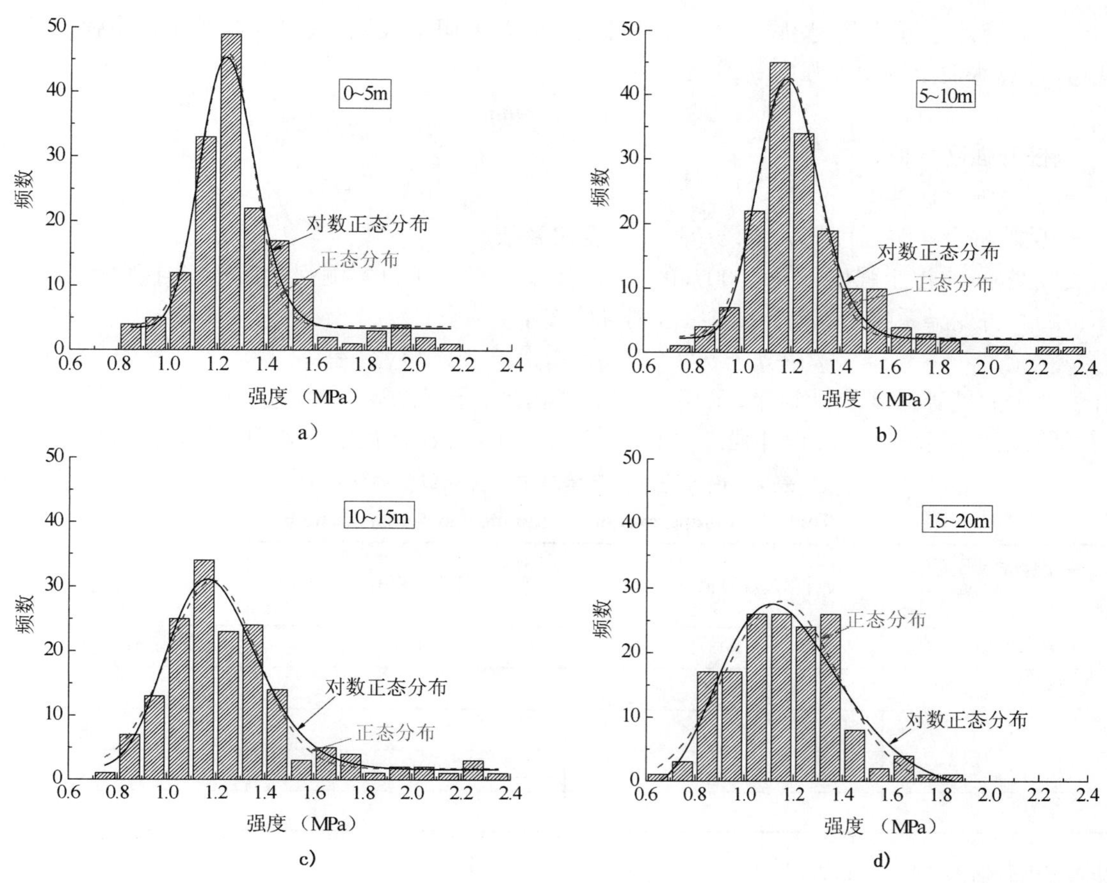

图 4　桩身强度分布规律

Fig. 4　Distributions of DJM strength data

表 3　桩身强度分布规律 K-S 检验结果

Table 3　K-S test results for distributions of DJM strength data

土层深度(m)	分布形式	D	P
0～5	正态分布	0.140	0.053
	对数正态分布	0.105	0.073
5～10	正态分布	0.132	0.126
	对数正态分布	0.094	0.113
10～15	正态分布	0.131	0.117
	对数正态分布	0.088	0.158
15～20	正态分布	0.054	0.762
	对数正态分布	0.073	0.378

3　设计强度取值探讨

该工程水泥土的设计强度为 0.8MPa(28d 龄期强度)。水泥土搅拌桩的现有设计理论不能合理地考虑性质离散所带来的不确定性。本文基于双向搅拌粉喷桩桩身强度的统计分析结果，采用概率的思想来评价桩身设计强度，对水泥土搅拌桩的设计强度取值方法进行探讨。

3.1 基于置信度概念的设计强度取值方法

根据图4的统计分析结果，水泥土搅拌桩桩身强度分布可假定服从正态分布，考虑桩身强度的离散性，可采用式(1)计算水泥土的设计强度 q_{ud}[35]：

$$q_{ud}=\bar{q}_u-m\sigma \tag{1}$$

式中：$\bar{q}_u$——桩身强度均值；

σ——桩身强度标准差；

m——反映桩身实测强度均大于设计强度的置信系数。

根据实践经验，水泥土强度一般取90%的置信度(即90%的桩身实测强度大于设计强度)，m 值可由置信度计算得到。将变异系数COV引入式(1)，则可以表示为：

$$q_{ud}=\bar{q}_u-m(\mathrm{COV})\bar{q}_u=\bar{q}_u[1-m(\mathrm{COV})]=\alpha\bar{q}_u \tag{2}$$

结合表2中的桩身强度统计结果，采用90%的置信度，计算设计强度(表4)。由计算结果可以看出，90%置信度的设计强度值比实际设计强度大9%～25%，即实际设计强度0.8MPa的置信度大于90%。

表4 设计强度计算值与工程实际取值的比较

Table 4 Comparison of the sample and design strength

土层深度 m	设计强度计算值 q_{ud}(MPa)	实际设计强度取值 q_{uf}(MPa)	$(q_{ud}-q_{uf})/q_{uf}$(%)
0～5	1.00	0.8	25
5～10	0.94	0.8	18
10～15	0.89	0.8	11
15～20	0.87	0.8	9
汇总	0.92	0.8	15

3.2 设计强度可靠性评价

结构在规定的时间内，在规定的条件下，完成预定功能的能力称为结构可靠性[36]。可靠性评价的核心内容是评价结构失效的概率(p_f)。设 $X_1,X_2,\cdots,X_n$ 为 n 个相互独立的随机变量，其概率密度函数分别为 $f_{X1}(x_1),f_{X2}(x_2),\cdots,f_{Xn}(x_n)$，设功能函数 $Z=g(X_1,X_2,\cdots,X_n)$，则结构的失效概率为：

$$p_f=P(Z<0)=\int_{Z<0}\int\cdots\int f_{X_1}(x_1)f_{X_2}(x_2)\cdots f_{X_n}(x_n)\mathrm{d}x_1\cdots\mathrm{d}x_n \tag{3}$$

当随机变量很多时，采用上式计算结构失效概率比较困难，为便于工程应用，引入可靠性指数(β)来评价结构的失效概率。文献[37]给出了可靠性指数与岩土工程结构失效概率的关系(图5)，且指出可靠性指数 β 需大于或等于3.0才能满足工程要求。Srivastava and Babu[20]、Babu等[26]和Al-Naqshabandy and Larsson[27]在评价与水泥土强度离散相关的结构可靠性时均使用了文献[37]的可靠性评价标准。

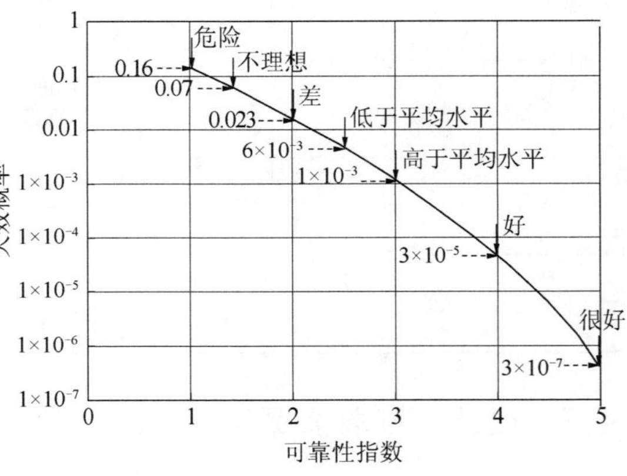

图5 可靠性指数与失效概率的关系[37]

Fig.5 Guidelines for reliability index and corresponding probability of failure[37]

可靠性指数的计算方法有First-Order Reliability Method、Point Estimate Method和Monte Carlo Simulation[38]，本文采用First-Order Reliability Method进行计算。定义容量 C(表示强度分布)和需求 D(表示设计强度)两个相互独立的随机变量，假设两者均服从正态分布，结构功能函数 $Z=C-D$，则可靠性指数可用式(4)计算[38]：

$$\beta=\frac{\mu_C-\mu_D}{\sqrt{\sigma_C^2+\sigma_D^2}} \tag{4}$$

若两者均服从对数正态分布，可靠性指数可用式(5)计算[38]：

$$\beta=\frac{\ln\left[\frac{\mu_C}{\mu_D}\sqrt{\frac{1+COV_D^2}{1+COV_C^2}}\right]}{\sqrt{\ln[(1+COV_C^2)(1+COV_D^2)]}} \tag{5}$$

式中：μ_C、μ_D——分别为 C 和 D 的均值；

σ_C、σ_D——分别为其标准差；

COV_C、COV_D——分别为其变异系数。

该工程 μ_C 为 1.24MPa，σ_C 为 0.254MPa，COV_C 为 0.20(表 2)；μ_D 为设计强度，σ_D 为 0，COV_D 为 0。则由式(4)和式(5)可以得到强度分别服从正态分布和对数正态分布时可靠性指数与设计强度的关系，如表 5 所示。实际设计强度 0.8MPa 对应的可靠性指数分别为 1.75 和 2.13，由图 5 可得相应的失效概率分别为 4.0%和 1.7%，按照文献[37]的可靠性标准，该工程系统的性能较差，然而该工程实际设计强度的置信度大于 90%，所设计的水泥土搅拌桩能够满足工程要求。可靠性理论在水泥土搅拌桩设计中的应用较少，因此在搅拌桩复合地基的可靠性评价中，可靠性指数必须大于或等于 3.0 的标准是否适用还需大量的工程实践进一步验证与探讨。

表 5　可靠性指数与设计强度的关系

Table 5　Reliability index values for design strength

设计强度(MPa)	可靠性指数	
	正态分布	对数正态分布
0.3	3.72	7.08
0.4	3.32	5.63
0.5	2.93	4.50
0.6	2.54	3.58
0.7	2.14	2.80
0.8	1.75	2.13
0.9	1.35	1.54
1.0	0.96	1.00

由表 5 还可以看出，可靠性指数对随机变量的概率分布形式较为敏感。对于同一设计强度，随机变量的分布形式不同时，相应的可靠性指数和失效概率均不同，文献[39]也有类似的结论。虽然采用正态分布和对数正态分布拟合桩身强度的分布规律差别甚小(图 4)，但强度分布形式对设计强度的可靠性评价有明显的影响。因此在可靠性评价中，强度分布规律的合理选用还需大量工程实践的检验。

4　结语

以武汉城市圈环线高速公路软基处理工程为依托，对该工程双向搅拌粉喷桩桩身强度进行统计分析，并分别结合置信度概念和可靠度理论对设计强度进行评价，得到以下结论：

(1)双向搅拌粉喷桩桩身质量比较均匀，且有效加固深度可以达到 20m，体现了双向搅拌桩在软基处理中的优势。

(2)双向搅拌粉喷桩的桩身强度变异系数为 0.18～0.23，平均值为 0.20，比常规水泥土搅拌桩桩身强度的离散性小。

(3)桩身强度分布规律近似服从正态分布或对数正态分布。

(4)实际设计强度 0.8MPa 的置信度大于 90%，对应的可靠性指数分别为 1.75(正态分布)和 2.13(对数正态分布)。

(5)桩身强度分布形式对设计强度的可靠性评价有明显的影响。

在水泥土搅拌桩复合地基的可靠性评价中，可靠性指数评价标准与随机变量分布形式的合理选取还需结合大量实际工程进一步深入分析。

参 考 文 献

[1] 刘松玉，钱国超，章定文. 粉喷桩复合地基理论与工程应用[M]. 北京：中国建筑工业出版社，2006.
(LIU Song-yu, QIAN Guo-chao, ZHANG Ding-wen. The principle and application of dry get mixing composite foundation[M]. Beijing: China Architecture and Building Press, 2006.)

[2] CDIT (Coastal Development Institute of Technology). The deep mixing method: principle, design and construction[M]. Netherlands: A. A. Balkema Publishers, 2002.

[3] MASAAKI T. The state of practice in deep mixing methods[C]// Proceedings of the 3rd International Specialty Conference on Grouting and Ground Treatment, Lawrence: New Orleans, 2003: 25-49.

[4] PORBAHA A. Recent advances in deep mixing research and development in the USA[C]// Ground Modification and Seismic Mitigation, GeoShanghai. Reston, USA: ASCE, 2006: 45-50.

[5] PORBAHA A, KOUKI Z, MASAKI K. Deep mixing technology for liquefaction mitigation[J]. Journal of Infrastructure Systems, 1999, 5(1): 21-34.

[6] YILMAZ O, KAHRAMAN U, COKCA E. Solidification/stabilization of hazardous wastes containing metals and organic contaminants[J]. Journal of Environmental Engineering, 2003, 129(4): 366-376.

[7] 杜延军，金飞，刘松玉，等. 重金属工业污染场地固化/稳定处理研究进展[J]. 岩土力学，2011，32(1)：116-124.
(DU Yan-jun, JIN Fei, LIU Song-yu, et al. Review of stabilization/solidification technique for remediation of heavy metals contaminated lands[J]. Rock and Soil Mechanics, 2011, 32(1): 116-124.)

[8] 何开胜. 水泥土搅拌桩的施工质量问题和解决方法[J]. 岩土力学，2002，23(6)：778-781.
(HE Kai-sheng. Present construction quality problem of deep mixing cement-soil piles and solving measures[J]. Rock and Soil Mechanics, 2002, 23(6): 778-781.)

[9] 潘殿琦，陈勇. 深层搅拌桩强度的影响因素与改善措施[J]. 岩石力学与工程学报，2004， 23(11)：1954-1958.
(PAN Dian-qi, CHEN Yong. Influence factors on strength of deep-mixing pile and improvement measure[J]. Chinese Journal of Rock Mechanics and Engineering, 2004, 23(11): 1954-1958.)

[10] 刘松玉，宫能和，冯锦林，等. 双向搅拌桩的成桩操作方法，中国：10065862. 9[P]. 2006-9-13.
(LIU Song-yu, GONG Neng-he, FENG Jin-lin, et al. Operation method of bidirectional deep mixing column. Chinese: 10065862. 9[P]. 2006-9-13.)

[11] 刘松玉，宫能和，冯锦林，等. 双向水泥土搅拌桩机，中国：10065861. 4[P]. 2006-9-13.
(LIU Song-yu, GONG Neng-he, FENG Jin-lin, et al. Bidirectional cement-soil deep mixing machine. Chinese : 10065861. 4[P]. 2006-9-13.)

[12] 刘松玉，席培胜，储海岩，等. 双向水泥土搅拌桩加固软土地基试验研究[J]. 岩土力学，2007，28(3)：560-564.
(LIU Song-yu, XI Pei-sheng, CHU Hai-yan, et al. Research on practice of bidirectional deep mixing cement-soil columns for reinforcing soft ground[J]. Rock and Soil Mechanics, 2007, 28(3): 560-564.)

[13] 刘松玉，易耀林，朱志铎. 双向搅拌桩加固高速公路软土地基现场对比试验研究[J]. 岩石力学与工程学报，2008，27(11)：2272-2280.
(LIU Song-yu, YI Yao-lin, ZHU Zhi-duo. Comparison tests on field bidirectional mixing column for soft ground improvement in expressway[J]. Chinese Journal of Rock Mechanics and Engineering,

2008,27(11):2272-2280.)

[14] 易耀林,刘松玉.路堤下双向水泥土搅拌桩复合地基工作性状[J].华中科技大学学报:自然科学版,2009,37(8):103-107.

(YI Yao-lin,LIU Song-yu. Behavior of double mixing slurry soil-cement column composite foundation under embankment load[J]. Journal of Huazhong University of Science and Technology :Natural Science Edition,2009,37(8):103-107.)

[15] HONJO Y. A probabilistic approach to evaluate shear strength of heterogeneous stabilized ground by deep mixing method[J]. Soils and Foundations,1982,22(1):23-38.

[16] LARSSON S,DAHLSTROM M,NILSSON B. Uniformity of lime-cement columns for deep mixing:A field study[J]. Ground Improvement,2005,9 (1):1-15.

[17] AL-NAQSHABANDY M S,BERGMAN N,LARSSON S. Strength variability in lime-cement columns based on cone penetration test data[J]. Ground Improvement,2012,165(1):15-30.

[18] LEE F H,LEE C H,DASARI G R,et al. Centrifuge study on uniformity of wet deep mixing[J]. International Journal of Physical Modelling in Geotechnics,2008,8(1):1-20.

[19] CHEN J,LEE F H,NG C C. Statistical analysis for strength variation of deep mixing columns in Singapore[C]// Proceedings of Geo-Frontiers,ASCE. Dallas,2011:576-584.

[20] SRIVASTAVA A,BABU G L S. Variability and reliability in estimating design strength of in-situ ground stabilized with deep mixing technique[C]// Proceedings of the International Conference on Ground Improvement and Ground Control. Wollongong,Australia,2012:1271-1276.

[21] JACOBSON J. Factors affecting strength gain in lime-cement columns and development of a laboratory testing procedure[D]. The Virginia Polytechnic Institute and Stats University,2002.

[22] DENIES N,LYSEBETTEN G V,HUYBRECHTS N,et al. Design of deep soil mix structures:considerations on the UCS characteristic value[C]// Proceedings of the 18th International Conference on Soil Mechanics and Geotechnical Engineering. Paris,2013:2465-2468.

[23] ALONSO E E. Risk analysis of slopes and its application to slopes in Canadian sensitive clays[J]. Geotechnique,1976,26(3):453-472.

[24] CHRISTIAN J T,LADD C C,BAECHER B. Reliability applied to slope stability analysis[J]. Journal of Geotechnical and Geoenvironmental Engineering,1994,120(12):2180-2206.

[25] PHOON K K,KULHAWY F H,GRIGORIU M D. Development of a reliability-based design framework for transmission line structure foundations[J]. Journal of Geotechnical and Geoenvironmental Engineering,2003,129(9):798-806.

[26] BABU G L S,SRIVASTAVA A,SIVAPULLIAH P V. Reliability analysis of strength of cement treated soils[J]. Georisk,2011,5(s. 3-4):157-162.

[27] AL-NAQSHABANDY M S,LARSSON S. Effect of uncertainties of improved soil shear strength on the reliability of embankments[J]. Journal of Geotechnical and Geoenvironmental Engineering,2013,139(4):619-632.

[28] TERASHI M. Deep mixing methodbrief state of the art[C]// Proceedings of 14th International Conference on Soil Mechanics and Foundation Engineering. Hamburg,1997:2475-2478.

[29] 张沂,曹智国,章定文.水泥土强度变异性统计分析[J].路基工程,2013,5:48-52.

(ZHANG Yi,CAO Zhi-guo,ZHANG Ding-wen. Statistical analysis on variability of strength of cement-soil[J]. Subgrade Engineering,2013,5:48-52.)

[30] NAMIKAWA T,KOSEKI J. Effects of spatial correlation on compression behavior of cement treated column[J]. Journal of Geotechnical and Geoenvironmental Engineering,2013,139(8):1346-1359.

[31] MATUSO O. Determination of design parameters for deep mixing[C]// Proceedings of Deep Mixing Workshop. Tokyo,2002.

[32] MCGINN A J,O'ROURKE T D. Performance of deep mixing methods at fort point channel[R]. Cornell University,2003.

[33] NAVIN M P,FILZ G M. Statistical analysis of strength data from ground improvement with DMM columns[C]// Proceedings of Deep Mixing' 05. Stockholm,2005:145-154.

[34] ANDRADE F A,ESAT I,BADINM. A new approach to time-do-main vibration condition monitoring gear tooth fatigue crack detection and identification by the kolmogorov-smirnov test[J]. Journal of Sound and Vibration,2001,240(5):909-919.

[35] TOPOLNICKI M. Chapter 9: in situ soil mixing, ground improvement (2nd)[M]. London: Spon Press,2004.

[36] 中华人民共和国国家标准. GB 50153—2008 工程结构可靠性设计统一标准[S]. 北京:中国计划出版社,2009.
(GB 50153-2008,Unified standard for reliability design of engineering structures[S].)

[37] U. S. Army Corps of Engineers (USACE). Risk-based analysis in geotechnical engineering for support of planning studies[R]. Department of the Army,Washington,1997.

[38] BAECHER G B,CHRISTIAN J T. Reliability and statistics in geotechnical engineering[M]. New York:John Wiley Publications,2003.

[39] 丁继辉,梁金国,张建平,等. 地基工程可靠性设计原理与应用[M]. 北京:中国水利水电出版社,2010.
(DING Ji-hui,LIANG Jin-guo,ZHANG Jian-ping,et al. Reliability design theory and application on foundation engineering[M]. Beijing:China Water and Power Press,2010.)

粉喷桩在港益检验大楼深厚层软土中的应用

周 斌[1] 朱炜炜[1] 沈 银[2] 周洎锟[2]
(1.江苏联恒建筑设计有限公司 江苏 常州 213022;
2.常州市基础工程公司 江苏 常州 213017)

摘 要:通过介绍深厚层软土区,用粉喷桩长短桩相结合加固软基,竣工后累计沉降仅8.653mm,沉降速率0.032mm/d。获得了明显的社会效益及经济效益,可作为类似工程的借鉴。

关键词:深厚层软基 长短粉喷桩加固 施工措施 加固效果

作者简介:周斌(1976—),男,江苏常州,高级工程师,主要从事建筑结构设计及咨询,软基加固处理方面的设计及研究工作。

Application of the Deep Layer of Soft Ground under Gangyi Testing Building Improved by DJM Pile

ZHOU Bin[1], ZHU Wei-wei[1], SHEN Yin[2], ZHOU Bo-kun[2]
(1. Jiangsu Lianheng Architectural Design Co., Ltd. Jiangsu Changzhou 213022, china; 2. Changzhou foundation Engineering Firm, Jiangsu Changzhou 213017, china)

Abstract: The paper introduces the deep layer of soft soil region, reinforcement of soft foundation using DJM pile combined with long-short pile. After the completion the settlement is only 8.653mm, and deposition rate is 0.032mm/d. The social and economic benefits is obvious, this can be used as reference to similar engineering.

Key words: deep layer of soft soil, long-short DJM pile reinforcement, construction measures, reinforcement effect.

1 工程概况及场地岩土工程条件

江苏港益重工股份有限公司,位于江苏常州新北区春江镇长江南岸高河漫滩低洼区,主要生产大型港口起重机设备。原有厂房均用预制桩处理。因有地面堆载,淤质土浅部呈欠固结流态,预制桩长30m左右(ϕ400),长细比大、稳定性差、负摩擦大,使与检验大楼相邻的车间二立柱倾斜,地面、墙体开裂。

该公司西侧与新北区新华村为邻。新华村是全国文明村镇、十佳小康村,为提高农民健康水平及生活质量,由常州园林设计院设计了一批环境景观建筑物,有28.5m高的观光塔、大型体育馆、室内游泳馆,三幢管理用房、六幢别墅会所,还有飞蝶靶场。由江苏常州地质工程勘察院承担场地勘察任务,现将新华村景观地质剖面绘制如下(图1)。

根据场地岩土工程地质条件,设计决定采用粉喷桩加固软基,根据应力分布,采用长短桩相结合布桩模式,既满足了设计要求,又节约了地基处理费用。

同时我们收集了新华村体育馆、室内游泳馆、28.5m高观光塔软基粉喷桩加固处理后的建筑物沉降观测资料(表1)。

从建筑物沉降观测资料可知,用粉喷桩加固该处软基,采用长短桩相结合的布桩模式,效果是良好的,该工程粉喷桩由常州市基础工程公司施工。

港益重工检验大楼系三层框架结构,且室内安装有大型检测设备。场地岩土工程地质条件与西邻仅一水之隔的新华村相似,为长江高河漫滩低洼地静水沉积。将其岩土工程地质剖面绘制如下(图2),其主要土层的物理力学性质指标见表2。

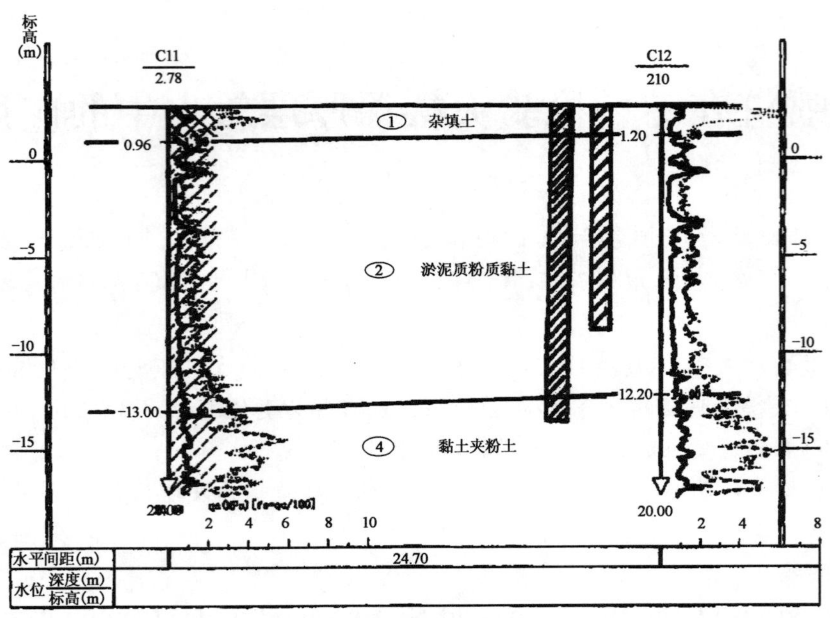

图 1　新华村景观地质剖面图

Fig. 1　Landscape geological profile of xinhua village

表 1　新华村景观建筑物粉喷桩加固后沉降观测资料

Table 1　Settlement observation data of xinhua village landscape building improved by DJM pile

位置	参数　日期	2009 年 4 月 17 日	2009 年 6 月 2 日	2009 年 8 月 18 日	2009 年 11 月 18 日	2010 年 6 月 8 日	2010 年 11 月 16 日
体育馆	累计沉降(mm)	0	4.51	12.04	18.06	29.14	33.35
	沉速(mm/d)		0.098	0.098	0.065 4	0.055 4	0.025 8
游泳馆	累计沉降(mm)	0	2.67	8.7	13.58	20.49	25
	沉速(mm/d)		0.058	0.078	0.053	0.034 6	0.027 7
	状态		主体结顶	竣工	竣工后 3 个月	10 个月	15 个月
28.5m 观光塔	累计沉降(mm)	0	09.6.24 4	09.10.2 6.35	观光塔采用长短粉喷桩隔栅式布桩模式控制沉降及倾斜		
	沉速(mm/d)			0.029			

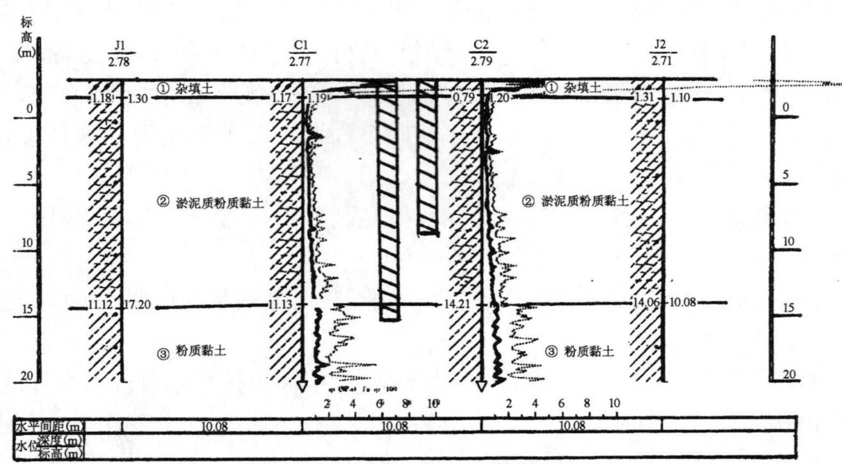

图 2　港益检验大楼岩土工程地质剖面图

Fig. 2　Landscape geological profile of gangyi testing building

表 2 其主要土层的物理力学性质指标

Table 2 Physical and mechanical properties of soil layer of gangyi testing building

项目 土名	q_c(MPa)	f_{sk}(Pa)	ω(%)	f_{ak}(kPa)	E_s(MPa)	q_s(kPa)
②淤泥质粉质黏土	0.498	11	58.6	50～60	2.4	5.5
③粉质黏土夹粉土	0.99	25	30.2	90～110	4.4	10

根据相邻两项工程地质条件的对比，港益重工检验大楼软基采用粉喷桩、长短桩相结合加固软基是可靠的。

2 长短粉喷桩设计要点

(1)在深厚层软土中，用长短桩来加固软土是考虑基底的应力分布，短桩是保证复合地基的强度，长桩是考虑桩端的附加应力，要保证桩端附加应力小于该处软弱地基承载力。且又要满足建筑物变形要求。为保证软弱下卧层计算能通过，复合地基强度不能过大。

(2)单桩竖向承载力标准值可按下式计算，取其中较小值。$R_a=\eta f_{cu}A_p$；$\eta=0.25$，$A_p=0.196$，水泥掺入量 65kg/m(PC 32.5)，f_{cu}可按 1 850kPa 计算。经计算，$R_a=90$kN。

由桩间土和桩端土的抗力所提供的单桩承载力标准值得：

$$R_a=\mu_p\sum q_s l+\alpha f_{ak}A_p$$

设 $l=10$m，则 $R_a=92$kN。

短桩 R_a 按 90kN 进行设计。

(3)由《建筑地基处理技术规范》(JGJ 79—2012)9.2.2 条可知，水泥土搅拌桩复合地基承载力标准值可按以下公式计算。

$$f_{spk}=m\frac{R_a}{A_p}+\beta(1-m)f_{sk} \tag{1}$$

设计取 $f_{spk}=140$kPa，计算基底面积及置换率、桩数。

经计算，置换率 $m=0.2563$。

(4)基底应力分布及沉降计算(表 3)。

表 3 基底应力分布及沉降计算

Table 3 Basal and stress distribution calculation of surface settlement

Z(m)	0	4.7	9.4	10	14.1	16.2	17.2
Z/b(m)	0	2	4	4.26	6	6.88	7.32
a	0.25	0.174 6	0.111 4	0.106 2	0.080 5	0.072 3	0.068
$\sigma_z=4a\sigma_0$(kPa)	140	96	63	60	45	40	38
f_{ak}(kPa)						55	110
f_{spk}(kPa)				140	90	90	
沉桩深度(m)				11.5			18.7

基底埋深 1.5m，基础底面积($4.7\times4.7\text{m}^2$)，则经计算沉降量约为 10mm。

从以上计算可知：

短桩有效桩长 10m，沉桩深度 11.5m，长桩有效桩长 17.2m，沉桩深度 18.7m，能满足设计要求。

沉降估算：

$$E_{sp}=mE_p+(1-m)E_s$$

$$E_p=100f_{cu}=185\text{MPa}$$

短桩：$E_{sp}=49$MPa($L=0$～10m 段)。

长桩：E_{sp} =26MPa(L=10～17.2m 段)

本工程长桩沉桩深度要达到 19m，才能满足设计要求，《建筑地基处理技术规范》(JGJ 79—2012)11.2.2 条写明干法不宜大于 15m。审图中心经常根据此条提出有关无法整改的意见。

为了验证设计的可靠性，我们收集了常州基础工程公司部分粉喷桩成桩深度大于 15m 的工程资料，现将工程实例列于表 4。

表 4　常州基础工程公司部分粉喷桩成桩深度大于 15m 的工程资料

Table 4　Data sheet of DJM pile of depth under 15m by changzhou foundation engineering firm

工程名称	沉桩深度(m)	说　明
远东连杆设备基础	17～18	9 台设备，Q_{max} =2 500kN，要求 $f_{sp.k}$ =230kPa，工作数年调整 0.2mm
盛天传动	4～16	三层办公楼 S_{max} =13.18mm，i=0.002 3mm/d
毅达包装	0～19	马鞍板屋面，竣工 5.92mm，i=0.017mm/d
强声织造车间三	18	现填河塘软土区，沉降 19.8mm，i=0.03mm/d
新华村体育馆	11.5～20	淤质土 q_c =0.33MPa，S_{max} =33.35mm，i=0.026mm/d
钜苓铸造车间三	0～17.1	3 层竣工，S=9.68mm，i=0.018

常州天裕建筑设计有限公司根据武进审图中心要求，对江苏华耐衬里材料有限公司车间 7 根沉桩深度超过 15m 的粉喷桩取 3 根桩进行了桩间土静力触探，取芯进行水泥土抗压强度试验 f_{cu}，粉喷桩桩体标准贯入试验 N'(粉喷桩由常州市基础工程公司施工)，现将试验成果抄录如下：

(1)所取水泥土为短柱状、片状、碎块状，正常状态粉喷桩呈千层饼状，层厚 10～15mm，故取芯有一定困难(用普通取芯管取芯)。

(2)水泥土无侧限抗压强度，水泥土体休止天数约 240d。D-1 孔 16.7～17.5m 段 f_{cu}=1.6MPa，A-2 孔 17.7～20.1m 段 f_{cu}=2.53MPa，20～20.1m 段 f_{cu}=4.4MPa，该处水泥掺入量 98.2kg/m；A-8 孔 18.7～19.8m段 f_{cu}=1.77MPa。

(3)在孔深 17.2m 处，均做了标准贯入试验，N' D-1 承台 N'=13 击，A-2 承台 N'=12 击，A-8 承台 N'=10 击，原状淤质土标准贯入 N'=0～1 击。标贯试验证明了孔深 17.2m 以下是能形成水泥桩的，且效果良好。

(4)在设计指定的 3 个取芯承台内，做了 3 组桩间土静力触探试验。②层天然淤泥质粉质黏土 q_c=0.45MPa，f_s=10kPa。地表 17.2m 以上②层淤泥质桩间土 q_c=0.8MPa，f_s=20kPa，地表 17.2m 以下淤泥质桩间土 q_c=1.38MPa，f_s=38kPa；6 层粉质黏土天然土 q_c=2.16MPa，f_s=67kPa；桩间 q_c=2.58MPa，f_s=80kPa。说明经过一定时间的休止，桩间土强度有十分明显的提高，随着时间推移，桩间土强度还将进一步提高。

《建筑地基处理技术规范》(JGJ 79—2002)中，水泥土搅拌法一节规定，粉喷桩加固深度不宜大于 15m，其一，不是强制性条文，其二，该规范实施日期是 2003 年 1 月 1 日，所有编制规范的依据是 2002 年以前的成果。当时全国大量使用铁四院研制的粉喷桩机，最大加固深度为 12.5m，中铁工程机械研究设计院研制的粉喷桩机最大加固深度为 14.5m。时代在前进，技术在发展，2003 年后，上海探矿机械厂生产了功率 45kW、最大施工深度达 22m 的粉喷桩机。目前上海探矿机械厂正在开发更深、更大的粉喷桩机，以适应深厚软土加固的需要。

由以上论述可以看出，我们的设计是有实践依据的、可靠的。

3　粉喷桩施工的应对措施及质量控制

(1)目前粉喷桩出现大量的工程事故,是由于粉喷桩机造价不高,个体队伍庞大,其中大部分都没有经过专业培训,对成桩工艺、操作好坏方面的知识知之甚少。因此一时间全国各地均出现了一些由于施工中少喷水泥,甚至不喷水泥,少打多记等偷工减料的行为,致使上部结构施工完毕就沉降过大,甚至倾斜,房屋内部裂缝丛生,居民意见很大,结果招致政府部门(或建委部门)下文暂停粉喷桩在当地的应用。据不完全统计,上海、天津、南京、江阴、宁波、武汉、珠海都曾暂停使用过粉喷桩。常州也出现了很多粉喷桩工程事故,如常州三河口某工程,设计 15.5m 的粉喷桩,仅打 4.5m。常州某小区住宅,竣工前向南倾斜,平均倾斜达 6.25‰,竣工后南侧沉速仍达 0.44mm/d,业主花 50 万元用锚杆静压桩进行阻沉处理。常州某公寓,5 层竣工时沉降 50.1mm,$i=0.374$mm/d,竣工后 233d,累计沉降 129.19mm,$i=0.34$mm/d。常州新北区沿江一带均分布有不厚的软土,大量油罐及化工储罐采用粉喷桩加固处理,设计要求桩端进入软土下硬塑状黏土 1m,施工结束,设计要求开挖了数个油罐的桩侧,发现全部开挖的桩端均位于软土中。但施工记录桩端全部进入软土相邻下伏持力层 1m,说明施工记录全部是假的。常州某齿轮厂 5 层宿舍软土用粉喷桩加固处理,连续测量 1 315d,沉降达 209.89mm,仍无稳定迹象。常州新北区某大型合资企业,道路、厂房软土均用粉喷桩加固处理,静荷载试验结果,反映单桩及复合地基,均呈塑状状态,是偷工减料的典型(表 5)。

为保证工程质量,一定要招聘有施工经验,有良好施工业绩,设备齐全,技术负责人必须具备注册岩土工程师资格的施工队施工,这样才能保证在复杂的场地地质条件下随时调整施工参数。

(2)本工程长桩沉桩深度达 19m 左右,施工中用上海探矿机械厂生产的 GPP-5E 型、功率 45kW,可施工 22m 长的粉喷桩机施工。

该桩机附带有 SFT-2 型喷粉监测仪,具有深度传感器及重量传感器,设置了双工位显示器,所测数据可在主机及送灰器操作,同工位同步显示,操作者可观察到相对每米内每 0.1m 段的喷灰量,可及时调整施工工艺,确保每米桩段喷灰量达到设计要求,最后每根桩不同深度每米喷灰量、复搅深度、施工时间可通过打印机自动打印出来,正常正确地使用,对控制质量帮助极大。

(3)在软土厚度大于 8m 时,一定要用 2 台空压机施工,一台 1.6 立方空压机最佳处理深度为 8m,所以有粉喷桩处理深度为 8m 之说。本工程是用 2 台 2.8 立方的空压机施工,且配备了一个 $1m^2$ 的储气罐,起到稳压作用。

(4)粉喷桩机上必须安装压力表、电流表、电表、粉体流量计。压力表用来了解管道压力及灰罐压力,保证送粉管道畅通,顺畅送粉;电流表用来了解地层变化,持力层深度,进入持力层长度。用电量是简单易行的控制粉喷桩质量的重要信息来源,满足设计要求的桩用电量是相近的,且用电量又能判断地层土质的好坏。粉体流量计起到稳压作用,使喷粉均匀。

(5)全部桩必须复搅,复搅深度由电流决定,复搅能使单桩承载力提高 1/3,且当复搅电流与预搅电流相当时,说明土质极差,一定要进行复喷,并再次复搅,以保证桩体质量。上部 5m 淤质土施工预搅电流 5 挡(25A),水泥掺入量 65kg/m 时,复搅电流 5 挡(25～30A),说明该段土质极差,经试验,当水泥掺入量 70kg/m 时,复搅电流达 5 挡(40～45A)。某新建厂房用粉喷桩加固软土,一幢厂房复搅电流与预搅电流相当,当时技术人员要求进行复喷、复搅建筑物建成 10 年使用正常。另一施工队施工其他厂房,未进行复喷、复搅,建筑物均是裂缝,成为危房。

(6)我们对粉喷桩复合地基加固软基的研究已经进行了 20 余年,发表与粉喷桩有关的论文近 30 篇,参与设计、施工的粉喷桩工程有数百项,在施工过程中,我们不断地对施工工艺进行改进,结合学习其他单位的成功经验,用上海探矿机械厂生产的粉喷桩机,动力为 37～45kW,最大成桩深度可达 18～22m,在含水率达 170%的局部含泥炭软土层及静力触探 q_c 仅 0.2MPa 的冲填淤泥区和局部淤质土回填土区,用我们改进的工艺流程施工的粉喷桩,质量优于东南大学发明的双搅拌粉喷桩工程(图 3、表 5)。

本工程用改进型常规粉喷桩工法施工,获得了明显的社会效益及经济效益,这是粉喷桩加固软土的进步。

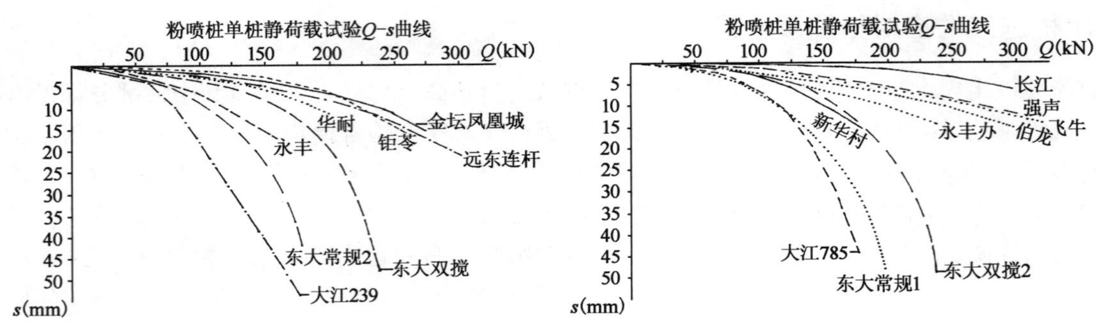

图 3　改进型常规粉喷桩与双搅及常规粉喷桩效果对比

Fig. 3　Effect comparison of improved normal DJM pile and double stirring and normal DJM Pile

表 5　单桩静荷载试验成果汇总

Table 5　Results of load test on single pile

试验点号	桩排号	桩长(m)	养护龄期(d)	最大加载量(kN)	累计最大沉降量(mm)	单桩承载力特征值(kN)	承载力特征值对应沉降(mm)	备注
双向搅拌粉喷桩单桩1点	3排17号	12.0	61	240	48.75	127	5.00	试验均加载到桩体破坏，载荷板为直径50cm圆板，取 $s/d=0.01$为5mm对应的荷载值为单桩承载力特征值
双向搅拌粉喷桩单桩2点	12排16号	12.0	60	240	48.55	135	5.00	
常规粉喷桩单桩1点	43排7号	12.0	55	200	48.12	90	5.00	
常规粉喷桩单桩2点	48排6号	12.0	59	180	42.29	80	5.00	

4　粉喷桩单桩及复合地基静荷载试验检测成果

为正确评价粉喷桩单桩及复合地基的加固效果，业主邀请常州建筑科学研究院有限公司进行了单桩及单桩复合地基静荷载试验(表 6)。

表 6　粉喷桩施工参数及静荷载试验成果汇总

Table 6　Construction parameters of DJM pile and the static load test results summary

施工日期	试验	桩号	有效桩长(m)	桩端施工电流(A)	水泥(kg)	复搅(m)	复搅电流(A)	静载试验成果			
								Q_{max}(kPa)	S_{max}(mm)	回弹率(%)	$s/b=0.006$对应值
6月4日	7.2	157	19.07	5挡(～50)	1 257	4.05	5挡(～45)	240kN	14.28	24.72	125kN
6月4日	7.4	58	10.55	5挡(～30)	718	4.05	5挡(～45)	320kPa	14.66	42.7	170kPa
6月7日	7.6	242	10.57	5挡(～30)	729	4.15	5挡(～35)	240kN	14.78	19.47	120kN
6月7日	7.7	214	17.27	5挡(～40)	1173	4.10	5挡(～35)	320kPa	13.71	51.71	180kPa
常州新北区某大型合资企业，粉喷桩桩静荷载试验成果			5.5	桩端为 $f_{ak}=240$kPa 黏土				200kN	78.62	6.28	
			6.4					360kPa	115.0	6.63	
常州新北区永光车业，粉喷桩静荷载试验成果			3.92	桩端为 $f_{ak}=240$kPa 黏土				180kN	6.76	82.7	120kN
			3.75					510kPa	9.52	68.3	310kPa

从以上静荷载试验成果可以看出，按我们改进的粉喷桩工法正常施工，实际结果远比规范计算结果要大。

从以上静荷载试验成果还可看出，有效桩长 19.07m 与有效桩长 10.57m 的粉喷桩单桩承载力相似，这说明粉喷桩与刚性桩的受力状态及应力传递是有很大区别的。有效桩长 10.55m 与有效桩长 17.27m 的粉喷桩单桩复合地基承载力也相似，说明单桩复合地基存在尺寸效应。

在此反思，若施工单位全部施工短桩，长桩的数据是伪造的，在招投标时，就有仅能施工15m的粉喷桩机业主来投标。静荷载试验均能通过，但建筑物最终必将成为危房，所以评定粉喷桩施工质量的好坏，不能仅凭静荷载试验成果，绝大部分出现工程事故的粉喷桩，其静荷载试验全部是满足设计要求的。所以评定粉喷桩质量的好坏，桩长是关键，不能满足设计要求的桩长，必然是桩端下软弱下卧层计算不能通过。最终导致建筑物沉降过大、倾斜、开裂。这就是目前绝大部分粉喷桩出现工程事故的原因所在，所以质量评定要看桩长是否满足设计要求。

5 工程效果—建筑物沉降观测

为验证粉喷桩设计的正确性，保证施工质量，保证建筑物的安全，要求对粉喷桩复合地基进行建筑物的沉降观测。现将常州市慧宇建筑工程质量检测有限公司提交的建筑物沉降观测成果列入表7。

表7 建筑物沉降观测成果

Table 7 Observation results of settlement of buildings

日期 / 参数	2012年9月4日	2012年10月1日	2012年10月31日	2012年12月3日	2012年12月25日
累计沉降(mm)	0	3.678	6.868	7.948	8.653
沉降速率(mm/d)		0.157	0.166	0.033	0.032
状态	一层立柱	二层	主体结顶三层	竣工	验收

通过建筑物沉降观测资料证明，粉喷桩处理本工程软基是可靠的，设计选择粉喷桩方案是正确的，同时也说明了施工单位是负责的，完全满足设计要求，该工程是常州市基础工程公司参与施工的。

6 结语

在深厚层软土分布区，采用粉喷桩加固软基用长短桩的布桩模式，具有明显的社会效益及经济效益，本工程粉喷桩造价仅是静压预应力管桩的65%左右。且建筑物加固效果比预应力管桩加固的效果好。

目前使用粉喷桩出现的一些问题，主要是施工个体户无技术、偷工减料造成。针对目前混乱的施工市场，应实行谁施工、谁负责的制度，决不能把出现的工程事故推给设计，若设计有问题要求预先提出，要严格监理制度，对设备不齐全，一问三不知的施工队伍决不允许进场施工，对不合格工程决不手软，应将事故消灭在萌芽状态。

对粉喷桩施工质量的好坏要综合评价，静荷载试验成果仅是质量评价的小部分，绝大部分发生工程事故的粉喷桩工程，静荷载试验均是合格的。如常州三河口某化工厂设计要求桩长15.5m的粉喷桩，仅打4.5m，静荷载试验是合格的，是满足设计要求的。像表6中新北区某大型合资企业粉喷桩的静荷载试验成果，说明粉喷桩呈塑性状态，桩长是假的，水泥掺入量极少，有效桩长很短，完全是不合格工程。

从各种桩机的信息化施工程度来讲，粉喷桩的信息化施工程度是最高的，但这些数据是可以伪造的，曾发生过明天施工的桩，今天提交资料的怪事。故在岩土工程监理中，要求承担监理的监理工程师具有坚实的理论基础、丰富的实践经验，不然，形同虚设。

参考文献

[1] 中华人民共和国行业标准. 建筑地基处理技术规范(JGJ 79—2002)[S]. 北京：中国建筑工业出版社，2002.
(People's Republic of China Ministry of Construction. Technical code for ground treatment of buildings (JGJ 79—2002)[S]. Beijing：China Building Industry Press，2002.)

[2] 刘松玉.粉喷桩复合地基理论与工程应用[M].北京:中国建筑工业出版,2006.
(Liu Song-yu. Theory and engineering applications of DJM pile composite foundation[M]. Beijing:China Building Industry Press,2006.)
[3] 马敏.粉喷桩工程事故频发的原因及消除事故的对策[J].苏州大学学报,2010,30:173-181.
(MA Min. The reason of DJM engineering frequent accidents and measures to eliminate accidents[J]. Journal of Suzhou University,2010,30:173-181.)

水泥土搅拌桩复合地基处理软基实例分析

黄 帆 杨晓华 张莎莎

（长安大学公路学院，陕西 西安 710064）

摘 要：水泥土搅拌桩是用于加固饱和软黏土低地基的一种常用方法。针对水泥搅拌桩复合地基的地基处理方法，结合某湖相地区公路软土地基处理中水泥搅拌桩的施工实例，介绍了水泥搅拌桩施工工艺、质量检测等，通过工程实例说明水泥搅拌桩在软土地基处理工程中的应用，确定该法在处理湖相软土地基的可行性，从而为类似公路软土地基处理提供借鉴和参考。

关键词：水泥搅拌桩 复合地基 湖相软土 加固处理 沉降

作者简介：黄帆（1990—），男，长安大学硕士研究生，主要从事道路岩土工程等方面的学习与科研。E-mail：huangfan2@163. com

The Instance Analysis on Cement-soil Mixing Pile Composite Foundation Treatment to Soft Soil Ground

HUANG Fan，YANG Xiao-hua，ZHANG Sha-sha

（Chang'an University，Shan Xi ，Xi'an710064，China）

Abstract：Cement-soil mixing pile is used for low saturated soft clay foundation reinforcement. The treatment method of cement-soil mixing pile composite foundation is analyzed in the paper. Combined with a lacustrine highway cement mixing pile in soft soil foundation treatment in construction. This paper introduces cement mixing pile construction technology，quality inspection，etc，and illustrates by project examples cement mixing pile in soft soil foundation treatment engineering application. The results show that cement mixing pile composite foundation is a available method to deal with the lacustrine soft soil ground. Therefore，the research production can provide a reference for similar highway soft foundation treatment.

Key words：cement mixing pile，composite foundation，lacustrine soft soil，reinforcement treatment，settlement.

0 引言

水泥土搅拌桩是一种用于加固饱和软土地基的常用软基处理技术，它是利用水泥（或石灰）等材料作为固化剂，通过特制搅拌机械，与软土在地基深处强制搅拌，由固化剂和软土产生一系列物理化学反应，使软土硬结成具有整体性、水稳性和一定强度的水泥加固体，从而提高地基土承载力和增大变形模量。水泥土搅拌桩加固软土技术具有以下优点：

（1）最大限度地利用了原土；

（2）搅拌时无侧向挤土、无振动、无噪声和无污染。在密集建筑群中进行施工，对周围原有建筑物及地下管沟影响很小；

（3）根据上部结构的需要，可灵活地采用柱状、壁状、格栅状和块状等加固形式；

（4）与钢筋混凝土桩基相比，可节约钢材并降低造价[1,2]。

由于不同的气候、地理等客观环境对于土的工程性质影响较大，各地区的软土成因各有不同，本文结合工程实例，分析了水泥土搅拌桩复合地基处理某些软基的可行性。

1　工程概况

某高速公路设计采用双向四车道高速公路技术标准：计算行车速度为 100km/h，路面宽度 26m，全长 44.327 572km。

本高速公路位于洞庭湖区（属新华夏系第二沉降带中部）。软土分布区域地势平坦，沉积层较厚，沿线以农作物和居民区分布为主。地层分布自上而下一般为：种植土、亚黏土、淤泥质土、粉砂、细砂、花岗岩全风化层等。而稳定水位深度大致在 0.8～6.4m 范围浮动（大部分地段稳定水位在 1～3m），主要接受大气降水（年平均降水量 1 250～1 450mm）、洞庭湖水以及附近水系的综合补给。同时，沿线受水位控制影响，软土地区基本上是高填方路段。该项工程走廊带范围内无新构造断裂活动痕迹出现，区域地质稳定，无滑坡、崩塌、地震液化等不良地质作用现象。

线路区特殊性岩土主要为软土，软土类型主要为淤泥、淤泥质粉质黏土（黏土），淤泥呈黑色，软塑～流塑状，饱和，含有机质，有臭味，厚度不大，一般为 0.50～1.50m，零星分布于沿线水塘，沟岩及低洼地段；淤泥质粉质黏土（黏土）呈灰色、深灰色，软塑状，饱和，厚度大不，一般为 0.80～8.90m，天然含水率 $w_{平}=42\%$，天然密度 $\rho_{平}=1.81\text{g/cm}^3$，$G_s=2.70$，孔隙比 $e_{平}=1.136$，压缩系数 $\alpha_{1-2}=0.6\text{MPa}^{-1}$，压缩模量 $E_s=3.75\text{MPa}$，不排水抗剪强度 $C_u=5\sim30\text{MPa}$，固结系数 $C_r=1.68\times10^{-3}\sim1.80\times10^{-3}\text{cm}^2/\text{s}$，标准贯入试验 $N=3\sim7$ 击。

根据《中国地震动参数区划图》（GB 18306—2001）及《中国地震动反应谱特征周期区划图》，本地区地震动峰值加速度为 0.05g，反应谱特征周期为 0.35s，对应地震基本烈度为Ⅵ度，建议按Ⅵ度抗震设防措施执行；根据钻探结果，20m 范围内饱和砂土层的地质年代为第四系更新统，且黏粒含量均大于 15%，为不液化地层。

2　地基处治方案

本路段由于受地形、地层岩性、构造及地下水等因素的影响，沿线无不良地质现象，特殊性岩土主要为软土。其中尤以 K36＋041.35～K44＋230（总长 8.189km）的路基为典型湖区软土，将该路段选择为试验路段。

针对该路段沿线土层的特点，地基处理设计方案主要采用三种处理方法：清淤换填法、预压排水固结法和复合地基法。清淤换填法主要处理一般路基段的较浅软土层；预压排水固结法处理一般路基段的软土；复合地基法主要用于桥头、涵底处的软基处理及软土层较厚且路堤填土较高的路段。

2.1　复合地基主要技术指标

桩底深入粉砂层不小于 0.5m；桩径 $d=500\text{mm}$，采用 32.5R 普通硅酸盐水泥。含水率在 40%以下时，水泥用量为 45kg/m；含水率为 40%～60%时，水泥用量为 50kg/m；含水率为 60%～70%时，水泥用量为 55kg/m；含水率＞70%时，水泥用量为 60kg/m。设计要求水泥土粉喷桩 28d 无侧限抗压强度≥0.8MPa。

停灰面为地面下 450mm，布桩误差≤20mm，垂直度误差≤1.5%；喷浆后水泥土每点搅拌土次数大于 40 次。

搅拌叶片要 3 层 6 片，采用无级调速卷扬机（可根据水泥搅拌桩均匀的需要控制提升速度），搅拌电机的功率≥55kW，转速≥60r/min；外加剂中，石膏 2%，木钙 0.2%。

2.2　水泥搅拌桩设计方案

试验段沿线的湖区软土地基处治方式主要为两个主要典型断面。试验段沿线采用水泥土搅拌桩处理方案的设计如图 1、图 2 所示。

此方案采用湿法施工，处治深度为 3～15m，最佳为 8～12m。

垫层的厚度 Q 由设计确定，应采用级配良好的碎石或砂砾，不含植物残体、垃圾等杂质，垫层的最大粒径不大于 30mm。对于一般软土路基，整平地面后，先铺砂垫层，然后进行水泥搅拌桩的打设；对于浸水路基，宜先修围堰抽水，挖除表层浮泥，铺设砂垫层，进行软基处理，再填水稳性好的透水性材料至常水位以上50cm，进行路堤的施工。

土工格栅采用高强钢塑双向土工格栅，其性能指标：纵、横向每延米拉伸屈服力≥100kN/m，纵、横向屈服伸长率≤3%。

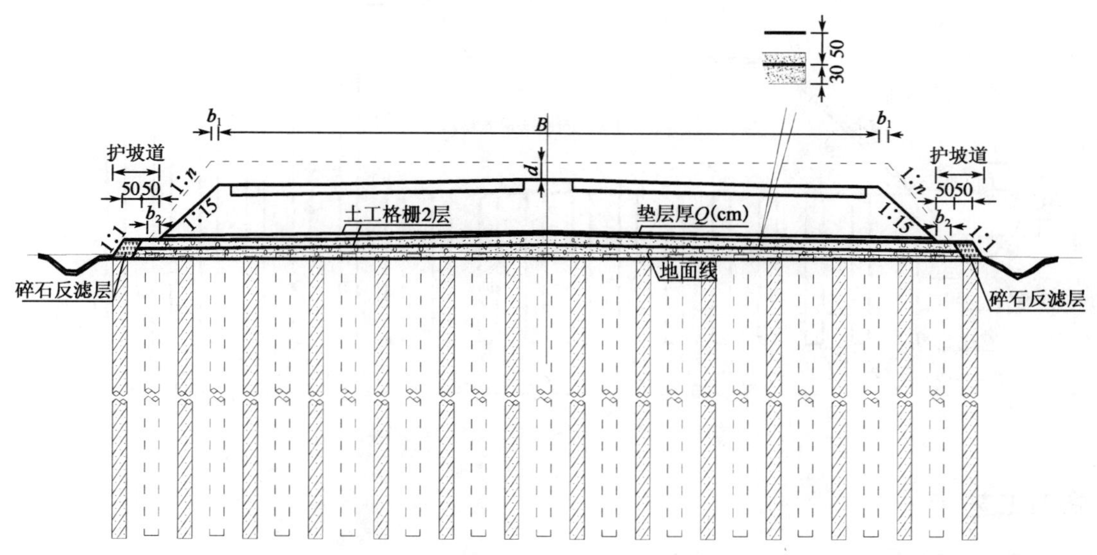

图1　水泥搅拌桩处理方案(尺寸单位：cm)

水泥搅拌桩采用圆形桩，桩径50cm，桩距根据计算采用，平面按梅花形布置，水泥搅拌桩向下要求穿透软土层并在硬层中有0.5m嵌入深度，向上应进入砂垫层30cm。水泥搅拌桩宜在施工前进行试桩，确定掺灰量、喷浆压力、搅拌速度、钻进速度和提升速度等技术参数，建议采用双向搅拌施工工艺。

竖向承载水泥土搅拌桩地基竣工验收时，承载力检验应采用复合地基荷载试验和单桩荷载试验。此外，还可通过N10轻型触探和抽芯来检测施工质量。

图3及图4为适用于全填水塘或者部分填塘路段的软基处治方案图。路基填筑前，应排水、清淤，以确保排水通道通畅。

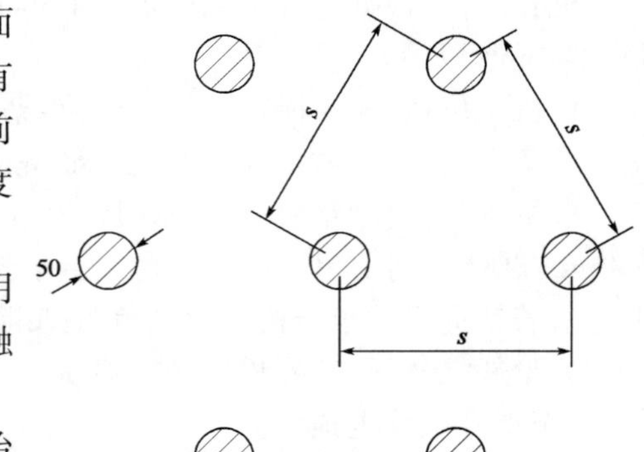

图2　水泥搅拌桩平面布置图(尺寸单位：cm)

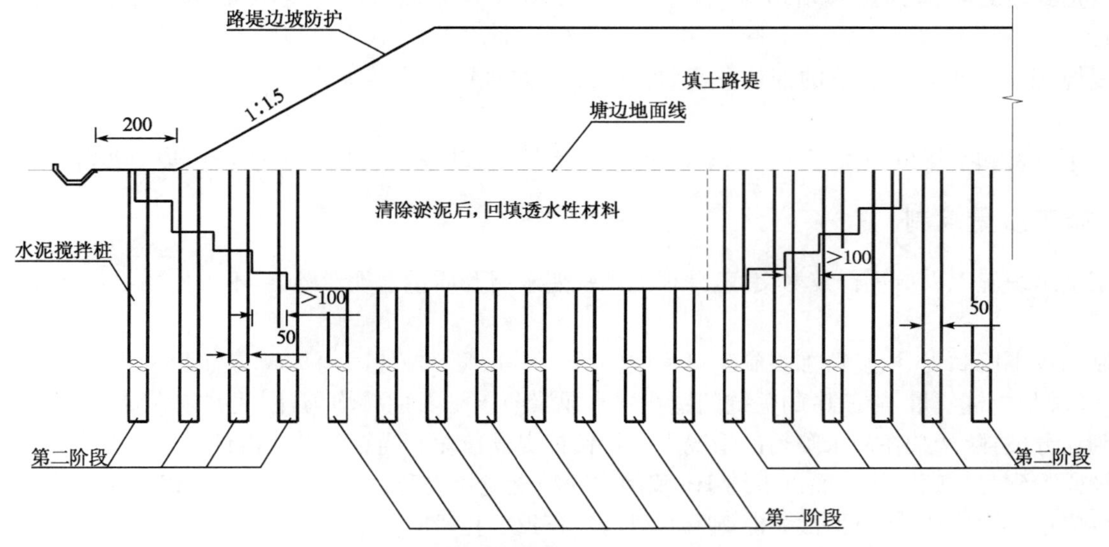

图3　全填过塘段水泥搅拌桩处理方案(尺寸单位：cm)

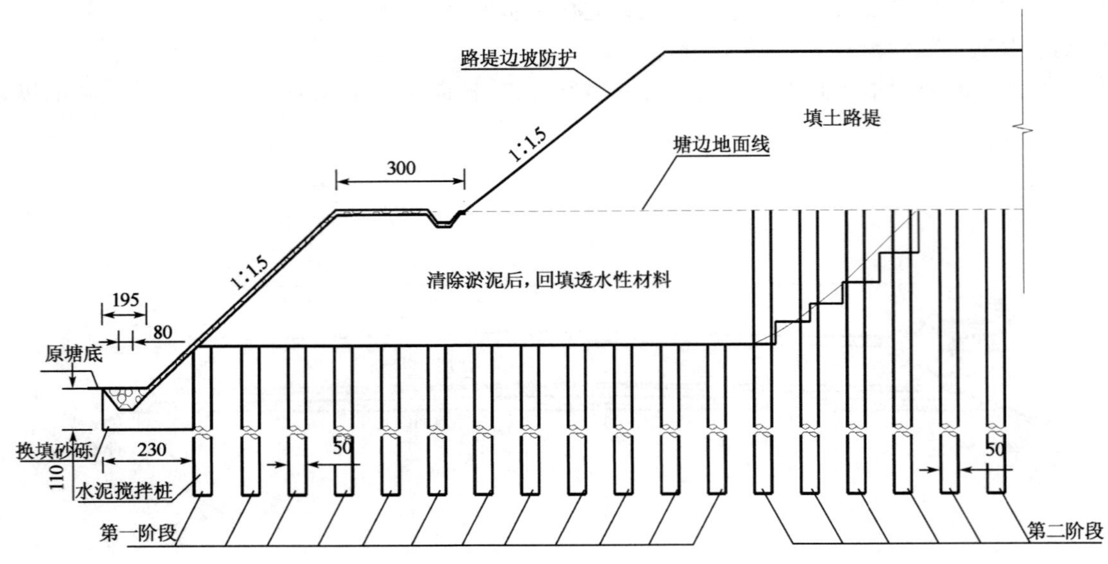

图 4　半填过塘段水泥搅拌桩处理方案

3　施工工艺

将地面整平，以提供打桩作业和水平铺网工作平面。

桩孔定位：根据设计图纸要求定下布桩位置，用石灰或其他标志作为打桩标记，相邻两桩位之间误差控制在 20mm 以内。

桩机定位：将深层搅拌机移至桩位，钻头中心对准设计桩位中心，将钻机调平后再次检查对中情况，同时检查准备情况等，并做好施工前记录准备。

成桩施工：启动钻机空压机送风，待钻头转速正常边旋转边下沉，直至设计深度。钻机钻进速度为0.8m/min，严格控制不超过 1m/min。若钻进阻力超过机械容许负荷则停止下沉（下沉时正转，提升时反转，以下同）；若钻进阻力小于机械允许负荷则继续下沉，直到钻进阻力超过机械允许负荷则停止下沉。

调整好空气压力，喷粉机开始喷粉，钻机边提升边搅拌。喷搅提升速度一般为 0.4m/min，喷粉量要均匀，直至提升至软土顶部。

以速度为 0.8m/min 复搅正转至桩底，而后以 0.4m/min 反转喷搅提升至软土顶部靠下的部位后，以同转速喷浆达到地面以下小于 500mm 时，停止喷粉。提升至停浆面后保持空压机运转，搅拌钻头在原位停止 2min。

再复搅拌至软土顶部靠下的部位一次，停止喷粉，并将钻头旋转提升出地表，并用同剂量混合土回填压实。

停止主电机和空压机并填写施工记录，启动液压系统，移动桩机到下一桩位，继续以上步骤[3,4]。

4　施工质量控制

开工前组织施工人员进行技术交底，并根据工程要求召开质量管理专题会，不得使用不合格施工机具及材料。

控制钻头下沉和提升速度，加强施工过程中的监理。水泥土桩加固地基成功与否取决于设计和施工两个环节，关键是成桩质量，施工中的关键问题在于水泥浆与土是否搅拌均匀，因此必须保证加固范围内每一深度得到充分搅拌，严禁在尚未喷粉的情况下进行钻杆提升作业。当钻头钻至设计深度后有一定停滞时间，以保证加固粉到达桩底。停灰面以下约 1m 范围内粉喷桩搅拌提升宜慢速，搅拌数秒以保证桩头均匀密实。水泥的供应量必须连续，一旦因故中断，必须复打，复打重叠孔段应大于 1m。

对于喷粉搅拌所使用的水泥粉要严格控制入储灰罐前的含水率，严禁受潮结块，不同水泥不得混用。

因为土层含水率每增加 10%，水泥土强度会降低，所以粉喷桩搅拌下沉时尽量不用水冲，宁可放慢钻进。当地基土天然含水率小于 30%土层中喷粉成桩时，可适当采用地面注水搅拌工艺。

粉喷开始时，应将电子秤显示屏置为零，使喷粉过程在电子计量显示下进行。喷粉搅拌时，记录人员应随时观察电子秤变化显示，以保证各段(通常以 1m 为单位)喷粉的均匀性。

喷粉或喷气过程中，当气压达到 0.45MPa 时喷送管路可能堵塞，此时应停止喷粉，断开空压机电机电源，停止压缩空气，并将钻头提升到地面，查明堵塞原因并予以排除。钻头未提出前不能停止空压机。

储灰罐容量应不小于一个桩的用灰量加 50kg；储量不足时，不得对下一根桩开钻施工[4]。

施工记录必须有专人负责，深度记录偏差不得大于 5cm，时间记录不得大于 2s。对每一根桩进行质量评定，对于不合格桩，根据其位置、数量等具体情况分别采用布桩或加强附近工程桩。施工中发生的问题和处理情况均应如实记录，以便汇总分析。

根据要求选取一定量的桩体进行开挖，检查桩的外观质量、搭接质量和整体性。搅拌头直径应定期复核检查，其磨耗量不得大于 10cm，否则应更换叶片。

5　施工质量检测及评价

现场实际使用的固化剂和外掺剂必须通过加固土强度试验，进行材料质量检验合格后方可使用。

布孔精度检测：布桩误差≤20mm。

钻头直径的磨损量不得大于 10mm。

用回弹仪检测桩身整体性，以确定是否有异常软弱面。

桩顶强度检测：用 ϕ16mm、长 2m 的平头钢筋垂直放入桩顶，压入≤100mm(龄期 28d)。否则表明桩顶施工质量存在问题，一般可将桩顶 0.5m 挖去，再填入混凝土或砂浆。

桩身检测：在工程成桩后 7d 内(超过 7d 后，用轻便触探已不宜在搅拌桩身取样)，使用轻便触探仪(N10)进行桩身强度检测以及检查搅拌桩均匀程度(触探点在桩径 1/4 处)。检验桩数一般应占工程桩的 2%～5%。当桩身 N10 击数比原地基土击数增加 1.5 倍以上时，搅拌桩桩身强度基本上能够达到设计要求。轻便触探检验深度一般不超过 4m。

抽样强度检测：用回弹仪和轻便触探仪检测后，对个别有怀疑的桩在 90d 龄期后，采用机械抽芯 108mm 加工成 5cm×5cm×5cm 立方体试件，做无侧限强度试验(抽芯位置在桩径 1/4 处)，其强度应大于 1.2MPa。

成桩开挖检测：成桩 7d 内开挖桩体，观察桩身搭接质量及搅拌均匀程度，成桩桩径误差≤50mm，垂直度误差≤1.5%，检测频率 2%，开挖深度≥1.5m。

粉喷桩施工质量应符合表 1。

表 1　粉喷桩施工质量标准

项　次	检查项目	规定值或允许偏差	检查方法和频率
1	桩距(mm)	±100	抽查桩数 3%
2	桩径	不小于设计值	抽查桩数 3%
3	桩长	不小于设计值	喷粉(浆)前检查钻杆长度，成桩 28d 后钻孔取芯 3%
4	竖直度(%)	1.5	抽查桩数 3%
5	单桩每延米喷粉(浆)量	不小于设计值	查施工记录
6	桩体无侧限抗压强度	不小于设计值	成桩 28d 后钻孔取芯，桩体三等分段各取芯一个，成桩数 3%
7	单桩或复合地基承载力	不小于设计值	成桩数的 0.2%，并不少于 3 根

承载力及强度分布试验：

对 28d 龄期的粉喷桩，应抽取一定数量的粉喷桩(不少于 4 根)进行单桩竖向承载力和单桩复合地基承载力静荷载试验。

桩身强度分布试验：为研究桩身强度分布，成桩 28d 后在桩身距桩顶 0.5m、2m、5m、8m 深度附近钻孔取芯，做无侧限抗压强度及抗剪强度试验。

6　现场观测及其结果

在施工过程进行相关项目的观测工作，能及时掌握软土地基在加固施工过程中土体的变形、应力转换和稳定情况；严格按设计要求的沉降速率和水平位移控制加载速率并建立报警制度，对监测异常数据立即上报有关单位及相关人员，以便及时采取有效处理措施和方案。实现对软土地基加固施工过程的动态监控。

一般路段沿纵向每隔 100～200m 设置一个观测断面；桥头路段应设置 2～3 个观测断面；桥头纵向坡脚、填挖交接的填方端、沿河等特殊路段均应酌情增设观测点。在施工期间应严格按照设计或合同文件要求进行沉降和稳定的跟踪观测。填土应每填筑一层应观测一次；如果两次填筑间隔时间较长，每 3d 至少观测一次。路堤填筑完成之后，堆载预压期间观测应视地基稳定情况而定，一般半月或每月观测一次，直至预压期结束。当路堤稳定出现异常情况而可能失稳时，应立即停止加载并采取果断措施，待路堤恢复稳定后方可继续填筑。每次观测应按规定格式作记录，并及时整理、汇总观测结果。

路堤填土速率应以水平控制为主，如超过此限应立即停止填筑，其控制标准为：

填筑时间不小于地基抗剪强度增长需要的固结时间。

路堤中心沉降量每昼夜不得大于 10～15mm，边桩位移量每昼夜不得大于 5mm。

路面铺筑应在沉降稳定后进行，采用双标准。即要求推算后的工后沉降量小于设计容许值，同时要求连续两个月观测沉降量每月不超过 5mm 方可卸载开挖路槽并开始路面铺筑。

观测项目如表 2 所示，若工程需要还可增加其他必要的观测项目。

表 2　软土地基观测项目

观测项目	仪具名称	观测目的	
沉降	地表沉降	地表沉降计（沉降板）	地表以下土体沉降总量，常规观测项目
	地基深层沉降	深层沉降标	地基某一层位以下沉降量，按需设置
	地基分层沉降	深层分层沉降标	地基不同层位分层沉降量，按需设置
水平位移	地表水平位移	水平位移边桩	测定路堤侧向地面水平位移量并兼测地面沉降或隆起量，用于稳定监测。常规观测项目
	地基土体水平位移	地下水平位移标（测斜仪、管）	观测地基各层位土体侧向位移量，用于稳定监测和了解土体各层侧向变形及附加应力增加过程中的变形发展情况。常规观测
应力	地基孔隙水压力	孔隙水应力计	观测地基孔隙水应力变化，分析地基土固结情况
	土压力	土压力计（盒）	测定测点位置的土应力及应力分布情况。按需要设置
	承载力	荷载试验仪	一般用于地基处理或桩的承载力测定。粉喷桩地基应做此观测，其他地基必要时采用
其他	地下水位（辅助观测）	地下水位观测计	观测地基处理后地下水位的变化情况校验孔隙水应力计读数
	出水量（辅助观测）	单孔出水量计	检测单个竖向排水并排水量，了解地基排水情况

现场检测结果表明，复合地基在施工期沉降均符合路堤中心沉降量每昼夜不大于 10～15mm，边桩位移量每昼夜不大于 5mm 的要求。

在施工期结束以后，又针对工后沉降量进行了一年的监测，根据地基沉降速率测算地基的工后沉降量满足表 3 的要求[5,6]。

表 3　容许工后沉降表

道路等级	桥台与路堤相邻处	涵洞或箱型通道处	一般路段
高速公路（主线）	≤0.10m	≤0.20m	≤0.30m
二级公路（支线）	≤0.20m	≤0.30m	≤0.50m

7　结语

(1)本文针对洞庭湖区软土工程性质差等特点，采用水泥土搅拌桩复合地基处理湖相软土地基，通过对现场荷载试验和沉降观测的分析，发现水泥土搅拌桩复合地基作用效果明显，不仅达到了预期提高地基承载力和减小沉降变形的要求，而且取得了一定的经济效益。

(2)水泥土搅拌桩在处理软土表现出明显的优势，具有取材方便、施工方便、施工质量易控制、经济效益明显等优点，而且结果表明，采用水泥搅拌桩处理软土地基是可靠有效的。结合其他处理方法可有效控制建设成本。

参 考 文 献

[1] 龚晓南. 复合地基[M]. 杭州：浙江大学出版社，1992.
(GONG Xiao-nan. Composite foundation[M]. Hangzhou: Zhejiang University Press, 1992.)

[2] 叶书麟，叶观宝. 地基处理与托换技术. 北京：中国建设工业出版社，2005.
(YE Shu-lin, YE Guan-bao. Ground improvement and replacement technique[M]. Beijing: China Architecture and Building Press, 2005.)

[3] 王洪昌，张晓鹏. 深层水泥搅拌桩在软土地基处理工程中的应用[J] . 中南公路工程，2006，31(6)：119-121.
(WANG Hong-chang, ZHANG Xiao-peng. Applications of in-depth cement stir pile in soft soil ground [J]. Central South Highway Engineering ,2006,31(6):119-121 .)

[4] 欧阳正. 浅谈水泥搅拌桩施工质量控制[J] . 湖南交通科技，2005 ，31(3) ：41-43.
(OU Yang-zheng. Introduction to cement mixing pile construction quality control[J]. Hunan Communication Science and Technology, 2005 ,31(3) :41-43.)

[5] 许春松. 水泥搅拌桩复合地基承载特性及其在软土路基中的应用[D]. 长沙：湖南大学，2012，5.
(XU Chun-song. Study on the bearing characteristic of cement mixing pile composite foundation and applying in the soft soil subgrade[D]. changsha Hunan University, 2012, 5.)

[6] 明珉，王蔚. 使用深层搅拌桩加固软土地基[J]. 建筑结构，1998，5.
(MING Min, WANG Wei. The use of deep mixing pile strengthening soft foundation[J]. Building Structure, 1998, 5.)

水泥粉喷桩在盐渍化软基中的应用研究

洪雪峰　杨晓华　张莎莎

（长安大学公路学院　陕西　西安　710064）

摘　要：通过水泥粉喷桩在盐渍化软基中的工程实例和试验分析，研究了地基处理前后的承载力以及沉降，讨论了水泥粉喷桩在处理盐渍化软基的适用性。结果表明，水泥粉喷桩处理盐渍化软基能提高地基承载力以及降低沉降，因此水泥粉喷桩在盐渍化软基中的应用是可行的，为今后处理盐渍化软基提供了一定的帮助。

关键词：地基处理　承载力　沉降　粉喷桩　盐渍化软基

作者简介：洪雪峰（1990—），男，长安大学硕士研究生，主要从事道路岩土工程等方面的学习与科研。E-mail：hongxuefeng n01@163. com

Application Research of the Saline Soil Soft Ground Improved by DJM Pile

HONGXue-feng，YANG Xiao-hua，ZHANG Sha-sha

（Chang'an University，Xi'an 710064，China）

Abstract：Combining specific engineering examples and field test analysis in some saline weak foundation，the foundation bearing capacity and settlement are compared before and after treatment by DJM pile in this paper，and applicability of DJM pile is discussed. The results show that the application of soft salinization foundation handled by DJM pile can improve the bearing capacity and reduce settlement. And the conclusion is that soft salinization foundation improved by DJM pile is feasible. The paper has strong practical value.

Key words：foundation treatment，bearing capacity，settlement，DJM pile，saline weak foundation.

0　引言

近些年大量工程实践表明，用粉喷桩法加固高等级公路的路基和涵基，在满足设计的前提下，不仅能提高地基土的承载力，而且具有施工周期及预压期短，适应快速填筑施工；工后沉降小，较好地解决了沉降过大等特点。另外，它具有施工工艺简单、无振动、无噪声、无环境污染、效率高、成本低等特点。

目前粉喷桩处理公路软基在我国湖相、海相软土地区已得到广泛应用，而在盐渍化软弱地基中应用的相对较少。本文以水泥粉喷桩在盐渍化软弱地基的工程应用为基础，分析了水泥粉喷桩在处理盐渍化软基的适用性，为今后处理盐渍化软基提供了一定帮助。

1　工程概况

某一级公路全长 121. 120km，全线采用四车道一级公路标准建设，计算行车速度 100km/h，路基宽设计为整体式路基 25. 5m，分离式路基 12. 75m。其中标段 K117＋000～K117＋300 作为试验段，采用了水泥粉喷桩进行地基处理。

该试验段早期曾是湖泊、沼泽，近期已干涸，属近代的湖泊沼泽型沉积地。地层岩性较简单，上部为冲积～湖积相黏性土，层厚 4. 75～8. 00m，其中表层为盐渍土，层厚 0. 50～2. 40m，下面为饱和淤泥，主要成分是有机质泥炭，并含有一定数量的化学沉积物和细颗粒黏土；中层为亚黏土夹多层粗砂、粉砂层，含淤泥质；底部地层为圆砾层，局部夹亚黏层，由于此区域位于地势低洼和地下水溢出处，常年受积水和泉水的浸泡、溶蚀,地层含水率和孔隙率较大,质地疏松软弱,多呈硬塑～软塑状,形成软弱土、盐渍土复合性土层,具有软弱土和盐渍土的双重特性。

2　软基处理方案及技术参数

通过对原地基进行原位荷载试验,可知原地基最大允许承载力为100kPa,不能满足设计所需的承载力。而水泥粉喷桩适用于加固淤泥、淤泥质土、粉土和含水率较高且承载力不大于120kPa的黏土地基,故采用水泥粉喷桩＋垫层的设计方案。具体的设计方案如下。

2.1　水泥粉喷桩设计与施工技术参数[1,2]

试验区粉喷桩采用等边三角形布桩,桩长6.7m,直径D＝0.5m,桩中心到中心的间距为1.25m,行距1.08m,置换率为0.145;地面以下3m的喷粉压力控制在0.25～0.4MPa,提升速度0.5～1.5m/min;水泥掺入比为15%,喷灰量50kg/m。

2.2　水泥粉喷桩施工工艺[5]

粉喷桩施工机械主要由钻机、粉体喷射器、空气压缩机以及搅拌钻头组成。采用铁道部武汉工程机械研究所生产的PH-5B型粉喷机及发送器,主电机功率45kW,空气压缩机15kW,油泵电机4kW,发送器电机1.5kW进行施工,按设计桩距、行距测量放样。施工具体流程如下。

(1)场地平整:由于基底平整,不利于确定桩位保证桩体垂直度;或由于基底呈软塑状,机械设备无法进入作业面,需采用置换粗粒料或干土料的方式分段作业,创造良好的施工条件。

(2)测量定位:用拓普康GTS-311型全站仪定出控制桩,再用经纬仪、钢尺等依次定出各桩位。

(3)钻机定位:移动钻机,使钻机对准桩位,校正井架的垂直度。

(4)钻进:启动钻机,使之处于正转转进状态。同时启动空压机,通过送气管道向钻具内喷射压缩空气。其目的是防止钻头喷口堵塞及减少钻进阻力。钻至设计高程后停钻,关闭送气管道,打开送料管路和给料机开关。

(5)提升:操纵钻机,使之处于反转状态,确认水泥粉料到达钻头后开始提升,边旋转边提升,使水泥粉和原位的软土充分拌和。

(6)停喷:当钻头升至略高于加固土层顶面时停料。

(7)复搅:按以上过程对桩进行复搅,复搅深度不应小于设计桩长的1/3且不小于5m,目的是确保粉喷桩的粉体均匀性和强度的稳定性。

(8)成桩:当钻头提升至设计桩顶高程时,停止喷粉,形成桩体。继续提升钻头直至离开地面,移动钻机到下一个桩位。

3　处理效果

在水泥粉喷桩施工结束后间隔一定时间后,选取K118＋300附近土体,进行了5组原位现场荷载试验。在桩号为3—6、2—3两个桩位处分别进行了一组单桩荷载试验,在桩号为1—9、2—9、3—10的三个桩位处进行了一组三桩复合地基的荷载试验,在桩号为1—5、2—6、3—5桩位和8—5、9—4、10—5桩位之间分别进行了一组桩间土的荷载试验。同时在K117＋150断面分别埋设了14个沉降杯,观测经粉喷桩处理后盐渍土路基横断面方向的沉降量。

3.1　现场荷载试验[3,4]

3.1.1　单桩荷载试验

根据荷载试验数据绘制的p-s曲线如图1(桩—1)、图2(桩—2)所示。

由图1可以看出,桩—1开始下沉降量较小,之后沉降量增加较快,从曲线走势看,相对下沉为4%时桩体破坏,其对应的荷载是206kN,结合p-s曲线线性段的变化情况,确定其允许承载力可确定为103kN。

桩—2的p-s曲线线性段比较清晰,线性段末段对应荷载为103kN,同时从p-s曲线上看,可确定破坏荷载为230kN,故允许承载力确定为103kN。

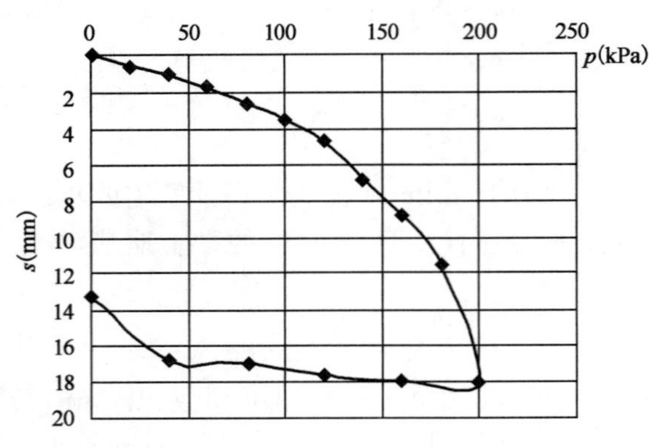

图 1　桩—1 单桩荷载试验 p-s 曲线

Fig. 1　The p-s curve of load test of pile—1

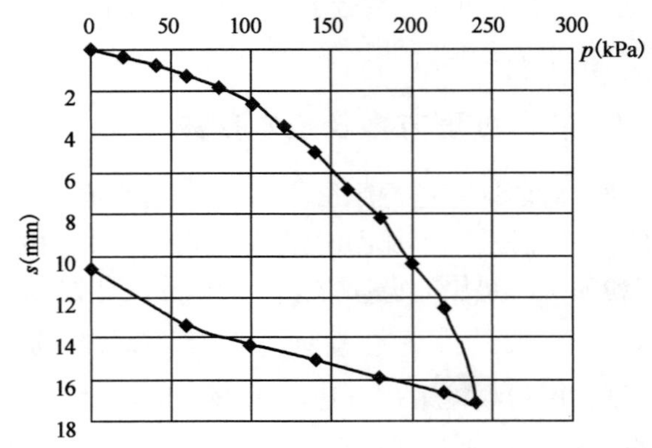

图 2　桩—2 单桩荷载试验 p-s 曲线

Fig. 2　The p-s curve of load test of pile—2

3.1.2　三桩复合地基荷载试验

将三桩复合地基荷载试验的测试结果绘制成 p-s 曲线，如图 3 所示。

根据 24h 下沉不稳定的条件，确定极限承载力为 245.7kPa，从线性段末段和下沉急剧增加的条件确定允许承载力是 124.5kPa，对应的相对下沉为 0.57%，故三桩复合荷载试验允许承载力为 124kPa。

3.1.3　桩间土荷载试验

根据桩间土荷载试验数据绘制的 p-s 曲线如图 4(桩间土—1)、图 5(桩间土—2)所示。

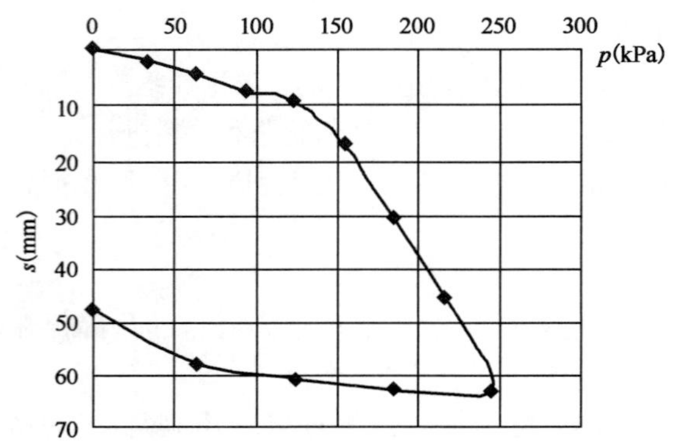

图 3　三桩复合地基荷载试验 p-s 曲线

Fig. 3　The p-s curve of load test of three pile composite foundation

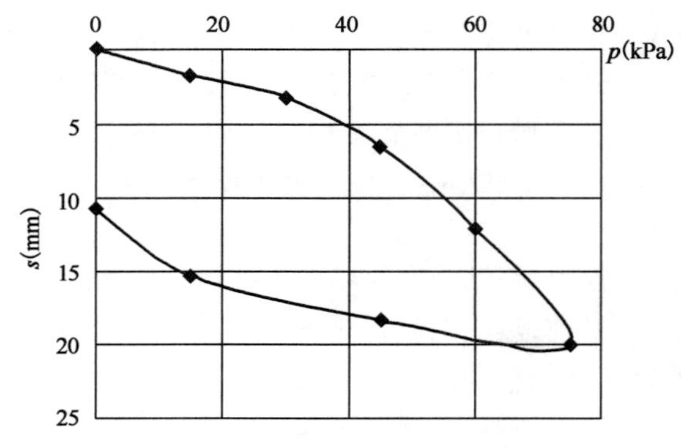

图 4　桩间土—1 荷载试验 p-s 曲线

Fig. 4　The p-s curve of load test of soil—1 between piles

由于地基土比较软弱，加荷后各级下沉均较大，p-s 曲线没有明显的线性段和陡降段，根据软弱土的特点，采用相对下沉 2%对应的压板应力为允许承载力，所以桩间土—1 的允许承载力可取为 54kPa，桩间土—2的允许承载力可取为 45kPa。

3.2　沉降观测

所得的试验数据经处理后，得到沉降量与时间的关系如图 6～图 8 所示，其累计沉降量与时间的关系如图 9～图 11 所示。

由以上沉降与时间曲线可得，路基在前期填筑过程中，路基沉降随时间变化幅度比较大，沉降随着时间先增大后减少，出现周期循环，通过分析可知，这与盐渍土的盐胀性有必然的联系。盐渍土随着温度的不断降低，盐胀量不断增加，在升温

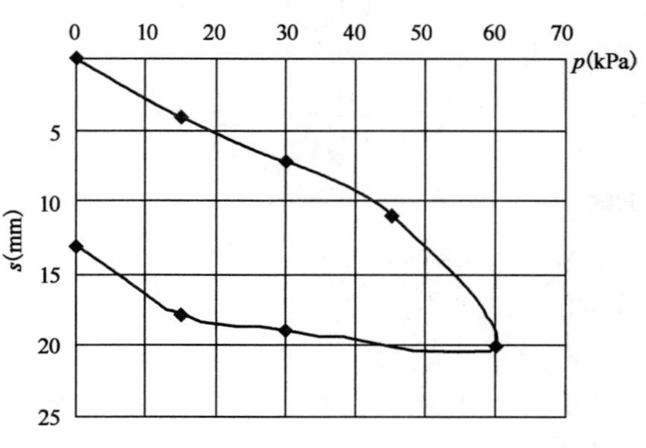

图 5　桩间土—2 载荷试验 p-s 曲线

Fig. 5　The p-s curve of load test of soil—2 between piles

过程中，随着温度的升高，盐胀量又逐渐减小，但只能回落一部分，在下次冻融循环中，盐胀量继续增加。

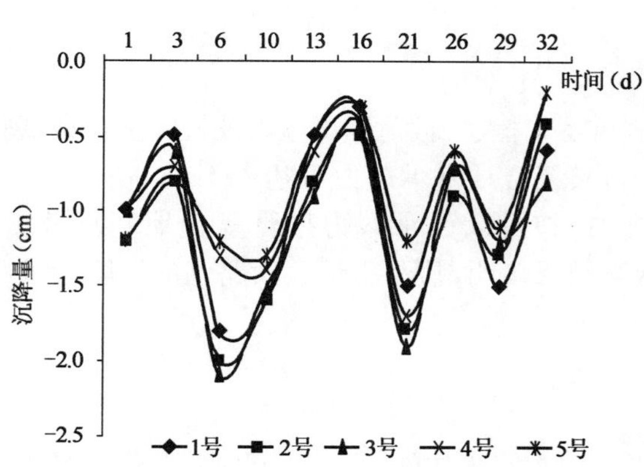

图 6　K117+150 断面沉降量与时间曲线

Fig. 6　The settlement curves of fracture surface K117+150

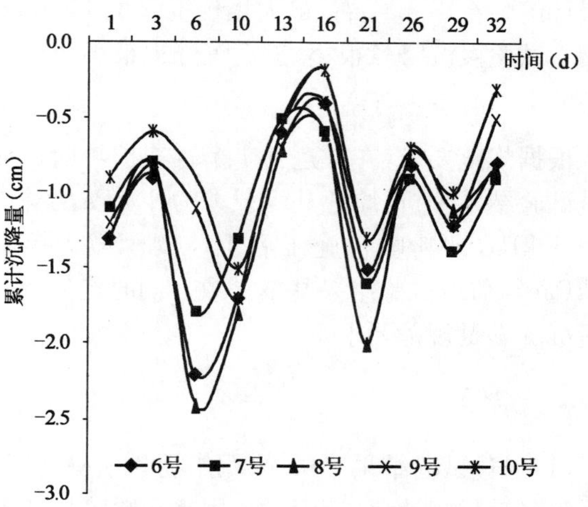

图 7　K117+150 断面沉降量与时间曲线

Fig. 7　The settlement curves of fracture surface K117+150

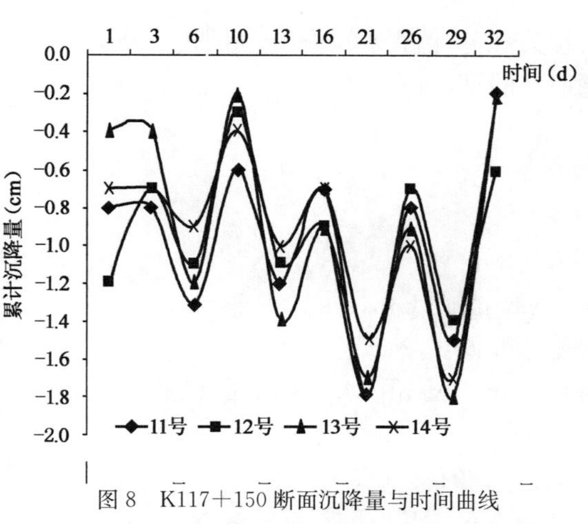

图 8　K117+150 断面沉降量与时间曲线

Fig. 8　The settlement curves of fracture surface K117+150

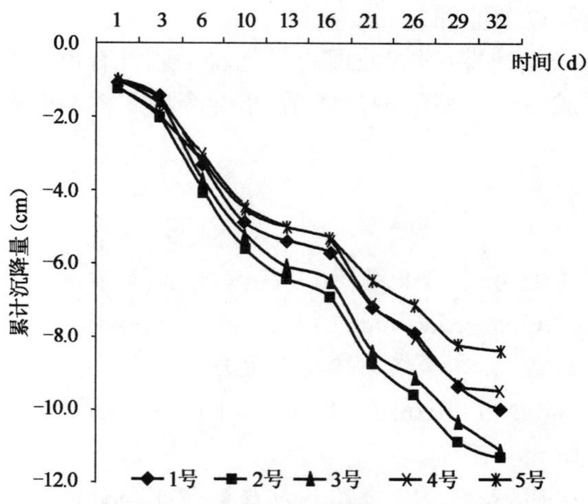

图 9　K117+150 断面累计沉降量与时间曲线

Fig. 9　The cumulative settlement curves of fracture surface K117+150

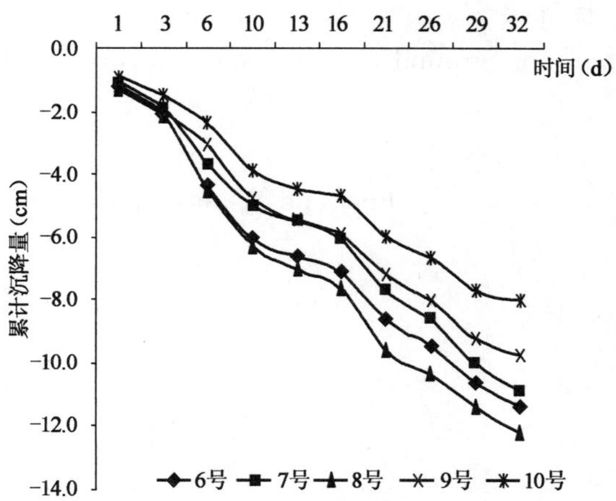

图 10　K117+150 断面累计沉降量与时间曲线

Fig. 10　The cumulative settlement curves of fracture surface K117+150

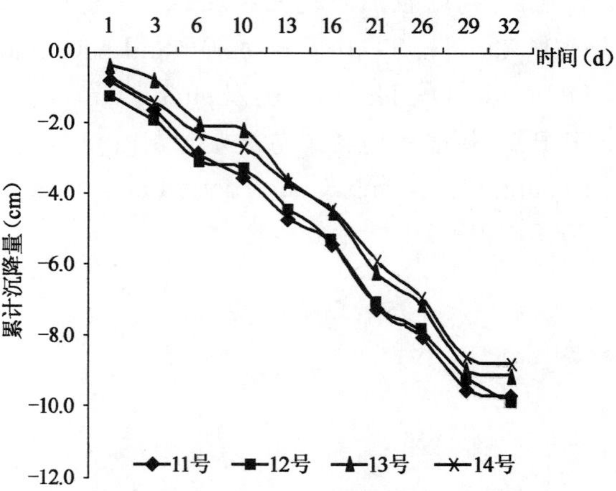

图 11　K117+150 断面累计沉降量与时间曲线

Fig. 11　The cumulative settlement curves of fracture surface K117+150

通过对累计沉降与时间曲线图进行分析，累计沉降量与时间曲线近似呈线性关系，同时比较均一，每3d的累计沉降在1cm左右，最大累计沉降量11.7cm。经过一个月的累计观测结果表明，用水泥粉喷桩处理的盐渍土试验段沉降量很小，工后沉降也很小。

3.3　效果评价

根据规范要求，在桩达到1个月养护龄期，对试验段桩进行了单桩、三桩荷载试验以及桩间土荷载试验，通过试验结果分析，原地基承载力为40kPa，经粉喷桩处理后，其复合地基承载力可达124kPa，桩间土承载力为50kPa，即粉喷桩施工后土体的承载力提高约20%左右，按桩间土承载力推算复合地基承载力为120kPa，与荷载试验结果基本一致。同时经过近一个月的观测结果表明，盐渍土试验段路基的沉降量很小，工后沉降满足规范要求。

4　结语

(1)通过试验结果分析，采用水泥粉喷桩处理盐渍化软基可以提高土体的承载力，同时路基沉降量小，且工后沉降满足规范要求，因此采用水泥粉喷桩处理盐渍化软基是可行的。

(2)用水泥粉喷桩处理盐渍化软基时，水泥必须选用抗硫酸盐水泥。

(3)水泥粉喷桩处理盐渍化软基属于隐蔽工程，易于留下隐患，因此在施工过程中必须加强对施工质量的控制以及监测。

(4)水泥粉喷桩处理盐渍化软基还没有形成一套完整的相关规范，值得相关科研部门进行研究、完善，使之形成一套完整的理论体系，指导今后水泥粉喷桩在盐渍化地区的推广应用。

参 考 文 献

[1] 龚晓南. 复合地基[M]. 杭州：浙江大学出版社，1992.
(GONG Xiao-nan. Composite foundation[M]. Hangzhou: Zhejiang University Press, 1992.

[2] 龚晓南. 高等级公路地基处理设计指南[M]. 北京：人民交通出版社，2005.
(GONG Xiao-nan. Guide for design of highway foundation treatment[M]. Beijing: China Communications Press, 2005.

[3] 张硕. 粉喷桩复合路基沉降的预测与计算[D]. 湘潭：湘潭大学，2013.
(ZHANG Shuo. On settlement of dry-jet-mixing composite ground[D]. Xiangtan: Xiangtan University, 2013.

[4] 俞亚南. 粉喷桩加固软土路基试验研究与沉降分析[D]. 杭州：浙江大学，2003.
(YU Ya-nan. Testing research and settlement analysis of soft ground road embankment improved by DJM pile[D]. Hangzhou: Zhejiang University, 2003.

[5] 张国强. 粉喷桩的施工与质量控制[J]. 水运工程，2005，7：49-51.
(Zhang Guo-qiang. Construction and quality control of DJM pile [J]. Port and Waterway Engineering 2005, 7: 49-51.

双液注浆法在住宅楼地基加固中的应用

崔齐飞　许新桩　魏文涛

（西安铁路局科学技术研究所　陕西　西安　710054）

摘　要：本文通过双液注浆法加固既有住宅楼地基沉降工程实例，从加固机理、加固方案、施工工艺、加固效果检验等方面进一步介绍了双液注浆法。

关键词：住宅楼　地基加固　双液注浆　承载力

作者简介：崔齐飞（1980—），男，陕西西安人，工程师，要从事岩土地基病害治理研究与设计。

Application of Double Liquid Grouting Method in the Consolidation of Foundation of Residential Buildings

CUI Qi-fei，XU Xin-zhuang，WEI Wen-tao

Abstract：Through the double liquid grouting method in the reinforcement of existing residential building foundation engineering settlement，the consolidation mechanism and the reinforcement scheme，construction technology and reinforcement effect test and so on，the paper further introduces the double liquid grouting method in the several aspects of the consolidation mechanism and the reinforcement scheme，construction technology and reinforcement effect test and so on.

Key words：residential building，foundation reinforcement，double liquid grouting，bearing capacity.

0　引言[1,2]

水泥—水玻璃浆液亦称 CS 浆液，C（Cement）代表水泥，S（Silicate）代表水玻璃，是以水泥和水玻璃为主剂，两者按一定的比例以双液方式注入，必要时加入附加剂所组成的注浆液材料。这种浆液克服了单液水泥浆的凝结时间长且不易控制、结石率低等缺点，提高了水泥注浆液的效果，扩大了注浆液的适用范围。水泥—水玻璃注浆液，根据注浆工程需要浆液的凝胶时间可准确控制在几十秒至几十分钟范围内；结石体的抗压强度可达 5～10MPa；浆液结石率较高；结石体的渗透系数较低；可用于黄土、碎石土、砂砾土，裂隙宽度为 0.2mm以上的岩体或粒径 1mm 以上的砂层；浆液对环境及地下水无污染。本文通过工程实例介绍双液注浆法在既有住宅楼地基沉降加固中的应用。

1　工程概况

西安市某家属区住宅楼，建筑场地属渭河二级阶地，于 1980 年建成投入使用，其主体为三层砖混结构，建筑平面为矩形，总长 54.84m，宽 49.64m，建筑面积均为 1 586m^2，住宅楼基础形式采用砖砌大放脚条形基础，地基设计采用换土处理，上部杂填土全部挖除，以 2∶8 灰土换填至基础底高程－1.80m。基础垫层宽度与长度沿建筑外墙轴线外放 0.60m，灰土垫层处理范围为－1.80m～－2.90m，处理深度为 1.1m。该楼地基地质为表面 290cm 灰土换填，以下为黏性黄土。

1.1　场地地层

（1）杂填土层（Q4^{ml}）：黄褐色。土质不均，结构松散，以建筑垃圾为主，少量黏性土、砖瓦碎块和植物根系，深度 0.80～2.30m。

(2)黄土（$Q3^{eol}$）：黄褐色。土质较均匀，针状孔隙发育，具大孔性，含钙质斑点、蜗牛壳等，属中压缩性土，深度 2.30～7.30m，其中 4.50～5.50m 土具有湿陷性。

(3)古土壤（$Q3^{el}$）：褐色、土质均匀，孔隙发育。块状结构，含钙质斑点、蜗牛壳等。软塑，属中压缩性土，深度为 7.30～11.00m。

(4)黄土（$Q2^{el}$）黄褐色，土质均匀，含少量蜗牛壳碎片及钙质结核。软塑，属中压缩性土。深度为 11.00～15.00m。

1.2 地下水

场地地下水属潜水类型。勘察期间属丰水期，稳定水位埋深为 6.60～7.80m，对浅基础无影响。地下水主要为黏性土的孔隙水，主要由大气降水及地下径流补给，并通过自然蒸发、人工开采及径流排泄，场地地下水位年变化幅度为 1.0～2.0m。

1.3 地基沉陷情况

2013 年 1 月初，住宅楼地面局部出现沉陷、部分住户墙体、楼面出现开裂。根据地勘报告资料显示：住宅楼东侧地下生活用水管道破裂，漏水严重，地基土发生较大范围内的浸水，造成基础下地基土体软化、产生湿陷，使建筑物产生不均匀沉降，从而造成建筑物地面沉陷及墙体、楼面开裂。

2 地基加固方案选择

既有建筑地基沉降加固处理，目前国内有许多较为成熟处理方法。地基加固方案选择一般要结合场地地质水文情况、建筑物结构类型、基础形式、荷载大小及使用要求、施工场地环境、施工安全性等诸因素综合考虑。加固方案经过多次讨论研究，最终选取双液注浆法加固方案，该方案具有施工较为简单、对居民生活干扰小，且工期短、易于质量保证、设备体积小便于室内施工、对环境无污染、能够保证整体结构安全等特点。

3 加固原理

3.1 注浆分类

按照流动浆液体与土体的相互作用方式，一般可将注浆方法分为：渗透注浆、压密注浆、劈裂注浆三大类。在实际注浆中，注浆体往往是以多种运动方式作用土体，经过多次开挖试验证明，几乎找不到仅仅以某种单一运动方式加固土体的浆液凝固体。因此，所谓渗透、压密、劈裂注浆是指在注浆过程中浆液以某种形式为主，该住宅楼地基加固中浆液以劈裂形式为主。

3.2 劈裂注浆

劈裂注浆是近年来地下工程使用最广泛的加固软弱土层的一种注浆方法，它是在钻孔内施加液体压力于弱透水性地层中，在注浆压力作用下，浆液克服地层的初始应力和抗拉强度，引起土体结构的局部扰动，使地层中原有的裂隙和空隙张开，浆液的可注性和扩散距离增大，排挤原土层中含水，在土层中形成浆液骨架，改善原有软流塑土体结构，由于注浆后浆液固结体在土体中呈脉络状，因此又称为脉状注浆。通过劈裂注浆使整个土体性状发生了根本的改变，变形得到约束，土体强度提高，稳定性都得到极大的改善。[3]

3.3 双液浆凝固机理

水泥的主要成分是硅酸三钙、硅酸二钙水化反应产物氢氧化钙，与水玻璃反应，反应过程如下：

$$m\mathrm{Ca(OH)_2} + \mathrm{Na_2 \cdot SiO_2} + nm\mathrm{H_2O} \rightarrow m(\mathrm{CaO \cdot SiO_2} \cdot n\mathrm{H_2O}) \downarrow + 2\mathrm{NaOH}$$

反应连续进行生成具有一定强度的凝胶体，与被注土体胶结在一起，其强度不断增加转化为稳定的凝固体，从而达到注浆加固的目的[4]。

4　注浆加固设计简介

4.1　加固范围

主要对住宅楼外墙及室内承重墙地基加固，加固地层为地坪下 2.90～7.3m(以室内地坪为正负零)，加固土体 4 572.52m^3，注浆钻孔 202 个，设计注浆量 571.56m^3(根据地区经验土体受浆系数取 12.5%)。设计外承重墙单孔注浆量 3.0m^3、室内承重墙单孔注浆量 2.7m^3。

4.2　注浆钻孔

注浆采用钻孔成孔，成孔深度 7.5m，钻孔均为直孔，成一孔灌注一孔、跳孔间隔进行。相邻注浆孔间距 1.5m，沿承重墙体布置，距墙体中心线 0.35m，钻孔深度地坪下 7.3m。

4.3　浆液配比

浆液配比原则，在水玻璃用量一定的情况下，水泥浆浓度越大，凝胶时间越短、抗压强度越高、水泥用量越大、工程造价越高。综合考虑凝胶时间、抗压强度、施工及造价等因素，水泥浆的水灰比宜为 0.8～1.0，水泥浆与水玻璃的体积比宜为 1∶0.3～1∶0.6。工程中可适当地加入一定量的粉煤灰代替部分水泥，来提高浆液合易性，降低工程造价，粉煤灰掺量宜为水泥用量的 20%～50%。该工程主要采用以下浆液配比。水泥∶水＝1∶0.8(重量比)；水玻璃浓度：20°Be'～30°Be'；水灰浆∶水玻璃 1∶0.4(体积比)。该工程双液注浆选用 P.O42.5 普通硅酸盐水泥，水玻璃模数 2.4～3.0[5]。

4.4　注浆压力

根据经验湿陷性黄土地区注浆最大允许压力等于 1～2 倍覆盖层土压力加上上部结构的荷载压力。经估算确定最大允许压力 1 000kPa，稳定压力 600kPa。

5　注浆施工要点

(1)在施工前，对浆液材料及配方进行现场试验，以确定注浆材料的有效性、最佳技术参数和工艺流程。

(2)认真仔细分析现场人工勘探资料，根据不同地质变化情况控制注浆压力及浆液方量，为此采用间歇重复注浆的方法，加大土体挤密，特别是在勘探中发现有软弱土层部位。

(3)施工步骤：按设计图布孔→钻机就位→钻孔至设计高程→配置所需浆液→首层段注浆(每注浆层段宜为 0.5m)→拔管→下一层段注浆→ …… →末层段注浆→拔管→封孔→移机到下个孔位。

(4)注浆前应全面检查注浆设备和材料，注浆时应勿随意中断，力求连续作业，保证注浆质量。注浆液中的水玻璃主要作用是促使水泥浆早凝，但试验结果表明并不是所用水玻璃越多，浆液凝结越快，水泥浆的浓度是影响结石强度的关键，施工中应严格控制浆液配合比。施工中水玻璃用计量器具控制，水泥浆的水灰比用泥浆比重计控制。

(5)注浆应采用自下而上、跳孔间隔方式进行，先注外墙孔，再注室内孔，外墙孔应定量定压注浆，主要起帷幕作用。

(6)注浆孔位置、角度、深度、分层的浆量和压力专派一名技术人员检查复核，应严格按照设计要求。如有既有设备影响时，注浆孔位和倾斜角度可根据现场情况适当调整。

(7)注浆施工中为保证建筑物的安全，现场必须有专业测量人员负责沉降观测。

(8)由于住宅楼地基土体具有湿陷性，注浆钻孔时应尽量避免水钻成孔。因此在工程施工中，宜先采用干钻成孔或带浆成孔。

(9)注浆过程中，出现地面隆起、严重冒浆或观测发现混凝土基础抬升量过大时，应立即停止注浆。

(10)施工过程中，应做好注浆记录，同时应对注浆时发生的异常现象(如压力过大、地面隆起、冒浆、混凝土道床变形量等现象)做好详细记录。

6　加固效果检验

为检验双液注浆法地基加固处理的效果，在注浆前后对地基承载力通过瑞雷波法进行检测对比。对比检测在加固区选了2个检测点，检测地表下3.0～7.0m范围内的地基承载力。

根据现场检测条件，瑞雷波法检测震源采用人工击锤激发，道间距0.6m，偏移距为6.4m和6.5m，仪器采用北京市水电物探研究所生产的SWS-5型面波仪。

图1是1号测点加固前后瑞雷波检测波速图，注浆前地基下3～7m深度范围地层波速在150m/s上下，注浆后该深度范围波速均有明显提高，在210～240m/s。根据承载力换算公式：

$$f_k = 2.777 v_R^{0.796}$$

可以得出加固前后地基承载力，通过对比加固后地基承载力得到明显提高，结果见表1[6]。

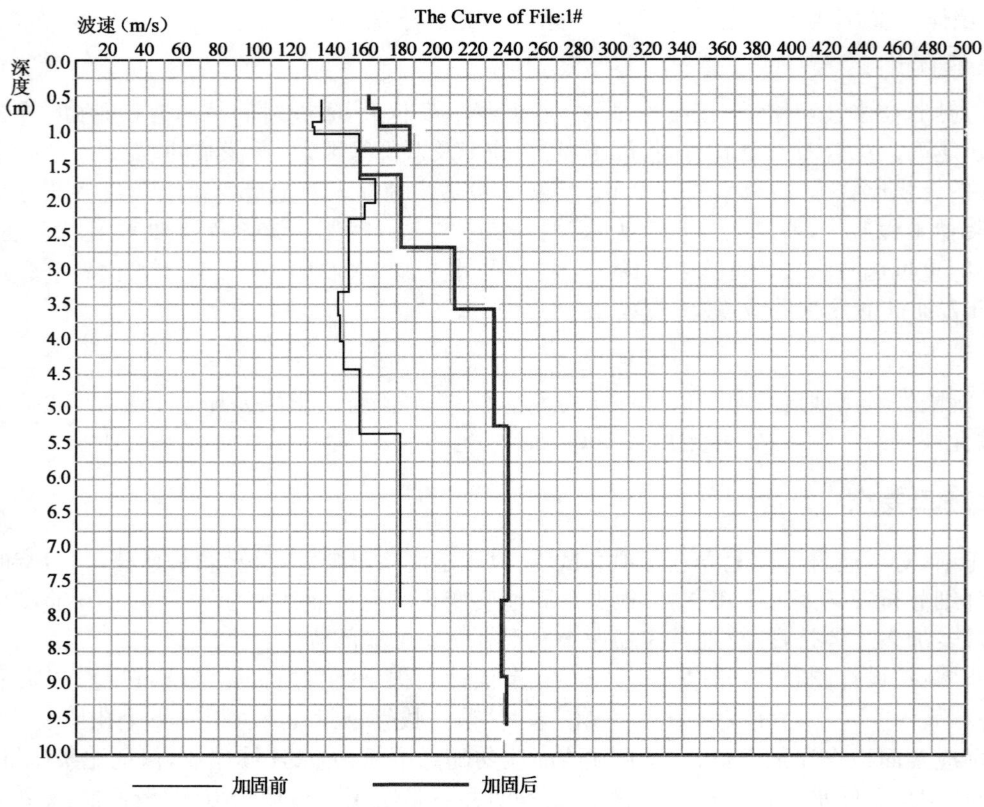

图1　1号测点加固前后瑞雷波成果图

Fig.1　The result figure of Rayleigh wave before and after strengthened on measure point1#

表1　1号测点加固前后波速及承载力对比

Table 1　The comparison of velocity and bearing capacity before and after reinforcement on measure point1#

序号	深度 (m)	加固前波速 (m/s)	加固后波速 (m/s)	加固前承载力 (kPa)	加固后承载力 (kPa)	承载力提高 (%)
1	3.0	152	195	151	184	21.9
2	4.0	149	216	149	200	34.2
3	5.0	156	231	155	211	36.1
4	6.0	165	240	162	217	34.0
5	7.0	179	241	173	219	26.6

图2是2号测点加固前后瑞雷波检测波速图，注浆前地表下3.0～7.0m深度范围地层波速在160m/s上下，注浆后为220～250m/s。通过对比加固后地基承载力得到明显提高，结果见表2。

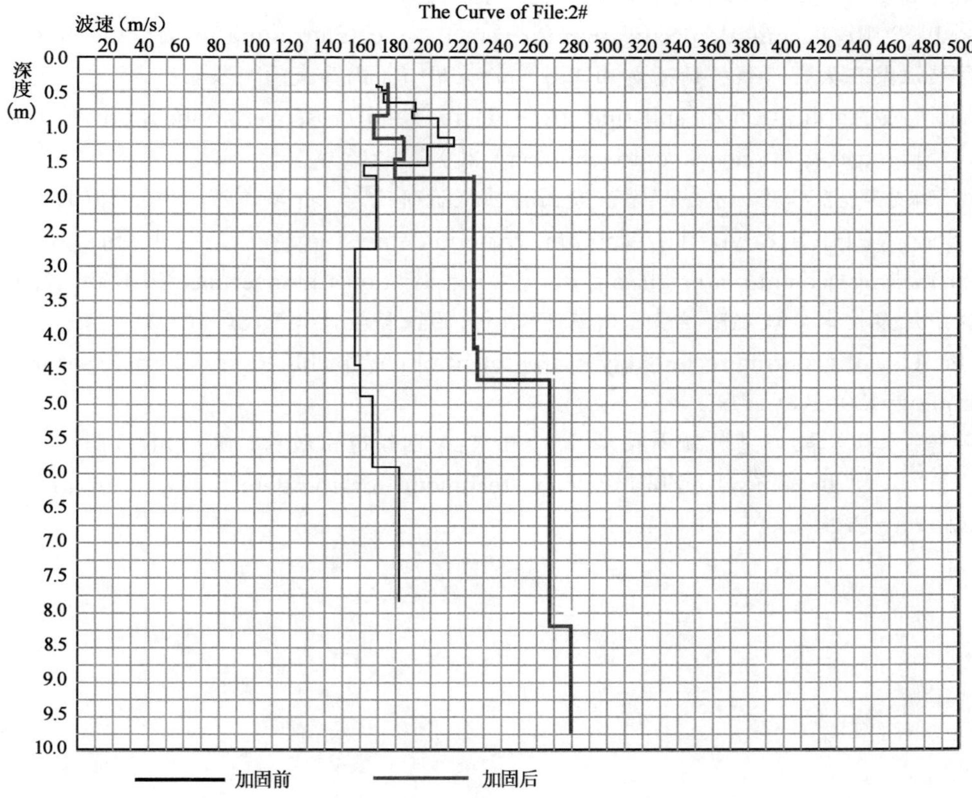

图2 2号测点加固前后瑞雷波成果图

Fig. 2 The result figure of Rayleigh wave before and after strengthened on measure point2#

表2 2号测点加固前后波速及承载力对比

Table 2 The comparison of velocity and bearing capacity before and after reinforcement on measure point2#

序号	深度(m)	加固前波速(m/s)	加固后波速(m/s)	加固前承载力(kPa)	加固后承载力(kPa)	承载力提高(%)
1	3.0	165	221	162	204	25.9
2	4.0	156	225	155	207	22.5
3	5.0	162	229	159	210	32.1
4	6.0	168	239	164	217	32.3
5	7.0	179	252	173	227	31.2

根据注浆前后瑞雷波法测试数据对比,可看出双液注浆加固前后地基承载力得到了22%~36%不同程度提高,加固效果较为明显。

7 结语

双液注浆法在既有建筑物地基加固中具有设备体积小、调动灵活、操作简便、对周围环境影响小等优点;同其他加固地基方法相比,其施工工艺安全可靠、工期短、质量好、见效快、经济效益显著,具有广泛的应用意义。

参考文献

[1] 邝健政,昝月稳.岩土注浆理论与工程实例[M].北京:科学出版社,2001.
(KUANG Jian-zheng, ZAN Yue-wen. Grouting theory in rock mass and engineering examples[M]. Beijing: Science Press, 2001.)

[2] JGJ/T 211—2010 建筑工程水泥水玻璃双液注浆技术规程[S].
(JGJ/T 211—2010, Technical specification for cement-silicate grouting in building engineering[S].)
[3] 曹少谦.劈裂注浆在太祁跨线桥地基加固工程中的应用[J].山西交通科技,2002,152(85).
(CAO Shaoqian. Application of splitting grouting in Taiqi crossover foundation reinforcement engineering[J]. Shanxi traffic science and technology, 2002, 152(85).)
[4] 王胜,陈礼仪,史茂君.水泥一水玻璃浆液凝固特性试验研究[J].探矿工程,2012,39(4).
(WANG Sheng, CHEN Li-yi, SHI Mao-jun. Experimental study on the solidification characteristics method for making cement water glass grout[J]. Exploration Engineering, 2012, 39(4).)
[5] 崔齐飞.利用注浆技术处理湿陷性黄土路基下沉[J].西铁科技,2009 ,3(41).
(CUI Qi-fei. Use of grouting technology in treatment of collapsible loess subgrade settlement[J]. West Rail Technology, 2009, 3(41).)
[6] 杨新安,李怒放,李志华.路基检测新技术[M].北京:中国铁道出版社,2006:144-145.
(YANG Xin-an, LI Ru-fang, LI Zhi-hua. New technique for the detection of Subgrade[M]. Beijing: Chinese Railway Press, 2006:144-145.)

第五部分　低强度桩复合地基和刚性桩复合地基

楚南一级公路试验段软基处理方案优化

刘人瑜　徐　超　朱顺然

（同济大学土木工程学院地下建筑与工程系　上海　200092）

摘　要：针对楚南一级公路软基处理工程的地质条件和场地条件，以及场地周边环境等因素，为软基处理方案进行了优化，优化方案过程中考虑了技术方面的适用性、经济方面的合理性、施工质量方面的可控性，最后优选出最合理的地基处理方案，为公路软基处理方案优化设计提出建议。

关键词：公路　软基　地基处理　优化

作者简介：刘人瑜（1990.5— ），女，同济大学地质工程专业学士学位，同济大学地下建筑与工程系硕士在读学生。E-mail：liumandy@yeah.net.

The Optimum Design of Soft Foundation Improvement in Chuxiong-Nanhua Arterial Highway

LIU Ren-yu，XU Chao，ZHU Shun-ran

（Department of Geotechnical Engineering，Tongji University，Shanghai 200092，China）

Abstract：The design of soft foundation improvement is optimized according to the geological and construction site condition considering environment factor around the site. The optimum design is chosen considering adaptability of technology，economic serviceability and controllability of construction quality. Based on the design process，suggestions for soft foundation improvement design are provided in the end.

Key words：highway，soft foundation，foundation improvement，optimum design.

0　引言

在软基处理工程实践中，大部分工程项目可采用的地基处理方案并不是唯一的，在可选择的方案中，需要根据具体工程情况对处理方法的技术可行性、经济性、可操作性等因素进行综合考虑，并对优选处理方法的关键参数进行设计计算。楚南一级公路 6－2 标软基处理就是以此为优化设计思路，先确定地基处理方法，并按照现行规范[1-3]进行设计计算，确定设计参数，最终选取“性价比”较高的方案。

1　工程概况

楚雄连汪坝至南华县城一级公路属国道 G320 线上海—瑞丽公路中的一段。优化设计段落起讫桩号为 K40＋000～K40＋270，全长 270m，路基宽 32m，设计时速 80km/h。

根据工程地质勘察报告，本段落地表覆盖层主要为第四系全新统残坡积（Q_4^{el+dl}）、冲洪积（Q_4^{al+pl}）层，下伏中生代白垩系普昌河组（K_1^p）沉积岩。第四系全新统（Q_4）：残坡积（Q_4^{el+dl}）和冲洪积（Q_4^{al+pl}）层主要分布于斜坡与谷坡表层，为粉质黏土、黏土、有机质黏土及粉细砂、圆砾等。白垩系普昌河组（K_1^p）：上部紫红色中厚～厚层状含长石石英细砂岩与紫红色泥岩互层。填方区覆盖层厚度 10.0～11.0m。各土层的性能指标见表 1。

由表 1 可知，本段表浅层发育厚度不等的软弱土。地层的含水率和液限较高，压缩性较大，下覆基岩面起伏较大，路堤中线填高最大达到 6.4m。在此情况下，需要对地基进行深层加固处理，以增加填筑路堤稳定性，提高地基承载力及消除差异沉降。

2　地基处理方法比选

2.1　高速公路软土地基常用处理方法

目前在公路软基处治方法中，比较常用的有：换填垫层法、CFG 桩法、水泥土搅拌桩法、碎石桩法或其他类型增强体处置和堆载预压法（一般与塑料排水板结合）等。这些方法按加固作用机理可归纳为换填、复合地基和排水固结三类。

表 1　土层物理力学性质参数表

Table 1　Physical and mechanical parameters of soil layers

土层编号	土名	土层厚度(m)	w(%)	γ(kN/m^3)	e	塑性界限		c(kPa)	φ	E_s(MPa)
						I_P	I_L			
②-1	黏土	0.8～1.8	24.1	19.8	0.673	13.3	0.35	23.7	4.1	4.50
②	黏土	1.7～3.8	32.7	19.4	0.926	15.0	0.80	7.2	2.8	2.90
②-3	粉土	0.4～2.8	23.4	19.7	0.668	12.4	0.37	36	9.5	6.65
②-4	圆砾	0.9～2.8	—	19.0	—	—	—	—	—	—
②	粉质黏土	0.7～3.4	20.7	19.6	0.649	14.2	0.06	31	10	5.15

换填类的地基处理方法适用于浅层软弱地基及不均匀地基处理。该方法施工工艺简单，施工设备简便易得。但由于本工程中软弱土层分布深度为 4.3～5.7m，而且地下水位较高，若采用换填法需要采取降水措施，还可能进行基坑支护等措施，并且施工土方量大，弃土多，从而处理费用增高，工期长[4]。因此，从工程经济性方面来考虑，在本工程中不应采用换填类方法来处理。

复合地基处理方法，主要是由竖向增强体与地基土形成复合地基，由于增强体种类很多，几乎适用于所有的软弱土地基处置。根据竖向增强体的特性，这类方法又细分为柔性桩复合地基、半刚性桩复合地基和刚性桩复合地基。在此工程中，因为对处理后地基承载力要求不高，首先考虑到碎石桩复合地基和水泥土搅拌桩复合地基两种方法。水泥土搅拌桩在沿海地区软基处理工程中很常用，但在云南地区这种方法很少见。对山间谷地型软土地基，水泥土搅拌桩的施工缺乏经验。碎石桩复合地基在云南地基深层软基处理有丰富的工程经验，且场地周边碎石原料来源丰富，是一种合适的地基处理方法。

堆载预压法采用竖向排水体以改变地基原有排水边界，在路堤荷载作用下，加快地基土的排水固结速度，缩短加固时间。塑料排水板是一种经济适用的竖向排水体，在云南地区虽然无太多工程经验，但施工技术成熟，施工质量容易控制。

2.2　地基处理方案

根据路基设计资料，原地基加固方案采用桩径为 500mm 的振动沉管碎石桩，梅花形布置，桩间距1.2m，桩长根据软土层厚度和路堤高度不同。而补充勘察揭示：此软土层厚度不大，下伏粉细砂层和圆砾土层，且路基填土高度为 2.0～6.4m，原加固方案存在进一步优化的空间。

基于上述各类软基处理技术特征的分析，在工程地质勘查成果和原设计基础上，提出两个比选方案，各方案的具体设计参数如下：

（1）原方案：K40＋000～K40＋110，采用碎石桩复合地基处理，桩间距 1.2m，桩长 7m；K40＋110～K40＋200，采用碎石桩复合地基处理，桩间距 1.2m，桩长 6m；K40＋200～K40＋280，采用碎石桩复合地基处理，桩间距 1.2m，桩长 4m。

（2）方案一：K40＋000～K40＋140，采用碎石桩复合地基处理，桩间距 1.6m，桩长 7m；K40＋140～K40＋280，采用 PVD 堆载预压处理，板间距 1.5m，板长 7m。

（3）方案二：K40＋000～K40＋100，采用碎石桩复合地基处理，桩间距 1.5m，桩长 7m；K40＋100～K40＋200，采用碎石桩复合地基处理，桩间距 2.0m，桩长 7m；K40＋200～K40＋280，采用 PVD 堆载预压处理，板间距 1.5m，板长 7m。

以上各方案中，碎石桩和塑料排水板均按梅花形布置。

3 地基处理的设计验算

根据现有规范[1]，软土路基上公路路基设计的主要控制指标是工后沉降和路堤稳定性指标。基于本试验段的工程地质情况，通过沉降和稳定性验算，分析地基处理方案的可行性。

以路线纵向地质剖面图为根据，按路堤填土高度的不同，在每个方案，把试验段划分为 A、B、C 三个子段，并分别从三个子段中选择有代表性断面进行设计验算。

子段 A：K40＋000～K40＋100，路堤填高 3.9～6.4m，选取 K40＋000 为典型断面，计算碎石桩桩间距为 1.2m、1.5m、1.6m、2.0m 的工况。

子段 B：K40＋100～K40＋200，路堤填高 2.8～3.9m，选取 K40＋100 为典型断面，计算碎石桩桩间距为 1.2m、1.5m、1.6m、2.0m 以及 PVD 堆载预压的工况。

子段 C：K40＋200～K40＋280，路堤填高 2.0～2.8m，选取 K40＋200 为典型断面，计算碎石桩桩间距为 1.2m、2.0m 以及 PVD 堆载预压和天然地基堆载预压的工况。

3.1 地基固结度及沉降计算

碎石桩复合地基沉降由垫层压缩变形量、加固区复合土层压缩变形量 s_1 和加固区下卧土层压缩变形量 s_2 组成。垫层压缩变形在施工期基本完成，可以忽略不计。复合地基工后沉降 $s=s_1+s_2$。

复合地基加固区压缩变形 s_1 和复合地基下卧土层压缩变形量 s_2 分别使用复合地基压缩模量和天然地基压缩模量，采用分层总和法计算。其中下卧土层附加应力考虑应力扩散，根据已有研究结果[5,6]，本文计算中应力扩散角的取值为 6°。

在进行工后沉降计算时，考虑了 30kPa 的附加荷载造成的地基土压缩变形增量，以及在预压期结束时还未完成的固结沉降量。

碎石桩复合地基和用塑料排水板堆载预压地基的固结度计算，均按规范[2]进行计算。逐级等速加载条件下，对应总荷载的地基平均固结度采用改进的高木俊介法计算。本次优化设计考虑竖向和径向排水固结，不考虑涂抹和井阻影响。根据樊敬亮[7]关于等应变条件下对碎石桩复合地基固结特性的分析结果，按现行规范计算碎石桩复合地基的固结度偏于保守。

在固结沉降计算中，假设分级堆载速率为 3kPa/d，之后预压 30d 在进行下一级堆载。整个施工期加上预压期不少于 18 个月。考虑地基强度随固结过程的增长，利用强度增长后地基土不排水抗剪强度 C_u 值估算饱和黏性土的地基承载力，进而分级堆载情况下各级荷载的增量，从而完成堆载计划。经过计算，各子段在地基加固方案的沉降量和预压期结束时的固结度见表 2。

表 2 沉降和固结计算结果

Table 2 The calculate result of total settlement and post-construction settlement

子段编号	采用的处理方法	总沉降（mm）	工后沉降（mm）	固结度（%）
A	碎石桩桩间距 1.2m	241	52	90
	碎石桩桩间距 1.5m	252	54	90
	碎石桩桩间距 1.6m	255	54	90
	碎石桩桩间距 2.0m	262	55	90
B	碎石桩桩间距 1.2m	164	56	95
	碎石桩桩间距 1.5m	172	59	95
	碎石桩桩间距 1.6m	174	59	95
	碎石桩桩间距 2.0m	180	61	95
	PVD 堆载预压	180	75	95

续上表

子段编号	采用的处理方法	总沉降(mm)	工后沉降(mm)	固结度(%)
C	碎石桩桩间距 1.2m	121	58	96
	碎石桩桩间距 2.0m	138	63	96
	PVD 堆载预压	145	66	96
	天然地基堆载预压	145	107	72

由表 2 计算结果可知，子段 C 采用天然地基直接堆载预压方案，预压期结束时固结度为 72%，不满足要求；其余各方案在预压期末，固结度都超过 90%。除直接堆载预压外，总沉降量最大计算值出现在路堤填高最高段子段 A 处碎石桩桩间距 2.0m 时为 262mm；除采用天然地基外，工后沉降量最大值为 75mm，因此采用碎石桩复合地基或塑料排水板堆载预压处理方法，均能满足规范中对沉降量的要求。

3.2 路堤整体稳定性分析

进行路堤填筑稳定性分析时，在 A、B、C 子段中取每段中路堤最大填土高度，采用 ReSSA3.0 软件，按 Bishop 圆弧滑动法和楔体法验算路基的稳定性。采用楔体法主要用于考虑局部地段发育的厚度不超过 0.5m软土层，其埋深约为 3.5m。

在进行路堤稳定性分析时，天然地基土强度参数取勘察报告提供的最小值，碎石桩复合地基强度参数取复合地基面积置换率计算的加权平均值。

在分级填筑路堤时，考虑堆载预压的影响，采用地基土强度增长以后的不排水抗剪强度值 C_u 计算分级堆载的安全系数。各子段不同地基处理方案的整体稳定性安全系数见表 3。

表 3 的计算结果显示：子段 A 在采用碎石桩复合地基处理，桩间距为 2.0m 分两级堆载的情况下，整体稳定性安全系数为 1.25 和 1.28，没有达到规范中要求的 1.4。子段 B 采用塑料排水板堆载预压法处理分两级堆载时，稳定性安全系数为 1.37 和 1.30，不满足规范要求。如果采用加固方案，可调整预压时间或加载计划，以使地基强度增长，来满足规范的稳定性要求。

表 3 各子段整体稳定性安全系数

Table 3 The safety factors of global stability using two methods

子段编号	地基处理方法	分级加载	稳定性安全系数	
			圆弧滑动法	楔体法
A	碎石桩桩间距 1.2m	第一级	1.52	1.52
		第二级	1.53	1.58
	碎石桩桩间距 1.5m	第一级	1.44	1.41
		第二级	1.40	1.43
	碎石桩桩间距 1.6m	第一级	1.44	1.41
		第二级	1.48	1.54
	碎石桩桩间距 2.0m	第一级	1.37	1.34
		第二级	1.25	1.28
B	碎石桩桩间距 1.2m	第一级	2.53	2.19
		第二级	1.84	1.75
	碎石桩桩间距 1.5m	第一级	2.37	2.07
		第二级	1.74	1.64
	碎石桩桩间距 1.6m	第一级	2.37	2.07
		第二级	1.74	1.64

续上表

子段编号	地基处理方法	分级加载	稳定性安全系数	
			圆弧滑动法	楔体法
B	碎石桩桩间距 2.0m	第一级	2.24	2.01
		第二级	1.56	1.48
	PVD 堆载预压法	第一级	2.06	1.89
		第二级	1.37	1.30
C	碎石桩桩间距 1.2m	—	1.97	1.85
	碎石桩桩间距 2.0m	—	1.83	1.63
	PVD 堆载预压	—	1.53	1.48

4　优化方案对比分析

4.1　技术可行性

根据沉降量和整体稳定性分析结果，除子段 A 在桩间距 2.0m 的碎石桩复合地基和子段 B 在塑料排水板堆载预压情况不能满足设计要求外，其余处理方案是可行的。

由于试验段位于山间谷地，软弱土层发育厚度和埋藏深度变化较大，分布复杂，且该段路基填高介于 2.0～4.6m之间，荷载差异较大，因此在选择软基处置方案时需考虑路基纵向沉降量的均匀性。图 1 分别对比了三加固方案在各子段中的总沉降和工后沉降。

从图 1 中可见，总沉降量随路堤填高减小而减小；由于设置竖向排水体及预压固结沉降，各方案的后沉降量及每方案中各子段的沉降差都很小，在 2cm 以内。表 4 给出了各方案中各子段的纵向坡率，最大值为 0.5‰，对高速公路的使用性能方面不会造成影响。

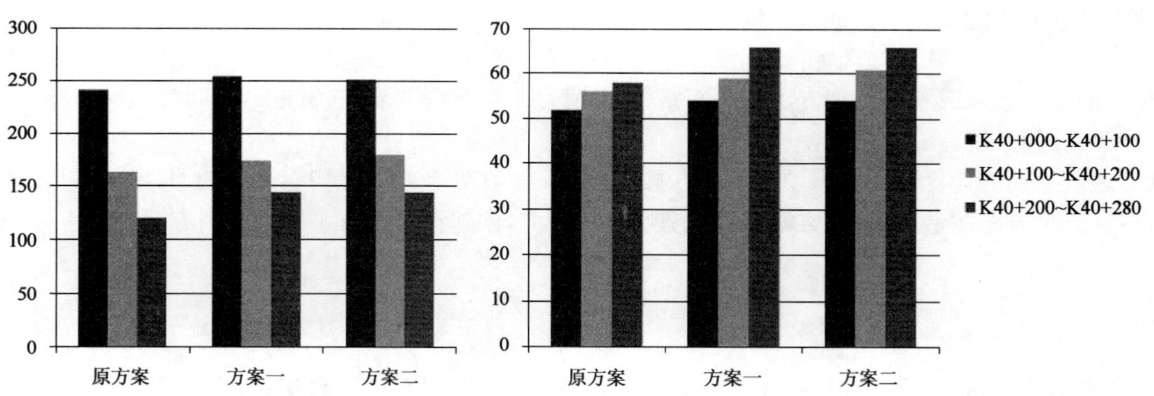

图 1　各方案总沉降和工后沉降柱状图(单位：mm)

Fig. 1　Bar chart of total settlement and post-construction settlement under different schemes

表 4　优化设计段落采用不同处理方案的变坡率

Table 4　Ratio of slope under different schemes

起讫桩号	路堤最大填高(m)	纵向坡率(‰)		
		原方案	方案一	方案二
K40＋000～K40＋100	6.4	0.42	0.5	0.5
K40＋100～K40＋200	3.9	0.08	0.1	0.14
K40＋200～K40＋280	2.8	0.04	0.14	0.10

4.2 方案经济性

根据当地软基处理工程经验，考虑施工材料、机械及人工等因素，对原方案、方案一和方案二的造价进行了估算，见表5。

由表5可知，原方案的造价最高，比方案一和方案二要高出一倍之多。从节省投资角度分析，方案一最具优势。

表5 各方案的造价估算表

Table 5 The estimated construction cost of different schemes

方案	起讫桩号	处理面积（m^2）	桩间距（m）	桩数	桩长（m）	单价（元）	总计（万元）
原方案	K40+000～K40+110	4 676.941 4	1.2	3 751	7	80	430.01
	K40+110～K40+200	4 369.371 2	1.2	3 504	6	80	
	K40+200～K40+270	2 016.991 6	1.2	1 618	4	80	
方案一	K40+000～K40+140	7 286.301 6	1.6	3 287	7	80	188.16
	K40+140～K40+270	3 795.995 1	1.5	1 948	7#	3	
方案二	K40+000～K40+100	4 356.941 4	1.5	2 236	7	80	203.23
	K40+100～K40+200	4 689.371 2	2.0	1 354	7	80	
	K40+200～K40+270	2 016.991 6	1.5	1 035	7#	3	

注：#为塑料排水板板长，考虑试验段工程量小，每延米按3元计。

5 结语

(1)在实际软土地基处理优化设计中，处理方法的选择不能仅仅参考设计规范，应结合具体工程情况，综合分析各处理方法在工程中的处理效果、环境影响以及经济性，选择合适的地基处理方法，并在此基础上，对选定地基处理方法的设计参数进行优化。

(2)在高等级公路软基处理优化时，设计除要满足规范中对工后沉降和整体稳定性的要求外，还应当注意采用不同设计参数或不同处理方法的相邻路段，在满足工后沉降要求的条件下，其间的纵向差异沉降是否会给公路的使用性能造成影响。

(3)通过上述的计算对比分析，原方案、方案一和方案二在处理效果上均能达到处理目的，并且效果差别不大，但从三个方案的造价来看，方案一的优势明显。因此，向建设方推荐了地基加固方案一。

参考文献

[1] 中华人民共和国行业标准. JTG D30—2004 公路路基设计规范[S]. 北京：人民交通出版社，2005.

[2] 中华人民共和国行业标准. JTG 79—2012 建筑地基处理技术规范[S]. 北京：中国建筑工业出版社，2013.

[3] 中华人民共和国国家标准. GB/T 50783—2012 复合地基技术规范[S]. 北京：中国计划出版社，2012.

[4] 叶观宝，高彦斌. 地基处理 [M]. 北京：中国建筑工业出版社，2009.

[5] 王晓谋，尉学勇，魏进，等. 硬壳层软土地基竖向附加应力扩散的数值分析[J]. 长安大学学报：自然科学版，2007，27(3)：37-41.

[6] 蒋淑华，冯伯林. 基于有限元的复合地基应力扩散角研究[J]. 山西建筑，2005，31(15)，64-65.

[7] 樊敬亮，姚卫东. 用碎石桩处理软土固结分析[J]. 山西建筑，2012，38(22)，88-90.

二元桩复合地基在某高层建筑地基加固中的应用

周　望[1,2]　徐　超[1,2]

（1. 同济大学地下建筑与工程系　上海　200092；
2. 同济大学城市工程地质及环境地质研究所　上海　200092）

摘　要：为解决成都市某高层建筑场地天然地基存在砂土液化和地基承载力不足的问题，采用二元复合地基进行地基处理：振冲碎石桩用于处理液化问题，而高压旋喷桩则用于提高地基土承载力。首先系统介绍了二元桩复合地基设计计算，而后给出了静荷载试验结果。分析表明采用二元桩复合地基能够满足上部结构的荷载要求。

关键词：岩土工程　二元桩复合地基　静荷载试验　碎石桩　旋喷桩

作者简介：周望（1985—），男，在读硕士，主要从事岩土和地质工程等方面的科研工作。E-mail：zhouwang211@126.com。

Application of Composite Foundation with Two-Element Columns in the Subgrade Improvement of a High-Rise Building

ZHOU Wang[1,2], XU Chao[1,2]

(1. Department of Geotechnical Engineering, Tongji University, Shanghai 200092, China; 2. Institute of Urban Engineering Geology and Environmental Geology, Tongji University, Shanghai 200092, China)

Abstract: To cope with the problems of sand liquefaction and insufficient subgrade bearing capacity of a high-rise building in Chengdu, the composite foundation with two-element piles is applied, in which sand-gravel columns are used to eliminate the sand liquefaction potential, and jet grouting piles to increase the subgrade bearing capacity. Authors systematically describe the design and calculation of the dual composite foundation, then present and analyze the static loading test results. The results indicate that the application of composite foundation with two-element columns can satisfy the load requirements of the upper part of the high-rise building.

Key words: Geotechnical Engineering, composite foundation two-element columns, Static loading test, stone column, jet grouting piles.

0　引言

复合地基是指天然地基在地基处理过程中部分土体得到增强，或被置换，或在天然地基中设置加筋材料，加固区是由基体（天然地基土体）和增强体两部分组成的人工地基[1]。复合地基的本质是桩与桩间土共同承担荷载。近年来，随着高层建筑的不断涌现，为了充分利用地基土的承载力、提高复合地基承载力、节约地基处理投资，根据不同桩体对地基土的不同处理效果，结合工程地质特点，人们开始在复合地基中采用两种不同类型的增强体。对于这类含有两种或多种不同桩型的复合地基，又被称为混合桩型复合地基[2]。本文通过香榭国际小区的地基处理案例，对碎石桩与旋喷桩构成的二元桩复合地基进行了相关的实践探索。

1　工程概况

香榭国际小区位于成都市双流县中和镇，场地地貌单元属岷江水系一级阶地。该工程高层部分采用筏板基础，裙房和纯地下室采用独立基础。

场地地基土按成因年代分为4个工程地质层，即①第四系全新统(Q_4^{ml})人工填土层、②第四系全新统冲积(Q_4^{al})黏性土、粉土和砂层、③第四系全新统冲洪积(Q_4^{al+pl})砂卵石层、④白垩系灌口组砂质泥岩(K_2g)。典型土层剖面图见图1，浅层土物理力学参数见表1。

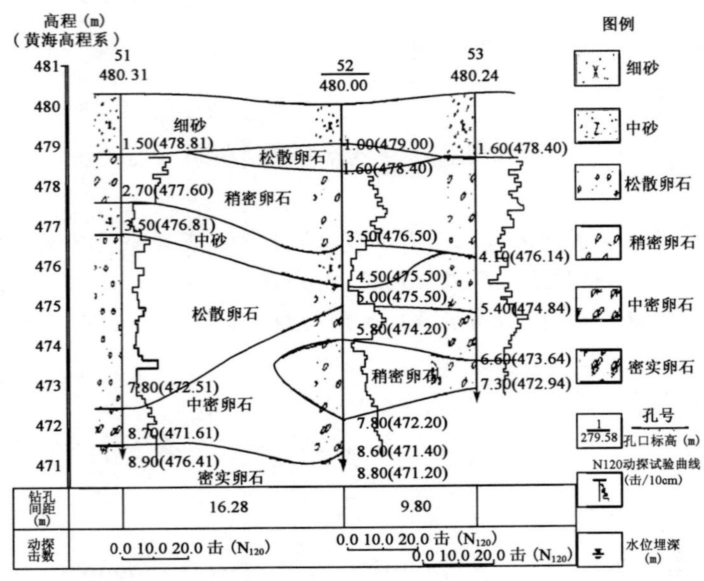

图1　典型土层剖面图

Fig. 1　A typical cross-sectional view of soil

表1　地基土物理力学指标

Table 1　Parameters of soil in tests

土层名称	天然重度 γ (kN/m³)	承载力 f_{sk} (kPa)	压缩模量 E_s (MPa)	黏聚力 c (kPa)	内摩擦角 φ (°)
素填土	17.8	—	—	10	8
粉质黏土	19.0	150	6.0	30	15
粉土	19.0	110	5.5	20	12
细砂	18.5	100	6	0	20
中砂	19.5	120	8	0	25
松散卵石	20.5	200	17	0	32

场地内砂卵石层之上分布0.4～4.4m厚的细砂层(②$_3$)，按建筑抗震设计规范[3]验算，场地地基液化指数为7.8～17.9，综合判定场地地基液化等级为中等～严重。

2　二元复合地基设计

除上述本场地存在浅层砂土液化问题外，根据上部建筑荷载计算，主楼区域的地基承载力标准值应低于550kPa，纯地下室区域的地基承载力标准值应达到500kPa。而根据本工程的工程地质勘察报告，天然地基无法满足上述要求。

为保证建筑地基的安全可靠，地基加固方案需解决场地液化和地基承载力不足的问题。即通过地基处理，部分消除地基的液化势，使处理后的地基液化指数应不大于4[3]；通过设置竖向增强体，与桩间土共同承担荷载，使复合地基的承载力满足上部结构要求。

2.1　设计方案的确定

结合设计要求和成都地区的地基处理经验，对基底下为液化细砂层的，可采用振冲碎石桩消除液化，且处理后地基的承载力也会相应提高。

根据本工程中建筑对地基承载力的要求，单采用碎石桩处理地基，仍无法满足 500kPa 或 550kPa 承载力的设计要求，拟采用高压旋喷法对振冲后地层进行加固，以满足上层结构的承载力和变形要求。

采用振冲碎石桩和高压旋喷桩构成的二元复合地基是既合理又经济的地基处理方案。

2.2　复合地基承载力设计计算

2.2.1　碎石桩复合地基设计

按勘察报告，桩间土承载力特征值 f_{sk} 可取 110Pa，桩体承载力特征值 f_{pk} 按经验可取 320kPa。如要求处理后的复合地基承载力特征值 $f_{spk} \geqslant 140$kPa，碎石桩的面积置换率 m 为：

$$m = \frac{(f_{spk} - f_{sk})}{(f_{pk} - f_{sk})} \tag{1}$$

一根桩承担的处理面积为：

$$A = \frac{A_p}{m} \tag{2}$$

碎石桩直径取 900mm，代入计算得 $A=4.45\text{m}^2$，按等腰三角形布桩，实际桩间距取 2.0m，排距 2.0m，斜距为 2.24m（图 2），则实际置换率 $m=0.159$，满足式（1）要求。

制桩时桩端应进入需处理的细砂层以下的卵石层不小于 0.5m。根据场地地勘报告及现场控制电流电压，按实际情况确定桩长。

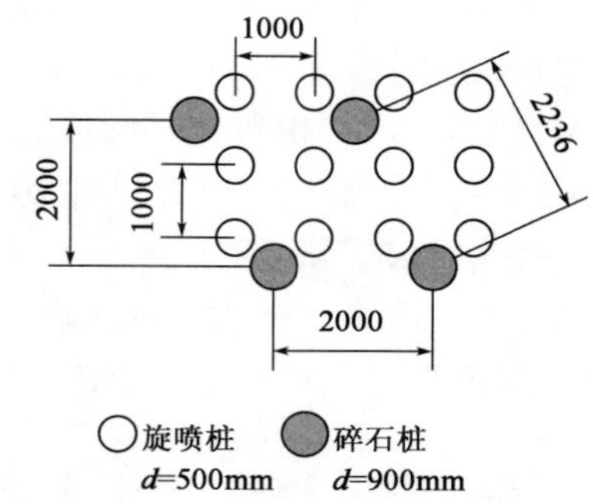

图 2　二元桩复合地基平面布置图（尺寸单位：mm）

Fig. 2　Two-element composite foundation floor plan

2.2.2　高压旋喷桩加固设计

据规范[4]与文献[5,6]，高压旋喷单桩竖向承载力按式（3）和式（4）计算，取其小值。

$$R_{a1} = u_p \sum q_{si} l_i + q_p A_p \tag{3}$$

$$R_{a2} = \eta f_{cu} A_p \tag{4}$$

式中：u_p——旋喷桩周长；

q_{si}——桩周第 i 层土的侧阻力特征值，kPa；

l_i——旋喷桩周第 i 层土的厚度，可根据勘察报告中的工程地质剖面计算确定；

q_p——桩端端阻力特征值，kPa；

A_p——桩的截面积，m^2；

η——桩身强度折减系数；

f_{cu}——与旋喷桩桩身水泥土配比相同的室内加固土试块（边长为 70.7mm 的立方体）在标准养护条件下 28d 龄期的立方体抗压强度平均值，kPa。

取旋喷桩直径为 0.5m，根据地基条件初步估算，单桩承载力 R_a 可取 505kN。

旋喷桩复合地基承载力特征值计算公式：

$$f_{spk} = \frac{mR_a}{A_p} + \beta(1-m) f_{sk} \tag{5}$$

式中：m——复合地基置换率；

R_a——单桩竖向抗压承载力特征值，kN；

A_p——桩的截面积，m^2；

β——桩间土地基承载力发挥系数；

f_{sk}——桩间土地基承载力特征值，kPa。

根据上部结构对复合地基承载力特征值的要求及单桩承载力特征值，可得到主楼区域的旋喷桩面积置换率 $m=0.195$，纯地下室区域的面积置换率 $m=0.175$。为便于施工，确定旋喷桩以正方形布桩，桩间距取 1.0m（图 2），实际置换率达到 0.196。

根据场地地勘报告及实际情况确定桩长，要求桩端进入软弱层下部稍密、中密或密实卵石层深度不小于0.5m，且有效桩长不小于3.0m。

3 二元桩复合地基的承载力检测

对振冲碎石桩进行承载力及变形指标的检测，可在高压旋喷复合地基中检测中一并进行。高压旋喷地基加固工程结束28d后，对地基加固效果进行旋喷桩单桩复合地基荷载试验和单桩竖向抗压静荷载试验检测。

3.1 检测依据与方法

依据国家行业标准[5]有关规定进行检测，试验采用慢速维持荷载法，以堆重平台作反力系统，1.0m^2圆形承压板，用液压千斤顶分级向承压板施加荷载，用大量程百分表观测每级荷载下承压板的沉降随时间的变化量，绘制荷载-沉降曲线。通过对曲线进行分析，确定复合地基承载力特征值是否满足设计要求。

3.2 检测结果分析

3.2.1 单桩竖向抗压静载试验

根据单桩竖向抗压静载试验现场记录，绘制 *Q-s* 曲线，见图3。被测桩95号、424号、468号、794号的最大试验荷载分别为1 021kPa、1 016kPa、1 016kPa、1 021kPa，累计总沉降量分别为9.86mm、8.07mm、8.63mm、11.05mm。由单桩竖向抗压静载试验结果可知，*Q-s* 曲线呈缓变形，各单桩在最大试验荷载下均未达到极限承载力。则旋喷桩的单桩极限承载力统计值为1 018kN，单桩竖向抗压承载力特征值为509kN，满足设计方案中的505kN。

3.2.2 单桩复合地基荷载试验

图4所示为四个单桩复合地荷载试验的 *p-s* 曲线。

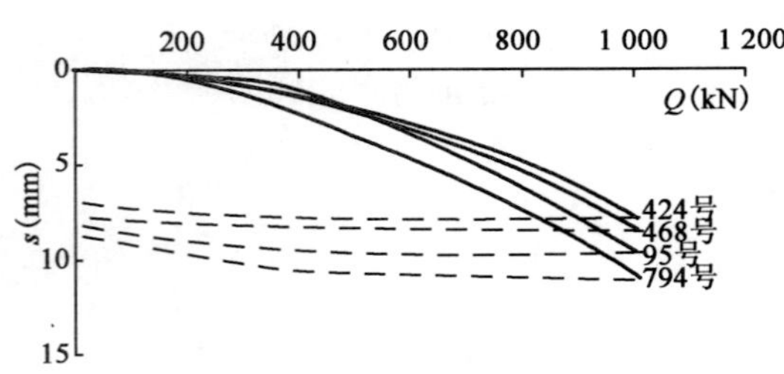

图3 单桩静载荷试验的 *Q-s* 曲线

Fig. 3 *Q-s* Curve of static load test of a single pile

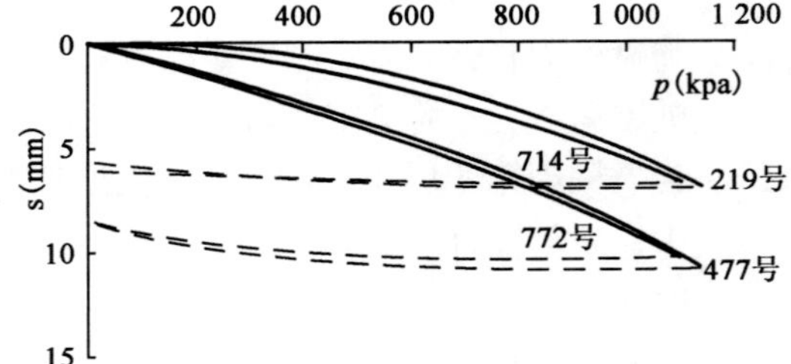

图4 单桩复合地基静载荷试验的 *p-s* 曲线

Fig. 4 *p*～*s* Curve of static load test of single pile composite foundation

从图4中可以看出：被测桩219号、714号、477号、772号的单桩复合地基的最大加载量分别为1 145kPa、1 145kPa、1 100kPa、1 100kPa，累计总沉降量分别达到6.93mm、6.79mm、10.69mm、10.29mm。由于在最大试验荷载下各单桩复合地基均未出现破坏现象，*p-s* 曲线呈缓变形，则应按相对变形值 $s/d=0.006$ 确定复合地基承载力特征值，且承载力特征值取值不大于最大加载量的一半。4根被测桩的复合地基承载力特征值分别为572kPa、555kPa、572kPa、555kPa，均大于设计要求的550kPa，满足上部结构对复合地基的承载力要求。

4 结语

通过香榭国际小区碎石桩与旋喷桩构成的二元桩复合地基案例分析，表明采用碎石桩不仅可以降低砂土地基的液化势，而且能够通过挤密作用提高地基承载力；但碎石桩提高复合地基承载力的作用有限，对于高层建筑，由于荷载大，对地基承载力和变形要求高，仍需要采用旋喷桩弥补复合地基承载力的不足。通过单桩承载力和单桩复合地基承载力检测，说明本案例中的二元桩复合地基能够达到上部结构对复合地基承载力要求。可以为相似情况下碎石桩与旋喷桩二元复合地基应用提供借鉴。

但是本案例中，复合地基的检测和监测并不完备，无法判断在二元桩复合地基中，旋喷桩和碎石桩各自的荷载分担情况，复合地基的变形特性也需要在建筑施工期进行监测和分析，以便积累经验，进一步优化二元桩复合地基设计计算。

参 考 文 献

[1] 龚晓南.广义复合地基理论及工程应用[J].岩土工程学报，2007，29(1)：1-13.
(GONG Xiao-nan. Generalized composite foundation theory and engineering application[J]. Chinese Journal of Geotechnical Engineering, 2007，29(1)：1-13.)

[2] 刘奋勇，杨晓斌，刘学.混合桩型复合地基试验研究[J].岩土工程学报，2003，25(1)：71-75.
(LIU Feng-yong，YANG Xiao-bin，LIU Xue. Field test of a composite foundation including mixed pile[J]. Chinese Journal of Geotechnical Engineering, 2003，25(1)：71-75.)

[3] 中华人民共和国国家标准. GB 50011—2001　建筑抗震设计规范[S].北京：中国建筑工业出版社，2004.
(GB 50011—2001，Code for seismic design of buildings[S].)

[4] 中华人民共和国行业标准. JGJ 79—2012　建筑地基处理技术规范[S].中国建筑工业出版社，2013.
(JGJ 79—2002　Technical code for ground treatment of buildings[S].)

[5] 闫明礼，王明山，闫雪峰，等.多桩型复合地基设计计算方法探讨[J].岩土工程学报，2003，25(3)：352-355.
(YAN Ming-li，WANG Ming-shan，YAN Xue-feng，et al. Study on the calculation method of multi-type-pile composite foundation[J]. Chinese Journal of Geotechnical Engineering, 2003，25(3)：352-355.)

[6] 姚贤华，裴松伟，赵顺波.高压旋喷桩复合地基承载特性的有限元分析[J].华北水利水电学院学报，2009，30(1)：93-95.
(YAO Xian-hua，PEI Song-wei，ZHAO Shun-bo. FEM analysis for bearing characteristics of high pressure jet grouting piles composite foundation[J]. Journal of North China Institute of Water Conservancy and Hydroelectric Power，2009，30(1)：93-95.)

CFG 桩在黄土地区高层建筑中的成功应用

王晓峰　王东红　董　辉　石怀清

（机械工业勘察设计研究院　陕西　西安　710043）

摘　要：以西安某高层住宅地基处理为依托，叙述 CFG 桩的特点，对 CFG 处理该类型地基的设计提供一些建议，为黄土地区的地基设计提供参考。

关键词：CFG 桩　复合地基　黄土地区

作者简介：王晓峰(1985—)，男，硕士研究生，主要从事地基检测工作。E-mail：893752659@qq.com。

The Successful Application of CFG Pile in High-rise Building of the Loess Areas

Wang Xiao-feng, Wang Dong-hong, Dong Hui, ShiHuai-qing

(China JK Institute of Engineering Investigation and Design, Xi'an, 710043, Shaanxi, China)

Abstract: Xi'an relying on a foundation treatment of project. Describes the characteristics of CFG pile, CFG treatment for this type of foundation is designed to provide some suggestions. provide a reference for the foundation design in Loess areas.

Key words: CFG pile, Composite Foundation, Loess areas.

0　引言

CFG 桩复合地基是 20 世纪 80 年代末发展起来的一种刚性桩复合地基技术，由中国建筑科学研究院自主研发，其桩可全长发挥桩的侧阻力，它是由水泥、粉煤灰、碎石、石屑或砂加水拌和形成的高黏结强度桩，和桩间土、褥垫层一起形成复合地基。由于 CFG 桩复合地基技术具有施工速度快、工期短、质量容易控制、工程造价低廉的特点，工程造价一般为桩基的 1/3～1/2，经济效益和社会效益非常显著[1]。

CFG 桩复合地基是由桩、桩间土及褥垫层三部分组成。受力机理为褥垫层受上部基础荷载作用产生变形后以一定的比例将荷载分摊给桩及桩间土，使两者共同受力。同时，土体受到桩的挤密而提高承载力，桩又由于周围土的侧应力的增加而改善了受力性能，两者共同工作形成了一个复合地基的受力整体，共同承担上部基础传来的荷载。

CFG 桩复合地基处理技术虽已得到了广泛的应用，但由于 CFG 桩复合地基上部结构特点不同，对 CFG 桩复合地基的设计要求亦不同。因而本文结合西安某工程实例，通过现场试验对 CFG 桩复合地基进行检测，以此来评价该工程中 CFG 桩复合地基的承载能力，验证应用 CFG 桩进行地基加固处理的可行性和有效性。

1　CFG 桩的特点

1.1　承载力提高幅度大、可调性强

CFG 桩可全长发挥桩的侧摩阻及桩端承载力，可以通过改变桩长、桩径、桩距、桩体配比等设计参数，使承载力在较大范围内调整。复合地基的承载力可提高到原地基土承载力的 2～3 倍。而柔性桩(如碎石桩)的承载力主要靠桩顶以下有限长度范围内桩周土的侧向约束力。在同等置换本条件下，CFG 桩承担的荷载占总荷载比值为碎石桩的 1～2 倍[2]。

1.2　适用范围广

CFG 桩适用于砂土、粉土、松散填土、黏性土、淤泥质土等土质，不仅适用于加固软弱地基，对于较好地基土有明显的加固作用。

1.3　沉降量小

与柔性桩相比，由于压缩模量增大而显著降低了荷载作用下的变形，使建筑物的沉降短期内趋向稳定。CFG 桩增加桩长可有效地减少变形，总的变形量小。如将 CFG 桩落在较硬土层上，可较严格地控制地基沉降量。

1.4　挤密作用

CFG 桩主要采用振动沉管打桩机施工和长螺旋钻泵压 CFG 桩混合料成桩工艺。由于振动和挤压作用使桩间土得到挤密，经加固后地基土的含水率、孔隙比、压缩系数均有所减小，密度、压缩模量均有所增加，说明经加固后桩间土已挤密。

1.5　工程造价低

CFG 桩复合地基方案，施工周期短，不缩孔，与桩基础相比具有明显的优势。桩复合地基利用工业废料粉煤灰、不配筋，充分发挥桩间土的承载力，工程造价低廉，可节省投资的 30%～40%，经济效益明显优于桩基础方案。

2　工程概况及设计要求

2.1　工程概况

拟建建筑为西安一幢高层住宅楼，34 层，框剪结构，甲类建筑。场地地貌单元属渭河右岸Ⅰ级阶地，场地地形基本平坦，实测场地地下水稳定水位埋深介于 13.70～17.30m，相应水位高程介于 363.81～364.73m，属孔隙潜水类型。场地属非自重湿陷性黄土场地。场地地层及土的物理力学性质指标见表 1。

表 1　地层结构及地基土物理力学性质指标

地层名称	层　厚(m)	物理力学性质指标
黄土状土 Q_4^{al}	0.60～4.70	$\gamma=17.2kN/m^3$ $a_{1-2}=0.27MPa^{-1}$ $E_{s1-2}=7.44MPa$ $I_L=0.894$
黄土状土 Q_4^{al}	1.00～7.60	$\gamma=17.2kN/m^3$ $a_{1-2}=0.17MPa^{-1}$ $E_{s1-2}=10.20MPa$ $I_L=0.30$
粉质黏土 Q_3^{al}	0.80	$a_{1-2}=0.39MPa^{-1}$ $E_{s1-2}=4.39MPa$
粉质黏土 Q_3^{al}	0.30～6.50	$\gamma=19.3kN/m^3$ $a_{1-2}=0.23MPa^{-1}$ $E_{s1-2}=7.97MPa$ $I_L=0.39$

2.2　设计要求

设计 CFG 桩桩顶高程为－10.87m，设计桩长为 18.0m，桩径为 0.40m，桩距 1.5m，正三角形布桩，工程桩桩身混凝土强度等级为 C35，设计复合地基承载力特征值不小于 550kPa。CFG 桩施工工艺采用螺旋钻钻孔、管内泵送混凝土料灌注成桩。设计要求对施工后的CFG桩复合地基进行了静力载荷试验，以确定地基承载力特征值是否达到设计要求，同时对施工后达到龄期的CFG桩进行了低应变动力检测，以测试桩身的完整性，检测点位按随机抽样原则确定，均匀布点。

2.3 复合地基静力荷载试验

CFG桩复合地基的静力荷载试验采用堆重平台提供反力，试验采用慢速维持荷载法，用1台2000kN液压千斤顶加载，试验施加的压力用标准压力表量测。依据《建筑地基处理技术规范》(JGJ 79—2012)[3-5]，取$s/d=0.01$所对应的荷载为地基承载力的基本值，判定三处复合地基承载力特征值$f_{spk}=550$kPa，满足设计要求，静载曲线如图1(以s_1为代表图，s_2和s_3就不列举)所示。

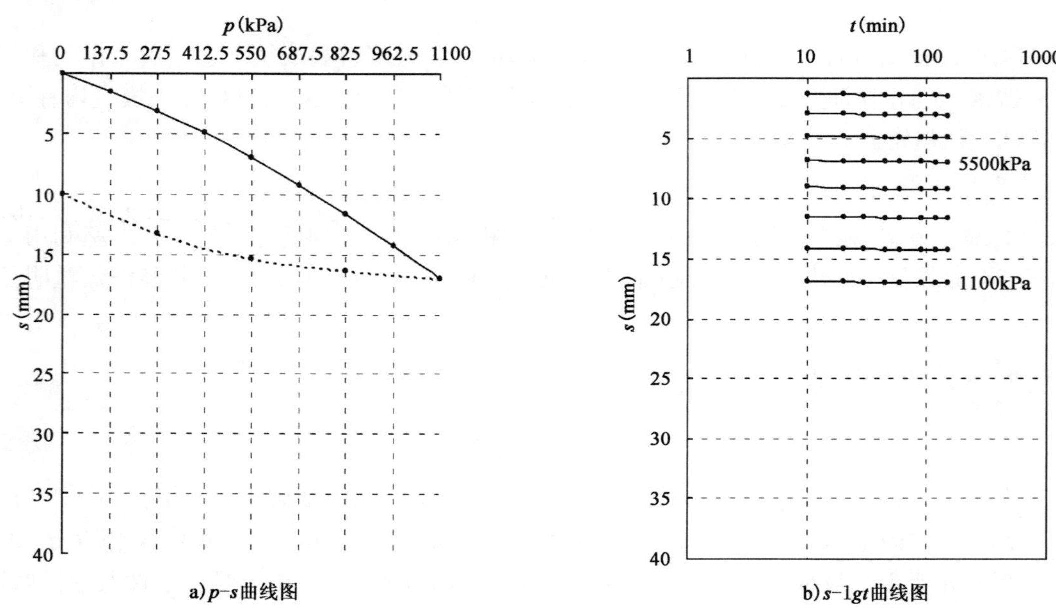

图1 s_1静载试验成果

2.4 低应变动力测试

从低应变动力测试的结果可知：Ⅰ类桩89根，占抽检总数的80.9%；Ⅱ类桩21根，占抽检总数的19%，满足工程使用要求。

3 复合地基设计的几点建议

结合本工程测试结果，笔者提出以下两点建议：

(1)为了能够较充分利用桩间土的承载能力，建议应采用疏桩理论设计，复合地基置换率应采用7%～10%的范围。

(2)对打桩后挤密效果较好的场地，当桩间土采用原天然地基的承载力作为f_{sk}来初估复合地基承载力时，β值宜取0.9～1.0的范围，挤密效果越好时宜取该范围内的较大值；当挤密效果不明显或无挤密效果时，则应采用0.65～0.75的范围。

4 结语

(1)现场试验结果研究表明，黄土地区高层住宅利用CFG桩复合地基进行地基加固处理是可行、有效的。

(2)因目前尚没有关于CFG桩及单桩复合地基的详细检测规范，各个地区进行CFG桩及单桩复合地基的检测，只能依据各个地方制定的地方标准以及《建筑地基处理技术规范》(JGJ 79—2012)[5]中有关载荷试验的简短规定进行，故而试验结果判定差别比较大。尤其是对于压缩模量的测定和计算，更是没有详细的规定和统一的标准。建议制定专门针对 CFG 桩及单桩复合地基的详细检测规范和标准。

(3)该工程中 550 根桩中随机选取的检测桩具有一定的代表性,试验结果在一定程度上能反映出施工质量的优劣,检测结果对 CFG 桩复合地基在工程实践中的推广应用具有一定的意义。

参考文献

[1] 龚晓南.地基处理技术发展与展望[J].地基处理,2004,15(4):50-51.

[2] 任鹏,邓荣贵,于志强.CFG 桩复合地基试验研究[J].岩土力学,2008,29(1):81-86.

[3] 中华人民共和国行业标准.JGJ 94—2008　建筑桩基技术规范[S].北京:中国建筑工业出版社,2008.

[4] 中华人民共和国行业标准.JGJ 106—2003　建筑基桩检测技术规范[S].北京:中国建筑工业出版社,2004.

[5] 中华人民共和国行业标准.JGJ 79—2012　建筑地基处理技术规范[S].北京:中国建筑工业出版社,2013.

[6] 赵明华,何腊平,张玲.基于荷载传递法的 CFG 桩复合地基沉降计算[J].岩土力学,2010,31(3):839-844.

[7] 贾剑青,王宏图,李晶,等.CFG 桩复合地基承载力分析[J].重庆大学学报,2011,34(9):117-120.

CFG 桩刚性桩复合地基在兰州新区的工程应用

鲁海涛　魏　秦　滕文川

（甘肃土木工程科学研究院　甘肃　兰州　730020）

摘　要:兰州国家级新区地质条件复杂，地基处理较多采用了 CFG 桩刚性桩复合地基，通过介绍 CFG 桩复合地基技术的在兰州新区工程应用，阐述了 CFG 桩刚性桩复合地基的基本原理，通过工程实例，对静载试验结果进行分析，提出在兰州新区复合地基设计时，β_p、β_s、λ 及 β 取值的建议值。

关键词:CFG 桩　刚性桩复合地基　静载试验

作者简介:鲁海涛（1968—），男，注册岩土工程师，高级工程师，主要从事岩土工程勘察、检测、监测等工作。

0　引言

兰州新区位于兰州北部秦王川盆地，占地 806km²，是国务院批复的第五个国家级新区，兰州新区的工程建设是新区发展的基础。由于兰州新区地质条件较为复杂，地基基础设计是工程建设质量的关键环节。

兰州新区秦王川盆地属山间凹陷盆地，处于永登～河口凹陷中的次级构造，中隐伏基底隆起带。盆地北部为低山，东，西，南三面为低缓的黄土丘陵。盆地内主要为冲洪积平原，其间分布有低缓的南北向展布的陇岗残丘。

兰州新区秦王川盆地平原内堆积有 10～57m 厚的第四系成层分布的冲洪积砂、砾石、粉土或粉质黏土，表层为薄层粉土，盆地的基底由第三系泥岩，砂砾岩组成，厚度为 400～500m，局部地带为白垩系杂色泥岩。盆地东、西边缘各分布有一条被埋藏的呈南北向延伸的凹槽，其中的松散沉积物厚度可达 40～50m，而盆地其他地带的沉积厚度一般小于 30m。典型工程地质剖面见图 1。

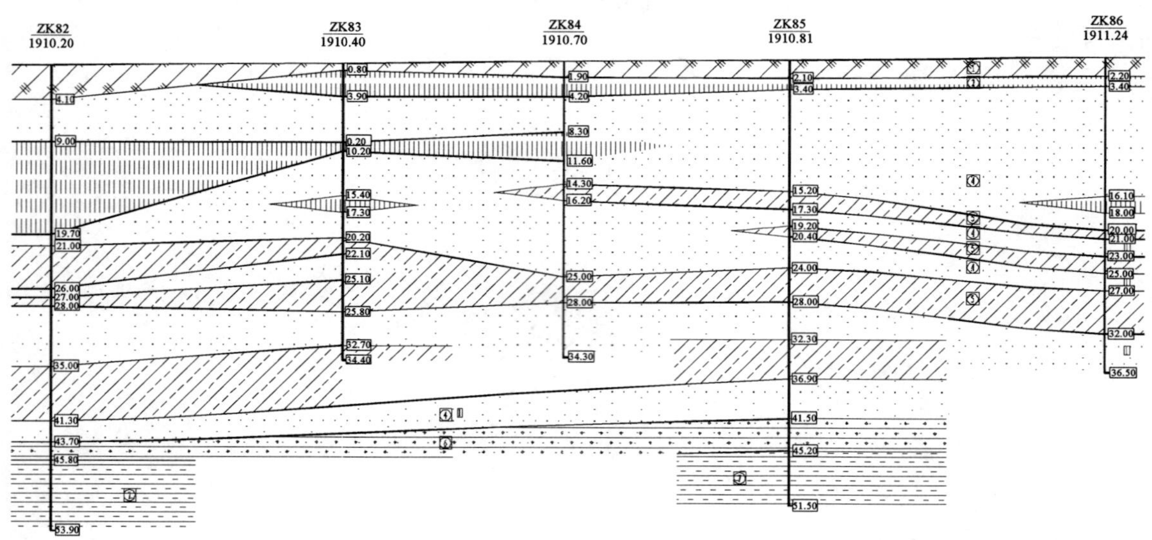

图 1　秦王川盆地南部典型工程地质剖面

兰州新区建筑设计时，对于荷载大的建筑，一般采用旋挖或冲击成孔灌注桩基础，以第三系或白垩系泥岩作为桩端持力层；荷载小的建筑物一般采用 CFG、强夯、换填等地基处理方法，由于新区的地质条件特点，CFG 桩复合地基在兰州新区取得了较多的工程应用。

1 CFG 桩刚性桩复合地基机理

CFG 桩是英文 Cement Fly-ash Grave Pile 的缩写，意为水泥粉煤灰碎石桩，早期是由水泥、粉煤灰、碎石、石屑或砂加水拌和的高黏结强度桩，桩体与桩间土、褥垫层共同作用形成 CFG 复合地基。随着高层建筑地基处理的广泛应用，桩体材料有所变化，更多地采用可工业化生产的混凝土，从而形成素混凝土刚性桩复合地基。

在《建筑地基处理技术规范》(JGJ 79—2012)中，混凝土桩复合地基因为工作性状与 CFG 桩复合地基相同，设计计算、施工及检测均参照 CFG 桩复合地基。在《复合地基技术规范》(GB/T 50783—2012)中，把以摩擦型刚性桩作为竖向增强体的复合地基称为刚性桩复合地基，桩体如钢筋混凝土桩、素混凝土桩、预应力管桩、钢管桩和 CFG 桩等，其工作机理大致相同。因此，考虑到混凝土材料水泥粉煤灰碎石材料的相近，可以理解为素混凝土桩复合地基为广义的 CFG 桩复合地基。

1.1 CFG 单桩承载力

根据《复合地基技术规范》GB/T 50783—2012 及《建筑地基处理技术规范》(JGJ 79—2012)，单桩承载力初步设计时，两规范计算公式基本相同，按下式估算：

$$R_a = u_p \sum_{i=1}^{n} q_{si} l_i + \alpha q_p A_p \tag{1}$$

式中：R_a——单桩竖向抗压承载力特征值，kN；

A_p——单桩截面积，m^2；

u_p——桩的截面周长，m；

n——桩长范围内所划分的土层数；

q_{si}——第 i 层土的桩侧摩阻力特征值，kPa；

l_i——桩长范围内第 i 层土的厚度，m；

q_p——桩端土地基承载力特征值，kPa；

α——桩端土地基承载力折减系数。

由此，单桩承载力由桩侧摩阻力及桩端阻力两部分组成，由于 CFG 桩桩端面积较小，单桩承载力主要由桩侧摩阻力贡献。在《复合地基技术规范》(GB/T 50783—2012)中，限定刚性桩复合地基中应采用摩擦型桩，端承桩因沉降变形较小而被限制。

式(1)中，《复合地基技术规范》(GB/T 50783—2012)称 q_p 为桩端土地基承载力特征值(kPa)，α 为桩端土地基承载力折减系数。《建筑地基处理技术规范》(JGJ 79—2012)称 q_p 为桩端端阻力特征值，α_p 为桩端端阻力发挥系数。从复合地基单桩角度讲，《建筑地基处理技术规范》(JGJ 79—2012)更不容易引起歧义。

1.2 CFG 刚性桩复合地基承载力

根据《复合地基技术规范》(GB/T 50783—2012)及《建筑地基处理技术规范》(JGJ 79—2012)，复合地基承载力特征值按下列公式计算：

$$f_{spk} = \beta_p m R_a / A_p + \beta_s (1 - m) f_{sk} \text{(GB/T 50783—2012 第 5.2.1-2 条)} \tag{2}$$

$$f_{spk} = \lambda m R_a / A_p + \beta (1 - m) f_{sk} \text{(JGJ 79—2012 第 7.1.5-2 条)} \tag{3}$$

式中：A_p——单桩截面积，m^2；

R_a——单桩竖向抗压承载力特征值，kN；

f_{sk}——桩间土地基承载力特征值，kPa；

m——复合地基置换率；

β_p——桩体竖向抗压承载力修正系数，宜综合复合地基中桩体实际竖向抗压承载力和复合地基破坏时桩体的竖向抗压承载力发挥度，结合工程经验取值；

β_s——桩间土地基承载力修正系数，宜综合复合地基中桩间土地基实际承载力和复合地基破坏时桩间土地基承载力发挥度，结合工程经验取值；

λ——单桩承载力发挥系数；

β——桩基土承载力发挥系数。

CFG 复合地基承载力由桩、桩间土两部分承载力贡献。《复合地基技术规范》(GB/T 50783—2012)规范了在 CFG 桩复合地基承载力计算公式的改进，主要是增加了 β_p 桩体竖向抗压承载力修正系数、β_s 桩间土地基承载力修正系数，β_p 综合反映了复合地基中桩体实际竖向抗压承载力与自由单桩竖向抗压承载力桩间的差异，与施工工艺、面积置换率、桩间土工程性质、桩体类型等因素有关；β_s 综合反映了复合地基中桩间土地基实际承载力与天然地基承载力之间的差异，与桩间土的工程性质、施工工艺、桩体类型等因素有关。计算公式更加成熟，对今后研究桩端、桩间土承载力的发挥和地区经验的积累有重要的指导意义。

1.3　兰州新区 CFG 复合地基设计基本参数

兰州新区秦王川盆地平原内堆积第四系成层分布的冲洪积砂、砾石层，可为 CFG 桩选择承载力和压缩模量相对较高的土层作为桩端持力层。

兰州新区 CFG 桩身填料大多采用素混凝土，素混凝土强度等级一般 C30 以上，桩径大多采用 400mm，桩间距一般为 1.4～1.8m，呈梅花形布置。桩长根据建筑物荷载要求一般为 12～25m，桩端选择相对硬层，如砂层、砾砂。成孔方式大多采用长螺旋钻成孔，管内泵送混凝土成桩。

2　工程概况

兰州新区某信息产业园项目位于秦王川盆地南部，该区域松散沉积物厚度可达 40～50m，且该区域地层在空间分布杂乱无序，犬牙交错，基本呈砂、土互层，且土层中夹薄层细砂、砾砂透镜体，砂层中夹薄层黄土状粉土、粉质黏土透镜体。该工程采用 CFG 桩复合地基，通过静荷载试验，对 CFG 桩单桩承载力及复合地基承载力进行了研究，分述如下。

2.1　场地工程地质条件

拟建场地各层土的层厚、地基承载力特征值、桩极限侧阻力、桩极限端阻力标准值取值见表 1。

表 1　各层土的层厚、地基承载力特征值、桩极限侧阻力、桩极限端阻力标准值取值

层号	地质时代及成因	地层名称		层厚(m)	f_{ak}(kPa)	钻孔灌注桩(kPa)	
						q_{sik}	q_{pk}
1	Q_4^{ml}	素填土		0.50～2.10	100	20	
2	Q_4^{al+pl}	粉土	14m 以上	0.50～6.60	120	24	
			14m 以下		150	42	
3	Q_4^{al+pl}	粉质黏土	14m 以上	2.10～10.30	140	53	
			14m 以下		160	60	450
4	Q_4^{al+pl}	粉砂	14m 以上	0.20～4.40	130	22	
			14m 以下		150	46	
5	Q_4^{al+pl}	细砂	14m 以上	0.80～5.30	150	25	
			14m 以下		170	50	
6	Q_4^{al+pl}	砾砂	14m 以上	0.80～5.30	200	55	
			14m 以下		250	116	2 000
7	N	泥岩	强风化	揭示最大厚度 8.10	400	140	2 000
			中风化		700	200	2 500

2.2　场地地下水条件

试验场地内存在地下水，埋藏深度介于 6.50～9.40m，含水层为砾砂及粉质黏土层，该地下水属潜水类型。

2.3　场地土层湿陷性及压缩性评价

该场区粉土层湿陷系数最大值为 0.039，最小值为 0；自重湿陷系数最大值为 0.009，最小值为 0。湿陷程度中等，湿陷深度 1.0～4.0m，湿陷起始压力介于 65～98kPa。该场地为Ⅰ级（轻微）非自重湿陷性黄土场地。目前大多建筑均有 1～2 层地下室，施工时已将湿陷土层挖除，可不考虑湿陷性。

试验场地土层压缩系数 a_{1-2}＝0.057～0.354MPa^{-1}，平均值为 0.167MPa^{-1}，呈低～中压缩性。

3　单桩竖向静荷载试验

3.1　试验概况

CFG 试验桩采用长螺旋钻成孔，管内泵送混凝土，桩径 400mm，桩身采用 C35 混凝土浇筑。

单桩竖向抗压静荷载试验桩，设计桩顶高程以下 1.20m 桩身加一壁厚 4mm、直径 400mm、长度 1.20m 的钢套筒。试验桩成桩时，桩身混凝土强度采用 C35，待桩身混凝土强度达到 C30 时（且成桩至试验间歇不小于 15d），开始试验工作。

3.2　单桩竖向抗压承载力试验桩布置

ZH1 型 CFG 桩：3 根桩长约 14.0m；ZH2 型 CFG 桩：3 根桩长约 16.0m，试验最大加荷值至极限破坏状态，最大加荷值为 2750kN，加载分级共分 8～11 级。

3.3　ZH1 型 CFG 桩单桩竖向抗压承载力试验结果

ZH1 型 CFG 桩单桩竖向承载力试验结果见表 2。

表 2　ZH1 型 CFG 桩单桩承载力试验结果汇总

桩　　型	ZH1 型 CFG 桩		
试验桩编号	DZS4	DZS8	DZS10
桩长（m）	14.05	13.9	14.1
试验桩桩身混凝土强度	>C30	>C30	>C30
单桩承载力极限值 Q_u（kN）	2 500	2 000	1 000
单桩承载力特征值 R_a（kN）	1 250	1 000	500

根据现场静荷载试验数据，综合分析试验曲线及数据，DZS4、DZS8 试验桩，在（天然状态下）竖向压力下，Q-s 曲线呈陡降型，陡降段明显，基桩变形均达到极限破坏状态，桩侧摩阻力已发挥到极限，桩端发生刺入破坏。

DZS10 试验桩 Q-s 曲线陡降段明显的主要原因是，静载试验前低应变测试桩身 8.5m 存在缩颈、夹渣等问题，最终基桩在竖向压力下沉降变形破坏，DZS10 试验桩数据异常，进行剔除。

ZH1 型 CFG 桩在天然状态下，单桩竖向抗压承载力极限值 Q_u 平均值为 2 250kN；单桩竖向抗压承载力特征值 R_a 平均值为 1 125kN。

ZH1 型 CFG 桩单桩竖向抗压静载试验 Q-s 曲线见图 2。

3.4　ZH2 型 CFG 桩单桩竖向抗压承载力试验结果

ZH2 型 CFG 桩单桩竖向承载力试验结果见表 3。

表 3　ZH2 型 CFG 桩单桩承载力试验结果汇总

桩　　型	ZH2 型 CFG 桩		
试验桩编号	DZS2	DZS6	DZS12
桩长（m）	16.0	15.9	15.95
试验桩桩身混凝土强度	>C30	>C30	>C30
单桩承载力极限值 Q_u（kN）	2 250	2 500	2 250
单桩承载力特征值 R_a（kN）	1 125	1 250	1 125

综合分析试验曲线及数据，ZH2 型 CFG 试验桩，在（天然状态下）竖向压力下，Q-s 曲线呈陡降型，陡降段明显，基桩变形达到极限破坏状态，桩侧摩阻力已发挥到极限，桩周土体发生剪切破坏；单桩竖向极限承载力 Q_u 取相应于陡降段起点的荷载值（表 3）。

ZH2 型 CFG 桩在天然状态下，单桩竖向抗压承载力极限值 Q_u 平均值为 2 333kN；单桩竖向抗压承载力特征值 R_a 平均值为 1 167kN。

ZH2 型 CFG 桩单桩竖向抗压静载试验 Q-S 曲线见图 3。

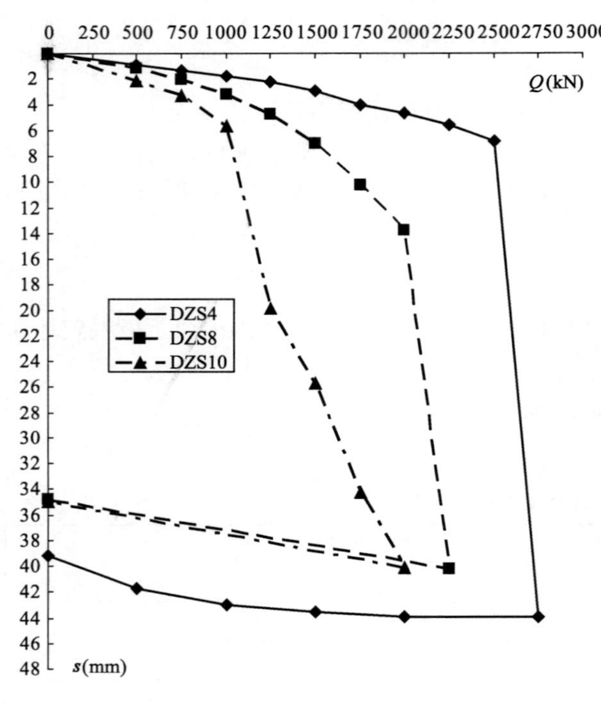

图 2　ZH1 型 CFG 桩 Q-s 曲线

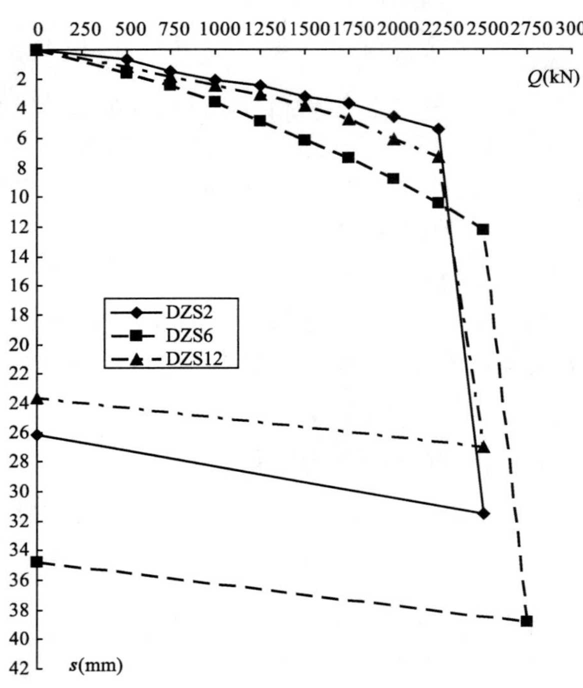

图 3　ZH2 型 CFG 桩 Q-s 曲线

4　刚性桩复合地基静荷载试验

4.1　试验概况

刚性桩复合地基静荷载试验点布置在 ZH1 型桩上，桩间距 1 800mm×1 800mm，面积置换率为 3.9%，换算承压板边长 1.80m，面积 3.24m^2；试验最大加载压力超出设计要求压力值的 2 倍，至 926kPa、3 000kN，加载分级共分 10 级，每级加载量为最大加载的 1/10。

4.2　刚性桩复合地基静荷载试验结果

刚性桩复合地基静荷载试验结果见表 4。

表 4　CFG 刚性桩复合地基承载力试验结果汇总

试验点编号	终止荷载-地基变形量（kPa/mm）	s/b=0.008 对应的压力（kPa）	复合地基承载力特征值（kPa）
FSY1	926/10.72	>926	463
FSY3	926/12.62	>926	463
FSY5	926/15.98	826	463
FSY7	926/15.63	880	463

综合分析试验点曲线、数据，试验点地基变形均未达到极限破坏状态，4 个试验点 ZH1 型 CFG 桩复合

地基试验点，在(天然状态下)竖向压力下，p-s 曲线呈缓变型，无比例界限，复合地基承载力特征值按相对变形确定，CFG 桩复合地基承载力特征值可取 $s/b=0.008$ 所对应的压力；但不得大于最大加荷值的 1/2；由于试验条件限制，最大加荷值为 926kPa，复合地基承载力特征值取值为 463kPa，试验结果见表 4。

CFG 刚性桩复合地基静载试验 p-s 曲线见图 4。

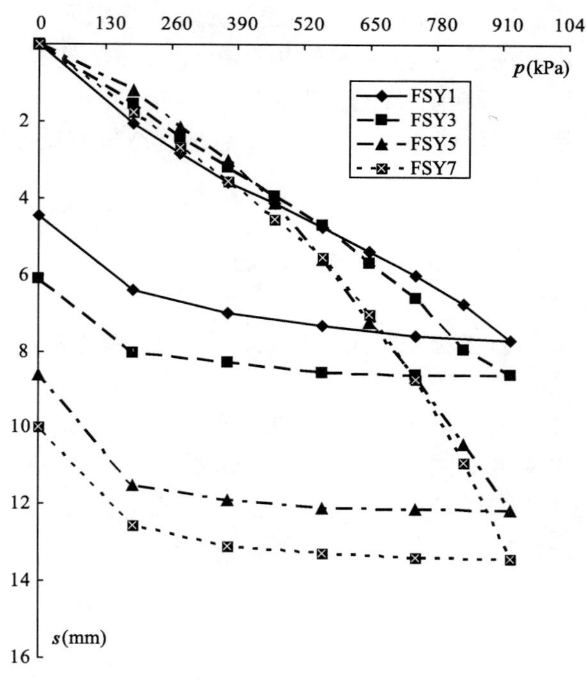

图 4　CFG 刚性桩复合地基静载试验 p-s 曲线

5　试验结果与计算结果对比分析

通过上述单桩竖向静荷载试验结果及刚性桩复合地基静荷载试验结果，与根据《复合地基技术规范》(GB/T 50783—2012)及《建筑地基处理技术规范》(JGJ 79—2012)计算得出的单桩承载力特征值和复合地基承载力特征值进行对比。计算单桩承载力特征值时，α 取值为 1，计算刚性桩复合地基承载力特征值时，β_p、β_s、λ 及 β 取值为 1，数据对比见表 5。

表 5　试验结果与计算结果对比表

类　型	承载力特征计算值(kPa)	静载试验承载力特征值统计值(kPa)
ZH1 型单桩	683	1 125
ZH2 型单桩	735	1 233
刚性桩复合地基	458	463

通过上述试验结果分析，通过试验所确定的单桩承载力特征值远大于计算所得的单桩承载力特征值；根据试验所得 CFG 单桩承载力特征值计算复合地基承载力特征值与试验所得复合地基承载力特征值较接近。

通过兰州新区 CFG 刚性桩复合地基的工程检测静载试验 60 余点，在兰州新区计算 CFG 刚性桩复合地基承载力时，β_p、β_s、λ 及 β 取值为 1，试验结果与计算值较相符。

6　结语

(1)兰州新区 CFG 单桩承载力较高，桩长 15m 左右，桩径 400mm 时，单桩承载力特征值可达 1 100kN 以上，比单桩承载力极限计算值高出 50%以上。桩间距在 1.4～1.8m，处理后的复合地基承载力可达到 450kPa 以上。

(2)初步设计时,按《复合地基技术规范》(GB/T 50783—2012)及《建筑地基处理技术规范》(JGJ 79—2012)计算单桩承载力特征值,在桩端端阻力发挥系数 α 取 1 时,计算结果偏于安全。

(3)《复合地基技术规范》(GB/T 50783—2012)及《建筑地基处理技术规范》(JGJ 79—2012)按单桩竖向静荷载试验结果计算复合地基承载力,β_p、β_s、λ 及 β 取值为 1,计算结果与试验结果相近。

(4)CFG 桩成桩工艺在兰州新区大多采用长螺旋钻成孔管内泵送混凝土,此种工艺施工简便,施工速度较快,但容易造成桩身局部区段存在缩径、夹泥等缺陷,因此在 CFG 桩的施工过程中,应严格控制起钻的速率,防止因地下水、砂层等因素造成桩身缺陷,影响工程质量。

(5)通过兰州新区大量的工程实践证明,刚性 CFG 桩复合地基造价较低,工程质量易控制,经济、社会、环境效益明显。

参 考 文 献

[1] 中华人民共和国国家行业标准. GB/T 50783—2012 复合地基技术规范[S]. 北京:中国计划出版社,2012.

[2] 中华人民共和国行业标准. JGJ 94—2008 建筑桩基技术规范[S]. 北京:中国建筑工业出版社,2008.

[3] 龚晓南. 复合地基理论及工程应用[M]. 北京:中国建筑工业出版社,2007.

[4] 龚晓南. 复合地基设计和施工指南. [M]. 北京:人民交通出版社,2003.

[5] 龚晓南. 地基处理手册[M]. 北京:中国建筑工业出版社,2008.

长短桩复合地基处理湖相软土地基的效果分析

刘　伟　杨晓华　张莎莎

（长安大学公路学院　陕西　西安　710064）

摘　要：本文针对长短桩复合地基的地基处理方法，以某大桥接线软基处理工程为依托，通过现场荷载试验和沉降监测，对其处理湖相软土地基后的地基承载力和沉降变形的改善效果进行分析，并总结相应的试验规律，确定该法在处理湖相软土地基的可行性，从而为类似公路软土地基处理提供借鉴和参考。

关键词：复合地基　长短桩　荷载试验　湖相软土　水泥土桩　沉降量

作者简介：刘伟（1989—），男，长安大学硕士研究生，主要从事道路岩土工程等方面的学习与科研。E-mail：liuwei levi 163. com

The Effect Analysis on Long-Short Pile Composite Foundation Treatment to Lacustrine Soft Ground

LIU Wei，YANG Xiao-hua，ZHANG Sha-sha

（Chang'an University，Xi'an 710064，China）

Abstract：The treatment method of long-short pile composite foundation is analyzed in the paper. Field load test and settlement monitoring were carried out in a bridge connection project of soft ground treatment. After the lacustrine soft ground was treated by the method，the improvements and results about the bearing capacity of foundation and settlement were analyzed，and then conclusions were drawn. The results show that long-short pile composite foundation is a available method to deal with the lacustrine soft ground. Therefore，the research production can provide a reference for similar highway soft foundation treatment.

Key words：composite foundation，long-short pile，load test，lacustrine soft soil，cement-soil pile，settlement.

0　引言

近年来，我国大量工程建设的需要不断地促进复合地基处理技术的发展，尤其是对特殊土地基的处理方法在不断地改善与进步，并取得了良好的社会和经济效益。长短桩复合地基作为一种新的复合地基处理方法[1]，是在原有复合地基上进一步控制地基沉降的同时又降低了地基处理的费用。在处理特殊土，尤其是软土方面表现出较好的效果。它是由不同长度的桩体组成的复合地基，其作用机理为：长桩主要用于提高承载力、控制沉降量，它将荷载通过桩身向地基深处传递，减少压缩变形，同时对短桩起到护桩作用，并与短桩一起抑制周围土体的隆起。对短桩来说，当基底以下存在较厚的软弱土层时，采用短柱对该区域土层进行加固，可提高基底软弱土层的承载力；若基底以下存在上、下两层较为理想的桩端持力层，将长、短桩分别落在下、上两层桩端持力层，充分发挥上、下两层桩端持力层的特性，利用短柱提高复合地基的承载力，通过长桩减少变形，在满足设计要求的同时减少地基处理的工作量，达到经济合理的效果。

另一方面，随着经济的持续高速发展，洞庭湖区交通建设呈现出高速发展的趋势，由于洞庭湖区在长期地质演变中表层冲积形成了一层主要由淤泥、淤泥质黏土、软塑状亚黏土、亚砂土，组成的、较厚的软土层，所以高速公路建设中不可避免地要涉及软土地基处理。以往经常发生由于软土处理不当导致的路基沉陷、房屋开裂等工程事故，其不仅造成巨大的经济损失，而且对人民的生命财产构成威胁。虽然国内对软土基本工程性质也进行了大量的试验与总结，但以往的研究大都以中国东部及东南沿海地区软土为研究对象，由于中、西部地区地形地貌变化大、工程水文地质条件十分复杂，造成该地区形成了有别于沿海地区的复杂的软土地基。故对湖区软土的处理和工程实践经验的总结有着重大的经济和学术意义。

本文就近几年来洞庭湖区软土地基勘察和设计的经验，结合工程的实际监测资料和现场试验，针对长短桩复合地基在洞庭湖区高速公路软土地基处理技术效果进行评价、分析。

1 工程概况

某大桥接线工程地处洞庭湖区，其下为深厚的洞庭湖沉积软土层，且该接线软基处理工程为省道某工程的一部分，此项目为二级公路等级，路基宽 12.0m，设计荷载为公路Ⅱ级，计算行车速度为 80km/h。

地貌为河湖堆积地貌，地势平坦，相对高差小于 2.0m，局部为渠、沟、塘、堤，多为棉花地、桔园。路基工程无路堑，均为填方路堤，其中软基处理路段(K2＋525.74～K3＋982.484)共 225m，桥头填土高达 5.9m，平均有 3m 高，其中试验路段(K2＋900～K3＋100)的地质条件见表 1、表 2。

表 1 K2＋875～K2＋980 一般性地质条件

Table 1 K2＋875～K2＋980 the general geological conditions

层次	土层名称	层厚(m)	桩周土极限摩阻力(kPa)	容许承载力(kPa)	压缩模量(MPa)
第一层	种植土①	0.5	0	100	5
第二层	亚黏土⑤－2	1.7	30～50	150～200	5
第三层	淤泥质黏土④－1	4.0	20	50	4
第四层	淤泥质亚砂土④－1	3.6	25	70	4
第五层	亚黏土⑤－2	4.2	30～50	150～200	5
第六层	亚砂土⑥	9.0	35	120	6

表 2 K2＋980～K3＋100 一般性地质条件

Table 2 K2＋980～K3＋100 the general geological conditions

层次	土层名称	层厚(m)	桩周土极限摩阻力(kPa)	容许承载力(kPa)	压缩模量(MPa)
第一层	填筑土②	3.0	0	100	10
第二层	淤泥质黏土④－1	3.3	20	50	4
第三层	黏土⑤－1	9.8	30～50	150～200	5
第四层	亚砂土⑥	8.6	35	120	6

2 方案设计

鉴于该项目工程中的软土主要为湖相沉积地层，根据初勘和详勘勘察资料，湖区软土地基的分布特点为软弱土层在线路内广泛分布、分布厚度大、分布厚度不均匀、差异较大，其含水率高，承载力低，且淤泥质土的孔隙比大，含水率大于液限，稳定性差，稳定时间长，不能直接作路堤基底。同时，经调查总结，洞庭湖地区软土地基病害主要分路基竖向压缩变形与失稳两类，具体病害形式有：路基剪切拉裂破坏、路基差异沉降破坏和路基整体滑动破坏。该地区地质条件不能满足公路路基的承载力与沉降变形的要求，就需要经过人工对软弱地基进行加固处理[2]。针对其特点，本项目工程中采用长短桩复合地基处理大桥连接线软土地基。

由于在荷载作用下，地基中的附加应力随着深度的增加而减小。根据具体的地质情况及施工条件，在路基中心到坡脚范围内布置长短桩，其中长桩、短桩均采用直径为 50cm 的水泥搅拌桩，短桩的设计桩长为 5.0m，长桩的设计桩长为 7.5m，并在桩顶设置土工格栅垫层，以提高路堤下复合地基桩土荷载分担比，减少复合地基沉降。具体原理为：水泥土搅拌法最适宜于处理各种成因的饱和软黏土，且深层搅拌法可加固深度大于5m的软土层。本项目中，短桩加固区内桩体主要起加固土体，提高地基承载力，减少加固区沉降量的目的，而短桩以下长桩加固区主要起减小部分下卧层沉降量的作用[3~5]。

3　现场试验及结果分析

3.1　试验目的与设备

复合地基载荷试验分为单桩载荷试验、单桩复合地基载荷试验以及多桩复合地基载荷试验。基于现场条件，本试验进行的测试有直接检测单桩承载力、单桩复合地基承载力，以及测试原状桩间土承载力和施工搅拌桩后的土体承载力。

本试验通过测试单桩承载力和桩间土的承载力，得出单桩与土的承载力特征值，检测桩、土承载力是否达到设计承载力值。并通过埋设土压力盒，检测单桩复合地基载荷试验中桩、土应力比，以及单桩复合地基的承载力特征值[4~6]。

试验仪器分别包括：单桩载荷试验：0.61m×0.61m方形承载板、250t千斤顶、百分表、磁性支座等。单桩复合地基载荷试验：直径2.0m承载板、1.0m×1.0m承载板、250t千斤顶、2.0MPa土压力盒1个、0.3MPa土压力盒3个、百分表、磁性支座等。桩间土载荷试验：0.61m×0.61m方形承载板、15t千斤顶、测力环、百分表、磁性支座等。

对于变形观测，本试验主要测试地基在填土荷载（路基）的作用下的总沉降量以及差异沉降，试验通过总沉降值的变化趋势来反映复合地基的处理效果和地基土的固结过程以及预测路基沉降的发展趋势；通过横断面各点的差异沉降以及纵断面之间的差异沉降来反映出长短桩复合地基加土工格室处理方法对减小差异沉降的效果以及沉降沿路基纵向和横向的沉降分布形式。

3.2　复合地基载荷试验结果及分析

试验分别做了两根短桩单桩载荷试验，一根长桩单桩荷载试验和一根长桩复合地基载荷试验。其中，短桩设计桩长5.0m，直径0.5m；长桩设计桩长7.5m，直径0.5m；单桩载荷试验承载板边长0.6m，单桩复合地基载荷试验承载板直径2.0m。

整理试验数据后得到的 p—s 曲线如图1～图4所示。

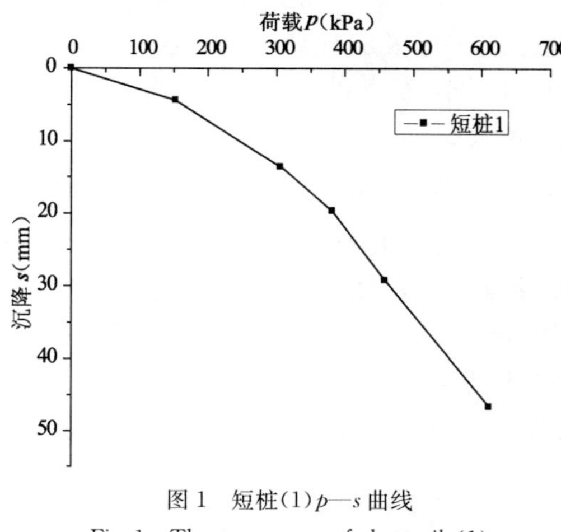

图1　短桩(1) p—s 曲线

Fig. 1　The p—s curve of short pile(1)

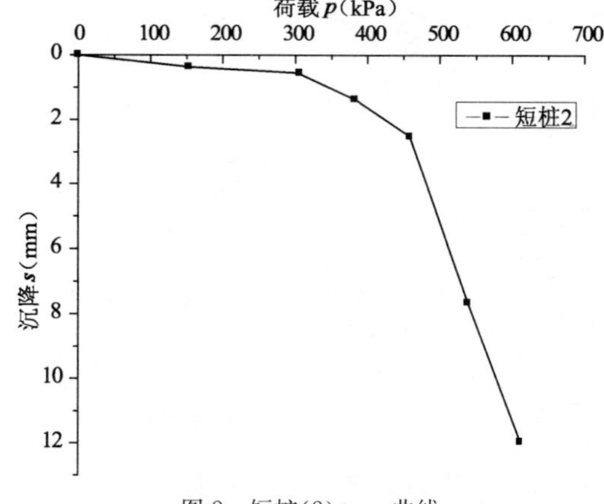

图2　短桩(2) p—s 曲线

Fig. 2　The p—s curve of short pile(2)

具体分析如下：

(1)从图1～图3可以看出，长桩和短桩的单桩承载力基本没有太大的变化，结合现场观测的现象，桩头往往被压裂，这是由于试验时，桩头部位仅受承载板的竖向压力，水平约束力是很小的，而复合地基实际工作状态下，由于填土的整体压力，桩头受到了较大的水平土压力，在围压较大的情况下，单桩的承载力会有较大的增加。故真正控制单桩承载力的是桩身强度而不是桩间土所提供的承载力，但桩间土的存在，在一定程度上可提高桩的承载力，并有利于地基的沉降变形。

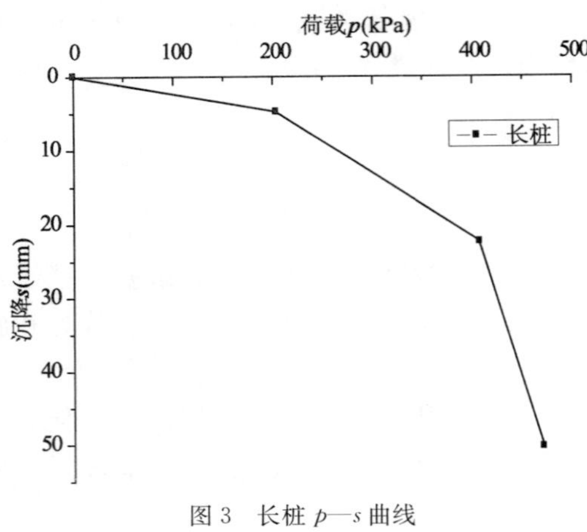

图 3 长桩 p—s 曲线

Fig. 3 The p—s curve of long pile

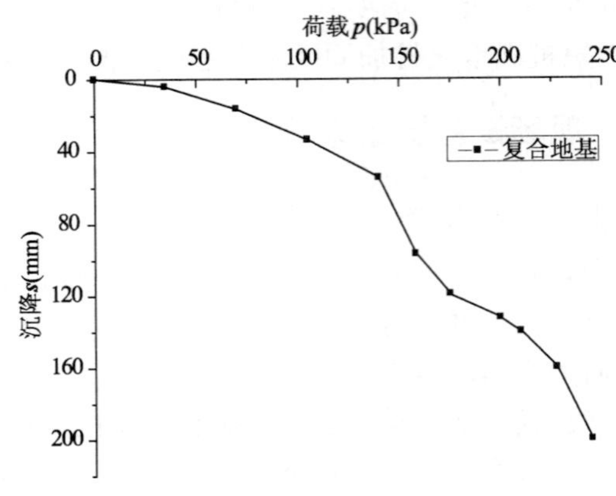

图 4 长桩复合地基 p—s 曲线

Fig. 4 The p—s curve of long-short pile composite foundation

(2)从单桩复合地基的曲线图 4 可以看出，桩、土共同作用及其破坏的发展过程。首先，随着荷载的增大，桩土共同分担上部荷载，此时沉降较小，桩、土基本上是处于弹性状态，随着荷载的继续增大，曲线变化依旧较为平缓，表明此时长短桩复合地基中的短桩亦开始发挥作用，随着荷载的进一步增加，长桩起较大的承载和控制沉降作用，沉降量继续增大；然而，此时的土体承载力并没有发挥到其峰值，仍在随着自身的压缩变形增大承载能力逐渐增大，当荷载为 160～225kPa 时，在长桩的承载力基本不变的情况下，由于土体的压密和承载力提高，使 p-s 曲线出现了拐点，随着荷载过大，土体的塑形变形过大形成整体滑动面，土体沉降增大，整个单桩复合地基遭到破坏。可见，在长短桩复合地基中，桩间土在控制变形方面起着很大的作用，随着荷载的增加，其承载力发挥程度较充分。

(3)从图 4 曲线可以看出，其单桩复合地基极限承载力达到 240kPa 左右，而该项目复合地基的承载力设计值为 127kPa，故复合地基的承载力应该可以满足要求。

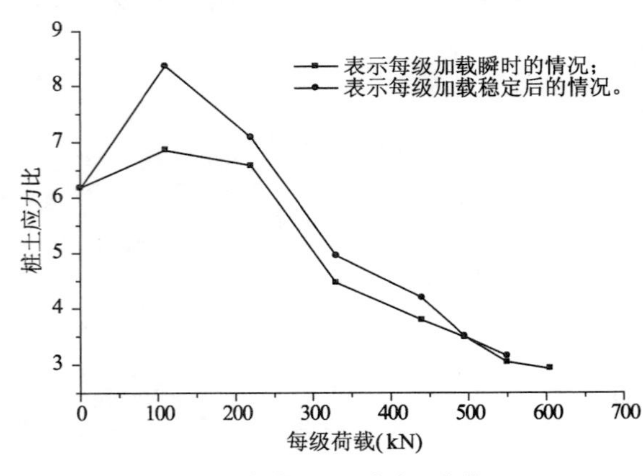

图 5 荷载—桩土应力比曲线

Fig. 5 Load-pile-soil stress ratio curves

(4)图 5 为通过在单桩复合地基试验中埋设土压力盒测出的荷载—桩土应力比曲线。由图可知，随着每级荷载的增加，桩土应力比均呈现出先增大，后减小，最后趋于稳定的趋势。而且，在每级加载稳定的情况下，桩土应力比有一定的提高，但随着荷载的逐级加大，桩体效应变小，桩间土的承载力增大。

3.3 复合地基沉降观测试验结果及分析

试验地点选取两个里程断面，分别为 K2＋930 和 K3＋010。由于路基的对称性，测点只布置路基的右半幅，具体为：路基中心点（1 号点），路基中心与路肩的中点（2 号点），路肩点（3 号点），路肩与坡脚的中点（4 号点），坡脚点（边桩）。根据设计，K2＋930 断面路基填高 3m，路基宽度 28m，K3＋010 断面路基填高 5m，路基宽度 32m。

经过整理沉降观测试验数据，得到如图 6、图 7 所示的结果。

具体分析为：

(1)从图 6、图 7 可知，随着路堤荷载的增加，1～4 号点的沉降随之增大，并在 90d 时间沉降逐渐趋于稳定。对于边桩的开始上拱，后下沉并趋于稳定，其原因是此处桩长较短，加固区深度较浅，又由于路基内土工格栅的水平加筋作用，水平抗弯刚度增大，以至在较小的填土压力作用下（K2＋930 填土约 3m），路基差异沉降很小，另一方面由于加固深度浅，下部软土有侧向位移的趋势，导致了边桩处土体在荷载施加较快时有上拱现象，之后随着空隙水压力的消散，软土发生固结变形，路基整体下沉。

对于沉降曲线整体而言，均表现为：当时间在 0～30d 范围内时，由于路堤的荷载施加较快，沉降量迅速增加，这期间的沉降主要是加荷瞬间地基土的弹性变形以及地基土的固结变形引起。当时间在 30～90d 范围内时，沉降增量变小，并逐渐趋于稳定，这时期的沉降主要为部分固结沉降、部分软土的蠕变变形，故曲线的斜率仍然为正，且由于后期较长时间的积累，其累计沉降值不可忽略。

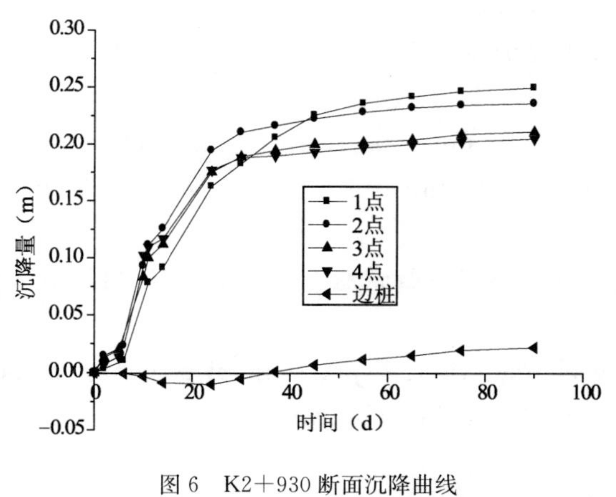

图 6　K2＋930 断面沉降曲线

Fig. 6　The settlement curves of fracture surface K2＋930

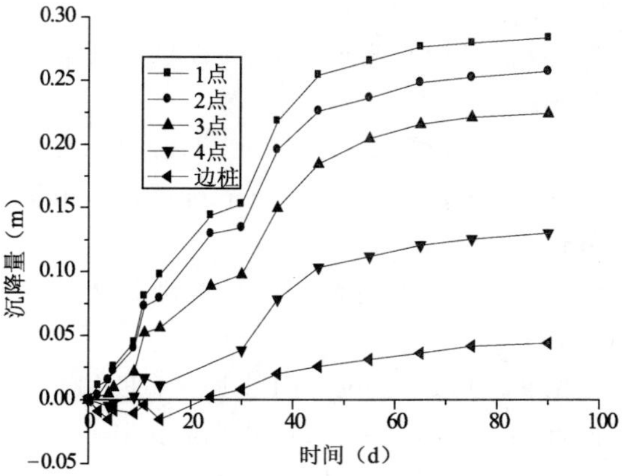

图 7　K3＋010 断面沉降曲线

Fig. 7　The settlement curves of fracture surface K3＋010

（2）从两图中可以看出两测量断面（K2＋930 和 K3＋010）的总沉降，其中 K2＋930 断面的最大沉降值达到 25.0cm，K3＋010 断面的最大沉降值达到 28.4cm。沉降主要产生于填土施工期，填土荷载、汽车碾压、压路机振动是其产生的主要原因，而其施工后沉降一般都较小，说明水泥土长短桩复合地基对减小地基沉降还是比较理想的。另一方面，从路堤施工后沉降的减小，反映了水泥土长短桩不仅可以提高地基土的承载力，而且能减小路堤沉降变形，使路基趋于稳定。

（3）与图 6 不同，图 7 反映的路堤内各点的差异沉降稍微大些，主要原因是 K3＋010 断面填土较大，有 5m 左右，土工格栅垫层的水平加筋效果相当于被弱化了。不过，在长短桩复合地基的作用下，路堤内各点的沉降变形均慢慢稳定，且对比两断面之间的沉降，相差不大，仅为 3cm 左右，可见，利用长短桩复合地基在处理该湖相软土地基中效果较佳。

4　结论

（1）本文针对洞庭湖区软土工程性质差等特点，在某大桥接线工程中，采用水泥土长短桩复合地基处理湖相软土地基，通过对现场载荷试验和沉降观测的分析，发现长短桩复合地基作用效果明显，达到了预期提高地基承载力和减小沉降变形的要求。

（2）通过对荷载与沉降变形曲线的分析可知，在长短桩复合地基中，长短桩在承担上部荷载、控制变形的同时，桩间土也较大程度地发挥了其承载能力，从而使桩和桩间土更好的协调变形。

（3）长短桩复合地基作为一种新的复合地基，在处理诸如此类连接湖相线软土时表现出明显的优势，具有施工速度快、加固深度大、效果好、对周围环境污染少等特点，应优先考虑，积极推广使用。同时，土工布加筋强化路堤、轻质材料路堤也非常适宜于洞庭湖区软土处理，可结合复合地基法一起使用。

参考文献

[1] 龚晓南. 复合地基[M]. 杭州：浙江大学出版社，1992.
(GONG Xiao-nan. Composite foundation[M]. Hangzhou: Zhejiang University Press, 1992. (in Chinese))

[2] 龚晓南. 高等级公路地基处理设计指南[M]. 北京：人民交通出版社，2005.

(GONG Xiao-nan. Guide for design of highway foundation treatment[M]. Beijing: China Communications Press, 2005. (in Chinese))

[3] 杜海伟,应海见. 长短桩复合地基在高速公路软土地基处理中的应用[J]. 公路,2010,(9):113-116.
(DU Hai-wei, YING Hai-jian. Application of long-short pile compound subgrade to treatment of expressway soft ground[J]. Highway, 2010, (9): 233-235. (in Chinese))

[4] 郭院成,周同和,李明宇,等,长短桩复合地基力学性状的现场试验研究[J]. 工业建筑,2007,37(5):63-66.
(GUO Yuan-Cheng, ZHOU Tong-he, LI Ming-yu, et al. The field test research on mechanics properties of long-short piles composite foundation[J]. Industrial Architecture, 2007, 37(5): 63-66. (in Chinese))

[5] 杨庆光,刘杰,张可能,等,深厚软土中水泥土长短桩复合地基承载特性试验[J].中国公路学报 2008,21(3):21-23.
(YANG Qing-guang, LIU Jie, HE Jie, et al. Bearing characteristic experiment of cement-soil long-short pile composite foundation in deep soft soil[J]. China Journal of Highway and Transport, 2008, 21(3): 21-23. (in Chinese))

[6] 郭院成,张四化,李明宇, 长短桩复合地基试验研究及数值模拟分析[J]. 岩土工程学报,2010,32(2):233-235.
(GUO Yuan-Cheng, ZHANG Si-hua, LI Ming-yu. Test research and numerical simulation analysis of long-short piles composite foundation[J]. Chinese Journal of Geotechnical Engineering, 2010, 32(2): 233-235. (in Chinese))

基于变形控制的CFG桩复合地基优化设计分析

李名佳　于　玮　沈　滨

（北京市勘察设计研究院有限公司　北京　100038）

摘　要：北京大兴区某项目在同一整体大面积基础上建有多栋高层办公楼、商业裙房及纯地下车库等，建筑荷载差异较大，地层起伏较大，其中2栋高层办公楼核心筒下的地基土含有压缩性很高的黏性土夹层，对于3栋高层办公楼，天然地基并不能满足承载力及变形的要求，因此，需采用CFG桩复合地基进行处理，通过基于变形控制的地基与基础协同作用分析对CFG桩复合地基进行优化设计，即是将3栋高层办公楼按照地基处理后的地层情况，分析拟建建筑物各部分的沉降及差异沉降情况，通过沉降及差异沉降的结果，对桩长、桩间距进行适当的调整，对不同办公楼、不同地层采用不同的桩长、桩间距，在同样满足变形要求的情况下，选取最优化的地基处理方案。最终经优化的复合地基方案相比优化前的复合地基方案，不仅使得工程的安全得到保障，同时大大减少了CFG桩方量，最大限度地为业主节省了成本造价。

关键词：地基处理　CFG桩优化设计　协同分析　高层办公楼　变形控制

作者简介：李名佳（1984—），女，北京人，助理工程师，硕士，主要从事地基基础变形分析和岩土工程设计的工作（E-mail：gcsjzxzx@126.com）；于玮（1967—），女，北京人，高级工程师，注册土木工程师（岩土），学士，主要从事地基基础变形分析和各类岩土工程咨询的工作；沈滨（1965—），男，北京人，教授级高级工程师，注册土木工程师（岩土），学士，主要从事地基基础变形分析和各类岩土工程咨询的工作。

Analysis of Optimum Design of CFG Pile Composite Foundation Based on Deformation Control

Li Ming-jia, Yu Wei, Shen Bin

(BGI　Engineering Consultants LTD. , Beijing 100038, China)

Abstract: A project located in Daxing district in Beijing is to build multiple high－rise office buildings, Commercial podium and underground garage on extensive foundation. Construction loads diversify greatly. The stratum is undulate as well. The foundation soil under core tube containing high of 2 high-rise office buildings contains high compressed clay interlayer. For the 3 high-rise office buildings, natural foundation can not meet the requirements of capacity and deformation . Therefore, The high-rise office buildings need to be treated with CFG piles foundation which is optimized by Interaction analysis based on deformation control. The settlement and differential settlement of the 3 high-rise office buildings are analyzed according to the stratum condition of foundation treatment. Through the settlement and differential settlement results, pile length and pile space are properly adjusted. For different buildings and different stratum, different pile length and pile space are selected. Under the condition of meeting the deformation requirements , Foundation treatment plan will be selected. Compared with the unoptimized Composite foundation plan, the optimized plan not only makes the engineering safety, it can greatly reduce the volume of CFG pile. The optimum plan can be formed to save costs.

Key words: foundation treatment, optimum design of CFG pile, interaction analysis, high-rise office buildings, deformation control.

0 引言

北京大兴区某项目由 3 栋高层办公楼、商业裙房及纯地下车库组成，1 号、2 号楼地上 15 层，3 号楼地上 14 层，地下均为 2 层，框架—核心筒结构，基础拟采用梁板式筏基；商业裙房地上 3～4 层、地下 2 层，纯地下车库地下 1 层，框架结构，基础拟采用梁板式筏基。有关的主要设计条件详见表 1，平面示意图见图 1。

表 1　建筑物基本概况及设计条件一览表

Table 1　The basic situation of the building and design condition list

建筑部位名称	建筑层数(±0.000以上/以下)	建筑高度(m)	结构形式	地基及基础形式	基础尺寸(m)	自天然地面以下基础埋深(m)
1 号	15F/ B2F	59.7	框架—核心筒	CFG 桩复合地基梁板式筏基	核心筒 0.8 外框 0.6 反梁 1.5×1.5 1.2×1.2	9.42 (基底高程 27.79)
2 号	15F/B2F	59.7				
3 号	14F/B2F	57.3				
商业裙房及纯地下车库	0F～4F/B1F～B2F	19.2	框架	天然地基梁板式筏基	筏板厚 0.4 反梁 0.8×0.9	9.12 (基底高程 28.09)

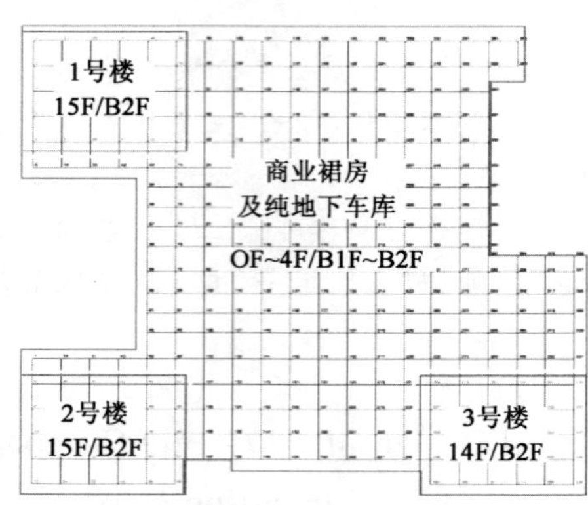

图 1　北京大兴区某项目平面示意图

Fig. 1　A schematic plan view of the project in Beijing Daxing District

1 场地工程地质条件

根据本项目的岩土工程勘察报告，拟建场地自然地面高程约 37.22m(36.73～37.57m)。该场地内共测得三层地下水，第一层地下水类型为层间水，静止水位高程为 25.62～27.21m；第二层地下水类型为层间水，静止水位高程为 17.85～19.51m；第三层地下水类型为承压水，静止水位高程为 15.14～17.79m。基底以下地层岩性及分布的详细情况详见基底以下地层岩性及分布表(表 2)。

2 基础设计中存在的问题

本工程 3 栋高层办公楼，对地基承载力、地基变形及地基整体稳定性提出了较为严格的控制要求，同时，周边为大面积的裙房及纯地下车库，高、低层之间的荷载相差很大，且座落于同一大基础底盘上，会产生较大的差异沉降。

拟建建筑物的基底一般位于第四纪沉积的黏质粉土、粉质黏土④层，基底以下存在较厚的软弱黏性土层，尤其在 1 号、2 号楼的核心筒下(40 号孔、12 号孔位于 1 号、2 号楼核心筒下)存在更加软弱且易于压缩的粉质黏土$⑤_2$层(图 2)，压缩模量仅为 8.0MPa，该下卧层在场区内为不均匀分布。

表 2　基底以下地层岩性及分布表

Table 2　Formation lithology and distribution table below the base

成因年代	土层序号	土层编号	岩性	压缩模量(MPa)	层厚(m)
第四纪沉积层	4	④	黏质粉土、粉质黏土	14.7	(1.83～3.96)
		④$_1$	粉质黏土、黏质粉土	8.6	
		④$_2$	重粉质黏土、黏土	7.4	
	5	⑤	黏质粉土、砂质粉土	20.1	6.40～10.00
		⑤$_1$	黏质粉土、粉质黏土	13.6	
		⑤$_2$	黏土、重粉质黏土	8.0	
		⑤$_3$	粉砂、细砂	67.0	
	6	⑥	黏质粉土、砂质粉土	24.6	2.70～8.30
		⑥$_1$	粉质黏土、重粉质黏土	12.1	
	7	⑦	卵石	160.0	4.70～10.80
		⑦$_1$	细砂、中砂	100.0	
		⑦$_2$	粉质黏土、黏质粉土	15.7	
	8	⑧	圆砾、卵石	186.0	4.00～8.40
		⑧$_1$	细砂、中砂	129.0	
		⑧$_2$	黏质粉土、粉质黏土	21.1	
	9	⑨	卵石	218.0	勘察报告揭示其最大厚度在 5.00m 以上
		⑨$_1$	细砂	160.0	
		⑨$_2$	粉质黏土	14.8	

注:括号内为基底高程及基底以下层厚。

高层办公楼的核心筒按外轮廓投影面积得出的基底平均荷载达到 700kPa,按外扩后的基底平均荷载大于 500kPa,而周边的裙房及纯地下车库基底平均荷载只有 100kPa 左右,如此大的荷载差异使得拟建建筑物产生了较大的差异沉降,因此,控制总沉降量和差异沉降成为本工程地基基础设计最为关键的问题。

本工程基础埋置较浅,裙房及纯地下车库的基础处于超补偿状态,造成与其相邻高层建筑基础的侧限约束条件被永久性削弱,对高层建筑地基承载力的深度修正带来不利影响,也使本工程地基基础共同作用条件趋于复杂。

3　地基与基础协同计算分析

"北勘公司"自主研制的高层建筑地基与基础协同分析软件 SFIA(简称 SFIA 方法,即 Subsoil & Foundation Interaction Analysis)[1~3]为建设部科技成果重点推广项目。SFIA 软件对在采用天然地基、复合地基、桩基方案的建设项目均有计算分析的工程实例以及丰富的工程经验[4,5]。

SFIA 方法是基于土的单向压剪非线性模型的地基与基础共同作用分析方法。该方法采用经过二十多年研究和实际验证的地基土非线性本构模型,土层变形模量随地基应力水平和受力状态变化,可以充分反映荷载相差悬殊、基础面积大的建筑基础下不同部位、不同深度土的变形特性;采用增量法分阶段的计算方法,可模拟施工后浇缝浇灌前后高低层建筑荷载及基础刚度的变化,预测后浇缝对建筑物变形与内力的影响;以基坑开挖后的应力状态作为起始状态,可计算建筑基坑开挖引起的地基隆起和回弹再压缩变形。

SFIA 方法考虑地基土的非线性应力应变特性及其不均匀性、荷载与地基土分布不均引起的差异沉降;考虑了基础刚度对沉降的调整作用;考虑了深基坑开挖土的卸荷和施工后浇缝设置对沉降的影响;考虑了沉降的时间效应等。其分析方法的核心是在大量高层与高低层建筑物实测沉降观测的基础上,通过大量的正、反演分析建立和不断完善天然地基应力应变模型与经验修正系数,反映了土层的应力应变非线性特性,可以

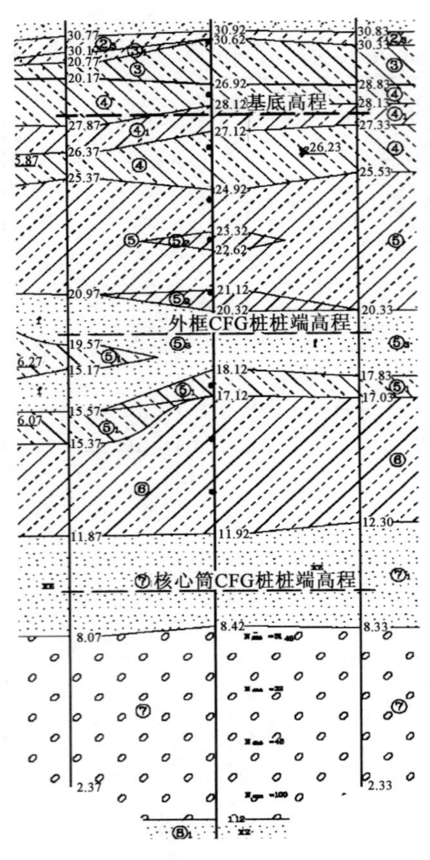

图 2 1号楼剖面示意图

Fig. 2 Sketch section of 1 号 building

获得与实际较为接近的沉降结果。1号楼剖面示意，如图2所示。

SFIA软件可以针对各个阶段、各种工况进行模拟。按照建筑物的结构形式，共设置336个节点，这样可以更加全面、细致地对建筑物进行多点位分析，既能反映整体沉降情况，又能对比各点的差异沉降。地层模拟：按照勘察报告的内容，将每一个钻孔的信息输入，可以充分考虑到土层不均匀性，从而反应土层变形模量随地基应力水平和受力状态的变化。荷载模拟：荷载取柱底荷载标准值再加上基础、覆土及做法的重。

对于3栋高层办公楼的CFG桩复合地基设计可基于变形控制的原则，通过以上地基与基础协同分析，根据协同分析结果，进行桩长、桩间距等多方面的优化，以保证工程的安全并且节省大量的造价。

4 优化的CFG桩复合地基设计

基于变形控制的CFG桩复合地基优化设计，即是通过地基与基础协同作用分析，将3栋高层办公楼按照地基处理后的地层情况，分析拟建建筑物各部分的差异沉降，通过沉降及差异沉降的结果，对桩长、桩间距进行适当的调整，选取最优化的设计方案，使得工程的安全性得到保证，并且节省投资造价。

某公司进行的CFG桩复合地基设计，3栋楼选用相同的处理方法，桩径、桩长、桩间距均相同，地基中心点沉降量为48.04mm。CFG桩复合地基设计方量预算为4 032.56m^3（表3）。

我们通过SFIA软件进行地基与基础协同作用分析，以1号楼为例（图3），其CFG桩复合地基设计总沉降值较小，最大值为4.14cm，高低层之间的差异沉降及总沉降均可满足设计要求，但沉降值偏小，设计偏于保守，我们认为CFG桩复合地基设计可以考虑深度修正，CFG桩复合地基设计仍然有较大的优化空间。

按照CFG桩复合地基设计要求，1号楼核心筒处：修正后 $f_{spk} \geqslant 480$kPa，外框部位：$f_{spk} \geqslant 250$kPa；2号、3号楼核心筒处：修正后 $f_{spk} \geqslant 460$kPa，外框部位：$f_{spk} \geqslant 240$kPa。

表3 优化前的CFG桩复合地基设计方量统计

Table 3 Volume statistics of CFG pile composite foundation design volume statistics before optimization

楼号	部位	桩长（m）	桩径（m）	桩间距（m）	桩数（根）	CFG桩方量（m^3）
1号	核心筒部位	21.5	0.41	1.6×1.6	204	578.43
	外框部位	10.5	0.41	1.6×1.6	543	751.91
2号	核心筒部位	21.5	0.41	1.6×1.6	204	578.43
	外框部位	10.5	0.41	1.6×1.6	558	772.68
3号	核心筒部位	21.5	0.41	1.6×1.6	204	578.43
	外框部位	10.5	0.41	1.6×1.6	558	772.68
总计					2 271	4 032.56

本次优化的CFG桩复合地基设计方案，设计桩径均为400mm，三栋高层的桩长根据不同的地层情况，采用不同的桩长。因核心筒承载力要求较高，而且短桩处的地层不均匀，没有合适的桩端持力层，因此采用长桩，桩端主要为细砂、中砂⑦$_1$层，外框柱承载力较核心筒低，采用短桩，桩端主要为粉砂、细砂⑤$_3$层，由于勘察报告显示，本工程地层起伏较大，选取桩端位置既要保证桩端顺利进入较好的桩端持力层，保证承载力

和变形要求，同时要节约成本，尽量让桩充分的发挥地层加强作用，使得设计达到优化。通过 SFIA 软件进行地基与基础协同作用分析，对不同的桩长、桩间距方案进行比选，在满足变形要求的情况下，选取最优化的 CFG 桩复合地基设计方案。以 1 号楼为例，最终选取的 CFG 桩复合地基设计方案沉降值相比某公司的 CFG 桩复合地基设计方案的沉降值稍大，最大值为 4.71cm，高低层之间的差异沉降及总沉降也均能满足设计要求（图 4），然而桩长、桩径、桩间距较均有所优化。优化后的 CFG 桩复合地基设计方量仅为 2 877.75m^3（表 4）。

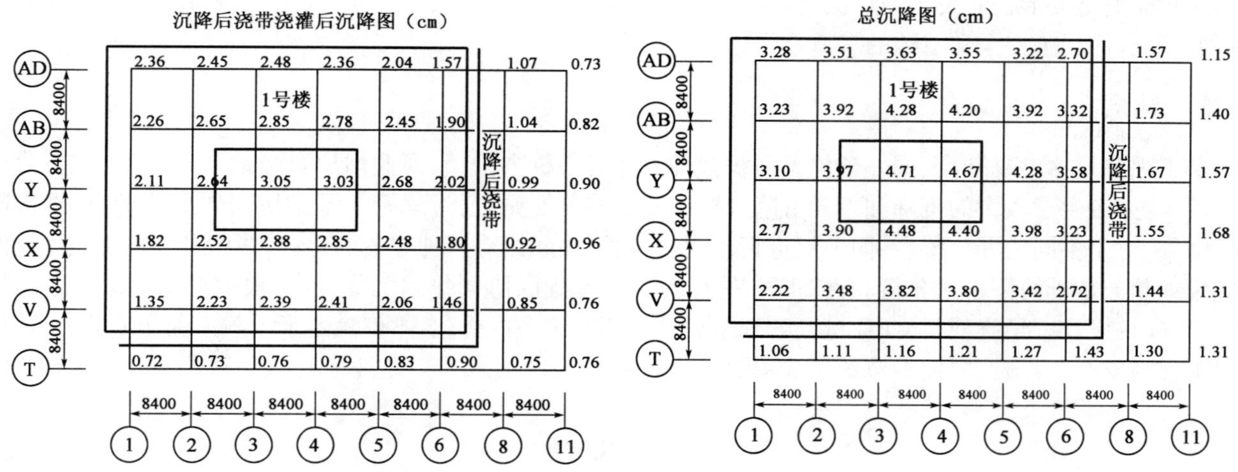

图 3　优化前的 CFG 桩设计情况下沉降图（1 号楼）

Fig. 3　Settlement diagram of CFG pile Design settlement before optimization（1 号　building）

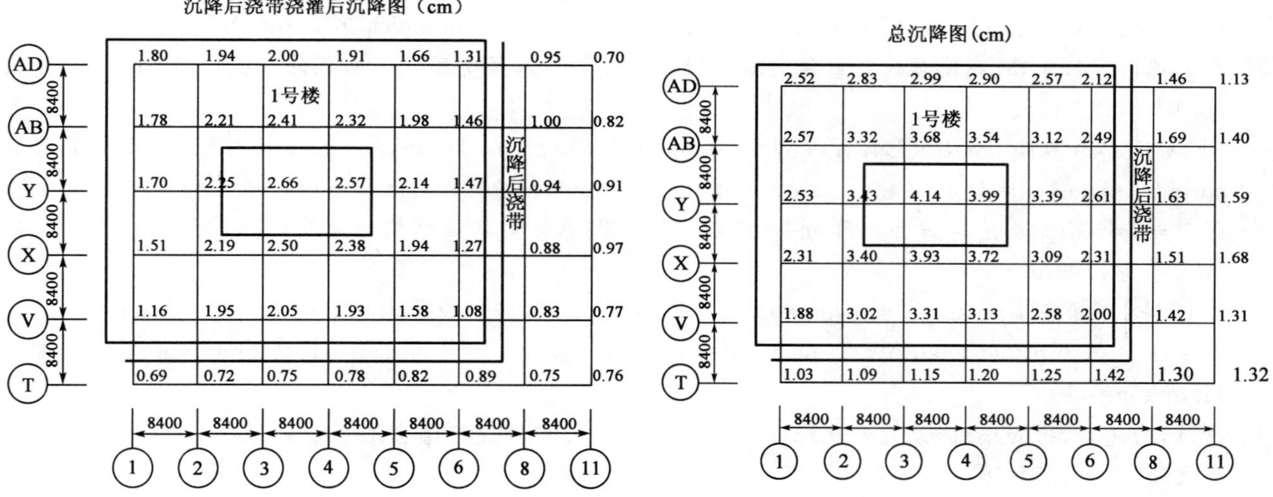

图 4　优化后的 CFG 桩设计情况下沉降图（1 号楼）

Fig. 4 Settlement diagram of CFG pile Design settlement after optimization（1 号 building）

表 4　优化后的 CFG 桩复合地基设计方量统计

Table 4　Volume statistics of CFG pile composite foundation design after optimization

楼号	部位	桩长（m）	桩径（m）	桩间距（m）	桩数（根）	CFG 桩方量（m^3）
1 号	核心筒部位	18.0	0.4	1.7×1.7	204	474.01
	外框部位	8.0	0.4	1.8×1.8	445	475.08
2 号	核心筒部位	19.0	0.4	1.8×1.8	204	499.64
	外框部位	8.5	0.4	1.8×1.8	417	471.38

续上表

楼号	部位	桩长 (m)	桩径 (m)	桩间距 (m)	桩数 (根)	CFG 桩方量 (m^3)
3号	核心筒部位	19.0	0.4	1.8×1.8	204	499.64
	外框部位	8.0	0.4	1.8×1.8	429	458.00
总计					1 903	2 877.75

在同样满足变形控制要求的情况下，优化后的 CFG 桩复合地基设计方案，在桩长、桩径、桩间距等多方面更加优化，达到了安全和节约的双重效果。

5 结语

本工程建筑体型复杂，在同一整体大面积基础上建有多栋办公楼、商业裙房及纯地下车库等，建筑荷载相差较大，亦产生了较大的沉降和差异沉降。按照变形控制原则，通过地基与基础协同作用分析，根据协同分析结果，对于不同的办公楼、不同地层进行不同的桩长、桩间距等多种方案的比选，并以复合土层的压缩模量应用地基与基础协同作用分析软件 SFIA 进行地基与基础的协同作用沉降分析，根据沉降变形分析结果调整 CFG 桩设计。最终使得 CFG 桩复合地基设计得到了细致的优化，不仅满足了承载力和变形的要求，保证了工程的安全，且最大限度地节约了成本和造价。

参考文献

[1] 张乃瑞，唐建华，沈滨，等. 高低层差异变形分析方法[R]. 北京市科技进步二等奖成果.
ZHANG Nai-rui，TANG Jian-hua，SHEN Bin. Analysis Method of High-Low Building Deformation Difference[R]. The Second Prize of Beijing Scientific and Technological progress.）

[2] 张乃瑞，沈滨，于玮. 高低层建筑差异沉降分析软件[C]. 第八届全国建筑工程计算机应用学术会议论文集. 1996，192-195.
ZHANG Nai-rui，，SHEN Bin，YU Wei. Analysis Software of High-Low Buildings Settlement Difference[C]. The Collection of the Eighth National Computer Application Conference. 1996，192-195.）

[3] 张乃瑞，等，高低层建筑差异沉降分析方案及其应用[A]. 第二届结构与地基国际学术研讨会论文集[C]. 香港：1997.
ZHANG Nai-rui，Analysis scheme and Application of High-Low Building settlement difference[A]. The Second International Academic Conference Symposium of The Structure and Foundation[C]. Hongkong：1997.）

[4] 沈滨，唐建华，张乃瑞. 国家大剧院沉降分析与监测[C]. 中国建筑学会地基基础分会 2004 年学术年会论文集，2004，584-589.
SHEN Bin，TANG Jian-hua，ZHANG Nai-rui. Settlement analysis and monitoring of the National Grand Theater[C]. Annual Conference symposium of Foundation Branch of The Architectural Society of China in 2004. 2004，584-589.）

[5] 于玮，张乃瑞. 北京丰联广场大厦高低层差异沉降分析[A]. 中国建筑学会第五届全国岩土工程实录交流会，中国建筑学会第五届全国岩土工程实录交流会岩土工程实录集[C]. 北京：中国建筑学会，2001. 123-126.
YU Wei，ZHANG Nai-rui. High-Low difference settlement analysis of Beijing Fenglian Plaza building [A]. Geotechnical Engineering Record Set of the fifth national Geotechnical Engineering Record Exchange of the Architectural Society of China[C]. Beijing：The Architectural Society of China，2001，123-126.）

某工程 CFG 桩复合地基设计探讨

吴　迈　刘士强　侯伟明

（河北工业大学　土木工程学院　天津　300401）

摘　要：CFG 桩复合地基由于施工速度快、造价低，已经成为很多工程的首选地基处理方法。进行 CFG 桩复合地基设计主要依据以下的规定与要求：一是有关的设计规范，二是岩土工程勘察报告，三是上部结构设计提出的承载力与变形等方面的要求等。设计规范的要求是相对明确的，而勘察报告提供参数和设计要求则因提供者不同而存在一定差异，并会对工程质量和工程造价产生一定影响。本文结合某工程 CFG 桩复合地基的设计过程分析了勘察报告参数以及设计要求对于工程的影响。

关键词：CFG 桩　设计参数　设计要求　变形控制

作者简介：吴迈（1972—），男，副教授，主要从事地基处理等方面的教学和科研。E-mail：wumaitj@126. com。

Discussion on Design of CFG Pile Composite Foundation

WU Mai, LIU Shiqiang, HOU Weiming

(School of Civil Engineering, Hebei University of Technology, Tianjin 300401, China)

Abstract: CFG pile composite foundation is widely adopted in civil engineering due to its high construction speed, stable quality and low cost. Design of CFG composite foundation is conducted according to the following regulations and requirements: the design codes, the report of geotechnical engineering exploration and the bearing capacity and deformation requirement proposed by the upper structure designer. The provision of design codes is relatively defined however the calculation parameters and the design requirement is relatively variable due to the subjective judgment of the provider. Conservative parameters and requirements will affect the quality and cost of the engineering. The design procedure of a project is analysed and the influence of the geotechnical report and design requirement is studied.

Key words: CFG pile, design parameters, design requirement, deformation control.

0　工程概况

拟建工程为某市中医院门诊住院楼。该楼平面呈矩形，长 43. 70m，宽 19. 50m，6 层钢筋混凝土框架结构，独立柱基础，局部筏板基础。

工程场地地貌单元属华北冲洪积平原，在沉降影响范围内从上到下依次分布以下各土层。

①素填土：黄褐色，稍湿，稍密，以黏性土为主；层厚 0. 60～1. 00m；

②黏土：黄褐色～灰黄色，硬塑～可塑，干强度高，韧性高，有光泽，具氧化铁染色，含贝壳，层厚 7. 80～8. 20m；

③粉土：黄褐色，湿～很湿，密实～中密，摇振反应迅速，无光泽反应，干强度低，韧性低，层厚 2. 50～2. 90m；

④黏土：黄褐色，硬塑～可塑，干强度高，韧性高，有光泽，未揭露层厚。

各层土的物理力学性质指标见表 1。

根据上部结构特点和地质条件，拟采用 CFG 桩复合地基，承载力计算参数列于表 2，表 2 中第（1）、（2）组数据分别为审查前后勘察报告提供参数；第（3）组为《建筑桩基技术规范》（JGJ 94—2008）推荐参数。

表 1　各土层物理力学性质指标

Table 1　Physical and mechanical properties of soils

岩土名称	含水率 w(%)	天然重度 γ(kN/m³)	孔隙比 e	液性指数 I_L	压缩模量 Es_{1-2}(MPa)	地基承载力 f_{ak}(kPa)
②黏土	28.0	18.7	0.876	0.31	4.85	120
③粉土	27.5	19.3	0.787	1.06	7.9	140
④黏土	29.6	18.9	0.877	0.28	4.26	130

表 2　CFG 桩单桩承载力计算参数

Table 2　Calculation parameters of bearing capacity of CFG single pile

岩土名称	(1)原勘察报告提供		(2)新勘察报告提供		(3)JGJ94 提供	
	极限侧阻力标准值(kPa)	极限端阻力标准值(kPa)	极限侧阻力标准值(kPa)	极限端阻力标准值(kPa)	极限侧阻力标准值(kPa)	极限端阻力标准值(kPa)
②黏土	35	—	50	—	64～78	—
③粉土	42	—	40	—	40～60	—
④黏土	40	600	55	1 200	64～78	1 500～1 700

1　设计思路

根据该地区经验，采用 CFG 桩复合地基通常要按照地基变形控制进行设计。CFG 桩复合地基变形计算按《建筑地基处理技术规范》JGJ79 的有关规定执行，复合土层的分层与天然地基相同，各复合土层的压缩模量等于该层天然地基压缩模量的 ξ 倍，即 $\xi=f_{spk}/f_{ak}$，式中 f_{spk} 为加固后复合地基的承载力特征值；f_{ak} 为基础底面下天然地基承载力特征值。

根据《建筑地基处理技术规范》JGJ79，按变形控制设计的地基应同时满足承载力计算的有关规定，即复合地基设计应同时满足承载力和变形两个条件。因此，按变形控制设计时，通常按如下程序进行：

(1)按设计要求的 f_{spk} 作复合地基设计，确定桩长、桩径、桩距、褥垫层厚度和桩体强度。

(2)根据地质报告提供的 f_{ak} 计算模量提高系数 ξ，再计算复合地基变形。

(3)当复合地基变形满足设计要求时，设计完成；若变形不能满足要求，则需调整计算参数(增大桩长或减小桩距等)重新设计，直到复合地基变形满足设计要求为止。

需要说明的是，在建筑物地基变形(沉降)允许值较小的情况下，为满足变形控制目标，实际设计的 f_{spk} 往往远大于设计要求的复合地基承载力特征值。

2　初步设计

根据设计要求，深度修正前复合地基承载力特征值 f_{spk} 不小于 180kPa，建筑物最大沉降不超过 50mm。

初步设计按原勘察报告和设计要求进行。依据当地经验，笔者提出勘察报告中提供桩的承载力计算参数(表 2 中第(1)组参数)偏低，请勘察单位复核，勘察单位未予采纳，故设计仍按勘察报告提供数据进行。

(1)按承载力进行设计，布桩

桩长 10m，桩径 410mm。根据表 2 中第(1)组参数估算单桩承载力特征值 $R_a=278.5$kN。根据基础尺寸，分别采用长方形或正方形布桩，桩距 1 500～2 000mm。按实际布桩的最小桩土面积置换率 $m=0.047$ 计算的复合地基承载力特征值 $f_{spk}=185$kPa，满足承载力要求。

(2)沉降计算

模量提高系数 $\xi=f_{spk}/f_{ak}=185\div120=1.54$，按照《建筑地基处理技术规范》JGJ79 推荐的方法计算，复合地基最大沉降 $s=108\text{mm}>50\text{mm}$，不能满足设计要求。

(3)调整桩长

保持桩位、桩数不变，即置换率 m 不变，逐步增大桩长，并计算相应沉降值。通过计算，CFG 桩桩长需增加到 19.0m 方可满足变形设计要求，对应的单桩承载力特征值 $R_a=510$kN，$f_{spk}=285$kPa，模量提高系数 $\xi=2.38$，最大沉降 $s=49.5$mm。该设计桩位平面布置见图 1，总桩数 253 根。

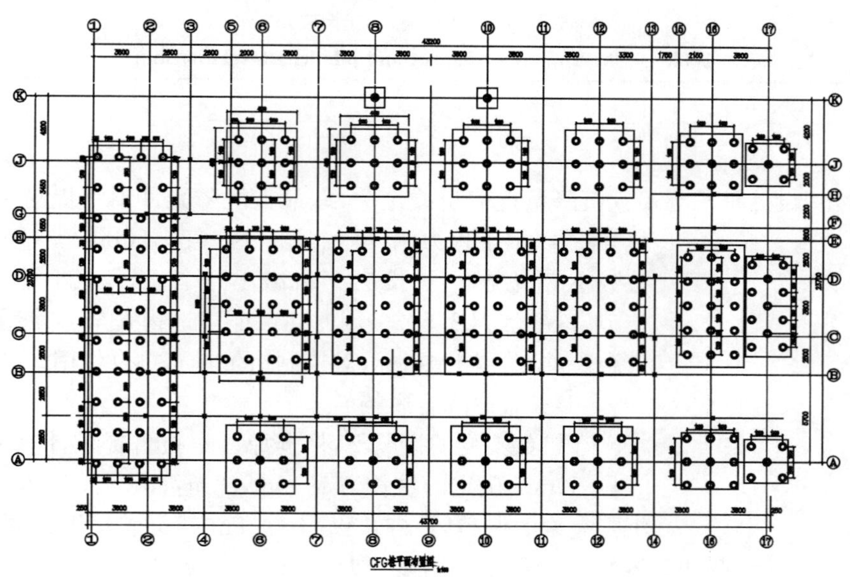

图 1　CFG 桩位布置图

Fig. 1　CFG pile layout

(4)工程量计算

总桩数 253 根，单桩混凝土用量(充盈系数按 1.2 考虑)3.0m^3，浇筑混凝土总方量为 3.0×253=759m^3。

3　调整设计

初步设计完成后，施工图审查机构对原勘察报告提出以下意见：

1)单桩承载力计算参数偏低，需要进行复核调整；

2)根据建筑物的特点和使用要求，沉降允许值取 50mm 偏于严格，可调整到 80～100mm。

针对审查意见，勘察单位调整了单桩承载力计算参数[参见表 2 第(2)组]；建设单位和上部结构设计单位同意将沉降允许值调整到 80mm。并按以下步骤对初步设计进行调整。

(1)桩位不变，桩长暂定为 10m，根据调整后的计算参数计算，单桩承载力特征值 $R_a=386$kN。复合地基承载力特征值 $f_{spk}=240$kPa，模量提高系数 $\xi=2.01$，复合地基最大沉降 $s=98.2$mm，不能满足设计要求。

(2)经过多次试算，桩长确定为 12.5m，单桩承载力特征值 $R_a=492$kN。复合地基承载力特征值 $f_{spk}=278$kPa，模量提高系数 $\xi=2.32$，复合地基最大沉降 $s=77.8$mm，满足设计要求。

(3)工程量计算

总桩数 253 根，单桩混凝土用量(充盈系数按 1.2 考虑)2.06m^3，浇筑混凝土总方量为 2.06×253=521m^3。

4　分析总结

(1)勘察报告参数对工程的影响

勘察报告的作用是为岩土工程设计、施工、检测提供依据。勘察报告提供的参数要力求客观、准确，才能既保证工程的安全，又能实现工程建设的经济合理。若勘察报告提供的参数过于保守，会增加桩长和工程造价。对本工程，按最大沉降量不大于 80mm 计算，按原勘察报告桩长需要 15m，而调整计算参数后桩长仅需 12.5m 就满足要求，造成地基处理工程量和工程造价增加约 20%。

值得注意的是，虽然原勘察报告根据审图意见调整了相关参数，但从表 1 不难发现，勘察报告提供的单桩承载力计算参数仍明显低于规范参考值的下限，勘察单位对此解释是为了提高工程的可靠度。由于规范推荐的设计方法和指标已可满足规定的可靠度，因此勘察单位的这一做法值得商榷。

(2)建筑物变形要求对工程的影响

表 3 列出了按照新勘察报告提供的指标，设计桩长与最大沉降量的关系，图 2 为相应曲线。

表 3　最大沉降量与桩长关系

Table. 3　Maximum settlement and pile length relationship

桩　　长(m)	10	12	14	16	18
最大沉降量(mm)	98.2	81.7	67.1	54.2	42.7

从图 2 不难看出，设计桩长与最大沉降量近似呈线性关系，最大沉降允许值每提高 10mm，桩长约减小 1.4m。以本工程为例，最大沉降允许值从 50mm 调整到 80mm，在桩位和桩数不变情况下，桩长从 17m 减小到 12.5m，减小了 4.5m，可为建设单位节省投资约 26.5%。因此在保证建筑物安全和使用功能的情况下，确定合理的变形控制指标，对控制造价具有重要作用。

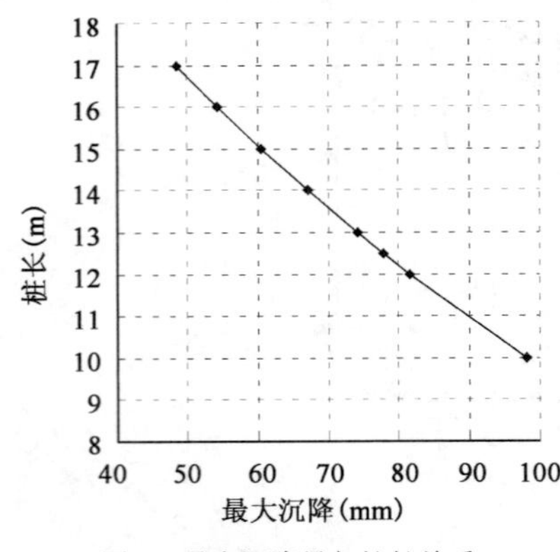

图 2　最大沉降量与桩长关系

Fig. 2　Maximum settlement and pile length relationship

(3)二者的综合影响

在桩数不变的情况下，依据原勘察报告提供计算参数及沉降允许值 $[s]=50$mm 确定的桩长为 19.0m，浇筑混凝土总量 759m^3；而计算参数和沉降允许值调整后，桩长仅需 12.5m 就可满足设计要求，浇筑混凝土总量 521m^3 混凝土用量减少 238m^3。按施工时市场价格每 m^3 混凝土 400 元计算，可为建设单位节省投资 45.6%，即 9.52 万元。

可见，提供安全但不过于保守的设计参数和设计要求，对于工程投资具有重要的影响。根据笔者的调查，实际工程中勘察单位或设计单位提供复合地基设计参数或设计要求过于保守的情况经常遇到，给建设单位造成了不必要的损失。因此在这方面，笔者殷切希望勘察、设计、建设、施工图审查机构等单位共同努力，力求为复合地基设计提供合理的设计参数和要求，才能实现工程既安全，又经济。

参 考 文 献

[1] 中华人民共和国行业规范. JGJ 79—2012　建筑地基处理技术规范[S]. 北京：中国建筑工业出版社，2012.
(Technical code for ground treatment of buildings. JGJ 79—2012　China architecture & building press[S]. 2012.)

[2] 中华人民共和国行业规范. JGJ 94—2008 建筑桩基技术规范[S]. 北京：中国建筑工业出版社，2008.
(Technical code for building pile foundations. JGJ 94—2008　China architecture & building press[S]. 2008.)

第六部分　其他处理方法

几种新型固化剂的应用发展

曹菁菁 刘松玉 张 涛

(东南大学岩土工程研究所 江苏 南京 210096)

摘 要: 为了解决传统固化剂引发的环境污染和能源短缺等问题,明确新型土体固化剂在岩土工程中的应用与发展,根据国内外已有大量相关文献报道,从固化土的物理力学特性、耐久性和微观结构等方面对工业废弃物电石渣、生物能源副产品木质素和活性氧化镁三种新型固化剂的固化效果和加固机理进行了归纳与总结。结果表明,电石渣可有效提高土体抗压强度,降低土体塑性,增强土体耐久性,其固化效果优于传统石灰固化剂;木质素具有增加土体强度和水稳性的作用,固化土抗侵蚀能力得到显著改善,是一种环境友好、成本低廉的新型有机土体固化剂;活性氧化镁能在较短时间内大幅度提高土体强度,改善土体耐久性能,并吸收大量CO_2。三种新型固化剂在减少环境污染和有效利用资源方面具有广阔的应用前景和重要的社会经济意义。

关键词: 岩土工程 固化剂 工业废渣 活性氧化镁 加固机理

作者简介: 曹菁菁(1991—),女,硕士研究生,主要从事地基处理方面的研究。E-mail:cjj0119@126. com。

Application of Three Novel Binders for Soil Stabilization

CAO Jing-jing, LIU Song-yu, ZHANG Tao

(Institute of Geotechnical Engineering, Southeast University, Nanjing 210096, China)

Abstract: In order to solve the environmental problems and energy shortages caused by traditional binders, and understand the application and development of novel soil binders in geotechnical engineering, many researches and reports about novel binders have been reviewed. In this paper, the soil stabilizing efficiency and stabilization mechanisms of three novel binders including industrial by-product/calcium carbide residue, bio-energy by-product/lignin and reactive magnesia have been summarized from following aspects: physical and mechanical properties, durability properties and microstructure characteristics. The results show that calcium carbide residue can efficiently improve the compressive strength, reduce the plasticity of stabilized soils and enhance the durability properties. The stabilizing efficiency of calcium carbide residue is better than traditional lime binders. Lignin plays a role of increasing the soil strength and water stability. Soil erosion resistance is reinforced notably with the addition of lignin. Lignin is a kind of environmentally friendly and low cost novel organic binders. Reactive magnesium oxide can greatly improve the strength and durability of stabilized soils in a relatively short period of time, with large amounts of CO_2 absorbed. These three novel binders have broad application prospects and important social and economic significances in aspects of reducing environmental pollution and using resources effectively.

Key words: geotechnical engineering, binder, industrial by-product, reactive magnesia, stabilization mechanism.

0 引言

土壤固化剂是在常温下能够直接胶结土体中土壤颗粒表面或能够与黏土矿物反应生成胶凝物质的土壤硬化剂。它能与土壤发生物理化学反应,改善和提高土壤的技术性能[1]。水泥因其价格低廉、性质相对稳

基金项目:国家自然科学基金项目(51279032)。

定，是地基处理土壤固化中应用最为广泛的固化剂。但是在长期的应用中发现，水泥的生产过程存在着严重的环境问题，主要表现为高能耗、高 CO_2 排放以及不可再生资源消耗。每生产 1t 的水泥熟料，需要消耗约 1.5t 的石灰石和黏土等不可再生资源，消耗约 5000MJ 的能量，并且向大气排放约 0.95t 的 CO_2[2]。传统的土壤固化剂已不能满足人们对环境和资源的要求，人们开始探索发明新型固化剂，使之不仅能满足工程需要，还满足可持续发展战略的要求。其中，一种应用比较广泛的固化剂是在水泥中加入工业副产品/废料（如粒化高炉矿渣微粉、飞灰、电石渣等），形成新的土壤固化剂，提供与水泥相似的力学特性及提高的耐久性，从而减少环境影响和工程造价。另一种是寻找与水泥性质不同的物质制成新的固化剂（如活性 MgO、木质素），改善固化土的力学性能和耐久性，减少环境影响。

本文在此研究背景下，重点总结了工业废弃物电石渣 、生物能源副产品木质素以及活性氧化镁三种新型固化剂的研究进展及加固机理，并分析了三种新型固化剂相对于波特兰水泥在土壤固化中的持续性优势，并对其发展进行了展望。

1 电石渣

1.1 电石渣的成分和特点

电石渣是工业生产聚氯乙烯（PVC）、聚乙烯醇、乙炔气等产品过程中，电石水解后产生的工业废渣，其主要成分是 $Ca(OH)_2$。它的化学反应式为：

$$CaC_2 + 2H_2O \rightarrow C_2H_2 + Ca(OH)_2 \tag{1}$$

目前，国内 70%以上的电石用于生产聚氯乙烯，电石渣含水率按 90%计，每生产 1t PVC 产品，排出电石渣浆约 18t，电石渣浆的产生量大大超过了 PVC 的掺量[3]。对于这个固体废弃物的处理方法大多采用填埋或堆存。电石渣浆的含水率大、碱性高、流量大，是污水管网的重点污染源；而干电石渣的主要成分是氧化钙，pH 值可达 12 以上。排放及存储电石渣常占用大量的耕地，使土地严重钙化，复耕非常困难。如何将电石渣综合回用、变废为宝已成为一项迫在眉睫的任务[4]。

通过研究发现，电石渣的成分与生石灰大体比较接近，具备大量离子交换、火山灰反应、碳酸化反应所需的 Ca^{2+}，并且能提供碱性激发环境以促进火山灰反应的进行；同时电石渣比表面积更大，有利于上述反应的进行[4]。因此，可以使用电石渣来替代生石灰进行土体的加固和改良。相比于高能耗的水泥和石灰，使用电石渣不仅节省大量能源，还减少温室气体二氧化碳的排放。电石渣是一种工业废渣，用其固土，既消耗了工业废弃物，实现工业废弃物的资源化利用，又减少了环境污染，实现了环境和谐。

1.2 电石渣固化土的物理力学特性

Krammart 等[5]将电石渣和飞灰混合物用于土体加固，结果发现其能发生火山灰反应，生成的产物类似波特兰水泥水化过程中获得的产物。研究发现，电石渣和飞灰重量配比为 30∶70，净浆能获得最高的压缩强度。

Jaturapitakkul 等[6]将电石渣和谷壳灰按不同掺量比与砂混合制成砂浆，测试其凝固时间、抗压强度等参数，得出该混合物的初凝和终凝所需时间较长，掺量分别为 50%的电石渣和谷壳灰制成的砂浆抗压强度最高（图 1）。但其强度还远小于水泥固化砂浆的强度。

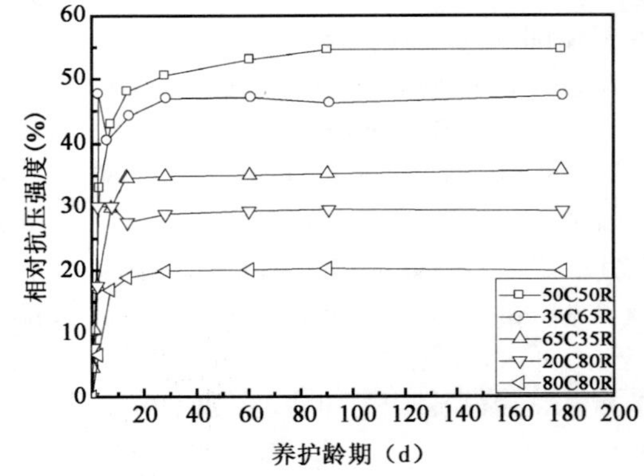

图 1 改良土抗压强度与龄期关系曲线

Fig. 1 Curve change of unconfined compressive strength about improved soils with curing time

C-电石渣；R-稻壳灰；20C80R-电石渣：稻壳灰＝20：80

Krammart 等[7]以 5%城市固体垃圾焚烧底灰和 10%的电石渣部分替代水泥与砂混合制成砂浆。试验结果表明，尽管新的固化剂的凝固时间相对水泥要长，但是其压缩强度与水泥砂浆的压缩强度差别不大。

Horpibulsuk 等[8]通过研究发现，电石渣的加入使固化土的最大干密度减少，降低了其可塑性。

Kampala 等[9]以电石渣加固粉质黏土，发现电石渣加强了黏土颗粒间的化学黏结，其固化土在最佳含水率处的工程特性最好，并且电石渣固化土的强度高于水化石灰固化土的强度。

Kampala 等[10]又以电石渣加固重塑后的粉质黏土，并对其基本性质和工程特性进行研究。试验证明，电石渣固化重塑土的塑性指数与其固化原状土时基本一样，而线性收缩和自由膨胀率小于原状固化土。研究还表明，重塑固化土和原状固化土的火山灰反应一致，其强度发展有相同的模式。这验证了破坏后的路面材料可以重复利用的可行性。

杜延军等[11,12]比较电石渣和生石灰改良过湿黏土的效果，发现随着固化剂含量和固化时间的增加，改良土的无侧限抗压强度和加州承载比(CBR)提高，并且相同掺量和荷载作用下电石渣改良土的变形远小于石灰改良土。电石渣改良土的加固效果远大于石灰改良土的加固效果，这与国外研究成果相一致。

以上关于固化土物理力学特性方面的研究表明，以电石渣为固化剂有一定的可行性，但是关于物理力学方面的研究还比较片面，还需要扩大土的类别，对液塑限、压实特性、回弹模量、抗压强度等进行更深入的研究。

1.3　电石渣固化土的耐久性

Krammart 等[7]以 5%城市固体垃圾焚烧底灰和 10%的电石渣部分替代水泥与砂混合制成砂浆，并将砂浆样品放置于硫酸钠溶液中。研究发现，由于电石渣-水泥固化剂中的硅酸三钙和铝酸三钙相对较少，在硫酸钠溶液侵蚀下形成的二次钙矾石较少，故 60d 后电石渣-水泥固化土的膨胀小于水泥固化土的膨胀，且电石渣含量越高，膨胀越小。

张莹莹等[11-14]对电石渣改良过湿土进行室内水稳性试验研究，试验结果表明，电石渣改良土的水稳性能要高于石灰改良土。

Kampala[13]、张莹莹[14]和肖龙山[15]研究了干湿循环对电石渣固化土的耐久性影响。研究发现固化土的强度随着干湿循环次数的增加显著降低，降低幅度逐渐趋于稳定。张莹莹发现电石渣改良土的抗干湿循环能力优于石灰改良土。图 2 是干湿循环试验所得质量损失率与循环次数的试验结果。

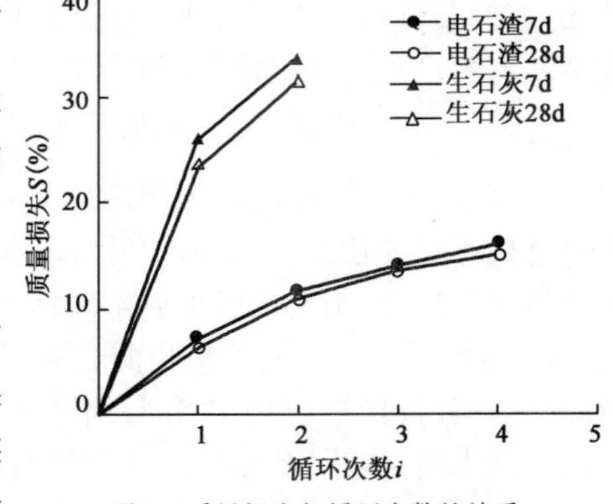

图 2　质量损失与循环次数的关系

Fig. 2　Change of mass loss with cycle index

吴继峰[16]开展了长期水循环作用和冻融循环条件下电石渣改良过湿土的耐久性试验研究，通过柱体淋滤试验的结果可以看出，掺量 8%的电石渣改良土淋滤液 pH 值始终保持在 12.4 以上，这非常有利于火山灰反应的进行及强度的提高。并且在过湿土中添加电石渣改良剂，其抗冻融循环能力明显提高。

1.4　电石渣固化土的微观加固机理

Somna 等[17]以电石渣-飞灰微粉为固化剂，研究不同含水率下固化土的强度特性和微观结构。基于 SEM、XRD 和 FTIR 的结果表明，电石渣中的 $Ca(OH)_2$ 和飞灰微粉中的 SiO_2 和 Al_2O_3 发生类似火山灰反应，生成了新的 CSH 化合物 $Ca(SiO_4)_2(OH)_2$，从而提高了固化土的强度。

杜延军等[11-8]通过无侧限抗压强度、酸碱度、压汞、热重分析等一系列试验对电石渣改良土进行研究，从微观角度来讨论改良土强度与 pH 值、火山灰反应产物含量和孔径分布的内在联系，并总结出电石渣改良路基过湿土的强度增长机理。

电石渣加固机理与生石灰类似，可概括如下[11]：电石渣中一部分 $Ca(OH)_2$ 结晶析出，填充土体的孔隙，使固化土结构致密，提高改良土早期强度；另一部分游离的 Ca^{2+} 与土颗粒表面的 Na^+、K^+ 等弱金属离子发生交换，使双电层变薄，改良土的界限含水率发生显著变化，土颗粒表面吸附水膜的厚度减少，增加土颗粒的结合力和团粒化，促使凝聚作用的发生。电石渣中大量的 $Ca(OH)_2$ 提高了土体的 pH 值，并保持在 12.4，促使黏土矿物中的 SiO_2 和 Al_2O_3 溶解，与 Ca^{2+} 和 OH^- 等发生火山灰反应，吸水生成水化硅酸钙和铝酸钙，并与土样附着、产生胶结，很好地填充了土颗粒间的孔隙，使得土颗粒形成整体，并与碳酸化反应的生成物碳酸钙一起提高改良土的力学性质。因电石渣含有的 Si、Al 更多，碱性更强，从而形成的微小孔隙更多，火山灰反应产物更多，反应更持久。

1.5 电石渣作为固化剂的应用

Somna 等[19]使用飞灰和电石渣的混合物作为固化剂去固定封存重金属，具有一定的成效。

徐庆飞[20]利用二等电石渣和Ⅲ级粉煤灰制备固土材料，在电石渣和粉煤灰掺配比为 1∶2 时，掺量为土质量 30%时，能够满足二级和二级以下道路底基层的使用要求。

庞巍等[21]分析了电石渣改良盐渍土路基填料的固化效果。结果表明，电石灰固化改良后，盐渍土塑性指数缓慢降低；随着掺入量的增加，其最佳含水率和 CBR 值都相应的增大，电石灰改良盐渍土的剪切强度随围压的增加而增大。

赵林[22]和胡伟民[23]分析了电石渣改良膨胀土的试验研究，发现随着电石渣掺量的增加，改良土的液限下降，塑限上升，塑性指数减小，改良后的土具有良好的压实特性，膨胀性得到改善。并且改良土的各类强度均随养护龄期增长而增加，在养护 14d 后就能达到较好的效果。

杜延军等[24]进行了电石渣改良路基过湿土的现场试验，试验结果表明，电石渣改良土的力学指标和耐久性能相对于生石灰改良土改善显著，具有良好的工程应用前景和显著的社会经济效益。

2 木质素

2.1 木质素的来源和特点

木质素是由苯丙烷单元，通过醚键和碳一碳键连接的复杂的三维网状酚类高分子聚合物。其分子结构中存在着芳香基、酚羟基、醇羟基羧基等活性基团，可以进行氧化、还原、水解、醇解、光解、磺化、卤化、硝化或接枝共聚等许多化学反应。它广泛存在于高等植物细胞，在自然界中，是仅次于纤维素的第二大可再生资源[25]。木质素每年可再生 1 500 亿 t，但是据不完全统计，其利用还不到总量的 5%，超过 95%的木质素副产品以“黑液”形式直接排入江河或浓缩后烧掉，这种处理方式不仅污染环境，还造成了资源的严重浪费[26]。因此，人们通过对木质素的研究使其能得到充分利用。国外研究人员发现木质素可以用于土体加固，相关研究结果表明，与传统无机固化剂相比，木质素具有环境友好、成本低廉、化学性质相对稳定等优点。

2.2 木质素固化土的物理力学性能

Palmer 等[27]以木质素为固化剂加固粉土质砂，发现土体密度增加，当其掺量为 2.5%时养护 7d 的最大无侧限抗压强度达 7 661kPa。Puppala & Hanchanloet[28]研究了木质素混合硫酸改良黏性土的强度、弹性模量等工程特性，结果表明木质素改良土较素土的工程特性有很大提高。

Ceylan 等[29,30]在爱荷华州低交通容量路基土加固室内试验研究中，以木质素 A 和 B 对低塑性黏土进行加固，并分析掺量、含水率和龄期对加固土 UCS 的影响。Ceylan 指出加固土较素土强度有明显提高，土体强度随木质素掺量和养护龄期增加而增加。木质素 A 在干燥条件下优势明显，而木质素 B 在湿润条件下效果更佳。但两种木质素的最佳掺量都是 12%。

Vinod & Indraratna[31]研究了木质素加固土的应力-应变关系。研究发现 E/q_u 与应变之间没有明显的线性关系；E/q_u 起始值随固化剂掺量增加而减小；未处理素土的破坏应变约为 6.0%，各掺量下木质素加固土的破坏应变与素土基本相同，未改变土体脆性特征。

Ceylan 等[29-32]采用软件数值模拟对木质素加固路基土的路面性能进行了相关研究。研究发现木质素加固地基路面龟裂和车辙深度均小于素土路基路面。并且在不同气候条件下其路面性能仍优于素土地基。

Chen[33]以木质素磺酸盐为固化剂加固砂质粉土，进行一系列室内试验，试验结果表明固化剂能显著提高土体力学性能，最佳掺量为 2.0%。并提出能获取黏结效果的边界表面塑性模型，该模型可以很好地描述应力应变体积特性和超孔隙水压的发展，并精确预测固化剂黏结力和初始有效围压对强度、刚度和延性的影响。

木质素为固化剂目前在国内的研究还很少见，东南大学刘松玉、蔡国军等[33]敏锐地发现生物能源副产品木质素加固路基土的应用前景，积极开展初步研究，并申请了相关专利。

张涛等[35]以木质素加固江苏海相软土，发现木质素能显著提高土体强度，土体强度随木质素含量和固化时间的增加而增加，木质素最佳含量为10%～12%。并且固化土的pH小于10，其与强度的关系不明显。木质素固化土体的电阻率比素土小，随着固化剂含量的增大而减小。

2.3　木质素固化土的耐久性

Tingle & Santoni[36,37]用木质素磺酸盐加固粉砂和黏土，可以看出固化土在强度和耐久性方面均优于素土。对于黏土和砂土而言，干、湿养护条件下木质素对加固土体的UCS均有显著提高；掺量5%时加固土的UCS最高，这与Ceylan的研究结果不同。木质素磺酸盐较其他类型添加剂对低塑性黏土的UCS提高最为显著，对粉砂而言，木质素磺酸盐还表现出较好的抑制扬尘的能力。

Kim等[38]对传统加固剂粉煤灰和木质素A、B进行了室内浸泡试验结果的对比分析。发现木质素A加固土能够提供较强的水稳性，其加固效果优于粉煤灰和木质素B。

Indraratna[39,40]研究了木质素磺酸盐处理分散性土的抗侵蚀特性，认为木质素磺酸盐与传统水泥、石灰等固化剂一样，均可有效提高土体的抗侵蚀性能。在相同工程要求的条件下，木质素磺酸盐的掺量较水泥少很多。并根据加固土侵蚀速率与剪切应力的关系，提出了木质素等添加剂加固土体侵蚀速率的预测模型[39]，其表达式为：

$$\varepsilon = \frac{\alpha}{\tau_c^{\beta}}[\tau - \tau_c] \tag{2}$$

式中：α、β——分别为常数，$\alpha \approx 3.0$，$\beta \approx 1.4$；

τ_c——临界剪应力，Pa（$\tau_c = \tau_{c0} + m(CP)$）。

相关系数m值如表1所示。

表1　确定侵蚀速率的相关系数

Table 1　Correlation coefficient of determining the erosion rate

添加剂	压实度(%)	m值	未处理土临界剪应力τ_{c0}
水泥	95	46.8	6.0
	90	36.1	2.8
木质素磺酸盐	95	217.8	6.0
	90	166.0	2.8

2.4　木质素固化土微观加固机理

Gow等[41]认为木质素主要通过填充孔隙、消除土体内部局部软弱部分、细颗粒填充孔隙增加密实度、增加胶结部分比表面积进一步增强土体强度四个方面来加固分散性土。而Addo等[42]认为木质素加固土体时，部分土颗粒重新排列是抗剪强度增强的主要原因之一。

Tingle[43]认为由于木质素磺酸盐的化学组成与传统固化剂不同，其作为胶结剂具有较少的化学活性，主要是通过薄膜将土颗粒物理胶结在一起。首先木质素磺酸盐通过水解和离子交换作用，减小双电层厚度和土层间距；其次土体表面的负电荷与带正电荷的有机分子由于静电引力作用，吸引至土体表面，形成胶结物质并填充孔隙；最后土颗粒之间以摩擦胶结和物理胶结两种方式联系起来，形成较素土更为致密的加固土。

Vinod等[44]采用木质素磺酸盐加固分散性土，研究发现，木质素磺酸盐加固土中并未产生新的官能团，说明黏土矿物晶格与木质素磺酸盐之间以离子键形式结合，并存在于黏土矿层间。

Indraratna[45]对比分析了高岭土、蒙脱土和木质素磺酸盐加固土的FTIR试验结果，认为OH、CH等官能团的出现是由于木质素与黏土矿物间的离子交换形成的。木质素与黏土矿物通过离子交换，使得土颗粒间双电层厚度收缩、土颗粒絮凝，从而提高土体强度和稳定性。其对木质素磺酸盐加固粉砂进行SEM试验，试验结果发现，粉砂颗粒具有明显边界，加固后的粉砂颗粒间形成胶结物质，孔隙得到填充，土体形成一个更为稳定的结构。

Vinod & Indraratna[44]通过对比分析木质素磺酸盐加固分散土微观试验结果，提出了与 Tingle 类似的木质素磺酸盐加固土体的微观机理模型(图 3、图 4)。木质素磺酸盐在土体孔隙液中发生水解作用，产生 H^+ 和 OH^- 离子。仲羟基上的氧原子质子化，木质素磺酸盐产生 nH^+。最后 H^+ 由于静电吸附作用，中和土颗粒表面负电荷，释放 nH_2O 后，产生带正电荷的木质素化合物(图 3)。黏土矿物表面带有一定量的负电荷，层间通过胶结物质相连(图 4 中圆圈所示)；木质素磺酸盐加入土中后，中和负电荷，形成胶结物质，并存在于黏土矿物层间；最后木质素磺酸盐聚合物将黏土颗粒链接起来，形成聚合体。

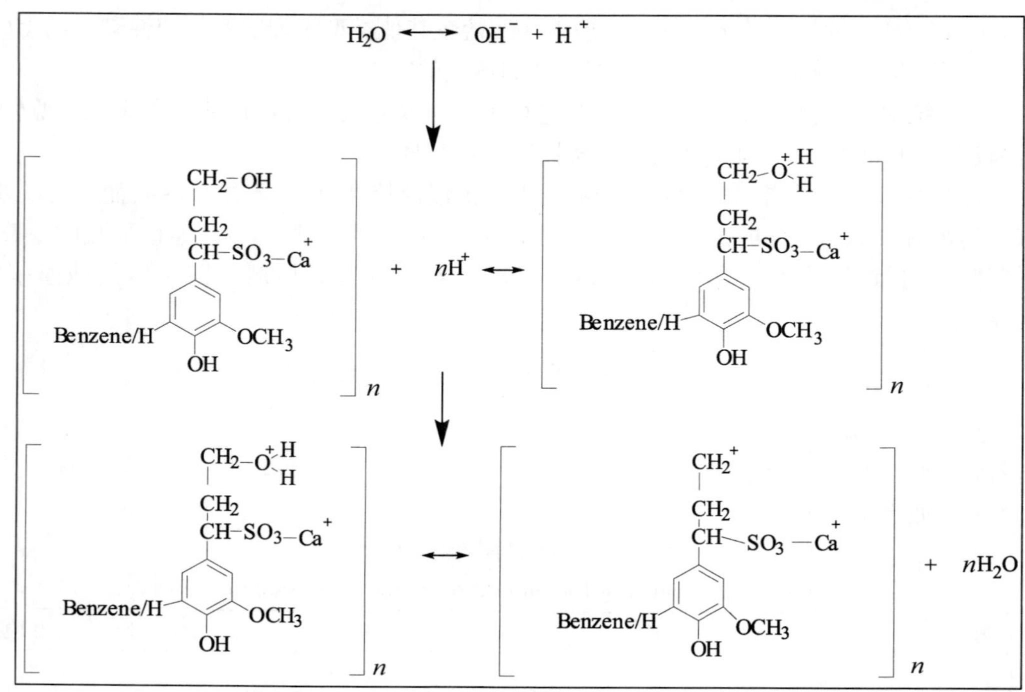

图 3　木质素磺酸盐水解过程

Fig. 3　Hydrolytic process of lignosulfonate

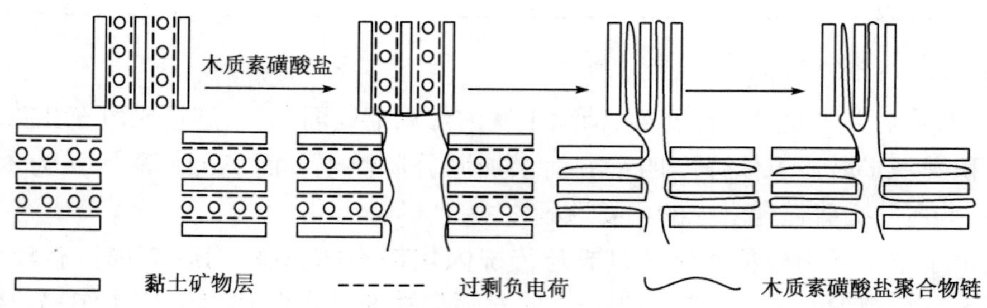

图 4　木质素磺酸盐加固土体示意图

Fig. 4　Schematic diagram of mechanism for lignosulfonate stabilized soil

总体来说，与传统的固化剂不同，木质素固化土体时不发生火山灰反应和碳化反应。木质素主要是通过水解作用和离子交换作用与土颗粒凝聚形成整体，木质素作为胶结物质填充孔隙，包裹土颗粒，使得土体的强度增强，结构更稳定。木质素在加固过程中的化学组成没有发生改变，没有新的官能团生成。目前有关木质素加固土体的固化机理尚无统一认识，有待于进一步的深入研究。

2.5　木质素作为固化剂的应用

Pengelly 等[46]用木质素磺酸铵盐加固低交通容量路基膨胀土，试验结果发现土体的膨胀性得到了有效控制。

Surdahl 等[47,48]分别报道了木质素用于两处野生动物保护区内道路的加固和路面扬尘控制。2 年的监测结果表明，木质素加固土体路用性能高于其他类型添加剂的平均水平，且费用相对经济、加固效率较高。并且木质素在气候干燥地区加固路面土体效果良好、路面扬尘得到有效控制，加固土体对周围环境友好，适宜野生动植物生存。

3　活性氧化镁

3.1　活性氧化镁的来源和特点

目前大多数活性氧化镁的生产工艺[49]主要是通过菱镁矿等镁矿石（主要成分为 $MgCO_3$）低温煅烧而成，其反应方程式如下：

$$MgCO_3 \rightarrow MgO + CO_2$$

碳酸镁的分解温度比碳酸钙低，从 590℃就开始分解，并且分解后生成的氧化镁的特性与煅烧温度相关，煅烧温度是影响氧化镁活性的主要因素。1 000℃以下生产 MgO 结晶度最低、比表面积最大、活性最高，称为活性 MgO（或轻烧 MgO），1 400～2 000℃生成的 MgO 结晶度最高、比表面积最小、活性最低，称为死烧 MgO。1 000～1 400℃生成的 MgO，性质介于两者之间，称为重烧 MgO[50]。氧化镁的活性是指在特定的实验条件下参与化学或物理化学过程的能力，其差异主要来源于氧化镁雏晶大小及结构不完整等因素。活性较好的氧化镁，其晶粒细小，结构疏松，缺陷较多，表面有一定数量的不饱和价键，更容易发生水化反应和碳化反应[51]。

由波特兰水泥熟料生产过程可知，水泥中所含的 MgO 为高温煅烧下的死烧氧化镁，所以水化速度比较慢，远低于其他水泥成分的水化速度，因此是造成后期膨胀、产生安定性问题的主要原因。

活性氧化镁广泛应用于化工、矿业、农业、冶金以及耐火材料等领域，其在土体固化领域的研究还比较少。澳大利亚科学家 John Harrison 发明了以活性 MgO 和波特兰水泥混合的新型水泥 Eco-Cement，发现该水泥具有优良的工程力学性质和环境效益[52]。随后，利用活性 MgO 作为固化剂，并对其进行碳化以提高其强度和环境效益的研究开始如火如荼地展开。

3.2　活性氧化镁固化土的物理力学特性

Vandeperre 等[53,54]将活性 MgO 与粉煤灰（PFA）、波特兰水泥（PC）按不同比例进行混合制样，并测定其无侧限抗压强度和微观结构。通过研究发现，活性 MgO-PC 混合物的水化过程中，两种成分的水化过程是独立完成的。活性 MgO 含量增加，水化后体积增大，孔隙率增加，混合物胶结能力降低。由此可见，由于 $Mg(OH)_2$ 的胶结强度低，活性氧化镁的掺入对水泥的力学性能没有正面作用，且当掺量较高时还会降低混合物的强度。因此，Harrison 建议通过碳化来提高其力学性能[55]。

Liska 等（2007）[56,57]将活性 MgO、粉煤灰和 PC 按不同比例制成试样进行自然碳化和强制碳化，试验结果表明自然碳化是非常有限的，强制碳化能引起力学性能的显著增加，并且 CO_2 浓度越高，碳化程度越高，强度增长幅度越大。并且固化土饱和度对碳化效果也造成影响，饱和度过高或过低都会影响碳化反应的顺利进行。

Vandeperre 等[53,54]进行了 MgO 水泥和 PC 净浆试样的碳化试验，研究发现强制碳化条件下（20％CO_2 浓度）MgO-PFA 的力学性能可以达到 PC-PFA 的力学性能。

Liska 等[55]进一步研究表明，仅以活性 MgO 作为固化剂的砌块在强制碳化条件下，能在较短时间内达到 2～3 倍 PC 砌块的强度，并且几乎可以吸收与 MgO 相同质量的 CO_2。

在国外研究的基础上，易耀林和李晨[58,59]用活性氧化镁加固砂土、粉土及粉质黏土，并在改装的三轴室内进行碳化实验。实验结果表明，活性氧化镁固化土不仅能够短时间内完成碳化，碳化后的强度远高于相同配比养护 28d 的 PC 固化土的强度，还能吸收大量的 CO_2，吸收量达到理论值的 70％左右。随着 CO_2 压力和 MgO 掺量的增加，碳化速率和强度增长速率加快。这与国外的研究成果相一致。

3.3 活性氧化镁固化土的耐久性

Liska&Al-Tabbaa[60]对活性氧化镁砌块的抗盐酸和硫酸镁溶液侵蚀的能力进行了试验研究，结果表明，常规养护条件的活性 MgO 砌块的抗盐酸和硫酸镁溶液侵蚀的能力很强，在整个测试阶段强度未发生改变。强制碳化固化条件下活性 MgO 砌块其抗硫酸镁溶液侵蚀的能力明显优于 PC 砌块，12 个月后强度只减少了 50%。但由于碳化砌块的主要胶结产物为碳酸盐，其中的碳酸根容易被盐酸置换，抗盐酸侵蚀的能力略低于 PC 砌块。而 PC 砌块水化产物呈碱性，也容易与盐酸发生反应。因此总体而言，活性 MgO 碳化砌块抗盐酸和硫酸镁侵蚀能力优于 PC 砌块。

3.4 氧化镁固化土的微观加固机理

尽管已经对活性 MgO 水泥进行了大量的研究，但是对于活性固化软土的机理还没有进行系统的研究和总结。一般认为，MgO 先与周围的水发生反应生成 Mg^{2+} 和 OH^-，当达到饱和后沉淀析出 $Mg(OH)_2$。$Mg(OH)_2$ 晶体的物理胶结能力优于 $Ca(OH)_2$，但远弱于 CSH 等水泥水化产物。其颗粒表面为疏松多孔，易与 CO_2 进行碳化反应，因此可以在合适的条件下对 $Mg(OH)_2$ 进行碳化，从而获得较高的强度。MgO 水解后产生的 Mg^{2+} 会与颗粒中的阳离子发生离子交换，从而导致土颗粒发生凝聚反应形成土团整体，强度有所提高。通入 CO_2 后，CO_2 会与土中的 Mg^{2+} 发生碳酸化反应，生成镁的碳酸盐。目前，对于 $MgO\text{-}H_2O\text{-}CO_2$ 的具体反应机理研究还不是很清楚。

Liska 等[56]认为碳化后活性氧化镁水泥砌块的主要产物为三水合碳酸镁（Nesquehonite，$MgCO_3 \cdot 3H_2O$），但是进一步的研究[55,56,61,62]又发现了两种碱式碳酸镁（Dypingite / Hydromagnesite，$Mg_5(CO_3)_4(OH)_2 \cdot 5H_2O$ / $Mg_5(CO_3)_4(OH)_2 \cdot 4H_2O$）的生成。两者微观结构非常接近，都为片状晶体，再生成过程中交叉生长形成花骨状微观形态。生成碳酸盐化合物的种类与反应温度、CO_2 压力和浓度等多种因素有关。当 $Mg(OH)_2$ 碳化温度适宜、MgO 掺量多、CO_2 压力较高时，碳化产物是棱柱状的 $MgCO_3 \cdot 3H_2O$ 晶体，其能够很好地填充土颗粒间的孔隙，使得土体变得更密实。当温度较高或 CO_2 压力减小、MgO 掺量低时，更易生成片状的碱式碳酸镁，并且部分三水合碳酸镁会转变为碱式碳酸镁晶体。当温度低于 10℃时，将会生成颗粒状的 $MgCO_3 \cdot 5H_2O$[57-59]。镁碳酸盐不仅本身具有较高的胶结强度，还通过胶结作用很好地填充土体，和土颗粒形成整体，提高土体密实度和强度。这些镁碳酸盐产物形成了分支、网状的交叉微观结构，胶结能力强，是碳化固化土强度提高的主要原因。周相廷[63]在对碱式碳酸镁形成过程及前驱状态的研究中指出，反应结晶都是先形成 $MgCO_3 \cdot 3H_2O$，随温度升高逐渐变成介稳的$(Mg)_5(CO_3)_4(OH)_2 \cdot 8H_2O$ 中间相，再转变为稳定的$(Mg)_5(CO_3)_4(OH)_2 \cdot 4H_2O$。

李晨[59]以不同活性氧化镁对粉土和粉质黏土进行固化加固，试验结果发现在碳化初期，固化黏土的氧化镁碳化产物为棱柱状晶体三水合碳酸镁以及片状晶体碱式碳酸镁。但是到了碳化后期，碳化产物只观察到片状晶体碱式碳酸镁的存在，未观察到棱柱状晶体的存在。这一结论大体与周相廷的理论相一致。笔者猜测这是由于碳化后期 CO_2 浓度降低，CO_2 压力减小，从而导致三水合碳酸镁转化为碱式碳酸镁。

此外，MgO 中还含有少量的氧化钙、氧化硅和氧化铝等杂质，它们也能够在土体的孔隙水中发生火山灰反应，生成 CSH 等具有很高胶结强度的晶体，从而填充和凝聚土颗粒，提高土体的强度。

目前对活性 MgO 水泥软土固化机理研究还处于初步定性评价阶段，对于加固机理的定量分析及微观结构与强度的具体关系，还需要进行大量的试验去进行深入研究。

3.5 活性氧化镁作为固化剂的应用

目前活性氧化镁作为固化剂的研究还处于室内试验阶段，未进行大范围的应用。

在室内试验的基础上，Liska 等[61,62]在英国的一家工厂进行了碳化 MgO 砌块的商业试制，试验结果发现商业试制的砌块有类似实验室样品的密度、压缩强度的性能及变化趋势，在全规模商业试制砌块中可以获得很高的碳化程度及强度，这与室内试验结果相一致。商业试制的成功为基于碳化的 MgO 固化方法的应用奠定了基础。

易耀林[58]对以活性氧化镁为固化剂的碳化搅拌桩在武汉进行了室外足尺试验，试验结果表明桩强度满足一般地基处理的要求，并且总体而言其经济环境效益高于水泥搅拌桩，证实了碳化活性氧化镁搅拌桩技术的可行性。

4 各固化剂的综合对比

从以上的研究中可以看出，电石渣、木质素和活性氧化镁三种新型固化剂都可以用于土体的加固。根据三种固化剂的工程特性、经济效益和环境影响，对三种固化剂的实用性进行对比总结，并与传统波特兰水泥固化剂进行对比。具体的对比内容如表 2 所示。

表 2 各固化剂的综合对比

Table 2 Comprehensive comparison of binders

固化剂	对比内容		
	工程特性	经济效益	环境影响
波特兰水泥	波特兰水泥固化速率较慢；在硫酸盐侵蚀和干湿循环作用下强度明显劣化；水稳定性不佳，易干缩开裂	水泥工业需消耗大量不可再生资源石灰石和黏土，消耗大量煤炭资源和电能，工程造价较高	生产水泥造成的 CO_2 占人为 CO_2 排放量的 10%，加强温室效应。产生粉尘、SO_2 等污染气体，破坏环境
电石渣	电石渣显著提高土体强度，但强度增长缓慢；固化效果优于石灰，但不及水泥；电石渣可以改良膨胀土和过湿土；电石渣固化土抗硫酸钠侵蚀性能优于水泥固化土	电石渣是工业废渣，随取随用，省去使用其他固化剂的运输成本。对电石渣的充分利用是变废为宝，实现资源的最大化利用，减少了经济成本	电石渣浆的堆积占用大量土地，易引发土地钙化，严重污染周围水土环境，危及居民生活和健康。对电石渣的处理利用可以保护环境和人类健康
木质素	木质素能显著提高土体强度，不改变土体的 pH；其抗侵蚀性能明显高于水泥，当临界剪应力相同时木质素掺量远小于水泥掺量；其水稳性略小于水泥	木质素的来源较广，一般以造纸工业的废液排出。其成本比较低廉，对其的充分利用，有明显的经济优势	木质素一般是造纸工业的废液排出的，对环境和地下水造成污染，对木质素的充分利用，可以减小污染，保护地下水资源
活性氧化镁	活性氧化镁固化土碳化后强度能快速大幅度提高；抗盐酸和抗硫酸镁侵蚀的能力远优于水泥固化土	活性氧化镁生产煅烧温度低，减少能源消耗，降低生产成本。生产原料镁砂等来源较广，价格低廉。但因其生产规模比水泥小，成本比水泥要高	以活性氧化镁为固化剂可以吸收其生产过程中释放的 CO_2，其加固土体时碳化度达 70%左右，总体上减少 CO_2 的排放，减小温室效应

5 总结与展望

总体而言，这三种新型固化剂是一种环境友好、加固性能良好、耐久性较好的具有应用前景的固化剂。这三种固化剂均可以显著提高土体的强度和耐久性，并且在经济效益、环境影响上较传统固化剂具有一定的优势。但是目前对三种固化剂的研究还比较片面，需要针对其应用土体类别、加固机理、强度特性、耐久性等方面进行深入的研究，并进行现场试验研究，确定其工程的实用性。

参考文献

[1] 苏群，徐渊博，张复实. 国际以及国内土壤固化剂的研究现状和前景展望[J]. 黑龙江工程学院学报：自然科学版，2005，19(3)：1-4.

(SU Qun, XU Yuan-bo, ZHANG Fu-shi. The present research and foreground expectation of soil stabilizer of size effect and boundary effect in centrifugal tests[J]. Journal of Heilongjiang Institute of

Technology，2005，19(3)：1-4.）

[2] HIGGINS D D. GGBS and sustainability[J]. Construction Materials，2007，160：99-101.

[3] 牛云辉，封培然. 电石渣的应用现状[J]. 中国氯碱，2010，11：35-38.
(NIU Yun-hui，FENG Pei-ran. Application present status of carbide slag[J]. China Chlor-Alkali，2010，11：35-38.）

[4] 袁文英. 电石渣应用于城市道路基层研究[D]. 天津：河北工业大学，2007.
(YUAN Wen-ying. Carbide applied to study urban road grassroot[D]. Tianjin：Hebei University of Technology，2007.）

[5] KRAMMART P，MARTPUTHOM S，JATURAPITAKKUL C，et al. A study of compressive strength of mortar made from calcium carbide residue and fly ash[J]. The Engineering Institute of Thailand，1996，7(2)：65-75.

[6] CHAI J，BOONMARK R. Cementing material from calcium carbide residue-rice husk ash[J]. Journal of Materials in Civil Engineering，2003，15(5)：470-475.

[7] KRAMMART P，TANGTERMSIRIKUL S. Properties of cement made by partially replacing cement raw materials with municipal solid waste ashes and calcium carbide waste[J]. Construction and Building Materials，2004，18(8)：579-583.

[8] HORPIBULSUK S，PHETCHUAY C，CHINKULKIJNIWAT A. Soil stabilization by calcium carbide residue and fly ash [J]. Journal of Materials in Civil Engineering，2012，24(2)：184-193.

[9] KUMPALA A，HORPIBULSUK S. Engineering properties of silty clay stabilized with calcium carbide residue[J]. Journal of Materials in Civil Engineering，2013，25(5)：632-644.

[10] KAMPALA A，HORPIBULSUK S，CHINKULIJNIWAT A，et al. Engineering properties of recycled calcium carbide residue stabilized clay as fill and pavement materials[J]. Construction and Building Materials，2013，46：203-210.

[11] 覃小纲，杜延军，刘松玉，等. 电石渣改良过湿粘土的物理力学试验研究[J]. 岩土工程学报，2013，35(S1)：175-180.
(QIN Xiao-gang，DU Yan-jun，LIU Song-yu，et al. Experimental study on physical and mechanical properties of over-wet clayey soils stabilized by calcium carbide residues[J]. Chinese Journal of Geotechnical Engineering，2013，35(S1)：175-180.）

[12] DU Y J，ZHANG Y Y，LIU S Y. Investigation of strength and california nearing ratio properties of natural soils treated by calcium carbide residue[C]//Geo-Frontiers 2011@ Advances in Geotechnical Engineering. ASCE，2011：1237-1244.

[13] KAMPALA A，HORPIBULSUK S，CHINKULKIJNIWAT A. Influence of wet-dry cycles on compressive strength of calcium carbide residue-fly ash stabilized clay[J]. Journal of Materials in Civil Engineering，2014，26(4)：633-643.

[14] 张莹莹. 电石渣和氯化钙改良过湿土路用性能室内试验研究[D]. 南京：东南大学，2011.
(ZHANG Ying-ying. Investigations on performance of calcium carbide residues and calcium chlorides stabilized over-wet clayey soils used as highway subgrade materials[D]. Nanjing：Southeast University，2011.）

[15] 肖龙山. 电石渣改良膨胀土稳定性影响研究[D]. 南宁：广西大学，2012.
(XIAO Long-shan. Test study on stability of calcium carbide slag-treated expansive soil[D]. Nanning：Guangxi University，2012.）

[16] 吴继峰. 电石渣改良过湿土路用性能现场试验及耐久性研究[D]. 南京：东南大学，2012.
(WU Ji-feng. Field and durability investigations on performance of calcium carbide residues stabilized over-

wet clayey soils used as highway subgrade materials[D]. Nanjing: Southeast University, 2012.)

[17] SOMNA K, JATURAPITAKKUL C, KAJITVICHYANUKUL P. Microstructure of calcium carbide residue-ground fly ash paste[J]. Journal of Materials in Civil Engineering, 2010, 23(3): 298-304.

[18] 杜延军，刘松玉，魏明俐，等. 电石渣改良路基过湿土的微观机制研究[J]. 岩石力学与工程学报，2014，33(6)：1278-1285.
(DU Yan-jun, LIU Song-yu, WEI Ming-li, et al. Microstructural characteristics of over-wet clayey soils stabilized by calcium carbide residues[J]. Chinese Journal of Rock Mechanics and Engineering, 2014, 33(6): 1278-1285.)

[19] SOMNA K, JATURAPITAKKUL C, KAJITVICHYANUKUL P. Calcium carbide residue-ground fly ash mixture as a new material to encapsulate zinc. [J]. World Scientific, Singapore, 2009: 123-127.

[20] 徐庆飞. 电石渣、粉煤灰结集料基层的试验研究[J]. 公路与汽运，2003，12(6):48-50.
(XU Qing-fei. Experimental study on carbide slag and fly ash collected material base[J]. Highways & Automotive Applications, 2003, 12(6):48-50.)

[21] 庞巍，叶朝良，杨广庆，等. 电石灰改良滨海地区盐渍土路基可行性研究[J]. 岩土力学,2009,30(4): 1068-1072.
(PANG Wei, YE Chao-liang, YANG Guang-qing, et al. Study of feasibility of carbide dust improved inshore area saline soil for highway subgrade[J]. Rock and Soil Mechanics, 2009, 30(4): 1068-1072.)

[22] 赵林. 粉煤灰、电石渣改良膨胀土机理及长期稳定性研究[D]. 合肥:合肥工业大学,2013.
(ZHAO Lin. Mechanism and long-term stability of expansive soil stabilized with fly ash and calcium carbide slag[D]. Hefei: Hefei University of Technology, 2013.)

[23] 胡伟民，王国强. 电石灰改良膨胀土试验研究[J]. 工程与建设，2012，1：91-94.
(HU Wei-min, WANG Guo-qiang. Experimental study on calcium carbide slag-treated expansive soil [J]. Engineering and Construction, 2012, 1: 91-94.)

[24] 杜延军，刘松玉，覃小纲，等. 电石渣稳定过湿黏土路基填料路用性能现场试验研究[J]. 东南大学学报:自然科学版,2014,2:375-380.
(DU Yan-jun, LIU Song-yu, QIN Xiao-gang, et al. Field investigations on performance of calcium carbide residues stabilized over-wet clayey soils used as highway subgrade materials[J]. Journal of Southeast University:Natural Science Edition, 2014, 2: 375-380.)

[25] 邱卫华，陈洪章. 木质素的结构、功能及高值化利用[J]. 纤维素科学与技术，2006，1：52-59.
(QIU Wei-hua, CHEN Hong-zhang. Structure, function and higher value application of lignin[J]. Journal of Cellulose Science and Technology, 2006, 1: 52-59.)

[26] 蒋挺大. 木质素[M]. 北京：化学工业出版社，2008.
(JIANG Ting-da. Lignin[M]. Beijing: Chemical industry Press, 2008.)

[27] PALMER J T, EDGAR T V, BORESI A P. Strength and density modification of unpaved road soils due to chemical additives[D]. Laramie: University of Wyoming, 1995.

[28] PUPPALA A J, HANCHANLOET S. Evaluation of a new chemical (SA-44/LS-40) treatment method on strength and resilient properties of a cohesive soil[R]. Washington, D C, USA: Transportation Research Board, 1999: 1-11.

[29] CEYLAN H, KIM S, GOPALAKRISHNAN K. Sustainable utilization of bio-fuel co-product in roadbed stabilization[J]. Sustainable Bioenergy and Bioproducts. 2012: 117-129.

[30] CEYLAN H, GOPALAKRISHNAN K, KIM S. Soil stabilization with bioenergy coproduct[J]. Transportation Research Record: Journal of the Transportation Research Board, 2010, 2186(1):130-137.

[31] VINOD J S, M. MAHAMUD A A, INDRARATNA B. Elastic modulus of soils treated with lignosulfonate[C]. //Narsilio I G A, Arulrajah A, Kodikara J. Ground Engineering in a Changing World: 11th Australia-New Zealand Conference on Geomechanics. USA, 2012: 487-492.

[32] KIM S, GOPALAKRISHNAN K, CEYLAN H. Impact of bio-fuel co-product modified subgrade on fexible pavement performance[C]. //Han J, Alzamora D E. State of the Art and Practice in Geotechnical Engineering: Geocongress, 2012. Reston:ASCE, 2012: 1505-1512.

[33] CHEN QS, INDRARATNA B, CARTER J, et al. A theoretical and experimental study on the behavior of lignosulfonate-treated sandy silt[J]. Computers and Geotechnic. 2014, 61: 316-327.

[34] 刘松玉，蔡国军. 基于生物能源副产品木质素的土体稳定性加固剂，中国:201010271040. 1[P]. 2010-08-31.

(LIU Song-yu, CAI Guo-jun. Lignin-based bioenergy by-products to stabilize soil: China, 201010271040. 1[P]. 2010-08-31.)

[35] ZHANG T, LIU SY, CAI GJ, et al. Study on strength characteristics and microcosmic mechanism of silt improved by lignin-based bio-energy coproducts. [C]. //Ground Improvement and Geosynthetics. USA: Geotechnical Special Publication, 2014: 220-230.

[36] SANTONI R L, TINGLE J S, WEBSTER S L. Stabilization of silty sand with nontraditional additives[J]. Transportation Research Record: Journal of the Transportation Research Board, 2002, 1787(1): 61-70.

[37] TINGLE J S, SANTONI R L. Stabilization of clay soils with nontraditional additives[J]. Transportation Research Record: Journal of the Transportation Research Board, 2003, 1819(1): 72-84.

[38] KIM S, GOPALAKRISHNAN K, CEYLAN H. Moisture susceptibility of subgrade soils stabilized by lignin-based renewable energy coproduct[J]. Journal of Transportation Engineering. ASCE. 2012, 138(11): 1283-1290.

[39] INDRARATNA B, MUTTUVEL T, KHABBAZ H. Investigating erosional behaviour of chemically stabilized erodible soils[C]. //Reddy K R, Khire M V, Alshawabkeh A N. The Challenge of Sustainability in the Geoenvironment: GeoCongress, 2008. Reston: ASCE. 2008: 670-677.

[40] INDRARATNA B, MUTTUVEL T, KHABBAZ H, et al. Predicting the erosion rate of chemically treated soil using a process simulation apparatus for internal crack erosion[J]. Journal of Geotechnical and Geoenvironmental Engineering. ASCE. 2008, 134(6): 837-844.

[41] GOW A J, DAVIDSON D T, SHEELER J B. Relative effects of chlorides, lignosulfonates and molasses on properties of a soil-aggregate mix[J]. Highway Research Board Bulletin, 1961, 282: 66-83.

[42] ADDO J Q, SANDERS T G, M CHENARD. Road dust suppression: effect on maintenance stability, safety and the environment phases 1-3[R]. Mountain-Plains Consortium (MPC) Report No. 04-156, Washington, D C: Transportation Research Board, 2004.

[43] TINGLE J S, NEWMAN J K, LARSON S L, et al. Stabilization mechanisms of nontraditional additives[J]. Transportation Research Record: Journal of the Transportation Research Board, 2007, 1989(2):59-67.

[44] VINOD J S, INDRARATNA B, Mahamud M A A. Stabilization of an erodible soil using a chemical admixture[J]. Porceedings of the ICE: Ground Improvement, 2010, 163(1): 43-51.

[45] INDRARATNA B, MAHAMUD M A A, VINOD J S. Chemical and mineralogical behaviour of lignosulfonate treated soils[C]//Han J, Alzamora D E. State of the Art and Practice in Geotechnical Engineering: GeoCongress 2012. Reston: ASCE. 2012:1146-1155.

[46] PENGELLY A D, BOEHM D W, RECTOR E, et al. Engineering experience with in-situ modification of collapsible and expansive soils[J]. Unsaturated Soil Engineering Practice, ASCE Geotechnical Special Publication, 1997, 68: 277-298.

[47] SURDAHL R, WOLL J, MARQUEZ R. Road stabilizer product performance: buenos aires national wildlife refuge. federal highway administration [R]. Publication No. FHWA-CFL/TD-05-011, 2005.

[48] SURDAHL R, WOLL J, MARQUEZ R, et al. Road stabilizer product performance: seedskadee national wildlife refuge[R]. Federal Highway Administration, Publication No. FHWA-CFL/TD-08-005, 2008.

[49] SHAND M. A. The chemistry and technology of magnesia[M], New York: Wiley, 2006.

[50] LISKA, M. Performance of reactive magnesia cement and porous construction products[D]. UK: University of Cambridge, 2009.

[51] 苏莉，李环，于景坤. 氧化镁活性与其微观结构的关系[J]. 材料与冶金学报，2006，5(4)：308-311.
(SU Li, LI Huan, YU Jing-kun. Study on the relationship between the activity of the magnesium oxide and its microstructure[J]. Journal of Materials and Metallurgy, 2006, 5(4): 308-311.)

[52] HARRISON J. Reactive magnesium oxide cements, United States Patent: 7347896[P]. 2004.

[53] VANDEPERRE L J, LISKA M, AL-TABBAA A. Hydration and mechanical properties of mixtures of pulverised fly ash, portland cement and magnesium oxide[J]. ASCE Journal of Materials in Civil Engineering, 2008, 20(5): 375-383.

[54] VANDEPERRE L J, LISKA M, AL-TABBAA A. Microstructures of reactive magnesia cement blends[J]. Cement and Concrete Composites, 2008, 30(8): 706-714.

[55] LISKA M, AL-TABBAA A. Ultra-green construction: reactive magnesia masonry products[J]. Waste and Resource Management, 2009, 162(4): 185-196.

[56] LISKA M, VANDEPERRE L J, AL-TABBAA A. Influence of carbonation of magnesia-based pressed masonry units[J]. Advances in Cement Research, 2008, 20(2): 53-64.

[57] VANDEPERRE L J, AL-TABBAA A. Accelerated carbonation of reactive magnesia cements[J]. Advances in Cement Research, 2007, 19(2): 67-79.

[58] 易耀林. 基于可持续发展的搅拌桩新技术与理论[D]. 南京：东南大学，2013.
(YI Yao-lin. Sustainable novel deep mixing methods and theory[D]. Nanjing: Southeast University, 2013.)

[59] 李晨. 碳化搅拌桩加固软弱地基试验研究[D]，南京：东南大学，2014.
(LI Chen. Experimental study on foundation treatment by carbonated deep mixing method[D]. Nanjing: Southeast University, 2014.)

[60] LISKA M, AL-TABBAA A. Performance of magnesia cements in porous blocks in acid and magnesium environments[J]. Advances in Cement Research, 2012, 24(4): 221-232.

[61] LISKA M, AL-TABBAA A, CARTER K, et al. Scaled-up commercial production of reactive magnesia pressed masonry units[J]. Part I: Production Process. Construction Materials, 2012, 165 (CM4): 211-223.

[62] LISKA M, AL-TABBAA A, CARTER K, et al. Scaled-up commercial production of reactive magnesia pressed masonry units[J]. Part II: Performance of the Commercial Blocks. Construction Mate-

rials，2012，165(CM4)：225-243.

[63] 周相廷，樊国靖，刘百年，等. 水合碱式碳酸镁的组成及其形成机制的研究[J]. 无机盐工业，1993，1：26-28.

(ZHOU Xiang-ting，FAN Guo-jing，LIU Bai-nian，et al. Study on the Composition and Formation Mechanism of HydratedAlkali Magnesium Carbonate[J]. Inorganic Salt Industry，1993 ，1：26-28.)

岩溶地区隧道地基处理技术分析

邱军领 杨鹏博 谢永利

（长安大学公路学院，陕西 西安 710064）

摘 要：在工程建设中，岩溶地区分布非常广泛，为了提高岩溶地区岩土工程技术质量和保证工程建设的安全。当隧道穿越溶洞时，应考虑隧道底部的承载力是否满足设计要求。通过查阅大量文献并且结合工程实例，本文总结了不同情况下隧道穿越溶洞的地基处理措施。结果表明：不同的岩溶分布形式，应采用不同的地基处理方案，但换土垫层法＋注浆加固法是比较常用的方法；对于隧底小型洞穴，可以考虑采用全部换填法或注浆加固的方法。对于隧底大型溶洞，不适合将填充物进行全部换填的情况时，需要对换填垫层厚度进行设计。但当溶洞无填充物或地下水比较丰富时可分别采用路基填筑或桩基跨越的方法。研究结果可为岩溶地区隧道地基处理的设计与施工提供借鉴。

关键词：隧道 隧道地基处理 垫层厚度 注浆 岩溶

作者简介：邱军领(1989—)，男，山东潍坊人，2013年毕业于长安大学隧道工程专业，在读硕士研究生。

Analysis of Tunnel Foundation Treatment on Karst Region

QIU Jun-ling, YANG Peng-bo, XIE Yong-li

(Chang'an University, Xi'an 710064, China)

Abstract: In engineering construction, the karst region distribution is very wide, in order to improve the quality of geotechnical engineering in karst region and ensure the safety of construction projects. The bearing capacity of foundation must be taken into account when the tunnel passing through the cave. Through consulting a large number of literature and based on Yiwan railway tunnel engineering, the foundation treatment measures under the condition of tunnel through different karst caves were summarized. As a result of this study, it was found out that different forms of karst should be adopted with a variety of foundation treatment scheme, but cushion replacement with grouting is a relatively common approach; The small cave which were located at the bottom of tunnel could be reinforced using full replacement method or grouting reinforcement method. For a large cave whose filler was not suitable to be replaced all, the thickness of cushion should be considered. But when the filler was little or groundwater was rich in cave, subgrade filling or pile foundation was applied respectively. The research results can provide some references for the design and construction of tunnel foundation treatment in karst region.

Key words: tunnel, tunnel foundation treatment, cushion thickness, grouting, karst cave

0 引言

岩溶是地表水和地下水对可溶性岩层经过化学作用和机械破坏作用而形成的各种地表和地下溶蚀现象的总称[1]。根据岩溶的充填特征，可将岩溶分为充填型、半充填型和无充填型三种类型。根据岩溶内充填物的不同，可将岩溶分为充填黏土型、充填淤泥型、充填细粉砂型、充填块石土型和冲水型五个类型。

当隧道穿过岩溶影响区域的时候，由于溶洞填充物具有松软、下沉量大、强度低、稳定性差的特点，会使修建的隧道发生坍塌下沉，改变洞穴周边的应力分布形态，影响隧道的结构稳定。所以，当隧道穿越溶洞时，特别是穿越大型并且具有充填物的洞穴的时候，应该考虑隧道底部的承载力是否满足要求，并且提出合适的加固方案，即对隧道地基进行处理，从而保证隧道能够的安全的通过，并且保证隧道后期运营的稳定。

1 溶洞隧道的地基处理原则

1.1 隧道基底处理和地基处理的概念差异性

隧道地基处理和隧道基底处理不是一个概念。地基一般指承托建筑物各种作用的地层。对于隧道来说，如果隧道所处的围岩比较完整，那么承托隧道结构的主体就是指的是隧道围岩，此时对隧道底部围岩的加固称为隧道的基底处理；但是，如果隧道所处的围岩不完整，比如穿越大型溶洞的隧道，此时承托隧道结构主体的主要为隧道底部的岩体，这个时候就需要对隧道进行地基处理，以保证隧道底部围岩具有足够的承载力。

1.2 溶洞充填物的一般工程特性

(1)含水率较高、孔隙比较大。

(2)抗剪强度低。

(3)压缩性较高。

(4)渗透性很小。

(5)流变性显著。

1.3 溶洞隧道的地基处理原则[2]

(1)当遇到深大岩溶且填充物松软不能承载隧道结构时，可采用梁、拱跨越，跨越的梁端或拱座位于稳固可靠的岩层上，必要时灌注混凝土进行加固。

(2)对于已经停止发育的干溶洞，可采用混凝土、浆砌片石或干砌片石封堵填充。

(3)当隧道必须穿越溶洞填充物时，根据不同的穿越情况，可采取相应的措施。当隧道底部岩溶填充物承载力低，不能满足隧道结构自重、拱顶荷载及行车荷载时，可通过换填混凝土或浆砌片石等措施来提高承载力。

总之，当隧道穿越地下水不发育的溶洞时，为了防止基底结构产生固结沉降，应加强对隧道地基的处理。从而提高隧道底部土的抗剪强度，增大隧底地基承载力，防止剪切破坏。改善隧道底部土的压缩特性，减少沉降和不均匀沉降，根据实际条件以及现场的作业空间大小，选择合理的处理措施。隧道的地基处理措施一般可以相互配合使用，例如换土垫层＋注浆处理的措施应用比较广泛，以及采用旋喷桩加固隧道地基的技术也越来越成熟。

2 溶洞隧道的地基处理技术

2.1 对隧道地基进行换土垫层处理

对于小型洞穴，如果隧道基底空穴比较小或者溶洞内的充填物的厚度比较小，可以考虑采用全部回填或换填的方法，此时不必考虑垫层厚度的问题。不过，位于隧底的充填性溶腔首先要探明洞穴的范围及充填物的类型，根据探测结果可以分别选择硬质岩渣、浆砌片石、混凝土等进行回填或者换填(图 1)，换填的材料应该具有强度高、压缩性低、稳定性好和无侵蚀性等良好的工程特性。

但是，对于大型溶洞，隧底的填充物也比较厚(图 2)，并且不适合将填充物进行全部换填，此时需要对换填垫层厚度进行设计。

根据需要置换的软弱下卧层顶面承载力确定垫层厚度，满足下式要求，通过试算可以求得：

$$p_{ok} + p_{gk} \leqslant \gamma_R[f_a] \tag{1}$$

当处于溶洞段的隧道长度与宽度的比值等于或者大于 10 的情况下：

$$p_{ok} = \frac{b(p'_{ok} - p'_{gk})}{b + 2z\tan\theta} \tag{2}$$

当处于溶洞段的隧道长度与宽度的比值小于 10 的情况下：

$$p_{\mathrm{ok}}=\frac{bl(p'_{\mathrm{ok}}-p'_{\mathrm{gk}})}{(b+2z\tan\theta)(l+2z\tan\theta)} \tag{3}$$

式中：p_{ok}——垫层底面处的附加压应力(kPa)；

p_{gk}——垫层底面处的自重压应力(kPa)；

$[f_{\mathrm{a}}]$——垫层底面处地基的承载力容许值(kPa)；

b——隧道基底的宽度(m)；

l——隧道基底的长度(m)；

p'_{ok}——隧道基底压应力(kPa)；

p'_{gk}——隧道基底的自重压应力(kPa)；

z——隧道基底下垫层的厚度(m)；

θ——垫层的压力扩散角。

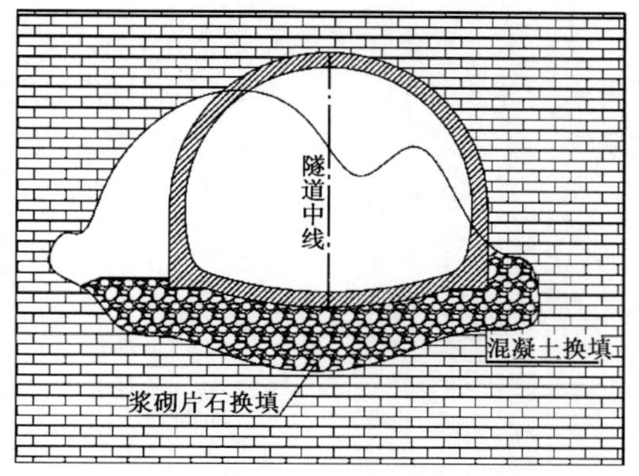

图1　隧道溶洞回填处理示意图

Fig. 1　Karst cave backfill treatment

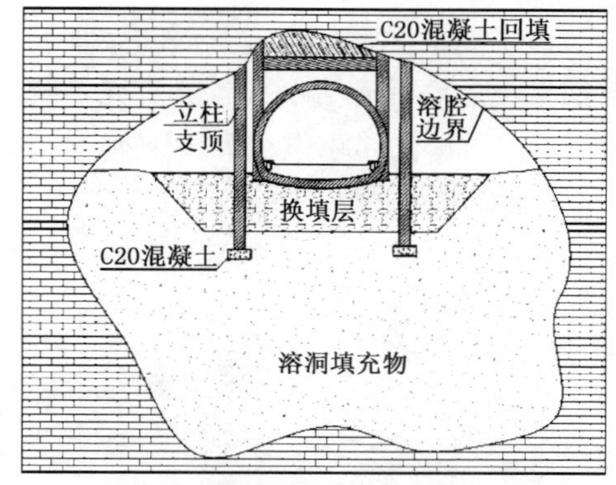

图2　隧道溶洞换填处理示意图

Fig. 2　Karst cave replacement treatment

对于地下水不发育的小型溶洞，采用浆砌片石或者干砌片石回填，必要时压浆填充。

2.2　对溶洞隧道进行路基填筑或桩基跨越处理

(1)溶洞比较大时，对于溶洞底部低于路肩高程的空腔可以采用路基填筑的方式通过(图3)，路基填筑材料可以考虑隧道的出渣碎石。

(2)当溶洞规模非常大，溶洞内充填物松软，基础处理工程修建困难，或者溶洞很小，但内部具有不宜堵塞的水流时，应根据具体的条件，采用从结构上跨越溶洞的措施，即桩基跨越。如果基底加固厚度比较大，可采用挖孔桩、钻孔桩或粉喷桩等进行加固。要求桩底面嵌入基岩内，桩顶钢筋伸入钢筋混凝土底板内与底板连成一体，在隧道范围内可采用钢管桩注浆加固，形成复合基础[2](图4)。如果基底填充物很厚需要采用长的摩擦桩时，应该注意桩底软土承载力和沉降的验算，必要时可对桩周软土进行压浆处理或做成扩底桩。

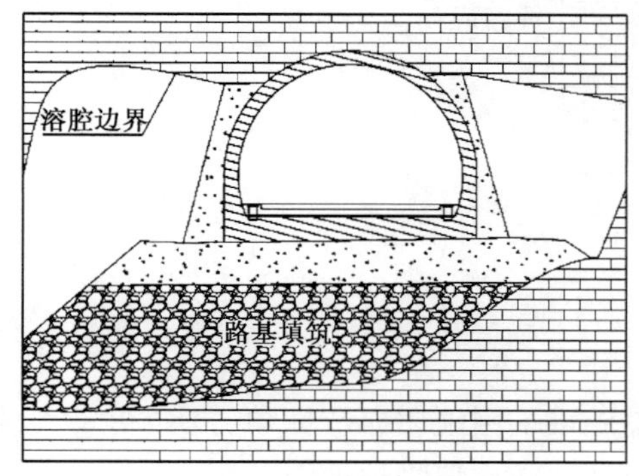

图3　隧道溶洞路基填筑图

Fig. 3　Karst cave subgrade filling

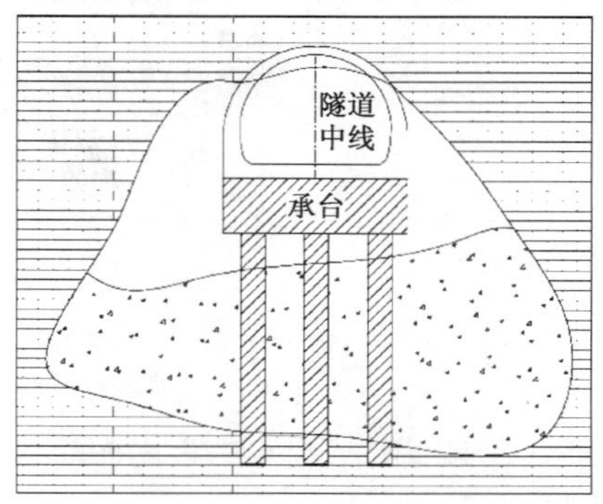

图4　桩基+承台+隧道结构处理示意图

Fig. 4　Pile foundation+Pile cap+Tunnel Structural

2.3　对溶洞隧道底部进行注浆加固处理

2.3.1　基底安全距离的确定

如果隧道底部有充填溶洞的存在，应该根据溶洞顶端距隧道底部的安全距离来确定是否对空洞进行注浆处理。该原则主要是采用梁板受力情况来估算顶板的安全厚度[3]。

(1)当岩溶顶板岩体完整且 $T/B>1$ 或岩溶顶板溶蚀破碎且 $T/B>2$ 时，原则上不予处理。(T：岩溶顶板至隧道基础底面的厚度；B：溶洞的纵向及横向宽度)

(2)当岩溶顶板岩体完整且 $T/B<1$ 或岩溶顶板溶蚀破碎且 $T/B<2$ 时，但充填物密实，承载力大于，可不予处理，但应结合段内衬砌对基底承载力进行评判；若承载力不满足要求，应采用选择注浆的方式对充填物进行加固处理。

需要说明的是，当隧底有多处溶洞，而且溶洞岩壁厚度小于溶洞洞径的时候，应该结合溶洞的分布、溶洞规模及充填情况综合考虑。

2.3.2　不同情况下的隧道基底注浆加固

(1)如果隧道底部有溶洞并且具有充填物的时候，可以考虑采用注浆加固的方法(图5)。钻孔深度应深入基岩3.0m左右，孔间距为1.0～2.0m，注浆管宜选用无缝钢管，直径为76～108mm，注浆材料宜选用普通水泥或超细水泥浆，注浆压力不应大于1.0MPa，注浆管上端应和仰拱相连，以提高支护结构的强度和刚度[4]。

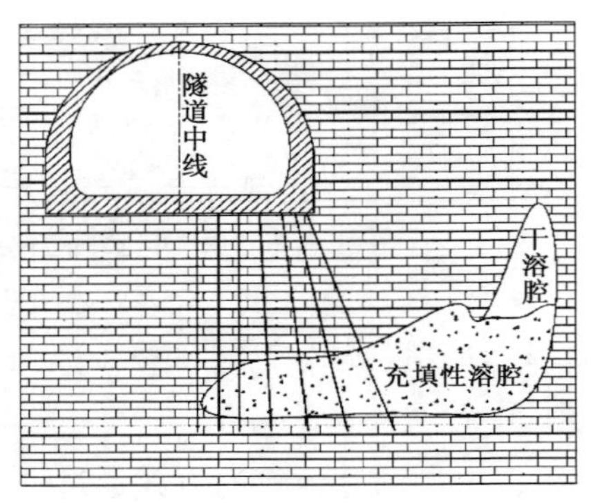

a)溶洞距离隧底较远

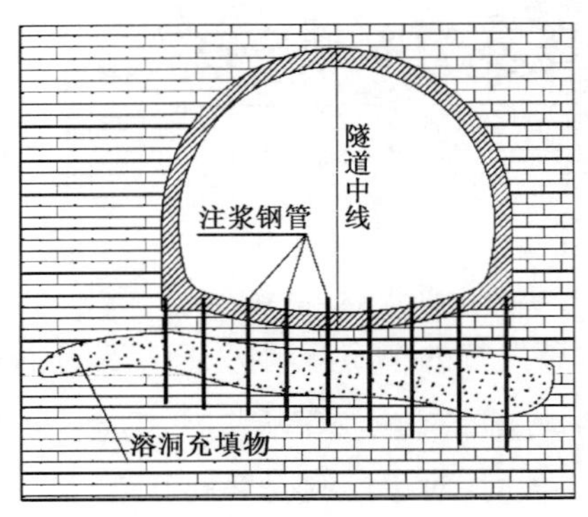

b)溶洞距离隧底较近

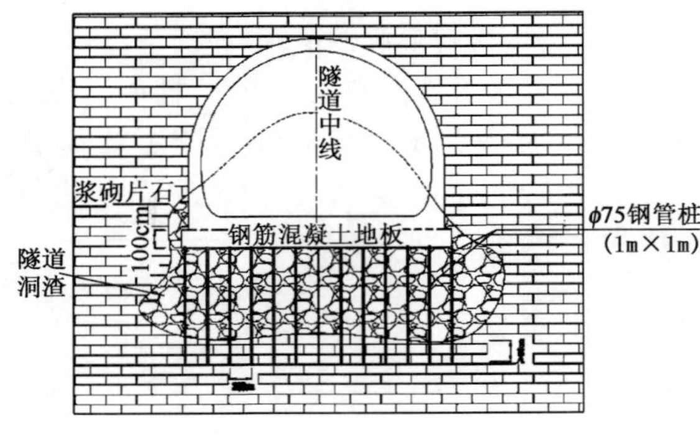

c)溶洞侵入隧底

图5　不同情况下的隧道基底注浆加固示意图

Fig. 5　Tunnel basement grouting reinforcement in different cases

(2)隧道底部采用钢管桩并注浆加固[5]，低于路肩高程的空腔可采用硬质岩渣回填夯实(图6)。需要说明的是，注浆加固不仅仅局限于对原有填充物的加固，也包含对回填或换填物的加固。

2.3.3　隧道基底注浆工艺

对隧底进行注浆加固的一般流程大致可以钻孔、下注浆管、注浆量的计算、喷射注浆作业、回填注浆五个过程。

对于注浆量来说，受到溶洞充填物的条件、浆液类型、注浆技术水平及填充物裂隙分布各向异性等多种因素影响。因此，计算注浆量往往与实际注浆量相差很大，一般通过试验注浆予以修正。设计时可以用下式进行计算[6]：

$$Q = An\alpha(1+\beta) \tag{4}$$

式中：Q——总注浆量(m^3)；

A——注浆范围岩层体积(m^3)；

n——填充物的空隙率(%)；

α——浆液充填系数，一般为 0.7～0.9；

β——注浆材料损耗系数，通常为 0.1 左右。

其中，把 $n\alpha(1+\beta)$ 统称为填充率。

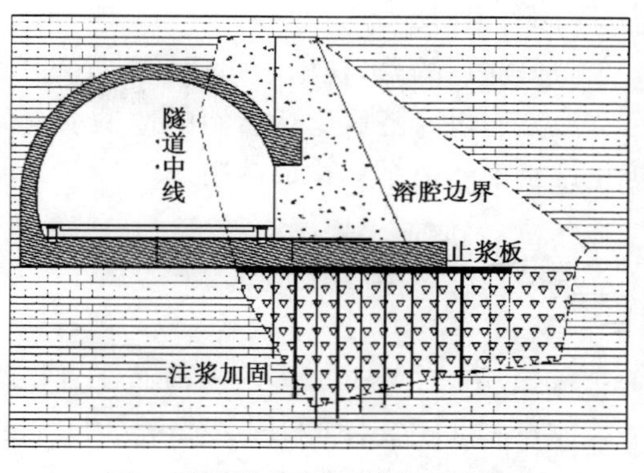

图 6　溶洞隧道边墙注浆加固示意图

Fig. 6　Tunnel side wall grouting reinforcement

3　工程实例

宜万线东起宜昌东站，西至万州站，是我国铁路路网“八纵八横”主骨架之一，是沪—汉—蓉快速通道的重要组成部分，是连接我国东中部地区的重要交通纽带[7]。宜万线隧道工程的主要工程地质问题是岩溶及岩溶水的治理。下面仅对高坪 1 号隧道 DK139＋598 岩溶处理技术[8]进行介绍。

高坪 1 号隧道开挖到 DK139＋598 处揭示一与线路斜交约 60°的干溶洞，溶洞自左上向右下发育，发育横向宽 30m、纵向长 9m、高 20m、深 6.5m，在隧道右侧开挖线外 2m 竖直发育直径约 1m 落水洞。该处隧道埋深约 70m，溶腔左侧与地表长 30m、宽 15m 的大型沟谷连通，通过沟谷接受地表降雨及斜坡汇水。竖向落水洞承接地表水下排至附近野三河。针对该大型岩溶，采取如下处理措施：

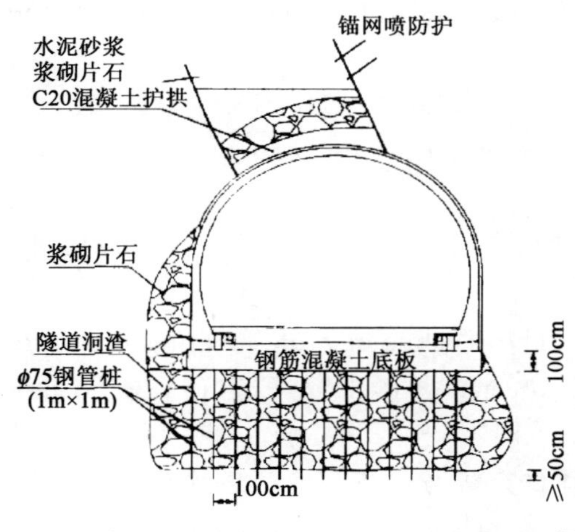

图 7　高坪 1 号隧道 DK139＋598 岩溶处理方案图[7]

Fig. 7　The treatment of karsts along No. 1 Gaoping Tunnel in DK139＋598

(1)基底采用洞渣回填，采取 75mm 钢管注浆群桩加固。钢管桩梅花型布设，间距 1m×1m，注浆管进入基底基岩深度不小于 0.5m。注浆材料采用水泥浆，水灰比 0.6∶1～0.8∶1。

(2)对 DK139＋598～＋617 段采用钢筋混凝土衬砌，底板厚度 1m。

(3)对地表沟谷采取截、排措施。在沟谷两侧设置截水墙，截水墙高 1m、厚 0.5m，采用 M5 水泥砂浆砌片石砌筑(图 7)。

高坪 1 号隧道溶洞的处理措施是比较具有代表性的方案。通过对隧道底部溶洞进行洞渣回填，使用钢管注浆群桩加固，使隧道底部形成复合地基，并且增加隧道地板的厚度，极大地改善了隧道地基的承载力。对溶洞地表进行地表水的截、排措施，处理效果比较明显，保证隧道结构的整体稳定。

4　结语

不同的岩溶形式对应着不同的隧底处理措施。换填＋注浆的方法在岩溶隧道地基处理中是比较有效的地基加固措施，换填与注浆的配合使用，在不同的溶洞形式中便会产生不同的加固效果，但是也存在着局限性。岩溶的存在形态是千变万化的，隧道所处的不同形式对地基的要求也是不尽相同的，材料、施工机具和施工条件等亦存在显著差别，没有哪种方法是万能的。因此，对于每一种工程必须进行综合考虑，通过方案的比选，选择一种技术可靠、经济合理、施工可行的方案，既可以是单一的地基处理方法，也可以采用多种方法进行综合处理。

需要注意的是，在地下水比较丰富的岩溶地区，隧道进行地基处理时应该查明溶洞的水量、水压，正确判定水流方向以及隧底隐伏岩溶的地下水发育情况，根据所在地段工程地质、水文地质条件流量、排泄条件等，防止排水不畅对结构构成威胁。

参 考 文 献

[1] 张延，陈中. 隧道岩溶处理面面谈[J]. 现代隧道技术，2001，38(1)：60-64.
(ZHANG Yan, CHEN Zhong. Discussion on Treatment of Karst in Tunnels[J]. Modern Tunneling Technology, 2001, 38(1): 60-64.)

[2] 傅中文，舒磊，谢卫民. 复杂地质条件下隧道施工中典型岩溶处理措施[J]. 山西建筑，2009，35(7)：299-302.
(FU Zhong-wen, SHU Lei, XIE Wei-min. On the Exploration of Typical Karst Treatment Measure in Tunnel Construction under Complex Geological Condition[J]. ShanXi Architecture, 2009, 35(7): 299-302.)

[3] 高在新. 黔桂铁路岩溶地区隧道施工技术研究[D]. 湖南：中南大学，2008.
(GAO Zai-xin. Researching Tunneling Construction Technology on Karst Region along Guizhou-Guangxi Railway[D]. Hunan: Central South University 2008.)

[4] 李治国. 隧道岩溶处理技术[J]. 铁道工程学报，2002，76(4)：61-67.
(LI Zhi-guo. Treatment Technology of Tunnel on Karst Region[J]. Journal of Railway Engineering Society, 2002, 76(4): 61-67.)

[5] 薛俊峰. 龙麟宫隧道岩溶处理施工技术[J]. 铁道标准设计，2008，9：89-92.
(XUE Jun-feng. Treatment Technology of LongLingong Tunnel on Karst Region[J]. Railway Standard Design, 2008, 9: 89-92.)

[6] 周伟. 复杂地质条件下隧道岩溶处理办法的研究[J]. 山西建筑，2007，33(14)：277-278.
(ZHOU Wei. The Research on Tunnel Cavern in Complex Geologic Environment[J]. ShanXi Architecture, 2007, 33(14): 277-278.)

[7] 张民庆，黄鸿健，苗德海. 宜万线隧道工程岩溶治理技术与工程实例[J]. 铁道工程学报，2008，112(1)：26-36.
(ZHANG Min-qing, HUANG Hong-jian, MIAO De-hai. The Technology of Treating Karst for Yichang-Wanzhou Railway and Its Engineering Example[J]. Journal of Railway Engineering Society, 2008, 112(1): 26-36.)

[8] 李鸣冲，张民庆，黎代仁. 宜万铁路高坪 1# 隧道岩溶发育特征分析与治理[J]. 隧道建设，2006(3)：68-72.
(LI Ming-chong, ZHANG Min-qing, LI Dai-ren. Development Features and Treatment of Karsts along No. 1 Gaoping Tunnel on Yi-Wan Railway[J]. Tunnel Construction, 2006(3): 6872.)

中国博览会会展综合体项目地基处理设计

吴江斌[1,2] 胡 耘[1,2] 黄昱挺[1,2]

(1. 华东建筑设计研究总院 地基基础与地下工程设计研究中心,上海 200002;
2. 上海基坑工程环境安全控制工程技术研究中心,上海 200002)

摘 要:为保证软土地区大面积展场功能的发挥,需有针对性地开展场地地基处理。中国博览会会展综合体项目是国家级大型项目,室内展场面积约 24 万 m^2,是目前世界上面积最大的建筑单体和会展综合体。本文综合考虑土层条件、使用荷载要求和相邻环境条件,特别是轨道交通限制等条件,对不同区域分别采用针对性的地基处理方法:35kPa 使用荷载区域充分考虑展厅荷载的时间与空间分布特性,仅采用清表回填对表层土作处理;50kPa 使用荷载区域采用大间距布置且设置独立承台的 PHC 管桩复合地基对深部软弱土层作处理,轨道交通控制线 50m 范围内采用常规钻孔灌注桩和筏形承台板形成的桩基础作处理。多种处理方式相结合,充分满足了使用要求,且兼顾了工期与经济合理。

关键词:中国博览会 地基处理 换填 复合地基 PHC 管桩

作者简介:吴江斌(1974—),男,博士,高级工程师,注册岩土工程师,主要研究方向为深基坑工程设计理论与方法、高层建筑地基基础工程。E-mail:jiangbin_wu@ecadi. com。

Design of the Exhibition Complex of China Expo Foundation Treatment Project

WU Jiang-bin[1,2], Hu Yun[1,2], Huang Yu-ting[1,2]

(1. East China architectural design & research institute, Shanghai, 200002; 2. Shanghai Engineering Research Center of Safety Control for Facilities Adjacent to Deep Excavations, Shanghai, 200002)

Abstract: Foundation treatment is needed to ensure the using function of large exhibition area. The Exhibition Complex of China Expo is collaborated by Commerce Department and Shanghai municipal government, with 24000 square meters indoor exhibition area. It will be the e world's largest single building and exhibition complex. Depending on the soil conditions, loading requirements, stress history et al. , suitable foundation treatment methods were taken for different areas respectively. Benefited from the influence of stress history and load limiting, only replacement is needed for the 35 kPa service load area. PHC pile composite foundation with individual caps was used for the indoor 50 kPa service load area, and within the scope of 50 m of rail transit line, bored pile and raft type bearing bedplate. By combining a series of different treatment methods, the use requirements was meted, and both the construction and economic and reasonable.

Key words: The Exhibition Complex of China Expo, foundation treatment, replacement, composite foundation, PHC pile.

0 引言

据不完全统计,2012 年,上海共举办了 806 个展览,总展出面积达到 1 109 万 m^2,位居全国各城市之首。依据《上海建设国际贸易中心"十二五"规划》,上海正努力发展成为国际会展中心城市,会展场馆越来越多,展览规模越来越大。

大面积展场地基承载力及变形控制对于展场展示功能的发挥尤为重要。上海为软土地区,软土含水率

基金项目:国家"十二五"科技支撑计划(2012BAJ01B00)

高、孔隙比大、抗剪强度低、压缩性高、渗透性差、蠕变性显著等特点[1]。为提高地基土承载力、减小工后沉降变形，针对软土地区超大面积、具有特殊功能需求的场地开展地基处理十分必要。

地基处理是建筑中的隐蔽工程，作用大、投入大而又无法直接从表观上看到其产生的效用。因此，往往业主总是尽量缩减地基处理的费用，给其设计带来较多的风险和挑战。对于大面积的地基处理，如何在经济性与安全性上找到平衡点，采取合适的设计方案是关键。本文介绍了中国博览会会展综合体地基处理设计，结合不同区域使用荷载要求、地层条件、相邻环境条件，开展针对性地地基处理设计，多种处理方式相结合，充分满足了使用要求且兼顾了工期与经济合理。

1 工程概况

中国博览会会展综合体项目位于上海市西部，虹桥商务区规划范围内。建设用地面积约 85.6 万 m^2，总建筑面积 147 万 m^2，地上建筑面积 127 万 m^2，由展览场馆、综合配套设施和后勤保障设施构所成，是目前世界上面积最大的建筑单体和会展综合体。

中国博览会会展综合体效果图，如图 1 所示。

项目以展览、商贸、酒店及配套功能为主，占地面积约 44 万 m^2，主展览区域为 A、B、C、D 四个基本平面对称的展厅。每个地面展厅约 6 万 m^2，总占地面积约 24 万 m^2。结构形式为大跨框架结构，双层展厅典型跨距为 27m×36m，单层展厅跨距为 108m，基础形式为柱下多桩承台。另外，地铁 2 号线徐泾东站位于市内展场中央，2 号线隧道横穿整个展场(图 2)。

图 1 中国博览会会展综合体效果图

Fig. 1 rendering of The Exhibition Complex of China Expo

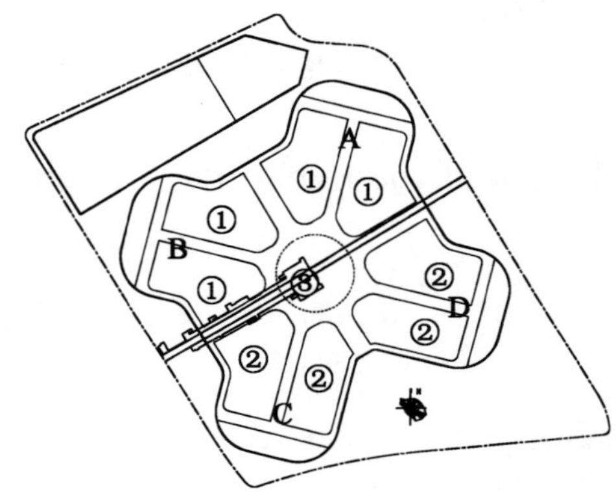

图 2 中国博览会会展综合体平面布置图

Fig. 2 plan of The Exhibition Complex of China Expo

①室内展场北区，使用荷载 50kPa，面积约 12 万 m^2

②室内展场南区，使用荷载 35kPa，面积约 12 万 m^2

③地铁 2 号线徐泾东站

不同区域对使用荷载的要求有所差异，其中南侧 C、D 展厅使用荷载为 35kPa，约 12 万 m^2(图 2②)，北侧 A、B 展厅使用荷载为 50kPa，约 12 万 m^2(图 2①)。根据使用要求，场地地基处理完成后，建筑地坪面标高为+5.200，处理后地基承载力满足使用荷载的要求，场地工后沉降控制在 100～150mm。地铁 2 号线相距 50m 的控制范围内沉降控制在 20mm。

2 地质条件

本工程原场地内主要分布有河道、民居、厂房及耕作农地。浅层为杂填土和素填土，杂填土以混凝土地坪为主，含碎石、砖块及少量黏性土，土质不均；素填土以黏性土为主，含有机质、植物根茎。农田区表层以耕土为主。并分布有明浜、暗浜等不良地质现象。

浅层杂填土、素填土下分布有约 5m 厚的“硬土层”，主要为第②$_1$ 层粉质黏土层及第②$_3$ 层粉砂层，其地基土承载力较高。

“硬土层”下分布有约 12m 厚的软弱下卧层，为第③层淤泥质粉质黏土层和第④层淤泥质黏土层，土体孔隙比大、含水率高，呈流塑状态，具有高压缩性。

典型地层剖面及物性参数见图 3。

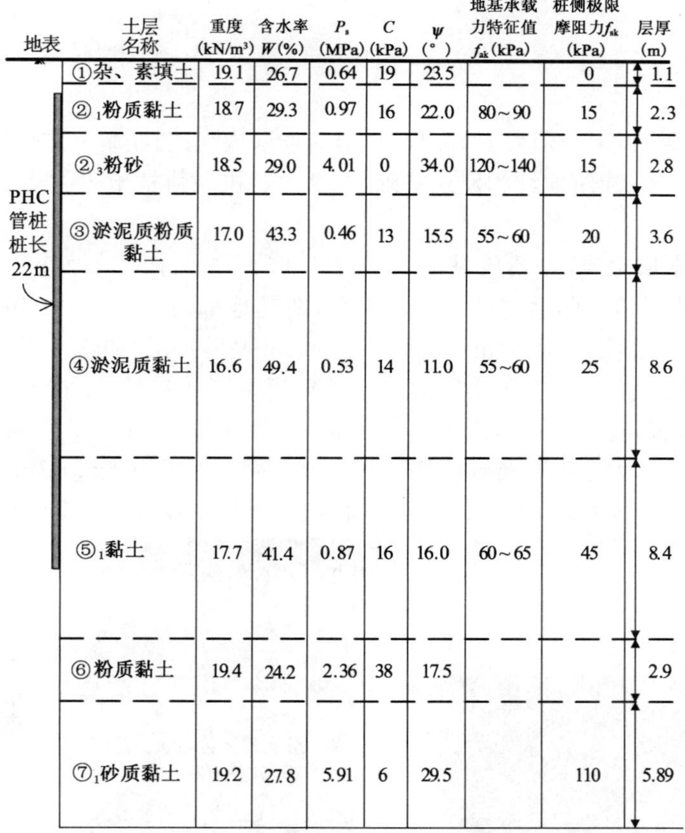

土层名称	重度 (kN/m³)	含水率 W(%)	P_s (MPa)	C (kPa)	ψ (°)	地基承载力特征值 f_{ak}(kPa)	桩侧极限摩阻力f_{ak} (kPa)	层厚 (m)
①杂、素填土	19.1	26.7	0.64	19	23.5		0	1.1
②$_1$粉质黏土	18.7	29.3	0.97	16	22.0	80～90	15	2.3
②$_3$粉砂	18.5	29.0	4.01	0	34.0	120～140	15	2.8
③淤泥质粉质黏土	17.0	43.3	0.46	13	15.5	55～60	20	3.6
④淤泥质黏土	16.6	49.4	0.53	14	11.0	55～60	25	8.6
⑤$_1$黏土	17.7	41.4	0.87	16	16.0	60～65	45	8.4
⑥粉质黏土	19.4	24.2	2.36	38	17.5			2.9
⑦$_1$砂质黏土	19.2	27.8	5.91	6	29.5		110	5.89

图 3　典型土层剖面及土性参数

Fig. 3　Typical soil profile and the soil mechanical parameters

3　地基处理方案选型

根据地勘报告显示，浅层第②$_1$ 层粉质黏土层及第②$_3$ 层粉砂层地基土承载力特征值为 80～140kPa，对照 35 kPa 和 50 kPa 使用荷载要求，天然地基承载力已经能够满足承载力设计要求，因此从地基承载力角度，仅需对浅层杂填土、素填土进行清表换填处理。

但对于以本工程为代表的上海软土地层，大面积展场荷载可能产生较大的沉降问题。特别是荷载较大的 50kPa 使用荷载区域，初步估算其天然地基沉降量大于 400mm，工后沉降无法满足展场使用功能的要求；另一方面，在产生较大竖向沉降同时，也会引起土体的水平向位移，势必给主体结构桩基的受力与安全造成不利影响。故需对深层的软弱下卧层（第③层淤泥质粉质黏土层和第④层淤泥质黏土层）进行处理。

对室内展场 35kPa 使用荷载区域，若仍按 50kPa 区域的思路对深层软土进行地基处理，其造价较高。因此，充分了解了业主关于布展荷载在空间与平面上的特点，在空间上，布展荷载呈条状间隔布置，实际布展面积仅占总展厅面积比率不到 50%；在时间上，全年的实际布展时间一般不超过 40%。考虑荷载的上述特性后，经验算该区域天然地基沉降量基本能满足场地沉降控制要求。另外，该展厅主体结构施工双层展厅上部结构期间，由于施工单位需要满布搭建平均荷载 35kPa 钢平台，对地基也有个预压的作用，有利于减小工后沉降。因此，该区域仅对表层土进行处理。

常用的软土地基处理方法主要有换填法、强夯法、复合地基法和预压法等[2~5]。由于本工程工期紧，地基处理与主体结构工程桩基同步进行，不便采用强夯法和预压法。因此，对于需进行深层软土处理的 50kPa 荷载区域的A、B展厅，采用PHC管桩梳桩复合地基处理方案；对于不进行深层软土处理的35kPa荷载区域C、D展厅，则采用换填法对表层土进行处理。与地铁2号线相距50m的控制范围内，因为轨道交通保护的要求，沉降控制要求高，且不允许采用挤土型桩，采用了灌注桩基础方案，桩端进入⑦$_2$粉砂层，并采用桩端后注浆减少沉降。

4　地基处理设计

4.1　浅层换填设计

为保证地基处理的效果和满足场地地坪高程要求，对场区内河道、明暗浜进行清淤，对民居、厂房、农地、农田的表层杂填土、建筑垃圾、建筑地坪和建筑基础，以及含有机质耕植土等不适于作为地基的表层土进行清表，并及时回填。

清表一直清除到①$_2$素填土或②$_1$粉质黏土。河道、明暗浜清淤采用放坡或阶梯形开挖，将淤泥和浜填土清除至原状土，采用分级放坡。明浜清淤清底完成后，在基地铺设一层250g/cm^{2}土工布，同时为便于压实机械下河道进行分层碾压密实，采用中粗砂铺设一层50cm厚砂垫层，如图4所示。

完成清淤及场地清表后，及时分层压实回填。通过现场不同掺量比（不掺石灰，石灰掺量分别为4%，6%和8%）回填压实试验，根据实际效果，选用石灰掺量为6%的二灰土进行分层碾压回填。填料分层摊铺、分层压实，回填的分层厚度不大于250mm，回填采用分层搭接，各层施工缝应错开搭接，搭接宽度不小于1m，分层搭接时边坡不得小于1∶1。清表后进行地面整平碾压，并做散水坡度防止地面积水，如图5所示。

图4　河道及明、暗浜清淤

Fig. 4　river and underground silt dredging

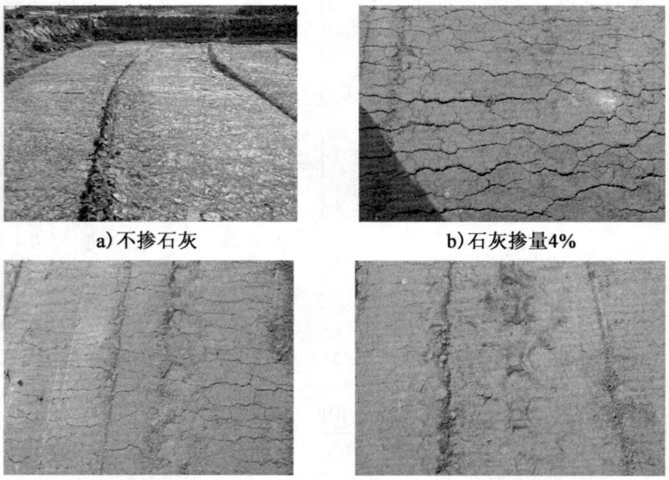

a）不掺石灰　　b）石灰掺量4%

c）石灰掺量6%　　d）石灰掺量8%

图5　不同石灰掺量二灰土压实效果试验照片

Fig. 5　photos of different ratio of lime to soil

4.2　预应力管桩复合桩基设计

对于室内展场主要解决地基沉降过大的问题，采用类似上海地区普通房屋建筑中广泛应用的沉降控制复合桩基的处理方法，在桩上设置独立承台，考虑桩～土协同作用。

综合考虑工期限制和经济性，单桩选用Φ300PHC管桩，桩身穿越③、④淤泥质黏土进入力学性质相对较好的⑤$_1$粉质黏土。有效桩长22m，单桩极限承载力630kN，采用两节桩，焊接法施工。从单桩静载荷试验结果可以看出能满足设计要求。平面布置呈正方形网格状，桩距为3.0m×3.0m，约10倍桩径，如图6所示。

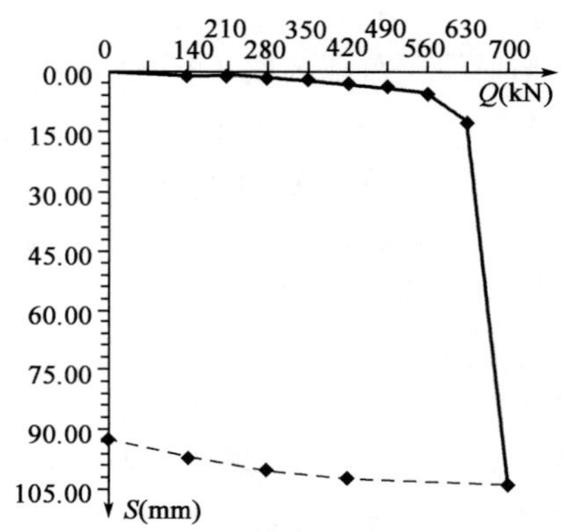

图6　单桩静载荷试验Q—s曲线

Fig. 6　Q—s curve of single pile static load test

由于展厅平面面积很大，为了节约造价，没有设置整体钢筋混凝土板，而是在每根桩顶设置独立承台，充分发挥桩基及桩间土的作用。承台呈正方形，平面尺寸为1.75m×1.75m，承台面积约占展厅总面积 1/3，如图 7 所示。

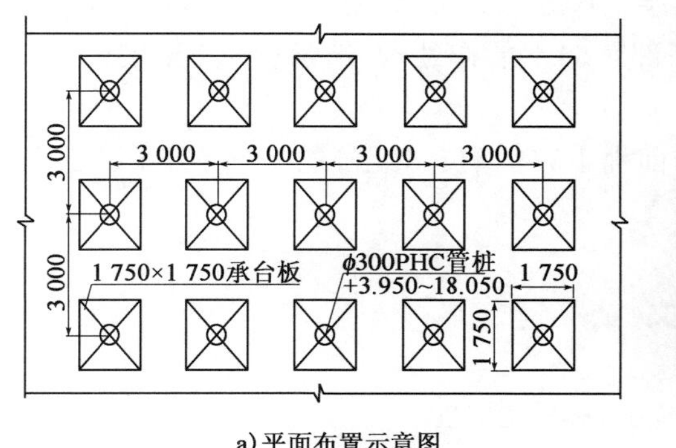

a）平面布置示意图

b）现场照片

图 7　复合桩基平面布置图

Fig. 7　Plan of Composite pile foundation

室内地坪在复合桩基承台板上设置半刚性垫层，用来扩散地面使用荷载并传递到承台板和桩基。采用 100mm 砂石褥垫层结合 150mm 混凝土配筋面层的形式。砂石褥垫层选用碎石、卵石、粗砂和中砂，应级配良好，褥垫层应采用机械压实；现浇混凝土面层混凝土强度等级为 C25，厚 200mm，如图 8 所示。

4.3　灌注桩基础设计

与地铁 2 号线相距 50m 的控制范围内，按照轨道交通保护要求，单桩选用钻孔灌注桩，直径 700mm，桩长 50m，桩端进入⑦$_2$ 粉砂层，单桩承载力特征值 2200kN。根据满铺使用荷载的条件确定桩间距，其中使用荷载 50kPa 范围桩间距约 5.5m，使用荷载 35kPa 范围桩间距约 6.2m，如图 9 所示。

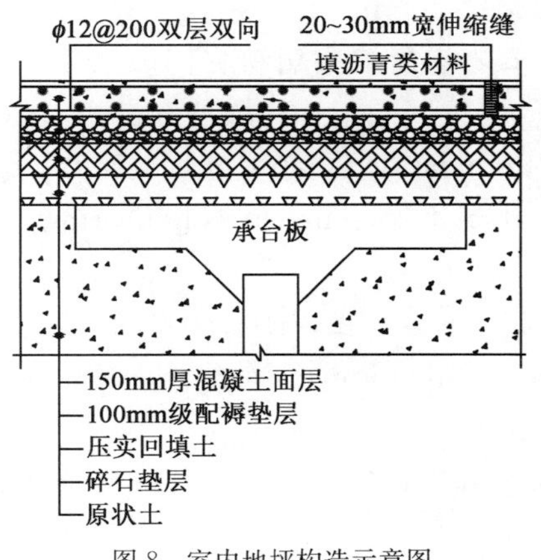

图 8　室内地坪构造示意图

Fig. 8　Diagram of the indoor floor structure

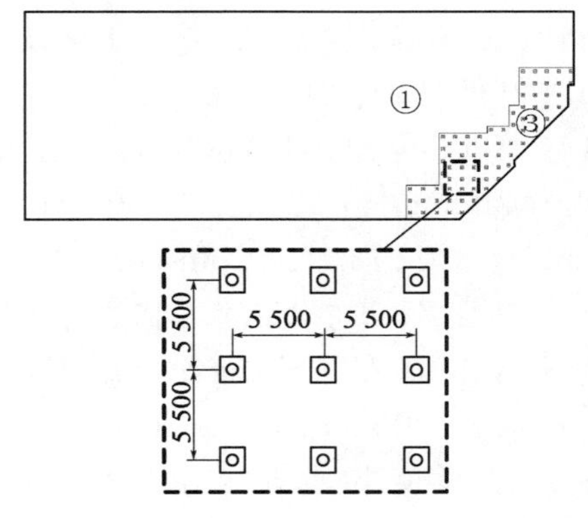

图 9　B 展厅邻近地铁区域灌注桩布置示意图

Fig. 9　Layout of bored pile on the area adjacent metro

由于轨道交通保护要求，对控制范围内沉降要求较高，从半个展厅的平面示意图（图 9）可以看出地铁控制范围相对整个展厅的平面面积占比较小，为保证所有使用荷载均由灌注桩承担，桩顶设置整体的钢筋混凝土承台和板。按照上海规范方法估算最终平均沉降量约为 11.0mm，可以满足要求。

为了调节不同地基处理方法区域的刚度，地坪构造与复合桩基区域采用一样的半刚性垫层，如图 10 所示。

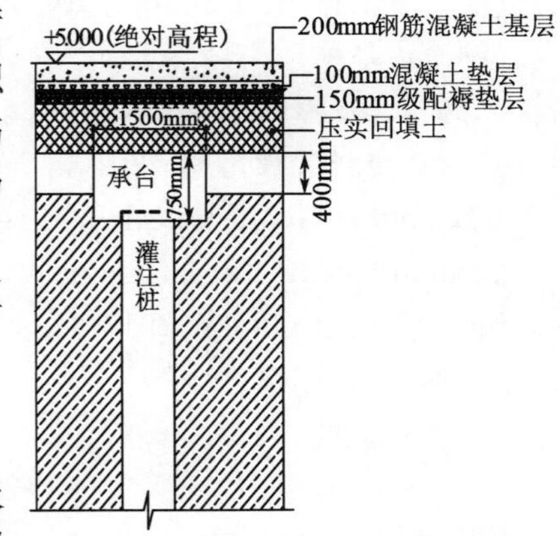

图 10　钻孔灌注桩区域地坪构造示意图

Fig. 10　diagram of the indoor floor structure

5　结语

中国博览会会展综合体项目是商务部和上海市联手打造的国家级大型项目，也是上海“十二五”时期规划建设的重点项目。工程场地现状复杂，大面积地基处理的工程量大、设计难度高。

本文通过比选分析，分区域采用了不同的地基处理方式。35kPa 使用荷载区域的 C、D 展厅，充分考虑展厅荷载的时间与空间分布特性，仅采用清表回填对表层土作处理；50kPa 使用荷载区域的 A、B 展厅，采用大间距布置且设置独立承台的 PHC 管桩复合地基对深部软弱土层作处理；轨道交通控制线 50m 范围内采用常规钻孔灌注桩和筏形承台板形成的桩基础作处理。

采用上述针对性地基处理设计，在满足使用要求的前提下，寻找技术经济的平衡点，保证了工程的顺利实施，带来良好的社会与经济效益。

参考文献

[1] 缪林昌. 软土力学特性与工程实践[M]. 北京：科学出版社，2012.
(MIAO Lin-chang. The soft soil mechanics characteristic and engineering practice[M]. Beijing: Science Press, 2012. (in Chinese))

[2] 朱超，张季超，刘晨. 真空预压处理广州南沙区软基的加固深度探讨[J]. 岩土工程学报，2010，32(增刊 2)：422-425.
(ZHU Chao, ZHANG Ji-chao, LIU Chen. Soft foundation treatment effective reinforced depth by vacuum preloading method [J]. Chinese Journal of Geotechnical Engineering, 2010, 32(Supp 2): 422-425. (in Chinese))

[3] 曹雪山. 某高速公路软土地基处理设计方案分析[J]. 岩土工程学报，2011，33(增刊 1)：220-222.
(CAO Xue-shan. Analysis of ground improvement of a highway in the soft clay ground [J]. Chinese Journal of Geotechnical Engineering, 2011, 33(Supp 1): 220-222. (in Chinese))

[4] 詹金林，水伟厚，陈国栋，等. 上海软土地区邻近建筑堆土地基处理实例研究[J]. 岩土工程学报，2010，32(增刊 2)：310-313.
(ZHAN Jin-lin, SHUI Wei-hou, CHEN Guo-dong, et al. Foundation treatment case study of fill area nearby buildings in Shanghai soft soil [J]. Chinese Journal of Geotechnical Engineering, 2010, 32 (Supp 2): 310-313. (in Chinese))

[5] 贾新勇，郭生昌. 强夯法地基加固在洋山一期工程中的应用[J]. 水运工程，2005，(6)：49-52.
(JIA Xinyong, GUO Sheng-chang. Dynamic Compaction of Foundation in Yangshan Phase I Project [J]. Port and Water Engineering, 2005, (6): 49-52. (in Chinese))

[6] 上海现代建筑设计(集团)有限公司. DGJ 08-11—2010 地基基础设计规范[S]. 上海：上海市建筑建材业市场管理总站，2010.
(Shanghai Xian Dai Architectural Design (Group) Co, Ltd. DGJ08-11-2010 Foundation design code [S]. Shanghai: Shanghai city building materials industry market management station, 2010. (in Chinese))

[7] 上海岩土工程勘察设计研究院有限公司. DGJ 08-37—2012 岩土工程勘察规范[S]. 上海：上海市建筑建材业市场管理总站，2010.
(Shanghai Geotechnical Investigations & Design Institute Co, Ltd. DGJ08-37-2012 Code for investigation of geotechnical engineering [S]. Shanghai: Shanghai city building materials industry market management station, 2010. (in Chinese))

岩溶区冲孔灌注桩施工塌孔事故及处治技术研究

李 炎[1] 冯忠居[1] 王富春[1] 张国炳[2] 吴玉财[3] 宫晓飞[3] 张 帆[4]

(1. 长安大学公路学院 陕西 西安 710064;
2. 广东省南粤交通投资建设有限公司 广东 广州 510507;
3. 广东肇阳高速公路有限公司肇花项目管理处 广东 广州 510880;
4. 福建省高速公路达通检测有限公司 福建 福州 350108)

摘 要:塌孔是岩溶区桩基施工常见的工程病害之一,本文通过对肇花高速公路省道 S114 跨线桥岩溶区岩土体工程特性分析,探讨了 54 号桥墩桩基施工塌孔病害的成因,其中主要原因是由于桩基施工穿越溶洞导致孔内泥浆急剧流失、水位下降,造成孔内水位产生负压,孔壁稳定性减小从而引起塌孔或是护筒下放过短造成;提出了回填片石或砂类土、下放钢护筒至喇叭口下缘以及增加桩长的处治技术和对地质进行详细钻探、钢护筒跟进以及相应地基处理的预防措施。

关键词:岩溶 冲孔灌注桩 塌孔 处治技术 预防措施

作者简介:李炎(1988—),男,山东济南人,硕士,从事公路岩土、桥梁工程方面的研究工作。E-mail:444176961@qq.com。

The Hole Collapse Accident and Treatment Technology of the Karst Area Punch Holes Filling Pile Construction

(LI Yan[1], FENG Zhong-ju[1], WANG Fu-chun[1], ZHANG Guo-bing[2], WU Yu-cai[3], GONG Xiao-fei[3], ZHANG Fan[4])

(1. School of Highway, Chang'an University, Xi'an 710064, China; 2. Guangdong Province Nan Yue Transport Investment and Construction Co. , Ltd. , Guangdong Guangzhou 510507, China; 3. Zhaohua Project Administration of Guangdong Zhaoyang Freeway Co. Ltd. , Guangzhou 510880, China; 4. Fujian Freeway Datong Testing Company, Fuzhou 350108, China)

Abstract: Hole collapse is one of engineering common diseases of the karst areas in pile foundation construction, combing with engineering practice, based on the ambient rock and soil analysis of Zhao Hua highway S114 overpass bridge, The main reason is due to the construction of pile foundation through the cave leading to a sharp loss of mud, the water level dropped, and causing negative pressure and the decreasing of wall of hole stability, resulting in collapse or steel casing was too short . In addition, we proposed backfilling sheet rock or sandy soil, decentralization of steel casing to the lower edge of the bell and the increase in long piles's treatment technique and detailed drilling, steel casing follow-up treatment and ground treatment's appropriate preventive measures.

Key words: karst, punch holes filling pile, hole collapse, treatment technology, preventive measures.

0 引言

岩溶是指水对可溶性岩石进行以化学溶蚀作用为主要特征的综合地质作用,以及由此产生的各种现象的总称。岩溶的发育破坏了岩石的完整性、大幅度降低了岩石的稳定性和强度;在岩溶发育区,上覆土体常发育土洞。岩溶地区桥梁桩基施工期间可能出现严重漏浆、地下水位突然显著变化、溶洞顶板坍塌等问题,进一步形成塌孔病害[1~10],影响工程质量与工程进度。

本文以肇花高速公路第6施工标段省道S114跨线桥54号桥墩桩基塌孔病害为例，分析塌孔病害发生与岩溶区岩土体工程特性的关系，论证了塌孔病害的形成原因，提出针对性的处治技术，并进一步提出了岩溶区桥梁桩基施工塌孔病害的预防措施。

1 工程场地条件

肇花高速公路是《国家高速公路网规划》中珠江三角洲地区环线（G94）的组成部分，也是广东省"十一五"跨"十二五"期间规划实施的重点项目之一。其K24＋800～K55＋000段全程主要由S114跨线桥、碧桂园高架桥及狮岭高架桥组成，狮岭高架桥与山前大道基本共线，总长14.36km。工程区段附近地质状况复杂、岩溶发育，周边建筑物密集，环境复杂，岩溶区的溶洞和土洞分布较广，总见洞率达30.5％，其中87％

为溶洞13％为土洞；溶洞中62％为全填充，18％为半填充，20％为空洞；上覆第四系覆盖层为自稳能力较差的松散～稍密状粗砂，砂层较厚且局部存在大洪涌沟，基岩埋藏较深且变化大，粗砂直接分布于灰岩之上，桩基施工往往极易扰动上覆土体及地下水，打破岩溶区的地下水动态平衡，易触发地面的沉降。

2 岩溶发育特征

肇花高速公路第6施工标段省道S114跨线桥施工周边主要为山地、田地及鱼塘；桥位区主要不良地质条件为岩溶，地面较易塌陷岩溶强烈发育，具有如下主要发育特征：

（1）岩溶发育一般为多层状态，本工程溶洞多为2层，在一定范围内无溶蚀，直接至基岩面。

（2）表现形式主要为溶槽、溶沟发育，局部地区伴有串珠状溶洞且垂直高度较大，地面较易塌陷。

（3）溶洞内多被呈各种软塑状态的充填物充填，主要由粉质黏土组成。

（4）基岩面裂隙发育，钻探岩心呈破碎短柱状。

3 桩基施工塌孔成因分析

3.1 塌孔桩基参数及地质构造

肇花高速公路六标省道S114跨线桥54号桥墩为1墩2桩，桩编号为54-1、54-2，成孔方式为冲击成孔，桩基参数见表1。在桩基成孔施工过程中，上述两桩均发生塌孔，并导致桩基附近地表及乡村公路路面开裂，塌孔现场见图1，路面开裂见图2。

表1 54号桩基参数及地质构造

Table 1 54＃Pier pile foundation parameters and geological structure

墩台号	桩号	桩径 D(m)	设计桩性	桩顶高程(m)	桩长(m)	地层特性
54号	54-1	1.6	嵌岩桩	25.800	61.70	二层溶洞，入微风化灰岩1.0D，桩底4.1D
	54-2	1.6	嵌岩桩	25.800	51.00	二层溶洞，入微风化灰1.0D，桩底3.7D

图1 桩基施工塌孔图

Fig1 Collapse of hole pile construction

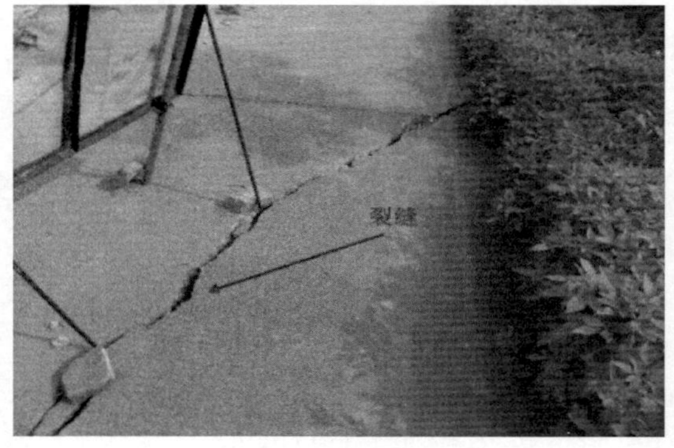

图2 附近乡村公路裂缝

Fig2 Near the village of highway cracks

3.2　塌孔成因分析

54号墩位地质条件复杂，岩溶发育强烈，均发育2层溶洞；在冲进过程中容易冲穿没有填充物或填充不满的溶洞，诱发塌孔现象发生。综合地质勘查资料，推测导致桩孔塌陷的主要原因如下：

(1)由于54号墩位下地质条件复杂，岩溶发育强烈，大小不等的溶洞可能相互连通，导致桩基在冲孔过程中泥浆急剧流失，水位无法及时补回。

(2)该地段地下水位较高，在发生漏浆的同时，由于孔内水位迅速下降，导致孔内水位产生负压，致使孔壁稳定性降低。

(3)护筒下放较短，泥浆没有完全达到标准也极可能导致塌孔。

4　塌孔事故处治措施

针对肇花高速公路S114跨线桥54号桥墩桩基施工出现塌孔的问题，结合现场施工条件，提出以下处治方法：

(1)回填片石或砂类土：回填大量片石或将掺入不小于5%水泥砂浆的黏土进行回填，待回填稳定后需用钻机进行重钻。如果回填后片石的岩面倾斜度较大，钻头在进行冲击时经常会发生摆动，会撞击护筒，从而导致塌孔、卡钻等一系列现象，这时最好先选用小冲程进行冲击，待将孔底的浮土、凸出部分凿平出现平台后，再进行大冲程进行冲击。

(2)钢护筒放至喇叭口下缘：将钢护筒放置在塌孔的喇叭口下缘不透水层上(图3)，在护筒周围回填干片石和黏土，经挤实后重新钻孔。

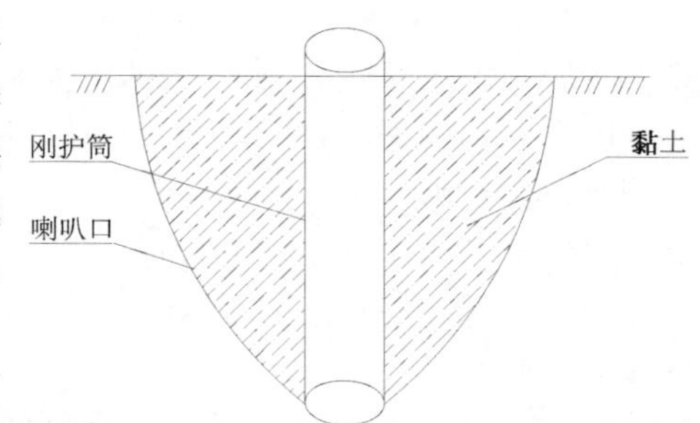

图3　放置钢护筒处理塌孔示意图

Fig. 3　Schematic diagram of placing steel processing hole collapse casing

(3)适当增加桩长：由于回填的土体密实度低于原土体的密实度，桩周摩阻力降低，所以适当增加桩长以满足承载力要求。

5　塌孔预防措施

(1)在桩基施工前，用超前钻进行地质钻探，详细了解岩土层的工程地质特性，并且要求钻孔深度钻至设计孔深10m以下，达到有可靠的持力层为止，判断本桩位是否有溶洞存在，如果存在，可以定位溶洞处于什么位置，尽可能避免因为溶洞存在导致塌孔、卡锤等一系列问题。

(2)如果本桩位下存在溶洞，如果溶洞离桩顶位置较近，可以采取增加钢护筒的长度，采用钢护筒跟进法的原则进行施工，以防塌孔；如果溶洞位置较深，则可以在钢护筒内使用钢套管打入安全稳定岩层，以保证在桩基施工时避免塌孔。

(3)对于有小型溶洞和有溶孔存在裂隙的桩基，则可以注浆和填筑片石以及黏土能够降低工程成本。

(4)在桩基施工期间，时刻观察孔内泥浆液面的变化，如果一旦发现孔内泥浆液面下降，则可以判断孔内漏浆，则立刻补给泥浆并把准备好的片石、黏土进行填筑，防止继续漏浆，阻止塌孔的发生。

6　结语

通过本文研究，可以得到以下几点基本结论和认识：

(1)岩溶地区地质复杂，不确定因素较多，桩基施工前必须进行详细的地质勘探，准确把握地质构造特征、岩土体特性、水文地质条件等地质资料。

(2)如果存在溶洞，则必须制定详细的施工技术措施，判断是否进行地基处理或是使用护筒跟进法等措施预防塌孔事故的发生。

(3)如在成孔过程中发生塌孔事故，应很据现场实际情况制定详细的处理方案，以保证桩基础施工安全，保证桩基成孔质量。

参 考 文 献

[1] 冯忠居. 特殊地区基础工程[M]. 北京：人民交通出版社，2008.
(FENG Zhong-ju. Special regional foundation engineering[M]. Beijing: China Communications Press, 2008. (in Chinese))

[2] 冯忠居. 大直径钻埋预应力混凝土空心桩承载性能的研究[D]. 西安:长安大学，2003.
(FENG Zhong-ju. The study of large diameter prestressed concrete bored pile bearing capacity[D]. Xi'an: Chang'an University, 2003. (in Chinese))

[3] 冯忠居，谢永利. 大直径钻埋预应力混凝土空心桩承载力的试验[J]. 长安大学学报(自然学版)，2005(2)：50-54.
(FENG Zhong-ju, XIE Yong-li, Experimental stud of large diameter prestressed concrete bored pile bearing capacity[J]. journal of chang'an university, 2005(2): 50-54. (in Chinese))

[4] 冯忠居，谢永利，李哲，等. 大直径超长钻孔灌注桩承载性状[J]. 交通运输工程学报，2005(1)：24-27.
(FENG Zhong-ju, XIE Yong-li, LI Zhe, et al, Large diameter longer bored Piles[J]. Traffic and Transportation Engineering, 2005(1): 24-27. (in Chinese))

[5] 冯忠居. 基础工程[M]. 北京：人民交通出版社，2001.
(FENG Zhong-ju. Foundation engineering[M]. Beijing: China Communications Press, 2001. (in Chinese))

[6] 刘之葵，梁金城，朱寿增，等. 岩溶区含溶洞岩石地基稳定性分析[J]，岩土工程学报，2003，25(5)：629-633.
(LIU Zhi-kui, LIANG Jin-cheng, ZHU Shou-zeng, et al. Stability analysis of karst area with rock caverns foundation, Chinese Journal of Geotechnical Engineering, 2003, 25(5): 629-633. (in Chinese))

[7] 程跃辉，周基，崔颖超，等. 地下岩溶暗河诱因路堤塌陷失稳机理模拟分析[J]，中外公路，2007，27(4)：178-181.
(CHENG Yue-hui, ZHOU Ji, CUI Ying-chao, et al. The simulation analysis of karst underground river causing embankment collapse instability[J]. Chinese and foreign highway, 2007, 27(4): 178-181. (in Chinese))

[8] 蒋小珍，雷明堂，等. 岩溶水作用下填石路基稳定性模型方案研究[J]. 中国岩溶. 2005(2)：96-102.
(JIANG Xiao-zhen, LEI Ming-tang, et al, Research on the action of rock fill embankment stability under karst water model program[J]. China karst. 2005(2): 96-102. (in Chinese))

[9] 张艳奇. 岩溶地区桩基础施工技术研究[D]. 昆明：昆明理工大学，2011.
(ZHANG Yan-qi. Karst area pile foundation construction technology research[D]. Kunming: Kunming Polytechnic University, 2011. (in Chinese))

[10] 范德友. 某地下工程溶洞处理分析[D]. 广州：华南理工大学，2010.
(FAN De-you. Processing and analysis of a cave underground engineering[D]. Guangzhou: South China University of Technology, 2010 (in Chinese))

安哥拉膨胀性粉质黏土的工程特性和换填处理

唐国艺[1]　孙华洲[2]　程新星[1]　廖燕宏[1]

（1. 机械工业勘察设计研究院，陕西　西安　710043；
2. 广东中煤地瑞丰建设集团有限公司，广东　广州　510110）

摘　要：发育于安哥拉本哥拉地区山前倾斜平原的粉质黏土膨胀性较为特殊，其自由膨胀率较小，但却具有很大的膨胀潜势，浸水载荷试验表明浸水饱和后的膨胀量和膨胀力均很强烈。同时，粉质黏土具有明显遇水膨胀和增湿软化强烈的水敏特性。由于缺乏气象、地温等基础数据，加之已有的规范和工程经验也不能完全适用，探讨本哥拉强膨胀性粉质黏土的地基处理方案对实际工程的安全性、施工可行性和经济性都具有重要的意义。采用浸水载荷试验对本哥拉地区的膨胀岩土的工程性质进行研究，同时结合当地的气候条件和岩土物理力学性质，分析提出了经济可行的换填垫层的地基处理方案，对类似条件下的场地提供了实用的工程借鉴。

关键词：地基处理　换填垫层　浸水载荷试验　膨胀土　粉质黏土　工程特性

作者简介：唐国艺（1982— ），男，广西桂林人，注册岩土工程师，地质工程专业，主要从事岩土工程设计、咨询和勘察等方面工作。E-mail：t971@163.com。

Engineering Behavior and Ground Treatment of Expansive Silty Clay in Angola

Tang Guo-yi[1], Sun Hua-zhou[2], Cheng Xin-xing[1], Liao Yan-hong[1]

(1. China JIKAN Institute of Engineering Investigation and Design, Xi'an 710043, China; 2. Guangdong Ruifeng Construction Group Co., LTD of CNACG, Guangzhou 510110, China)

Abstract: The silty clay exists in piedmont sloping plain around Benguela of Angola has the special swelling properties of low free swelling ratio with high swelling potential. The field water immersion test indicated that the silty clay has high swelling deformation and expansive force if saturated. Meanwhile, Benguela silty clay has obvious sensitivity to water with the phenomena swelling and weakness during water content increasing. Because of no monitoring data of meteorology and ground temperature, exist criterions and engineering experience are also inapplicable directly for the project. So, to discuss the ground treatment of the high swelling soil in Benguela is necessary for the safety, feasibility and economical cost of the project. Via the PLT with water immersion and analysis of the meteorology condition, the engineering behavior of the expansive soil is studied and a suitable method of replacement with compacted fill is discussed for the project.

Key words: ground treatment, replacement with compacted fill, PLT with water immersion, expensive soil, silty clay, engineering properties

0　引言

膨胀土是以亲水性黏土矿物为主，具有显著的吸水膨胀和失水收缩两种变形特性的特殊土，常危及人类工程活动并造成危害。由于膨胀土地基的危害与地基土中水分转移紧密相关，因此降水和蒸发等气候条件、地温变化和植被等地表覆盖是膨胀土地基中水分运移的关键性影响因素。因此，对膨胀土地基的处理要根据当地的气候、膨胀土的胀缩性质以及建筑物结构类型因地制宜地采取处理措施。

本哥拉是安哥拉中西部地区本哥拉省的省会城市，濒临大西洋，位于沿海狭长平原地带，受本哥拉寒流的影响，该地区气候干旱少雨，年降雨量不足 300mm。在安哥拉本哥拉市实施的某社会住房项目位于本哥拉 GRASA 地区的山前倾斜平原上(图 1)。拟建工程多为 5 层建筑,基底压力 150～200kPa,地基土为坚硬、干燥的低液限粉质黏土,含水率介于 5%～11%,自由膨胀率 15%～55%,其中大多数粉质黏土样按自由膨胀率可划分为非膨胀土[1]。

图 1　拟建场地区域位置图

Fig. 1　Regional geomorphological map of site

根据对场地周边建筑物的现场调查,该场地附近大量未经地基处理的建筑物都存在开裂破坏现象,这种开裂主要由地基土的胀缩变形引起。由于缺乏本哥拉地区相关的气象数据和相关工程经验,因此有必要研究和采取合理可靠的地基处理方式确保工程安全。本文结合该工程,研究了本哥拉膨胀性粉质黏土的工程特性并对地基处理方法进行了讨论,为类似工程提供了借鉴。

1　工程场地地质概况

本哥拉区较为特殊的气候条件,日照强烈,昼夜温差大,该地区植被覆盖率低,地表裸露严重,拟建场地地基土以粉质黏土夹圆砾为主,以下为泥岩,地层分布情况见表 1。

表 1　拟建场地地层表

Table 1　Lithology description of site

层　号	层　名	层厚(m)	描　述
①	表土	0.2～0.7	褐黄色,土质不均匀,较疏松,含植物根系和虫孔
②	粉质黏土	0.2～9.2	黄褐～棕黄色,坚硬,干燥。含白色钙质斑点、少量石膏及中砂颗粒,难于取得原状土样
$②_1$	圆砾	透镜体	褐黄色,密实,局部为中粗砂
③	泥岩	>13	灰绿、黄绿色,稍湿,局部风化成黏土,含大量石膏晶体,坚硬难于取得原状样

2　粉质黏土的膨胀特性

通过室内试验进行初步判定,粉质黏土具有一定的膨胀性,但膨胀性不强。由于试验场地内粉质黏土含水率很小,钻探时若采用干钻工艺难于取得满足试验要求的原状土样进行膨胀力及不同压力下膨胀率试验。因此,仅通过室内试验对该类膨胀土的工程性质,包括膨胀等级、膨胀力大小等性质是难于进一步进行评价的。笔者在现场进行了 3 组浸水载荷试验,得出了拟建场地粉质黏土的一些膨胀特性,对拟建工程的地基设计提供了参考[2]。

2.1　自由膨胀率

自由膨胀率多数情况下作为膨胀土初步判定的定量标准。图 2 为场地内粉质黏土试样自由膨胀率统计直方图。根据《膨胀土地区建筑技术规范》,大多数粉质黏土按自由膨胀率试验结果可划分为非膨胀土,少部分土样具弱膨胀潜势[4]。

2.2　地表的自由膨胀

图 3 为通过浸水载荷试验对地面变形进行监测的结果,试验终止时的地面膨胀量为 106.79mm,且还有往上膨胀的趋势,膨胀性较大,膨胀过程符合 $s=t/(at+b)$ 的双曲线规律。从监测过程来看,粉质黏土一开始浸水即发生了膨胀变形,对水非常敏感,含水率的轻微改变就可以影响到土体变形。

2.3　压力下的地面膨胀

为模拟实际工况,在拟建场地内进行的浸水载荷试验分 2 个步骤进行。试验设置了 2 块承压板,首先在天然状态下分别加载至 100kPa 和 200kPa,然后保持荷载持续稳定并开始对浸水槽浸水。

天然状态下,粉质黏土具有较高的承载力,在 100kPa 及 200kPa 荷载压力下的沉降量分别仅为 1.61mm 和 2.17mm。

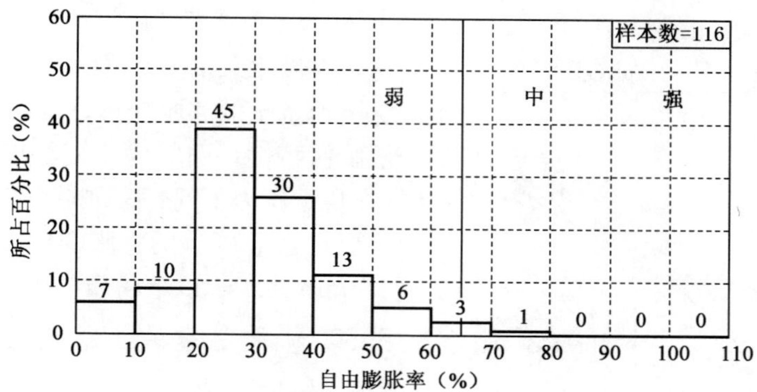

图2　粉质黏土自由膨胀率统计直方图

Fig. 2　Statistical histograph of free swelling degree of silty clay

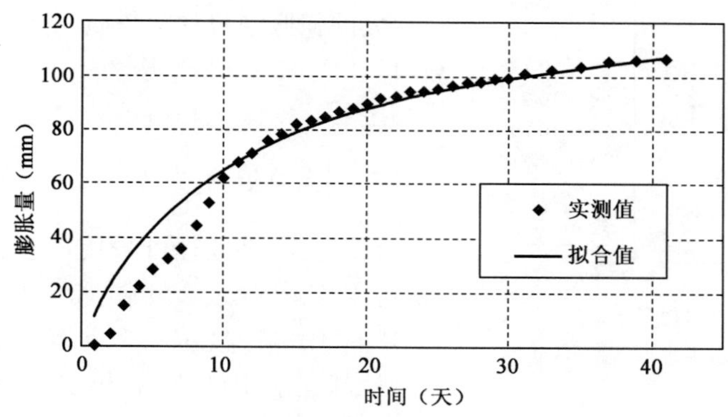

图3　地面累计膨胀量变化曲线

Fig. 3　Accumulated ground heave vs. Time of subsoil

图4为浸水开始后不同荷载下压力板随时间向上膨胀的结果曲线，浸水试验终止时，100kPa压力下地基土膨胀量为59.96mm，且还有继续膨胀的趋势；200kPa压力下出现的地基土最大膨胀量为42.04mm。从有荷压力下的膨胀变形量来看，粉质黏土的膨胀性较强烈，产生的膨胀力是不容忽视。

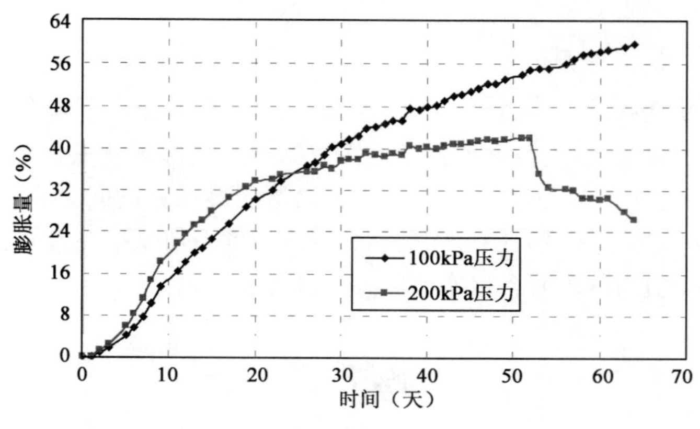

图4　承压板时程变化曲线

Fig. 4　Swelling increment under loading vs. Time of Plate

另一方面，粉质黏土吸水饱和后出现软化现象，承载力迅速降低。具体表现在，试验过程中，由于200kPa压力下承压板靠近试验罩棚的外侧，受某次降雨的影响，承压板下地基土被浸泡而产生了陡降，而100kPa压力下承压板位于罩棚中间而未受到影响。这一现象与粉质黏土遇水迅速崩解的现象是一致的。水的作用不仅导致粉质黏土的膨胀，也影响其强度，因此膨胀性和增湿强度衰减现象是拟建场地粉质黏土的显著特征。

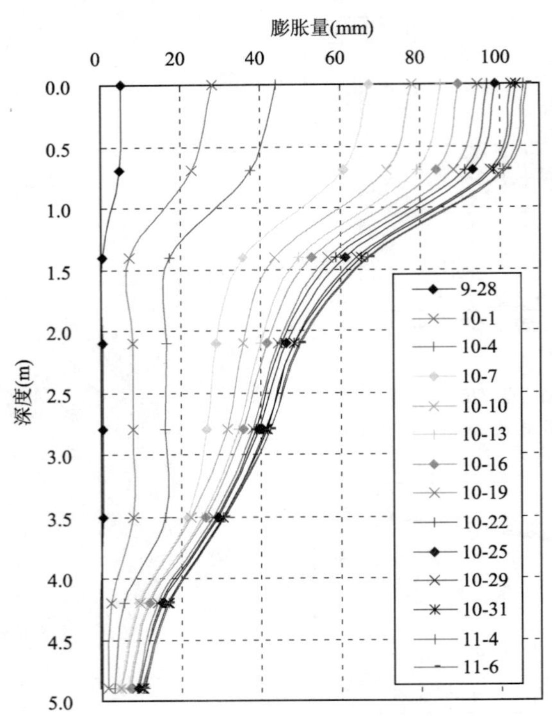

图 5　不同深度膨胀量的时程变化曲线

Fig. 5　Fixed depth heave vs. time of subsoil

2.4　不同深度地基土的膨胀变形

通过在浸水载荷试验中埋设的深标点观测浸水过程中不同深度地基土的膨胀变形，可以确定极端情况下的地基土的分层膨胀特性。图 5 为不同深度粉质黏土的膨胀量变化曲线，在自重压力下，膨胀影响深度超过 5.0m，地面下 4.0m 以上土层贡献了 80％的膨胀变形量，不同深度处的膨胀量均超过 20mm。5.0m 以下粉质黏土仍然具有一定的膨胀量。

2.5　粉质黏土的工程性质

通过对本哥拉拟建场地粉质黏土的自由膨胀率和现场试验，对本哥拉的粉质黏土的工程性质得出以下几点认识：(1)粉质黏土的自由膨胀率较小，但是其膨胀性却较强烈，具有较大的膨胀潜势；(2)粉质黏土具有较大的膨胀力，在无荷载，100kPa 和 200kPa 压力下均具有较大的膨胀变形；(3)粉质黏土具有增湿饱和后承载力迅速下降的水敏特性。

3　换填处理方案

膨胀土地基处理可采用换土、土性改良、砂石或灰土垫层、桩基础等方案。《膨胀土地区建筑技术规范》(GB 50112—2013)中规定平坦场地上胀缩等级为 I 级、II 级的膨胀土地基宜采用砂、碎石垫层，垫层厚度不应小于 300mm；对胀缩等级为 III 级或设计等级为甲级的膨胀土地基，宜采用桩基础[4]。

拟建场地的粉质黏土由于膨胀性强烈，浸水饱和后承载力严重降低，地基处理要同时满足消除膨胀性和承载力的要求。考虑到本工程的建筑类型和海外工程的可实施性，且场地附近山区料源丰富，采用砂石垫层进行换填处理具有较高的经济性和可行性。由于当地缺乏相应的基础资料，也没有类似工程借鉴，地基土换填处理厚度的确定存在难题，笔者从浸水载荷试验和地基土基本物理性质出发，结合当地气候条件对换填的深度和垫层厚度进行了讨论。

3.1　拟建场地大气影响深度

大气影响深度系指自然气候条件下，土层湿度、地温等变化，引起土层升降变形的有效深度，是膨胀土地区的建筑地基处理的一个重要参数，其数值由各气候区土的深层变形观测或含水率观测及地温观测资料确定，直接进行测定需耗费大量的人力、物力和时间。本文借鉴湿度系数的间接方法来确定大气影响深度，已有资料表明，湿度系数与大气影响深度有明显的负相关性。湿度系数是指在自然气候影响下，地表下 1m 处土层含水率可能达到的最小值与其塑限含水率比值，即式(1)表示[5]：

$$\psi_w = \frac{\omega_{min}}{\omega_p} \tag{1}$$

在地下水位较深的情况下，土中含水率的变化主要受气候因素的降水和蒸发之间的湿度平衡所控制，一般情况下，根据长期(10 年以上)含水率的实测资料预估土的湿度系数值。

本哥拉地区干旱少雨，年降雨量较小，下部土体处于较干燥状态，可以认为 1m 处的地基土含水率接近最小含水率，根据室内试验得到的含水率数据对 GRASA 地块的湿度系数进行预估见表 2。

估算的湿度系数平均值为 0.68，按最小含水率变化趋势，取拟建场地的湿度系数为 0.6。

《膨胀土地区建筑技术规范》中湿度系数 0.6 时，对应的大气影响深度为 5.0m[4]，《Foundations in expansive soils》(美国标准 UFC-3-220-07)中建议的大气影响深度为建筑物基础底面以下或浅层水位以上 3～

6m[6]。因此，在没有实测资料的基础上，参考中美规范以及现场的气候条件，对拟建场地大气影响深度取为5.0m，大气影响急剧层深度取2.5m。

表2 湿度系数估计值计算表

Table 2 Estimated coefficient of minimum water content of silty clay

土　样	深度(m)	含水率(%)	塑限(%)	湿度系数
032-01	1.0	19.2	28.9	0.66
034-01	1.0	22.5	31.2	0.72
94A-01	1.0	24.4	38.1	0.64
96A-01	1.0	25.5	33.0	0.77
104-01	1.0	15.4	22.9	0.67
S1-B1-1	1.0	17.2	20.5	0.84
S1-T2-1	1.0	8.4	18.5	0.45

3.2 换填处理方案

一般情况下，对于强膨胀土，换填深度达到大气影响深度更为安全，但这势必会增加大量的地基处理费用，大大增加多层建筑的造价，确定合理的地基处理深度，对于节约海外工程投资具有十分重要的意义。

因此，首先考虑到消除大气等自然条件对膨胀土的影响，处理至大气影响急剧层的影响深度，即2.5m，同时结合其他结构措施进行综合处理，可以大大降低工程费用。具体措施为采用底部1.0m厚的砂石垫层，基础埋深加大至1.5m的综合方案来满足处理深度。

另一方面，浸水载荷试验结果也表明，在土的自重压力下，地基土有较强膨胀性，其中地面下4.0m以上的土层膨胀量约占总膨胀量的80%，2.5m以上的土层膨胀量约占总膨胀量的60%。另外，从压力作用下的地面膨胀量来看，150kPa荷载下产生的膨胀量约为无荷载下膨胀量的60%。

综合上述分析，确定换填处理深度为2.5m，并考虑建筑荷载作用时，地基土的膨胀变形量可减小约80%，加上砂石垫层的安全储备和变形调节作用，应可满足建筑物变形控制的要求。

4 结语

本文通过实际工程，对安哥拉本哥拉市的膨胀土地基进行了一定的研究，讨论并确定了拟建工程的地基处理方案，得出了一些有意义的结论：

(1)本哥拉粉质黏土的自由膨胀率较低，但现场浸水载荷试验表明其膨胀潜势很大，具有强膨胀性。现场试验对于正确评价本格拉粉质黏土的膨胀性具有不可替代的作用。

(2)本哥拉粉质黏土具有遇水膨胀和增湿软化的明显水敏特性。

(3)自重压力下，膨胀影响深度超过5.0m，地面下4.0m以上土层贡献了80%的膨胀变形量，地面下2.5m以上的土层膨胀量约占总膨胀量的60%。

(4)从有荷压力下的膨胀变形量来看，粉质黏土的膨胀性较强烈，具有较大的膨胀力。但是在一般荷载作用下，其膨胀量的减小仍然不能忽视。

(5)依据本哥拉地区的气候条件和地基土含水率情况，确定该地区的湿度系数为0.6，大气影响深度可确定为5.0m，大气影响急剧层深度取2.5m。

(6)考虑到气候的影响因素，拟建工程采用基础埋深1.5m，基础底部设置1.0m厚砂石垫层的综合处理方案，达到处理深度至大气影响急剧层深度以下，应可满足建筑物变形控制的要求。

(7)笔者针对安哥拉本哥拉地区的实际工程做的工作和讨论为同类问题提供了有用的借鉴，鉴于文中所设计工程缺乏基础研究，且国内规范及工程经验不能完全适用于这些地区，该场地的地基处理方案还在实施中，其进一步的优化和可靠性还有待后续工作的进一步研究。

参考文献

[1] GBJ 145—90,土的分类标准[S].
(GBJ145-90, Standard for Classification of Soil[S]. (in Chinese))

[2] 廖燕宏,唐国艺,刘争宏. 安哥拉本哥拉市膨胀性粉质粘土浸水试验研究[J]. 岩土工程技术, 2013, 27(4):167-170.
(LIAO Yan-hong, TANG Guo-yi, LIU Zheng-hong. Field Water Immersion Test on Expansive Silty Clay in Benguela, Angola[J]. Geotechnical Engineering Technique, 2013, 27(4):167-170. (in Chinese))

[3] GB/T 50123—1999,土工试验方法标准[S].
(GB/T 50123—1999, Standard for Soil Test Method[S]. (in Chinese))

[4] GB 50112—2013,膨胀土地区建筑技术规范[S].
(GB 50112—2013, Technical Code for Buildings in Expensive Soil Regions[S]. (in Chinese))

[5] 林宗元. 岩土工程勘察设计手册[M]. 沈阳:辽宁科学技术出版社,1996.
(LIN Zong-yuan, Geotechnical Investigation and Design Manual[M]. Shenyang: Liaoning Science and Technology Publishing House, 1996. (in Chinese))

[6] UFC-3-220-07,Foundations in Expansive Soils[S].

基于 ABAQUS 的边坡稳定影响因素分析

王　凯[1]　肖　兵[2]　李建举[3]　冯云鹤[1]
(1.长安大学 公路学院　西安 710064;
2.深圳市勘察研究院有限公司　深圳　518026;3.中国航空港建设第九工程总队　成都　611430)

摘　要:强度折减法在边坡分析中已经得到广泛应用。采用强度折减法,运用有限元软件 ABAQUS 并结合某边坡算例,对安全系数在上下土层黏聚力比值及边坡角度发生变化时的规律开展了讨论。此外以60°边坡为例,讨论了上下土层高度比值发生变化及土层内摩擦角发生变化时,安全系数的变化规律。将所得计算结果用 Origin 软件作出相应的变化图形,直观地描述出安全系数随相关条件的变化。并对部分图形应用最小二乘法计算出相关曲线的回归曲线。研究结果表明,安全系数随坡角的增大、内摩擦角和上层土层黏聚力的减小而减小。对类似工程中边坡稳定性的讨论提供了一定的参考。

关键词:边坡稳定　强度折减法　安全系数　黏聚力

作者简介:王凯(1988—),男,硕士研究生。E-mail:wangkai1413@126.com。

Slope Stability Analysis Based on ABAQUS

WANG Kai, xiao-bing, LI Jian-ju,FENG Yun-he

(Highway Institute Chang'an University, Xi'an 710064)

Abstract:Strength reduction has been widely used in the slope analysis . In this paper, by employing the strength reduction method in FEM software ABAQUS, the effect of the ratio of cohesion of the upper and lower soil and slope inclination angle on the safety factor is studied. In addition, the variation of the safety factor with the height ratio of the upper and lower soil layer and the soil friction angle is discussed by taking the example of slope inclination angle is 60°. The results were made corresponding graphics by software with Origin. The safety factors changing with the relevant conditions were intuitively descript. And using least squares method to calculate the regression curves of part of the graphics. The study results indicate that with the increment of slope angle, the decrement of friction angle and the cohesion of the upper soil layer, the safety factor reduced. The study results can provide theoretical references for the similar slope stability analysis in engineering practices.

Key words:slope stability,strength subtraction,safety coefficient,cohesion

0　引言

目前,研究边坡稳定性的传统方法主要有极限平衡法、极限分析法、滑移线场法等。这些建立在极限平衡理论基础上的各种稳定性分析方法没有考虑土体内部的应力应变关系,无法分析边坡破坏的发生和发展过程,没有考虑土体与支挡结构的共同作用及其变形协调,在求安全系数时通常需要假定滑裂面形状为折线、圆弧、对数螺旋线等。而有限单元法不但满足力的平衡条件,而且考虑了材料的应力应变关系,使得计算结果更加精确合理。现行的有限元边坡稳定分析的判定标准主要有以下几种:

(1)以有限元迭代求解过程的不收敛作为边坡失稳的判据[1-3];

(2)以塑性区(或等效塑性应变)从坡脚到坡顶贯通作为边坡失稳的判据[4];

(3)以坡体内特征部位位移发生突变作为边坡失稳的判据[5-8]。

本文在前人对有限元法在边坡稳定性分析中可靠性得到证明的基础之上，应用 ABAQUS 有限元软件，采用强度折减法，选取对双层土质边坡影响较大的 4 个因素（上下土层黏聚力之间的比值 K、坡角 β、内摩擦角 φ、上下土层高度比 a），通过对 104 个算例进行比较分析，对边坡安全系数随以上 4 个因素的具体变化规律给出了详细的描述。

1　基本原理

强度折减法中边坡稳定的基本原理基于强度储备概念，其安全系数定义为：使边坡刚好达到临界破坏状态时，对岩土体的抗剪强度进行折减的程度，即定义安全系数为岩土体的实际抗剪强度与临界破坏时折减后剪切强度的比值。强度折减法的关键是利用式(1)和式(2)来调整岩土体的强度指标 c 和 φ，然后对边坡稳定性进行数值分析，不断地增加折减的倍数，反复计算，直至其达到临界破坏，此时得到的折减倍数即为安全系数 F_s。

$$c_m = c/F_r \tag{1}$$

$$\varphi_m = \arctan(\tan\varphi/F_r) \tag{2}$$

式中：c、φ——土体所能够提供的抗剪强度；

c_m、φ_m——分别为维持平衡所需要的或土体实际发挥的抗剪强度；

F_r——强度折减系数。

2　计算模型及参数

为了便于验证结果的正确性，本文分析边坡模型条件与 Griffiths 等（1999 年）的算例一致；分析采用的边坡高度为 20m，坡度分别取 30°、45°、60°、75°。图 1 给出坡度 60°时的示意图。所用材料参数见表 1。表 1 中 γ 表示土体重度，E 为土体弹性模量，μ 表示土体泊松比。分析中下层土层黏聚力 c_{u2} 固定取 $c_{u2}=c$，通过 c_{u1} 的值来改变上下黏聚力之间的比值，为了描述方便记 $K= c_{u2}/c_{u1}$；此外上层土高度为 H_1，下层土高度为 H_2，记 $a= H_1/H_2$。本算例属于平面应变问题，边坡土体采用理想弹塑性 Mohr-Coulomb 屈服准则及非关联流动法则。边界条件设左右两边为水平约束，底边为固定约束，坡面为自由边界，采用四节点网格进行分析，在坡面坡脚处网格划分较密，有限单元数 3 078（图 2）。

表 1　算例土体力学参数

Table 1　Soil mechanics parameters table of example calculation

参数	c(kPa)	φ(°)	γ(kN/m³)	E(kPa)	μ
数值	30	25	17 000	30 000	0.35

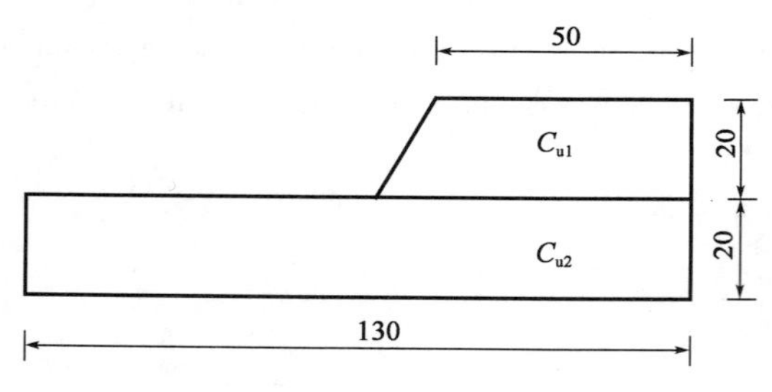

图 1　边坡形状示意图(尺寸单位：m)

Fig. 1　Schematic of slope shape

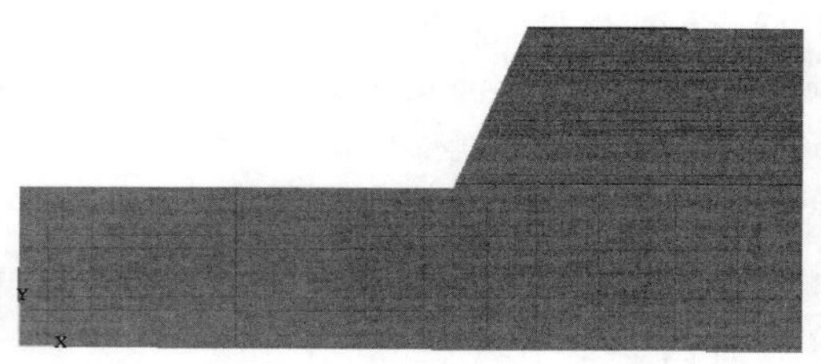

图 2　边坡有限元网格

Fig. 2　Slope finite element mesh

3　边坡稳定性分析

3.1　上下土层黏聚力比值 K 对边坡安全系数的影响

在保持下层土层黏聚力 $c_{u2}=c$ 不变的情况下，分别取 K 为 0.4、0.6、0.8、1.0、1.25、1.5、2.0、2.5，对坡角为 30°、45°、60°、75°的 32 种情况进行了分析。同样给出了以 60°边坡为例的云图，如图 3 所示。从云图的变化中我们可以看出，随着 K 值的变化，边坡的变形机制及破坏机制发生明显的变化。随着 K 值的减小，滑动面向深处发展；而随着 K 值的增大，圆弧滑动破坏向沿坡角滑动发展。破坏形式由中点圆向坡角圆、坡面圆发展。这与刘开富[9]等计算分析的结果的变化规律相同。

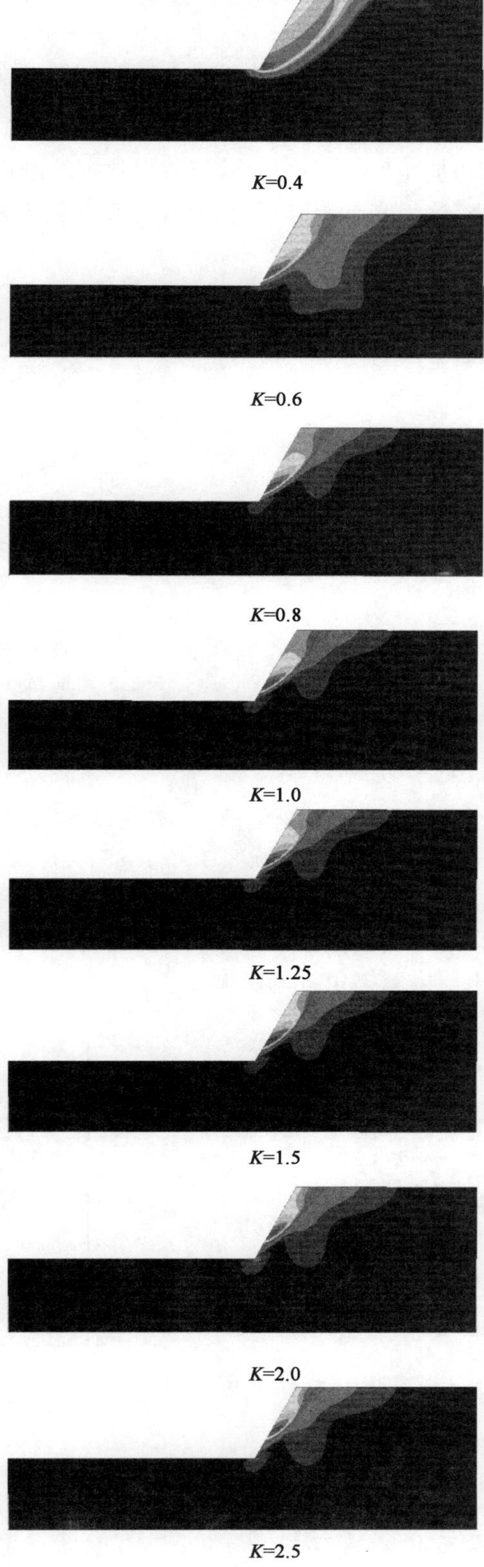

图 3　不同 K 值下的滑动面

Fig. 3　The sliding surface under different K values

将计算所得安全系数 F_s 随 K 值的变化绘制成图 4。为消除偶然性误差，本文讨论了坡角 30°、45°、60°、75°四类工况。从图 4 中可以看出，随着 K 值不断增大，安全系数 F_s 不断减小。通过分析得出，安全系数 F_s 随 K 值变化规律可用对数函数 $y = k\ln x + b$ 近似描述，对于相同坡角的边坡 k、b 为定值。30°边坡可用 $y = -0.587\ln x + 1.7566$ 近似描述；45°边坡可用 $y = -0.575\ln x + 1.3814$ 近似描述；60°边坡可用 $y = -0.574\ln x + 1.1349$ 近似描述；75°边坡可用 $y = -0.524\ln x + 0.9366$ 近似描述。

3.2 边坡角度 β 对边坡安全系数的影响

为了直观地描述出安全系数随边坡角度 β 变化趋势，将所得数据绘制成图 5。由图 5 可以看出，随着边坡角度 β 的增大，安全系数不断减小，这与实际相符；并且随着边坡角度 β 变化，安全系数近似呈线性变化。

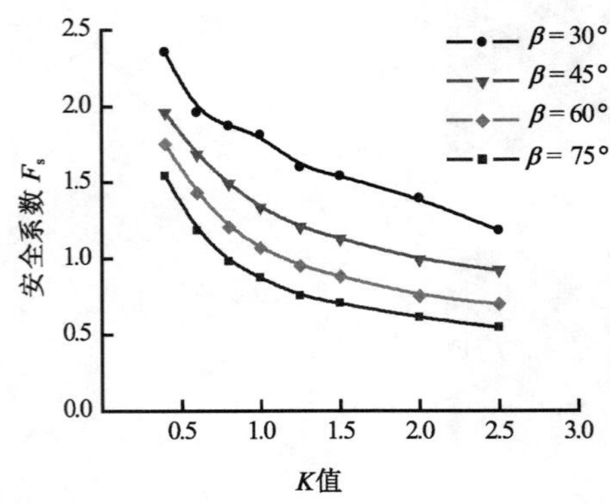

图 4 不同坡角 β 下安全系数随 K 值变化图

Fig. 4 The map safety factors change with K values under different slope angles β

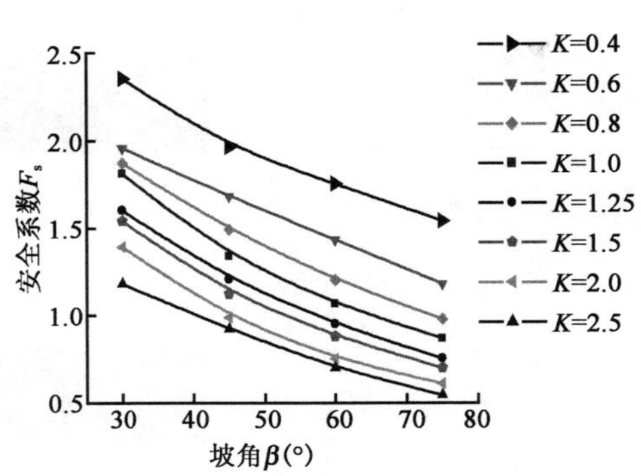

图 5 安全系数随坡角 β 变化图

Fig. 5 The map safety factors change with different slope angles β

3.3 内摩擦角 φ 对边坡安全系数的影响

为了清晰地描述安全系数随土层内摩擦角的变化情况，本文以 60°边坡为例，讨论了内摩擦角 φ=15°、20°、25°、30°、35°，上下土层黏聚力比值 K=0.4、0.6、0.8、1.0、1.25、1.5、2.0、2.5 共 32 个算例。结果如图 6 所示，在不同 K 值情况下，随着土层内摩擦角 φ 的增大，边坡安全系数逐渐增大，且增长趋势呈线性增长。

此外，将图 7 与图 4 相结合，可以说明，安全系数 F_s 随 K 值变化规律可用对数函数 $y = k\ln x + b$ 近似描述，且这种变化规律不受坡角 β 与土层内摩擦角 φ 的影响。

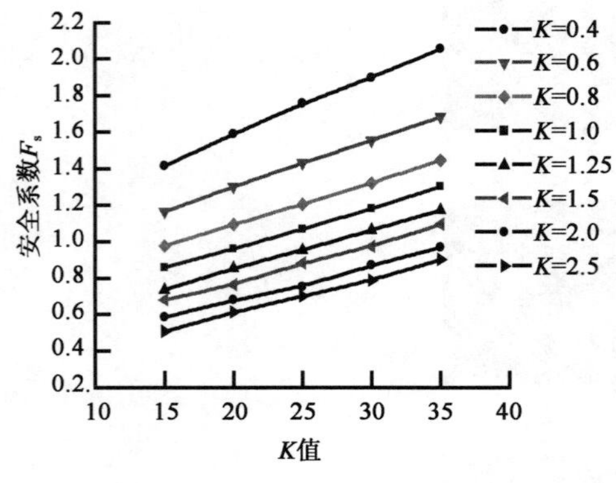

图 6 安全系数随 K 值变化图

Fig. 6 The map safety factors change with K values

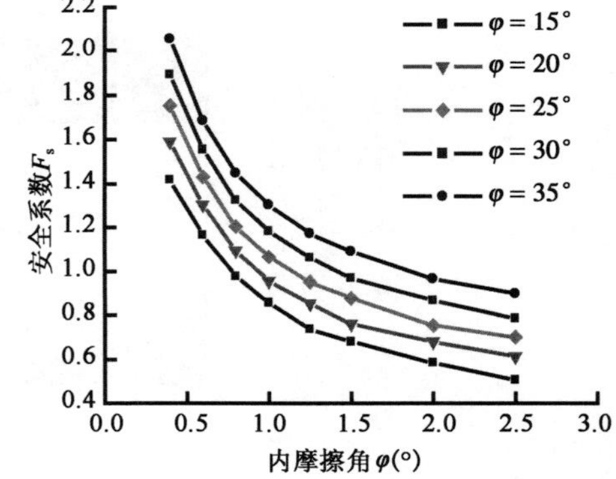

图 7 安全系数随内摩擦角 φ 变化图

Fig. 7 The map safety factors change with friction angles φ

3.4 土层高度比 a 对边坡安全系数的影响

下层土高度为 H_1，上层土高度为 H_2，记 $a = H_1 : H_2$。在总高度不变的情况下，通过增大下层土高度 H_1 来调整土层高度比 a。本文以 60°边坡为例，分别取 a=1、1.5、2.33、4、5.67、9 进行计算，将计算结果绘制成图 8。从图 8 中可以发现：当 $K<1.0$ 时，随着 a 值的增大，安全系数不断减小，变化趋势由快速递减到慢慢趋于平稳，当 a 值接近 9 时，安全系数趋于定值；$K>1.0$ 时，随着 a 值的增大，安全系数不断增大，变化趋势由快速递增到慢慢趋于平稳，当 a 值接近 9 时，安全系数趋于定值。

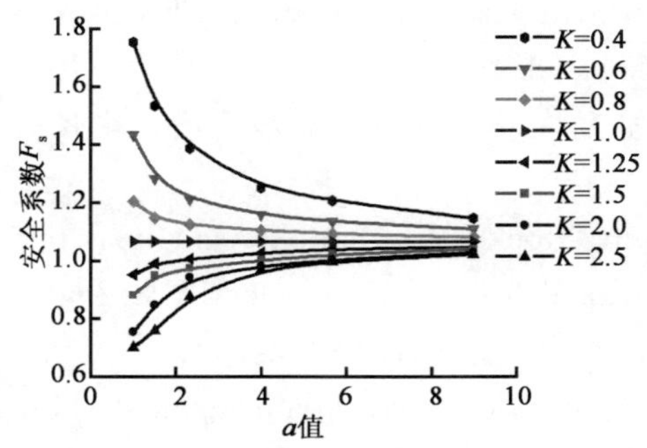

图 8　安全系数随 a 值变化图

Fig. 8　The map safety factors change with a values

4　结语

通过以上分析，可以得到以下结论：

(1)随着上下土层黏聚力比值 K 的增大，边坡破坏形式由圆弧滑动破坏向沿坡角滑动转变。破坏形式由中点圆向坡角圆、坡面圆发展。且安全系数 F_s 随 K 值变化规律可用对数函数 $y=k\ln x+b$ 近似描述。这种变化规律不受坡角 β 与土层内摩擦角 φ 的影响。工程中在得到两点的安全系数值时就可近似计算出其他各点的安全系数值。

(2)随着坡角 β 的增大，安全系数 F_s 减小，并且两者之间近似呈线性变化关系。

(3)随着土层内摩擦角 φ 的增大，安全系数 F_s 增大，并且两者之间近似呈线性变化关系。

(4)随着土层高度比值 a 值发生变化时，当 $K<1.0$ 时，随着 a 值的增大，安全系数不断减小，变化趋势由快速递减到趋于平稳，当 a 值接近 9 时，安全系数趋于定值；$K>1.0$ 时，随着 a 值的增大，安全系数不断增大，变化趋势由快速递增到趋于平稳，当 a 值接近 9 时，安全系数趋于定值。

参 考 文 献

[1] 赵尚毅，郑颖人，时卫民，等. 用有限元强度折减法求边坡稳定系数[J]. 岩土工程学报，2002(3)：343-346.
(ZHAO Shang-yi, ZHENG Ying-ren, SHI Wei-min, et al. Analysis on safety factor of slope by strength reduction FEM[J]. Chinese Journal of Geotechnical Engineering, 2002(3):343-346.)

[2] 常云华，尹大娟，李宗伟. 有限元强度折减法在边坡稳定性研究中的应用[J]. 东北水利水电，2011，29(3)：19-20.
(CHANG Yun-hua, YIN Da-juan, LI Zong-wei. Application of FEM strength reduction method in study of slope stability [J]. Water Resources & Hydropower of Northeast China, 2011, 29(3): 19-20.)

[3] 张鲁渝，郑颖人，赵尚毅，等. 有限元强度折减系数法计算土坡稳定安全系数的精度研究[J]. 水利学报，2003(1)：21-27.
(ZHANG Lu-yu, ZHENG Ying-ren, ZHAO Shang-yi, et al. The feasibility study of strength-reduction method with FEM for calculating safety factors of soil slope stability [J]. Journal of Hydraulic Engineering, 2003(1):21-27.)

[4] 栾茂田,武亚军,年廷凯.强度折减有限元法中边坡失稳的塑性区判据及其应用[J].防灾减灾工程学报,2003 (3):1-8.
(LUAN Mao-tian, WU Ya-jun, NIAN Ting-kai. A criterion for evaluating slope stability based on development of plastic zone by shear strength reduction FEM [J]. Journal of Disaster Prevention and Mitigation Engineering, 2003(3):1-8.)

[5] 周桂云,李同春.饱和—非饱和非稳定渗流作用下岩质边坡稳定性分析[J].水电能源学,2006,24(5):79-82,101-102.
(ZHOU Gui-yun, LI Tong-chun. Rocky slope stability analysis taking into account saturated-unsaturated seepage flow [J]. International Journal Hydroelectric Energy,2006,24(5):79-82,101-102.)

[6] 曹泽伟,重力坝深层抗滑稳定分析[D].南京:河海大学,2011.
(CAO Ze-wei, An analysis of stability of gravity dams against sliding along deep interlayer[D]. Nanjing: Hehai University, 2011.)

[7] 段庆伟,陈祖煜,王玉杰,等.重力坝抗滑稳定的强度折减法探讨及应用[J].岩石力学与工程学报,2007 (26):4510-4517.
(DUAN Qing-wei, CHEN Zu-yu, WANG Yu-jie, et al. Discussion on strength reduction method for gravity stability analysis against sliding and Its application[J]. Chinese Journal of Rock Mechanics and Engineering, 2007(26):4510-4517.)

[8] 宋二祥.土工结构安全系数的有限元计算[J].岩土工程学报,1997,19(2):1-7.
(SONG Er-xiang. Finite element analysis of safety factor[J]. Chinese Journal of Geotechnical Engineering, 1997,19(2):1-7.)

[9] 谢新宇,刘开富,张继发.边坡及基础工程数值分析新发展[M].北京:科学出版社,2010,8.
(XIE Xin-yu,LIU Kai-fu,ZHANG Ji-fa. The new developments of slope and foundation engineering [M]. Beijing: Science Press, 2010,8.)

桩锚结合土钉墙复合支护体系在深基坑中的应用研究

马少俊[1]　胡启帆[2]　袁　静[1]　刘兴旺[1]
（1. 浙江省建筑设计研究院　浙江　杭州　310006；
2. 浙江省水利水电勘测设计院　浙江　杭州　310002）

摘　要：本文结合基坑工程实例，介绍了桩锚结合土钉复合支护技术在深基坑工程中的成功应用案例。对预应力锚杆抗拔力试验结果和围护结构水平位移监测数据进行了分析研究，结果表明，该复合支护体系在黏土岩深基坑中的应用是安全可靠、经济合理的，有较大的推广应用价值。

关键词：深基坑　桩锚支护　复合支护　预应力锚杆　土钉

作者简介：马少俊（1984— ），男，浙江杭州人，博士，工程师，主要从事岩土工程设计和科研等相关方面的研究工作。E-mail：msj07@zju. edu. cn

Application Study of Combination Support of Anchor-pile and Soil-Nailing in Deep Foundation Pit

MA Shao-jun[1]，HU Qi-fan[2]，YUAN Jing [1]， LIU Xing-wang[1]
（1. Zhejiang Province Architectural Design and Research Institute，Hangzhou 310006，China；
2. Zhejiang Design Institute of Water Conservancy and Hydroelectric Power，Hangzhou 310002，China）

Abstract：This paper introduces the application of the combination support of anchor-pile and soil-nailing in basis a successful pit excavation. Base on the put-out force test result of the pre-stress anchor and the monitored data of the retaining structure horizontal displacement ， the results indicate that the combination support technology of anchor-pile and soil-nailing in deep foundation pit is economic，reasonable，safe reliable and has high value for application.

Key words：deep foundation pit，pile anchor support，composite frame of support，pre-stress anchor，soil nailing.

0　引言

随着城市地下空间的开发利用速度加快，地下空间的开发规模不断加大，地下室结构层数和基坑开挖深度也不断增加。同时，深基坑的支护手段和支护技术也有了很大的发展和进步。多种组合式支护体系逐渐应用到了实际工程，并取得很好的支护效果和经济效益。其中，钻孔灌注桩排桩结合预应力锚杆和土钉墙联合支护技术就是新型组合支护体系中的一种。

桩锚加土钉墙支护体系主要是由排桩、锚杆、土钉、压顶梁和围檩梁组成，作为支护结构时，该五部分形成有机整体，协同工作。较传统的排桩加内支撑的支护结构，具有围护造价经济、地下室土方开挖便利、地下室结构施工方便等明显优势。本文结合浙江省湖州市安吉县博瑞广场地下室基坑支护实例，对该组合式支护体系进行分析研究。同时对锚杆抗拔试验结果和围护结构位移监测结果也进行了分析和总结。

1　工程概况和水文地质条件

1.1　工程概况和周边环境条件

拟建工程位于安吉县递铺镇县城中部地段，属于山前冲洪积平原地貌单元。本工程总用地面积约 11 143m^2，总建筑面积约 77 700 m^2。建筑物主体为框架剪力墙结构，下设三层地下室，采用桩筏基础，岩石锚杆抗浮。该地下室基坑形状为矩形，基坑尺寸约为 110m×90m，设计自然地坪相对高程取－1.000m，大地下室基坑实际开挖深度为 14.7m，东南角主楼范围开挖深度达到 16.2m，属于大深基坑，是该地区第一个三层地下室项目。

本工程周边环境复杂，基坑东侧用地红线外即为多幢多层砖混结构民用住宅，且均为浅基础建筑。围护结构内边线距离民用住宅和用地红线最近处约 8.9m。基坑南侧为大康路，该道路下埋设有雨水管和污水管，围护边线到大康路和用地红线最近距离仅有 2.6m，围护边线距离污水管和雨水管分别约为 7.1m 和 8.8m。基坑西侧为天荒坪北路，为城市主干道，车流量密集。该侧围墙紧贴人行道，围护边线到用地红线和天荒坪路的距离分别为 1.5m 和 10m。天荒坪北路下埋设有污水管、雨水管和电信管线，围护边线到该三条管线的距离分别为 7.9m、9.0m、10.5m。基坑北侧为康乐路，道路下埋设雨水管和污水管，围护内边线距离用地红线约 3m，距离污水管和雨水管分别为 2.9m 和 4.2m。场地周边环境如图 1 所示。

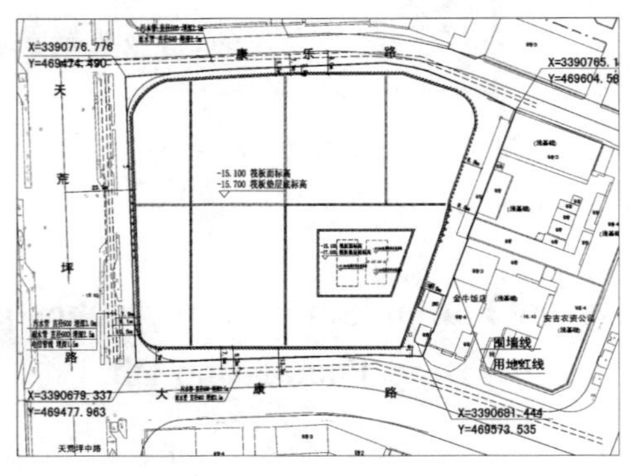

图 1　基坑周边环境平面

Fig. 1　Surroundings around foundation pit

纵观本工程周边环境，条件非常复杂，三侧距离城市道路近，且道路下均埋设有市政管线，东侧距离浅基础民宅近，都需要进行重点保护。根据相应规范，该基坑工程安全等级为一级。

1.2　工程地质条件

本工程基坑开挖影响深度范围内土层自上而下为：①-素填土，②-粉质黏土，③-圆砾，④-卵石混圆砾，⑤-1 粉质黏土岩，⑤-2 泥质粉砂岩与黏土岩互层，⑤-3 泥质粉砂岩。地基岩土物理力学指标设计参数如表 1 所示。

表 1　各土层物理力学指标

Table 1 Physical and mechanical parameters of soils

土　层	天然重度(kN/m³)	固结快剪		渗透系数(cm/s)	
		c(kPa)	φ(°)	k_h	k_v
①-素填土	(18.0)	(12.0)	(12.0)	(4.0×10^{-4})	(4.0×10^{-4})
②-粉质黏土	19.6	32.2	12.9	4.9×10^{-6}	5.7×10^{-6}
③-圆砾	20.5	(3.0)	33.7	3.3×10^{-2}	3.4×10^{-2}
④-卵石混圆砾	20.2	(4.0)	38.0	6.0×10^{-3}	4.2×10^{-3}
⑤-1 粉质黏土岩	22	18.8	26.0	8.3×10^{-6}	6.3×10^{-6}
⑤-2 泥质粉砂岩与黏土岩互层	22.6	35.0	35.0	8.5×10^{-6}	6.5×10^{-6}
⑤-3 泥质粉砂岩	22.9	(25.0)	48.0	8.6×10^{-6}	6.5×10^{-6}

注：括号中为经验数据。

1.3　水文地质条件

场地含水层主要为孔隙潜水(局部微承压)；而局部分布于地基①层填土中的上层滞水具有弱透水性；下部基岩一般不含水，破碎带地段含裂隙水。孔隙潜水(局部微承压)分布第③层圆砾层，第④层卵石混圆砾层中，属中等透水层，系连续分布的潜水或微承压水层，地下水补给来源主要为季节雨水和上游及河水补给。地下水位在地表下 0.90～1.32m。

2 围护设计

2.1 本基坑工程的特点

(1)基坑面积约 10 000m^2，大范围开挖深度为 14.7m，局部电梯井深坑开挖深度为 16.2m。基坑面积大、深度大、开挖影响范围大，且施工周期长，围护设计应重点考虑基坑施工的时空效应。

(2)基坑开挖面基本处于 5-2 层泥质粉砂岩与黏土岩互层中。黏土岩呈紫红色，岩样水理性质表现为易冲化、易软化。因此，当基坑开挖至 5-2 层时，黏土岩遇水后软化，其力学性质会发生变化，其强度和刚度均会大幅降低，对基坑变形控制和稳定性均非常不利。

(3)基坑开挖范围内土层的渗透性较高，降水工作是地下室施工的重要措施。同时，基坑距离周边城市道路和浅基础民用住宅很近，且道路下有众多市政管线。坑外自流深井降水应控制水位降深，避免因降水对周边住宅和管线产生不良影响。

2.2 围护方案选择

考虑基坑面积大，开挖深度深，基坑施工时间长，设计首先选择了排桩加一道钢筋混凝土支撑的支护方案。该方案技术成熟、可靠性高，但基坑尺寸大，内支撑工程量大，施工工序复杂、工期长且围护综合造价较高。鉴于本工程土质条件较好，坑外降水试验效果理想，围护设计最终采用大直径钻孔灌注桩结合一道预应力锚杆，顶部设置多道钢筋土钉的复合支护形式。西侧和东侧基坑变形控制不利位置在钻孔灌注桩外侧增设一排小直径钻孔灌注桩，形成双排桩支护结构。基坑外采用自流深井降水措施，坑内采用集水井的排水措施，基坑四周设置排水沟，排出地表水。基坑典型围护剖面见图 2。

2.3 预应力锚杆抗拔试验

可回收式预应力锚杆长 18m，其中锚固段长 13m，自由段长 5m。锚杆注浆材料采用纯水泥浆，分两次注浆，第一次为常压注浆，第二次为高压注浆，注浆压力不小于 2.5MPa。浆体抗压强度标准值不小于 20MPa，锚固体强度大于 15MPa，围檩梁强度达到 80%设计强度后，方可进行预应力张拉，锚杆锁定拉力为 150kN。围护设计要求预应力锚杆的抗拔承载力极限值不小于 600 kN。

根据检测单位提供的锚杆抗拔力静载试验结果(Q-s 曲线)可以看出，在 600kN 荷载作用下，锚杆的上拔量为 4.93～5.62mm，Q-s 曲线平缓，同时 s-lg$t$ 曲线尾部未出现明显上拐，表明锚杆抗拔力未达到极限荷载值，仍有一定余量。锚杆位移收敛较好，根据《建筑基坑支护规程》(JGJ 120—2012)规定，土钉抗拔承载力标准值不小于 600kN，满足设计要求，如图 3 所示。

3 基坑监测及成果分析

在基坑土方开挖至地下室±0.00 施工完成期间，对基坑支护结构进行了水平位移监测。与本文研究剖面相对应的监测点(CX13)实测位移随深度变化的关系曲线(s-D 曲线)如图 4 所示。从监测曲线可以看出，围护结构最大变形出现在桩顶位置。因在地表下 8.3m 设置了预应力锚杆，地表下 8m 位置围护结构的水平位移量有显著减小，说明该道锚杆对控制围护结构侧向变形效果显著。

围护结构剖面内力变形计算结果见图 5，围护结构水平位移最大值出现在基坑开挖至坑底工况，位移值为 34.70mm，与监测实测值 36.47mm 吻合较好。

图 6 表示的是 CX13 监测点实测围护结构最大水平位移与基坑开挖时间的关系曲线(s-t 曲线)。在开挖第一阶段土方时(开挖深度小于 5.0m)，围护结构变形发展缓慢，总位移量小于 2mm。当开挖以下土方时，每一阶段开挖 2m 后，围护结构变形迅速产生。当开挖至坑底时，围护结构变形 36.47mm。由于基坑开挖到底后须施工地下室抗拔岩石锚杆，素混凝土垫层和地下室底板未及时施工，基坑暴露时间过长，导致围护结构变形仍缓慢增大，从 36.47mm 发展至 56.65mm。

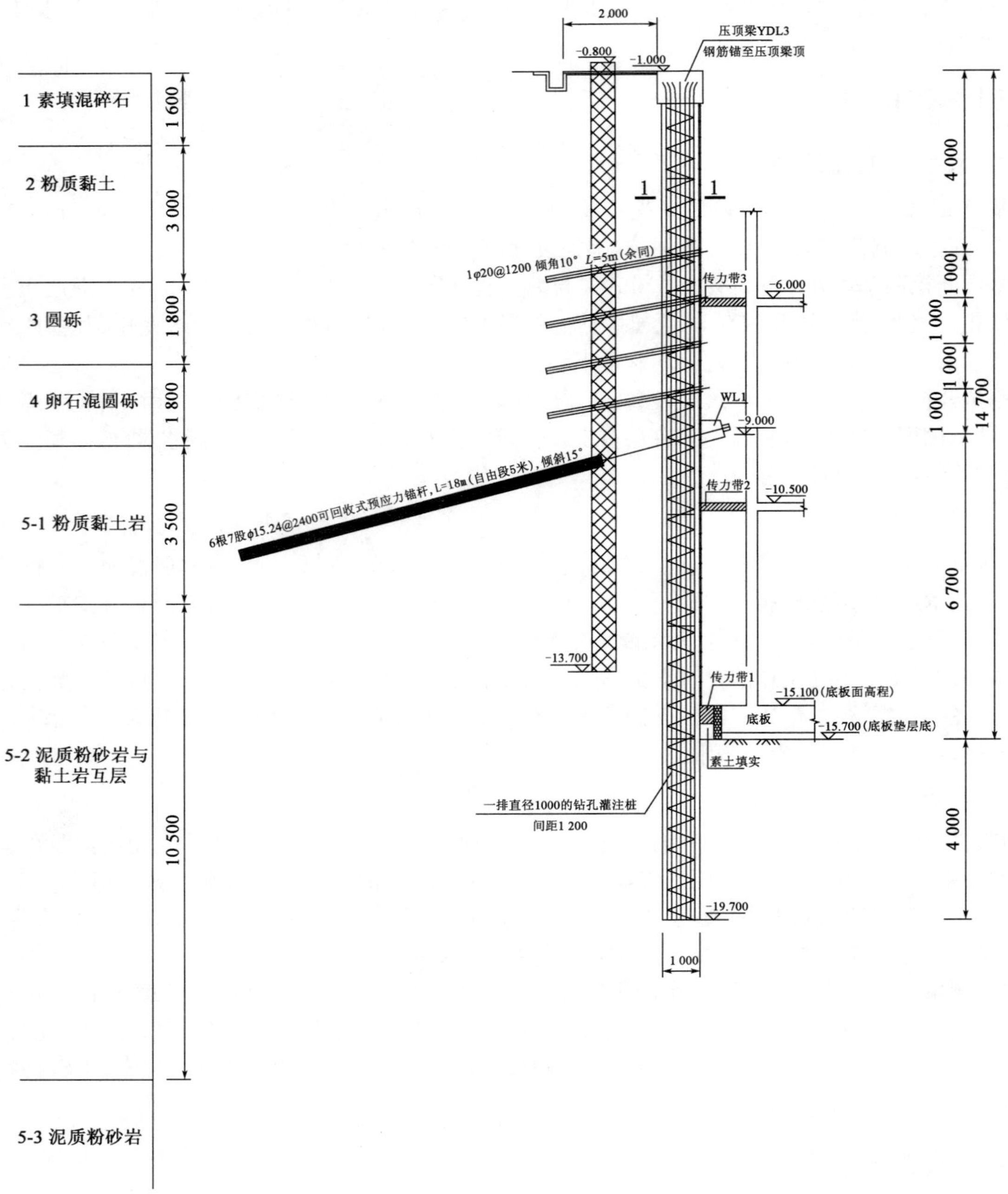

图 2　桩锚支护结构示意图(尺寸单位:mm)

Fig. 2　Sketch of pile-anchor retaining structure

4　结语

(1)本工程地下室围护采用桩锚与土钉墙复合支护体系，支护效果和经济效益显著。基坑施工期间，土方开挖对周边环境的影响均控制在设计要求范围。相比排桩加一道钢筋混凝土支撑的支护形式，桩锚加土钉墙复合支护形式的施工工期至少提前了 1 个月，同时围护造价节省超过 100 万元。因此，本基坑工程支护达到了方案合理、造价经济、施工便捷的效果，是桩锚结合土钉复合支护结构的成功应用案例。

(2)通过与监测数据对比，围护剖面计算结果与实测数据较为吻合，计算结果可以基本反映围护结构的内力及变形情况。通过分析，可以得出预应力锚杆对减小围护结构水平变形作用显著，起到了关键性的作用。

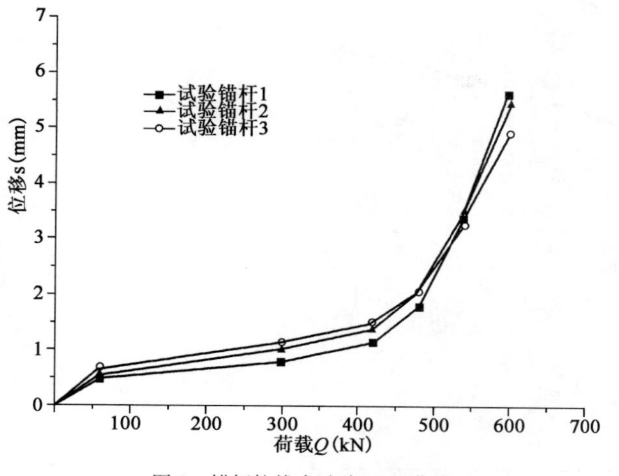

图3 锚杆抗拔力试验(Q-s)曲线

Fig. 3 Q-s curve of put-out force test of anchor

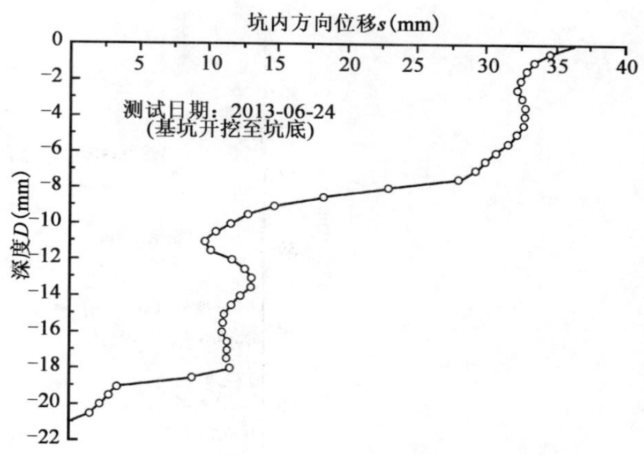

图4 基坑监测位移-深度(s-D)曲线

Fig. 4 Measured lateral deformation of retaining wall

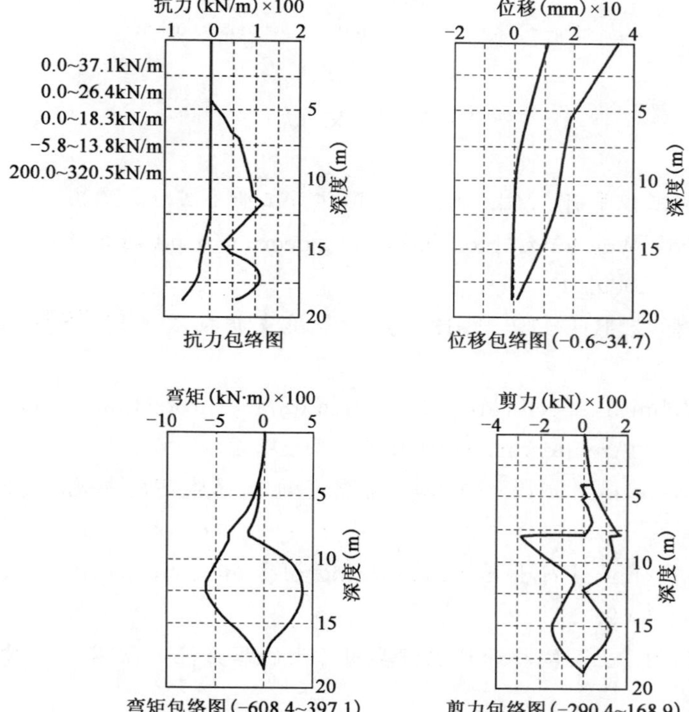

图5 围护剖面计算结果

Fig. 5 Calculated lateral deformation and internal force of retaining wall

(3)基坑开挖到底后未及时浇筑素混凝土垫层、施工地下室底板，造成围护结构变形不断增大，对基坑变形和稳定性非常不利，在今后基坑工程施工中应尽量避免该不利工况。

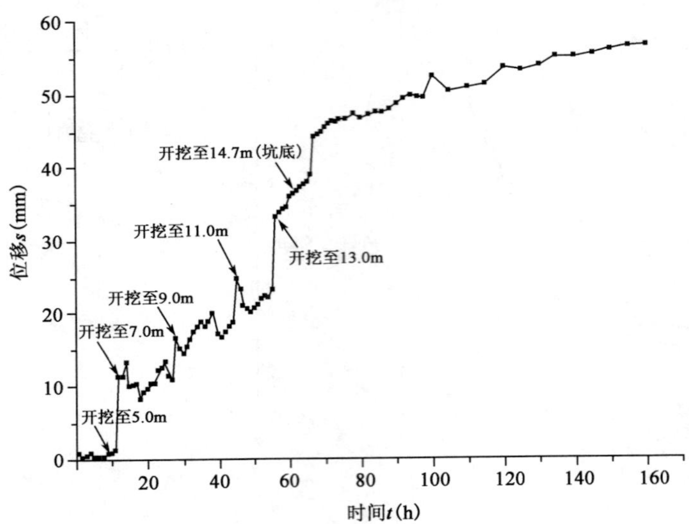

图 6 基坑监测位移-时间(s-t)曲线

Fig. 6 s-t curve of monitoring for foundation pit

参考文献

[1] 刘国彬，王卫东. 基坑工程手册［M］. 北京：中国建筑工业出版社，2009.
(LIU Guo-bin，WANG Wei-dong. Excavation engineering handbook[M]. Beijing：China Architecture & Building Press，2009.)

[2] 中华人民共和国行业标准. JGJ 120—2012 建筑基坑支护技术规程［S］. 北京：中国建筑工业出版社，2012.
(JGJ 120—2012 Technical specification for retaining and protection of building foundation excavations[S]. Beijing：China Architecture & Building Press，2012.)

[3] 中华人民共和国国家标准. GB 50497—2009 建筑基坑工程监测技术规范［S］. 北京：中国计划出版社，2009.
(GB 50497—2009 Technical code for monitoring of building excavation engineering[S]. Beijing：China Planning Press. 2009.)

[4] 刘岸军，龚晓南，钱国桢. 土层锚杆和挡土桩共同作用的非线性拟合解[J]. 建筑结构，2007，37(7)：102-103.
(LIU An-jun，GONG Xiao-nan，QIAN Guo-zhen. A nonlinear fitting solution of combined actions of soil anchor rod and earth-retaining pile wall[J]. Building Structure，2007，37(7)：102-103.)

[5] 钱家欢. 土力学[M]. 南京：河海大学出版社，1988.
(QIAN Jia-huan. Soil mechanics[M]. Nanjing：Hohai University Press，1988.)

[6] 龚晓南. 土力学[M]. 北京：中国建筑工业出版社，2002.
(GONG Xiao-nan. Soil mechanics[M]. Beijing：China Architecture & Building Press，2002.)

[7] 刘岸军，屠忠尧. 排桩锚杆联合支护在淤泥质黏土基坑中的应用[J]. 建筑结构，2014，44(1)：88-91.
(LIU An-jun，TU Zhong-yao. Application of combined shoring both solider piles and anchor rod in the silt clay foundation pit construction[J]. Building Structure，2014，44(1)：88-91.)

[8] 张飞，刘忠臣，陈国刚. 预应力土层锚杆与土钉墙联合支护的力学工作机理研究[J]. 岩土力学，2002，23(3)：292-296.

(ZHANG Fei, LIU Zhong-chen, Chen Guo-gang. The mechanical working mechanism research on the united supporting of prestressed soil anchor and soil nailing[J]. Rock and Soil Mechanics, 2002, 23(3):292-296.)

[9] 吴忠诚，杨志银，罗小满，等. 疏排桩锚-土钉墙组合支护结构稳定性分析[J]. 岩石力学与工程学报，2006，25(2):3607-3613.

(WU Zhong-cheng, YANG Zhi-yin, LUO Xiao-man, et al. Stability analysis of scattered row pile-soil-nailed wall protection structure[J]. Chinese Journal of Rock Mechanics and Engineering, 2006, 25(2): 3607-3613.)

[10] 胡敏云，彭孔曙，潘晓东. 复合土钉墙工作性状的有限元模拟与分析[J]. 岩土力学，2008，29(8): 2131-2136.

(HU Min-yun, PENG Kong-shu, PAN Xiao-dong. Study on numerical simulation of composite soil nailed wall[J]. Rock and Soil Mechanics, 2008, 29(8): 2131-2136.)

大面积卸荷下门式复合地基加固对下卧地铁隧道的处理效果分析

袁　静[1]　陈金友[2]　刘兴旺[1]　曹国强[1]

（1.浙江省建筑设计研究院　浙江　杭州　310006；

2.杭州市城东新城建设投资有限公司　浙江　杭州　310006）

摘　要：以杭州火车东站综合体西广场、地铁盾构隧道建设为背景，着重阐述了在已建盾构隧道上方大面积卸土10m深时，确保下伏盾构隧道和土体回弹在地铁控制标准范围内的一系列地基处理的技术措施，如降排水、地基加固以及与工程桩结合形成复合地基等。项目的成功实施可为类似工程提供借鉴。

关键词：门式复合地基加固　大面积卸荷　盾构隧道　回弹

作者简介：袁静（1972—），女，江苏扬州人，博士，教授级高工，主要从事基坑围护设计、软土地基处理等方面的研究工作。E-mail：ojin9999@sina.com。

Effect of Gabled Composite Ground Reinforcement on Underlying Metro Tunnel by Large Area of Unloading

YUAN Jing[1], CHEN Jin-you[2], LIU Xing-wang[1], CAO Guo-qiang[1]

(1. *Zhejiang Province Architectural Design and Research Institute, Hangzhou* 310006, *China*; 2. *Hangzhou New East Town Construction and Investment Co. Ltd, Hangzhou* 310006, *China*)

Abstract: As the background of west plaza and metro shield tunnel construction, there is large area of 10m deep soil unloading on the built shield tunnel. To ensure the underlying shield tunnel and soil rebound in the subway control standards, this paper gives a series of foundation treatment measures, such as drainage, reinforcement etc. The successful implementation of the project can provide reference for similar engineering.

Key words: gabled composite ground reinforcement, large area of unloading, metro tunnel, rebound.

0　引言

杭州火车东站综合体西广场（以下简称西广场）位于杭州市城东新城核心区域，占地约200m×650m，见图1。其工程桩为钻孔灌注桩，下设三层地下室。

西广场东侧为火车东站（图1上方）。东站建成后将成为“长三角”及浙江省的现代化综合交通枢纽中心，集客运专线、城际铁路、磁浮交通、干线铁路、地铁、客运、公交等多种交通形式和配套服务设施于一体。地铁1、4号线在西广场和东站中部下穿经过。4号线位于中间位置，1号线位于4号线两侧。1号线上行和下行盾构隧道外缘距离为60m。地铁1、4号盾构隧道底埋深约22m、28m。

西广场、火车东站以及地铁1号线规划同期建设，4号线后期建设，且西广场中1号线盾构隧道穿越范围先于盾构隧道施工。然而实施过程中，因资金等客观因素地铁1号线先行建设。西广场体量大，属超深超大基坑，如何控制超大超深基坑土方卸载对已施工盾构隧道竖向变形的影响，减小盾构隧道的隆起，是工程

基金项目：浙江省建设科研项目：大型基坑工程与其底部已建、在建盾构隧道的相互影响机理及变形控制技术研究。

顺利进行的关键。

图1　东站及其西广场鸟瞰图

Fig. 1　Aerial view of east station and west plaza

1　工程概况

1.1　工程概况

由于西广场体量大，为在盾构隧道铺轨之前完成其穿越范围的西广场地下室底板施工，加快施工速度，最终将西广场划分为三个区块：中部盾构区块、北侧区块以及南侧区块，见图2。盾构区块首先施工，以尽早浇筑基础底板；然后再进行北侧区块的施工。

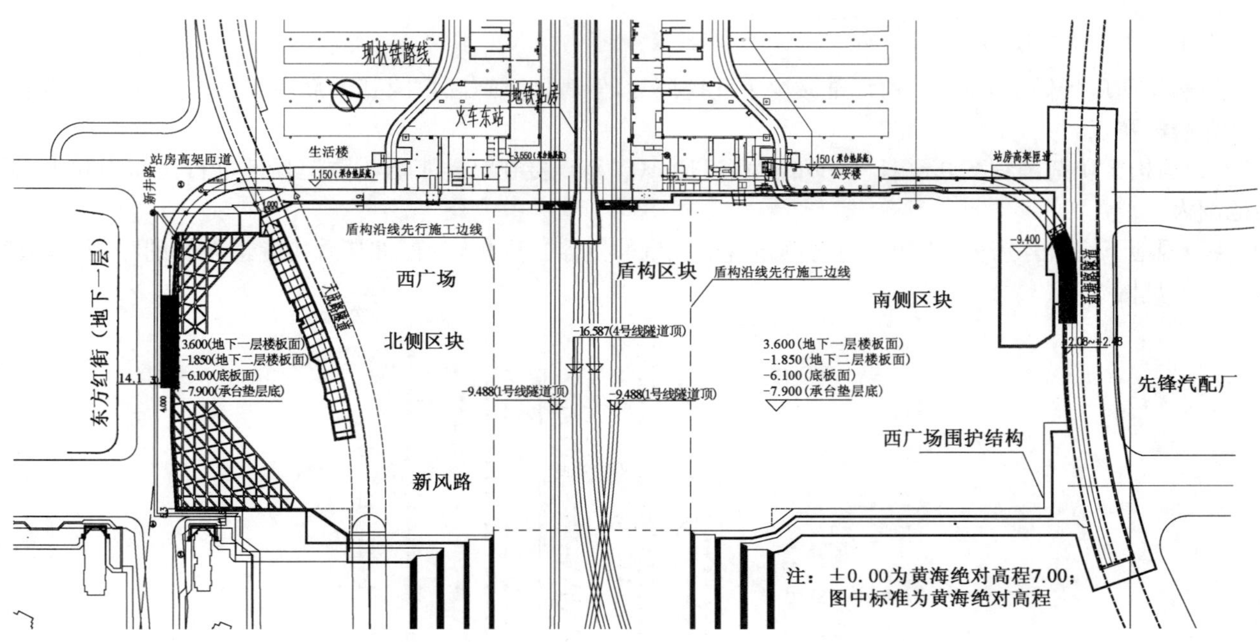

图2　总平面图

Fig. 2　Arrangement of the project

为进一步确保盾构隧道正常和安全使用，西广场隧道范围主体地下室予以调整。盾构隧道外缘南北各向外10m，即西广场盾构区块内约80m范围地下室由三层调整为二层，80m以外的范围仍保持地下三层不变。盾构隧道范围地下室减小一层后，该范围基坑开挖深度减少约4.5m，最终开挖深度约10m。二层地下室底板底距离1号线盾构隧道顶约6m，局部承台两者竖向间距不足3m。

1.2 工程地质条件

工程场地为杭州典型的粉砂土地基，场地浅部约 17m 内为冲海相粉土，中部为约 20m 厚的中高压缩性流塑状淤泥质粉质粉土层；自上而下划分为：①杂填土，层厚 0.30～4.30m；②－1 黏质粉土，0.60～3.80m；②－2 砂质粉土，层厚 1.70～5.20m；②－3 砂质粉土，层厚 5.90～13.90m；③－1 淤泥质粉质黏土，层厚 10.10～15.20m。③－2 黏土，层厚 9.00～14.70m；④粉质黏土，层厚 0.80～4.60m；以下为⑦圆砾层。交界面基坑底大部分位于②层粉土中，局部深坑位于③－1 层中。各层土体的物理力学指标见表 1。

表 1 各土层物理力学指标

Table1 Physical and mechanical parameters of soils

土类	层号	厚度(m)	重度(kN/m³)	黏聚力 (kN/m²)	内摩擦角(°)	渗透性系数(cm/s)	
						垂直	水平
杂填土	①	0.6～4.5	(17.8)				
黏质粉土	②－1	1.1～5.8	18.6	17.0	23.7	7.6e^{-5}	8.4e^{-5}
砂质粉土	②－2	1.7～6.2	19.0	13.6	28.0	8.2e^{-5}	8.7e^{-5}
砂质粉土	②－3	4.7～14.9	19.2	10.9	29.2	2.8e^{-4}	3.0e^{-4}
淤泥质粉质黏土	③－1	0.6～4.9	17.3	13.7	4.1		
黏土	③－2	2.30～8.2	17.2	18.2	5.2		
粉质黏土	④	0.90～7.4	19.3	36.0	11.0		
圆砾	⑦	0.70～8.00					

2 盾构隧道区块的工程特点

2.1 工程特点

虽然将西广场做了分块处理，局部减少了开挖深度，但盾构隧道区块因其下部存在已施工的盾构隧道，有其自身的特点：

(1)盾构区块范围约 200m(长)×80m(宽)×10m(深)，直接在已施工盾构隧道顶部进行大面积卸土，影响范围大。

(2)因地下室抗浮需要，盾构隧道两侧布置了大量的抗浮工程桩，工程桩与盾构隧道外缘的净距最小值为 1.5m，见图 3。

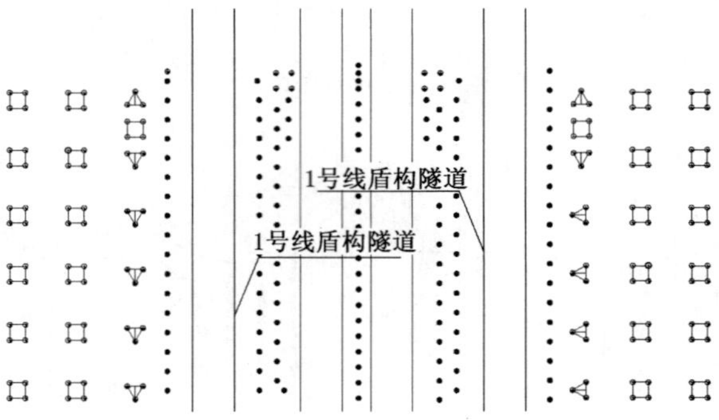

图 3 盾构隧道附近工程桩布置图

Fig. 3 Arrangement of piles near Shield tunnel

(3)基底以上范围为粉土、粉砂，土体渗透系数大，开挖易引起管涌，但降水后土体强度高。

(4)基底以下约 5m 深度处为深厚淤泥质土粉质黏土层。该层土强度低，压缩性高，易流变。

(5)地铁 1 号线盾构隧道基本位于③－1 淤泥质粉质黏土，隧道顶高程位于③－1 淤泥质粉质黏土与②－3砂质粉土交界面处。

未铺轨前盾构隧道的保护要求如下：

(1)隧道上浮≤20mm、下沉≤20mm，水平位移≤10mm；

(2)隧道管片横向变形≤5mm；

(3)施工引起的隧道的附加曲率半径大于15 000m，相对弯曲≤1/2 500；

(4)施工过程中产生的振动对隧道引起的峰值速度≤2.5m/s。

盾构隧道的保护标准高，其水平和竖向变形的控制要求严格。

2.2　工程特点分析

盾构区块南北两侧均为西广场待建工地，施工时为空地。其基坑周边环境条件良好。因场地10m深的浅表范围均为粉土或粉砂，盾构区块基坑开挖时采用大放坡结合自流深井降水的围护形式，见图4。大放坡围护造价省，但降水深度深，对其穿越的盾构隧道有影响。

盾构区块基坑位于隧道上方，受影响的隧道长度约200m。隧道顶以上约10m深土方被挖除，坑底土卸荷量较大，开挖将引起坑内土体的回弹以及地铁隧道的上抬变形。坑底土体的回弹量由两部分组成：一部分为土方挖除后卸载引起的回弹量；另一部分是基坑周边土体在自重作用下使坑底土产生的向上隆起。

根据我国以往地铁隧道临近工程的经验，基坑工程中的空间效应对基坑的回弹量影响大。小开挖段基坑的坑底回弹较小，影响范围也小；大开挖段坑底回弹大，影响范围也较大。相同的卸荷面积下，长条形的开挖方式比方形的开挖方式引起的回弹量小。同时开挖深度越深，坑底土的回弹量越大。

基坑底土体为②-3层砂质粉土，相较于淤泥质土，该层土强度指标大，压缩性低，对控制基坑回弹变形有利；但盾构隧道位于淤泥质粉质黏土层中，该层土压缩性高，对变形敏感，应采取措施控制下伏淤泥质土和盾构隧道的回弹隆起。

盾构隧道两侧密布了大量直径800的抗压和抗拔工程桩，均进入或穿越下部较好的持力层圆砾层。工程桩具有较大的摩擦力，对坑底土体抵御因卸土产生的隆起具有一定的作用。

3　盾构隧道范围的地基处理

土体变形取决于作用其上的力和土体模量。西广场在调整地下室层数，将地下三层改为地下二层，降低卸荷的条件下，要进一步减小土体回弹变形，则需要提高土体的回弹模量。

针对西广场盾构区块的工程特点，结合其土质条件以及基坑开挖方式，为控制坑底土的隆起，提高坑底和隧道顶范围的土体回弹模量是首要的条件。

3.1　地基降水

西广场盾构区块基坑开挖前，地铁1号线南线隧道已全部施工完成，正在进行北线盾构隧道的推进施工。为此，在北线盾构隧道施工前，预先对盾构区块周边以及坑内采用自流深井预降水措施。由于盾构隧道顶部为渗透性好的粉土、粉砂，上述范围的地基降水有利于控制坑底土体隆起和盾构隧道的回弹。

(1)降水可提高粉土粉砂的c、φ值，增加土体的抗剪强度，间接增加其回弹模量，减小卸荷影响深度范围内土体的回弹量。同时c、φ值提高，可大大减少基坑周边土体在自重作用下使坑底土产生的向上隆起。

(2)降水使得粉土粉砂的有效应力增加，下伏淤泥质粉质黏土层的有效固结压力增大，促使下伏淤泥质粉质粘土层进一步固结。

(3)降水可进一步促使土体的排水固结，增加下伏淤泥质粉质黏土层的固结量。

下伏淤泥质粉质黏土层的固结产生附加沉降。土体附加沉降可部分抵消因基坑开挖卸荷产生的土体回弹，达到控制坑底土体回弹的目的。

3.2　地基加固

已施工盾构隧道周边土体加固，是提高土体回弹变形模量最直接的方式。隧道顶部加固体范围为基坑底至隧道顶部以上2m；隧道两侧加固体范围为基坑底至隧道底部以下3m，加固体至盾构隧道边缘的水平距离不应小于2m，见图4。

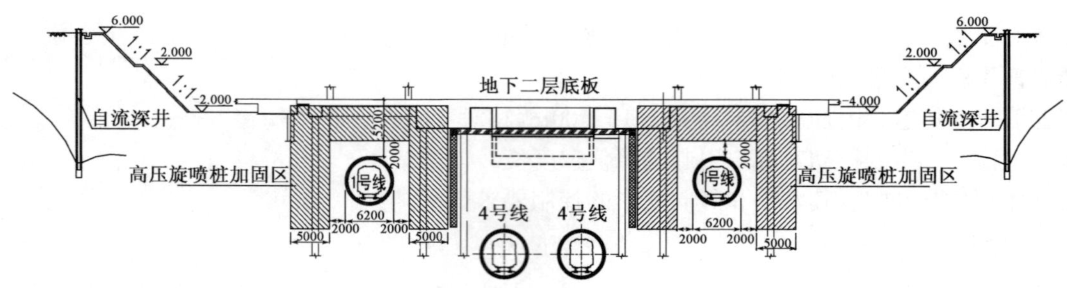

图 4　盾构隧道地基加固剖面

Fig. 4　Typical section of Foundation reinforcement

因盾构隧道两侧工程桩密集，且部分工程桩已经施工完毕。根据力学性能和特点，盾构隧道顶部以及侧边无工程桩范围采用三轴水泥搅拌桩机械进行加固；盾构隧道侧边工程桩范围采用高压旋喷桩机械加固，见图 5。

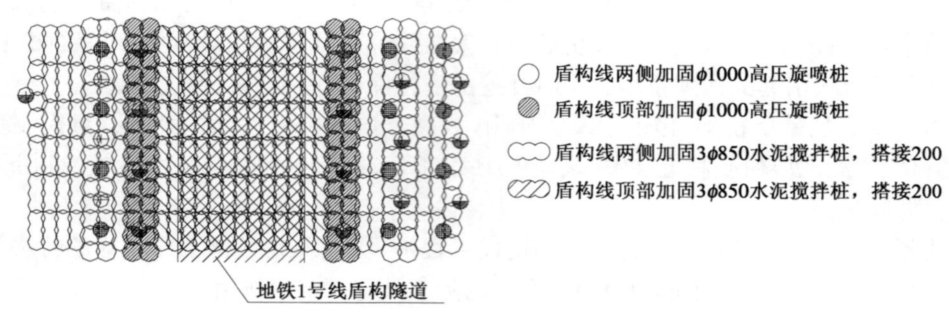

图 5　盾构隧道地基加固平面

Fig. 5　Arrangement of foundation reinforcement

高压旋喷桩之间搭接 200，三轴水泥搅拌桩之间搭接 250。加固体强度要求不低于 0.8～1.0MPa。

3.3　结合工程桩的门式地基加固

由图 4 可知，隧道两侧土体加固范围较顶部作了延伸，延伸至隧道底部以下 3m，且侧边土体加固包裹邻近的工程桩。因此，侧边工程桩、侧边加固体、顶部加固体共同构成了盾构隧道顶部的门式加固结构。当土体卸载时，门式加固体和工程桩共同作用，形成抵抗隧道上浮的有效屏障。

为进一步利用基坑的时空效应，在坑底加设钢筋混凝土配筋垫层。分层开挖至坑底后，利用隧道两侧已施工的工程桩，在坑底土体残余应力未完全释放前，及时使其与其顶部垫层形成较强的钢筋混凝土门式结构。加固体、工程桩以及顶部加筋垫层形成的三向约束结构，可有效限制底板施工期间下卧土层的回弹变形，抑制隧道的上抬变形，为底板施工创造充裕的时间条件。

3.4　预卸土和分层分块的施工措施

在预降水和地基加固的基础上，联合工程实际，优化施工流程，采取以下施工措施控制坑底土体隆起。

(1)首先大面积分层卸土 4m，再进行工程桩和围护桩施工，以提前缓步释放卸土荷载。

(2)充分考虑大基坑的时空效应，基坑分层分块施工，通过调控施工顺序减少基坑暴露时间以及坑底土体回弹量。

采用 FLAC3D 软件建立三维有限元模型，分析基坑分块大小对盾构隧道的影响，结果见表 2。18m 分块的计算结果略大于保护标准。

表 2　基坑分块大小与隧道隆起值

Table2　Excavation block size and tunnel uplift

开挖分块	整体开挖	分块开挖 18m	15m	12m	9m	6m
隧道隆起(mm)	28	22	18	17	16	15

为此，针对 18m 分块大小，采用 Midas/gts 有限元软件进行对比分析；挖到坑底时，隧道最大隆起量为 13.4 mm，小于盾构隧道保护标准。

考虑到西广场盾构隧道两侧工程桩密集，盾构隧道周边加固体已和工程桩形成较好的嵌固结构，而计算软件并未考虑工程桩的有利作用，最终采用 18m 为基坑分块施工限值。即沿纵向以 18m 为一个子区块，对基坑进行分区，共分成 10 个区块，见图 6。

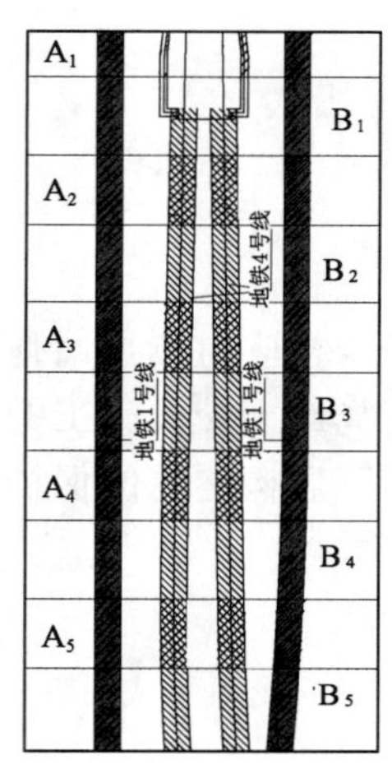

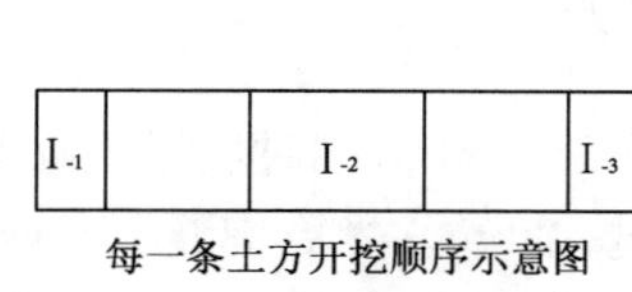

每一条土方开挖顺序示意图

图 6　分区开挖平面示意图

Fig. 6　Arrangement plan of Partition excavation

分区分块土方施工要求如下：

(1)跳挖卸土，先开挖 A_1～A_5 子区块，再开挖 B_1～B_5 子区块；

(2)子区块内部开挖时，先开挖非盾构隧道区Ⅰ$_{-1}$、Ⅰ$_{-2}$、Ⅰ$_{-3}$块，再开挖盾构隧道区Ⅱ$_{-1}$、Ⅱ$_{-2}$块。

4　监测内容及应急方案

为确保基坑施工过程中盾构隧道的安全，整个施工过程中应进行全过程监测，实行动态管理和信息化施工。现场监测对于控制盾构隧道变形是必不可少的重要环节，只有进行现场监测，才能及时获取基坑开挖过程中盾构隧道及其顶部土体变形情况，掌握卸土对隧道的影响，有效地指导施工，及时调整施工措施。基坑施工过程除进行土体和围护结构水平位移、周边土体沉降、地下水位等常规监测内容外，重点加强隧道及以上土体的回弹监测，对其隆起进行全程监控。重点监测项目如下：

(1)盾构隧道水平和竖向位移；

(2)隧道管片的水平和竖向收敛；

(3)盾构隧道顶部土体的分层沉降。垂直于盾构隧道纵向共布置 5 个土体分层沉降观测断面。每个断面一般布置 5 个点，分布于地铁 1 号线上下行隧道上方、区块中部、隧道两侧。每个回弹点设置 4 个沉降环，其埋设高程分别为地表下 7m、10m、12m、15m，以观测坑底以上一定范围土体的变形趋势和坑底以下土体的回弹量。1 号线盾构隧道沉降、水平和竖向收敛报警值均为 10 mm。

除此以外，地下二层基坑施工期间针对盾构隧道自身制订应急保护方案，具体措施如下：

(1)隧道内长管劈裂注浆。在隧道内部用管片预留注浆孔进行长管注浆加固，避免隧道周围水土从隧道内间隙涌入基坑。

(2)全程加强隧道位移和变形监控量测。必要时增设自动监测系统，实时掌握隧道变形情况。

(3)隧道内增设预留注浆孔，根据监测情况及时进行注浆加固。

(4)隧道管片间的纵向抗剪接头予以加强，增设隧道内纵向刚性加固系统，减小盾构管片之间的差异变形。

(5)根据监测结果，采取在隧道内压重的措施，以减小隧道的回弹。

5　实施效果分析

地铁 1 号线盾构区间施工于 2011 年 11 月启动。同时西广场盾构隧道区块基坑进行预降水、预卸土以及工程桩、围护桩、盾构隧道周边土体加固的施工。

2011 年 12 月盾构区块基坑进行大面积土方开挖，开挖遵循分层分块的原则进行。为进一步检验地基加固土体对控制土体回弹变形的作用，结合坑底土体和隧道的回弹监测，首先进行试验段施工。坑底土体回弹见图 7。图中上环位于地表下 7m，下环位于地表下 10m，其余沉降环在施工期间遭到破坏。该监测点自 2011 年 12 月 26 日第一次开挖时进行监测，2012 年 2 月 25 日开挖至坑底以上 30cm，2 月 28 日开挖至坑底。监测点在浇筑垫层时被破坏。图 7 中坑底土体的回弹量在前期保持相对稳定，不超过 5mm；当监测点附近土体挖除时产生突变，但其最大值未超出 10mm。

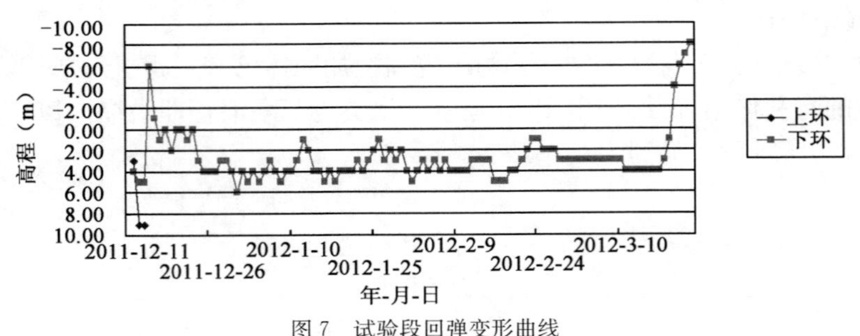

图 7　试验段回弹变形曲线

Fig. 7　The rebound curve of test section

根据试验段成功的经验，适当加大后期分块的宽度直至 25～30m，同时加紧跟踪监测，相应监测点回弹变形见图 8。盾构隧道顶部土体分层沉降点的回弹量不超过 13mm。受盾构隧道和西广场卸土交叉施工的影响，盾构隧道拱底的最终竖向位移既有隆起也有沉降，其中隆起最大值为 12mm，均小于盾构隧道的保护标准。

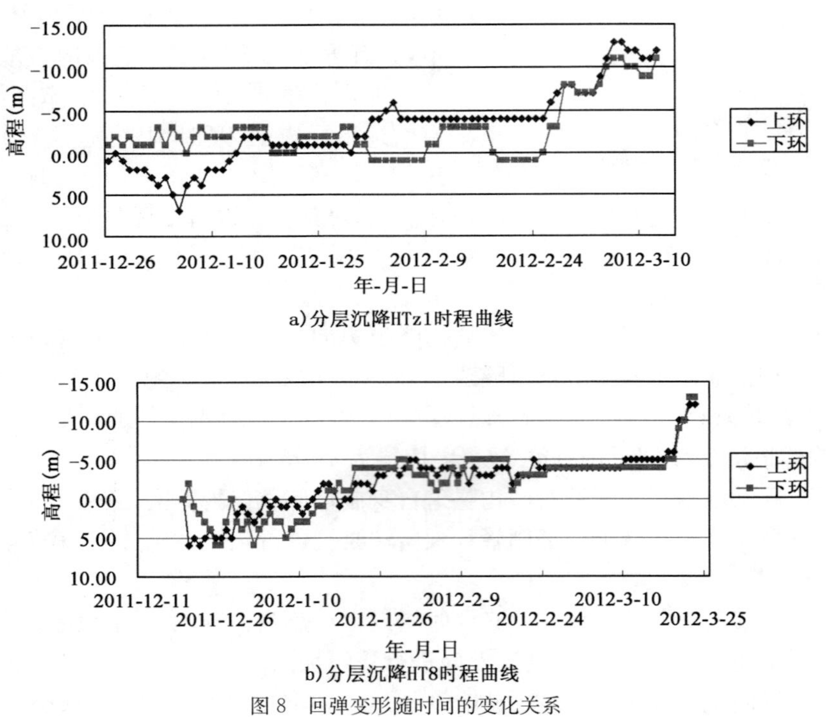

图 8　回弹变形随时间的变化关系

Fig. 8　The rebound deformation with time

6　结语

通过采用地基土体加固、预降(排)水固结以及和主体结构工程桩相结合的复合地基加固，结合分层分块的基坑开挖施工措施，在已施工盾构隧道上方进行大面积土方卸荷时，土体和盾构隧道变形值达到了地铁保护标准的要求，保证了西广场和盾构隧道项目如期完成，取得了较好的经济和社会效益，也为类似项目的工程实施提供借鉴。

参考文献

[1] 杭州火车东站西广场基坑围护设计说明[R]. 杭州：浙江省建筑设计研究院，2010.
(YUAN Jing, LIU Xing-wang. Excavation design of West Plaza [R]. Hangzhou: Zhejiang Province Architectural Design and Research Institute, 2010).

[2] DB33/T 1008—2000 建筑基坑工程技术规程[S]. 杭州：浙江省标准设计站，2000.
(DB33/T 1008—2000 Code for technique of building foundation excavation engineering[S]. Hangzhou: Zhejiang Province Code Institute, 2000).

[3] 李瑛，陈金友，黄锡刚，等. 大面积卸荷对下卧地铁隧道影响的数值分析[J]. 岩土学报：增刊，2013，35(2)：643-646.
(LI Ying, CHEN Jin-you, HUANG Xi-gang, et al. Numerical analysis of effect of large-scale unloading on underlying shield tunnels[J]. Chinese Journal of Geotechnical Engineering, 2013, 35(2): 643-646).

水坠砂法在砂土地区的应用及施工质量控制

程泳祥[1]　刘宏泰[1]

（机械工业勘察设计研究院　陕西　西安　710043）

摘　要：水坠砂法是在我国西北沙漠地区应用较多的一种地基处理方法。根据纳米贝RED项目的地质情况以及国内相关的施工经验，在纳米贝项目选定该方法进行地基处理。在了解水坠砂法工作机理、特点的基础上，通过项目实践经验，利用回填土压实度和静载试验等地基检测的手段，研究水坠砂法地基处理的效果。具体阐述该项目水坠砂法地基处理的施工工艺以及质量控制措施，为该施工工艺的规范化和有效推广提供实践资料。

关键词：沙漠地区　地基处理　水坠砂法　施工工艺　质量控制

作者简介：程泳祥(1986—)，男，助理工程师，主要从事岩土工程勘察及地基检测工作。E-mail:704934230@qq.com。

Application of the Water-Dropping Sand in Sandy Soil Area and the Construction Quality Control

CHENG Yong-xiang[1], LIU Hong-tai[1]

(China JK Institute of Engineering Investigation and Design, Xi'an 710043, China)

Abstract: Water-dropping sand method is widely used for foundation treatment in the northwest desert region of China. We choose this method based on the geological condition of Namibe and relevant experience in China. We did practical experiences and studied on the effects of this method with common tests like compaction measurement and static loading experiment. In this paper, we expound the construction technology and quality control procedure of water-dropping sand method. It is significative for the standardization and application of this method.

Key words: desert region, foundation treatment, water-dropping sand, construction technology, quality control.

0　引言

水坠砂法是一种适合沙漠地带或者砂类土地区自然条件下的地基处理技术。它能有效地利用当地资源，具有就地取材、低成本、快速高效、操作简单、受天气影响相对较小等特点。在中国的西北沙漠地区，如毛乌素沙漠地区[1]的工用民用建筑工程中，这种方法得到了广泛应用。

目前水坠砂地基处理方法尚未纳入正式的国家相关设计规范和施工规范及质量验收标准中，因此这也给水坠砂法的工程设计、施工工艺以及质量验收等工作留下了一定的探索和实践空间。本文将浅谈水坠砂法在纳米贝(位于西非国家安哥拉)RED项目工程中的应用及施工质量控制。

1　工程概况

纳米贝RED项目位于安哥拉共和国纳米贝省纳米贝市，该地区属于亚热带草原气候，气温高、湿度大。因受本格拉寒流的影响，该地区年降水量稀少，仅为50mm，大部分为沙漠地区，植被覆盖率极低。

该项目场地位于滨海阶地上，地貌单元属于滨海沙地。场地内地形基本平坦，起伏较小，场地西侧离大西洋海岸最近处约200m。勘察期间，拟建场地及其附近未发现河流，且钻探深度范围内未发现地下水。

(1)拟建项目场地内的地层自上而下分布概况如下。

①细砂①Q_4^{eol}：松散，混少量粉砂、贝壳碎屑，含有一定的植物根系。本层分布不均匀，局部有缺失。本层层厚0.2～0.7m。

②细砂②Q_4^{m}：稍密～中密，颗粒以细砂为主，局部相变为中砂，偶见圆砾、卵石颗粒。标准贯入试验实测锤击数平均值$N=17$击。层厚0.1～7.5m，层底深度0.1～7.5m。

③圆砾夹层或透镜体②$_1$：密实，以粗砾砂、贝壳充填，级配不良。主要分布于细砂②层的底部，本层局部有胶结成块现象。重型动力触探试验实测锤击数平均值$N_{63.5}=35.3$击。

④强风化泥灰岩③K：风化较强烈，呈碎块状结构，岩芯呈碎屑或粉末状。本层多与薄层砂岩、泥岩呈夹层或互层发育。重型动力触探试验实测锤击数平均值$N_{63.5}=39.7$击。层厚1.5～4.8m，层底深度1.9～8.4m。

⑤中风化泥灰岩④K：本层多与薄层砂岩、泥岩呈夹层或互层发育，岩芯呈碎块状。本层未钻穿，最大揭露厚度8.3m，最大揭露层底深度10.9m。

(2)在综合分析地层分布情况、原位测试结果以及室内土工试验后，确定各土层的工程性质指标如表1所示。

表1　地基土工程特性指标建议值

Table1　Engineering properties of foundation soil indicators suggested value

层名及层号	重度 γ(kN/m^3)	地基承载力特征值 f_{ak}(kPa)	变形模量 E_0(MPa)	基底摩擦系数 μ
细砂①	16.0	100	6	0.40
细砂②	17.0	140	12	0.40
圆砾②$_1$	19.0	200	24	0.50
强风化泥灰岩③	19.5	280	32	0.50
中风化泥灰岩④	20.5	300	35	0.60

2　地基处理方法的选择

2.1　水坠砂法的适用范围

国内西北沙漠地区及其他砂类土地区的大量工程实践表明，水坠砂法适用于松散的天然砂基浅层处理，其对粒度较大的中粗砂处理效果最好，其次为细砂，若为粉砂则需掺入一定量的中粗砂或细砂水坠，才能取得较好的工程效果。经水坠砂法处理后的地基承载力特征值可达160～200kPa，能满足一般建筑物的基底承载力要求。

2.2　水坠砂法处理地基的机理

水坠砂法是在砂层浸水并保持一定的水头或饱和状态下，用碾压机械进行振动碾压，使之达到要求的密实程度的一种地基处理方法。

结构松散的砂土在水坠的作用下趋于密实的现象，归根结底是砂土微观结构的重新调整[3]。砂土吸附水的能力较差，当地下水位较低时，砂土上部的水由于压力差自上而下渗透，渗透水对砂土产生动水压力。当砂土浸水呈饱和状态时，在振动碾压的作用下，砂土颗粒可以克服砂土间的阻力而重新进行排列分布，最终由疏松状态变成密实状态[4](图1)。

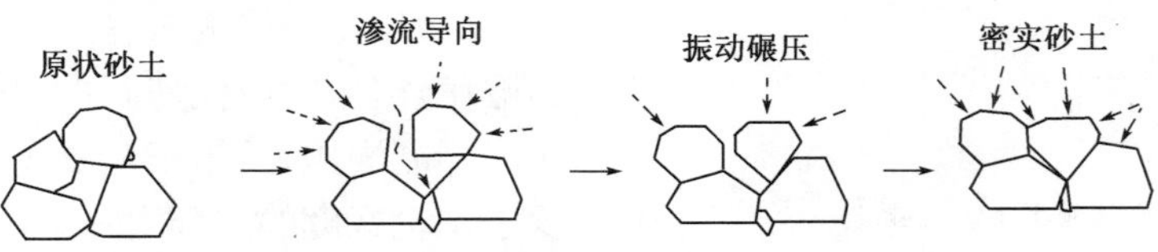

图1　水坠砂法机理示意简图

Fig.1　Water-dropping sand schematic diagram of the mechanism

2.3　水坠砂法处理地基的必要条件

使用水坠砂法处理砂土地基时，必须满足以下条件，否则不能达到预期效果。

(1)地下水位必须低于需加固的土层。地下水位较低时，才能产生自上而下的压力差，使砂土颗粒趋于密实；否则不能产生足够的压力差，甚至导致水反向渗透、砂土上浮。

(2)下部地基土要有良好的透水性。当下部地基透水性很差时，水无法往下渗透，不能使砂土密实。

(3)必须使砂土地基保持可靠的稳定性。砂土地基具有潜在的流动性，对砂土地基四周必须做好可靠的围护，基础施工完成后，附近土体不宜扰动，尤其对边坡地带和高差较大的地基更应该特别注意。

2.4　地基处理方法的选定

(1)纳米贝 RED 项目共建设住房 4 000 套，多数为单层，最高为 3 层，采用砌体结构，基底荷载较小，基础形式为条形基础，埋深按 0.5～1.0m 考虑，经宽度和深度修正后，细砂②及以下地层的地基承载力满足设计要求，因此可考虑采用天然地基。基础持力层可选择细砂②层、泥灰岩③层或④层。

(2)项目建设场地位于沙漠地区，该地区的砂土地层位于第三纪海相沉积岩之上，建设面积大，且周边区域未发现有黏土，如果外购黏土作为回填材料，则施工成本将非常大。考虑到建设场地细砂②层砂质纯净、分选性较好、级配较差，可选择细砂②层作为垫层填料，并采用水坠砂法处理地基。

(3)水坠砂法地基处理施工工艺可最大限度地利用场地内的土方(砂土)，施工工艺较简单，材料和机具设备的需求都比较容易满足，从工程技术和工程经济的角度上都是比较理想的施工方法。

3　水坠砂法地基处理施工工艺

3.1　水坠砂法施工工艺流程

现场展开施工时，将按照图 2 的工艺流程组织施工生产。

3.2　水坠砂法施工方法

(1)开挖基槽。清表后开挖基槽至垫层混凝土底高程下 20cm 左右。先由机械开挖到待处理高程上 10～15cm，剩余 5～10cm 再由人工配合开挖到设计高程。

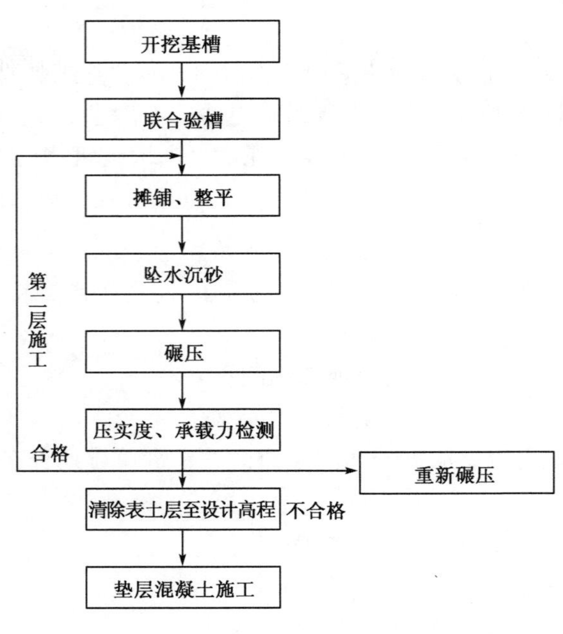

图 2　水坠砂法施工工艺流程图

Fig. 2　The construction process flow diagram of water-dropping sand

(2)联合验槽。将基槽范围内的杂物清理干净后，由施工单位组织设计、勘察、质检等相关部门进行联合验槽，验槽合格后，方可进入下一步施工工序。

(3)摊铺、整平。利用推土机对开挖后的砂层表面进行整平，利用人工配合，将需浇水范围划分为几个小区，每个小区约 30m^2，要求各区域内地势平坦，确保水能均匀渗透至要求深度。

(4)坠水砂。砂层铺平后注水，进水面不低于砂面 50mm 或达到饱和状态为止。放水时，及时清理摊铺后砂土中存在的草根等杂物。

在坠水砂完成后进行含水率测试，对照试验室出具的最佳含水率，在回填厚度 1/3 深处含水率略高于最佳含水率时即开始用压路机碾压。

(5)碾压。待测定含水率达到上述要求时即可开始碾压，碾压时应低速行驶，按纵五横三进行碾压，碾压时不能漏压，后车车轮要压过前车车轮，重叠区域不少于车轮宽度的三分之一，并且应先经过 1～2 次静压后再进行小振动碾压，接着开始振动碾压，遍数保证在 5～7 次。

碾压时，对于压路机无法碾压的死角，利用立式夯进行局部夯实。

(6)地基检测。碾压完毕后，应立即进行压实度的检测工作。下层砂土经检测合格后，即进行上层砂土的摊铺工作。摊铺厚度为30cm左右，然后依次按照(3)～(6)顺序进行操作。

压实度检测试验结果不合格时，应加遍碾压，直到检测合格，整个地基处理完成后应进行静载试验，以验证地基承载力是否满足设计要求。

4　施工质量控制要点

(1)砂源控制。回填砂土须为现场开挖出的深层较纯净的细砂，不得使用现场的表层砂，质检人员负责监督现场砂源的控制，及时清理回填砂土中的植物根系等杂物，保证砂源质量。

(2)虚铺厚度控制。下层原砂预留350～400mm，上层回填砂土虚铺厚度以300～350mm为宜，压实后的砂土厚度为650～700mm，经过两层水坠碾压，地基上表面一般可高出设计高程50～100mm。待检测合格后，人工整平至设计高程。

(3)平整度控制。对虚铺砂层设人工找平点5m一个，呈梅花状布置，拉线找平。表面平整度误差不能超过50mm。

(4)水量控制。注水时，一定要注意浇水的连续性，水面以超过砂面50～100mm或者呈饱和状态为宜。

(5)碾压时机控制。根据现场经验，灌水后待砂土表面无积水后，处理深度基本可达到设计要求，此时开始实测含水率，每0.5h测一次，待含水率略高于最佳含水率时(约3%)，开始进行碾压。

(6)检测内容。对于处理完成的地基需第一时间取样检测，避免因日照和风力的影响使场地内砂土地基中水分过快蒸发。水坠砂法处理后的地基，除要进行压实度的检测外，还应抽取一定比例进行地基承载力试验(静载试验)，地基承载力试验可优先考虑抽取3层建筑物。

(7)成品保护。经检测合格后应停止各种机械在砂土地基上开动，以免扰动砂层。水坠砂法处理完成后地基的上表面高程要高于设计高程，待检测合格后，需要人工将高出设计高程的砂层清除掉，这样能有效地防止扰动下层砂土，以免造成砂粒密实结构的破坏。水坠砂垫层处理竣工验收合格后，应及时进行基础施工和基坑回填[5]。

5　地基检测

根据国家相关规范的规定及设计要求，对处理完成的地基应进行压实度试验(检测地基砂土的密实度)和静载试验(检测地基的实际承载力)，该工程要求处理后地基压实度不小于95，地基承载力特征值不小于140kPa。

现以该工程的H3-2号楼(层高3层)的地基基础检测数据为例，来分析水坠砂法处理地基的效果，H3-2号楼地基处理面积约为400m^2，处理层数为两层，压实度试验采用环刀法，静载试验采用维持荷载稳定法，承压板面积为0.25m^2(表2、表3、图3、图4)。

表2　地基压实度试验数据记录表

Table2　The foundation compaction test data record

取样点号	第一层		第二层	
	干密度(g/cm^3)	压实度(%)	干密度(g/cm^3)	压实度(%)
1	1.98	99	1.94	97
2	1.97	99	1.93	97
3	1.95	98	1.96	98
4	1.96	98	1.95	98
5	1.93	97	1.94	97

续上表

取样点号	第一层		第二层	
	干密度(g/cm^3)	压实度(%)	干密度(g/cm^3)	压实度(%)
6	1.94	97	1.96	98
7	1.94	97	1.95	98
8	1.95	98	1.93	97

由表 2 可以看出，经水坠砂法处理后的地基压实度均大于 95，完全满足相关规范和设计要求。

表 3 地基静载试验数据记录表

Table3 The foundation static plate loading test data record

荷载(kPa)	本级沉降(mm)	累计沉降(mm)
35	1.06	1.06
70	1.08	2.14
105	1.13	3.27
140	1.45	4.72
175	1.90	6.62
210	2.64	9.26
245	3.51	12.77
280	4.56	17.33

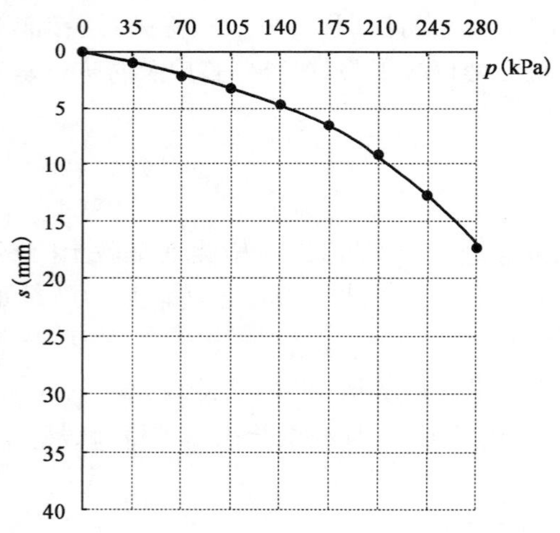

图 3 静载试验 p-s 曲线

Fig. 3 The p-s graph of static plate loading test

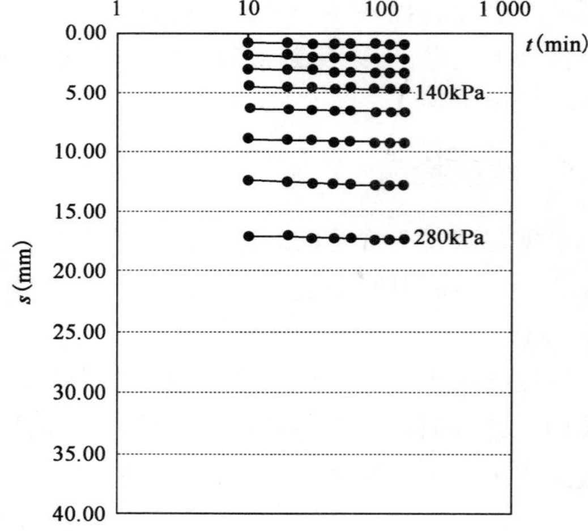

图 4 点静载试验 s-lg$t$ 曲线

Fig. 4 The s-lg$t$ graph of static plate loading test

《建筑地基基础设计规范》(GB 50007—2011)中规定，承载力特征值的确定应符合下列规定：

(1)当 p-s 曲线上有比例界限时，取该比例界限所对应的荷载值；

(2)当极限荷载小于对应比例界限的荷载值的 2 倍时，取极限荷载值的一半；

(3)当不能按上述两款要求确定时，压板面积为 0.250.50m^2 可取 s/b=0.010～015 所对应的荷载，但其值不应大于最大加载量的一半[6]。

分析表 3、图 3 及图 4 可以看出，静载试验结果为荷载在 140kPa 时，沉降量为 4.72mm，总沉降量为 17.33mm，极限承载力不小于 280kPa，试验曲线基本呈线性关系，地基承载力特征值不小于 140kPa，满足该建筑物的地基承载力设计要求。

6 结语

水坠砂法处理地基虽然在国内西北沙漠地区得到了广泛的应用，但在西非国家安哥拉缺乏施工经验，我们结合当地的施工条件，因地制宜，使该方法在工程中取得了很好的效果。相信随着水坠砂法在不同地域和环境下的应用以及经验的积累，能不断地丰富和完善其施工工艺，为水坠砂法地基处理技术的规范化和全面推广奠定坚实的基础。

参考文献

[1] 郑勋涛. 水坠砂在处理砂土地基中的应用[J]. 西部探矿工程，2002，75(2)：53.
(ZHENG Xun-tao. Ground treatment application of water-dropping sand in sand foundation[J]. West-China Exploration Engineering，2002，75(2)：53).

[2] 胡延宇. 安哥拉十万套 RED 项目——纳米贝 PRAIA AZUL 地块岩土工程勘察报告，2012-08[R]. 西安：机械工业勘察设计研究院，2012.
(HU Yan-yu. RED-namibe-4 000/praia azul geotechnical investigation report，2012-08[R]. Xi'an：China JK Institute of Engineering Investigation and Design，2012.)

[3] 门清波，夏玉云，吴兴辉. 毛乌素沙漠砂土地基处理效果分析[J]. 岩土工程技术，2012，26(2)：76-77.
(MEN Qing-bo，XIA Yu-yun，WU Xing-hui. Effect analysis of sandy foundation treatments in MU US desert[J]. Geotechnical Engineering Technique，2012，26(2)：76-77).

[4] 张德媛. 毛乌素沙漠风积砂工程物理特性研究[D]. 西安：长安大学，2009.
(ZHANG De-yuan. Engineering physical property research of air-deposited sand in MU US desert[D]. Xi'an：Chang'an University，2009).

[5] 中华人民共和国行业标准. JGJ 79—2012 建筑地基处理技术规范[S]. 北京：中国建筑工业出版社，2013.
(JGJ 79—2012 Technical code for building foundation treatment[S]. China Architecture & Building Press，2013).

[6] 中华人民共和国国家标准. GB 50007—2011 建筑地基基础设计规范[S]. 北京：中国计划出版社，2012.
(GB 50007—2011 Code for Design of Building Foundation[S]. Beijing：China Planning Press，2012).

基于MATLAB图像处理的矿物含量分析

王春刚　井彦林　关　凯

（长安大学建筑工程学院　陕西　西安　710061）

摘　要：本文出了一种运用MATLAB图像处理功能、通过.BMP格式图像较为精确地计算岩石中矿物含量的方法，并且通过实验证明了该方法的准确性，这种方法可以为岩石学和地球化学的研究工作提供一种手段。论文以铝土质泥岩中石英矿物含量分析计算为例，应用MATLAB图像处理工具箱对图像进行预处理（灰度化、二值化）及形态学处理（膨胀、面积运算），使不同矿物成分间的边缘更加清晰可见，通过MATLAB的相关功能较为精确地计算出石英矿物含量。这种计算方法简单、方便，较为科学，与传统方法相比，此种方法的精确度不再依赖研究人员的经验程度。但该方法对于有区域重叠情况的分析还存在一定的误差，并且该方法的计算精度取决于计算试样量的多少，即计算试样越多，精算精度越高。

关键词：岩石矿物　计算方法　图像处理工具箱　铝土质泥岩　石英含量

作者简介：作者简介：王春刚（1989—），男，长安大学建筑工程学院在读硕士研究生，岩土工程专业。E-mail：1282372044@qq.com。

Analysis of the Content of Quartz Based on MATLAB Image Processing

WANG Chun-gang，JING Yan-lin，GUAN Kai

（School of Civil Engineering，Chang'an University，Xi'an 710061，China）

Abstract：This paper presents a method that it uses MATLAB image processing toolbox to calculate the mineral content of the rocks more accurately by .BMP format images，and it proved the accuracy of the method through experiments，this method can provide a means for research petrology and geochemistry. This paper takes the calculating of quartz mineral of bauxitic mudstone as an example，application of MATLAB image processing toolbox for image pre-processing（grayscale、binary）and morphological（expansion、area calculation）to makes the edges between different mineral composition more clearly visible，and it can calculate the quartz mineral content by related functions of MATLAB more accurately. This method is simple，convenient，compared with traditional methods，the accuracy of this method is no longer dependent on the degree of experience of researchers. But it still exists certain errors for analysis of overlap region. And the accuracy of the method depends on how much the amount of the sample is calculated，i.e.，the more the sample is calculated，the higher the actuarial accuracy.

Key words：Rocks and minerals；Calculation method；Image processing toolbox；Bauxitic mudstone；The content of quartz.

0　引言

在地质学研究中，确定岩石的矿物含量是岩石学与地球化学研究的一项基础工作。以前的方法主要依靠光学显微镜进行镜下观察，通过估计各种矿物在显微镜视域中所占的面积的百分比来确定岩石中矿物的含量[1]。显然，这种依靠镜下人工统计获得矿物含量的方法，精度难以保证，而且工作量大，难以进行批量分析。

MATLAB图像处理工具箱是由一系列支持图像处理操作的函数组成的，可进行图像增强、去模糊、特征检测、降噪、图像分割、空间转换和图像配准[2]。通过调用该工具箱中函数，可以实现对图像的预处理（灰度化、二值化）及形态学处理（膨胀运算、面积运算），这些处理过程都为矿物分析提供了必要的技术支持。本文以铝土质泥岩中石英矿物含量计算为例，应用 MATLAB 图像处理工具箱对石英图像进行探究，以快速、准确、简便的分析出石英含量。

1　MATLAB 计算石英含量

1.1　铝土质泥岩中石英图像的获取

本文中所用到的石英图像是在光学显微镜下拍摄的，如图 1 所示。

分析石英原始图像可以看出：图像中石英与其他矿物有较大的色差，但是石英矿物的边界与其他矿物的边界不是特别明显，有一部分石英被其他矿物部分掩盖；还有一部分石英碎屑体积较小，不便在光学显微镜下直接统计计算，这样就会影响到石英的含量分析，针对这一问题，可以采用 MATLAB 图像处理工具箱对图像进行分析。

1.2　图像的处理

（1）图像的灰度化。光学显微镜下所拍摄的图像为真彩色.BMP 文件，每一个像素点用三个数值来描述它的特征，处理工作量很大。因此，必须将彩色图像转换成灰度图像，一方面可以去掉一些无用信息，另一方面可以大幅度减少图像的数据量，减轻后期处理的工作量[3]。灰度化调用的函数为 rgb2gray()，结果如图 2 所示。

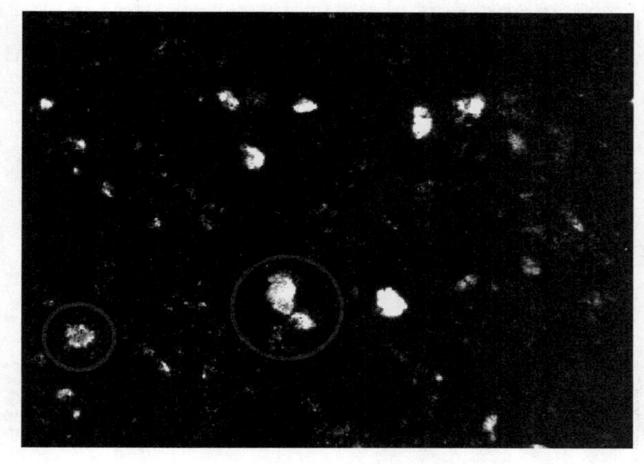

图 1　石英原始图像

Fig. 1　original image of Quartz

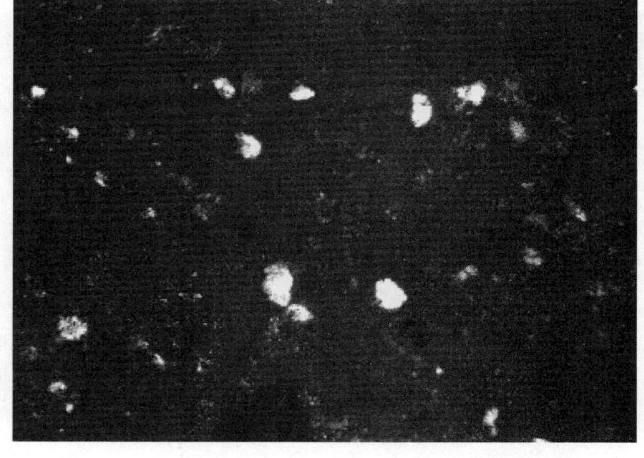

图 2　图像的灰度化

Fig. 2　Image gray scale

（2）图像的二值化。灰度化后的图像要经过阈值分割转换成二值化图像，转换成二值化图像的目的是简化图像，增强图像的对比性，使后续的图像处理更加简单[4]。为了获取恰当的阈值，本文采用自动选择法中的 Otsu 算法进行取阈值。该算法具有简单、处理快速的特点[5]。其调用函数为 level＝graythresh()，二值化调用函数 im2bw(I,level)，结果如图 3 所示。

（3）图像的膨胀运算。膨胀是数学形态学运算的基本操作，其作用是对二值化物体进行扩充。由于石英与其他矿物的边界不清晰，这样对于边界上的石英统计结果不准确，因此通过膨胀运算就能使得边界上的石英显示的更加明显，有利于进行下一步的统计。膨胀运算调用的函数为 imdilate()，结果如图 4 所示。

（4）石英含量的计算。经过二值化和膨胀运算后的图像像素只有 0 和 1 两个值，即 0 表示黑色，1 表示白色，可以理解为白色区域的面积就是像素值为 1 的像素的数目，通过函数 bwarea()就可以计算图像中白色区域的像素数目。然后，通过函数[m,n]＝size()可以求得图像的像素大小，这样就可求出石英所占百分比。经计算，石英矿物的含量为 1.86％。

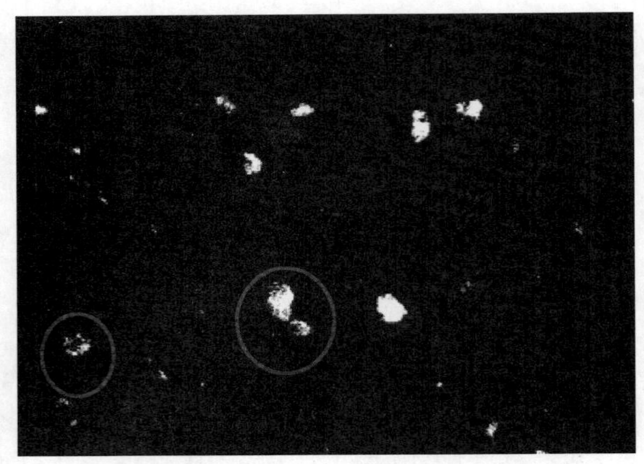

图 3　图像的二值化

Fig. 3　Image binarization

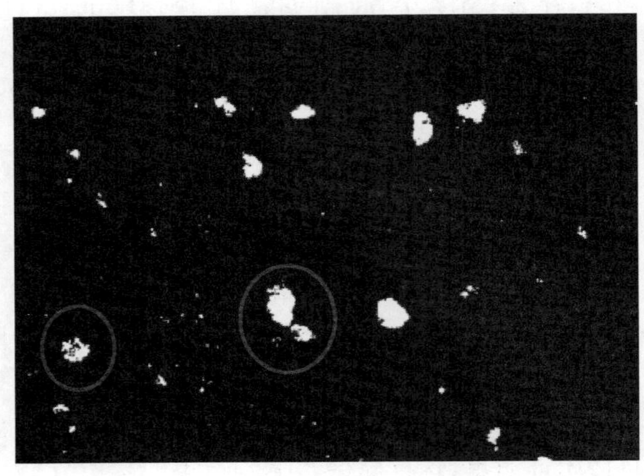

图 4　图像膨胀

Fig. 4　Image expansion

1.3　结果分析

对比图 1 和图 3(以图像中红色圆圈为例)可以看出,图 3 中石英的边界要比图 1 中的清晰,并且增强了石英的显示效果,这样有利于我们进行下一步形态学处理。对比图 3 和图 4,经过膨胀后,在图像中更加突显了石英矿物;对于石英被其他矿物部分遮盖的情况(如左侧红色圆圈的石英),膨胀运算能够很好地对被遮盖部分进行很好填充,使这部分石英显现的更加完整,经过上述 MATLAB 处理后的图像,使铝土质泥岩中石英矿物的边界更加清晰可见。

1.4　MATLAB 处理流程图及程序

MATLAB 处理图像流程图,如图 5 所示。

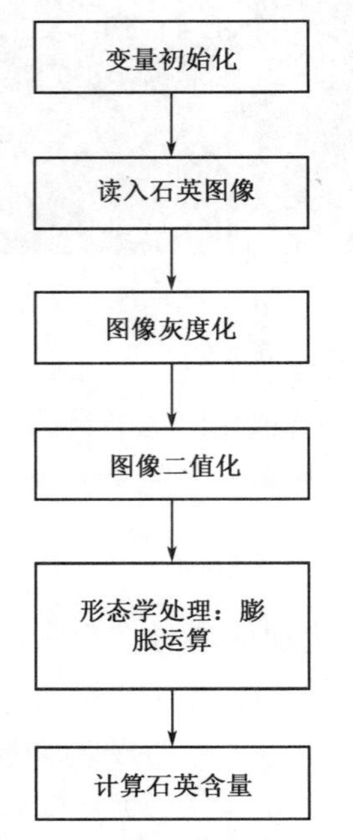

图 5　MATLAB 处理图像流程图

Fig. 5　MATLAB image processing flow chart

MATLAB 图像处理程序:

```
clear all;
I=imread('shiying. bmp'); %读入原始真彩图像
imshow(I); %显示原始真彩图像,如图 1
I2=rgb2gray(I); %将真彩图像转变为灰度图像,如图 2
level=graythresh(I2); %寻找灰度图像的最佳阈值
I3=im2bw(I2); %图像二值化,见图 3
se=strel('disk',2); %创建结构单元
I4=imdilate(I3); %对二值化图像进行膨胀,见图 4
imshow(I4); %显示膨胀后的图像
a1=bwarea(I4); %计算石英区域的面积
[m,n]=size(I4); %查看图像大小
a2=a1/(m*n) %计算图像中石英含量
a2=1.86%;%石英含值量
```

2　MATLAB 图像处理验证实验

2.1　实验目的

通过实验探究,验证应用 MATLAB 图像处理工具箱调用函数计算图像面积的准确性。

2.2　实验图片的制作及处理流程

制作一张10cm×10cm的白色纸片，把纸片均匀划分成100个正方形方格，并随机把50个方格涂成黑色，则白色、黑色方格的面积各约占50%。用相机拍摄方格纸作为图像处理的试样，结果如图6所示。

采用上述图5的处理流程及MATLAB图像处理程序，对实验图片进行与石英图像相同的方法处理，膨胀运算后的图像如图7所示。

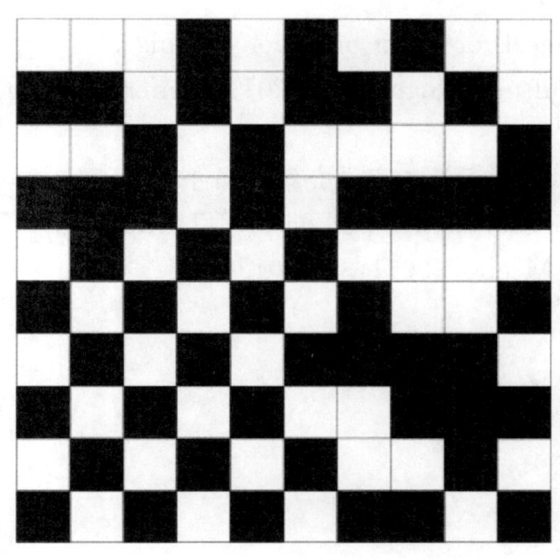

图6　实验原始图像

Fig. 6　The original image

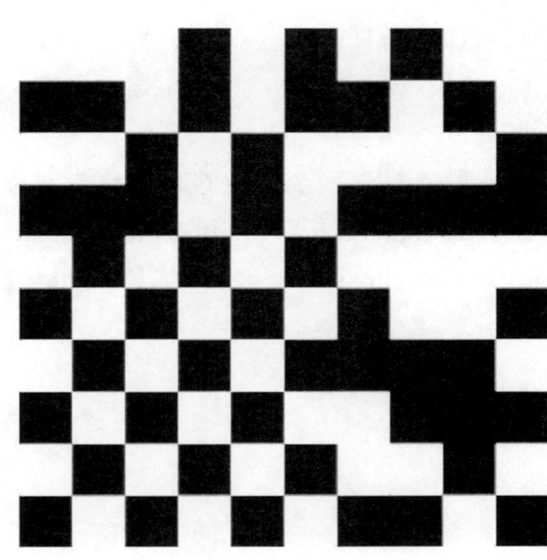

图7　膨胀后图像

Fig. 7　The image after the expansion

2.3　验证结果

经过上述过程处理后，经计算，黑色方格的面积为51.59%，与50.00%相比非常接近，但还存在一小的误差。

实验图像制作过程中，黑色、白色方格的面积各为50%，但这一数值无疑存在误差，方格划分很难做到精确分割；对实验图像经人工用照相机拍摄，图像会有小的变形或由于聚焦不准等原因，使误差进一步增大。分析认为实验图像黑色方格面积计算误差的主要原因是由图像制作引起。因此，MATLAB图像处理工具箱的计算结果可信、正确。

3　结语

本文以铝土质泥岩中石英矿物含量分析为例，提出了一种应用MATLAB图像处理工具箱计算岩石中矿物含量的方法。这种方法具有程序代码少，操作简单，快速、简便、准确的优点。运用这种方法可以快速确定出岩石中各矿物含量比，为判断岩石性质提供了参考。这种方法的不足之处是对于石英在同一区域有矿物重叠的现象计算结果将会有一定的误差，这一问题有待下一步进行研究。

参考文献

[1] 张蓓莉，高岩，奥岩．翡翠及相关玉石饰品的矿物组成及含量激光拉曼光谱无损分析[J]．宝石和宝石学杂志，2001，1(1)：22-26.
(ZHANG Bei-li，GAO Yan，AO Yan. Application of Laaer Raman Specontents in Jadeite and Related Jades[J]. Journal of Gems & Gemmology，2001，1(1)：22-26 .)

[2] 张德丰．MATLAB数字图像处理[M]．北京：机械工业出版社，2012.
(ZHANG De-feng. MATLAB Digital Image Processing [M]. Beijng：Machinery Industry

Press，2012.）

[3] 贾鹏，李永奎，赵萍. 基于 matlab 图像处理的谷物颗粒计数方法的研究[J]. 农机化研究 . 2009，1：152-153.
(JIA Peng, LI Yong-kui, ZHAO Ping. Grain Counting Method Based on Matlab Image Processing [J]. Agricultural Mechanization Research. 2009，1：152-153.）

[4] 肖潇，戈振扬，于英杰，等. 层切压实土壤中绿豆根系的图像处理[J]. 中国农业工程学会 2011 年学术年会论文集.
(XIAO Xiao, GE Zhen-yang, YU Ying-jie，et al. Image Processing of Layer Cutting of Compacted Root-soil of Mung bean[J]. Chinese Society of Agricultural Engineering 2011 Conference Proceedings.）

[5] 陈亮亮，基于 MATLAB 的 CT 肝肿瘤图像分割[J]. 浙江生物医学工程学会第九届年会，2011：398-401.
(CHEN Liang-liang. An Interface Design for CT Image of Tumor Based on MATLABGUI[J]. Institute of Biomedical Engineering，Zhejiang Ninth Annual Meeting，2011：398-401.）

中小学框架教学楼抗震设标准提高后钢筋用量的增加

王燕荣　赵园园

（长安大学建筑工程学院　陕西　西安　710064）

摘　要：随着2008规范修订中小学框架结构教学楼抗震设防标准提高后，其钢筋用量的增加对工程造价控制有重要意义。为了研究抗震设防标准提高后中小学框架结构教学楼钢筋用量的增加问题，本文首先通过研究规范中框架梁和框架柱的抗震措施[1~3]，具体分析了影响中小学框架结构教学楼钢筋用量增加的因素。然后以西安市某中学框架结构教学楼为工程算例，利用PKPM结构设计软件，分别按标准设防和重点设防进行结构设计，并计算框架梁和框架柱钢筋的用量。对比得出中小学框架教学楼按照重点设防类别设计计算时，对框架梁和框架柱箍筋用量影响较大，箍筋用量增加101%，对框架梁和框架柱纵筋用量影响略小，纵筋用量增加了12.1%。为以后工程人员对中小学框架结构教学楼结构设计与工程造价控制提供参考。

关键词：框架结构　教学楼　抗震设防标准　抗震措施　工程造价

作者简介：王燕荣(1987—)，女，长安大学建筑工程学院在读硕士研究，结构工程专业。E-mail：luckyr0810@qq.com。

Seismic Fortification Criterion Improve Impact on the Steel Amount of Frame Construction of Primary and Secondary School Buildings

WANG Yan-rong，Zhao Yuan-yuan

(China School of Civil Engineering，Chang'an University，Xi'an 710061，China)

Abstract：Sismic fortification criterion improve while code revision in 2008，an increase in reinforcement amount is important to project cost control. To studyed the standard frame beam and frame column in the aseismic measures，first studyed the standard frame beam and frame column in the aseismic measures[1~3]，concrete analysis the increased reason of steel consumption of framework primary and secondary school buildings. In this paper，high school teaching building framework in Xi'an as the engineering study，Use PKPM structural design software. Design structure according to the standard fortification and focus fortification. And calculate steel amount of frame beam and frame column. Contrast to draw design and calculation according to the focus classification，impact on the frame beam and frame column stirrup dosage is bigger ，stirrup increased 101%；impact on the frame beam and frame column longitudinal reinforcement dosage slightly smaller ，the amount increased 12.1%. For later engineering personnel to the frame structure of primary and secondary schools teaching building structure design and engineering cost control to provide the reference.

Key words：frame structure，teaching building，seismic fortification standard，seismic measures，project cost.

0　引言

为了加强对未成年人在地震等突发事件中的保护，我国现行《建筑工程抗震设防分类标准》（GB 50223—2008）[4]规定：教育建筑中，幼儿园、小学，中学的教学用房以及学生宿舍和食堂，抗震设防类别应不低于重点设防类。重点设防类的建筑应按本地区抗震设防烈度确定其地震作用，按高于本地区抗震设防烈度一度的要求加强其抗震措施。抗震措施是除地震作用计算和抗力计算以外的抗震设计内容，包括内力调整和抗震构造措施[5]，抗震构造措施只是抗震措施的一个组成部分。抗震设防标准提高后，中小学框架结构教学楼按重点设防进行设计，抗震等级提高，必定会使钢筋用量增加。为此，本文分析了影响框架结构钢筋用量增加的因素，并在此基础上利用 PKPM 结构设计软件，对工程算例分别按重点设防和标准设防进行结构设计，确定了中小学框架结构教学楼钢筋的增加量，为工程人员提供参考。

1 影响钢筋用量增加的因素

(1)框架的抗震措施。汶川大地震[6]以后，框架结构的抗震设计是“强柱弱梁、强剪弱弯、强节点强锚固”。框架结构的变形能力与框架的破坏机制密切相关。试验研究表明，梁先屈服，可使整个框架有较大的内力重分布和能量消耗能力，极限层间位移增大，抗震性能较好。在强震作用下结构构件不存在强度储备，梁端实际达到的弯矩与其受弯承载力是相等的，柱端实际达到的弯矩也与其偏压下的受弯承载力相等。这是地震作用效应的一个特点。因此，所谓“强柱弱梁”指的是：节点处梁端实际受弯承载力 M_{by} 和柱端实际受弯承载力 M_{cy} 之间满足不等式：$M_{cy}>M_{by}$。我国规范通过弯矩增大系数 η_c 加大柱端弯矩，推迟柱端出现塑性铰，一、二、三、四抗震等级分别取 1.4、1.2、1.1 和 1.1。

由于框架柱受轴向压力的作用，其延性通常比梁延性小，如不采取“强柱弱梁”的措施，柱端不仅会提前出现塑性铰，而且有可能使塑性转动过大，形成同层各柱上、下端同时出现塑性铰的“柱铰结构”，危及结构承受竖向荷载的能力。所以，在框架柱设计中，增大柱端弯矩设计值，降低柱屈服可能性，是确保框架抗震安全性的关键措施。

试验研究还表明，框架底层柱根部对整体框架延性起控制作用，柱脚过早出现塑性铰将影响整个结构的变形及耗能能力。为了延缓底层根部柱铰的发生，使整个结构的塑化过程得以充分发展，而且底层柱计算长度和反弯点有更大的不确定性，故应当适当加强底层柱的抗弯能力。为此，《抗震规范》规定，一、二、三级框架结构底层柱下端截面的弯矩设计值，应分别乘以增大系数 1.5、1.25 和 1.15。

框架结构设计中，应力求做到在罕遇地震作用下的框架中形成以梁端塑性铰为主的塑性耗能机构。这就需要尽可能避免梁端塑性铰区在充分塑性转动之前发生脆性剪切破坏。为此，对框架梁提出了“强剪弱弯”的设计概念。而对于规定柱弯矩增大措施的抗震规范，只能适度推迟柱端塑性铰的出现，而不能避免出现柱端塑性铰，因此，对柱端也应提出“强剪弱弯”要求，以保证在柱端塑性铰达到预期的塑性转动之前，柱端塑性铰区不出现剪切破坏。强剪弱弯是用梁、柱剪力增大系数 η_{vb}、η_{vc} 加大梁、柱剪力，防止剪切破坏先于弯曲破坏。η_{vb} 在一、二、三抗震等级分别取 1.3、1.2 和 1.1；η_{vc} 在一、二、三抗震等级分别取 1.4、1.2、1.1 和 1.1。

(2)框架的基本抗震构造措施[7]。结合本文研究内容，下面介绍规范对框架梁和框架柱分别在一、二级抗震等级的基本抗震构造措施要求，两算例框架梁和框架柱具体构造措施要求见表 1、表 2。

表 1 框架梁的基本抗震构造措施

Table1 The basic seismic design of frame beam

钢筋	构造要求	抗震等级为二级	抗震等级为一级
箍筋	箍筋加密区长度	max(1.5h_b,500mm)	max(2h_b,500mm)
	箍筋最大间距	min(1/4h_b,6d,100mm)	min(1/4h_b,8d,100mm)
	最小直径	10mm	8mm
	肢距要求	max(20d',250mm)	max(20d',200mm)
	面积配筋率(%)	$\rho_{sv}\geq 0.28ft/fyv$	$\rho_{sv}\geq$0.30ft/fyv
	拉筋	规范无具体要求	规范无具体要求
纵向钢筋	支座最小配筋率(%)	max(0.4,80 ft/fy)	max(0.3,65 ft/fy)
	跨中最小配筋率(%)	max(0.25,55ft/fy)	max(0.3,65 ft/fy)
	架立筋	和箍筋形式有关	和箍筋形式有关
	锚固长度	$l_{aE}=\zeta_{aE}l_a$，ζ_{aE}取 1.15	$l_{aE}=\zeta_{aE}l_a$，ζ_{aE}取 1.15
	搭接长度	$l_{Le}=\zeta_1 l_{aE}$	$l_{Le}=\zeta_1 l_{aE}$

注：d 为纵向钢筋直径，h_b 为梁截面高度；d' 为箍筋直径。

2　工程算例

(1)工程概况及设计参数。西安市某中学的教学楼采用五层钢筋混凝土框架结构体系。首层层高为4.9m，2～5层高均为3.9m，平面尺寸63.2m×17.6m；首层柱截面尺寸为0.65m×0.65m，2～5层柱截面尺寸为0.6m×0.6m；横向框架梁截面尺寸为0.35m×0.75m，纵向框架梁截面尺寸为0.3m×0.45m。板厚取120mm；混凝土强度等级为C30；梁和柱内钢筋采用HRB400，板内钢筋采用HPB300。该工程地面粗糙程度类别为C类，场地类型为Ⅱ类，抗震设防烈度为8度。首层结构平面布置图见图1。

表2　框架柱的基本抗震构造措施

Table2　The basic seismic measures of frame column

钢　筋	构造要求	抗震等级为二级	抗震等级为一级
箍筋	箍筋最大间距	min(8d，100mm)	min(6d，100mm)
	最小直径	8mm	10mm
	肢距要求	max(20d'，250mm)	不宜大于200mm
	体积配箍率(%) $\rho_{sv}\geqslant\lambda_v fc/fyv$	轴压比≤0.3，λ_v取0.1	轴压比≤0.3，λ_v取0.08
纵向钢筋	拉筋	规范无具体要求	规范无具体要求
	中柱、边柱最小配筋率	0.8%	1%
	角柱最小配筋率	0.9%	1.1%
	架立筋	与箍筋形式有关	与箍筋形式有关
	锚固长度	$l_{aE}=\zeta_{aE}l_a$，ζ_{aE}取1.15	$l_{aE}=\zeta_{aE}l_a$，ζ_{aE}取1.15
	搭接长度	$l_{Le}=\zeta_1 l_{aE}$	$l_{Le}=\zeta_1 l_{aE}$

表3　梁柱截面尺寸(m)及混凝土强度等级

Table3　The size of column section(m) and beam section and concrete strength grade

	梁混凝土强度等级	柱混凝土强度等级	框架柱 ($b\times h$)	横向框架梁 ($b\times h$)	纵向框架梁 ($b\times h$)	楼板厚 (h)
1层	C30	C35	0.65×0.65	0.3×0.7	0.3×0.45	0.12
2—5层	C30	C35	0.6×0.6	0.3×0.7	0.3×0.45	0.12

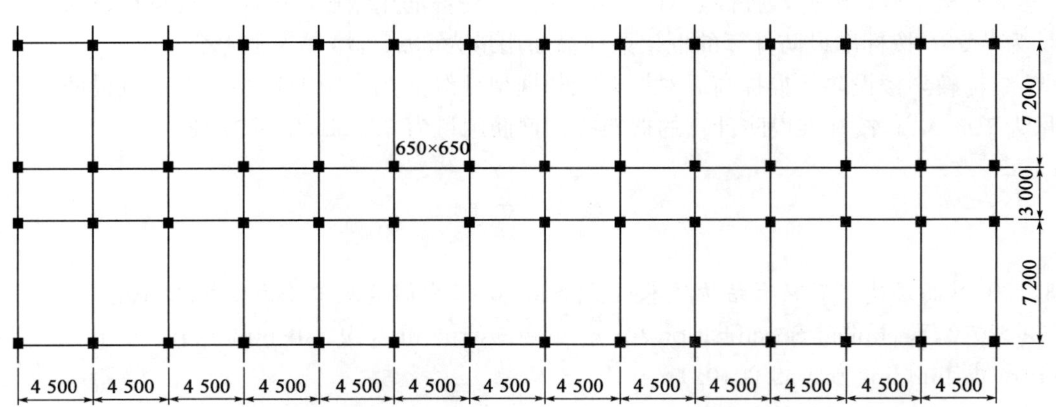

图1　结构平面布置

Fig.1　Structure layout

设计使用年限为50年；结构重要性系数1.0；建筑场地所在地区抗震设防烈度8度，设计基本地震加速度0.20g，多遇地震水平地震影响系数最大值为0.16，设计地震分组为第二组，建筑场地类别为Ⅱ类，特征周期0.35s，修正后的基本风压0.35kN/m^2，地面粗糙程度B类，考虑风振，风荷载体形系数为1.3。周期折减系数 0.9，梁端负弯矩调幅系数 0.85，柱设计不考虑活荷载折减[8]。

算例一：建筑设防类别为标准设防，混凝土框架抗震等级为二级；

算例二：建筑设防类别为重点设防，混凝土框架抗震等级为一级[9]。

(2) 钢筋用量统计汇总。对框架结构教学楼根据新旧规范，利用 PKPM[10]结构设计软件进行结构设计与计算，得出框架结构教学楼在标准设防和重点设防下的结构配筋图。由于板的钢筋用量一样(39.19t)，所以只对框架梁和框架柱钢筋用量进行对比，对比结果如表 4 所示。

表 4 不同算例钢筋用量对比(t)

Table4 Different numerical example reinforced dosage of contrast (Unit: t)

构件名称	钢筋	钢筋用量		钢筋用量比较	
		算例①	算例②	②/①	(②-①)/①
框架梁	纵筋	49.86	52.23	1.05	5%
	箍筋	12.28	34.86	2.84	1.84
	合计	61.14	87.09	1.42	42%
框架柱	纵筋	42.78	51.65	1.21	21%
	箍筋	26.43	42.94	1.62	62%
	合计	69.21	94.59	1.37	37%

(3)钢筋用量对比结果分析。

①该工程在钢筋强度等级相同的条件下，算例二的钢筋总用量(220.87t)比算例一的钢筋总用量(169.54t)增加了 51.33t。增加 30.3%。

②算例二的框架梁钢筋用量为 87.09t，算例一的框架梁钢筋用量为 61.14t，增加了 25.95，比值为 1.42，增加百分比为 42%。

③算例二的框架梁钢筋用量为 94.59t，算例一的框架柱钢筋用量为 69.21t，增加了 25.38，比值为 1.37，增加百分比为 37%。

3 结语

(1)框架结构教学楼设防标准提高后，钢筋总用量增加了 30.3%。

(2)框架结构教学楼设防标准提高后对框架梁和框架柱箍筋用量影响较大。按重点设防计算的框架梁柱箍筋用量为 77.8t，按标准设防计算的框架梁柱箍筋用量为 39.1t，增量为 101%。

(3)框架结构教学楼设防标准提高后对框架梁和框架柱纵筋用量影响略小。按重点设防计算的框架梁柱箍筋用量为 103.88 t，按标准设防计算的框架梁柱箍筋用量为 92.64t，增量为 12.1%。

参考文献

[1] JGJ 3—2010，高层建筑混凝土结构技术规程[S]. 北京. 中国建筑工业出版社. 2010.
(JGJ 3—2010，Technical Specification for concrete structures of tall building[S]. Beijing. China architecture & building press. 2010.)

[2] GB 50011—2010，建筑抗震设计规范[S]. 北京. 中国建筑工业出版社. 2010.
(GB 50011—2010，Code for seismic design of buildings[S]. Beijing. China architecture & building press. 2010.)

[3] GB 50010—2010，混凝土结构设计规范[S]. 北京. 中国建筑工业出版社. 2010.
(GB 50011—2010，Code for seismic design of buildings[S]. Beijing. China architecture & building press. 2010.)

[4] GB 50223—2008，建筑工程抗震设防分类标准[S]. 北京. 中国建筑工业出版社. 2008.
(GB 50223—2008，Standard for classification of seismic protection of building constructions [S]. China architecture & building press. 2010.)

[5] 郭继武. 建筑抗震设计[M]. 北京：中国建筑工业出版社，2002
(GUO Ji-wu. Seismic design of buildings [M]. China architecture & building press. 2010.)

[6] 叶列平，曲折，马千里，等. 从汉川地震框架结构震害谈“强柱弱梁”屈服机制的实现[J]. 建筑结构学报，2008，38(11).
(YE Lie-ping，QU Zhe，MA Qian-li，et al. Study on ensuring the strong column-weak beam mechanism for RC frames based on the damage analysis in the Wenchuan earthquake. Journal of building structures，2008，38(11))

[7] 刘小映. 我国混凝土结构抗震措施合理性分析[D]. 长沙：湖南大学，2006.
(LIU Xiao-ying. The Analysis on the rationality of seismic fortification measures for concrete structures in china[D]. Hunan university master's degree thesis，2006)

[8] 吴云翠. 钢筋混凝土框架结构的抗震设计[J]. 建筑工程. 2013.
(WU Yun-cui. The seismic design of reinforced concrete frame structure[J]. Architectural engineering. 2013)

[9] 梁亚坤，郑京龙. 结合新规范谈谈抗震措施与抗震构造措施[J]. 建筑业. 2011，121(2).
(LIANG Ya-kun，ZHENG Jing-long. Combined with the new specifications about anti-seismic measures and seismic construction measures[J]. The construction industry. 2011，121(2))

[10] 陈有，康婧，刘岩，等. 抗震措施在 PKPM10 版软件的实现及工程设计应用[J]. 土木建筑工程信息技术，2011，9(3)
(CHEN You，KANG Jing，LIU Yan，et al. The Application of Anti-Seismic Measures in PKPM10 Version and Engineering Design[J]. Journal of Information ，2011，9(3))

城市地下水位变化引起的环境岩土问题浅析

罗 鑫 晏长根

（长安大学公路学院 陕西 西安 710064）

摘 要：近年来，随着全球变暖以及我国城市化进程加快，城市水源产生了严重的供需矛盾和区域性不平衡，加上相关法律法规不够健全，人们对城市地下水采取掠夺式的开发和城市地下水系统的脆弱性以及城市基础设施对地下水位变化的敏感性，经常会产生城市基础设施倾斜、开裂、地面下沉、地下管线断裂、洞室上浮等一系列环境岩土工程问题，给我们的生命财产安全带来极大的威胁。本文简要分析和论述了地下水位变化所引起的环境岩土工程问题及其原理，并提出了相应的解决方法和建议。

关键词：全球变暖 地下水位变化 环境岩土问题 下沉 开裂

作者简介：罗鑫（1990—），男，长安大学公路学院岩土专业硕士研究生 。Email：15249264645@163.com

Analysis the Environment Geotechnical Problems Caused by Urban Groundwater Level Changes

LUO Xin，YAN Chang-gan

（Highway college，Chang'an University，Xi'an，710064，China）

Abstract：In recent years，with global warming and the urbanization of China，urban water supply and demand have a serious contradiction and regional unbalance，plus the relevant laws and regulations are not sound enough. People take the predatory exploitation of urban groundwater，however the urban groundwater system is vulnerability and urban infrastructure is sensitivity to groundwater levels change. There occurred a series of environment geotechnical problems around us，for example：urban infrastructure titling，cracking，ground subsidence underground pipeline rupture，cavern floating and so on. All this problems are caused by groundwater levels change and bring us a tremendous life and property safety threat. The paper briefly discusses and analysis the principles of environment geotechnical problems caused by groundwater levels change and propose the corresponding solutions and recommendations.

Key words：global warming，groundwater levels change，environment groundwater levels change，sink，cracking.

0 引言

长期以来，人类大规模燃烧化石能源释放出大量的二氧化碳，以及工业排放大量甲烷等派生气体，地球的生态平衡无意识中遭到破坏，致使气温不断上升。由此引起的全球变暖，一方面导致降雨特征发生变化，另一方面使得地球上冰雪覆盖减少，促使海平面上升。据联合国预测，到 2030 年海平面将上升 20cm，我国中科院地学部专家对我国三大三角洲进行考察后的评估是，到 2050 年，全球变暖将使得珠江三角洲海平面上升 40～60cm[1]。

海平面的上升，加上地面径流的增加，将会导致地下水位的上升，从而产生一系列连锁反应式的岩土工程问题。

长久以来，在许多地区，地下水被不合理的大量开采，地下水的开采地区、开采层次、开采时间过于集中。

集中过量的开采地下水，使地下水的开采量大于补给量，导致地下水位不断下降，漏斗范围亦相应地不断扩大。除人为开采外，许多因素也引起地下水位下降。如对河流进行人工改道，上游修建水库或筑坝截流截断了下游地下水的补给，以及近年来全国的南水北调等大型工程都会造成区域性地下水位下降。

全球暖化引起的连锁反应，见表1。

表1　全球暖化引起的连锁反应

	产生的自然灾害		伴随的物理现象	引起的问题
全球暖化	海平面上升	地下水位上升	孔隙应力发展有效应力降低吸水浮力增加	液化及震陷加剧承载力降低浸水下沉自重应力减少
		河川水位上升	水头增大波浪冲击	堤防标准降低浸透破坏
		水深加大	潮汐变化波浪冲击	变形下沉滑动
	大气循环变化		台风加大降雨增加	风暴、洪涝灾害加重地滑、山崩、泥石流
	地表温度上升		冻土融化风化加剧沙漠化	承载力下降风化、残积灾害增加

1　城市地下水位变化引起的环境岩土工程问题

1.1　浅层基础地基承载力变化

当地下水位升降变化只是在地基基础底面以下某一范围内发生变化时，对地基基础影响不大，地下水位的下降仅稍微增加基础的自重。当地下水位在基础以下压缩层范围内变化时，若水位在压缩层范围内下降，将导致岩土的自重应力增加，可能引起地基基础的附加沉降。若土质不均匀或地下水位突然变化，可能使建筑物发生破坏、变形。例如西安市内著名的大雁塔在2000年由于大量抽取地下水，导致其倾斜超过1m。

根据极限荷载理论，对不同类型的砂性土和黏性土地基，以不同的基础形式，分析不同地下水位情况下的地基承载力的结果是：无论砂性土还是黏性土地基，承载力都有随地下水位上升下降的必然性[3]。地下水对浅基础地基承载力的影响通常由两种可能：一是沉浸在水下的土将失去毛细管应力或弱结合力所形成的表观凝聚力以及水的软化作用使土的胶结力的降低，土的抗剪强度降低而影响承载力的下降，这种影响在实际应用上困难较多；二是由于水的浮力作用，土的有效重度减少而降低土的承载力。

1.2　加剧砂土地震液化和建筑物震陷

地下水位与砂土液化密切相关，没有水，也就不存在所谓的液化。研究发现，随着地下水位的上升，砂土抗液化能力随之降低。地下水位上升，对作为产生液化震陷的动荷因子的地震作用起放大作用。砂土越疏松、初始剪应力越小地下水位上升对液化震陷的影响越大。饱和软黏土剪应力较低，在地震作用下，瞬间产生塑性剪切破坏，产生大幅度的剪切变形，可达到砂土液化震陷值的4～5倍，甚至超过10倍[4]。

对于饱和疏松的粉细砂地基土而言，在地震作用下因砂土液化，对于建在其上的建筑物产生附加沉降，即所谓的液化震陷。以软黏土和饱和砂性土地基发生震陷现象最为明显。震陷由不排水剪切变形和固结排水变形两部分组成。不排水剪切变形是在地震荷载作用下瞬时产生的，所以相应的震陷量称为瞬时沉降。固结排水变形是由地震荷载产生的孔隙水压力消散引起的，或称为土体次固结沉降。

震陷量　S 可以统一地表示成[5]：

$$s = s_{vr} + s_u \tag{1}$$

式中：s_{vr}——瞬时沉降；

s_u——再固结沉降。

震陷量 s 与孔隙水压力休戚相关，而地下水位上升必然导致孔隙水压力上升，所以对于引起震陷，地下水位变化是不可忽略的因素。

1.3　土壤盐渍化沼泽化及地下水质恶化

当地下水位上升接近地表面时，由于毛细作用而使地表土层过湿而呈沼泽化，或者因为土壤中含有盐分，平时是在土壤下层分布，表层土壤中含量较少，在对土地进行灌溉时，水的下渗导致地下水位上升，这样土壤中的盐分溶解于水中，盐分随着地下水的上升而被带到土壤表层，而春季气温回升快，这些地方蒸发旺盛，最终使得土壤中上升的水分被蒸发掉，而随着水分由底层土壤到达表层土壤中的盐分因为不能被蒸发掉，就留在了土壤表层，导致土壤中盐分明显增多。强烈的蒸发浓缩作用使盐分在上部土层中集聚形成盐渍土。这不仅改变了岩土原来的物理性质，而且随着水中有害离子浓度增多，矿化度增高，改变了潜水的化学成份和整个地下岩土体的环境，对今后的岩土工程作业带来新的未知挑战。

1.4　冻胀作用的影响

在寒冷地区，地下水位上升时，地基土中含水率也会增多。由于冻结作用，岩土中水分往往迁徙并集中分布，形成冰夹层或冰锥等，使地基土产生冻胀、地面隆起、桩台隆胀等；对砂石路，春融期间在荷载的作用下产生的翻浆现象，将会使道路出现严重病害。处于冻结状态的岩土体具有较高的强度和较低的压缩性，但温度升高岩土解冻后，其抗压和抗剪强度大大降低。对于含水率很大的岩土体，溶化后的黏聚力约为冻胀时的1/10，压缩性增高，可使地基产生溶沉，导致建筑物开裂。

1.5　地面塌陷及不均匀沉降

塌陷是地下水动力条件改变的产物。水位降深与塌陷有密切的关系。当水位降深保持在基岩面以上且稳定时，不易产生塌陷；水位降深小，地表塌陷的数量少，规模小；当水位降深增大，水动力条件急剧改变，水对土体的潜蚀能力增强，地表塌陷的数量多，规模大。

由于地下水被不断抽汲，导致地下水位下降，引起区域性地面沉降。国内外的观测表明，抽汲液体引起液压下降使地层压密是导致地面沉降的普遍和主要原因。2000 年以前的几十年间，由于地下水的超采引发了西安市地面沉降加剧。五六十年代，开采量小，深度浅，地下水径流补给，水位下降慢，地面平均沉降速率为 2mm/a；七十年代各单位自备井的数量递增，抽水量增大，地面沉降速率逐渐加大为 13.86～46.7mm/a，累计沉降量大于 50mm 的面积，达到 100km^2；八十年代中期以来，相关部门加强了地下水管理，新增水井数量显著减少，地面沉降速率趋于稳定，保持在 80～100mm/a。同期，西安城市化步伐加快，需水量猛增，供需矛盾日益突出，地下水严重超采，城市地下水超采系数达到 9.82～14.15，这从很大程度上破坏了地下水的采补平衡，地下水位大幅下降引发和加剧了环境地质灾害，地面沉降量大于 50mm 的面积已超过 120km^2；据统计 1984—1993 年间全市年平均下降 30cm，由此引发一系列的环境岩土问题[6]。

除了区域性地面沉降问题外，随着大型地下工程建设项目的增加，工程建设中有限区域内降水引起的地面沉降及与降水相关问题也日益突出，基坑工程中绝大部分工程事故都是由地下水引发，尽管其影响范围较小，但对临近建构筑物的影响十分严重，危及人民生命财产的安全。

抽水引起地层压密而产生的地面沉降，是由于含水层（组）内地下水位下降，土层内液压降低，使土粒间应力，即有效应力增加的结果。抽水过程中，随着水位下降，孔隙水压力随之下降，但由于抽水过程中土层总应力保持不变，故此，下降了的孔隙水压力值，转化为有效应力增量。

1.6　对城市基础设施的破坏

由于地下水的升降变化会引起膨胀性岩土产生胀缩变形，当地下水升降频繁时，不仅使岩土的膨胀收缩变形往复，而且导致岩土的膨胀收缩的幅度不断的加大，进而形成由地裂引起的建筑物特别是对轻型建筑物的破坏。地下水升降变动带内由于地下水的积极交换，会使土层中的铁、铝成分大量的流失，土层失去胶结物会导致土质变松、含水率的孔隙增大，承载力降低、压缩模量，地下水位上升还会生成较大的湿陷变形、基础下形成饱和软土引发建筑地基下陷及楼体开裂、防空洞坍塌、管道开裂等。

当地下水位在基础地面以下的压缩层范围内发生变化时，能直接影响建筑物的稳定性。若水位在压缩层范围内上升，水浸润、软化地基土，使其强度降低、压缩性增大，建筑物就可能产生较大的变形。地下水位上升还可能使建筑物基础上浮，使建筑物失稳。

据观测西安市由于地下水位变化引起的地面沉降与地裂缝的活动，已对城市基础设施产生灾链效应，1984—1993 年间全市年平均下降 30cm；全市有 13 条地裂缝复活，总长度约 80km，影响面积 155km^2。垂直地裂缝的发展的直接作用使得一些建筑物下沉或倾斜。另外，由于地面不均匀沉降使局部地区排水不畅，污水外溢，更为严重的是地裂缝两侧的不均匀沉降加剧了地裂缝的垂直活动，使地裂缝活动的致灾作用明显加剧，处于地裂缝带周围房屋开裂损坏，供水、供气管道错断，道路、隧洞破坏变形，给城市基础设施带来较大破坏[7]。

上述城市环境岩土工程问题，总体来说属于小区域的环境问题。但它分布广泛，发生频繁，对于一个城市而言研究意义显得更加直接。

2　对策探讨

环境岩土工程中的问题主要在于水的变化，因此防治过程中不仅要充分利用先进的岩土工程技术，还应从整个大环境考虑，利用环境自身的自愈能力采取“补、防、截相结合，因地制宜，综合治理的原则”进行治理。

(1)尽可能解决城市供水资源的供需矛盾，控制地下水的过度开采，改变城市供水以地下水为主逐步变为通过引水工程形成以地表水为主导地位的供水系统。

(2)城市市政建设中以供水、蓄水、调水为依托，通过对城市外围大环境的改造，使之与城区的湖、池、水面等形成一个有机的河湖体系，构建区域排水系统。地表水面被抬高后，地表水和地下水的联系更加紧密，使城市的地下水系统形成一个有机的整体，提升地下水系统的自身调节能力。

(3)大力发展城市湿地公园，重新规划和调整城区的水路体系，增强现有排水渠道对地下水的调节能力，尽量维持城市地下水系统的平衡，减少对城市地下水位线的影响。

(4)对于地下水位下降较大的地区，还可以采用人工回灌地下含水层，即利用工程设施将地表水注入地下含水层，补充地下水源，以增加地下水储量，调节地下水位。但回灌时应严格控制回灌水的水质，以防地下水的污染，并根据地下水动态和地面沉降规律，制定动态的回灌方案。

参 考 文 献

[1] 中国科学研究院，中国国家气象局．第二次气候变化国家评估报告[R]，2012.
(Chinese scientific EPRI, CMA, The Second National Assessment Report on Climate change[R], 2012)

[2] 周建，刘文白，贾敏才．环境岩土工程[M]．北京：人民交通出版社，2004.
(ZHOU Jian, LIU Wen-bai, JIA Ming-cai. Environment geotechnical engineering[M]. Beijing: china communication press, 2004)

[3] 阳建新，李发菊，陈田华．地下水位上升对浅基础地基承载力的影响[J]．基础工程设计，2010,(6):95-99.
(YANG Jian-xin, LI Fa-Ju, CHEN Tian-Hua. The effect of groundwater levels rise on the bearing capacity of shallow foundation[J]. Foundation design engineering, 2010, (6): 95-99.)

[4] S. 普拉卡什．土动力学[M]．徐攸在，王志良，王余庆，刘惠珊，译．北京：水利水电出版社，1984.
(INDIA. PRAKASH S. Soil dynamics[M]. XU You-zai, WANG Zhi-liang WANG Yu-qing, et al, translated. Beijing: china water power press, 1984)

[5] 周建，屠洪权，缪俊发．地下水位与环境岩土工程[M]．上海：同济大学出版社，1995.
(ZHOU Jian, TU Hong-quan, MIAO Jun-fa. The connection between environment technological engi-

neering and groundwater level[M]. Shanghai: Tong Ji university press,1995)

[6] 谭新平,方文俊,王小秋. 西安地下水位变化对工程的影响[J]. 陕西建筑,2010,(7):55-59.
(TAN Xin-ping,FANG Wen-jun,WANG Xiao-qiu. Groundwater levels change impact of Xi'an underground engineering[J]. Shanxi architecture, 2010,(7):55-59)

[7]《西安市雁塔区地基病害勘察》,西北综合勘察设计研究院,2008.
(YANTA district foundation disease survey[R]. Northwest comprehensive survey and design institute,2008)

多种支护形式在软土基坑中的应用实例

闫贵海[1]　谷　霖[1]　杨志银[1]　任晓光[1]
（中国京冶工程技术有限公司　广东　深圳　518054）

摘　要：填海区域基坑往往具有人工填土层下卧深厚淤泥质软土层的特点，该软土层多位于基坑底部附近，对基坑支护设计提出了较高的要求。本工程结合场地条件，分段采用桩锚、土钉墙、格栅状搅拌桩等多种支护类型，并辅以沙包堆脚、基底换填等措施，取得了良好的支护效果，供相关人员参考。

关键词：填海　软土　基坑支护

作者简介：闫贵海（1985—），男，岩土工程硕士，主要从事基坑支护及地基处理工作。E-mail：418037646@qq.com。

Application Example of Various Support Forms Used in Soft Soil Foundation

YAN Gui-hai，GU-Lin，YANG Zhi-yin，REN Xiao-guang

（China Jingye Engineering Corporation Limited Company，Shenzhen，Guangdong 518054）

Abstract：In the filling-sea area，there's always deep soft soil under the artificial soil layer which nearby the foundation bottom. That raises a high demand on the foundation pit support. According to the actual construction，pile-anchor retaining、soil nailing wall、grid mixing pile were used in this project，achieving a good effect assisted by sandbag and exchange filling method. Experience was provided for similar projects.

Key words：filling sea，soft soil，foundation pit support.

0　引言

深圳经济的飞速发展催生了大规模的土地开发，源于 20 世纪 80 年代的填海造陆工程，形成了大量填海区域。自西向东有深圳机场、前海、妈湾、大铲湾、后海、深圳湾、盐田港等。如今，早期填筑的地块多已完成前期固结，开始投入使用。现有勘探资料显示，该类地块往往具有人工填土层下卧深厚淤泥软土层的特点，综合现有地下空间开发情况分析，该类软土层多位于基坑底部附近，对基坑支护设计提出了新的要求，需要因地制宜，有针对性地进行设计施工。

经过 30 多年、五个阶段的发展[1,2]，深圳地区的基坑支护达到了国内领先水平，而多种支护形式组合的成功的实践也获得了大量成功的经验。本工程结合场地条件，综合运用了桩锚支护、土钉墙支护、格栅状搅拌桩支护等形式。其中，桩锚支护分别采用了旋喷桩＋钢管及钻（冲）孔灌注，并根据场地条件进行了场内换填和坡脚沙包反压等措施。确保基坑安全的同时，最大程度地优化了支护设计，为类似工程设计提供参考。

1　工程概况

拟建场地位于深圳市宝安区大铲湾港区内，拟建建筑为 2 栋 12 层、1 栋 17 层、2 栋 18 层，地下 1 层。地下室面积约 2.79 万 m^2，基坑周长约 740m，基坑底相对高程为－6.45m，基坑支护深度约 3.30～4.60m。

基坑平面布置及场地内换填区域划分见图 1。场地四周道路及相关管线均已完工，东侧和南侧分别距离用地红线 3.5m 和 4.0m 有一条燃气管道，北侧与东侧用地红线距离地下室外边线 5m，放坡空间有限，南侧绿化带用地红线距离地下室外边线约 20m，但该侧淤泥出露较高（填土厚度为 1.0～1.5m），西侧绿化带用地红线距离地下室外边线约 30m，且该段填土较厚，并有一段做了强夯块石墩地基处理，具有放坡条件。

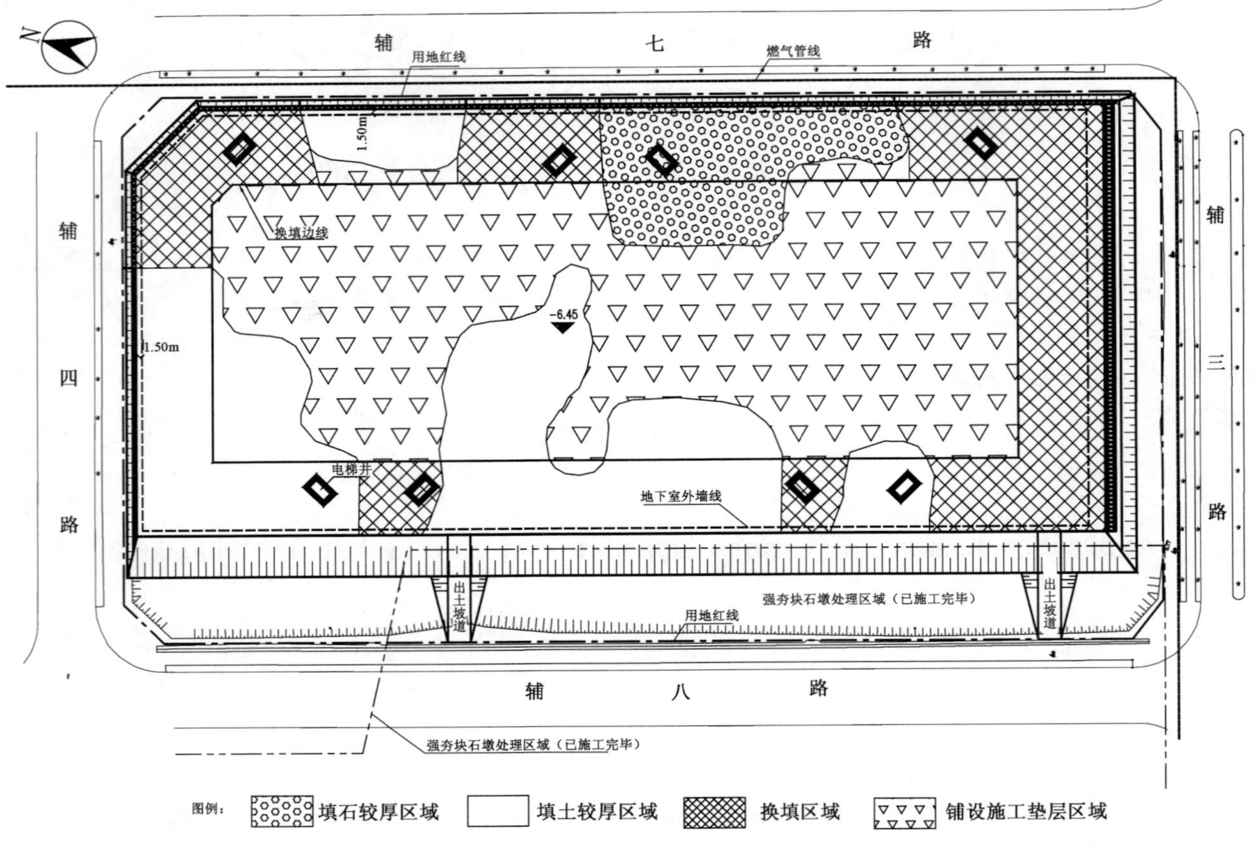

图 1　基坑平面布置图

Fig. 1　Foundation plane arrangement chart

1.1　场地工程地质条件

基坑开挖影响深度范围内地层自上而下分别为：

(1)素填土：红褐、灰黄色，稍湿，松散～稍密状态。成分以黏性素填土为主，近期由附近及其他地方搬运来花岗岩残积土及建筑垃圾堆填而成，局部含少量砖块、混凝土块、碎石等硬杂质。填石大部分为微风化粗粒花岗岩块石，大小 5～50cm，大者可达 1m。层厚 1.30～9.90 m 标准贯入试验 12 次，平均 6 击。

(2)淤泥：灰色、饱和、流塑状态。土质较细腻，含少量有机质，具腥臭味。层厚 1.30～8.10m，层顶埋深 1.30～9.90m。标准贯入试验 55 次，平均 1 击。

(3)有机质粗砂：灰色、灰绿色，饱和，松散状态。成分以砂为主，含少量有机质及约含 30%贝壳碎片，具腥臭味。层厚 0.40～5.80m，标准贯入试验 30 次，平均 6 击。

(4)有机质粉砂：浅灰、灰黑色，饱和，松散状态。含少量有机质，粉黏粒含量不均匀，砂粒成分为石英质，次圆状，分选性差，局部相变为粉细砂或砾砂。层厚 1.10～4.60m，标准贯入试验 6 次，平均 7 击。

(5)粗砂：红褐、黄褐色，饱和，松散～稍密状态。砂质成分以石英质为主，含约 20%黏性土及少量有机质，次圆～次棱角状。层厚 0.40～4.80m，标准贯入试验 18 次，平均 8 击。

(6)砂质粉质黏土：灰白、褐红、褐黄色，稍湿，可塑～硬塑状态。由混合花岗岩风化残积而成，岩芯呈土柱状。层厚 0.50～9.60m，标准贯入试验 53 次，修正锤击数 10～29 击，平均 15 击。

基坑支护设计岩土参数见表 1。

表 1　土层主要物理力学指标

Table1　Main physical and mechanical indexes of the soil layers

地层名称	容重(kN/m³)	内摩擦角 ϕ(°)	黏聚力 c(kPa)
人工填土	19.4	15	12
淤泥	16.0	3	7
有机质粗砂	19.5	20	—
有机质粉砂	19.5	13	—
粗砂	19.5	30	—
砂质粉质黏土	19.0	22	25

1.2　场地内地下水情况

场地内人工填土层、淤泥层、砂质粉质黏土层为弱含水、弱透水层，赋存其中的地下水为孔隙水，可视为相对隔水层；有机质粗砂层、有机质粉砂层、粗砂层为强透水层，赋存于其中的地下水为孔隙潜水。

场地地下水主要受大气降水和海水渗入补给，顺地势从北东向南西方向(珠江口)排泄。钻探期间测得钻孔内稳定水位埋深为 0.20～2.20m。

2　支护方案设计

分析场地条件及对周边环境的影响，本着安全、经济、实用的设计原则，同时综合考虑土方开挖及桩基施工等因素，采用如下几种支护形式：

(1)旋喷桩＋锚杆。基坑北侧紧邻的辅四路地基处理形式为 ϕ450LC 桩@1.6m×1.6m，基坑支护深度 4.6m(考虑换填为 6.1m)，地下室外墙线距离用地红线 5m，因该侧填土层较厚，设计采用双排单管旋喷桩＋钢管锚杆支护。单管旋喷桩直径 0.6m，间距 0.4m，两排间距 0.4m，靠近基坑内侧一排在桩心插入 ϕ48×3.0@400钢管。

(2)钻(冲)孔桩＋锚杆。基坑东侧紧邻的辅七路地基处理形式为强夯置换，基坑支护深度 5.95m，地下室外墙线距离用地红线 5m，采用上部土钉墙，下部钻(冲)孔桩＋桩间旋喷止水形式支护。钻(冲)孔灌注桩直径 1.0m，间距 1.6m，桩间布设两根直径 0.6m 单管旋喷桩作为止水帷幕。

(3)土钉墙＋格栅状搅拌桩。基坑南侧相邻的辅三路地基处理形式为强夯置换，基坑支护深度 4.8m，地下室外墙线距离用地红线 20m，采用分级放坡土钉墙＋格栅状搅拌桩支护。搅拌桩 ϕ550@400，相互搭接形成厚度 3.2m 格栅状挡墙。辅以钢管锚杆及沙包堆脚等措施。

(4)放坡＋土钉墙。基坑西侧相邻的辅八路地基处理形式为强夯置换，基坑深度 5.2m，地下室外墙线距离用地红线 30m，采用放坡＋土钉墙支护。放坡采用 1∶3 大放坡，沿坡面布设长度 2m 间距 1.2m 的钢管锚杆。

(5)坑内换填。考虑坑底大部分揭露淤泥，需要对靠近基坑支护边 20m 范围内淤泥出露较高部分进行换填处理。换填材料为素土或建筑垃圾，换填厚度为 1.5m。换填要严格控制施工步骤，开挖与换填同步进行，严禁大面积开挖。

(6)沙包堆脚。在场地内空间充足的区段或者需要严格控制变形保护管线安全的区段，可视情况采用坡脚沙包反压的形式作为辅助措施。

采用的典型支护剖面如下(图 2～图 5)：

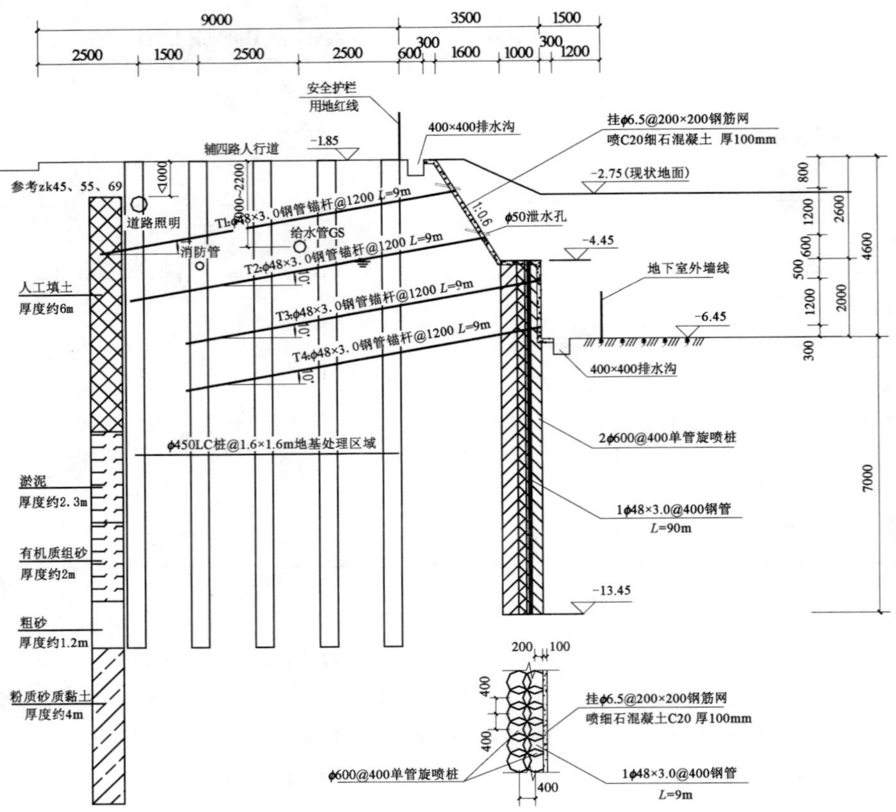

图 2 旋喷桩+锚杆

Fig. 2 Jet grouting pile + Anchor

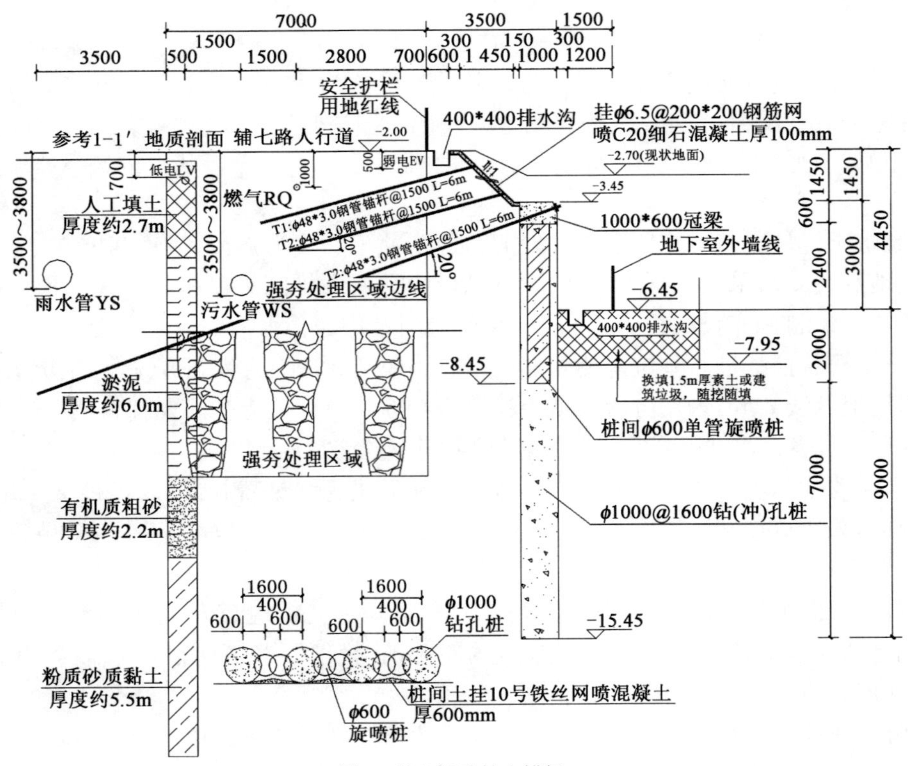

图 3 钻(冲)孔桩+锚杆

Fig. 3 Drilling (punching) pile+Anchor

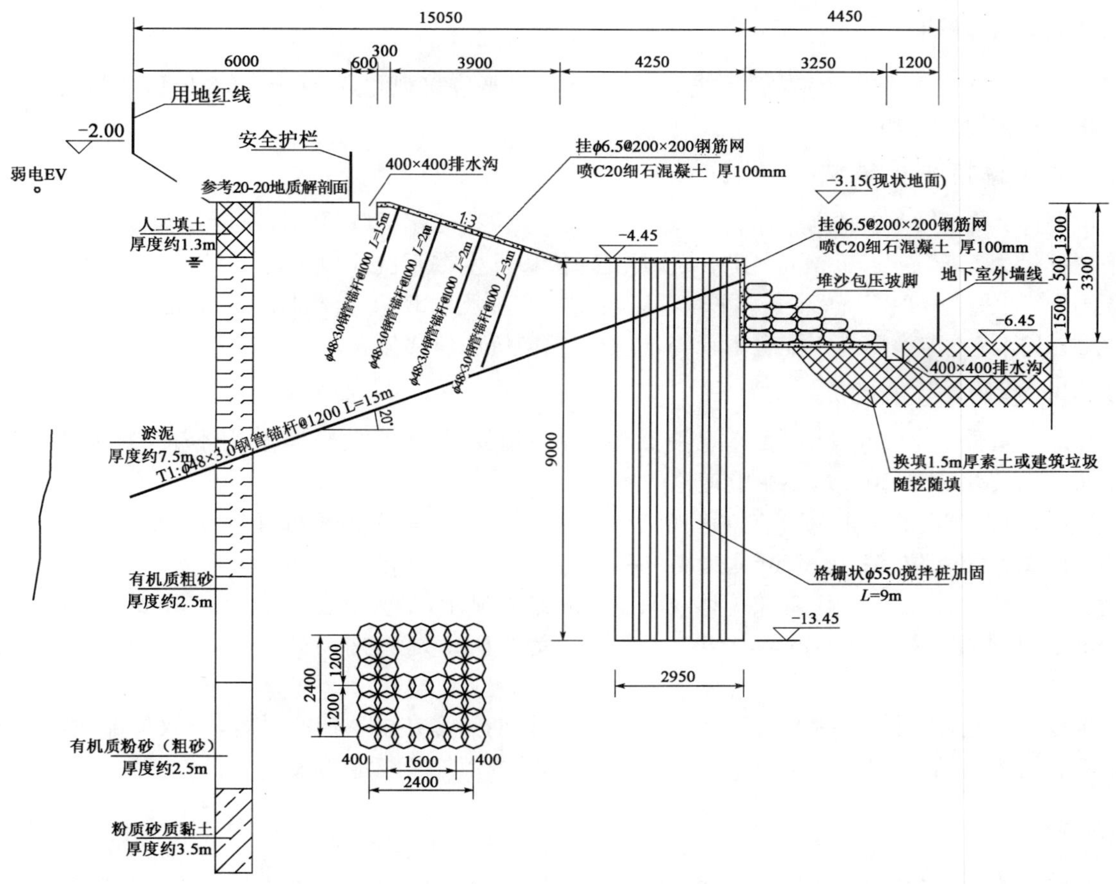

图4　格栅状搅拌桩

Fig. 4　Grid cement mixing pile

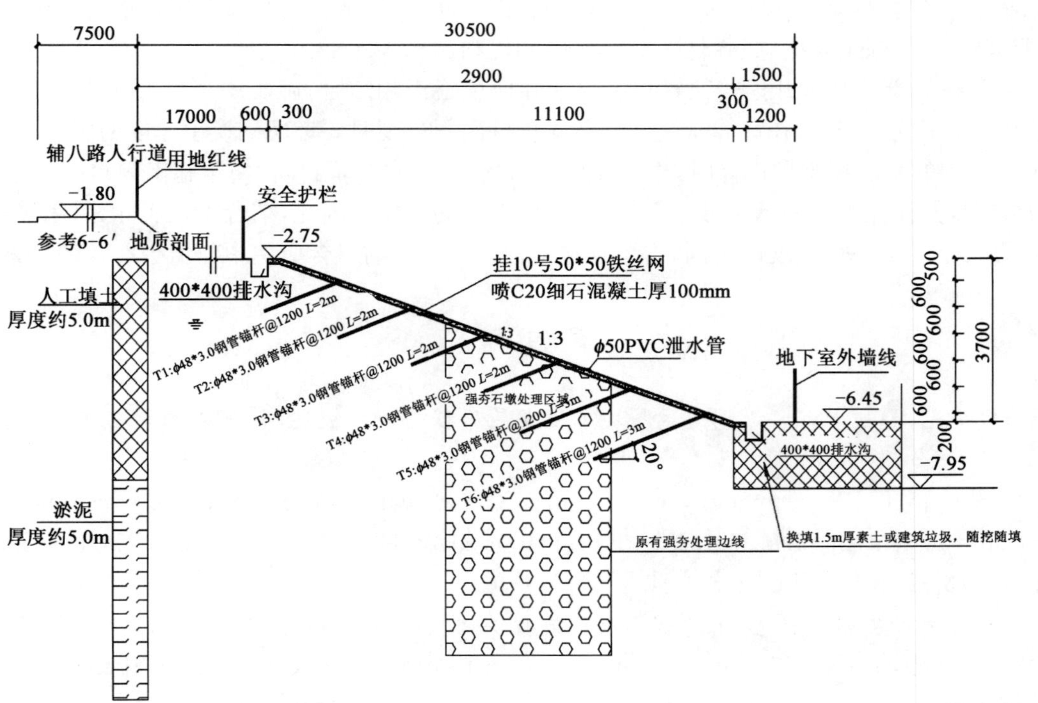

图5　放坡＋土钉

Fig. 5　Step-slope ＋ Soil-nailed wall

3 监测结果分析

本工程沿着基坑坡顶及周边道路、管线共布设39个水平位移观测点、50个沉降位移观测点、总监测时间为1年半，收集数据72组。

3.1 基坑坡顶变化情况

沿基坑周边共布设29个监测点，同时监测沉降与水平位移变化。坡顶累计沉降量为5.60～41.10mm，累计水平位移量为5.89～45.36mm。其中，最大沉降位移发生在基坑北侧中部，分析主要原因是该侧开挖阶段正值雨季，加大了坡顶沉降；最大水平位移区段发生在基坑东北角，分析原因主要是该区段坑内换填土体较厚，基坑开挖与土体换填施工配合不紧密，造成坡顶向坑内位移较大。

3.2 周边环境变化情况

(1)在周边道路布设的11个沉降观测点显示，各道路测点累积变形量均不大，最大累积沉降量3.00mm，最小沉降量为1.50mm，不影响道路的使用。

(2)给水管道上布设的4个沉降兼位移观测点监测结果显示，最大累积沉降量8.20mm，最小累积沉降量为1.30mm最大累积位移量2.59mm，最小位移量为1.81mm，满足安全要求。

(3)燃气管道上布设的6个沉降兼位移观测点监测结果显示，最大累积沉降量9.30mm，最小累积沉降量2.70mm；最大累积位移量2.68mm，最小累积位移量为2.25mm。均小于10mm的设计报警值，满足安全要求。

本基坑地处海边，上部土层大部分为回填土，基坑开挖期间多在雨季期间进行，导致局部地段出现较大变形量。随着雨季的结束，基坑变形速度逐渐放缓，后续阶段都处于稳定的状态。

4 结语

(1) 土钉支护需要在有大放坡条件下采用，如本例为1∶3放坡，否则需要在坡脚进行加固措施，如本工程中应用的坑内土体换填、砂包堆脚、双排旋喷桩、格栅桩搅拌桩等。

(2)较钢筋土钉而言，该类填土区域适宜选取钢管作为筋材，杆体设出浆口并用角钢倒刺保护，采用直接打入的方式，既增大了施工效率，又降低了对淤泥层的扰动。

(3) 坑底存在软土的基坑开挖往往要与坑内基础换填施工相结合，施工中严格要求挖方与回填相互配合，严禁超挖。为了确保安全，在计算基坑深度及支护桩嵌固长度时要考虑到换填厚度的影响。

(4) 平面规则的基坑在支护设计时，出于支撑受力均匀、止水帷幕封闭、便于施工等目的的考虑，多采用均一的支护类型，但往往存在局部区域过于保守，造成浪费的现象。因此，结合工程实际，采用多种支护类型结合的优化方式是一个值得发展的方向，本工程在多种支护方式的组合应用中作出了有益的探索。

参考文献

[1] 杨志银，付文光，吴旭君，等.深圳地区基坑工程发展历程与现状概述[J]岩石力学与工程学报，2013，32(增1).
(YANG Zhi-yin，FU Wen-guang，WU Xu-jun，et al. Summaries of excavation engineering development history and present in Shenzhen[J]. Chinese Journal of Rock Mechanics and Engineering，2013，32(Supp. 1)2730-2745(in Chinese))

[2] 付文光，杨志银.深圳地区基坑工程30年发展综述[J].岩土工程学报.2010，32(增2)：562-565.
(FU Wen-guang，YANG Zhi-yin. Summaries of excavation pit engineering in Shenzhen in recent 30 years[J]. Chinese Journal of Geotechnical Engineering，2010，32(Supp. 2)：562-565.(in Chinese))

地基处理与节能环保

马定乐 晏长根

（长安大学 陕西 西安 710054）

摘 要：我国现有地基处理技术非常多，但是随着时代的发展，对地基处理技术提出了更高的要求，以高科技为支撑，发展低碳经济，已经成为我国社会经济发展的重要方向。地基处理行业发展的大趋势是推广应用节能、绿色环保、节地、节材、成本省、工期短、效果好的创新技术。故此介绍几种目前几种较为节能环保的地基处理方法。

关键词：地基处理 低碳经济 绿色环保

作者简介：马定乐（1989— ），男，河南南阳人，长安大学岩土工程研究生。E-mail：403551356@qq. com.

Foundation Treatment and En-Saving and Environment-Friendly

MA Ding-le，YAN Chang-gen

（Chang′an University，Xi'an 710054，China）

Abstract：We now have a lot of ground treatment technology，but with the development of the times，put forward higher request to the foundation treatment technology to support high-tech，low-carbon economy has become an important direction of our social and economic development. Ground handling development of the industry trend is to promote the use of energy-saving，environmental protection，land，materials，costs province，short construction period，the effect of good innovations. This paper introduces several ground treatment methods currently several more energy saving.

Key words：foundation treatment，low carbon economy，green economy.

0 引言

目前我国的地基处理技术取得了长足的进步，有的领域已接近或达到国际先进水平，能够为国民经济建设服务。随着土建规模的进一步扩大和为减少占用良田，土建项目向地基土更加复杂地区转移，对地基处理技术提出了更高的要求。以高科技为支撑，发展低碳经济，已经成为我国社会经济发展的重要方向，也是地基处理行业的发展方向。地基处理行业发展的大趋势是推广应用节能、绿色环保、节地、节材、成本省、工期短、效果好的创新技术。我国现有的地基处理方法非常多，但是如何在兼顾节约资金的条件下，选择一种可以不污染环境甚至能够保护环境的地基处理方法依然非常困难。大部分地基处理方法不能避免环境污染的问题，因此研究节能环保型地基处理方法对促进地基处理技术革新，使之更符合时代要求，将具有十分重要的意义[1-3]。本文从节能环保的角度，介绍几种目前较为节能环保的地基处理方法和一些节能环保的地基处理材料，希望对我国建设项目地基处理方面节能环保工作的发展有所裨益。

1 节能环保的地基处理方法

1.1 真空联合堆载法

1.1.1 加固原理及方法

所谓真空联合堆载预压排水固结法[1]，即真空预压与堆载预压同时作用的加固软土地基的方法。真空预压是使加固区域内的土体造成负压，使边界的孔压降低，土体中的原来孔压便与这些边界的孔压形成一定的压力差并且发生不稳定渗流，随着时间的增长，土体中的孔压逐渐降低，降低的孔压转变为土体的有效应力，真空度越高，沿深度衰减越小，则增加的有效应力越大，加固效果越好。真空预压法是在饱和软黏土地基中设置竖向排水通道（袋装砂井或塑料排水板等）和砂垫层，在其上覆盖不透气薄膜，通过埋设于砂垫层的抽水管进行长时间不间断抽气和抽水，使砂垫层和砂井中形成负气压，而使软黏土层排水固结。当仅靠真空预压不能达到要求的预压荷载，即与堆载预压联合作用，荷载计算时两者可以叠加(图 1)。

1.1.2 真空联合堆载法适用范围

(1)表层土为砂土或其他分散性土；浅层有填土层，由于该类型土颗粒黏性较小，在真空负压所引起的不平衡孔压差作用下，容易在密封沟边、表层薄膜、土体内部形成裂隙或空洞，造成漏水漏气，膜下真空度不能达到设计要求不。一般来说，由于土体的流失而造成土体密封效果不佳或薄膜破损常发生在密封沟边，为防止密封沟漏水漏气，可在密封沟边缘向加固区 50cm 范围内用黏土代替砂垫层。

(2)加固区范围内有强透水层或地下暗河，真空负压将土体内的气、水(自由水和部分结合水)抽出，当加固区内有强透水层时，相当于加固区内的含水层与外界连通，抽真空过程中，外界的水源源不断地补充进来，造成真空“能量”白白浪费，这样就不能保证膜下的真空度达到设计要求，从而影响加固效果。针对这种地质条件，在加固区四周采用密封墙加固技术，隔断内外含水层的联系。

(3)加固区有坡度较大的下卧硬土层，真空-堆载联合预压法加固后的场区整体呈现锅底形，当下卧硬土层坡度较大且软土层较厚时，极易造成土体不均匀沉降，使水平排水滤管破碎、竖向排水体(塑料排水板或袋装砂井)弯曲变形甚至撕断，增加了真空阻力，严重影响了真空度向土体深层传递。针对此情况，可在滤管连接处采用柔性的钢丝胶管，以适应不均匀沉降。

(4)加固区边缘有重要建筑物根据真空-堆载联合预压法加固机理，被加固土体向加固区内收缩变形，若加固区周围存在邻近建筑物，必须考虑对其影响，可在加固区周围采用复合地基的方法消除部分影响。

1.1.3 节能环保效应

(1)加固过程中土体除产生竖向压缩外，还伴随侧向收缩，不会造成侧向挤出，特别适于超软土地基加固。

(2)当需要大于 80kPa 的预压加固荷重时，可与堆载预压法同时使用，超出 80kPa 的预压荷重由堆载预压补足。

(3)真空预压荷载不会引起地基失稳，因而施工时无须控制加荷速率，荷载可一次快速施加，加固速度快，工期短。施工机具和设备简单，便于操作；施工方便，作业效率高，加固费用低，适于大规模地基加固，易于推广应用。

(4)不需要大量堆载材料，可避免材料运入、运出而造成的运输紧张、周转困难与施工干扰。

(5)施工中无噪声，无振动，不污染环境。

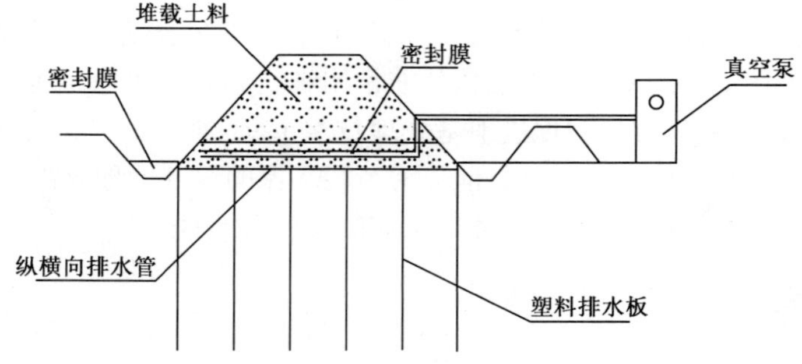

图 1 真空堆载联合预压法加固软基示意图

1.2　新型柱锤强夯置换法

1.2.1　概况及加固原理

强夯法地基处理是20世纪60年代末由法国梅耶技术公司首先创用的。我国于1978年开始先后在天津新港、河北廊坊、山羊白羊墅、河北秦皇岛等地进行强夯法的试验研究和工程实践，并取得较好的加固效果，接着强夯法迅速在全国各地推广应用。强夯法是指利用夯锤自由下落的巨大冲击能产生的冲击波反复夯击地基土，形成的冲击波和动应力将夯面以下一定深度的土层夯实以提高地基承载力和土体的稳定性[6]。

它是一种经济高效、节能环保的地基处理方法。与桩基、置换、加筋、注浆等地基处理方法相比，强夯法无需增加其他建材，仅需花费强夯机械的台班费用，因此费用低廉。在强夯法的基础上，近几年又出现了新型柱锤强夯置换地基处理技术，该新技术是在普通强夯法、强夯置换法、水泥搅拌桩法等一系列地基处理工法的基础上进行创新改进所形成的一种新型柱锤地基处理方法[2]，它融合了多种地基处理技术的加固原理，根据不同的工程地质条件，选用不同的置换料和动压当量，充分发挥“超深挤密强夯锤(即新型柱锤)”的潜力，对拟建物地基进行夯击成孔，采用工业废弃骨料、当地廉价的土石或砂砾混合料、城市废弃的建筑垃圾及场地原有松散土体等回填夯坑，多次夯击及回填，最后低锤普夯，形成密实的夯实、置换墩体复合地基。通过这一过程，对深层土及浅层土同时进行夯实挤密，达到对整个松软土体进行加固处理的目的。该技术扩大了强夯法的适用范围，从大量工程实践及统计结果看，其低碳效应主要是通过以下途径达到：通过改进后的新型柱锤对地基深层、中层及浅层土体的夯击处理，有效加固深度加大，使上部地基承载力提高，从而无须采用深基础(桩基等)，以达到不用或少用水泥、钢材等人工制造材料。避免了人工制造材料的生产能耗量较大的弊病，达到节约资源、减少能耗[5]，实现低碳经济的预期效果。

1.2.2　适用范围

强夯法适用于处理碎石土、砂土、低饱和度的粉土与黏性土、实现性黄土、素填土和杂填土等地基。经过处理后的地基既提高了地基土的强度，又降低了其压缩性，同时还能改善其抗震液化能力，所以这种方法还常用于处理可液化砂土地基等。

1.2.3　节能环保效应

(1)强夯法无需添加其他建材，费用较低。

(2)强夯法能减少有污染建材的使用，二次处理时也不会有建材废料的产生。

(3)新型柱锤强夯置换地基处理技术的置换材料一般都是工业废弃骨料、当地廉价的土石或砂砾混合料、城市废弃的建筑垃圾，节约资源，减少污染。

(4)经过改进后的强夯法能够适用较多工程环境，而且比较高效经济。

图2　强夯法施工现场图

1.3　土工袋法

1.3.1　概况及原理

土工袋[4]是将素土、掺石灰或水泥的普通土、砂砾、矿渣、建筑渣土等装在土工布缝制的编织袋内，用来增强地基承载力、控制地基沉降（特别是不均匀沉降）、减小行车振动对路基的影响。

图3　土工袋

土工袋增强机理[3]是：编织袋的张力使袋内装填材料受到围压，增强装填材料的强度和刚度，将原来的材料变成了具有凝聚力的材料。土工袋抑制沉降的机理包括两个方面：一是土工袋的应力扩散作用，土工袋的刚度远远大于袋内装填材料，两者相结合引起上覆荷载的扩散；二是土工袋本身沉降变形小，由于土工编织袋能够有效地抑制土体的侧向变形，从而很好地控制了土体的沉降变形。

1.3.2　节能环保效应

(1)土工袋加固路基所采用的材料主要是建筑垃圾，因此在经济和综合效益方面都是最节约的。

(2)相对于深层搅拌法、注浆法、掺石灰和水泥法及其他化学处理方法，土工袋处理软土地基不用任何化学药剂，因此不会给土壤和地下水带来污染。

(3)相对桩基础，土工袋施工不会引起振动和噪声，同时造价也比较低。

(4)编织袋内的填料可以用建筑渣土、矿渣等，效果与碎石填充的土工编织袋是一样的。

2　结语

地基处理的目的是：利用换填、夯实、挤密、排水、胶结、加筋和热学等方法对地基土进行加固，用以改良地基土的工程特性，满足不同的工程要求。各项地基处理方法的施工工艺近年来得到不断的改进和提高，不仅有效地保证和提高了施工质量，提高了工效，而且扩大了应用范围。但是在节能环保领域的发展速度并不快，相信地基处理行业发展的大趋势是推广应用节能、绿色环保、节地、节材、成本省、工期短、效果好的创新技术。根据地基处理技术本身所具有的特征及其处理效果，将其赋予了新的职能，既利用地基处理技术的某些特点，又兼顾节约能源、改善环境的目的。今后，我们还需要根据具体问题，在已有技术的基础上进行不断总结，开发新的应用技术，以期所采用的地基处理方案既能满足工程要求，也能满足节能环保的社会可持续发展战略要求。

参 考 文 献

[1] 王强，田永厚，范大林.《真空-堆载联合预压法加固软基适用条件探讨[J].烟台大学学报，2003，16(3)：220-225.

[2] 王铁宏，水伟厚.强夯技术与节能环保[J].节能与环保，2005(11)：6-9.

[3] 刘斯宏，汪易森.土工袋技术及其应用前景[J].水利学报，2007(S1).125.

[4] 邵介贤，黄健，徐永福.土工编织袋在路基工程中应用的研究[J].公路，2005(7).

[5] 顾欢达，顾熙.地基处理技术在环保领域的应用[J].重庆环境科学，2003，25(10)：74-78.

[6] 地基处理手册编写委员会.地基处理手册[M].中国建筑工业出版社，2008.

软岩隧道大变形处治技术探讨

王 凯[1] 袁 通[2] 孟庆贺[3]

(1.长安大学公路学院 陕西 西安 710064;2.长安大学公路学院 陕西 西安 710064;3.长安大学公路学院 陕西 西安 710064)

摘 要:大变形问题为目前国内外隧道工程方面的热点问题。针对某软岩隧道出现的严重形变破损问题,根据对该隧道发生大变形监控量测的实际数据分析与现场施工实际情况,对在高地应力下碳质片岩岩质特征的隧道发生大变形的特点进行了分析总结。得出了软弱围岩在高地应力下发生的蠕变形变在正常施工运作时易发生形变突变等特性;通过对高地应力碳质片岩隧道大变形处治方案的对比分析,对处治隧道大变形措施的实际现场效果进行了探讨,揭示了在高地应力软岩隧道中的锚杆效应达不到实用效果,总结出增设临时仰拱的双层拱架对高地应力炭质片岩隧道的大变形有较好的控制效果。

关键词:软岩大变形 高地应力 炭质片岩 变形监控 处置措施

作者简介:王凯(1989—),男,汉,陕西省西安市雁塔区。E-mail:18719596631@163.com.

The Explore of Treatment Technology of Large Deformation in Soft Rock Tunnel

WANG Kai[1], YUAN Tong[2], MENG Qing-he[3]

(1. School of Highway, Chang'an university, Xi An 710064, Shan Xi; 2. School of Highway, Chang'an university, Xi An 710064, Shan Xi; 3. School of Highway, Chang 'an university, Xi An 710064, Shan Xi)

Abstract: The large deformation problem is the hot topic which the domestic and foreign tunnel engineering at present. According to the monitoring situation of large deformation tunnel of one. According to the actual data analysis of the large deformation tunnel monitoring and measurement and of the actual situation of the construction site. in high geostress carbonaceous schist tunnel large deformation characteristics was analysed. Analysis of the occurrence of weak surrounding rock in high stress under the creep deformation is easy to occur deformation mutation characteristics in normal construction operation. Through the comparative analysis of treatment scheme of high geostress carbonaceous schist tunnel large deformation. The actual effect of treating tunnel large deformation measures are discussed . The results show that anchor effect in high geostress tunnel large deformation is not up to the practical effect and the summarize is that additional temporary inverted arch and double arch on the high geostress of carbonaceous schist tunnel has better control effect.

Key words: Large deformation of soft rock, High geostress, Carbonaceous schist, Deformation monitoring, Disposal measures

1 工程概况

1.1 工程基本情况

依托工程隧道位于武都区黑坝里北侧上没水山山体内,隧道为分离式隧道,全长 3 775m。左线长 1 883m,其中Ⅴ级围岩 683m,Ⅳ级围岩 1 200m(SIVc 支护 1 170m、SVb 支护 660m、SVa 支护 48m、明洞 5m);右线长 1 892m,其中Ⅴ级围岩 792m,Ⅳ级围岩 1 100m(SIVc 支护 1090m、SVb 支护 740m、SVc 支护 57m、明洞 5m)。

1.2　工程地质地貌情况

隧址区构造发育主要有大院～殿沟里断层，为志留系内部逆冲断层，倾向北，倾角50°～70°。隧址区的地层岩性为白龙江群的碳质页岩，内含石英脉，强度低，易风化、遇水易软化。根据地质超前预报分析，碳质页岩节理较为发育，节理面光滑，自稳性差，受高地应力影响较显著，岩石强度低，松散破碎，受扰动局部易出现失稳坍塌。

2　变形监控情况

2.1　初支变形情况

隧道左右线的初始初期支护变形均发生在进入F5断层所处的地质构造内，左右线施工均在经过断层后约100m距离范围，初衬混凝土出现了环向开裂掉皮现象，直至最后混凝土脱落、钢拱架扭曲变形。

2.2　监控量测

严格的监控量测是指导隧道施工的重要保证。根据监控量测数据分析围岩形变主要有以下特征。

2.2.1　围岩变形速率快且位移量大

隧道埋深大，围岩存在较高的地应力，自稳能力差，强度低是炭质片岩的岩性特征，隧道围岩变形速率较快。根据某断面的监控量测数据结果分析，上台阶开挖后，围岩的收敛变形就开始发生，在段初期支护完毕后6d累计收敛量达到136mm。平均每天收敛量达到22mm。隧道在初期支护施作之后，由于较高的地应力作用，使得结构发生较大的变形，形变累计收敛变形量可达964mm，累计拱顶下沉量可达525mm。

2.2.2　变形的时间与空间效应

基于围岩的岩性特征，炭质片岩有着明显的流变特性，变形具有时效性。隧道在开挖过后围岩受到扰动，围岩应力重新分布，直到隧道初期支护施作完毕，围岩的应力经过两次的重新分布。由于应力的重新分布使得围岩的塑性圈继续向岩层深部延伸，内部的岩层应力则继续向隧道支护结构传递，随着时间的增加，塑性圈的扩大，围岩对支护结构的应力逐渐增加，变形随着时间的积累也在持续增加。

2.2.3　围岩蠕变与突变

隧道围岩在发生蠕变的同时，会受到施工过程中工序的扰动会发生突变。在转换工序时对围岩的蠕变都有影响，都会引起初支形变发生突变，比如爆破、左右边墙落地、仰拱开挖等工序都会引起围岩的变形量突变的发生。甚至在某些段施作后的二次衬砌，在围岩不断的蠕变下，出现裂缝与脱皮现象。在初期支护达到预留变形量之后施作的二次衬砌，由于围岩的松动圈的不断扩大，使得初期支护结构受到的应力作用不断增加，形变受到外侧二次衬砌的约束，初期支护的柔性特征与高地应力作用，初期支护变形会以应变能的形式储存在结构中，当应力作用不断增大，初支的应变能不断地积累，在施工中爆破的冲击作用下，加速二次衬砌的破坏，见图1。

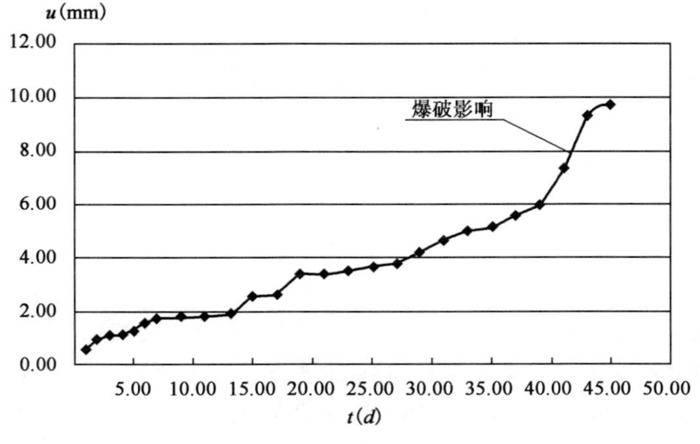

图1　二衬收敛变形曲线

3 工程应对措施

针对隧道出现的大变形问题，先后采用了以下几种应对处理方案：

方案一：(1)增强支护参数，提高支护强度。增加锁角锚杆数量（在拱脚处每侧增加2根）、用I22b工字钢代替变更设计的I20a工字钢、二衬混凝土用C30代替变更设计的C25、二衬钢筋用ϕ25代替变更设计的ϕ22等加强支护措施。

(2)补强围岩自承能力，减少隧道围岩压力，隧道起拱线以上部分围岩采用$\phi 50\times 5$mm钢花管注入C30水泥浆（水灰比1∶1），钢花管长度6m，间距80cm按梅花形布置，注浆压力1.0MPa。

(3)拉大左右线掌子面间的纵向距离，以减小爆破时对另一洞内的围岩扰动、增大隧道预留变形量（施工时预留变形量为60cm）。掌子面爆破开挖，采取弱爆破，短进尺方法，每次循环进尺不大于1.5m；及时跟进仰拱施工，仰拱与掌子面的距离保持在25m并不得超过35m。

方案二：(1)超前支护采用$\phi 42\times 4$mm小导管，长度4.5m，并进行注浆，注浆压力控制在3MPa。

(2)补强围岩自承能力，隧道从起拱线向上2m到拱顶左右两侧各3m的范围改用R32自进式锚杆，自进式锚杆长度6m，梅花形布置，间距75cm(纵)×100cm(环)。初支钢支撑采用H175型钢，纵向间距60cm，全断面进行支护，喷射混凝土厚度30cm，预留变形量60cm。

(3)及时跟进下台阶施工，尽早封闭成环。对拱脚虚渣及时清理，用混凝土试块作为垫块，确保了拱架支撑牢固。

方案三：(1)超前支护采用$\phi 42\times 4$mm小导管，长度4.5m，并进行注浆，注浆压力控制在3MPa；初期支护系统锚杆采用R27自进式注浆锚杆，长4.5m，梅花形布置，拱脚采用$\phi 42\times 4$mm锁脚钢管，长4.5m，每处4根。

(2)初支采用双层拱架支护，第一层钢支撑采用H175型钢，纵向间距75cm，全断面进行支护，喷射混凝土厚度28cm；第二层钢支撑采用I20a工字钢支护，纵向间距75cm，全断面支护，喷射混凝土厚度26cm，预留变形量40cm。

(3)及时跟进下台阶施工，尽早封闭成环。

(4)对拱脚虚渣及时清理，用混凝土试块作为垫块，确保了拱架支撑牢固。

(5)洞身开挖时全部采用机械开挖，不得使用爆破开挖法。

方案四：(1)超前支护采用$\phi 42\times 4$mm超前小导管，间距45cm，斜插角10°～15°，长度$L=4.5$m；初期支护系统锚杆采用R27自进式注浆锚杆，$L=3.5$m；纵向间距(75cm)采用环向间距(100cm)。

(2)采用双层钢支撑，第一层钢支撑采用H175型钢，纵向间距75cm，全断面进行支护，喷射混凝土厚度为24cm，预留变形量为30cm，在上台阶底部加设临时仰拱，采用I20a型钢与上导钢架连为一体，抑制围岩的沉降及收敛变形，使初期支护快速的封闭；第二层钢支撑采用I18型钢，纵向间距75cm，喷射混凝土厚度为24cm；拱脚采用$\phi 42\times 4$mm锁脚钢管，$L=4.5$m，每侧8根，每环16根。锁脚锚杆与钢拱架竖向夹角控制在60°左右。

4 施工处治结果

使用方案一的处理措施后，初支变形依然很大，在距掌子面7～10m处开始变形，并随掌子面掘进，变形逐渐严重，初衬混凝土开始环向开裂掉块，混凝土脱落、钢拱架扭曲变形，通过监控量测数据结果，最大沉降值达到525mm，最大收敛值达到964mm。

采用方案二的处理措施后，发现所施工段落初支结构变形比方案二有所好转，变形速率有所减弱，但变形仍然较大，喷射的初支混凝土仍有开裂、掉块现象，部分H175钢拱架扭曲、支护结构失稳，部分初期支护结构侵入衬砌净空，施工过程中该段变形明显，且迟迟不能够达到稳定。通过监控量测数据结果，累计最大拱顶下沉量达到662mm，累计最大水平收敛量达到850mm。

在采用方案三的施工处理措施后，发现所施工段落初支结构变形比原设计支护有所好转，变形速率明显减弱，局部地方混凝土发生掉皮现象，但钢拱架未出现扭曲变形，混凝土未发生开裂、掉块现象，隧道围岩形变得到较好的控制。

通过现场的监控量测结果显示，在完成第一层初期支护后，累计形变量为280mm时施作第二层支护较为合适。在采用方案三处治后的监控量测结果显示，在第二层初期支护完成后的最大日沉降量为32mm，最大日收敛量为21mm，累计最大拱顶下沉量为381mm，累计最大水平收敛量为397mm。

通过方案四处治措施的实验段量测统计结果显示，在完成第一层初期支护累计沉降量在100～110mm时，累计收敛量在115～120mm时，施作第二层支护时间较为合适。在方案四的支护处理措施后累计最大拱顶下沉量为262mm，累计最大水平收敛量为242mm。初期支护的混凝土掉块脱皮现象未有发生，拱架的完整性较好，隧道围岩大变形进一步得到明显的控制。

5 施工处治措施探讨

隧道大变形处治方案可归结为：加强支护、控制工序步长、控制爆破与加强监控量测以适当增设形变预留量等措施。通过各方案的施作效果显示，在高地应力炭质片岩隧道中通过钢花管以及锚杆注浆控制围岩大形变效果不明显。隧道处于高地应力作用下，周围岩层的炭质片岩虽然强度低，稳定性差，但致密性较好，现场注浆效果不明显。其次，由于围岩的松散软弱，在施工过程中，由于工序的扰动，围岩的破碎松动圈较大，锚杆的实际有效锚固长度有限，加之注浆效果不明显，各锚杆之间形成不了外层的混凝土加固圈，锚杆相对成为独立的杆件受力，锚杆的作用不显著。因此在方案一与方案二中，通过钢花管与锚杆注浆来控制隧道围岩的大变形效果不明显。

锁脚锚杆竖向夹角60°打入，其主要作用是分担拱架受力，传递围岩给予拱架结构的应力作用，限制拱架位移，保证初期的稳定性。锁脚锚杆与拱架的连接部位是锁脚锚杆发挥作用的关键点，两结构的连接是通过焊接来实现。上述隧道处治围岩大变形问题时，在方案中将锁脚锚杆换做$\phi42\times4$mm钢管，钢管属中空壁薄，在焊接时容易将管壁熔透，由此使得连接部位的焊接不饱满，拱架与锁脚钢管则形成不了整体，钢管不能分担拱架的受力，进而拱架形变无法得到抑制。

及时清理拱架落底时下部的虚渣，用混凝土块填撑垫底，各拱架承受围岩传递过来的应力通过混凝土块传递到下侧的岩层，避免拱架受力下沉发生整体形变。通过方案三与方案四的试验段的处治结果分析，早封闭、增设临时仰拱的双层拱架支护对隧道围岩大变形的抑制作用效果明显，有效地将围岩形变控制在了预留的范围内。

6 结语

(1)在高地应力作用下的软弱炭质片岩隧道中，炭质片岩的致密性较好，现场注浆效果不好，在锚杆外侧浆液难以扩散，难以外层混凝土加固圈，锚杆效应发挥不是很好。

(2)注浆锁脚钢管可以更好地起到分担拱架应力，抑制拱架形变。但锁脚钢管与拱架的连接点的关键受力点存在缺陷，由于钢管的薄壁焊接容易受高温焊接熔透，致使焊接不饱满，在较大的应力作用时容易脱节，进而失去锁脚作用。

(3)在高地应力软弱围岩隧道中，提高支护参数，增强初期支护抗力强度，有效的控制围岩形变速率，抑制围岩形变的发生；在该隧道实施的早封闭、增设临时仰拱的双层拱架支护对炭质片岩隧道大变形的控制较为显著。

参考文献

[1] 罗键，关于大变形隧道处理方案的探讨[J]. 公路与汽运，2011，142(1)，153-156.（LUO Jian，The discussion of treatment scheme of large deformation tunnel[J]. Highways and automotive applications. 2011，142(1)，153-156.）

[2] 韩学诠,董云鹏.软弱围岩隧道施工中大变形的产生及对策[J].铁道技术监督,2009,273(7),21-23.(HAN Xue-quan,DONG Yun-peng,Tunnel construction in soft rock large deformation and its countermeasures[J]. Railway Quality Control. 2009,273(7),21-23.)

[3] 荀彪,张奕斌.新蜀河隧道炭质片岩大变形控制技术研究[J].铁路工程学报,2009,134(11),41-44.(XUN Biao,ZHANG Yi-bin,Research on the control technology for large deformation of carbon schist of xin shuhe tunnel[J]. Journal of Railway Engineering,2009,134(11),41-44.)